Synthetic
Leather
Materials
and
Technology

合成革材料
与工艺学

U0244244

曲建波 ◉ 著

化学工业出版社
·北京·

皮革是我国轻化工程的一个重要方向，现代皮革工业的发展与时俱进，已不局限于传统意义上的概念，而是具有广泛意义的"大皮革"。合成革是皮革、高分子材料、造纸、纺织、化工各专业综合的新兴交叉学科。随着我国合成革工业的迅速发展，已经成为轻化工程领域的一个新方向。

本书以合成革的制造工艺为主线，按工序介绍了差别化纤维、非织造布、纺织布、基布加工、基布的后加工技术，在此基础上分别介绍了造面型与绒面型两大类产品的加工工艺及表面处理技术。并对主要的化学品进行了详细介绍。本书包括了合成革制造的基本内容、基本理论与基本技能，突出了科学性、适用性和广泛性。

本书可作为轻化工程专业制革方向本科教学用书，也可作为轻纺方向的辅助教材。还可作为合成革行业的科研人员及工程技术人员的参考用书。

图书在版编目（CIP）数据

合成革材料与工艺学/曲建波著. —北京：化学工业
出版社，2015.9（2023.2重印）
ISBN 978-7-122-24882-4

Ⅰ.①合… Ⅱ.①曲… Ⅲ.①人造革-原料②人造
革-生产工艺 Ⅳ.①TS565

中国版本图书馆 CIP 数据核字（2015）第 185686 号

责任编辑：仇志刚 装帧设计：刘丽华
责任校对：王素芹

出版发行：化学工业出版社（北京市东城区青年湖南街 13 号 邮政编码 100011）
印 装：北京盛通数码印刷有限公司
787mm×1092mm 1/16 印张 30½ 字数 839 千字 2023 年 2 月北京第 1 版第 2 次印刷

购书咨询：010-64518888 售后服务：010-64518899
网 址：http://www.cip.com.cn
凡购买本书，如有缺损质量问题，本社销售中心负责调换。

定 价：128.00元 版权所有 违者必究

前言

中国合成革工业是轻工领域的一个分支，从 20 世纪 80 年代开始发展，经过 20 世纪 90 年代的积累，进入 21 世纪后，中国合成革工业出现爆发式增长，迅速成为世界第一大制造国。合成革制造充分借鉴了纺织、化工、造纸、皮革与塑料行业的先进技术，同时又发挥自身特点，加上装备自动化程度高，已成为一个自成体系的高技术产业。从人造革到普通合成革，到迅速成长的超细纤维合成革，从合成革机械到基础化工，形成了基本完整的产业结构，局部形成特色区域经济结构体系。

本书的编写目的是为了适应我国合成革的快速发展，并结合轻化工程专业本科教学要求。本书以合成革工艺为主，兼顾主要设备和化学品的介绍。主要按生产工序进行编写，包括差别化纤维、非织造布与纺织布、基布、成革及化学品五大部分，力求尽可能地反映行业的加工工艺技术与理论，突出工艺方法和生产实践，强调基本理论、基本内容和基本技能。通过大量图片和工艺实例的展示，避免了空洞的工艺叙述。

本书共十四章，主要内容有：综述、海岛纤维工艺、非织造布、纺织布、基布湿法工艺、基布减量技术、基布后加工、聚氨酯化学、基布助剂、干法工艺、表面处理技术、染色与整理、新型合成革加工技术、过程控制分析与理化检验等。全书由曲建波编写与审校，本书作者长期从事该领域的研究工作，结合行业的发展编写成此书。

本书编写过程中得到了作者单位齐鲁工业大学的支持，参考和使用了多家合成材料企业、树脂企业、机械企业及相关研究机构提供的资料，在此深表感谢。

由于编者的水平有限，本书的疏漏和不完善之处在所难免，特别是对近年来在合成革领域所出现的新技术、新工艺、新材料的介绍难免存在遗漏，介绍与阐述难免存在不足，恳请广大读者批评指正。

编　者

2015 年 5 月

目录

第一章
综述

第一节 合成革的定义与分类

一、合成革的定义

天然皮革是动物皮经过一定的物理和化学方法加工而制成，以其高强度、富有弹性及良好的卫生性能被广泛应用，其加工对象是"天然"材料。

合成革的含义是相对于天然皮革，是通过特殊"合成"工艺而得到的"革"，强调材料的"合成"性能。

1. 合成革的行业划分

《国民经济行业分类》（GB/T4754—2002）对塑料人造革、合成革制造行业的定义为：外观和手感类似皮革，其透气、透湿性虽然略逊色于天然革，但具有优异的物理机械性能，如强度和耐磨性等，并可代替天然革使用的塑料人造革；以及模拟天然革的组成和结构，正反面都与皮革十分相似，比普通人造革更近似天然革，并可代用天然革的塑料合成革。该行业包括：

① 塑料人造革 通常以机织物或针织物为底基，涂层 PU、PVC 等合成树脂而制成。广泛用于服装、鞋帽、箱包、家具、灯箱、棚布及各种工业配件等。包括聚氯乙烯人造革、聚氨酯人造革、聚烯烃人造革等种类。

② 塑料合成革 以非织造布为基材，并浸渍或涂层微孔聚氨酯而制成。广泛用于制作鞋、靴、箱包和球类。

以上可以看出，国家将合成革行业划为塑料行业，但又指出其"仿皮"的特点。由于合成革的起源、用途、市场、标准等与天然革紧密相关，现实当中，基本把合成革行业作为"大皮革"中的一个重要分支，这也是行业中的共识。

2. 人造革与合成革的定义

目前世界各国对于合成革的含义表达不完全统一，内容与涵盖的产品也不尽相同。我国是世界最大的合成革制造国，但目前对合成革的定义还没有统一的规定，不同的标准对其定义也各不相同。

（1）按基材定义 按照《鞋类术语》（ISO 19952：2005）的叙述，一般以基材不同进行定义。

人造革：指以经纬交织的纺织布为底基的称为人造革。

合成革：指以天然革组织结构为标准，用弹性高分子材料浸渍纤维层的合成材料称为合成革。弹性高分子材料具有连续微细多孔结构，纤维层具有无规则三维立体结构（非织造布）。

（2）按树脂定义　合成革与人造革工业污染物排放标准（GB21902—2008）中的术语和定义部分，是按照树脂的使用种类不同进行定义。

人造革：指以人工合成方式在机织布、非织造布等材料的底布（也包括没有底布）上形成聚氯乙烯等树脂的膜层或类似皮革的结构，外观像天然皮革的一种材料。

合成革：指以人工合成方式在机织布、非织造布、皮革等材料的基布上形成聚氨酯树脂的膜层或类似皮革的结构，外观像天然皮革的一种材料。

（3）按模拟效果定义　《中国大百科全书·轻工卷》对人造革与合成革的定义主要是依据基材的性质和对真皮的模拟程度。

人造革：是一种外观、手感似革并可部分代替其使用的塑料制品。通常以织物为底基，涂层为合成树脂。

合成革：是模拟天然皮革的微观结构及理化性能，作为真皮的代用材料的塑料制品。通常以非织造布为网状层，以微孔或膜结构聚氨酯为粒面层，其外观与性能都与天然皮革相似。

（4）日本的定义方法　日本在1997年12月1日制定了《杂货工业制品质量表示规定》，规定在鞋帮、手套、桌子、书桌的面板、椅子、服装中，将使用特殊非织造布的产品，定义为合成革。不使用特殊非织造布的，归类为人造革。

这里所谓的特殊非织造布，是指在具有随机的三维立体结构的纤维层为主的基材，浸渍聚氨酯或类似的树脂后制成的弹性高分子物质。

二、人工革的分类方法

广义的革包括天然皮革和人工革，其大致分类如下：

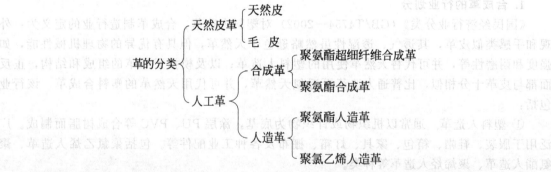

中国的人工革从大的方面可分为两类：人造革与合成革。由于所使用的树脂、基材、加工工艺等不同，又可以分为许多种类。

1. 人造革分类

（1）按材料分类　人造革分类方法很多，最常使用的是按使用树脂材料进行分类，主要有PVC、PU、PVC-PU复合几种，其次是PE和PA人造革。

① 聚氯乙烯人造革　所用的主要原料是聚氯乙烯糊状树脂、粉状树脂、增塑剂和布基，辅料有稳定剂、填充剂、发泡剂和着色剂等。将PVC树脂与增塑剂及各种配合剂制成的糊涂层贴合在经过预处理的底布上，经过塑化，压花等工序制成的复合材料，称为PVC人造革。

② 聚氨酯人造革　干法聚氨酯人造革，是指将聚氨酯树脂中的溶剂挥发掉后，得到的多层聚氨酯薄膜，加上底布而构成的多层结构体。湿法聚氨酯人造革，是将聚氨酯采用水中成膜法而得到的具有透气性和透湿性，又同时具有连续孔层的多层结构体。

③ 聚烯烃人造革　以低密度聚乙烯为主要原料，用压延贴合法制成。这种人造革质轻、

挺实、表面滑爽,适于制作包袋。

除以上主要的几种,还有 PVC-PU 复合人造革、聚酰胺人造革等。

(2) 按工艺分类 按加工方法可分为直接涂层、转移涂层、压延、挤出等方法,根据不同树脂和产品进行选择。通常 PVC 使用压延法较多,而 PU 使用离型纸转移法较多。

① 直接涂层法 将树脂用刮刀直接涂层在经预处理的底布上,然后入塑化箱进行凝胶化及塑化,再经压花、冷却、表处等工序即得成品。

② 转移涂层法 转移涂层法又称间接涂层法,将糊料用逆辊或刮刀涂层于载体(离型纸或不锈钢带)上,经凝胶化后,再将布基在不受张力下复合在经凝胶化的料层上。经塑化、冷却并从载体上剥离,进行后处理后即得成品。

③ 压延贴合法 将树脂、增塑剂及其他配合助剂计量后,投入捏合机中混合均匀,再经密炼机和开炼机炼塑后,送至压延机,压延成所需厚度和宽度的薄膜,并与预先加热的基布贴合,然后经压花、冷却即得成品。

④ 挤出贴合法 将树脂、增塑剂及其他配合助剂在捏合机中混合均匀,经炼塑后,由挤出机挤成一定厚度与宽度的膜层,然后在三辊定型机上与预热的基布贴合,再经预热、贴膜、压花、冷却即得成品。

2. 合成革的分类

(1) 行业分类 合成革包括超细纤维聚氨酯合成革与普通聚氨酯合成革,国内对两者有严格的区分,一般以构成纤维的种类进行定义。

超细纤维聚氨酯合成革,是指用海岛纤维制成的非织造布为底基,经树脂浸渍或涂层,减量(苯减量或碱减量)后形成纤度低于 0.44dtex 的超细纤维,再经后加工制成的具有类似天然皮革微观结构的高档合成革。

普通聚氨酯合成革,是指采用普通合成纤维(纤度 1.5~3dtex 的聚酰胺纤维、聚酯纤维等)制成的非织造布,经树脂浸渍或涂层后,再经后加工制成的具有仿天然皮革结构的合成革。

在我国,习惯将以 PVC 树脂为原料制造的人造革称为 PVC 人造革;用 PU 树脂为原料生产的人造革称为 PU 人造革;用 PU 树脂与普通非织造布为原料的革称为 PU 合成革,简称合成革;以超细纤维与 PU 为基础的革称为超细纤维 PU 合成革,简称超纤革。

(2) 按产品外观分类 合成革按产品的外观形成方式分类,大致分为光面型和绒面型(表 1-1)。光面型通常是在基布(涂层类与非涂层类)的表面进行特殊造面加工后得到的产品,而绒面型通常是对基布进行起绒、染色及整理后的产品。

表 1-1 合成革的分类

分类	特点	代表性结构
光面合成革	湿法光面合成革。基布上施加聚氨酯湿法涂层,凝固后形成具有层次的微孔结构,具有一定透气透湿性能,良好的弹性与压缩性能。表面通常进行印刷、压花等处理	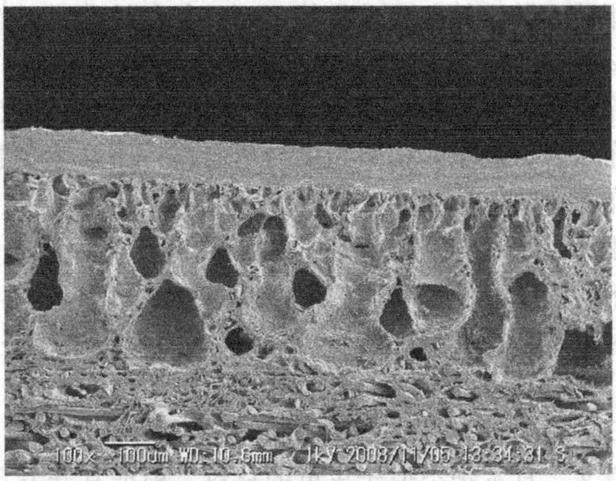

分类	特点	代表性结构
光面合成革	干法光面合成革。利用离型纸施加干法涂层,溶剂或水干燥挥发后,形成具有一定纹路、颜色、手感的树脂膜,面层高度仿真并具有功能性	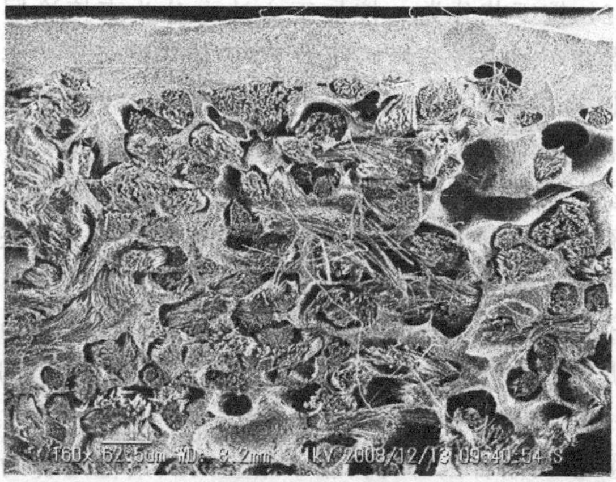
绒面革	超纤绒面革。无 PU 面层,通常经过染色及后处理,表面形成细密的立绒,能形成柔软、纤细、顺滑的触感,物理性能及卫生性能优异	

（3）**按加工方法分类** 主要根据聚氨酯成膜方式的不同进行划分,分成湿法（凝固涂层）和干法（转移涂层）两种生产工艺。

① **湿法加工** 将调配的聚氨酯浆料浸渍或涂层于底布后,进入凝固液（DMF 的水溶液）中。利用水与 DMF 的相溶性,以及水与聚氨酯树脂不亲和性,DMF 逐步被水置换,PU 逐渐凝固,从而形成多孔性的薄膜。因其成膜是在 DMF/H_2O 体系中形成,故称为湿法加工。

湿法加工主要有涂层和浸渍两种方法。湿法革具有良好的透气、透湿性,丰满、弹性的手感,优良的机械强度,特别是结构上近似天然皮革,所以其产品用途与天然皮革相同,可用于服装、鞋、箱包、球类等,而且花色品种比天然皮革美观多样。

② **干法加工** 将涂层剂涂布于片状载体（如离型纸）上,通过流平,浆料可形成一层均匀的涂膜,经过干燥,溶剂逐步挥发,聚氨酯形成连续均匀的薄膜。在薄膜上涂上黏结剂,与基布压合、烘干,把离型纸与革剥离,干法聚氨酯膜（包括粘结层）就会从离型纸上转移到基布上。

干法生产过程是将液态的树脂溶液转化为固态树脂薄膜。涉及物理变化和化学变化,经历溶剂的挥发去除及树脂的凝聚成膜两个相伴发生的过程。可分为直接涂层法和载体法（又称离型纸转移法和移膜法）,目前我国的干法生产多采用离型纸法。

3. 日本分类方法

日本作为世界合成革技术最发达的国家,其分类方法与中国不太相同,对我们有积极的参考意义。日本把类似于皮革的材料,根据其开发历史、制造方法和原料不同,分为仿皮革、人造革、合成革三类，见表1-2。

表1-2　日本类皮材料的分类

分类	和天然皮革的类似点	代表性结构
仿皮革 Imitation Leather	只是表面外观	氯乙烯皮革 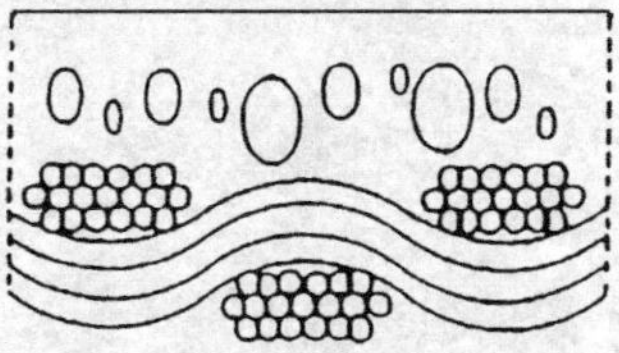
人造革 Synthetic Leather	表面外观 表面强度	湿法人造革（聚氨酯） 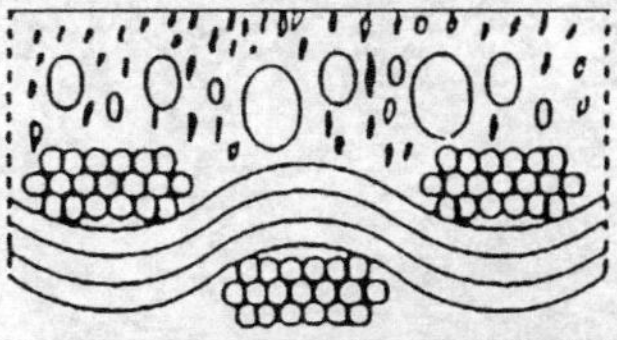
合成革 Man-made Leather	表面外观 表面强度 质量风格 加工性 穿着性	湿法光面合成革 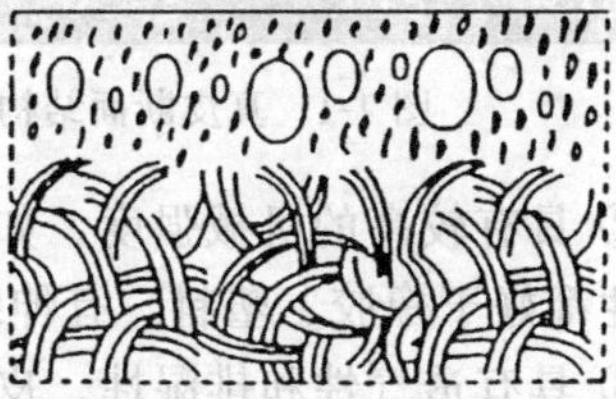

日本对合成革还有一种根据表面整饰方法不同的分类法：光面革和麂皮革。

光面革：表皮面使用聚氨酯的多孔层或无孔质薄膜层，基材使用三维非织造布，中间充填了PU的基体层，表面一般是压上或转移皮革样的花纹。

麂皮革：表面经过起绒，超细纤维覆盖了基材的合成革。通常聚氨酯多孔质发泡层被研磨掉表皮层的聚氨酯牛巴革也归属此类。

第二节　合成革的特点及用途

一、结构与特点

各种革由于材料与工艺方法的不同，产品性能差异很大。革的主要性能包括外观和物理机械性能，每种革都有自己的优势与劣势，以下进行简单比较。

1. 天然皮革

天然皮革基本由胶原纤维构成，结构基本分为三层：粒面层、过渡层、网状层。表面称为粒面层，纤细的胶原纤维水平地布满表面，形成致密紧实的层结构及自然美观的凹凸纹路；其下面一层是由毛管、血管、汗腺等空洞组成的过渡层；再往下是由粗壮的胶原纤维相互交联形成的网状层。从粒面层到网状层，具有纤维纤度和编织结构的连续变化。真皮断面结构和网状层结构见图1-1和图1-2。

天然皮革使用历史悠久，具有许多优点。

① 良好的耐热性和耐寒性。革制品一般在热水中的收缩温度都在60℃以上。在严寒的冬天，甚至在−50～−60℃时，仍能保持一定的柔软性和坚固性，其形状、硬度和机械强度无太大改变。

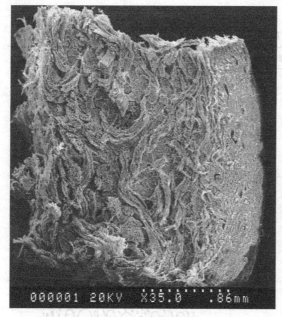

图 1-1　真皮断面结构

图 1-2　网状层结构

② 具有较高的机械强度。如耐磨强度、抗张强度、拉伸强度和弯折牢度等。其延伸性和变形性都好于橡胶、塑料，有伸缩适应性。

③ 具有透气性和排湿性。皮革属于多孔性的片材，具有良好的透气性能。胶原结构具有大量活性基团，吸排湿性优良，穿着透气舒适。

④ 具有极佳的手感和自然的纹路。胶原结构与人体的亲和性好，具有湿糯温润的手感，皮革的纹理基本来自于粒面层形成的花纹，自然美观。

⑤ 良好的后加工性能。剪裁、缝合、定型等加工性能优异，针孔、切口不会扩大，成品稳定。

天然皮革的缺点也很明显。

① 批差和部位差。一张革因部位不同，性质也有区别；不同地区、不同种类、不同皮张之间也有不少差异。

② 张幅小，不能裁取大的面积；表面瑕疵多，出裁率低；单张加工，很难实现机械化连续生产。

③ 容易霉变。

2. 超细纤维合成革

超细纤维合成革（简称超纤革）是超细纤维与 PU 弹性体的复合材料。从结构上一般分为两层：面层和基体层。面层一般为 PU 膜结构，基体层为超细纤维束三维编织结构，起到骨架和支撑作用，纤维间隙为微孔结构的聚氨酯，具有类似于真皮的结构。超纤革断面见图 1-3，基体层结构见图 1-4。

超细纤维具有近似胶原纤维的纤度与结构，因此在表面形态及力学性能方面具有了相似特性。超细纤维在形态与组织结构上模拟天然皮革，三维编织使它达到"仿形"效果，纤度与结构使其在一定程度上达到了"仿真"效果。

纤维束之间为聚氨酯，它在革体中不是简单的填充，而是具有许多圆形的、针形的微孔发泡结构，呈立体网状，形成微细的通透结构，使革体具有一定的透气、透湿性能及压缩弹性。

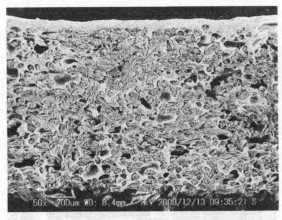

图 1-3　超纤革断面

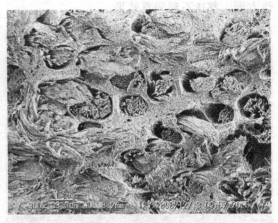

图 1-4　基体层结构

在超纤革中，纤维束与 PU 之间形成特殊的"离型结构"，革体在受力拉伸或弯曲时，纤维束与 PU 之间产生相对滑移，形成一种纤维力学补充模型，既提高了延伸性能，又获得了良好的挠曲手感。当外力解除时又迅速还原，保证了形态的稳定性。透水汽作用主要依靠 PU 相互贯通的微孔以及 PU 与纤维束之间的空隙。

超纤革作为高仿真复合片材，它的主要特点和优势如下。

① 实现大规模连续化生产，品质均一稳定，能按规格制造。

② 具有接近天然皮革的结构。

③ 物理化学性能优异。在机械强度、弯曲疲劳、耐酸碱、耐水、耐油、耐候性等方面均优于天然皮革，特别适合在恶劣环境和高强度、高湿度、大运动量条件下使用。

④ 花色品种具有多样性，用途广泛。

⑤ 革体均一无部位差，出裁率高，革面利用率高达 98%，远优于天然皮革。

但它的缺点也很明显：表面尚达不到真皮粒面层特有的自然优美的纹路与手感；透气、透湿性与真皮相比还有差距，穿着舒适性和卫生性能还有待提高。

3. 普通合成革

合成革是普通涤纶、锦纶纤维与聚氨酯弹性体的复合材料。结构上一般分为面层和基体层。面层一般为泡孔结构的聚氨酯涂层，厚度通常在 0.3～0.4mm，表层通常是经过印刷压花或移膜所形成的聚氨酯膜，这些聚氨酯的多孔层或无孔质薄膜层相当于皮革的粒面层。合成革表面结构见图 1-5 基体层为纤维三维编织结构，里面充填了形成了微孔结构的聚氨酯树脂，模拟真皮的网状层。基体层结构见图 1-6 合成革使用的是普通纤维，"仿真"效果不及超细纤维，结构与手感也与超纤革、真皮有一定差距。

在合成革中，纤维与 PU 之间的结构与超纤革一样，也形成离型结构，保持了良好的物理机械性能和一定的透气、透湿性能。

合成革的优势与超纤革基本相同，物理机械性能优于天然皮革，耐腐蚀性能好，因其表面是以树脂作涂层，所以与轻度酸碱接触不易发生化学反应。表面光滑，材质均匀，表面不存在天然革的伤残缺陷。革面光滑美观，可人工设计表层色泽花纹。底基平整，材质均匀一致，便于机械化与标准化加工，制品保形性好。

缺点主要是表面层比天然皮革粒面层逊色；卫生性能与穿着舒适性较差；压缩性小，容易产生大的皱褶。

4. 人造革

人造革是早期的仿皮材料，结构方面与天然皮革显著地不同。在物理械性能和二次加工性方面，都达不到满意效果。

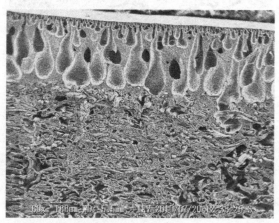

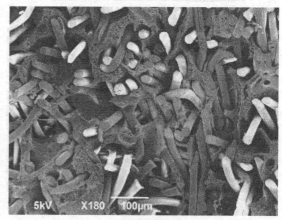

图 1-5　合成革表面结构　　　　　　　　　图 1-6　合成革基体层结构

　　人造革的主要优点是轻便、外观美观、价格便宜、污染易清理、尺寸稳定、厚度均匀、具有耐热性、出裁率高。

　　人造革缺点也是非常明显，仅仅达到"仿形"效果；强力、耐折牢度级较低，不宜用作鞋材；透湿度较低；无温感性；弹性、拉伸、压缩性能较差。

二、 天然皮革、 人工革用途分析

1. 主要制品用材分析

　　（1）鞋面革　鞋面革要求的重点是外观、力学性能和卫生性能指标。天然皮革是很好的鞋用材料，是日常鞋面材料的首选。超纤革除卫生性能稍差外，其他性能完全可以和天然皮革相媲美，因此也是一种较好的鞋用材料，尤其是在运动鞋、休闲鞋、军鞋、劳保鞋等使用强度大、条件恶劣的领域。合成革作为中档天然皮革代用品，也较结实耐用，也是许多鞋类选用的材料。

　　（2）服装革　衣着材料首先看重的是外观和触感，其次需要有一定的结实耐用程度和卫生性能。天然皮革在满足外观、手感、触感以及物性方面，性能较佳。超纤革手感柔软，也属于性能优良的高档衣用革。人造革由于其柔软的手感和靓丽的外观，也大量作为服装革的材料，缺点是强度、拉伸及弹性等性能比较差。

　　（3）家具、坐垫革　这类用革要求其外观美丽，手感柔软，强力、撕裂、崩裂、耐折牢度要求较高，染色摩擦牢度、防水性能、耐溶剂性能较好，脏污易清理，制品加工性能优良。在此方面，超纤革有较大的优势，既有天然皮革的外观和性能，又具有很高的物理机械性能，是优良的坐垫类材料。

　　（4）体育用品　体育用品要求具有高强度、耐候性及耐久性优异，并且具有均一稳定的性能。在球类方面，合成革具有很强的优势，压花性能好，品质均一。在体育器材如手套、垫面、护具等方面，真皮与超纤革都是很好的材料。

2. 人工革的用途

　　（1）人造革　干法 PU 人造革轻薄柔软，广泛应用于服装、内饰行业。湿法 PU 人造革以休闲鞋、包袋、沙发等用途为主。PVC 人造革主要用于坐垫、沙发、包带等。人造革在笔记本、票夹、证件、文具、手袋、手套、包装等都有广泛应用。

　　（2）合成革　合成革是主要的鞋革用材，大量使用在男女鞋、运动鞋、休闲鞋、劳保鞋、工作鞋、时装鞋等中。在体育用品和运动器材上大量使用，是三大球的标准用材料。在沙发、家具、按摩椅、皮具、皮包等上都有广泛应用。

（3）超纤革 超纤革是高档鞋面用革，大量使用在运动鞋、休闲鞋面料中，是目前主流运动鞋的标准用材。其次在座垫革上应用广泛，如汽车座椅、沙发、床垫等。绒面型超纤革主要用于服装面料、辅料、手套等。

三、 合成革与真皮的关系

天然皮革是我国的传统行业，也是一个民生工业。皮革制品以其精美的粒面、良好的卫生性能受到广大消费者的青睐。随着生活水平和消费能力的提高，人们的审美情趣更加返璞归真，追求舒适随意的生活，对源自天然的真皮会更加推崇。

合成革是以合成材料为基础，是标准化的生产线工业产品。随着技术的进步，合成革的诸多性能已经可与真皮媲美，部分特性如力学性能、质量均一性、加工适应性等方面已超过真皮。它的开发应用弥补了我国天然皮革资源的不足，丰富了皮革制品市场。从国内外的市场来看，合成革也已大量取代了资源不足的天然皮革。采用合成革制作的箱包、服装、鞋和家具，已日益得到市场的肯定，其应用范围之广，数量之大，品种之多，是传统的天然皮革无法满足的，在革制品市场所占比例呈上升趋势。

合成革从起源到发展一直以天然皮革为模拟对象，从"仿型"到"仿真"。它是集皮革、纺织、化工、造纸等学科为一体的交叉学科，属于轻化工程中一个新的发展方向。合成革的产量已经远超真皮，成为一个独立发展的行业。合成革与天然皮革只是合成材料与天然材料的区别，在使用领域与性能上各有所长。随着社会的发展，人们对待它就像天然橡胶与合成橡胶、天然纤维与合成纤维一样。

天然革与合成革各具特点，各有所长，在市场中相互依存，差异化发展。它们之间的关系不是对立的，而是互补的，不存在谁取代谁的问题。找准位置，各自发挥优势，不断创新，以满足不同层次的消费者对产品的新需求。

第三节 合成革工业发展历史

天然皮革发展历史悠久，但由于人口的膨胀、环境保护力度的加大和社会需求的不断增加，有限的天然皮革资源日益显得不足。在外观、功能、感性方面接近天然皮革的合成革应运而生，在类似皮革材料中，形成了牢固的市场。

合成革工业的发展历史按产品看主要分为三个阶段：人造革阶段、普通合成革阶段、超细纤维合成革阶段。

一、 人造革阶段

人造革是人工革的第一代产品，开发的目的是为了弥补天然皮革资源的不足。20世纪30年代，科学家们从分析天然皮革的化学成分和组织结构开始，对于不同的化学原料和方法制造天然皮革代用品进行研究，从硝化纤维漆布着手，后制造出以PVC高分子材料涂敷的人造革，在天然革的替代工作上实现工业化应用。

PVC人造革是以纺织或针织材料为底基，表面涂覆聚氯乙烯涂层的仿革制品，主要是将外观制作成类似于天然皮革的材料，属于"仿型"阶段。由于廉价且容易加工，所以被车辆用座椅套、家具、装饰、杂货等广泛使用。

20世纪50～60年代，是人造革发展的黄金时期。以日本为例，1960年产量超过4亿平方米，随着合成革的发展，人造革产量持续减少，现在产量只有约3000万平方米。

在人造革发展过程中，PU逐渐代替PVC作为涂层是一个里程碑。1953年德国首先取得聚氨酯人造革方面的专利，1962 年日本从德国引进该项专利，同年日本兴业化学工业公司制成了聚氨酯人造革。由于聚氨酯性能优异，聚氨酯人造革迅速成为人造革的主流，延续到现在。

我国人造革的生产，最早可追溯至 1959 年的辽源市塑料厂。发展于 20 世纪 80 年代，到 90 年代达到顶峰。行业整体平均每年都保持 15%～20% 的快速增长，产量居世界首位，主要分布在浙江、江苏、广东、福建和山东等沿海省市。

人造革作为皮革代用品也有明显的缺点。

① 性能缺陷　人造革以普通纤维机织物为基材，结构方面也和天然皮革显著地不同。因此作为皮革代用材料，人造革在力学性能和二次加工性方面还有很大缺陷。

② 环保问题　PVC 产品中的有毒添加剂会污染环境，而且进入人体会有一定的致癌作用。PVC 固废处理非常难，不管是燃烧还是掩埋，都会产生和释放出造成土地和水污染的二噁英及含氯化合物。

③ 工艺落后　人造革面层与底布黏结牢度差、耐候性差、手感僵硬、增塑剂气味大等因素，都限制了它的发展。

人造革由于性能上的劣势和工艺落后等缺点，发展已经受到一定的限制。中国《促进产业结构调整暂行规定》和《产业结构调整指导目录》将聚氯乙烯普通人造革生产线列入限制类中。随着合成革的发展，人造革产品已经到了一个没落时代。

二、合成革阶段

20 世纪 60 年代，随着聚氨酯工业和非织造布技术在人工革上的应用，诞生了合成革。合成革是"化学涂层皮革"中档次较高的一类产品。

1962 年，杜邦公司第一个开发成功了鞋帮用合成革"科芬"（Corfam），1965 年开始销售。"科芬"使用合成纤维非织造布为底基，中间以织物增强，涂层聚氨酯在水中凝固后形成微细小孔，这些孔互相连接，由表及里形成坚韧而富有弹性的微孔层，成为合成革的表层，并与底基构成整体。由于非织造布纤维交织形成的毛细管作用，有利于湿气的吸收和迁移，所以合成革能部分表现天然革的呼吸特征。

"科芬"推出后，由于公司战略以及美国产业政策等方面的原因，8 年后就不再继续生产，但取得的多项专利，奠定了合成革发展的基础。随后欧洲各国湿法聚氨酯合成革迅速发展起来，陶氏公司也生产过仿羊皮 TPU 革，其透气、防水、阻燃性等都超过天然羊皮，德国 Enkagrastoff、英国 Porvair 等也曾在这方面作过尝试，但都未形成气候。相当多的厂家，由于作为鞋用革替代品在质量方面的问题，不得不撤出。

合成革真正的发展始于日本。1965 年可乐丽公司开发了"可乐丽娜"合成革，它为两层结构，取消了中间织物，改善了成品的柔软性，作为当时的男鞋用材料，受到市场欢迎，构筑起了合成革产业发展的基础。

日本的成功大大刺激了合成革工业的发展。由于预测世界人口的增加和发展中国家生活水平的提高，但天然皮革的供给是有限度的，所以人们对合成革的期待越来越高。在此倾向的影响下，日本、韩国、中国台湾地区等人造革厂商都向生产合成革转变。其后，更多的纤维制造企业和化工公司参入其中，新材料不断开发，新用途不断开拓，使合成革产量持续扩大，目前合成革产业几乎成为亚洲的独"洲"行业。

现在，合成革已有许多品种，除具有非织造布底基和多孔面层等共同特点外，各品种也有差异。如采用丁苯或丁腈胶乳作为底基浸渍液，得到非织造布纤维与聚合物间的特殊结合；结构层次不同，三层、二层结构并存，还有用于制作服装的单层结构；为获得不同的表面风格，除采用花辊压纹工艺制造光面革外，也有磨削微孔层的绒面合成革；为避免花辊压纹破坏微孔结构，也采用转移涂层法制成干湿结合型合成革，用于制作箱包和装饰品。

合成革不仅从外观，而且从结构上模拟真皮，与人造革有很大不同。主要特点如下。

① 以非织造布为基材　将合成纤维采用针刺、黏结等工艺形成三维立体网络，模拟天然革的网状结构。

② 聚氨酯的广泛使用　聚氨酯树脂薄膜富有弹性和柔软性，而且断裂强度高，耐磨性、耐溶剂性以及透湿性好。不但物理机械性能优越，而且加工性能也很好，使合成革表层做到微细孔结构聚氨酯层，模拟天然革的粒面。

③ 部分合成革采用差别化纤维　藕状纤维、空心纤维、高收缩纤维等已在合成革中使用，扩大了合成革的功能性。

正是因为这些特性，合成革在今天仍是产量最大、应用广泛的仿皮材料。

三、超细纤维合成革阶段

超细纤维合成革是日本独立开发的技术，其产生与新材料的发展是密不可分的，尤其是聚氨酯与新型合成纤维的发展。

1964 年东丽公司成立了 HIGHTERAK 株式会社，开发了类似杜邦"科芬"的合成革技术，但由于定价太高加上质量问题而陷入困境。东丽公司决定放弃追随杜邦公司技术，开发出了高分子相互配列体纤维的生产技术，确认使用该纤维可以生产出和天然皮革同样结构的构造体。1966 年日本东丽公司引入了扫描电子显微镜（SEM），SEM 的观察揭示了麂皮的微观结构，而且这种结构完全可以用超细纤维仿制出来。因此把几种材料复合成超细纤维合成革，很大程度上归功于对真皮的微观结构研究和模仿。

1968 年，东丽公司的涤纶超细纤维合成革诞生。同年，可乐丽公司通过另一种途径开发出锦纶超细纤维合成革。在超细纤维制造技术上，东丽公司与可乐丽公司采用的材料和分离方法不同，但设计理念及开发思路是相同的。首先它们都由极细的纤维组成，其次都采用海岛法，去除载体后剩余单纯的纤维组分。这是合成革行业划时代的创新技术，世界都给予关注和很高的评价。"这是自亚当和夏娃的无花果叶以来世界上第一次出现的划时代的遮体物"（泰晤士报）；"它是织机和棉纺机出现以来纤维工程学上最大的发明"（美国 WOMEN'S WEAR DAILY），"纤维的劳斯莱斯"（法国费加罗报）。

1970 年超细纤维工业化技术确立，第二年超细纤维合成革进入市场。超细纤维的开发成功，为纤维工业带来了普通纤维无法提供的新技术及创新产品，也给合成革工业带来了一场新的革命。以超细纤维和聚氨酯复合制成的超纤革，是目前世界上最接近真皮的合成皮革，是新材料互相结合的典范，它完成了由"仿制"到"仿真"的过程，冲破了人们对传统意义上合成革的概念，是一种全新的功能材料。

第四节　世界合成革发展状况

合成革在日本、韩国、意大利、印尼、泰国、中国和中国台湾地区等国家和地区都有生产。据统计，世界 90％的合成革产自日本、韩国、中国和中国台湾地区。所以要了解世界合成革的动向，就要看上述地区的发展水平与发展方向。

一、日本合成革工业

日本在人工制革领域的成就一直居世界领导地位。超细纤维的研发、特殊树脂的合成、各种功能性的附加、环保需求的回收再利用、水性 PU 量化产品等新技术，都稳居世界前列。

超细纤维合成革制造商：可乐丽株式会社、帝人株式会社、东丽株式会社、钟纺株式会社、旭化成株式会社、三菱人造丝株式会社。

麂皮合成革制造厂：钟纺合纤株式会社、东洋纺织株式会社。

人造革制造厂：阿基丽斯株式会社、共和皮革株式会社、东洋 CLOTH 株式会社、第一化成株式会社、南海 TECHNART 株式会社、马隆株式会社、近畿氯乙烯株式会社、东丽 COATEX 株式会社、高压 CLOTH 株式会社、角田化学株式会社、EH 化工株式会社、名古屋化学工业株式会社、ASAHI 合成工业株式会社、出光 TECHNOFINE、金字塔株式会社。

以下主要介绍有代表性的可乐丽、帝人、东丽、旭化成、钟纺、三菱六家公司，它们的动向牵动着世界合成革产业的发展方向。

（1）可乐丽株式会社　1965 年，代表性产品"可乐丽娜"开始生产。年产能为 1580 万平方米，号称目前世界上最大的合成革厂。主要产品有可乐丽娜、SOFRINA、BUKASIO、SOFLINASAL、AMARETTA 等。

除传统产品外，公司开发方向主要是战略性新市场如汽车、IT 关联市场。新产品如 AMARETTA 将超纤革推到一个新的高度，AMARETTA 有两层构造，上层部分使用 1/10000dtex、下层部分为 1/500dtex 的超极细锦纶纤维，具有个性化密度构造，对真皮的粒面层与网状层结构的模拟更进一步。

可乐丽公司目前推出的新产品是新型全水基超纤。该技术采用改性 PVA 作为纤维的载体，因此可实现热水减量并进行循环使用，配合水性 PU 浸渍技术，使该产品真正做到了清洁化生产。

（2）帝人株式会社　1971 年公司开始生产 CORDREY，有三原工厂和岛根工厂，总产能为 840 万平方米。帝人集团在生态环保合成革方面走在前列，代表产品为水性合成革 LOELE Ⅱ和聚酯再生纤维生产的 RQ1000PC 等环保合成革。LOELE Ⅱ表里两面都与天然皮革的构造酷似，表皮膜不易出皱褶，具有便于加工、穿着舒适、耐久、强度高等特点。该产品由于采用水性聚氨酯，不用有机溶剂，因此原料以外的有机溶剂排放量为零，这一技术具有划时代的意义。

（3）东丽株式会社　1970 年东丽公司开始生产麂皮状合成革"ECSAINE"，年产能为 600 万平方米，加上生产内饰革的意大利 ALCANTARA 公司的产能，总产能达到 1600 万平方米。

服装用仿麂皮革是东丽公司的传统优势产品，高质量面料品牌"TOREX"中的爱克塞纳是具有典型麂皮风格的人工皮革。东丽公司在日本和意大利都设有工厂，在美国设有销售公司，Alcantara 品牌专供高档汽车内装饰用材，汽车用革在北美有很大的市场份额。新产品的开发主要集中在车用和家具用革方面，仿麂皮型 ECSAINE、MICROFIBLIX，加上最初的光面 Deeper（用无溶剂型 PU 造面加工的适应环境的合成革），在家具市场拓展中做出了很大贡献。公司在服装、面料、汽车坐垫、家具、IT 相关产品等各个领域开展全球战略。

（4）旭化成株式会社　1980 年旭化成公司开始生产麂皮状合成革"LAMOUS"，年产能为 600 万平方米。产品主要是家具用和汽车用革，占总产量的 75% 左右。其主要产品"LAMOUS"在市场上相当有竞争力。汽车革是其优势产品，如日产的 TIANA、丰田的 KARUDINA WAGON、美国的 GM 等均大量采用。

新开发的"Luxilia"是用作服装的新产品，原来的"LAMOUS"基布为 0.11dtex 的聚酯长纤维非织造布，表面为麂皮风格，而"Luxilia"的基布使用的纤维为 0.066dtex 的超细纤维，因此表面具有比麂皮更细腻的牛巴革风格。该公司合成革基布所使用的聚酯纤维大部分为再生纤维，聚氨酯浸渍不使用有机溶剂，属环保型合成革。

（5）钟纺株式会社　1969 年公司开始生产里革"BEREZA"，年产能为 450 万平方米。产品特色为研磨抛光材料，占总产量的 65%。代表性产品为表革用"BELLACE"、"SERUSIONE"、"SOFLEA"、"BERURISAIKURU"；里革用"BELIRIA"、"SILKOOL"；

精密抛光用"BERATOLIX"。钟纺合纤公司正在扩大推出使用超极细纤维"Belima X"的麂皮风格面料，以及"节约能源环保型"的 PET 合成革"BERURISAIKURU"。

（6）三菱人造丝株式会社 1980 年公司开始生产麂皮状合成革"GLORE"，年产能为 230 万平方米，公司以服装革为主。该公司的"GLORE"是使用丙烯腈纤维的具有麂皮风格的合成革，由于其质感柔软，颜色鲜艳，可自由设计，所以被广泛应用于服装、面料、鞋类、室内装饰等领域。其最近开发的服装用新产品 SOALEAF（混合超极细三醋酯和聚酯），具有独特的触感、质感和丰满的悬垂性，由于其价格很高，该公司不一味追求销售量的扩大，而是稳固地培育市场。公司中长期的战略市场是汽车座用革的开发。

日本合成革工业的特点如下。

（1）技术先进 日本合成革总产量在 2006 年被中国超越。但是其产品结构合理，高端产品稳居世界第一。日本合成革制造厂在普通品种已经放弃与中国的竞争，基本都通过新技术研发，选择用自己差异化产品打开市场。如"超极细纤维"是日本特有的技术，在鞋、服装、家具、手套等方面，其优良的柔软、轻、薄特性都得到了体现。另外在功能性材料研发以及环境友好的全水性合成革制造技术等方面，都居领先位置。

（2）环保与清洁生产成为发展的主流 在鞋、包、衣料、家具、汽车等用户开展环境保护性产品的背景下，不使用有机溶剂、减轻环境负荷是合成革行业在 21 世纪生存下去的关键。在汽车行业，已经率先实行了优先采购环境负荷少的材料的"绿色采购"。环境友好的"无溶剂型聚氨酯合成革"是主要发展方向，日本各工厂在开发与生产方面走在世界前列，其生产工艺有水系、湿气固化型、TPU 型等各种技术体系。

可乐丽株式会社开发出对环境友好并具有天然皮革自然外观和质量风格的合成革"TIRRENINA"，是最具代表性的产品，该技术综合了水溶性聚合物和微纤维技术的"无溶剂工艺"，成功地把有机溶剂的排放量控制在以前的 1%。水溶性海岛纤维是其核心技术，海成分是由该公司独自的水溶性聚合物 EXCEVAL 构成，岛成分是由 0.002～0.5dtex 的聚酯长纤维、尼龙长纤维构成，树脂使用独自开发的水系聚氨酯。另外，具有代表性的商品为旭化成纤维的 LAMOUS、三菱人造丝的 GLORE 等麂皮型合成革，具有与溶剂型相比也毫不逊色的品质物性。

（3）产品适用性广泛 日本合成革公司采用的技术路线各不相同。例如：东丽和可乐丽公司开发了海岛型双组分纤维，通过减量后生产出超细纤维，用这种纤维制成能体现胶原结构的仿麂皮产品；钟纺和帝人公司开发裂片型复合纤维（涤/锦复合），再经化学与物理的处理获得 0.1dtex 左右的超细纤维；三菱和旭化成公司用纺丝机直接纺出 0.1dtex 左右的涤纶和聚丙烯腈的超细纤维。由于采用的工艺各不相同，因此产品性能和应用领域亦各不相同，产品多样化，各自拓展各自的市场，显示其优越性。

二、 其他国家和地区合成革工业

韩国的合成革产业以普通型为主，在面层树脂和后处理方面有独特的技术。其超纤合成革发展方向也与中国大陆不同，主要是聚酯系的定岛纤维。但近几年由于中国合成革的发展，其生产能力逐年萎缩。

韩国大成公司最早从日本购买非织造布生产光面类男女鞋料。1991 年大宇公司等用普通涤纤生产非织造布制作光面类运动鞋面料。此后科隆公司用 0.05dtex 海岛型超细尼龙纤维开发仿麂皮型仿真革，1993 年批量投产，制作鞋类、服装、家具、高尔夫手套等产品。主要制造商：德成、大宇 INTERNATIONAL、伯产 LINTEX、KOLON、大元化成、斗林 T&C、大成合成化学、东宇 ALT、现代植毛、大进合成化学。

印度尼西亚最大的工厂 PT UNIND 于 1996 年投产，另一家厂是 2000 年从韩国伯产引进，

2001 年出产品，都是以生产旅游鞋和休闲鞋光面类仿真皮革为主，产量不大。

泰国聚氨酯公司 1995 年用自产普通涤纶非织造布生产鞋用光面革产品，较大的厂仅此一家。

欧美地区现仅存日本企业的子公司，如意大利的 Alcantara 股份公司为日本东丽控股，生产麂皮类高仿真革，年产能 1000 万平方米。

作为材料的高度差异化的一环，各企业都在进行人造革向合成革的转换。韩国与中国台湾地区都因为将使用普通纤维的合成革转移到了中国大陆而减少了产量，但使用超细纤维的合成革则大幅增加。

由于中国大陆合成革产业迅速发展，韩国合成革产业收益日益恶化，亏损、撤退的企业不断出现。尤其是其传统优势"运动鞋用合成革"，产量急剧降低。只靠国内生产来应对客户的要求，要想生存下去已经很难，过去的海外投资几乎全部是投资到中国一个国家，现在眼光也开始投向东南亚。

三、　世界合成革工业发展趋势

合成革产业发展至今已有半个多世纪的历史，主要分布在日本、韩国、中国大陆和台湾地区，其中一半的合成革产量集中在中国大陆。在半个世纪的发展史上，合成革的主产区历经了多次转移：20 世纪 50 年代欧美为主产地，60 年代转移到日本，70～80 年代转移到韩国，到 90 年代再转移到中国大陆。原料、人力成本以及环保要求的提高，是合成革主产地不断转移的主要原因。

从近几年生产情况看，由于中国技术的进步，日本厂家在普通合成革生产规模和技术上，正在逐渐失去优势，对附加值低的一般产品已经交出了主导权，转向高附加值产品和差异化产品的生产，但日本仍然占据着高端产品市场。中国正在大力向合成革投资，尤其是对超细纤维的投资趋向活跃。中国凭借其广阔的市场和相对廉价的劳动力，正在逐步成为合成革的生产与消费大国。

从产品来看，服装、汽车、家具、手套用革成为高成长产品。服装用麂皮革的产销量已连续几年高速增长，超薄、超轻型革成为主流，从重衣料转向了轻薄的衬衫、罩衣等轻衣料，应用领域扩大。汽车用麂皮合成革，因耐久性优良，加上原来的高档外观，能够达到汽车厂家对性能的苛刻要求，采用的汽车厂家越来越多，近几年呈稳步增长的态势。从上述情况看，超细纤维合成革正逐步成为产品主流，大力开发超细纤维产品，才能继续称雄市场。

第五节　中国合成革工业的特点及发展状况

在 20 世纪 80 年代以前，我国的聚氨酯合成革工业还是空白，此时日本的合成革已蓬勃发展。中国真正意义上的聚氨酯合成革的生产开始于 1983 年山东烟台合成革厂从日本可乐丽公司引进合成革的生产技术及设备，结束了我国不能生产高档人工革的历史，也标志着中国聚氨酯工业基地的诞生。经过 30 多年地发展，我国已经成为拥有两千多家相关制造企业、几千条生产装备的世界上最大合成革生产国。

一、　中国台湾地区现状

中国台湾地区最初形成规模生产的是 1990 年南亚公司和三芳公司的光面类运动鞋面料。1993 年南亚最早使用 0.05dtex 超细纤维生产超纤革，1995 年三芳公司也开始生产。南亚在江苏南通、三芳在广东东莞都有合资厂，用普通涤纤生产普通产品。

目前三芳主要生产高密度高剥离不织布运动革和超纤革，合发也主要生产高密度高剥离不织布运动革和超纤革和剥离皮，尚峰也主要生产高密度高剥离不织布运动革和超纤革，南亚主要生产高密度高剥离不织布运动革和水刺革，大洋塑胶主要在开发水性发泡涂层革。

主要制造商：南亚塑胶、三芳化学、吉发兴业、信立化学工业、裕锋兴业、大洋塑胶工业、延颖实业、上曜塑胶、尚锋兴业、普大兴业。但目前很多工厂已经基本停产或转移产能。

二、中国合成革工业特点

（1）产量世界第一　经过 20 世纪 90 年代的积累，进入本世纪后，中国合成革行业出现爆发式增长，迅速成为世界第一大制造国。

近年我国不断推出合成革领域的新技术、新材料、新工艺，合成革制造充分借鉴了纺织、造纸、皮革与塑料行业的先进技术，同时又发挥自身特点，加上装备自动化程度高，已成为一个自成体系的高技术产业。局部形成特色区域经济结构体系，目前已形成长三角、珠三角、温州、台州、丽水、闽南、山东等大型合成革生产制造基地。"中国制造"的合成革正在震撼着日本、韩国、中国台湾地区，不仅中国生产的外资企业产品，而且中国本地产品也在国际市场上增加了影响，具有压倒性成本竞争力的中国产品，由于品质和技术水准的提高，对日本、韩国、中国台湾地区的合成革企业形成了威胁。

（2）超纤革比例提高　超细纤维合成革代表着合成革工业发展水平。20 世纪末，国内只有烟台万华每年 300 万平方米的产能。近几年来发展很快，产量急剧扩大，许多人造革合成革制造厂、化纤企业、非织造布企业投入其中。目前现在国内已经拥有近 50 条超纤生产线，2014 年各种超纤革产量已经达到 7000 万平方米，主要集中在山东、浙江、江苏、福建、上海等省市。

目前国内超纤革主要有定岛型和不定岛型两大类。不定岛型是主流产品，产量占 90％以上，产品主要用于运动鞋、休闲制品、家具、球、包袋等。我国超纤革的产量与技术水平已经达到一定的高度，在质量提高背景下，由于这几年重视产品质量，并不断引进流行的颜色及花纹，产品档次整体提高。

（3）产品转向多样化　中国合成革工业建立时的目的就是以鞋用途为主，后来产量急剧扩大，主要的用途也是运动鞋、旅游鞋等鞋类产品。经过多年发展，尤其是超纤革的发展，产品结构已经发生了改变，应用领域不断扩大，一"鞋"独大现象已经发生改变。沙发革、箱包革和室内装饰用革的产量不断扩大；在体育用品如球类、运动手套、运动器材已稳步增长；服装革、汽车用革及配套车用内装饰材料也不断拓展。

（4）生态合成革与清洁化生产成为行业发展趋势　随着我国经济的发展和人民生活水平的不断提高，环保的价值日益凸显，俨然成了衡量发展的第一要素，环保权重将直接决定合成革企业的绩效、生存空间以及可持续发展能力。

中国合成革行业形成了十几项涉及不同专业用途的行业与国家标准，特别是吸收世界上先进国家的标准以及推行环境强制性标准，目前行业推行《人造革合成革Ⅲ型环境标志技术标准》、《人造革合成革清洁生产标准》和《绿色生态合成革标志》等的认证工作。当前合成革行业面临的任务是要进一步发展少污染、零污染的技术，进一步减少资源浪费、能源消耗，推动行业实现健康可持续的发展。国家推出《合成革工业污染物排放标准》对众多的合成革企业来说，环保将被置于法律名义下，成为企业绩效考核的又一强制标准。

（5）多元产业链条初步形成　合成革产业链已经形成几千家的上游原料和几万家下游制造商，分布在塑料、皮革、纺织等多个系统。合成革制造是一门专业性很强的技术，涉及皮革技术、高分子材料、纺织材料与工艺、电气自动化、印刷技术、涂料技术、服装业及鞋业等。

合成革有 3000 多个品种，下游产品的应用越来越广泛，包括了人们日常生活所必须的箱包、鞋、服装、沙发、内饰等，更拓展到汽车、医疗、电子产品等诸多新领域。

三、 中国合成革工业的主要问题

（1）环境保护任重道远　溶剂型聚氨酯仍是中国合成革生产的主流，虽然大部分企业已经安装了溶剂回收装置，生产中约85％的溶剂被回收重新利用。但是国内合成革企业小而分散，仍有很大一部分溶剂没有回收，尤其是干法和后段的溶剂排放产生巨大的危害。

有机溶剂对操作人员身体造成严重损害，对安全生产构成严重威胁，易发生火灾和爆炸。含溶剂的生产废水排放后，将对河流及地下水造成污染。

要从根本上解决合成革行业的污染问题，首要就是减少溶剂型聚氨酯的使用量。目前国内已经在开展该工作，水性聚氨酯、无溶剂树脂、TPU、湿气固化等开发工作已经取得阶段性成果。

（2）产能相对过剩，产品结构不够合理　中国目前很难准确的统计实际生产量及销售量。根据测算，行业的最大年产能将达到50亿平方米左右，但是与巨大的生产能力相比，总的开工率很低，竞争激烈，两极分化明显。供求关系的失衡直接导致了竞争的加剧，革厂的无序竞争及产量过剩成为合成革企业出现问题的主要因素。

虽然国内合成革产量巨大，但产品结构不够合理。代表行业发展水平的超纤革在合成革中所占比例不到10％，而日本则以超纤革为主流产品。目前企业也意识到该问题，大型超纤企业正不断扩产，而中小合成革企业盲目增加产能的现象得到遏制，更多的企业在产品技术上下工夫。

（3）工艺单一，产品同质化严重　目前我国合成革生产基本都是干法湿法技术，工艺比较单一，各公司产品大致雷同。以超纤革为例，全国的超纤生产企业基本采用的都是与万华相同的不定岛技术（源于日本可乐丽），生产工艺的雷同造成了产品同质化。应用主要以鞋革、沙发革为主，市场较窄，主要集中在福建广东一带的华南市场。反观日本，各公司走的技术路线各不相同，如可乐丽的不定岛技术、东丽的定岛技术、钟纺和帝人的裂片型技术、三菱和旭化成的直纺技术等，几乎涵盖了所有的制造方法。在产品应用上各公司也各有特色，包括服装用、鞋用、汽车内饰用、家具用、其它杂用等多个方面，有的甚至跳出一般的概念，涉足电子、医疗、电池、研磨等新领域。

尽管我国合成革产业持续健康发展，但是仍与发达国家和市场的需求存在一定差距，还有一些问题亟待解决，目前整个行业的重点是要加快产品结构调整，提高核心竞争力。

四、 合成革工业持续发展策略

（1）加强基础理论研究　合成革工业在我国发展时间只有三十几年，超常规的发展主要建立在实践经验的基础上，理论研究滞后。到目前为止仍有许多理论问题尚未研究清楚，使生产控制、产品质量的稳定性受到影响。新时期应积极开展基础理论方面的研究，以科学的理论指导生产实践，是我国合成革工业发展的重要战略。

（2）环保技术的应用　制约合成革工业发展的重要因素是环境问题。一是研究推广可行的清洁生产工艺，降低甚至消除生产过程中排放的污染物；二是研究开发替代产品，如PUD等，达到在源头消除有毒有害物的目的；三是积极进行末端治理。在现有生产基础上，加强溶剂、水、能量等回收利用，减少排放。

（3）加强标准的制订　标准代表着行业技术的制高点，也是企业间、国家间市场竞争的重要手段之一。今后中国合成革行业应加强标准化制订工作，按照国际市场惯例组织生产经营，特别是产品环保标准和产品安全标准，需要进行系统和有效的研究，以确保消费者的健康和国际市场的竞争力。

（4）品牌意识行业文化意识的建立　品牌建设包括品质认证、管理认证、环境认证等。品牌建立是一个周期较长的过程，但也是一个强化自身竞争优势的过程，品牌是高品质产品的体现，是解决国内合成革行业中小而散的主要方法，以品牌带动生产水平的提高和产业升级，引导企业更新经营理念。而行业文化意识的建立是一个行业走向成熟的标志。合成革行业文化意识包括独立的行业向心力，与服饰文化、箱包文化以及鞋文化的融合，技术设计与产品设计的绿色理念等。

（5）差别化产品与市场的拓展　国内合成革行业并不是没有市场，而是缺乏开拓。突破性的发展必须要产品开发和市场开发齐头并进，不断研究开发新的功能，使产品多样化，市场多样化，更好地满足消费者的需求，如健康功能、安全功能、舒适功能等。合成革应用领域遍及生活的各个方面，应努力研究开拓合成革的应用市场，使合成革工业可持续发展。

（6）功能性纤维与化学品的研发与应用　合成革是建立在合成材料的基础上，是合成革工业发展的重要保证。采用功能化纤维，如抗菌、调温、抗紫外线、阻燃、异形截面纤维及表面改性纤维，可以改善合成革的卫生性能、抗寒保暖性、透气性和耐磨性等。

功能化学品是避免产品趋同，发展品种多样化的一个重要方面，如高透湿性聚氨酯，主要用于运动服装和护理用品。高耐久性聚碳酸酯型，主要用于汽车、家具方面，具有独特的真皮触感和外观等性能。其他如三防整理、阻燃处理、抗菌整理等都需要功能化学品才能实现。

第二章
海岛纤维工艺

　　无论在天然皮革还是合成革中，纤维都是最基础的成分。天然皮革主要由胶原纤维构成，占全部质量的 95%～98%；合成革主要由化学纤维构成，约占全部质量的 50%～80%。

　　超细纤维在组成与结构方面模拟胶原纤维，因其优异的性能使超纤革具有了类似于真皮的外观与内在结构。超细纤维的概念源于日本，20 世纪 60 年代，Kuraray、Toray 等公司开发了超细纤维并在合成革领域应用。我国超细纤维技术发展晚但速度很快，主要用于合成革的制造，是合成革工业的基础和核心技术。

第一节　超细纤维概述

一、超细纤维的定义

　　超细纤维目前国际上没有准确的定义，各国定义略有不同，但都以线密度为定义标准。德国纺织品协会将 PET 线密度低于 1.2dtex、PA 线密度低于 1.0dtex 的单纤称为超细纤维；美国 PET 委员会认为纤度 0.3～1.0dtex 为超细纤维；意大利则将 0.5dtex 以下的纤维称为超细纤维；日本化纤行业普遍将纤度低于 0.3dtex 的纤维称为超细纤维；我国把 0.9～1.4dtex 的纤维称为细旦纤维，0.55～0.9dtex 的称为微细纤维，0.55dtex 以下的称为超细纤维，但目前行业基本把 1.1dtex 以下的纤维统称为超细纤维。

　　目前世界上能够生产的最细的超细纤维已达到 0.0001dtex。多数合成纤维均可纺制成超细纤维，如聚酯、聚酰胺、聚丙烯腈、聚丙烯甚至聚四氟乙烯、玻璃纤维等。现在产量最大的是聚酯和聚酰胺超细纤维。

二、超细纤维的发展

　　超细纤维是合成纤维向高技术、高仿真化方向发展的典型代表。合成纤维的超细化源于人们对纤维材料功能化的不断追求，其发展历程就是对天然纤维的不断模拟与超越，基本可分为三个阶段。

　　第一阶段：早期的超细纤维是对蚕丝的模仿。20 世纪 60 年代日本公司利用不同的方法开发出多层结构化的特殊纺丝法和剥离法，制造出各具特色的超细纤维，如多芯型、分裂型、放射型等。

　　第二阶段：20 世纪 70 年代主要是模仿天然纤维性能，着重于对合成纤维改性。80 年代，一方面继续着眼于合成纤维的天然化，同时又致力于发现化学纤维所具有的特种功能性，超细纤维就是代表性的"新合纤"。

第三阶段：20 世纪 90 年代至今，主要研究和发掘超细纤维的功能，探索其具有的特性，拓宽应用领域。开发出许多超纤新品种，如超极细纤维、功能性超纤等。

三、 超细纤维的制造方法

利用不同的技术，可制造出不同纤度、种类及用途的超细纤维。其制造方法大致可分为直接纺丝法、复合分割法和海岛法。

(1) 直接纺丝法　采用传统的熔纺技术制造长丝型超细纤维。最大优点是可直接获得单一组分的超细纤维，不需像复合纺丝或共混纺丝那样进行双组分的剥离或溶解，因此成本较低。缺点是工艺条件要求严格。由于单丝线密度很小，生产中易发生断头、毛丝、线密度不匀、截面形状改变等，难以获得高质量的纤维。目前直纺法商业化产品最细的是旭化成公司的"Besaylon"——单丝线密度为 0.165dtex 的 PET 纤维。

(2) 复合分割法　将几种热力学不相容的但黏度相近的聚合物组分，各自沿纺丝组件中预定的通道，相互汇集形成预先设定好的纤维截面形状，通常有米字形、十字形、层状形等。

分割法的关键是提高两组分的分割数，否则无法达到超细化的要求。开纤一般通过机械或化学方法使各组分分离，得到异型截面的混合型超细纤维，无需溶解掉特定组分，因而聚合物不受损失，常用的是 PA6/PET 的米字形裂片纤维。

(3) 海岛法　海岛型纤维是采用两种（或以上）热力学不相容的聚合物进行共混纺丝或复合纺丝制造的特殊纤维，其中一种聚合物（分散相）以微细纤维的形式分散于另一种聚合物（连续相）中。如果把连续相去除掉，则得到由分散相形成的超细纤维；如果把分散相去掉，则可以得到中空多孔纤维。

超细纤维根据其纺丝技术来分类，分为定岛型与不定岛型。

定岛型："海"与"岛"分别由单独的螺杆挤压机进行熔融进料，然后到纺丝组件进行复合。岛成分在纤维的长度方向上是连续均匀分布的，岛数固定且纤度一致。复合纺丝后以常规纤度存在，只有将"海"成分溶解掉，才可真正得到超细纤维，单丝纤度 0.05～0.08dtex 左右，可做长丝也可做短纤。

不定岛型："海"与"岛"在同一螺杆挤压机共混通过熔纺制得，纺丝后以常规纤度存在。纤维中岛的大小、数量、分布及长度都在一定范围内存在随机性，岛数量多，所以平均线密度更小，溶剂萃取海组分后纤维呈束状，纤度一般在 0.01～0.001dtex 左右，甚至可达 0.0001dtex。由于是经过粒子拉伸而形成微纤，所以不能生产长丝而只能生产短纤。

在超细纤维制造过程中，通常根据所需纤度的不同采用不同的纺丝方法。纤度大于 0.55dtex，一般采用直纺法生产；0.33～0.55dtex 一般采用分割法生产；0.11～0.33dtex，一般采用分割法或海岛法生产；在 0.0011～0.11dtex，一般采用海岛法生产。

四、 超细纤维的特性

超细纤维最显著的特点就是单丝线密度大大低于普通纤维。线密度的急剧降低，决定了超细纤维织物有许多不同于常规纤维织物的特性。

(1) 力学特性　纤维的惯性矩 I_0 与纤维的直径 D 的关系为 $I_0 = \pi D^4/32$，表明纤维惯性矩与其直径的 4 次方成函数关系，即随着纤度的变小，其挠曲刚性和扭转刚性会大幅度降低，所以超细纤维产品具有细腻柔软的手感及良好的悬垂性。

(2) 表面特性　比表面积大，纤维与其他物质接触的机会多，因此对染料和化学品的吸附性特别强。其织物也具有良好的吸排湿性。

(3) 几何特性　容易制备高密度的产品，在结构中形成均匀分布的大量微细孔隙，水汽在纤维集合体内的毛细效应强。超细纤维相互容易缠结，在制品表面可形成浓密的绒毛，起绒性、覆盖性、蓬松性、保暖性有明显提高。

（4）光学特性　纤维直径减少使光学性能如折射率、透光率、反光性有很大改变，纤维集合体表面对光的漫散射增加，颜色亮度减弱，光泽较柔和，要得到深颜色需较大的染料量。

五、　超细纤维的用途

（1）丝绸风格织物　超细纤维织物既具有真丝轻柔舒适、华贵典雅的优点，又克服了其易皱、粘身、牢度差等缺点，"轻、柔、爽、滑"的特点满足了人们对多样化、高档化的要求。

（2）仿皮材料　具有与真皮在外观与内在结构相似的性质，完成了从"仿形"到"仿真"的变化。材料轻薄柔软，悬垂性好，有丰富的表面纹理，强力好、不变形。

（3）高密防水透气织物　纤维间隙介于水滴直径和水蒸气直径之间，因此具有防水透湿效果；纤维间形成的细小的孔隙使制品具有高透气性。

（4）高性能洁净材料　很高的比表面积和孔隙率能吸收较多的液体或灰尘，纤维柔软不会对擦拭表面造成损伤，并可重复使用，因此在精密机械、光学仪器、微电子、无尘室及家庭等方面都具有广泛用途。

（5）其他用途　超细纤维还广泛应用于液体或空气过滤材料、医疗防护织物、保温材料、吸液材料、功能纸制品等。利用其防水透湿性可制作建筑材料、生活用纺织品。利用其化学反应性，可制作快速应答型凝胶纤维、耐热化学试剂等。

六、　超细纤维在合成革工业的应用

超细纤维在合成革上的应用有 40 多年历史，其成功很大程度上归功于对真皮微观结构研究及模仿胶原纤维方面所诉诸的努力。1963 年日本东丽公司用 SEM 观察揭示了麂皮的微观结构，证明这种纤维可以用超细纤维仿制出来。

1963 年美国杜邦公司向市场推出了用 1.1dtex 纤维制成的人造皮革 "Corfam"，1964 年日本可乐丽公司研制成功了鞋用人造皮革 "Clarino"，这是合成革早期的产品。

1970 年东丽公司推出了海岛型超细纤维制造的仿麂皮 "Ecsaina"，作为高级时装面料风靡一时。1977 年钟纺公司开发了裂离型复合纤维 "Belima X"，纤度达到 0.11dtex。20 世纪 70 年代是超纤在合成革上快速发展的时期，日本公司向全球推广超细纤维仿皮材料，代表性产品有三菱人造丝的 "GLORE"、帝人的 "Hilake" 和钟纺的 "Lammuse"。

20 世纪 80 年代，复合纺丝技术日趋成熟，裂解与减量形式愈加丰富。很多国家卷入了"超细热"。可乐丽的超细纤维人工革 "Amaretta" 是其中的代表，"Amaretta" 有两层构造，上层为 1/10000dtex、下层为 1/500dtex 的超极细 PA 纤维。东丽公司的高品质面料 "TOREX" 是具有麂皮风格的人工革。

日本超纤革以技术优势一直占据着世界合成革行业的高端市场，高性能的不同技术风格的超细纤维是其成功的关键。如可乐丽、东丽的海岛型超纤，能体现胶原结构的真皮风格；钟纺和帝人的裂片型涤/锦复合纤维，可获得 0.1dtex 的超细纤维；三菱和旭化成的直纺 0.2dtex 的 PET 和 PVN 超纤，具有独特的风格。由于采用不同的工艺，产品性能和应用领域亦各不相同，显示了其技术的优越性。

我国在 20 世纪 80 年代期开始研究定岛、剥离型超细纤维，生产了纤度 0.20dtex 的涤/锦复合超细纤维及 37 岛定岛纤维，开发了仿桃皮绒、仿丝绸、仿麂皮、洁净布等产品，但在合成革领域的应用还很缓慢，关键设备及高岛数纤维仍主要依赖进口。

不定岛型技术研究始于 1992 年，在技术体系上承袭了日本可乐的不定岛型结构，1996 年初步实现工业化生产。由于该技术所得纤维与真皮更为接近，所以不定岛技术是目前国内超纤革生产的主流。超细纤维作为行业核心技术，国内的基础研究薄弱，没有形成类似日本的技术体系，品质稳定性与新技术开发能力都有相当的差距。

第二节　海岛纺丝原理

一、　基本原理

在一定条件下把两种（或以上）热力学不相容的高聚物共混，其中一种高聚物（分散相）以微小液滴形式分布在另一高聚物（连续相）中。当受到径向拉伸作用时，分散相液滴受力形变为微纤维，冷却定型后形成一种聚合物组分以微细短纤维的形式分散于另一种聚合物组分中的纤维结构，即海岛纤维。

海岛纤维形成过程可分为共混和纺丝两个阶段。

（1）共混阶段　指切片经螺杆挤出机加热混合，形成稳定的海岛结构共混高聚物体系的过程。共混阶段决定了共混物的相态结构，是形成海岛纤维的基础。

共混形态有一个基本规律。低黏度高聚物倾向于形成连续相（海相），高黏度的一般形成分散相（岛相）；含量高的组分易形成连续相，含量低的组分形成分散相。同时温度、剪切力等共混条件对相态结构影响很大。

（2）纺丝阶段　海岛共混熔体经过挤出、拉伸、固化形成海岛纤维的过程。即完成从"液滴"到"纤维"的转变。

PA/PE共混结构见图2-1，其海岛纤维断面结构见图2-2。

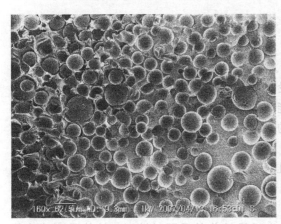 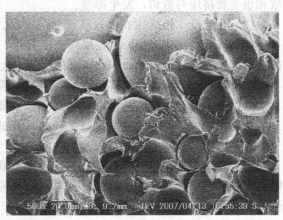

图 2-1　PA/PE 共混结构

共混熔体进入喷丝孔前，分散相在界面作用下保持球形颗粒分散在连续相中。当熔体由纺丝计量泵以一定压力经喷丝孔压出时，球形颗粒受到轴向拉伸后发生形变，经拉伸成为细长微纤，并通过冷却作用得到固化，形成海岛结构的初生纤维。

二、　纤维成型过程

在环吹风的冷却作用下，熔体拉长、变细、固化而最终形成初生纤维。熔体细流在成型过程中，黏度、速度、应力及温度在其路径上存在着连续变化的梯度场，由于熔体是高分子聚合物，呈现出非牛顿型的流动，所以熔体细流的固化成形历程，基本上可分为入口段、孔流段、膨化段、拉伸段和稳定段，其过程如图2-3所示。

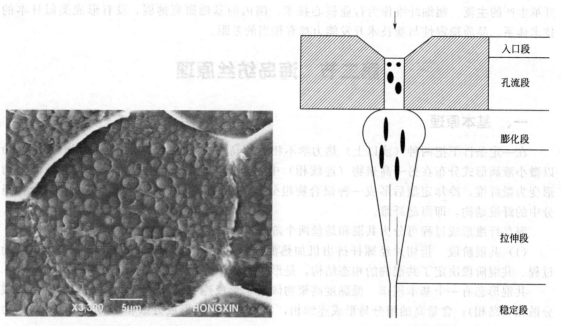

图 2-2　PA/PE 海岛纤维断面结构　　　　　图 2-3　纺丝成形过程示意图

（1）入口段　喷丝头入口段为锥形，因此熔体在此存在纵向速度梯度，流速的增大所损失的能量以弹性能存储在体系中，这种特征称为"入口效应"。流体在入口区的流线变窄，分散相也受到挤压与剪切，发生形变。

（2）孔流段　指熔体在喷丝孔流动的区域。熔体流动有两个特点：一是流速不同，靠近孔壁的熔体速度比中间小，存在横向速度梯度；二是入口产生的高弹形变有所消失，但是熔体在此区域的时间非常短，因此消失的程度不大。

（3）膨化段　指熔体刚离开喷丝孔后的一段区域。由于突然松弛，熔体在入孔口时所储存的弹性能，以及在孔流区未松弛的部分弹性能将在熔体流出孔口处发生回弹，应力松弛导致细流膨化胀大。产生的主要原因是高弹形变的迅速恢复，另外熔体流速场的改变和表面张力的影响也是形成膨化区的原因。

膨化胀大的程度与分子结构、温度及喷丝孔长径比有关。分子量减小、纺丝温度提高和喷丝孔长径比增大会降低膨化率。膨化现象不利于纺丝成形，膨化过大时，会产生纤度不匀、熔体破裂、粘板等现象。

（4）拉伸段　也称冷凝区，是熔体细流向初生纤维转化的重要过渡区。熔体受到喷头拉伸而产生轴向形变，使得微纤的成型得到进一步的发展和完善。熔体细流在此区间内，温度依然很高，流动性好。在张力作用下，细流很快被拉细，同时由于吹风冷却，细流从上到下温度逐渐降低，熔体黏度增加，细化的速度也越来越慢，此现象称为喷丝头拉伸。该区的终点即为固化点，熔体细流变成固态纤维。选择合理的成形条件，使熔体细流在形变区内所受到的冷凝条件稳定均匀，是纺丝的关键之一。

（5）稳定段　熔体细流已固化为初生纤维，不再有明显的流动发生，基本上已经形成一定的结构，对外界的影响也比较稳定，纤维不再细化，速度也基本不变。

三、纤维结构特点

海岛纤维从断面看（图 2-4），超细纤维组分呈点状分布于载体组分内，似"海-岛"形式；在纤维纵向上，超细纤维断续但密集分散在连续相中（图 2-5）。从海岛纤维整体看，它具有常规纤维的纤度和长度，当"海"相被萃取后，得到由"岛"相构成的数量众多的束状超细纤维。当"岛"相被萃取后，得到由"海"相构成的蜂窝状的藕状纤维（图 2-6）。

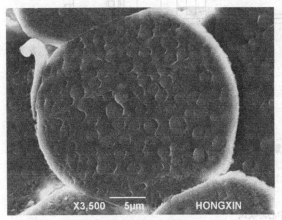

图 2-4　海岛纤维

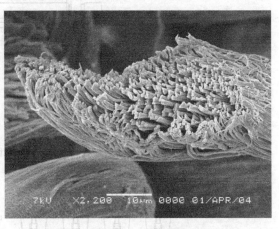

图 2-5　超细纤维

① 分布不均一性　由于分散相的大小、数量、分布都在一定范围内存在随机性，因此超细纤维的纤度也是在一定范围内分布。

② 低纤度　海岛纤维内通常包含几百根超细纤维，所以超细纤维纤度很小，一般在 0.01～0.001dtex 左右，甚至可达 0.0001dtex，是目前可用于工业化生产的最细的纤维之一。

③ 短纤维　由于是经过粒子拉伸而形成微纤，其拉伸长度受到限制，所以不能生产长丝，而只能生产短纤维。

④ 仿胶原纤维结构　超细纤维呈束状，纤度与结构类似胶原纤维。

⑤ 萃取"岛"组分，纤维中形成大量的线型孔洞，得到"海"组分构成的藕状纤维。

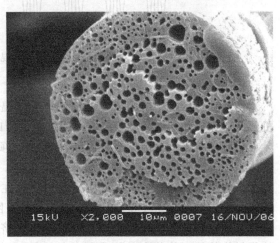

图 2-6　藕状纤维

第三节　纺丝工艺

一、　基本工艺流程

本书重点介绍 PA6/PE 共混体系的"纺丝-牵伸"一步法技术。其工艺流程如下：

纺前准备→混合切片→螺杆挤出机（进料、熔融压缩共混、计量均化）→熔体过滤→熔体管道输送→静态混合→计量泵→喷丝组件→环吹风固化→上油→进入后纺（或直接卷绕）

图 2-7 为共混与纺丝示意图。

二、　纺丝设备

纺丝机是生产线中的核心设备，目前主要采用的是短程低速大容量纺丝机。一条卧式单螺杆，四个或八个纺丝位，大直径环形喷丝板，内环吹风冷却。

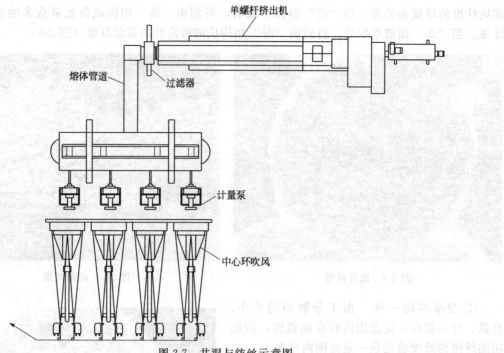

图 2-7　共混与纺丝示意图

1. 螺杆挤出机

切片在挤压机中熔融挤出，是一个从常温固态转化为高温黏流态的挤压过程，因而挤压机要同时完成加热熔融和挤压输送的作用，所以它既是加热器，又是熔体输送泵。

单螺杆挤出机结构见图 2-8。螺杆完成三项基本操作：切片的供给、熔融加压和计量挤出熔体。物料沿着螺杆的螺槽向机头方向前进，经历着温度、压力和黏度的变化，由玻璃态、高弹态转变成黏流态。根据工作原理和物料在挤出过程的状态变化，可将螺杆工作区分为吃料送料段、熔融压缩段和匀化计量段三部分（图 2-9）。

（1）吃料送料段　负责切片的输送、推挤与预热。螺杆相当于一个螺旋推进器，此段中的物料依然是固体状态，切片运动是旋转运动和轴向移动的复合。物料与螺槽间的摩擦力，使物料贴附于螺杆一起旋转；物料与套筒内壁的摩擦力使物料旋转受阻碍，螺杆对物料的轴向推力使物料向机头方向移动。

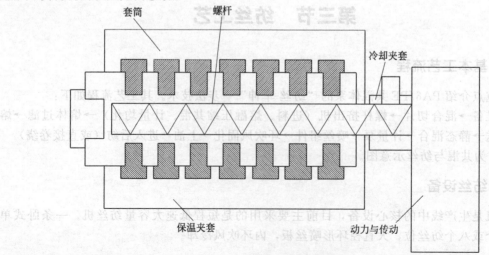

图 2-8　单螺杆挤出机结构

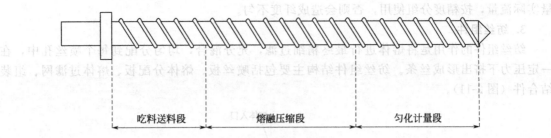

吃料送料段　　　　熔融压缩段　　　　匀化计量段

图 2-9　螺杆分区结构

　　（2）熔融压缩段　负责切片的混炼、压缩与加压排气。物料在剪切力场与温度场作用下开始熔融、塑化，由固态逐渐转变为黏流态。通过这一段的原料几乎全部熔解混合，但不一定达到均匀混合。在此区域，螺槽体积必须相应下降，否则料压不实、传热慢、排气不良。

　　（3）匀化计量段　从压缩段来的黏流状物料在此进一步压紧、塑化、匀化，并以一定流量和压力从机头均匀挤出。这一段的螺槽截面是均匀的，计量段主要是确保两组分温度与混合状态均匀。计量段长则混炼效果佳，太长则易使熔体停留过久，而产生热分解；太短则易使温度与混合不均匀。

2. 计量泵

　　计量泵的作用是定量、定压、均匀的把熔体输入纺丝头组件，以确保纺丝纤度均匀。计量泵为外啮合齿轮泵，它由一对相等齿数的齿轮、三块泵板、两根轴和一副联轴器组成（图2-10）。在下泵板上开有出入口，主动齿由纺丝箱外的泵轴通过联轴节来带动。

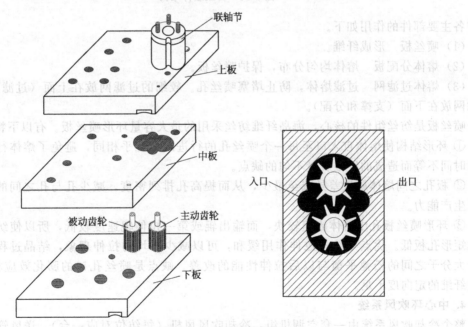

图 2-10　计量泵结构

　　计量泵工作时，主、被动齿轮啮合转动，从入口吸入熔体充满齿谷。随齿轮的转动，熔体被带到出口处形成压力，由一对齿的啮合把齿谷中的熔体压出输送到纺丝组件。为了保证平稳运行，主、被动轮同时有一对或两对齿啮合形成封闭腔，而且啮合过程中封闭腔容积由大到小、由小到大变化，一方面使部分熔体重新带到入口减小流量；另一方面封闭腔内熔体增压或卸压会引起计量泵负荷增加，出现发热或振动。

　　计量泵是精密设备，拆装应仔细，泵的零件不允许互换。新泵或使用一段时间的泵要测量实际流量，按精度分组使用，否则会造成纤度不匀。

3. 纺丝组件

纺丝组件的作用是将熔体进行最终精细过滤，充分混合，均匀分配到每个喷丝孔中，在一定压力下挤出形成丝条。纺丝组件结构主要包括喷丝板、熔体分配板、熔体过滤网、组装结合件（图2-11）。

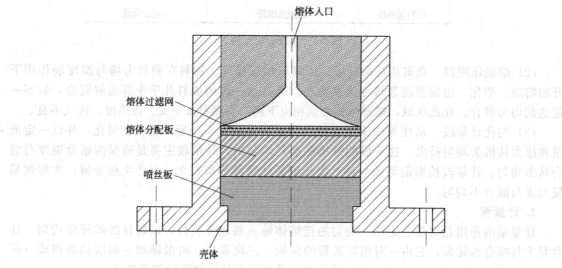

图 2-11　纺丝组件结构

各主要部件的作用如下。

（1）喷丝板　形成纤维。

（2）熔体分配板　熔体均匀分布，保护喷丝板。

（3）熔体过滤网　过滤熔体，防止堵塞喷丝孔。较细的过滤网放在上面（过滤），较粗的过滤网放在下面（支撑和分配）。

喷丝板是纺丝组件的核心，海岛纤维纺丝采用的是大容量环形喷丝板。有以下特点。

① 环形结构使熔体自入口至每一个喷丝孔的行进距离几乎相同，避免了熔体行进距离与停留时间不等而造成的纤维质量不匀的缺点。

② 板孔之间熔体质量差异减至最少，从而提高孔排列密度，减少孔与孔之间的距离，提高了生产能力。

③ 环形喷丝板孔中熔体流速较快，而输出辊或第一拉伸辊速度较低，所以使纺丝拉伸倍数比矩形孔板低。优点是纺丝拉伸作用缓和，可以减少不均匀拉伸现象，结晶过程缓和，有利于大分子之间的松弛平衡与以后拉伸性能的改善。缺点是喷丝孔口的膨化效应相应增加，初生纤维的定向度不足。

4. 中心环吹风系统

整个冷却吹风系统由一套空调机组，冷却吹风风机（每纺位对应一台）、送风管道和圆形导风板构成（图2-12）。

环吹风自纺丝头中心下侧入口管引入，经空气分配器，沿环吹风口喷向自环形喷丝板下落的丝束。吹风温度由空调调节，吹风速度由电器控制旋钮通过改变风机转速而加以大幅度调节，送风高度可以通过调节送风盖板、底板的螺纹高度适量调节。

中心环吹风系统的特点：

① 使丝条在冷却过程中只受定向、定量和定质的空气流冷却，冷却速率均匀一致，纤维凝固位置固定，不受周围气流影响。

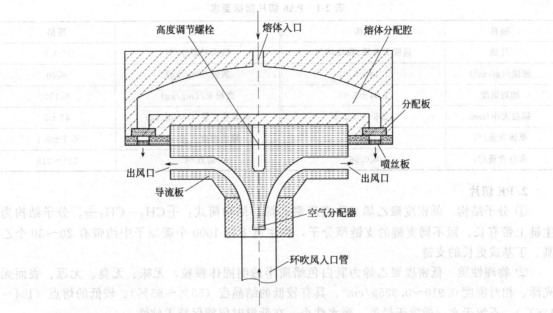

图 2-12 中心环吹风结构

② 风速更高，冷却更强烈。由于冷却空气由内向外吹，被加热的空气在四周自然扩散，避免了排风相互干扰而影响板面温度与丝条质量的均匀。不利因素主要是冷却区离喷丝板面与保温环太近，辐射热影响冷却效果。

③ 由于环吹风口风速较高，空气在较高压力下吹出时进行一定的减压扩散，向外呈扇形扩散，使丝条内外层风速相差较大。冷却速率的差异会导致纤维质量的差异，使各种不匀率增大，这是中心环吹的一个缺点。

④ 内环吹风冷却可以调节的参数为风机转数、风温、风口宽度以及风口离喷丝板面距离，调节方法简单易操作。

内环吹风方式适用于环形喷丝板和多孔纺生产系统，环吹风可使圆周任何一处的风速一致，既可以满足丝束冷却成型的工艺要求，又可以避免穿透丝束的风在喷丝板中心形成的湍流，对板面温度和丝条张力造成影响。环吹风的结构有利于提高板面孔密度，使每位孔数大大提高，产能增加。

三、 原料与性能

1. PA6 切片

① 分子结构　酰胺键与亚甲基构成的线型结构高聚物，结构式—[HN—$(CH_2)_5CO]_n$—；相对分子质量 14000～20000；分子量分布 $M_w/M_n=1.85$。

② 晶态结构　结晶度小于 50%，晶型有 γ 型、β 型、α 型。酰胺基是极性基团，可以形成氢键，分子间的作用力大，分子链排列规整。

③ 物理性质　白色柱形颗粒，软化点 180℃；熔点 215～220℃；分解温度 300℃左右；密度 1.12～1.14g/cm³。玻璃化温度较低，干态 48～50℃，湿态可降至 35℃。有良好的吸湿性，标准回潮率为 4.5%。

④ 化学性质　耐碱不耐酸。可溶于苯酚、59% 硫酸、15% 的盐酸和热甲酸中。酰胺键易酸解断裂，使聚合度下降。在 95℃用 NaOH（10%）处理 16h 后几乎无变化。端基对光、热、氧较为敏感，氧的存在能使分解加速。

⑤ 质量标准　PA6 切片指标要求见表 2-1。

表 2-1 PA6 切片指标要求

项目	规格	项目	规格
外观	透明无杂质,粒度均匀	热水可溶分/%	≤0.6
密度/(g/cm³)	1.14±0.02	灰分/(mg/kg)	≤20
相对黏度	2.81±0.05	微粉末/(mg/kg)	≤150
颗粒大小/mm	$\varphi 2.5 \times L2.5$	氨端基含量/(mmol/kg)	42±3
单体含量/%	≤0.6	堆放密度/(g/cm³)	0.7±0.1
水分含量/%	≤0.06	熔点/℃	215~225

2. PE 切片

① 分子结构 低密度聚乙烯又称高压聚乙烯,结构简式:$\{CH_2{-}CH_2\}_n$。分子结构为主链上带有长、短不同支链的支链型分子,在主链上每 1000 个碳原子中约带有 20~30 个乙基、丁基或更长的支链。

② 物理性质 低密度聚乙烯为乳白色蜡质半透明固体颗粒,无味、无臭、无毒、表面无光泽,相对密度 0.910~0.925g/cm³。具有较低的结晶度(55%~65%)、较低的熔点(104~126℃)。不溶于水,微溶于烃类。吸水性小。在低温时仍能保持柔软性。

③ 化学性质 由于低密度聚乙烯的化学结构与石蜡烃类似,不含极性基团,所以具有良好的化学稳定性,对酸、碱和盐类水溶液具有耐腐蚀作用。

④ 质量标准 PE 切片指标要求见表 2-2。

表 2-2 PE 切片指标要求

项目	规格
外观	乳白色蜡质半透明,无杂质,粒度均匀
相对黏度	0.76±0.06
水分/%	≤0.10
灰分/%	≤0.01
颗粒大小/mm	$\varphi 2.5 \times L2.5$
熔融指数/(g/10min)	50±7
密度(23℃)/(g/cm³)	0.9162±0.015

3. PA6 切片质量对纺丝的影响

PA6 作为成纤物质,切片的质量直接影响可纺性和海岛纤维的质量。主要影响因素是切片中单体与低聚物含量、水分含量及降解情况。

(1)低聚物及单体含量对纺丝的影响 PA6 是由己内酰胺开环聚合制得,切片虽然经过萃取,但仍含有少量单体和低聚物。切片进入螺杆加热熔融后,自身存在着聚合平衡如下:

$$S_n + C_L \rightleftharpoons S_{n+1}$$

式中,S_n 为聚合体;C_L 为单体;S_{n+1} 为新生成的聚合体。

切片中单体含量增高,熔体会发生再聚合现象。而聚合物间再聚合是无规的,相对分子质量虽然有增有减,但分布变宽,熔体黏度也会随之发生变化。

随着低聚物和单体含量的降低,相对分子质量分布变窄,熔体黏弹性变好,可纺性增强,降低了断头率、硬丝、柱头丝等缺陷。单体和低聚物在高温纺丝时容易挥发,沾污喷丝板表面,缩短喷丝板的使用周期,同时恶化纺丝室的工作环境。

实际生产中还发现,少量单体的存在可使初生纤维拉伸作用更顺利进行,并且丝的强力也略有提高。因为单体使大分子间距离增大，降低了分子间作用力，因而降低了松弛活化能，使链段的运动变得容易。即高聚物的 T_g 降低，产生凝胶化现象（即增塑作用）。高聚物拉伸变形是一个松弛过程，在拉伸与纺丝过程中主要形成不稳定的假六方晶体（γ 型），如单体含量控制适当，则生成的晶体中单斜系（α 型）占优势。α 型晶体是最稳定的形式，分子具有完全伸展的平面锯齿形构象，相邻分子链的方向是逆平行的，这种方式排列可以生成无应变的氢键，使取向度增大，所以原丝强度有所增加。

（2）水分含量对纺丝的影响　切片水分是一个影响熔纺的重要因素。PA6 的吸水性很强，切片进入螺杆加热熔融后，存在分子链端基间的缩聚反应与水解反应的平衡，反应朝哪方移动决定于切片的含水率。

$$H \left[N \begin{matrix} H \\ | \end{matrix} (CH_2)_5C \begin{matrix} O \\ \| \end{matrix} \right]_n OH + H \left[N \begin{matrix} H \\ | \end{matrix} (CH_2)_5C \begin{matrix} O \\ \| \end{matrix} \right]_m OH \rightleftharpoons H \left[N \begin{matrix} H \\ | \end{matrix} (CH_2)_5C \begin{matrix} O \\ \| \end{matrix} \right]_{(m+n)} OH + (m+n-1)H_2O$$

含水量高，纺丝时使平衡朝水解方向移动，结果使分子量下降，熔体黏度减小，纺丝压力与初生丝黏度降低。同时由于水在高温下汽化，被熔体带出喷丝孔造成气泡丝、断头，严重时造成熔体破裂而无法成纤。

含水量低，平衡向正反应方向移动，缩聚程度加大。缩聚使部分高聚物的分子量增大，熔体整体黏度增大，纺丝组件压力升高。同时分子量分布变宽，纺丝流体质量不稳定，熔体可纺性差。所以在实际生产中出现切片水份过低断头反而有增多的趋势。

（3）切片降解对纺丝的影响　PA6 切片进入螺杆挤压机后，逐步升温后到完全熔融状态，其间切片会出现水解、热裂解、氧化降解，导致部分分子链断裂。

PA6 热氧化降解包含了自由基在与酰胺基的羰基相连的亚甲基上的夺氢反应及一系列自由基加成环化和诱导断链的反应。PA6 在热氧化降解过程中端羧基含量逐渐增大而端氨基含量基本不变，说明在 PA6 热氧化降解过程中可能很少涉及酰胺键的断裂反应，而主要是碳碳键的断裂反应，所形成的碳自由基进一步与氧反应形成各种含氧基团，从而使端羧基含量不断增大。

PA6 水解反应会产生大量的己二酸酯，表明氧化的 PA6 分子链上存在较多的酰亚胺结构—CONHCO $(CH_2)_4$CO—，而 α-羰基酰胺结构是造成聚酰胺氧化变色的根源。

切片降解除影响切片的可纺性，还能产生纤维黄变，影响纤维的品质。分解反应不仅与切片的含水量及其性能有关，而且随温度的升高和熔体停留时间的变长而加剧，所以要在纺丝条件允许的情况下适当降低温度，减少熔体停留时间。

4. 色母粒

色母粒是一种把超常量的颜料或染料均匀载附于树脂之中而制得的聚集体。在助剂的作用下，将颜料或染料混入载体，通过加热、塑化、搅拌、剪切作用，最终使颜料粉的分子与载体树脂的分子充分地结合起来，制成与树脂颗粒相似大小的颗粒，这种高浓度着色剂称为色母粒。

色母原液着色技术也称纺前染色，是一种采用着色剂（通常为颜料）以母粒形式在挤压前加到聚合物熔体中对合成纤维进行染色的工艺。纤维的挤出纺丝和染色一步完成。纺前染色工艺同传统的纺后染色不同，纺后染色是将纺丝（白色丝）和着色分两步进行。

色母着色与传统后染色相比具有以下优点。

① 良好的分散性　色母生产过程中须对颜料进行细化处理，以提高颜料的分散性和着色力。专用色母的载体与纤维切片品种相同，具有良好的匹配性，加热熔融后颜料颗粒能很好地分散于纤维中。

② 颜料的化学稳定性　直接使用颜料的话，由于在贮存和使用过程中颜料直接接触空气，

颜料会发生吸水、氧化等现象，而做成色母后，由于树脂载体将颜料和空气、水分隔离，可以使颜料的品质长期不变。

③ 着色稳定性　色母颗粒与纺丝切片的颗粒尺径相近，在计量上方便准确，可以保证添加量的稳定，与纺丝切片混合均匀，从而保证制品颜色的稳定。

④ 环保安全性　颜料添加和混合时容易飞扬，被人体吸入后影响操作人员的健康，而用色母切片使用方便，同时保持环境的洁净。

色母粒是由着色剂、载体和分散剂三种基本要素所组成。由于国内合成革行业基本采用的是锦纶纤维，所以色母粒也是以锦纶体系为主。

炭黑是最常用的着色剂。它是一类核芳烃结构的物质，在其周围含有邻羟基芳酮结构，因此很难分散，又很容易絮凝。炭黑的原生粒子越细，粒径越小，则比表面积和活化能越大，更难湿润和分散。但是粒径越小，可以体现出更高的黑度，同时也有利于保证超细纤维的强力，所以黑色母的高分散性是非常重要的。

色母粒用于着色纤维纺丝，是一种特殊"原液着色"纺丝技术。通过在线添加色母粒，共混纺丝成型后，着色剂即均匀地分散在纤维中，称为"在线添加熔体熔纺技术"。该工艺优点是着色与纺丝可连续进行，以操作简便、环保、高色牢度、低成本等优势在超纤生产中广泛应用。海岛纤维因存在后续减量工艺，一般只生产黑色品种。

色母粒使用方法如下。将母粒按比例与纺丝切片进行物理混合，再进入挤压机中熔融共混。以纺丝级黑色母粒为例，炭黑含量一般在 35% 左右，以 PA6 为载体，耐热在 300℃ 以上，过滤性（DF 值）小于 $0.1MPa \cdot cm^2/g$。添加量一般为主料的 3%～5%，过多则会影响微纤结构与强力。

四、纺前准备

纺前准备阶段主要工作是完成切片的混合与输送，对切片进行筛选、干燥、混合，达到进入熔融共混的各项条件，是保证正常纺丝的前提工作。

准备阶段可以分为四部分：投料、切片筛选与一级输送、主料烘干、切片计量配比混合及二次输送。

PE 不吸湿，经过筛选后直接进入 PE 主料仓。PA6 经过筛选后首先进入湿料仓，经过干燥后进入 PA6 主料仓。两种切片经过比例计量，进入中间料仓混合待用。开车时，按要求不断将混合切片从中间料仓送入终端混合料仓，供应挤出机。如需添加母料，由母料计量器直接定量加入中间料仓进行切片混合。

1. 投料

① 根据工艺作业单确认原料品种、混合比例，避免错投或比例不当。

② 对原料进行初步检查，如有破损或脏污应剔除。尤其是 PA6 吸湿性大，包装破损即表明其水分超标。

③ 确认阀门状态，将 PA6、PE 分别投入各自料斗，对投料时间与投料量进行记录。

④ 观察料仓状态，当切片剩余 1/3 时，应及时补充投料。

投料是生产的第一步，虽然属于简单工种，但是需要很强的责任心，在生产中多次发生因投料比例错误而导致大量废丝的情况。

2. 切片筛选与一级输送

① 切片筛选　筛选的目的是将粉末碎料或粗大颗粒的不合格切片筛选出来，得到尺寸均一稳定的切片。尺寸不同则影响混合效果，而粉末碎料进入螺杆时容易在喂料喉发生堵塞。主要设备是振动筛选机。

② 切片一级输送　将筛选后的 PA6 切片送入 PA6 湿料仓，将筛选后的 PE 切片直接送入

PE 主料仓。依靠回转阀脉冲输送器完成，将高速流动气体的动能转变为推动料栓流动的势能，达到输送切片的目的。

3. PA6 切片的干燥

切片的干燥主要是针对 PA6 的高吸湿性而设置的，利用干燥器去除切片中的水分，使切片含水量达到工艺要求。

① 喂料　利用喂料回转阀定量向干燥器内喂入来自湿料仓的 PA6 切片。

② 干燥　利用干燥器去除切片的结合水分。依靠水分子分压作用进行平衡扩散来达到脱湿目的，因此切片干燥有三个要素：干燥的介质——脱湿的压缩空气；干燥的时间——水分子平衡扩散的时间，即切片在干燥器的停留时间；干燥的温度——用于增加水分子的热动能，加快水分子的蒸发速率。

③ 除湿　空气压力变化含水量也发生变化，当空气为高压时，除湿机内吸湿剂吸附水分。当空气为常压时，除湿机内吸湿剂释放水分，并排出机外。

④ 输送　补充式送料方式。当第一次送满 PA6 主料干料仓后，以后随时自动补充送料。

4. 切片计量混合与二级输送

① 计量混合　依据连续小剂量混合原理，切片计量混合同时进行。即在单位时间内同时向一容器喂入单位容积的几种物料，从而达到整体混合的目的。

② 中间料仓　为切片计配混合与混料输送间的缓冲料仓，当中间料仓料位有信号时，切片计配混合停止；当中间料位信号消失时，切片计配混合重新自动启动运行。

③ 输送　为补充式送料方式，第一次送满终端混合料仓后，以后随时自动补充送料。

五、 纺丝工艺控制

1. 海/岛组分比的选择

在不相容高聚物共混体系中，两相组成比例是影响相形态的重要参数。基本规律为：含量高的易形成连续相，含量低的易形成分散相。连续相（或分散相）组分的理论临界含量（体积分数）为 26%～74%。即体系中的某一组分含量大于 74% 时，这一组分就不再是分散相，而是连续相；当含量小于 26% 时，这一组分就不再是连续相，而是分散相。当组分含量介于 26% 与 74% 之间时，主要由两组分的黏度比决定。

在形成稳定海岛结构的基础上，混合比例主要影响的是分散相的数目与尺寸。增大分散相含量使共混初期单位体积内粒子数目增多，随着混合的进行，粒子在剪切力、温度场等作用下产生变形、凝聚和分裂等，岛之间互相碰撞的概率增加，碰撞的结果是岛之间的凝聚形成更大的粒子及岛数量的减少，而这种凝聚是无规律的，所以岛相的粒径均匀度下降。凝聚作用强弱决定了粒子数量、粒径、组分黏度比及界面张力是产生凝聚的驱动力。同时，由于连续相含量相对减少，对岛的包络能力下降，也加剧了无规凝聚的产生。

由于最后得到的是由分散相 PA6 形成的超细纤维，作为连续相的 LDPE 要被萃取掉。所以从工业化角度看，在不影响相态的情况下，分散相含量高有利于得到更多的 PA6 超细纤维。但是 PA6 含量过高则形成尺寸很大的球状、椭球状粒子，甚至形成共连续相结构，海岛结构控制困难，对成纤不利。在分散相粒子形成纤维结构的过程中，粒子凝聚同样起到重要作用。熔体在流动（主要是拉伸流动）过程中，部分粒子形成很细的微纤，但微纤会与其他粒子凝聚，形成直径和体积更大的纤维。若分散相含量太低，则粒子可变形能力及变形后的尺寸都太小，很难形成有效长度的超细纤维。实际生产一般控制 PA6 含量在 50%～55%。

2. 纺丝温度

熔纺温度的高低直接影响到熔体黏度的大小，同时还对熔体细流的冷却固化效果、初生纤维的结构、拉伸性能、海岛界面结构都有很大影响。温度控制是纺丝的关键。纺丝温度的选择原则是：以可进行良好纺丝的较低温度为基准，高于最低温度1～2℃范围内为最佳纺丝温度。PA6/PE共混纺丝在温度控制方面还有以下特点。

① PA6与LDPE二者熔点相差很大，前几区要保证螺杆的供液压力，避免出现供液不足而使喷丝不稳定，后几段要实现两组分的充分混合。所以沿螺杆轴向的温度分布设定要有一个合理的梯度和稳定区。

② 海岛纤维纺丝时，单位时间内挤出量比普通丝时要小，熔体停留时间长，为避免热降解，所以管道温度不宜太高。

③ 较高的纺丝温度可以改善熔体通过喷丝孔的流变性能，提高可纺性。但温度过高，会使熔体黏度降低甚至热分解，造成分子量降低，使组件压力降低或出现波动，条干不匀率增大，毛丝及断头增多，可纺性下降。

熔体的温度影响着初生纤维的结晶度和晶态的形成。一方面是因为熔体温度高，凝固时间和结晶时间长，所以结晶度高；而另一方面，则因熔体温度高，在丝流细化过程中，纺线上凝固点位置下移，熔体的轴向速率梯度减小，大分子热松弛取向的时间长，因而取向结晶减少。海岛初生丝拉伸性能较差，如温度偏低，会使熔体黏度过高，甚至发生局部破裂，也加剧了板面温度不一致造成的不匀，因此组件温度应适当提高。

④ 加料段使用冷却水是非常必要的。加料段位于齿轮箱和挤出机机筒之间，螺杆如果运转时间比较长，会有大量热量传递到切片。PE的熔点比较低，传热过多会使其提前软化或熔解，造成螺杆向前供料压力不足。冷却可以减少热量向聚合物传递，还可防止料碎片粘在喂料喉上，引起喂料输送堵塞问题。

⑤ 在螺杆的三、四区是主要的吸热阶段，加热要充分，否则出现喂料不均匀，当切片熔解不良时，向前供料不足导致板压下降，反馈到螺杆则为增加转速，严重时会造成飞车现象。

3. 喷丝头预拉伸倍数

喷丝头预拉伸倍数是指卷绕（输送）速率和挤出速率的比值。主要影响纤维的纤度、强度、初生纤维的结晶度和晶态结构、海岛分离度。

在保持恒定的纺丝温度和纺丝压力下，纤度随着拉伸倍数的增加而减少。

拉伸倍数增加，纤维的强力增大，但伸长率有所下降。拉伸比增大，纤维在冷却至T_g间的凝固长度增大，初生纤维生成较多的单斜晶系结构，结晶度也增大。同时所承受的形变应力大幅度提高，聚合物大分子链取向度增加，从而提高了纤维的强力。

拉伸倍数增加，海岛分离度会略有下降。PA6/PE流体在成丝过程中，PE的表观拉伸黏度受拉伸速率的增加的影响并不显著，但是PA6组分的拉伸黏度有所降低，则PA6分散在PE的形变稳定性下降，影响了丝体在成形过程中岛相间的重新集聚或者岛的破裂，因此分离度有所下降。

以上规律是在一定的拉伸范围内实现。当拉伸倍数增加到一定程度后，纤维的强度和模量反而有所下降，因为环吹风冷却时间太短，丝内部的温度不能及时冷却下来，而热运动是解取向，使分子内部取向度不够高，从而导致力学性能的下降。

4. 喷丝板的影响

在熔纺过程中，熔体在喷丝孔中的流变行为对于其流动稳定性极为重要。熔体自喷丝孔喷出后，通常会出现膨化效应，在胀大型细流的基础上如继续增加切变速率，挤出细流就转变为破裂型。此时初生纤维外表呈现波浪形、鲨鱼皮形、竹节形或螺旋形畸变，甚至发生破裂，直接影响纺丝的正常进行。

弹性能主要是由入口效应所引起。弹性能的大小决定了出口处的膨化或出口压力的大小。聚合物在一定温度下，都有一个相应的应力松弛时间。为了减小孔口处的法向应力，减小膨化，提高可纺性，选择合适的长径比是完全必需的。膨化和出口压力随长径比L/D的增加而减小。加大喷丝孔长径比有利于使分散相在高组成比时构成海岛结构。

根据长期生产状况，对喷丝板孔有如下初步总结。

① 孔径比增大有利于海岛纤维的纺丝成形，因为熔体在喷丝孔内的滞留时间增加，有利于熔体黏流弹性的恢复，从而减少喷丝孔出入处的膨化。

② 孔径比越大，熔体在喷丝孔内的滞留时间增加，岛组分所受的剪切速率增加，有利于岛组分的形变。因此初生纤维截面岛数量增多，且不易形成大岛。

③ 从目前的工艺看，孔径比与纤维的分离没有显著的相关关系。可能是由于熔体在喷丝孔内的滞留时间很短，对分散相的分离和重聚影响不显著。

④ 根据本工艺的特点，选择的长径比为 7.14。

5. 静态混合器的影响

静态混合器是一种没有运动部件的高效混合设备，通过固定在管内的混合单元体改变流体在管内的流动状态，产生流体的切割、剪切、旋转和重新混合，达到流体之间良好分散和充分混合的目的。纺丝采用的主要有以下几种（图 2-13）：

① 单螺旋型 它的单元是扭转 180°或扭转 270°的螺旋片，组装时相邻单元分别成左旋或右旋。

② 横条型 横条与管壳的轴线成 45°。

③ 双螺旋型 每个单元内有两个螺旋片，相邻单元之间有一个混合室。

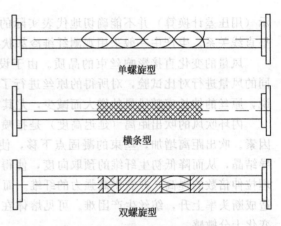

图 2-13 静态混合器类型

通常用混合物的分流层数作为静态混合器混合效能的表征。海岛纤维对熔体混合要求比较高，在熔体歧化位置前安装静态混合器可保证熔体得到充分剪切，从而消除边界层流，使熔体质量达到一致。静态混合器对海岛结构影响主要是两点：一是强化混合效果，岛相更细小均匀；二是消除边界效应，防止粒子凝集，使内外粒径趋于一致。另外，静态混合器提高了换热系数，消除径向温度梯度，以保证熔融物的温度均匀，不会造成系统中出现盲区。

在纺丝过程中，由于静态混合器的剪切速率相对缓和，在温度相对稳定条件下，混合体系的黏度变化并不显著。静态混合器只是对体系的混合与分散提供一种辅助手段，而不是决定海岛结构的主要因素。

6. 环吹风条件的影响

熔体出喷丝板至固化点以前是熔体细流向初生纤维固化的过渡阶段，是初生纤维结构形成的主要区域，在纤维成形过程中，关键是丝条出喷丝板后在吹风区内的冷却。冷却条件直接影响纺丝过程是否平稳与纤维质量，要使进入环吹风区的丝充分固化，均匀成形，减少丝束表面因局部受力集中而产生断头、毛丝及纤度不匀等现象。另外，冷却条件对原丝的机械与物理性能也有很大的影响。

本系统采用的是中心环吹冷却方式（图 2-14）。整个系统由空调，冷却风机、送风管道和圆形导风板构成。风温、风速、风湿、风量、吹风距离和吹风高度都可以调节，不同纺位间的吹风装置互不干扰。选择大容量喷丝板时，为了解决孔距变小而使得吹风不易渗透，选择中心环吹是解决高密度喷丝板丝束冷却工艺困难的有效措施。

纺丝吹风的主要工艺参数包括风量、沿纺程的风速分布、风温、风湿和吹出距离（喷丝板到起始出风处的垂直距离）等。

确定风量的基本方式是依据丝束与冷却空气热量平衡。在实际控制中，每个位的风量指

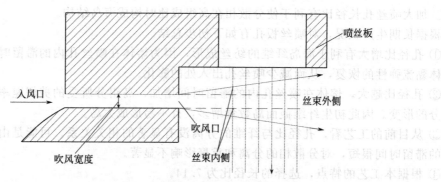

图 2-14 环吹风冷却区示意图

示（用压差计换算）并不能确切地代表实际的风量，随着风量的增加，压差与实际风量并不呈直线关系。生产中一般采用观测纤维冷却状态及测量纤维物理性能的方法修正送风量。

风量的变化直接影响丝束的品质。由于设备各不相同，可以在合理的风量范围内选择不同的风量进行对比试验，对所得的原丝进行了物理性能的测试，以寻找出变化规律。一般来说，原丝的伸长率随风量的增大而减少，尤其在风量增加到一定量后，伸长率会急剧下降。

内环吹风的吹出距离（延迟高度）是指喷丝板至吹风的距离，也是影响纤维成型的重要因素。吹出距离增加，丝束的凝固点下移，使得喷丝头拉伸张力减小，减少了纺程上应力诱导结晶，从而降低初生纤维的预取向度，使得原丝自拉伸倍数和断裂伸长变大，有利于后处理拉伸倍数的提高，并获得高强力的纤维。而当吹出距离过近时，会影响喷丝板的表面温度，造成断头率上升，纺丝生产困难。可见熔体在出喷丝板至冷却固化点这一阶段中，对应力的变化十分敏感。

选择合理风速范围。当风速大时，冷却效果好，凝固点上移，形变区缩短，结晶取向降低；但若风速过大，丝条冷却过快，易使海岛结构及内外层的温差过大，产生应力不匀。还会造成丝条摇晃湍动，并增加对喷丝板板面的冷却程度，造成成品质量下降。若风速太小，丝条冷却速度缓慢，容易受到外来风的影响，成形不匀。只有当风速适中时，气流的流动呈层流状态，对丝的扰动最小，且能恰当地将丝条冷却凝固。

风压的波动和均匀性会影响吹风速度的变化，从而使单丝产生飘动和振荡。实践证明，吹风压力的变化 ΔP 波动值要小于 0.5%。随着单丝纤度的减小，丝条对吹风风压的稳定性愈加敏感。另外，风压大小要适宜，因为风压过大，丝条的湍动和振动增加；风压过小，又会使风速过小，冷却效果差，结果都会使条干不匀率增加。稳定冷却的目的是使冷却成型的丝大分子取向度、结晶度均匀稳定。在客观上显示出纤维的纤度、断面均匀，拉伸性能好。

风温与环境温度的影响。当风温过低时，易使丝条手感发硬；当风温异常、波动范围增加时，会使丝条的条干不匀率变大。因此，保持吹风温度的稳定是很重要的。另外，吹风温度的高低也与喷丝板的孔数有关，本工艺采用大容量喷丝板，吹风温度应以低些为宜。纺丝周围环境温度也对冷却有一定影响，要随时调节，基本上保持夏季不高于 24℃，冬季不低于 16℃。

冷却成型是海岛纤维能否最终有效均匀开纤的又一重点，应注意以下几个环节。

① 控制喷丝板面与无风区的高度。初生纤维的膨化和成形在此完成，膨化过大，二者之间相互粘连，界面混淆，开纤困难。

② 严格控制风速不匀率。环吹风的均匀性对成纤质量，特别是不匀率影响很大，尽量减少湍流，强化环吹风的层流效果，保证风速不匀率小于 5%。各纺丝位之间冷却条件要确保均匀。

③ 严格控制野风干扰。纺丝的室压要封闭，排气系统要均匀。若配合不当，会使丝条表面与内部温差增大，丝条中未冷却区域径向黏度梯度随之增大，应力集中在黏度较大的层面，造成熔体破裂，形成断头。但是环吹风体系必须和其他纺丝工艺条件，尤其是纺丝速度一起调节纺丝过程，才能很好控制纺丝性能。

7. 其他影响因素

① 压力影响 在短程纺中以板前压力值作为压力控制目标，并以目标值的波动信号作为挤压机转速大小控制的依据，这样可以排除由于熔体过滤器前后压差的改变对纺丝计量泵泵前压力产生的影响，从而保证纺丝熔体计量准确，输出量均匀一致，为稳定纺丝提供保证。

② 泵供量 泵供量的精确度和稳定性直接影响成丝的线密度及其均匀性，熔体计量泵的泵供量除与泵的转数有关外，还与熔体黏度及泵的进出口熔体压力有关。当螺杆与纺丝泵间的熔体压力达 2MPa 以上，泵供量与转速成直线关系，而在一定的转速下，泵供量为一恒定值，不随熔体压力而改变。

③ 环境影响 车间的温度、湿度变化，以及一年中季节变化的因素都会影响纺丝。为确保初生纤维吸湿均匀和成型良好，车间的温湿度控制在一定范围内。温度冬天控制在 20℃ 左右，夏天控制在 25~27℃；相对湿度控制在 60%~75% 范围内。

④ 喷丝头组件结构及加工精度 喷丝头的组件结构是否合理、喷丝孔的加工精度以及喷丝板清洗和检查工作的优劣，均对纺丝成型过程及纤维质量有很大影响。

8. 相容剂对海岛结构的影响

不相容性是海岛纤维的形成基础。界面作用弱，减少了两组分分子间的缠结，有利于分散相在熔体中滑移、取向。但弱的界面不能有效传递应力，对形态结构不利。目前较普遍的解决方法是加入与连续相和分散相都有较好相容性的第三组分作为增容剂，增强海岛间的相互作用，提高岛相均匀度。

PA6 因大分子链节中含有酰胺基团，是极性很强的高聚物，LDPE 则是一个非极性的高聚物，在大分子链上无可反应的基团。解决相容性的主要方法是加入带反应性官能团的增容剂与 PA6 和 LDPE 共混，使增容剂与 PA6 在共混过程中生成具有增容作用的共聚物。通常采用马来酸酐接枝聚乙烯（LDPE-g-MAH），酸酐与 PA6 的氨基发生化学反应，生成接枝共聚物，其分子链部分与 LDPE 组分相容，从而在共混体系中起到增容的作用。

增容作用机理。早期研究认为增容作用是由于 LDPE-g-MAH 分布到了 PA6，LDPE 两相界面上，减小了界面张力，类似于液-液不相容体系的乳化机制。近期的研究表明，在增容共混体系的两相界面上，存在着增容剂中酸酐、羧基与 PA6 中的端氨基反应所形成的酰胺键。现在普遍认为上述两种机制都在起作用，但化学偶联比乳化作用更大，因此增容作用机理为界面-分散相复合模型。

LDPE-g-MAH 对 PA6/LDPE 共混体系的反应增容，其方程式为：

$$
\begin{array}{c}
\text{R—CH—CO} \\
| \qquad\quad \text{O} + H_2N\text{—(CH}_2)_5\text{—CO}\text{—}_n\text{OH} \xrightarrow{-H_2O} \\
\text{CH}_2\text{—CO}
\end{array}
$$

$$
\begin{array}{c}
\text{R—CH—CO—NH—(CH}_2)_5\text{—CO}\text{—}_n\text{OH} \xrightarrow{-H_2O} \\
| \\
\text{CH}_2\text{—COOH}
\end{array}
\quad
\begin{array}{c}
\text{R—CH—CO} \\
\qquad\qquad\text{N—(CH}_2)_5\text{—CO}\text{—}_n\text{OH} \\
\text{CH}_2\text{—CO}
\end{array}
$$

相容剂可以改善岛相分布状态，但同时也给纤维的减量增加了困难。而且由于是反应型增容，LDPE-g-MAH 使 LDPE 与 PA6 部分结合，导致减量后 PE 的残留比较高。PE 的残留为絮状，严重影响超细纤维的手感和后加工性能，这也是大多工厂放弃使用相容剂的重要原因。在满足实际生产要求的条件下，可以考虑加入一定量低接枝率 LDPE-*g*-MAH 来改善岛相颗粒尺寸及其均匀度，提高超细纤维的均匀度。

六、 质量问题与应对

（1）细丝或粗丝　产生细丝的主要原因是计量泵供料不足或供料不稳定造成的。供料不足通常是由于进入计量泵的熔体压力不足或计量泵、喷丝头泛浆等原因造成的。供料不稳定多数是由于螺杆塑化不良或计量泵联动轴头和泵的接触不良，引起打滑造成的。另外牵伸速率太快，挤出温度偏低，过滤网被杂质阻塞等都可以造成细丝，可根据检测数据对参数进行调整。

丝径太粗主要是因为牵伸倍数不足或牵伸速率太慢，应适当加快。喷丝孔孔壁磨损也可造成粗丝，应及时调换喷丝板。

（2）黄丝　熔体温度过高或停留时间过长，会发生高温氧化，使丝条变黄。原料中单体或低聚物过多也可造成黄丝。因此要加强对工艺条件和原料质量的控制。

（3）毛丝　当丝径相差悬殊时，细丝在应力下断裂，产生毛丝。其产生原因主要是由于熔体压力不稳定，使计量泵的供料有脉冲现象。牵引辊速率波动太大、喷丝孔不清洁、熔体黏度不均匀、冷却风设置不合理也可造成毛丝。应通过调整熔体压力、稳定电机电压、调换喷丝头等方法予以排除。

若切片中单体和水分含量超标则容易产生气泡丝，气泡丝断裂后即形成毛丝。对此，应严格控制切片质量，特别是单体和水分含量不能超标。

导丝器或上油辊表面不光滑等加工不良因素也会造成毛丝。

（4）注头丝　纺丝的熔体温度过高，会使熔体降解，特别是与器壁接触的熔体，会因局部温度太高产生严重的降解，且黏度降低，这些黏度较低的熔体来不及与周围的熔体混合，便被正常熔体带出，分散在正常熔体上，当两者在同一喷丝孔喷出时，膨化就会发生歪斜，形成注头丝。此外，丝室温度太高，吹风不良，喷丝头温度太高，喷丝孔不清洁等，也会引发注头丝。对此，可分别采取降低管道温度，改进吹风条件，降低组件预热温度，及时调换喷丝头等方法予以排除。

（5）硬丝　当纺丝温度偏低和喷丝孔不清洁时，会使熔体黏度增大，在挤出时，黏度大的熔体冷却较快，不易被拉伸而变成乳白色的、暗淡无光、头大尾小的硬短丝，称之为硬丝，也叫塑料丝。

在切片纺丝时，往往因温度控制过低，使切片熔融不充分，或熔体中夹带难熔的切片粉体，使熔体黏度不均，在纺丝时易形成具有高黏度、小颗粒的硬丝。

应适当提高纺丝温度、切片预先过筛、调换喷丝头是常用的处置方法。

（6）气泡丝　纺丝温度太高，切片中单体含量或含水量太高，使熔体中产生气泡形成气泡丝。应适当降低纺丝温度，严格控制切片单体含量和含水量不能超标。

（7）单丝表面粗糙　挤出温度太低，应适当提高组件温度；冷却水温太高，应适当降低冷却水温度；喷丝孔附近有污垢杂质，应清理喷丝板；喷丝孔表面光洁度太差，应提高喷丝孔加工精度。

（8）单丝表面竹节化　喷丝孔表面不光洁，应磨光喷丝孔；挤出机转速太快，应适当降低；机头温度太低，应适当提高；风量不稳定或有野风干扰，应调整风量。

（9）喷丝板处断头太多　机头温度太低，应适当提高。料筒送料段温度过高，控制冷却水出口温度，适当降低送料段温度；原料内混有杂质或焦粒，应检查原料或更换过滤网；前七辊牵引速率太快，检查速率；喷处孔加工精度不够或损坏，应调换喷丝板。

（10）泛浆及漏浆　泛浆是指熔体从纺丝组件上部或从计量泵处泛溢出来。这主要是由于纺丝组件或计量泵与管道联接处螺丝未上紧而引起的，也可能是组件与计量泵输出管道之间的密封圈未放平整而导致熔体渗漏。

漏浆是指从喷丝头组件处漏出熔体。多数是由于喷丝头组件组装不当或安装时螺栓张紧偏差造成的，应及时调换纺丝组件。

（11）导丝不良　产生原因主要是上油不良或上油不匀，造成摩擦力过大或不平衡。丝束间张力变化也可造成导丝不良。应调整丝束与油剂盘的接触，适当增加上油量。调整丝束张力，并检查生产环境的温度和湿度是否适宜等。

（12）挤出机环结阻料　螺杆各区温度控制不当是产生环结阻料的主要原因。如冷却区或预热区温度太高，会使切片过早熔融并包在螺杆进料区表面，使切片与螺杆的相对运动消失，切片不能继续进料，形成环结阻料。当发现螺杆环结阻料时，一般都是紧急停车，停止进料。若阻料情况不严重，可将螺杆保温一段时间再排料，待供料通畅后，适当降低冷却区和预热区温度，避免切片过早熔融，即可解决问题。

螺杆进料量大大超过出料量，使熔体压力过高，熔体倒流，造成进料区切片黏结阻料。应及时调整螺杆转数，严格按照工艺规程进行操作。

（13）挤出机不吃料　杂质多导致过滤器堵塞；温度设定过低或加热器鼓掌，切片塑化不好；原料的黏度大，使螺杆扭矩太大；进料口粉末过多使下料不畅；水分与单体含量高而排气不畅。

（14）单丝强度不足　原料分子量太低，在选择原料时，要求高聚物的分子量要有一定的范围。分子量太高，断头多，无法拉伸；分子量太低，流动性太好，操作困难。牵伸倍数偏低或过高，应适当调整；冷却水的温度太高，应适当降低；牵伸温度太低，应适当提高水温或热风温度；牵伸时间不足，应加长牵伸水槽；挤出温度太高，应适当降低料筒及机头温度。

（15）板面脏，纺丝不稳定　当纺丝组件使用一定时间后，板面及喷丝孔周围会有升华物，形成硬黏结物使喷出的熔体细流弯曲，造成纺丝断头或拉伸毛丝增加，同时在喷丝孔表面也可能积累尘埃粒子划伤丝条，以及由于操作不当会出现熔体黏结板面，污染板面，所以要进行周期性的清洁，定期铲喷丝板面，严重时更换喷丝板。

第四节　海岛纤维后纺技术

纺丝过程中得到的初生海岛纤维的结构还不完善，物理机械性能较差，具体表现为纤维强力很低，伸长很大，沸水收缩率很高，不具有工业使用价值，必须进行后纺工序，以改善结构，提高性能，满足加工和使用的要求。

纤维的后纺工艺主要是对海岛纤维力学性能、加工性能等进行处理，包括集束、拉伸、上油、卷曲、干燥定形、切断、打包等工序（图 2-15）。

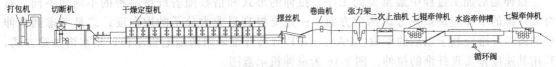

打包机　切断机　　　干燥定型机　　　　　　　摆丝机　卷曲机　张力架　　二次上油机　七辊牵伸机　水浴牵伸槽　七辊牵伸机
　　　循环阀

图 2-15　后纺工艺流程图

一、集束

1. 集束方法

集束的目的是将单独丝束进行合并，达到比较合理的线密度，便于后加工。通常有一步法与两步法两种工艺。

（1）一步法　将几个喷丝头喷出的丝束以均匀的张力集合成一定线密度的大股丝束，直接进行后拉伸操作。拉伸速率与纺丝速率一致。集束时要求张力均匀，否则在拉伸时，会造成纤维的线密度不匀，而产生超长纤维。

一步法的优点是工艺连续，丝束无断头，设备简单，纺牵可一次完成。但是要求运行稳定，任何工序故障都可能造成生产全线停止，产生较大废丝量。

（2）两步法　将卷绕丝锭放入集束架上，按线密度要求进行合股，丝束引入集束架应按规定的穿头经过导丝架，使各锭间保持稳定均匀的张力。经过张力调节后进入拉伸工序。当丝锭接近放完时，应及时把断头并入丝束中，并更换新锭，保持总的线密度稳定。

两步法将纺丝与后纺分离，可分别单独运行，工艺灵活。但是增加了卷绕工序，而且集束需要专门进行，增加了工作量。

2. 集束工艺控制

（1）集束机断丝、毛丝检查　产生原因主要是前纺产生的飘丝、柱头丝，在集束时由于摩擦过大而富集，当积累到一定数量，则影响到整个丝束，在生产中应及时进行清除，防止这些毛丝夹入丝束内。

（2）丝束张力　集束间排列要整齐、均匀，力求各丝条张力均匀，丝束的宽度、厚度与间隙适中。由于丝束有边缘效应，即边缘丝张力小，导致进入拉伸喂入时张力不稳定。需要及时检查单束纤维的张力，并调整集束宽度。

（3）纺丝油剂上油效果　上油量与均匀度对纤维的摩擦力与丝束抱合有很大影响。当出现集束不良时应首先检查纺丝油剂上油效果。

（4）总纤度控制　按工艺要求，严格控制集束总数，过多或过少都会影响到拉伸与卷曲效果。

（5）瑕疵丝处置

当丝条紊乱，丝条粘连应及时处理，对成型不良、纺丝不良、张力不匀的丝束应及时撤掉，并通知纺丝工序。

二、拉伸

1. 目的

初生纤维强度低，伸度高，尺寸稳定性差，性质极不稳定，没有直接使用价值。通过拉伸可使纤维的大分子取向和结晶，从而具备一定的物理机械性能。在拉伸应力和热效应的作用下，纤维大分子链段活动性增加，纤维的形态结构发生变化，各种结构单元沿着纤维轴向聚集、重排，使纤维更多的分子链处于最佳应力状态。同时发生结晶或结晶度的改变，从而使纤维的超分子结构进一步形成并趋于完善，改善纤维的力学性能。

2. 拉伸方法

拉伸是后加工过程中最重要的工序。拉伸的形式和倍数随着纤维品种的不同而不同。对海岛纤维的牵伸应该预先考虑两个方面：一是要提高尼龙大分子的取向度；二是考虑到牵伸后的海岛纤维应利于以后的萃取。PA6/LDPE海岛纤维采用两组七辊牵伸，用水浴加热方式，利用其速度差实现纤维的拉伸。图2-16为牵伸机示意图。

3. 拉伸工艺控制

（1）拉伸倍数　拉伸倍数会直接影响成品丝的强度、伸度和纤度。随着拉伸倍数的增加，断裂强度呈增加趋势。这是因为通过拉伸，纤维中大分子沿纤维轴向取向排列，同时发生结晶度的改变，使纤维的超分子结构进一步形成并趋于完善，改善纤维的力学性能。但过高会产生毛丝和断头。拉伸倍数过低，则会使拉伸不均匀，出现"橡皮筋丝"等，所以拉伸倍数

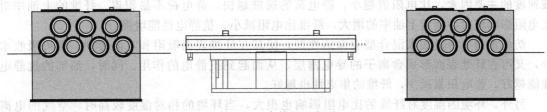

图 2-16　牵伸机示意图

应选择在一个适当的范围。

　　海岛纤维是利用前后两组牵伸机的速率差实现对纤维的拉伸。则拉伸速率决定了纤维的拉伸倍率。拉伸速率一般不宜过高，因为拉伸中纤维的形变需要一定的时间，速率过高大分子链的形变来不及发展，会使内应力增加，产生大量的毛丝或断头。

　　（2）拉伸温度　海岛纤维是在水浴中进行拉伸，所以水浴温度决定拉伸温度。纤维的拉伸过程，是在应力作用下产生不可回复的形变。若在玻璃化温度以下进行牵伸，根本不能发生不可回复的形变，加大应力只会使纤维发生脆性断裂。只有在玻璃化温度以上时，拉伸过程才能正常进行。PE 的 T_g 很低，所以需将海岛纤维在水浴中加热到 PA6 的 T_g 以上，使分子处于高弹态。温度过低则无法形成有效拉伸，温度过高则损伤纤维。

　　温度稳定性也是非常重要的，要经常检查水浴槽进出口状态、液面位置、中间槽的温度变化，保证拉伸的稳定进行。

　　（3）纤维加热时间　由于是海岛纤维，要使内部 PA6 超细纤维实现均匀拉伸，则需纤维受热充分，否则出现同一纤维中拉伸不一致现象，影响最终纤维的强度，而且在拉伸过程中易出现毛丝。

三、上油

1. 目的

　　纤维在后加工过程中反复受到摩擦（梳理、移送、针刺等），会产生大量的静电，因此将丝束经过油浴，在纤维表面均匀地形成油膜，使纤维具有平滑柔软的手感，改善纤维的抗静电性，降低纤维/纤维、纤维/设备的摩擦系数，使加工过程能够顺利进行。

2. 方法

　　上油分两部分：一是直接把油剂加入水浴中，在牵伸的同时进行上油；二是在牵伸后单独的上油机进行补充上油。上油量和上油效果根据纤维使用效果进行调整。

3. 影响因素分析

　　（1）油剂的使用浓度　当油剂浓度过低时，纤维表面不能均匀地形成油膜，摩擦阻力增大，集束性差，易产生毛丝。油剂浓度过高时，丝束的上油量多，使接触面积增加易产生缠辊。

　　无纺布剥离强度（CV）表征纤维的交联程度。油剂浓度高，无纺布剥离强度亦高，但油剂浓度过高时，剥离强度没有太大变化。无纺布 CV 值随油剂浓度增大而增大，说明无纺均匀度下降。因为纤维油剂含量高，生产过程中容易造成针布、过渡装置粘棉而使纤网不匀。

　　（2）工艺条件对纤维含油率影响　在卷曲机上，卷曲轮将丝束上的一部分油剂压榨出来（卷曲回油），压辊压力对丝束含油含水率影响较大，生产过程中对压辊压力波动应严格控制。在回油充分的情况下，油剂配比、油浴温度、拉伸倍数是影响丝束含油量的主要因素。但是要保持稳定的含油率，压辊的压力控制是非常重要的。

　　（3）纤维抗静电性能　无纺布的生产对纤维的抗静电性能要求很高。纤维的静电效应除与纤维本身所带静电量有关外，还与静电衰减的速度关系密切。比电阻值是决定纤维静电衰减速度的主要因素，比电阻值越小，静电荷的逸散越快，静电荷不易积累。纤维的上油率对比电阻影响较大，随着上油率的增大，纤维比电阻减小，抗静电性能增强。

纺丝油剂中一般加入混合型表面活性剂，使其在纤维表面吸附和定向排列，既可吸收水分，又可在纤维表面形成含离子的导电薄层，从而起到抗静电的作用。同时，油剂的抗静电性能越好，静电积累减少，纤维的集束性也越好。

另外，环境的湿度对纤维的比电阻影响也很大，当环境的相对湿度较高时，空气的电离作用增加，纤维的静电荷就容易与空气中的相反离子中和，从而加快了静电的衰减。同时，纤维上的油剂吸湿增大，纤维导电性能提高，静电现象降低，比电阻降低。

四、卷曲

1. 目的

合成纤维表面光滑硬直，混交性能及纤维间的结合力差，不利于梳理和针刺加工。卷曲是为了使海岛纤维具有类似天然纤维的卷曲性能，增加纤维之间交联时的抱合力。海岛短纤维的卷曲性能包括卷曲数和卷曲度。在无纺布生产中，其制品强力主要由纤维间的相互交结产生，纤维的弯曲状态与棉网的成网和无纺布的物理性能有很大关系。

2. 卷曲机及工作原理

化学纤维的卷曲加工有机械卷曲法和化学卷曲法，海岛纤维在生产中采用机械卷曲法。利用纤维的热塑性，将丝束送入有一定温度的卷曲机挤压卷曲。

卷曲机由一对卷曲辊和一个填塞箱构成，填塞箱包括上下卷曲刀和左右侧板，上卷曲刀装有上刀活动板。

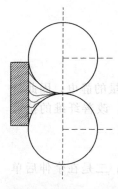

图 2-17　卷曲示意图

丝束由卷曲辊夹持送进填塞箱中，并受到上刀活动板的压力而压紧（图 2-17）。当丝束填满填塞箱后，丝束前进受到阻力（称为填塞箱所受的工作压力），使继续进入的弯曲丝束在夹持点和上下卷曲刀之间的三角形区域内，受到卷曲刀的剥离作用，产生上下运动并逐渐向夹持点移近。当丝束的前进力和阻力平衡时，这个运动在某个点附近保持不变，这时相应的上下卷曲辊间的距离即相当于 1 个卷曲的大小。可见，提高卷曲的内压力（阻力），可以使丝弯折的波纹更密，也就是提高卷曲数。

从卷曲成形机理可以看出，填塞箱的作用是对丝束产生适当的阻滞力，其大小既能使丝束发生卷曲变形，又能允许丝束通过卷曲箱连续卷曲，因此填塞箱要保持平滑。卷曲刀的另一作用是铲丝，把丝片从卷曲辊上铲下来。因此卷曲刀与卷曲辊表面之间必须保持微小的间隙，这就要求刀口很薄而且锋利，离卷曲辊很近又要避免与卷曲辊表面摩擦，上卷曲刀座上装有活动板，由背压汽缸加压，控制填塞箱出口阻力。因此，要保证卷曲质量，必须调整好卷曲机的间隙，保证丝束顺利通过卷曲机。

机械法得到的纤维卷曲数多，卷曲呈波浪形，但如果控制不好，卷曲稳定性较差。卷曲度和卷曲数量可以通过压力调节。纤维的卷曲必须控制在适当的范围内，卷曲数太少，纤维抱合性差；而卷曲数过多，则会使纤维的强力降低。

3. 工艺控制

（1）丝束总线密度　卷曲丝束的总线密度和纤维的卷曲效果密切相关，若丝束的总线密度过大，丝片就厚，纤维的卷曲度降低，卷曲效果差。如果丝束总线密度过小，丝片太薄，造成丝束进丝不均，在丝层厚的部分卷曲密度大，丝层薄的部分卷曲密度小。

（2）主压背压的压力调整　丝束进入填塞箱的力是由卷曲辊的夹持力提供的。夹持力不足会使丝束在卷曲辊之间打滑，卷曲度下降。夹持力太大会引起丝变形，纤维强度下降。而背压压力是指卷曲箱尾部活动板对丝束产生的压力，是决定丝束卷曲数的主要因素，背压力大，则卷曲长度就小，丝束产生的卷曲数就多；背压力小，则卷曲长度就大，产生的卷曲数就少。

（3）卷曲温度　卷曲温度主要是控制进入卷曲填塞箱的丝束温度，填塞式机械卷曲温度是在机械力作用下使纤维产生永久性弯曲变形，这就需要卷曲温度高于玻璃化温度 T_g，使纤维产生很大的不可逆塑性形变。

五、 干燥定形

1. 目的

干燥的目的是除去因拉伸、上油等过程中所带入的水分，使纤维达到成品所需的含湿量。合成纤维在成型过程中，其超分子结构已基本形成。纤维内部存在着不均匀的内应力，内部结晶结构也有很多缺陷。一旦受热升温，纤维的结构和长度会有很大的变化。为此要进行热定形消除内应力和改善结构，提高纤维的尺寸稳定性及物理机械性能，从而使拉伸、卷曲的效果固定，使成品纤维符合使用要求。

热定形的方式分紧张热定形和松弛热定形。海岛纤维采用松弛热定形，在自由状态下进行，可消除卷曲时纤维产生的内应力，并把卷曲度固定下来，干燥定形一般在帘板式热定形机上进行。

2. 过程与原理

干燥定形过程可分为三个阶段。

① 大分子松弛阶段　当加热到 T_g 以上时，分子链间作用力下降，大分子的内旋转作用增加，柔顺性上升，取向度上升，内应力下降。

② 链段重整阶段　大分子链热振动上升，容易建立起新的分子间作用力，大分子方向重排，建立新的平衡。

③ 定形阶段　降温使纤维在新的形态下固定下来。

热定形过程中纤维结构发生了变化。热定形的温度在玻璃化温度（T_g）和熔点（T_m）之间。当处于 T_g 时，分子链中原子和基团在平衡位置上振动，开始有链段的位移运动，且随温度增高而加剧，直至达 T_m 后，开始发生整个大分子链的位移。

当在 $T < T_m$ 进行热定形时，由于在热的作用下，纤维大分子链段运动加剧，晶体小的熔点较低而发生熔融，晶体大的则尺寸较大，使结晶度、晶粒大小及完整性分布达到一个新的状态。同时因分子链段位置的调整，非晶区大分子因热运动加剧而重排，内应力下降，并重建一些更牢固的新连接点，使热塑性纤维的热稳定性提高。

3. 工艺控制

干燥定形过程中温度控制最为重要，如温度太低则应力松弛所需时间很长。如温度太高，分子链的运动过分剧烈，不仅消除了纤维上的内应力，同时使纤维结构产生较大变化，可能出现解取向，结晶度也发生变化，导致纤维的物性下降。所以在热定形中取向和解取向是在相互矛盾的过程中，核心的问题是适当控制热定形的温度。通常以经验"转变温度"作为制定工艺条件的参考。

六、 切断与打包

将干燥定形后的丝束根据产品要求切成规定长度的短纤维，切断机构造如图 2-18 所示。

海岛纤维通常为 51mm 短纤。切断时要求刀口锋利、丝束张力均匀，以免产生超长和倍长纤维。最后，将纤维在打包机上打包，以供下道工序使用。

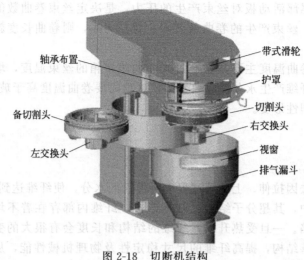

轴承布置
备切割头
左交换头

带式滑轮
护罩
切割头
右交换头
视窗
排气漏斗

图 2-18 切断机结构

第五节 定岛纤维

一、 定岛纤维原理简介

定岛纤维通常是将两种不同组分或不同浓度的纺丝流体分别由单独的螺杆挤压机进行熔融，通过一个具有特殊分配系统的喷丝头而制得。在进入喷丝孔之前，两种成分彼此分离，在进入喷丝孔的瞬间，两种液体接触，出喷丝孔时成为连续相中包含分散相的复合纤维。

在纺丝成型过程中海岛间不分离，保持单丝形态，同时岛组分在成型过程中不粘连，保持良好的分离效果。岛成分在纤维的长度方向上是连续均匀分布的，岛数固定且纤度一致。复合纺丝后是以常规纤度存在，只有将"海"成分溶解掉，才可真正得到超细纤维，目前大多用在长丝上。国内复合纺丝采用的大多是 37 岛，因此开纤之后形成的超细纤维纤度大概在 0.05～0.1dtex 左右。常见的主要有 PA/COPET 和 PET/COPET 型。

二、 工艺流程

COPET 切片首先进行筛选去杂，再进入干燥机中预结晶，干燥，通过储料仓进入螺杆中。切片在螺杆中被加热熔融、压缩、计量输送，经过熔体过滤器进入箱体。再分别通过各自的传动装置和计量泵定量输入复合纺丝组件。岛组分切片以同样方法将熔体从另一方向输入复合纺丝组件。

两种组分的熔体由组件内二条各自的通道进入，直至出喷丝板的微孔时，才复合为一体，成为海岛纤维，经过吹风冷却、上油导丝系统与其他部位丝束汇集在一起，通过卷绕进入盛丝桶。将多个盛丝桶的丝束通过集束、牵伸、卷曲、定形、切断，进入打包机，最后包装为成品。

三、 定岛纤维制造技术

定岛纤维的关键技术是根据复合熔体的流变性能来确定最佳的纺丝条件，由于两种聚合物具有不同的黏性和弹性，成形工艺的难度在于通过适当参数使两种高聚物熔体在喷丝组件的挤出、卷绕过程中形成稳定的海岛排列。

1. COPET 的性能要求

（1）特性黏度

可纺性是复合纤维要求的重点，要求 COPET 的熔体表观黏度应与岛组分 PET 或 PA 相当，易于与岛组分复合成纤。但 COPET 中的醚键使其在熔融时的耐热性有所下降，切片干燥、纺丝过程中会产生一定的降解，因此实际中 COPET 黏度选择要略微高一些，一般特性黏度在 0.7dL/g 左右。

（2）熔点与结晶　COPET 是一种由高熔点、高硬度结晶性聚酯硬链段和非结晶性低玻璃化转变温度（T_s）的聚醚或聚酯软链段组成的嵌段共聚物。为保证纤维的后加工性能，一般要求 COPET 有较高的熔点，熔点太低则在卷曲和热定形时易产生疵点和并丝。通常要求其熔点在 230~250℃ 之间。为使 COPET 切片的干燥顺利进行，应有良好的结晶性能，结晶度一般在 27%~36%。

（3）碱溶性　COPET 在 NaOH 溶液中的溶解实际上是 NaOH 催化水解过程，可以在碱液中水解的是两个具有反应性的酯键。碱溶解性直接关系到复合纤维的开纤，其速率主要由四面中间体的亲核加成速率决定。要求在 1%NaOH 溶液中 95℃ 条件下 40~45min 内溶解完全。

2. 纺丝组件

复合纺丝法中对设备的依赖性非常高，定岛纺丝最关键的设备是海岛复合喷丝组件。目前国内使用的复合纺丝组件主要是针管式，代表厂家有日本的 KASEN 公司，德国的 ENKA 公司。针管式基本结构如图 2-19 所示。

在上分配板中嵌入不锈钢细管，插入下分配板中以形成各自分流的岛组分与海组分。上、下喷丝板组成海组分的通道，从外圆流向内圆，逐渐包围同心圆排列的岛组分针状管，形成海岛结构。

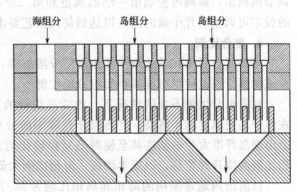

图 2-19　针管式复合喷丝组件剖面示意图

针管式的优点：岛径易于控制，岛的分布易于控制，岛与海的分布均匀性好。

针管式的缺点：岛数相对较少。如果岛数量的增多，管状体对海组分流动的阻力加大，向圆心的流动就缓慢，长周期生产时，会产生黏度波动，断头增加，严重会出现岛与岛结构的粘连。

针管式的另一缺点是组件清洗困难，清洗过程中易脱针或损坏针管。使用有缺陷的组件纺制海岛纤维时，纤维横截面会出现偏岛或岛粘连，因此在生产过程中要严格加强复合组件的管理，建立一套行之有效的组件拆装、清洗、镜检、标识、保管办法。

海岛纺丝组件的另一重要形式是美国 Hills 公司的分配板式组件，该组件最大特点就是岛数多，可以生产 1000 岛的纤维，但是对分配板的要求很高，更换频繁。

由于 COPET 中加入了 SIPM、DEG 等单体，高聚物中易产生凝胶，凝胶会造成组件压力上升，组件使用周期缩短。因此过滤介质也很重要，在组件工艺上，海组分采用 60~80 目的金属砂，初始压力控制在 8MPa，岛组分采用 40~60 目金属砂，初始压力控制在 12MPa。

3. 预结晶及干燥工艺

COPET 的预结晶是生产中的重要环节，COPET 由于 SIPM、DEG 单体的引入，在一定程度上破坏了大分子的规整性，切片软化点低，结晶速率很慢，湿切片在预结晶过程中，切片表面易软化发生粘结。为防止这一现象的发生，预结晶和干燥宜采用低温预结晶和低温干燥，并增加结晶时间。同时要保证 COPET 干切片含水不大于 3×10^{-5}。

干切片含水过高，COPET 熔融纺丝时黏度与 PET 或 PA6 的黏度差异大。根据能量消耗最小原理，两种组分并列挤出时，高黏度的岛流体向周围扩散，当黏度低的熔体抵挡不了黏度高的熔体流动，会形成串浆，使海岛复合纤维横截面出现岛与岛粘连。因此预结晶温度控制在 $128\sim135$℃较适宜，结晶时间在 $20\sim25$min，结晶度可达到 35% 左右，纺丝效果较为理想。

COPET 切片干燥一般采用转鼓干燥和充填塔式连续干燥工艺两种，COPET 在长时间高温条件下会发生热降解导致切片粘连结块。切片经过干燥，软化点提高，熔程变窄，提高了可纺性。基本干燥工艺如下。

① 连续干燥　温度一般在 $135\sim145$℃，干燥时间控制在 8h 之内，切片含水达到 3×10^{-5} 以下。

② 转鼓干燥　常温$\sim$80℃共 6h；80℃恒定 2h；$80\sim115$℃为 4h；115℃恒定 12h。

PA6 切片由于吸湿性强，也必须进行干燥，可采用低露点、低温空气干燥工艺，干切片含水在 4×10^{-5} 以下。

在实际生产中，经常采用的是结晶、干燥联合设备。通过调节回转阀转速可调整超喂率；调节风机出口蝶阀可控制第一结晶风道和第二结晶风道的风量；通过对干燥塔内连续料位仪的设定可调整切片干燥时间，以达到纺丝工艺要求的含水率。

4. 复合比例

海岛复合纤维在后处理中要把海组分溶解掉，剩下的为单一组分的超细纤维，COPET 切片成本高，因此应尽可能减小海组分的比例。

在海组分供量不变的情况下，改变岛组分的比例，结果随着岛组分比例的增加，岛纤维在海中的充填度越来越高，且岛组分在海中的分布均匀性也随之提高，但超过一定范围，就会出现岛纤维大片的粘连甚至使海岛复合转化为并列复合，导致纺丝弯脚，可纺性下降。海相比例高则开纤容易，但成本增高，海相比例太低会造成并岛或丢岛现象，纤维的品质变差。

目前国内通常采用的海相和岛相比例为 30/70，生产 $3.5\sim4$dtex 左右的产品，后续的开纤及染色整理等性能均较好。日本美国等公司可实现 10/90 甚至 5/95，这对纺丝的原料、组件及工艺要求都非常高。海组分的尽可能减少对于提高产能，降低成本和减少废水处理等是非常重要的。

5. 纺丝温度

复合纺丝要求两种组分的熔体在进入组件时的表观黏度相接近，且相对稳定，才能保证可纺性以及岛之清晰的界面。若黏度差异过大，则易产生熔体弯曲，向高黏度侧弯曲，产生弯曲丝和岛相分布不均等现象，严重时甚至黏附于喷丝板表面。根据"软包硬"原理，两者黏度又应有适度的差异，有利于"海"包"岛"结构的形成。

除了原料的选择，更主要的是通过调整纺丝温度来调整熔体的表观黏度。对于聚合物来讲，一般随着温度升高，熔体表观黏度呈下降趋势。COPET 中由于其醚键的存在使得耐热性能较常规的 PET 有所下降，在熔融纺丝过程中会产生一定的热降解。COPET 的表观黏度对温度的变化更敏感，因此在一定的温度范围内，可以通过调节两组分纺丝温度来控制两相的表观黏度。

以 PA6/COPET 为例，若纺丝温度过高，会导致 COPET 在复合界面处向 PA6 扩散，不利于后道复合纤维的开纤，黏度也会下降过大，可纺性变差。通常将 COPET 组分纺丝温度控制在 $275\sim280$℃，箱体温度控制在 285℃。PA6 组分的纺丝温度控制在 $270\sim280$℃，箱体组件温度一般控制在 280℃。

6. 纺丝速率

要提高海岛两种组分的复合效果，就要适当控制纺丝速率与后拉伸倍数。当纺丝速率达到 1200m/min 以上时，可纺性及初生纤维的复合成形较差，且易发生岛变形现象，不利于成品纤维的后道开纤处理，而纺丝速率过低又会导致产能下降。在实际生产中，将纺丝速率控制在 800～1000m/min 时效果较好。

7. 冷却成型

复合熔体细流在纺丝室内，经冷却吹风冷却，熔体黏度逐渐增加，直至固化成型，因此控制冷却吹风的条件极为重要。若冷却不充分，在出喷丝孔后，岛与岛之间由于得不到有效的冷却，会膨化、互相粘连，合适的冷却成型条件可保证岛在海中分布均匀、圆整度好。风速、风温、风湿三个参数中，风速的影响最明显。风速过大会引起丝条的振荡和飘动；风速过小，冷却效果差，纤维丝受室外气流干扰因素增加。通过实验，风速控制在 0.45～0.50m/s，风温控制在 18～20℃，复合熔体细流冷却充分，初生丝条干均匀。

8. 后纺工艺

（1）牵伸　海岛复合纤维由于初生纤维具有较高的预取向度，组分之间的界面及丝束内外温度差形成的拉伸应力局部集中，后拉伸性能较差。综合平衡纤维的强力与断裂伸长率，纤维的总牵伸倍数一般在 3.5 左右。

由于短纤维牵伸在油浴中进行，为避免 COPET 发生水解，温度不宜过高，但温度过低又可能引起岛相纤维断裂，影响纤维质量，因此牵伸温度的设定应综合考虑，油浴温度 68～70℃。

（2）卷曲　卷曲设备与普通纤维类似，但海岛短纤弯曲刚度大，不易定型，稳定性和均匀性差。在卷曲过程中，要尽量使卷曲轮的温度与丝束的预热温度保持一致，通过增塑效应使复合纤维的杨氏模量下降，获得理想的卷曲状态。另外，在实际生产中，要适当降低张力机与卷曲机的拉伸张力，改善喂入状况。保持卷曲数为 16～20 个/25mm。

（3）干燥　卷曲后的纤维可直接在带式干燥机上松弛干燥。去除水分并消除应力，使纤维达到稳定状态。干燥温度一般控制在 90～110℃左右，既保持了纤维的卷曲状态，又降低了纤维的干热收缩率。

四、定岛纤维的结构

定岛纤维基本结构是以一个中心"岛"为基点，呈放射性同心圆整齐排列，以图 2-20 的 37 岛为例，中心岛四周规则分布着三个同心圆结构。每个"岛"结构的周围都由"海"结构分离，"岛"组分含量明显高于"海"组分，一般为 70/30 或 80/20。由于是定岛纺丝，因此每根纤维中的岛数固定，结构形同。

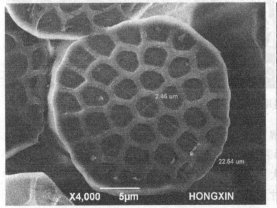 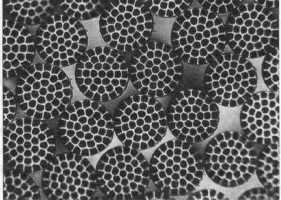

图 2-20　定岛纤维（37 岛）断面结构图

　　开纤后的"岛"结构形成超细纤维（图 2-21），"海"结构消失。纤维之间独立分布，呈束状。超细纤维表面光滑平直，界面清晰无交联。与不定岛型纤维相比，定岛超细纤维在长度与尺径上高度一致，但单丝纤度要高于不定岛型纤维。

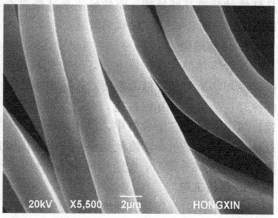

图 2-21　定岛纤维开纤后结构

五、裂片纤维

　　裂片纤维也是超细纤维的一种，采用的是复合纺丝法，将几种不相容但黏度相近的聚合物组分，各自沿纺丝组件中预定的通道流过，并相互汇集形成预先设定好的纤维截面形状，其组分的分布通常有米字形、中空形、十字形或层状形等，然后再通过机械或化学方法，使之各组分分离，制得超细纤维混合体。其分离的方法有机械处理法和化学处理法，包括酸处理法、碱减量法和机械剥离法。日本的钟纺与帝人公司制作超细纤维用的就是该法。

　　剥离型纺丝方法的关键是如何提高两组分的分割数，以达到超细化的要求。最常用的米字形裂片纤维截面结构如图 2-22 所示。

图 2-22　米字形裂片纤维截面结构

　　裂片纤维最大的优势是单丝的剥离无需溶解除去特定成分，因而聚合物不受损失，通过剥离后可形成扁平形或楔形的纤维截面。米字形裂片纤维开纤后结构如图 2-23 所示。

　　最常见的剥离型复合纤维是 PA/PET 型，大多数 PET 为 70%，PA 为 30%，其未分裂前的单丝纤度大多为 1～3dtex，分裂的片数有 8 片，16（8＋8）片，32（16＋16）片。用苯甲酸处理使 PA 组分收缩而剥离，得到另组分的混合超细纤维。

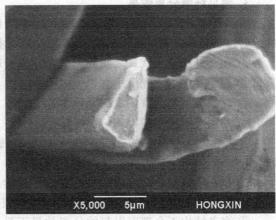

图 2-23　米字形裂片纤维开纤后结构

由于裂片纤维的截面形状差异，线密度差异，以及不同组分在后处理时的性质差异，赋予成品特殊的触觉和视觉效果。复合纤维是两种不同的聚合物组成，两组分之间存在界面，即使两组分剥离也存在剥离的不均一性，及剥离过程中纤维表面形成的微穴，赋予纤维独特的表面特性，因此具有良好的毛细芯吸效应、优异的疏水导湿性能和良好的舒适性。裂片纤维的异型结构，具有特别的刮擦效果。裂片纤维可用作防水织物、人造麂皮、仿真丝织物、眼镜洁净布等。

第六节　纤维质量检测

海岛纤维的质量检测包括三部分：海岛结构与分离效果观察；纤维理化性能检测；表观效果检测。

一、海岛结构与分离效果观察

海岛纤维的特殊性主要在于其海岛结构，良好的海岛结构才能形成超细纤维。用哈氏切片器将纤维切片，用扫描电镜或光学电镜观察海岛结构。将纤维用甲苯进行萃取、清洗后用扫描电镜观察分离效果。

1. 海岛共混结构

海岛结构是形成超细纤维的前提和基础，对共混物取样进行 SEM 观察，可直观观察海岛分布状态，作为混合工艺条件的参考。良好的共混结构要达到以下几点：

① 分散相与连续相并存的 A in B 结构；

② 海岛结构界面清晰；

③ 分散相粒子基本为各自独立的标准球体；

④ 分散相粒子尺径基本均匀，分布范围窄，基本无大的粒子。

2. 海岛纤维截面结构

海岛纤维断面结构可清晰观察成纤状况，是控制纤维生产的重要指标，一般检测频率为 2 次/天。良好的海岛纤维结构要求：

① 海岛纤维与超细纤维断面基本为圆形；

② 超细纤维之间界面清晰，无粘连现象；

③ 超细纤维与载体之间界面明显；

④ 超细纤维尺径基本均匀。

3. 海岛纤维分离效果

海岛纤维分离效果是决定能否得到超细纤维的重要因素，是完成从海岛纤维到束状超细纤维转变的过程。良好的海岛纤维分离效果要求：

① 超细纤维呈束状，之间界面清晰，无交联粘连现象；

② 超细纤维表面光滑平直；

③ 纤维束结构松散，表面无残留；

④ 超细纤维尺径基本均匀。

分离效果既与萃取的条件有关，也与海岛纤维自身形成的结构有关。分离不良主要有两类：

① 聚乙烯残留导致分离效果不良。即连续相组分没有被彻底去除。主要原因是萃取时甲苯循环量、温度及压力等工艺条件不合理而引起。

② 海岛结构不合理而引起的分离效果不量。即连续相被充分萃取，但因分散相数量过多或之间产生粘连等原因，使超细纤维抱合很紧。

二、 纤维理化性能检测

1. 线密度

线密度是表示纤维的粗细程度的指标，分直接指标和间接指标两种。直接指标一般用纤维的直径和截面积表示，由于纤维截面积不规则，且不易测量，通常用直接指标表示其粗细的时候并不多，故常采用间接指标表示。间接指标是以纤维质量或长度确定，即定长或定重时纤维所具有的质量（定长制）或长度（定重制）。通常以公定回潮率下单位长度的纤维质量，即特（tex）或分特（dtex）表示线密度（旧称纤度）。

特或分特是国际单位制。1000m 长的纤维的重量（g）称为特（tex）；其 1/10 为分特（dtex）。由于纤维细度较细，用特数表示细度时数值较小，故通常以分特表示纤维的细度。如 10000m 长的纤维重 5g，即线密度为 5dtex。对同一种纤维来讲（即纤维的密度一定时），特数越小，单纤维越细，手感越柔软。海岛纤维线密度的测定方法常用以下三种：

（1）外径测量法 海岛纤维基本为圆柱体，使用光学式外径测量仪测量纤维外径，则外径 D（μm）与线密度 d 则有如下关系：

$$D = 12.53\sqrt{d/\rho}$$

纤维的密度 ρ 一定，通过外径测量可计算出线密度，多次测量取平均值。

（2）中段切取称重法 称重法是线密度测量最常用的方法。在试验用标准大气条件下，从伸直的纤维束上切取一定长度的纤维束，测定该中段纤维束的质量和根数，计算线密度的平均值。线密度用分特（dtex）表示。基本测试方法如下：

① 把样品梳理后使之成为一端平齐、伸直的纤维束，依次取 5 束试样。

② 在能消除卷曲所需要的最小张力下，用切断器从经整理的纤维束的中部切下 20mm 长度的纤维束中段，切下的中段纤维中不得有游离纤维。切断时纤维束必须与刀口垂直。

③ 用镊子夹取一小束中段纤维，平行排列在玻璃片上，盖上玻璃片，用橡皮筋扎紧，在投影仪上逐根计数。也可用其他方法准确计数。切 20mm 时数 350 根，共测 5 片。

④ 数好的纤维束放在试验用标准大气下（温度 20℃±2℃，相对湿度 62%～68%）进行调湿，平衡后将纤维逐束称量（精确至 0.01mg）。

⑤ 结果计算。

$$T_t = \frac{W}{n \times L} \times 10000$$

式中　T_t——线密度，dtex；

W——纤维束质量，mg；

n——纤维数量；

L——切断长度，mm。

（3）间接法 间接法利用振动仪或气流仪测定纤维的细度。国际上推荐采用振动法来测量单根化学纤维的线密度。由于振动法是在单根纤维上施加规定张力使其伸直的情况下测量其线密度的，故测量结果比较准确，特别是卷曲较大的纤维以及需要测试单纤维相对强度时，采用振动法更具优越性。

2. 断裂强度

纤维在断裂时所受的张力，称为纤维的断裂强度或抗张强度。断裂强度是表征纤维品质的主要指标，提高纤维的断裂强度可改善制品的使用性质。纤维的断裂强度，通常有以下几种表示方法：断裂强力、强度极限和相对强度。最为常用的为相对强度。

① 断裂强力 亦称绝对强力或断裂负荷，简称强力。即纤维材料受外界直接拉伸到断裂时所需的力，单位为牛顿（N），衍生单位有厘牛顿（cN）、毫牛顿（mN）、千牛顿（kN）等。各种强力机上测得的读数都是强力。强力与纤维的粗细有关，所以对不同粗细的纤维，强力没有可比性。

② 强度极限 纤维单位截面积上能承受的最大强力，单位为帕斯卡（Pa）。

③ 相对强度 拉断单位细度纤维所需要的强力称为相对强度，即纤维的断裂强力与线密度之比，用以比较不同粗细的纤维拉伸断裂性质的指标。

单纤的相对强度国际单位用 N/dtex 或 cN/dtex 表示，纤维的单纤强度一般都用相对强度表示。一般用单纤维电子强力仪测试，从记录仪上记录的负荷-伸长曲线，断裂强力＝（断裂点的纵坐标格子数×满量程刻度）/纵坐标满量程格子数，则断裂强度表示为：

$$P = \frac{F}{D}$$

式中 P——断裂强度；

F——断裂强力；

D——纤维纤度。

3. 断裂伸长率

纤维拉伸时产生的伸长量占原来长度的百分率称为伸长率。在负荷作用下纤维断裂时所具有的伸长率称为断裂伸长率，断裂伸长用相对伸长表示，它表示纤维在拉伸断裂时的长度比原来长度增加的百分数。

断裂伸长是决定纤维加工条件及其制品使用价值的重要指标之一，它表示纤维承受拉伸变形的能力。断裂伸长率大的纤维手感比较柔软，在加工过程中可以缓冲所受到的力；但断裂伸长率也不宜过大，否则制品容易变形。海岛纤维一般要求断裂强度与断裂伸长率比较平衡，在 $60\% \sim 80\%$ 为宜。

从记录仪上记录的负荷-伸长曲线，断裂伸长表示为：断裂伸长＝L/K，L 为断裂点对应的横坐标的长度（mm），K 为记录纸放大倍数，$K = 60 \times$记录纸速度（mm/s）/下夹持器下降速度（mm/s）。

断裂伸长率一般用 ε 表示：

$$\varepsilon = \frac{L - L_0}{L_0} \times 100\%$$

式中，L_0 为纤维原长；L 为纤维拉伸至断裂时的长度。

4. 初始模量

模量是指应力与应变之比值。模量是纤维抵抗外力作用下形变能力的量度。纤维的初始模量也称为弹性模量或杨氏模量，为纤维受拉伸而当伸长量为原长的1%时所受的应力，即应力-应变曲线（或称负荷-伸长曲线）起始一段直线部分的斜率，因此初始模量单位可用cN/dtex表示。

其计算方法是，在所得到的负荷-伸长曲线起始段上作切线，在其上任取一点，从其对应的强力和伸长计算初始模量 E。

$$E = (对应的强力/试样纤度) / (对应的伸长/试样长度)$$

初始模量表示试样在小负荷下变形的难易程度，反映了材料的刚性。纤维的初始模量取决于高聚物的化学结构以及分子间相互作用力的大小。大分子柔性越强，纤维的初始模量就越小，也就容易发生形变。对于由同一种高聚物制得的纤维，若分子间的作用力愈大，取向度或结晶度越高，则纤维的初始模量就越大。

因为初始模量是表示抵抗外力作用下形变的能力，初始模量小，在同样的负荷作用下，纤维越易变形。初始模量高，在使用过程中易产生不可回复的形变。故初始模量与制品的挺括性、变形性有关。在主要的化学纤维品种中，以涤纶的初始模量最大，锦纶则较小，因而涤纶织物挺括，不易起皱，而锦纶则易起皱，保形性差。

5. 含油率和含水率

采用索氏萃取法，利用油剂能溶解于某些有机溶剂的性质，通过脂肪抽出器将试样表面的油剂抽出，所得抽出液加以蒸发烘干，称量不易挥发的油剂，以达到测定试样的目的。

含水率计算：

$$W = \frac{g_1 - g_2}{g_1} \times 100$$

式中　W——纤维含水率，%；
　　　g_1——烘前试样质量，g；
　　　g_2——烘后试样质量，g。

海岛纤维的含油率是指纤维上油剂干重占含油纤维干重的百分率。计算方法：

$$Q = \frac{G_1 - G_2}{G(1-W)} \times 100$$

式中　Q——纤维含油率，%；
　　　G_1——试验后蒸馏瓶烘干质量，g；
　　　G_2——试验前蒸馏瓶烘干质量，g；
　　　G——试样原质量，g；
　　　W——纤维含水率，%。

含油率与含水率的高低与纤维的可纺性能关系密切，含油率低的纤维容易产生静电现象，含油率过高则容易产生黏缠现象，都会影响非织造生产加工的正常进行。

6. 切断长度

纤维长度是指纤维伸直但没伸长时两端间的距离。海岛纤维的长度是根据需要而定的。表示纤维的长度指标有以下几种。

① 平均长度　是指纤维长度的平均值。一般都用重量加权的平均长度。
② 长度偏差　长度偏差是指实测纤维平均长度和纤维名义长度的差异百分率。
③ 超长纤维率　超长纤维率是指超长纤维重量占纤维总重量的百分率。
④ 短纤维率　短纤维率是指短纤维重量占纤维总重量的百分率。
⑤ 倍长纤维含量　倍长纤维含量以100g纤维所含倍长纤维重量的毫克数表示。

化学纤维的长度测试主要有三种方法：中段切断称重法、单根纤维测量法和长度测试仪法。其中，中段切断称重法最为常见。

7. 卷曲度

沿着纤维纵向形成的规则或不规则的弯曲称为卷曲。海岛纤维卷曲性能检验在卷曲弹性仪上进行。在卷曲弹性仪上，根据纤维的粗细，在规定的张力条件下，在一定的受力时间内，测定纤维的长度变化，确定纤维的卷曲数、卷曲率、卷曲回复率和卷曲弹性率等性能。通常采用单位长度纤维上的卷曲数来表示卷曲度。

（1）检测方法

① 用纤维夹夹取一根纤维悬挂于卷曲仪的天平衡臂上，然后用镊子将纤维另一端置于下夹持器中（在松弛状态下，使纤维实际长度大于25mm）

② 加轻负荷（0.0018cN/dtex）平衡后记下读数 L_0（精确至0.01mm），读取25mm内全部卷曲峰和卷曲谷数 J_A。

③ 加重负荷（0.05cN/dtex）平衡后记下读数 L_1（精确至0.01mm）。

④ 保持30s后，去除全部负荷，恢复至预置夹持距离，再保持2min后，加轻负荷平衡后记下读数 L_2（精确至0.01mm）。

（2）数据计算

① 卷曲数 J_n

卷曲数是表示卷曲多少的指标，是指单位长度内（25mm）纤维的卷曲个数，其公式如下：

$$J_n = \frac{J_a}{2L_0} \times 25$$

式中 J_n——纤维的卷曲数，个/cm；

J_a——纤维在25mm内全部卷曲峰和卷曲谷个数。

② 卷曲率 J 卷曲率表示卷曲程度。卷曲率越大，表示卷曲波纹越深，卷曲数多的卷曲率也大。

$$J = \frac{L_1 - L_0}{L_1} \times 100$$

式中 J——纤维的卷曲率，%；

L_0——纤维在轻负荷下测得的长度，mm；

L_1——纤维在重负荷下测得的长度，mm。

③ 卷曲回复率 J_w 卷曲回复率表示卷曲的牢度。卷曲回复率越小，表示回缩后剩余的波纹越深，波纹不易消失，卷曲耐久。

$$J_w = \frac{L_1 - L_2}{L_1} \times 100$$

式中 J_w——纤维的卷曲回复率，%；

L_2——纤维在重负荷释放后，经2min回复后，再在轻负荷下测得的长度，mm。

④ 卷曲弹性恢复率 J_d 卷曲弹性回复率表示卷曲弹性的好坏。卷曲弹性率越大，表示卷曲容易回复，卷曲弹性越好，卷曲耐久度越好。

$$J_d = \frac{L_1 - L_2}{L_1 - L_0} \times 100$$

三、表观检验

化学短纤维的外观疵点包括纤维的含杂和疵点两项内容。含杂是指除纤维以外的夹杂物。疵点是指生产过程中形成的不正常异状纤维，包括：

僵丝——脆而硬的丝。

并丝——黏合在一起不易分开的数根纤维。

硬丝——由于纺丝不正常而产生的比未牵伸丝更粗的丝。

注头丝——由于纺线不正常，中段或一端呈硬块的丝。

未牵伸丝——未经牵伸或牵伸不足而产生的粗而硬的丝。

胶块——没有形成纤维的小块聚合体。

硬板丝——因卷曲机挤压形成的纤维硬块。

粗纤维——直径为正常纤维 4 倍及以上的单纤维。

第七节　纺丝油剂

一、纺丝油剂概述

纺丝油剂是指在化学纤维纺丝工艺过程中所使用的助剂。合纤的生产是将聚合物熔融或用溶剂溶解后，用压力通过喷嘴细孔，将流出的细丝用不同的方法使之固化，为了保持生产量高而工艺稳定，须通过喷涂或浸湿法涂上一定的油剂。在合成革工业中，纺丝油剂主要用于海岛纤维的制造过程中。

纺丝制得的初生态纤维不具有工业应用价值，必须要经过系列的后纺工序进行加工。由于合成纤维是高分子聚合物，自身不含有天然纤维具有的脂肪类物质（棉蜡、羊毛脂等），摩擦系数较高，大多数化学纤维的回潮率较低、介电常数较小、导电性差，在后纺加工中容易因摩擦和静电使纤维受到损伤，而且缺乏抱合力，集束性差，因此需要在纺丝和后纺过程中加入以表面活性剂为主的纺丝油剂。

纺丝油剂在纤维生产中用量虽然很少，但却起着极其重要的作用，直接影响纺丝的顺利进行和后牵伸的质量效果。纺丝油剂应具备以下基本性能：

① 减少摩擦，降低纤维与金属间的动摩擦，调整纤维之间的动、静摩擦系数，处理好平滑性与集束性的关系。

② 抗静电性，阻止静电荷在纤维上的积累。

③ 乳液稳定性好。

④ 吸附性好，能均匀分布在纤维表面并形成油膜。

⑤ 热稳定性好，使用时无挥发，无结焦残留。

⑥ 安全性能高，无毒无刺激性，无异味。

⑦ 与其他添加剂有良好的相容性。

二、油剂的基本作用

油剂的作用就是在化学纤维表面形成定向的吸附层，即油膜，增强纤维的可纺性，提高纺丝效率，保证纤维的质量。基本作用如下。

1. 抗静电作用

合成纤维具有疏水性和电绝缘性，在加工过程会造成电荷积累而产生静电作用，导致丝束飞散、毛丝断头、不易卷绕等，加工性能变差。油剂的抗静电原理与其在纤维表面吸附的方式有关。疏水基吸附在纤维表面，亲水基趋向空气而形成一层亲水性膜，降低了合纤的摩擦系数从而使其难以产生静电。同时亲水基吸附空气中的湿气，在纤维表面上形成连续的水膜，使带电离子在水膜上泳移，减少因摩擦所产生的静电荷积聚，从而降低纤维表面电阻，增加导电作用。

海岛纤维主要用于针刺法非织造布的加工，对纤维的抗静电性能要求很高。常用的为聚氧乙烯磷酸盐型抗静电剂，并适度增大抗静电剂的比例。磷酸盐有聚氧乙烯基，水溶性好，磷酸根中的氧能与水分子形成氢键结合的连续的水膜，可降低纤维表面比电阻，减少静电荷的积累。油剂中还加入离子型表面活性剂，使其在纤维表面吸附和定向排列，既可吸收水分，又可在表面形成含离子的导电薄层，起到抗静电的作用。

环境湿度对纤维的比电阻影响也很大。纤维的静电效应除与自身所带静电量有关外，还与静电衰减的速度关系密切。当环境湿度较高时，空气的电离作用增加，纤维的静电荷就容易与空气中的相反离子中和，从而加快了静电的衰减。同时，纤维上的油剂吸湿增大，纤维导电性能提高，静电现象降低。

2. 平滑柔顺性

纤维在通过各种设备时，纤维/纤维、纤维/金属之间的摩擦严重影响加工性能，产生起毛、断丝和缠辊等现象。在吸附一层平滑剂后，摩擦发生在相互滑动的憎水基之间，因此获得柔软平滑的效果，使纤维在摩擦过程中不受损伤，并有良好的手感，在纺丝时能顺利通过卷绕、拉伸、干燥等工序，减少毛丝及断头等不正常情况，保证纤维产品的质量。

海岛纤维刚性强，不易卷曲。为此在油剂中加入了部分有机硅柔软剂，纤维表面的有机硅可使纤维抱合力降低，纤维之间可平滑移动而互不纠缠，从而提高了柔软性，有利于卷曲的顺利进行。

海岛纤维结构特殊，组分取向度和结晶度差异较高，吸收油剂的效果较差，因此油剂必须具有较好的渗透性。否则摩擦系数大，拉伸过程中易发生缠绕、紧点、断头，造成拉伸变形性能下降。

3. 提高纤维的抱合性

油剂是通过对纤维的渗透、吸附和自身的相互黏合作用，使纤维的抱合性提高。否则容易出现散丝、脱落等，造成废丝。在牵伸过程中，要求纤维与纤维之间有适当的抱合力，以利于梳棉成网及针刺成型。纤维与纤维间的静摩擦大，抱合力强，就有利于进行牵伸，且卷曲后丝束成型良好。但静摩擦过大，丝束抱合过紧，就不利于梳棉的顺利进行，易于形成棉球。若纤维与纤维间静摩擦过小，丝束抱合力差，又会使丝束发散、卷曲时易卡死。

4. 其他性能

合纤在热加工时，油剂不应在高温下分解或挥发。如果分解或挥发，一方面减少了丝的上油量；另一方面在丝或部件上产生焦油或油滴，影响操作及丝的质量。

油剂必须是稳定的乳化体，乳化剂的表面张力小，黏度低，易在纤维上黏着，此外还必须使油剂防腐、扩散、消泡、防氧化等。

三、 油剂的组成与特点

合成纤维所用油剂的主要成分为表面活性剂，主要由抗静电剂、平滑剂、柔软剂、乳化剂、消泡剂、防腐剂等构成。根据需要将平滑组分、抗静电组分及集束组分按适当比例混合，配制成乳液或溶液。在短纤生产中，一般情况下纺丝与牵伸使用统一油剂，既简化了工艺，又减少油剂的消耗。

1. 润滑成分

不同的工序对纤维的平滑性要求程度不一样。在保持优良的平滑性同时，要保持良好的耐热性，因此要综合考虑润滑剂的种类和含量。润滑剂的选用原则为下列四方面：纺丝工艺要求的平滑性；纺丝工艺要求的耐热性；纺织等后道工序的要求；不同合纤及其应用范围的要求。

纤维上油后，摩擦系数减少，用 μ_s 表示静摩擦系数，μ_d 表示动摩擦系数，用 F/F（丝/丝）、F/M（丝/金属）、F/R（丝/橡胶）表示不同介质之间的摩擦系数。不同的工艺过程对不同介质之间摩擦系数要求不一样，油剂成分要综合考虑。F/F静摩擦系数大些，集束性好、卷绕成型及退绕性好。对F/F动摩擦系数要求不高，以丝不滑动变形即可。F/M的静摩擦及动摩擦都要求小，以便减少金属部件对丝的摩擦，减少毛丝、断丝、提高丝的加工织造性能。F/R表示丝与橡胶辊之间的摩擦，摩擦太大，易起毛丝；太小，橡胶辊对丝的把持力小，又易打滑。一般来说，油的黏度越大、含油量越高、摩擦系数越大，油膜强度越高，则摩擦系数波动小。

（1）矿物油与动植物油　工业白油、环烷烃蜡、椰子油、菜籽油、牛脂等。

矿物油类是最早使用的润滑剂，目前仍然是润滑剂的重要品种。适用范围室温至130℃。这类润滑剂有矿物油、聚丁烯类（聚异丁烯）、α-烯烃低聚物。

作为平滑剂使用的矿物油，一般为精制的流动性良好以及含有芳烃成分的石蜡油。通常低黏度的矿物油多为石蜡系的烃化合物，而高黏度的矿物油含有较多的环烷烃。矿物油的黏度随分子量增加而增加，随着分子量的增加，润滑能力下降，摩擦力增加。与同样黏度的酯类润滑剂相比，润滑性差。而且随着温度增加容易挥发。但矿物油的价格便宜，可以作通用的较低温度下的润滑剂。

① 润滑性　随分子量增大，F/M静摩擦系数增高、黏度增高。随温度升高，F/M静摩擦系数增高，油膜强度减少。

② 耐热性　大于130℃使用时会受热挥发，但焦化现象较少。

③ 无嗅，对酸、光、热稳定，不溶于水，便宜。

（2）脂肪酸酯类　主要以C18以上的长链烷基酸和醇类为原料的合成酯作油剂成分，原料价格便宜，可根据用途不同制成各种改性的酯类，可以制成单酯、二酯、三酯、多酯等。如脂肪酸聚乙二醇酯、油酸酯、山梨醇脂肪酸酯、季戊四醇脂肪酸酯、聚氧乙烯脂肪酸酯、烷基磷酸酯。脂肪酸酯类平滑剂按分子的组成基本上可分为三个类型。

① 脂肪族酸、醇合成酯　如单官能团脂肪酸合成酯，油酸丁酯等；双官能团脂肪酸合成酯，癸二酸二辛酯；三官能团脂肪酯合成酯，油酸三甘酯等；四官能团脂肪醇合成酯，季戊四醇酯、山梨糖醇酯等。

② 脂肪族酸、醇合成酯中含有芳香基团　如单官能团的苯甲酸等；双官能团的双酚A等二价酯；三官能团的偏苯三酸、三聚氰酸等三价酯。

③ 脂肪族酸、醇、酰胺上含有聚氧乙烯的单、双、多价酯。

合成脂肪族酸、醇酯平滑剂由于凝固点低、黏温性好、黏度指数高、挥发性小、抗氧性好、易于乳化等优点，目前在油剂中使用较多。合成酯类的润滑性与酯类的极性基团种类、数目、有无芳香族基团、直链或支链的种类和长度有关。

具有良好润滑性的核心基团如下：

$$-(CH_2)_n-X \qquad HO\left(CH_2-\underset{Y}{\overset{H}{\underset{|}{\overset{|}{C}}}}-O\right)_n H$$

$$\begin{matrix} H_2C-OH \\ | \\ HC-OH \\ | \\ H_2C-OH \end{matrix} \qquad C_2H_5-\overset{CH_2OH}{\underset{CH_2OH}{\overset{|}{\underset{|}{C}}}}-CH_2OH \qquad HOH_2C-\overset{CH_2OH}{\underset{CH_2OH}{\overset{|}{\underset{|}{C}}}}-CH_2OH$$

为了提高酯类的润滑性和耐热性，在主链中可以加入下列芳基：

$$\begin{matrix} COOR \\ COOR \end{matrix} \qquad ROOC-\begin{matrix} COOR \\ COOR \end{matrix}$$

$$RCO-\bigcirc-X-\bigcirc-OCR$$

$$X: \ -\overset{H_2}{C}- \quad -S- \quad -O-$$

酯类润滑性大小是这些因素的综合作用，最常用的还是脂肪族酸、醇的双酯、多元醇酯。在化纤油剂中选用该类平滑剂时，一般要求是有较好流动性的液态酯，在选用中应优先考虑分子量适中的酯、含有不饱和键的酯、带有支链的酯、具有非对称结构的酯。同种酯类的润滑性与黏度有关，黏度越大，纤维与金属之间摩擦力越大，润滑性越差。分子量相同的酯类化合物与矿物油相比，酯类的润滑性好，纤维与金属之间的摩擦力少。

（3）聚醚类　主要为聚氧乙烯-聚氧丙烯嵌段型聚醚、醚改性硅油。

聚醚是现在国内研究较多的作为油剂合成主体的一类阴离子表面活性剂，它通常是指带有活泼氢的引发剂在碱或酸的催化下，环氧乙烷（EO）和环氧丙烷（PO）开环共聚而成的高分子表面活性剂。原料便宜，共聚合比和分子量可根据需要进行调整。由于 EO 亲水性好，PO 亲油性好，因此可通过调节 PO／EO 之比来制备不同性能的聚醚。它兼有润滑、集束、耐热、抗静电等性能。

① 合成方式

无规聚合：

$$H_2C-CH_2 + H_2C-\overset{CH_3}{CH} + RXH \xrightarrow{\text{催化剂}} EO\text{-}PO\text{无规共聚物}$$

嵌段聚合：

$$H_2C-\overset{CH_3}{CH} + \text{催化剂} + \text{环氧丙烷齐聚物} + H_2C-CH_2 + \text{催化剂} \longrightarrow EO\text{-}PO\text{嵌段共聚物}$$

② 润滑性　金属-丝间摩擦系数。随分子量增加，聚醚的 F/M 动摩擦系数增加。对同一分子量的聚醚来说，PO 成分越高，F/M 动摩擦系数越高。与分子量相同的矿物油、酯类比，F/M 动摩擦系数的大小顺序为：矿物油＞酯类＞醚类。

丝-丝间摩擦系数。随分子量增加醚类的 F/F 静摩擦系数减少。同一分子量的醚类中，PO 成分越高，F/F 静摩擦系数越大。与分子量相同的矿物油类和酯类比，F/F 静摩擦系数的大小顺序为矿物油＞酯类＞醚类。可见醚类是较好的润滑剂。

③ 耐热性　聚醚类最大的优点是受热后残渣少，这是其他润滑剂不可比拟的。它到180℃才开始分解，分子键断裂挥发、残渣很少。在聚醚中 PO 的成分越多则残渣越少，在同样分子量同样 PO 成分的聚醚中，端基的分子量越大则残渣量越大。

2. 抗静电成分

在合纤制造过程中，合纤丝束在高速运转中，与罗拉及其他机械部件摩擦会产生静电，产生毛丝、气圈、缠辊、集束困难。解决静电作用主要有提高纤维的吸湿性、减少摩擦作用、中和产生静电三种方法。对抗静电剂的性能从下列诸方面进行考察和选用。

① 抗静电性（漏电阻、产生静电荷的符号和大小）；

② 与纺丝油剂其他成分的相容性；

③ 耐热性（分解温度和热稳定性）；

④ 湿度对抗静电性的影响；

⑤ 干湿不同条件下的油膜强度；

⑥ 耐金属磨耗性；

⑦ 丝与金属的摩擦系数。

抗静电剂的主要种类是表面活性剂，由于它具有定向结构，容易排走产生的静电荷，使纤维表面具有吸湿性并容易使电荷移动，并能中和产生的电荷，从而能够消除或防止静电的产生。但由于工艺条件中的温湿度条件不同、摩擦力大小、摩擦速度不同，定量地解释抗静电机理较难，所以选用抗静电剂要通过实验进行综合考虑。

(1) 阴离子类 阴离子类主要有皂类、磺酸酯类、硫酸盐类及磷酸酯类等。最常用的有：

羧酸类：R—COOMe

琥珀酸酯类：

$$\begin{array}{c} \quad\quad\quad\text{H} \\ \text{ROOC} - \overset{|}{\text{C}} - \text{SO}_3\text{Me} \\ \quad | \\ \text{ROOC} - \text{CH}_2 \end{array}$$

磷酸酯类：

$$\begin{array}{c} \quad\quad\text{O} \\ \quad\quad\| \\ \text{RO} - \text{P} - \text{OMe} \end{array}$$

烷基醚磷酸类：

$$\text{RO} \overset{\quad\quad\quad\quad\text{O}}{\underset{}{\left(\!\!-\text{EO}-\!\!\right)_n}} \overset{\|}{\text{P}} - \text{OMe}$$

(2) 阳离子类 阳离子类抗静电剂主要有：脂肪族胺类 $RNH_2 \cdot X$、脂肪族季胺盐类 $[NR(CH_3)_3]^- \cdot X^+$、胺醚类 $RNH(EO)_n H$。

用作抗静电剂的阳离子表面活性剂，如季铵盐，在碱性水溶液中失去界面活性，而在酸性水溶液中，表现出稳定的阳离子界面活性。它们具有阴离子表面活性剂没有的特性，即良好的乳化、分散、起泡、浸透、黏附力和杀菌性。而且生物活性大，容易吸附在合纤上，使之具有良好的抗静电性和柔软感。

(3) 两性表面活性剂 两性表面活性剂的分子中同时有阳离子基团胺基和阴离子基团羧酸基，在酸性水溶液中，胺基与酸作用而溶解，显阳离子性；在碱性水溶液中，羧酸基与碱中和，显阴离子性。因此纯两性表面活性剂具有等电点，视溶液离子强度而改变其离子性质。它比阳离子表面活性剂的生物活性小，并具有优良的杀菌性、耐硬水性，可使纤维柔软和具有良好的抗静电性。使用最多的是甜菜碱类，如羧基甜菜碱类与咪唑啉甜菜碱类：

$$\begin{array}{c} \text{H}_3\text{C} \\ \quad\quad\searrow_+ \\ \text{R} - \text{N} - \text{CH}_2\text{CH}_2\text{COO}^- \\ \quad\quad\nearrow \\ \text{H}_3\text{C} \end{array} \quad\quad\quad \begin{array}{c} \quad\quad\quad\text{CH}_2\text{CH}_2\text{OH} \\ \quad\quad\quad\nearrow \\ \text{RC} - \text{N}^+ \\ \| \quad\quad\searrow \\ \text{N} \quad\quad\text{CH}_2\text{COO}^- \end{array}$$

(4) 其他类型

① 混合型表面活性剂 为了提高抗静电剂的水溶性，由高级烷烃中的活性氢引进聚氧化乙烯基团，在其羟基端基上引入磺酸基、磷酸基或阳离子基团。

② 有机氟表面活性剂 是具有氟代烃基团的表面活性剂，由全氟代烃中间体再引入亲水基团来制备的。有机氟抗静电剂与烃类抗静电剂比较，主要特征是：

a. 稳定性好，在 400~450℃下稳定，耐强酸强碱；

b. 乳化稳定性好，表面张力在 15×10^{-3} N/m 以下；

c. 润滑性、憎水憎油性好；

d. 抗静电性能比烃类化合物大得多，使用量在 0.1% 以下；

e. 价格相当于烃类抗静电剂 50 倍以上，所以目前还未广泛使用。

③ 有机硅表面活性剂。有机硅氧烷中的 Si—C 键是稳定的，而且可引入各种活性官能团，

制成改性硅氧烷。但在合纤油剂中，目前只有聚醚型改性硅氧烷被采用，主要是从侧链或端基引入各种亲水性基团。主要有：

$$-NH_2 \quad -COOH \quad -OH \quad -SH$$

$$\begin{matrix} CH_2OH \\ | \\ CH_2OH \end{matrix} \qquad \begin{matrix} H \\ | \\ -C-CH_2 \\ \backslash \,/ \\ O \end{matrix}$$

3. 集束成分

以非离子为主，利用非离子化合物的黏度特性。非离子表面活性剂不会离解离子，分子中有—OH基，会自由溶于水中。

聚氧化乙烯烷醇酰胺类：$ROCN \begin{cases} (CH_2CH_2O)_n-H \\ (CH_2CH_2O)_m-H \end{cases}$

聚氧化乙烯醚类：$R-O-(CH_2CH_2O)_n-H$

聚氧化乙烯酯类：$ROC-O-(CH_2CH_2O)_n-H$

此外，硫酸化蓖麻油、高级脂肪醇三乙醇胺盐等也是常用的品种。

4. 乳化成分

表面活性剂分子上有亲水基团，起到乳化作用。通常采用非离子表面活性剂为主，以阴离子、阳离子和两性表面活性剂为辅的乳化剂。

非离子表面活性剂包括带有聚氧化乙烯基团型和多元醇酯型两部分。聚氧化乙烯基团型主要有高级醇醚（正醇醚、叔醇醚）、烷基酚聚氧乙烯醚、高级脂肪酸-多元醇醚、高级烷基胺、高级烷基酰胺、PO/EO嵌段型聚醚。多元醇酯型主要有甘油脂肪酸酯、季戊四醇脂肪酸酯、山梨糖醇或山梨糖醇酐的高级脂肪酸酯、烷基醇胺高级脂肪酸等。

合纤油剂中所采用的乳化剂通常不只是单一品种，需要几种乳化剂配合使用，除了制造一种稳定的乳化液外，还要考虑它对油剂的热稳定性、摩擦性能及对油剂各成分之间的相容性等影响。若乳化剂选择不当，即使是特性优良的润滑剂和抗静电剂，也发挥不了良好的作用。

5. 添加成分

根据不同需要，油剂中往往还需要添加特殊组分，如有机硅乳液、蜡乳液、防腐剂、防氧化剂、水合剂、增湿剂、扩散剂、消泡剂、黏合剂、具有特殊机能的环氧化物。

四、油剂的调配

纺丝油剂的调配主要是乳化。纺丝油剂要均匀施加于纤维表面，加热后水分蒸发完，油剂的成分均匀地黏附在合纤上。因此必须将不溶于水的润滑剂、抗静电剂及其他成分，选用合适的乳化剂配成乳液，就能保证油剂中各有效成分充分发挥作用。多数油剂都是用去离子水稀释成乳化液，因此需添加一定的乳化剂以降低两相间界面张力，乳化液的正确乳化不仅影响到乳液粒径大小，而且影响乳液的稳定性。

合纤油剂的乳液多为水包油型（O/W），即在连续水相中分散着微小的油滴。为了得到稳定的合纤油剂乳液，水相中的微粒油粒子就必须足够细，否则油粒就会集聚增大，与水层分离、产生漂油现象。合纤油剂的油粒大小为 $0.2 \sim 0.5 \mu m$。生产中可根据油微粒大小与乳液外观颜色的关系进行判定：透明（$< 0.05 \mu m$）；半透明（$0.05 \sim 0.1 \mu m$）；蓝光乳白色（$0.1 \sim 1 \mu m$）；乳白色（$> 1.0 \mu m$）。

重点是乳化剂的 HLB 值（亲水亲油平衡值），一般有如下要求：

水包油型（O/W）乳液，HLB值范围6～8；

油包水型（W/O）乳液，HLB 值范围 3～8；

强调渗透性，HLB 值范围 9～13；

强调可溶性，HLB 值范围 15～18；

生产中要得到稳定的乳液，通常采用比要求 HLB 值稍低的乳化剂与少量比要求 HLB 值稍高的乳化剂混合使用，只有在实验中不断积累，才能选出合适的乳化剂配比。此外，还要注意温湿度对性能的影响，耐热性对丝-金属、丝-丝之间摩擦力的影响，油膜强度、组分之间的相容性、浸湿性、溶解性、丝束集聚性等影响。

乳液不稳定是油剂生产最常见的情况，主要有三类，即分层、变型和破乳。分层发生时，乳状液并未真正破坏，而是只是分为两种乳状液；变型是乳状液突然自水包油（或油包水）型变成油包水（或水包油）型，当乳状液内相的相体积大于 74％时，则发生变型；破乳时，乳状液完全破坏。

乳液不稳定的最主要原因是配方不合理，乳化剂选择不当或用量不合理，其 HLB 值与被乳化物的 HLB 值不相适应。平滑剂、抗静电剂、集束剂、平衡调整剂等的选择不当，均能造成乳液分层。

其次是乳化液的配制和乳化不正确，配制过程中要注意几个问题：

① 油基必须是均匀的液状体，使用前应先搅拌；

② 正确选择配油用水，一般使用去离子水，并达到要求的温度；

③ 冬季要将油剂原油放置在室内；

④ 在油剂乳液中加入适量防霉剂和杀菌剂。

五、 工艺实例

以 PA6/LDPE 型海岛纤维为例，纺丝油剂基本配比如下（单位：质量份）：

聚乙二醇双月桂酸酯	10
蓖麻油聚氧乙烯醚	60
壬基酚聚氧乙烯醚	15
改性有机硅	3
脂肪醇聚氧乙烯醚磷酸酯钾盐	1
正辛基异噻唑啉酮	0.2

按以上比例将各组分加入釜中，加入 50℃热水，并在此温度下不断搅拌，直至成为蓝光乳液，取样检验，冷却放料包装。

海岛短丝上油法有两种：① 浸渍法，丝束通过油槽上油，适用于未切断丝束。② 喷淋法，将油剂直接喷淋到散纤维上，适用于未切断丝束或短纤维。

上油效果既与油剂组分有关，又与含油的均匀性和含油率有关。海岛纤维需要的含油率范围为 0.8％～1.0％，含油率通常以四氯化碳、乙醚等为溶剂用萃取法测定。

第三章
非织造布

第一节 非织造布概论

非织造布又称无纺布或不织布，是纺织工业中的一门新技术，具有工艺流程短、原料来源广泛、成本低、产量高、产品多变、应用范围广等优点。在合成革工业中得到广泛应用，主要是用作基材，利用非织造布构成三维的革体支架结构。

一、非织造布定义

对于非织造布的定义，国家标准 GB/T5709—1997《纺织品 非织造布 术语》对非织造布的定义为：非织造布是定向或随机排列的纤维通过摩擦、抱合或黏合，或者这些方法的组合而相互结合制成的薄片、纤网或絮垫。不包括纸以及机织物、针织物、簇绒织物、带有缝编纱线的缝编织物和湿法缩绒毡制品（不论这种制品是否经过针刺加固）。非织造布的生产技术会在发展中不断深化，它的概念与含义也会有相应变化。

非织造布的真正内涵是"不织"。非织造布是一种纤维结构的产品，是由纤维不经纺纱和织造而构成的纤维制品。纤维可以是天然纤维或合成纤维，可以是短纤维、长丝或纤维状物。从结构特点上讲，非织造布是以纤维的形式存在的，而不同于纺织品是以纱线的形态存在于布中，这是非织造布区别于纺织品的主要特点。

二、非织造布分类

非织造布的加工方式与产品繁多，产品分类也有多种方法。主要有按加工路线分类、按成方法分类、按纤网的形式分类、按产品用途分类等几种见表 3-1。

表 3-1　非织造布生产工艺分类

成网方式		固结方法	
干法成网	梳理成网 气流成网	机械固结	针刺法 缝编法 射流喷网法
		化学黏合	饱和浸渍法 泡沫浸渍法 喷洒法 印花法
		热黏合	热熔法 热轧法

续表

成网方式		固结方法
湿法成网	圆网成网 斜网成网	化学黏合法、热黏合法
聚合物挤压成网	纺丝成网 熔喷成网 膜裂成网	化学黏合法、热黏合法、针刺法 自黏合法、热黏合法等 热黏合法、针刺法等

合称革中使用最广泛的是针刺法加工技术（图 3-1），是采用特殊设计的刺针将纤网中短纤维或长丝缠结而结合纤网的机械固结方法，适合于生产中厚型非织造布。其次是水刺法技术（图 3-2），是用高压水射流使短纤维或长丝缠结而结合纤网的机械固结方法，也称"射流喷网"，具有手感柔软、膨松、无纤维屑等特点，主要用于薄型绒面产品。

三、 非织造布的用途

① 医疗与卫生　手术用罩衫、帽套、病床床单、垫褥、防菌帘布、消毒包布、医用胶布与绷带底布、伤口敷布、吸血布、尿布、卫生巾用面料。

② 家用与装饰　地毯、窗帘、帷幕、贴墙布、人造草坪、擦拭布、收藏袋、坐椅套、礼品袋、厨房用滤渣袋。

③ 仿皮与服装　合成革底布、鞋包箱等的内衬、各种服装饰衬里、保暖絮片、服饰辅料。

④ 工业与建筑　吸油材料、电气绝缘材料、蓄电池隔板、抛光材料、玻璃钢增强基材、工业胶带基及软管基材、过滤材料、防水沥青底布、公路铁路建设中用于分离加固的排水用土工布、岸坡堤坝加固土工布。

⑤ 汽车工业　座套、遮阳板、衬垫和覆盖材料、绝热和隔声材料、空气过滤器、簇绒地毯的底布、沙发软垫材料。

⑥ 农业　防霜冻布、防虫害布、土壤保湿布、育秧布、温室大棚。

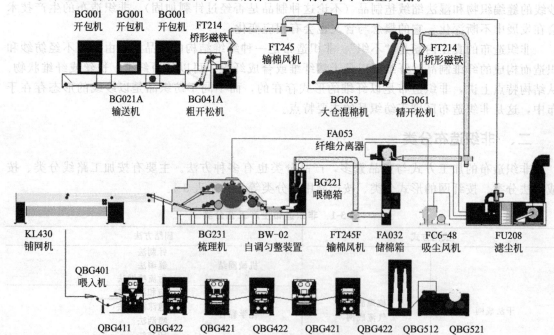

图 3-1　针刺法生产线

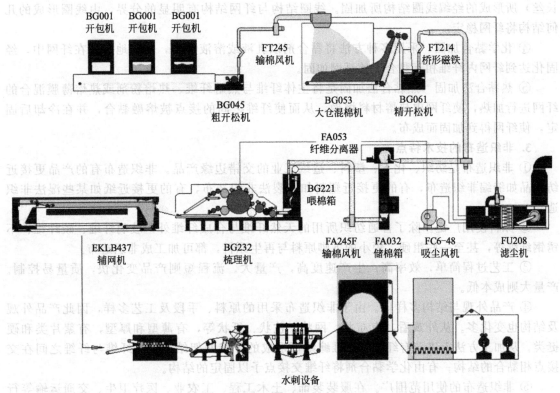

图 3-2 水刺法生产线

四、非织造布的特点

1. 非织造布在结构上与机织物、针织物的区别

机织物、针织物结构特征：

① 构成的主体是纱线或化纤长丝。

② 经过交织或编织形成规则的几何结构。

③ 结构稳定性依靠纱线中的纤维间的抱合力、纱线之间的摩擦力及编结力。

④ 机织物结构中，经纱与纬纱互相交织挤压，阻止了织物受外力作用时的形变，结构稳定，但缺少弹性。

⑤ 针织物结构中，纱线形成的圈状结构相互连接，织物受到外力时组成线圈的纱线相互间有一定程度的位移，因此具有良好的弹性。

非织造布结构特征：

① 构成主体是纤维（呈单纤维状态）。

② 由纤维组成网络状结构，为"纤网型"制品。

③ 必须通过化学、机械、热学等加固手段使该结构稳定和完整。

2. 非织造布的几种典型结构

① 纤维的缠结加固　由刺针或高压水流刺纤网，使各个方向的纤维互相纠结实现加固。纤维缠结是以纤维束的形态进行，称为"纤维交织"。特点是纤网依靠自身的纤维相互缠结进行加固。

② 纤维形成线圈加固　采用一种基于机械加固原理的缝编方法，利用槽针在缝编过程中从纤网中抽取部分纤维束，编结成规则的线圈状几何结构，使纤维网得到加固。

③ 外加纱线加固　横向折叠的多层纤网经过缝编机件的作用，被另外喂入的纱线（化纤

长丝）所形成的经编线圈结构所加固。线圈结构与纤网结构有明显的分界，由线圈形成的几何结构将纤网稳定。

④ 化学黏合加固　采用多种方法将黏合剂以乳液或溶液形态，均匀地分布在纤网中，经固化达到纤网内纤维相互黏合而使纤网加固。

⑤ 热黏合法加固　热黏合法加固是将主体纤维与热熔纤维、热熔粉剂或热熔薄膜混合的纤网进行加热，使纤网内热熔材料熔融，从而使纤维之间的接点被熔融黏合，并在冷却后固定，使纤网得到加固而成布。

3. 非织造布的技术特点

① 非织造布是纺织、化工、塑料、造纸工业的交错边缘产品。非织造布有的产品更接近纺织品如缝编非织造布，有的更接近塑料如膜裂法非织造布，有的更接近纸如某些湿法非织造布。

② 原料使用广泛。除了普通纺织所用的天然纤维与合成纤维外，玻璃纤维、碳纤维、不锈钢纤维等，甚至一些粗硬、短小的下脚原料与再生原料，都可加工成非织造布。

③ 工艺过程简单，效率高；生产速度高，产量大。流程短则产品变化快，质量易控制。产量大则成本低。

④ 产品外观与结构多样化。由于非织造布采用的原料、手段及工艺多样，因此产品外观及结构也变化多。从外观看，有布状、网状、毡状、纸状等，有薄型和厚型，有絮片类和硬挺类。从加工方法上讲，有纤维与纤维缠绕而形成的纤维网架结构；有纤维与纤维之间在交接点相黏合的结构；有由化学黏合剂将纤维交接点予以固定的结构。

⑤ 非织造布的使用范围广。在服装装饰、土木工程、工农业、医疗卫生、交通运输等行业，其应用之广泛远远超过传统纺织品。

⑥ 资金规模大，技术要求高。

⑦ 非织造材料发展及应用的主要趋势：生态化；其他领域最新技术成果的综合应用；大量向其他领域渗透。

五、 非织造布生产过程

1. 非织造布一般工艺过程

非织造布的生产方法较多，但基本工艺路线包括：原料准备→成网→纤网加固→后整理→成卷五个生产过程。

① 原料准备　包括纤维的开松、混合、除杂、加油等，是保证纤网质量的准备工序。

② 成网　是由纤维形成纤维网的阶段。一般采用机械或气流的方法，按一定要求铺置成网，或由聚合物在纺丝阶段直接铺置成网，然后进行加固。

③ 纤网加固　通过一定手段使纤网中纤维缠结或黏合，使纤网具有一定强力，是形成非织造布结构的重要工序。

④ 后整理　整理的目的是改善半成品的性能，提高质量或赋予产品某些特殊性能。包括干燥、整理、轧光、轧花、涂层、染色、印花、切割等。是否需要进行后整理是由最终产品的用途来决定。

⑤ 成卷　整理后的非织造布按要求进行检验，然后包装成卷。

2. 针刺法工艺流程

合成革对非织造布的厚度、表观密度、强力、剥离等指标要求很高，通常采用机械成网和针刺加固的方法，本书重点介绍机械成网的针刺法非织造布加工工艺。

针刺法非织造布：针刺机带动刺针往复上下运动，对经过梳理并按不同纤维取向铺叠而成并具有一定厚度的纤网层进行穿刺，使纤维自身相互缠结，从而形成具有一定强度、密度、弹性、平整度等性能的三维骨架结构的材料。

针刺法非织造布主要工艺流程：开包机→输送机→粗开松机→输棉风机→多仓混棉机（或大仓混棉机）→精开松机→输棉风机→储棉箱→纤维分离器→输棉风机→滤尘机组→喂棉箱→带式自调匀整装置→梳理机→交叉铺网机→喂入机→针刺机→张力架→卷绕机。

短纤维由称重式喂入机进行计量，进入粗开松机，经初步混合开松后由风机打入多仓喂棉器，并由底部输送带送入精开松机进行进一步的混合开松。之后，纤维经风机送入物料分离器中，并在其中贮存一定的棉量。物料分离器中的纤维被风机送入簇绒式落棉机，在其中形成横向和纵向都很均匀的喂棉层，进入梳理机进行梳理，形成纤网。重叠后进入铺网机，铺叠成规定层数后，经针刺机针刺成为三维交联的非织造布。

第二节　纤维开清工艺

一、开清的作用

具有一定长度和线密度的散纤维，必须经过梳理才能成网。但梳理之前要对原材料进行一系列的加工，才能实现良好的梳理。成网前的工作包括以下几点。

① 将各种性能、品种的纤维原料进行松解，通过机械力作用将大的纤维块、纤维团离解成小块的纤维束。

② 将开松的纤维经过大仓或多仓混合，使纤维得到充分均匀的混合。

③ 制成混合均匀的纤维层供梳理机。

总的要求是纤维混合均匀、开松充分并尽量避免损伤纤维。根据纤维纤度、长度、含油含湿量、表面形状等因素，合理调整开松隔距、相对速率等工艺参数。

通常采用的是称量式开混联合工艺。由输送机、称量装置、开松机、棉箱以及配送系统组成。混合开松后的纤维由气流输送和分配到后道成网设备的喂入棉箱中。由于采用了称量装置，混料中各种成分比较准确，适用于加工纤度 1.7～6.7dtex、长度 38～65mm 的纤维。

基本流程：开包→输送→粗开松→输棉风机→多仓混棉（或大仓混棉）→精开松→输棉风机→储棉箱→纤维分离器→输棉风机→滤尘机组→喂棉箱→带式自调匀整装置。

二、喂入与输送

原料的喂入可以由人工完成，也可以由机械完成。对于产量大的生产线，可采用机械喂入；对产量较小的生产线，通常采用人工抓料的方式。

将纤维经人工抓取喂入喂棉帘中，再转入输棉帘。由角钉帘将纤维带至自动称量机的棉箱内，经初步开松后落至称量斗内，再由前方机台控制称量斗是否落料，使定量的纤维依次铺在混棉帘子上。图 3-3 为输送机结构。

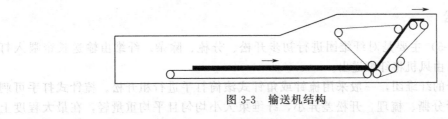

图 3-3　输送机结构

混合给料机（图 3-4）对纤维有初步的开松作用，产生开松作用的部位为：角钉帘子对棉堆的高速抓取；角钉帘子与压棉帘对棉块的撕扯；角钉帘子与均棉罗拉对棉块的撕扯；剥棉打手对棉块的快速击打。影响开松程度的工艺参数主要是角钉规格、隔距、速度、喂棉量和原棉密度、回潮率的大小等。

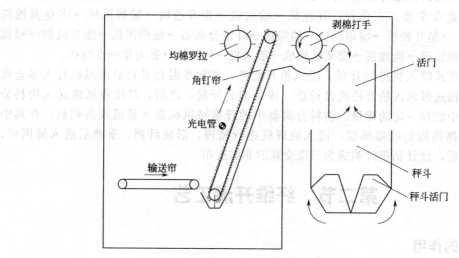

图 3-4　混合给料机

① 角钉规格　包括角钉密度、倾角、长短、粗细等，以密度和倾角对开松影响较大。角钉密度通常以单位面积的钉数表示，亦可用角钉的纵距乘横距表示。密度过大，棉块浮在角钉表面，抓取能力减小；密度过小，棉块沉在角钉内部，开松效果减小。角钉倾角在较小时，利于棉块抓取与开松。

② 角钉帘子与压棉帘的隔距。隔距小，撕扯作用大，开松效果好但产量降低。

③ 角钉帘子与均棉罗拉的隔距。隔距小时，开松效果好但产量降低。

④ 角钉帘与均棉罗拉速度。角钉帘速度增加，产量增加，但单位长度的角钉帘上受均棉罗拉的打击次数减少，开松减小。均棉罗拉转速增加，开松增加。

⑤ 抓包量与堆棉量：抓包量和堆棉量大则参加混合的成分多，混合效果好。

超纤革一般选用一种海岛纤维进行加工，普通合成革通常选择涤纶、锦纶或其混合纤维，在喂入时要注意以下几点：

① 根据产品质量要求选择原料；

② 配料时应考虑实际的生产条件；

③ 配混纤维的差异不能太大。由于不同种类、批次、班次之间的差异，纤维的搭配和混合非常重要，会影响非织造布的质量稳定性和手感的差异。所以需要配置至少两台喂棉机，同时在操作过程中，也要分批次、班组搭配使用；

④ 在喂棉时要进行撕扯，简单混合后喂入喂棉机；

⑤ 要保持喂棉机的棉位稳定，避免过多的纤维挤压，影响开松的效果；

⑥ 要经常检查角钉是否松动脱落，及时修补。

三、粗开松

粗开松（图 3-5）主要是对纤维团进行初步开松、分梳、除杂。纤维由输送长帘喂入打手，经打手开松后由风机将纤维送出。

针对初步打开的纤维团，一般采用梳针或角针式滚筒打手进行粗开松。梳针式打手可刺入纤维层内部进行分断、梳理，开松差异小，纤维束大小均匀且平均重量轻，在最大程度上减少纤维损伤，达到逐步开松。打手形式要与产量匹配。开松效果的指标是纤维的损伤率（一般＜1%）和开松度。

影响开松效果的因素主要是打手速度与打手至给棉罗拉的间距。它直接影响产量、开松

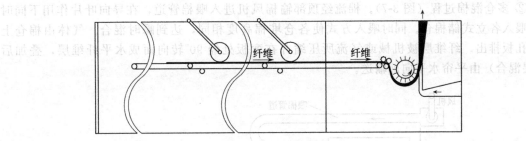

图 3-5 粗开松示意图

率、打击点的多与少、打击点的软与硬以及打手形式。打手转速高，开松效果好，但有可能造成输出紧棉束（受到过分撞击而产生的）。打手至给棉罗拉的隔距减小，则开松效果好，但隔距过小易损伤纤维。通常化纤短纤维开松相对容易，所以通常采用较低的打手转速和较大的隔距。

合成革非织造生产线一般要求开松量 300kg/h，工作宽度 1200mm，纤维束≤30mg（纤维开松度）。粗开松机一般要配有塞车报警装置、喂入量自动调整、紧急停车装置和倒车机构。

四、混棉

纤维的粗开松只是进行了粗略的混合，仍需要经过混合机进行进一步的混合，使纤维原料充分混合均匀，同时储存一部分纤维以保证后续加工连续。混合的类型主要有：

① 时差混棉。不同时间输入混棉机的不同成分纤维同时输出，形成时差混合。

② 程差混棉。同时喂入混棉机内的纤维，因在混棉机内各自经过的路径不同，输出时分布在较长片段的棉流中。

③ 翻滚混棉。水平帘将棉堆向前输送，角钉斜帘抓取原棉，引起纤维在棉仓内翻滚。

通常使用的有大仓混棉和多仓混棉两类。

① 大仓混棉过程（图 3-6）。纤维由风机送入，经过旋风分离器作用，纤维无规则雪花状落入储棉仓内。原料在储棉仓内储存、混合，不同时间落入仓内的混合纤维由输出帘水平直取，在同一时间被斜帘抓取，经均匀辊及打手将原料送到下道储棉箱内，供下道工序使用。由于采用大面积的平铺及同时直取，实现了不同纤维原料的均匀混合。

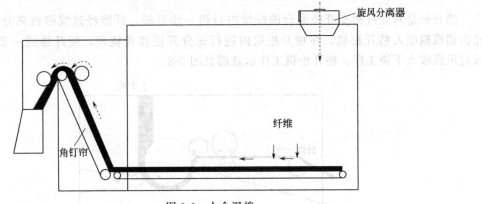

图 3-6 大仓混棉

大仓棉箱一般装有光电装置，自动控制大仓内的落棉量和落棉高度。由于大仓混棉箱比较大，纤维下落时会产生一定挤压。一般大仓混棉箱需配备旋风分离器，保证纤维能够分散蓬松下落，解决纤维挤压的问题。

② 多仓混棉过程（图 3-7）。棉流经顶部输棉风机进入喂棉管道，在导向叶片作用下同时均匀喂入各立式储棉仓。同时喂入方式使各仓堆棉高度相同，达到瞬时混合。气体由棉仓上网眼孔板排出。纤维层被机械或气流所压缩并在弯板处经 90°转向而成水平纤维层，叠加后（多层混合）由平帘水平向前输送。

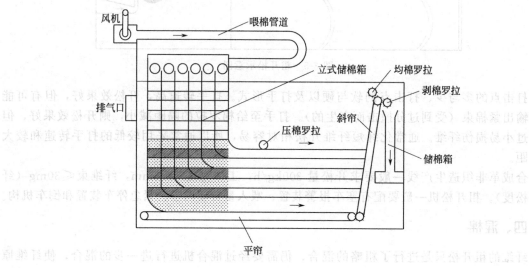

图 3-7　多仓混棉

多仓混棉通过同时进棉，分时出棉的方法均匀混合纤维。各纤维层因为在机内的喂入路径远近不同而达到纤维混合的目的（路程、时间差混合）。水平前进的纤维受角针帘的抓取作用，撕扯成小棉束输出。多余的混料被均棉罗拉剥下而返回混棉箱（翻滚混合）。该机的工作特点是有三种混合方式：气流混合、叠层混合、密集混合。

如使用单一海岛纤维的超纤厂，没必要使用多仓混棉机，因为机台越多，不但投资大，而且整线的故障率也随之增加。如果是采用外购涤纶锦纶纤维的普通合成革厂，则尽量选择多仓混棉以保证产品的质量。

五、精开松

精开松是对经过初步开松混合的纤维进行进一步开松。纤维经过混棉机充分混合后，再经由储棉箱喂入精开松机，在精开松机内进行充分开松和预梳理，使纤维进一步开松拉直，通过风机喂入下道工序。精开松机工作示意图见图 3-8。

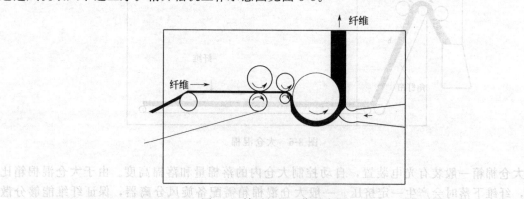

图 3-8　精开松机工作示意图

精开松机主要由储棉箱、给棉机构、打手等组成。纤维层在握持下受到打手打击和分割，被击落的纤维块沿打手圆周切向撞击底部尘格从而得到松解。棉块在打手室经多次打击，充分开松后由风机输出。采用金属针布打手，针布间距小，包容面大（3/4 圆周），使纤维精细开松（纤维束≤8mg）。按需要打手室出棉口附近可装剥棉刀，防止打手返棉。精开松机棉箱容积较大，通过光电控制后方机台，给棉罗拉采用变频控制，根据气流棉箱的要求自动调整连续喂棉。

精开松人工加棉时，棉层厚度应控制在喂棉帘墙板高度以下，且放棉均匀，不得只将棉放在两边或中间，注意棉层的松紧度。不得在精开松喂棉帘上加开松网棉，不得在精开松后风机观察孔位置上加棉。

六、储棉箱

储棉箱为精开松与气压喂棉箱中间的连续喂棉系统。主要功能是保证喂棉箱能够均匀稳定的喂棉；有利于精开松至喂棉箱风压风速的调整；对纤维进一步开松；自动检测控制储棉量。储棉箱结构、工作示意图见图 3-9。

注意观察棉箱的存棉情况，在梳理机停车时，应及时停掉前道设备，避免设备的磨损，节约能源。

七、气压喂棉箱

非织造布的稳定性主要是单位克重的均匀与稳定，是决定合成革物性指标稳定的前提条件，因此喂棉箱输出的棉层均匀性是关键因素。

喂棉箱安装于梳理机前，是连接开清系统与梳理机的核心设备，将经过开松、混合和除杂的纤维形成均匀的纤维层供给梳理机。一般采用气压式并带有自调匀整功能的棉箱，根据纤维的特点，自行调整风量、风压到最佳状态，要求克重控制在 1.5% 以内，才能保证非织造布克重均匀和稳定。图 3-10 为气压喂棉箱结构、工作示意图。

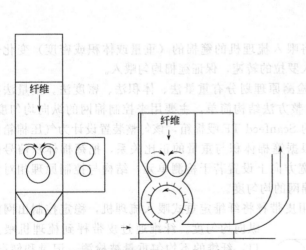

图 3-9 储棉箱结构、工作示意图

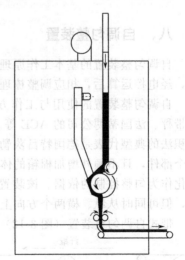

图 3-10 气压喂棉箱结构、工作示意图

气压喂棉箱由机架、输棉通道、上下棉箱、给棉罗拉、弹性给棉板、开松打手、循环风机、自调匀整机构、出棉罗拉、检测板、出棉帘等部件组成。在输棉风机的作用下，将已经充分开松的纤维喂入本机上棉箱，经打手进一步开松后，通过循环风机产生的气流均匀送至下棉箱，最后经出棉罗拉及自调匀整机构将均匀纤维层输出。

气压棉箱主要是采用气流调整的方法达到纵横向均匀喂棉的目的。采用上下配置的复式储棉箱结构,利用压缩空气作为输送纤维的介质和检测控制手段来工作。上棉箱内的压力信号经处理后控制储棉箱喂棉罗拉的转速,保证箱内纤维量的动态平衡。如果喂棉管道的纤维容量改变,压力也会有所改变。棉道中纤维越多,纤维密度就越大,空气出口越严密,气体不容易流出导致压力上升,压力的改变使得压力传感器输出电压变化。若气压降低,喂入辊速度加快;若气压增加,喂入辊的速度降低。下棉箱内的压力信号经处理后控制本机喂棉罗拉的转速,从而确保输出纤维层均匀稳定。

机内下棉箱的闭路循环气流和特有的出口栅结构,除有分离纤维和空气的作用外,还有均衡喂棉机整个幅宽方向上纤维均匀分布的功能。

图 3-11(a)为均匀下落的纤维。图 3-11(b)为纤维在下落时,幅宽方向出现局部低压区,该处纤维高度低于出口栅的上表面,出现了纤维在幅宽方向上分布不匀。于是该处空气通过量增加,带动更多的纤维向该低压区堆积,从而实现纤维在幅宽方向上的均匀分布,大大提高了输出棉的横向均匀度。

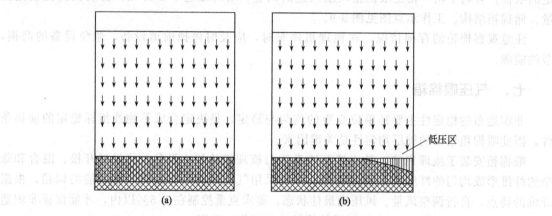

图 3-11 气压棉箱出口栅工作原理图

八、自调匀整装置

自调匀整装置的基本工作原理是:将喂入梳理机的筵棉的(重量或体积或密度)变化信号,经电控运算后,相应调整梳理机喂入罗拉的转速,保证筵棉均匀喂入。

自调匀整装置的使用与工作方法按检测原理划分有重量法、体积法、密度法。重量法有皮带秤、法国蒂博公司的 ACE 等。该匀整方法结构简单,主要用来控制棉网的纵向均匀度。体积法的典型代表是德国特吕茨勒公司的 Scanfeed TF 喂棉箱,该匀整装置设计为气压棉箱的一个部件,且不额外增加棉箱的体积,根据筵棉体积与重量的正比关系,把筵棉体积信号的变化作为匀整控制的依据。该装置在幅宽方向上设置若干检测单元,结构与控制原理相对复杂,但可同时从纵、横两个方向上控制棉网的均匀度。

带式自调匀整装置(图 3-12)是利用皮带秤将纤维定重式喂入梳理机,稳定控制出网的

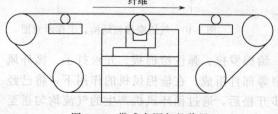

图 3-12 带式自调匀整装置

纵向均匀度。纤维通过皮带秤到梳理机喂入口,纤维的不均匀重量被检测、记录和储存,喂入速度随真实纤维量改变,保证均衡的纤维量进入梳理机。该装置在电气控制上与梳理机喂入辊连在一起,通过控制喂入辊速度来实现控制喂入量。可提前根据产品品种预置喂入纤维克重,当皮带秤称重点称得某部分纤维重量

比设定值大时，则此部分纤维被输送到梳理机喂入辊时，自动降低喂入辊速度。反之则自动提高喂入辊速度，从而确保喂入梳理机的纤维量均匀一致。

皮带秤如果操作不当会导致生产数据不准确。注意观察皮带秤上的棉层是否均匀以及生产参数的变化。如实际数据与显示数据有较大的差异时，应进行皮带秤的校零。皮带秤的参数修改以及校零只能由专业人员操作。

利用自调匀整装置可以实现生产上的在线控制，提高了工艺控制的反应速度和精确性，大大缩短变换产品品种所需的调整时间，避免由于气候、原料变化及开停车等因素而导致的产品质量波动。皮带秤与气压喂棉箱装置配合，保证了纤维稳定均匀的喂入梳理机，纤网不匀率 CV 值可控制在 2% 以内。

第三节　纤维梳理

一、梳理的目的与原理

1. 梳理目的

经过准备工序后，纤维基本为束状，必须进行梳理。梳理是将定量喂入的纤维进行分梳、剥取、提升、转移。梳理的目的主要有以下几点。

① 对纤维束进行比较彻底的分梳。锡林、道夫、工作辊、剥离辊对纤维进行反复的握持分梳与自由分梳，使纤维呈单根状态。

② 使原料纤维进一步均匀混合。纤维在锡林与道夫间的交替分梳、转移和凝聚过程中实现混合作用。锡林、道夫具有吸、放纤维的功能，喂入的棉层厚薄不匀时，可起自动调节均匀度的作用。

③ 使纤维成为连续状态的纤网，并控制纤维在纤网中的排列方向，按产品要求及固网方法进行调节。

2. 梳理原理

梳理机的锡林、道夫、剥离辊以及工作辊等均缠绕不同类型的针布，各辊之间都有一定的间隙。由于各辊的速度、转向、针布主针倾斜方向和配量状态的不同，因而纤维经过它们之间时，必然受到不同的作用。

梳理过程有"分梳"和"剥取"两个基本动作。当两针面针向平行配置时，纤维层在两针面间运动，始终被其中一个针面所握持，而不游离于两针面之间。当受针面作用时，或者仍为原针面控制，或立即转移到其他针面之上。这种梳理和转移是随机的，梳理中有转移，转移中发生梳理。纤维由一个针面向另一针面转移，后又转移回原针面，如此反复多次进行，束状纤维逐步经梳理变为单纤维状态。当两针面在交叉配置的针向条件下，发生剥取作用，一个针面上的纤维剥离到另一个针面之上，这叫剥取转移。而梳理中的转移叫凝集转移。剥取转移是整体的全部进行，凝集转移是部分的随机进行，两者有显著不同。三种作用总结如下：

分梳作用：上下两个针齿面的针齿工作角平行配置，有相对运动，上慢下快。

剥取作用：上下两个针齿面的针齿工作角交叉配置，有相对运动，上慢下快。

提升作用：上下两个针齿面的针齿工作角平行配置，有相对运动，上快下慢。

梳理的核心是主锡林、工作辊、剥离辊之间所形成的梳理作用。锡林线速大于剥取辊，而剥取辊线速又大于工作辊。从针齿配置、运动方向及相对速度可知，锡林、工作辊间为分梳作用。主锡林剥取剥离辊的纤维与本身所带的纤维混合后，与工作辊之间产生分梳作用，对纤维进行梳理。锡林向前带走一部分纤维，工作辊带走一部分纤维，工作辊带走的纤维被剥取辊剥取后再交给锡林。这样几个反复，在三个辊之间形成一个梳理区，完成梳理混合作用。

经过充分梳理混合后的纤维，被道夫辊剥取下来，积聚到道夫表面，道夫表面的纤维又被剥离辊剥取到输送帘子上，形成一层纤网。

二、梳理设备

1. 梳理机

梳理机的作用是将小棉束梳理成单纤维状态，形成一定宽度、一定单位面积质量的纤网。单锡林双道夫杂乱成网梳理机是合成革行业最常用的类型。双道夫梳理机结构见图3-13。

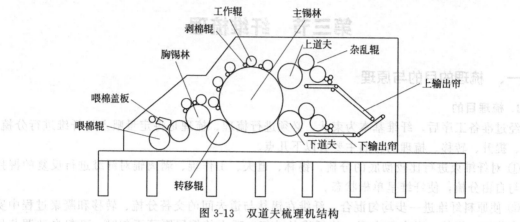

图 3-13　双道夫梳理机结构

梳理机主要包括喂入与预梳系统、梳理系统、输出系统。喂入与预梳系统由给棉罗拉、给棉板、刺辊、胸锡林、工作辊及剥取辊组成。梳理系统由主锡林、工作辊和剥取辊等组成。输出系统由道夫、杂乱辊、剥取罗拉及输出帘等组成。该设备具有以下特点。

① 双道夫配置。锡林表面纤维负荷量不增加情况下，通过提高锡林转速增加产能，同时在锡林后配置双道夫，可转移出两层纤网，增加单位时间内输出量。在保证梳理质量前提下提高产量，而且两层纤网叠加有利于提高成网均匀度。

② 使用杂乱装置。为使纤网纵横向强力比差异减小，在道夫与剥取罗拉间加装一组杂乱辊，调节纤维方向。

③ 主锡林直径为1500mm，配5组工作辊，转速提高，提高了梳理效果和产量。

④ 喂棉板上置，顺向给棉，棉流与刺辊的运动方向一致，纤维在握持状态下的分梳更加流畅柔和，消除了纤维在分梳打击时的损伤，改善了产品的强力。

⑤ 在刺辊与胸锡林、胸锡林与转移辊、转移辊与主锡林的三角区安装高精度圆弧板，减小三角区交汇处气流附面层对棉网的影响。

⑥ 负压吸风系统。从刺辊至道夫的梳理区部分用罩门、封板组成一个密封的腔体，内设有补风点和吸风点，腔体外设置一风机来维持腔体内一定的负压。吸风系统提高了设备的清洁维护效率和设备的运转可靠性。

2. 梳理单元

梳理机的基本作用是对纤维进行反复的梳理和剥取，是由锡林、工作辊和剥离辊共同完成的，因而三者组成的工作区为一个梳理单元。梳理单元基本结构见图3-14。

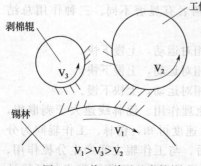

$V_1 > V_3 > V_2$

图 3-14　梳理单元基本结构

(1) 锡林与工作辊的相互作用　锡林与工作辊的针齿为平行配置，而且锡林的表面速度远大于工作辊的表面速度，两者之间为分梳作用。锡林表面的部分纤维被抓取而转移到工作辊上，但大部分纤维仍被锡林带走。

(2) 工作辊与转移辊的相互作用　工作辊与转移辊之间完全是剥取作用，转移辊的转速要大于工作辊的转速，所以当纤维转移到转移辊上时，除了受到牵伸作用，还受到补充梳理和拉直作用。装在锡林侧下方的工作辊和转移辊，由于转移辊的离心作用，还可以把硬丝等杂质去除。

(3) 转移辊与锡林的相互作用　转移辊与锡林之间实质也是剥取作用，也有补充梳理的作用。锡林将转移辊上的纤维剥取以后，这些纤维又被锡林带向原来的那个工作辊，其中一部分纤维重新被原来的工作辊抓取，纤维受到重复的梳理，而大部分纤维则被锡林带走，进入下一个梳理单元。

(4) 锡林与道夫的相互作用　道夫主要是剥取锡林上的纤维，但通常只能带走锡林表面50%的纤维（双道夫），部分纤维又重新回到锡林与工作辊的梳理单元里。道夫与锡林针齿面平行配置，对纤维本质为分梳。道夫利用清洁的齿面，在分梳过程中将部分纤维转移过去，所以道夫的主要作用在于完善地转移和凝聚锡林上的纤维，同时又进行均匀和混合。锡林与道夫的速比一般为15～20，即道夫单位面积上的纤维量取自15～20倍的锡林单位面积，因而一般称这种纤维转移为"凝聚作用"。

梳理单元对纤维主要起梳理、均匀、混合作用。其中任何一个作用都不是单独存在的，而是紧密联系互相影响的，在整个过程中实现均匀成网的目的。

3. 针布配置

针布性能要求：①对纤维具有良好的穿刺能力和握持能力，能使纤维经常处于针齿的尖端；②对纤维具有良好的转移能力，易使纤维从一个针面向另一个针面转移；③具有一定的针隙容量，能较好地吸收和释放纤维，以提高梳理机的混合作用；④针齿锋利、光洁，针面平整耐磨，保证紧隔距、强分梳、易转移。

针布配置的基本原则：①被加工纤维的种类、长度、细度以及纤维的状态等性质；②梳理机的类型、速度和产量；③以锡林针布为核心，相应选配转移辊、工作棍、剥棉辊、道夫、刺辊；④成网的质量要求和用途。

(1) 锡林的针布配置　锡林针布（图 3-15）承担了主要的纤维梳理职能，针布的配套要以锡林针布为主体，锡林针布的选型应基本符合"矮、浅、尖、薄、密、小"六个基本要求。

由于化纤与金属的摩擦系数大，为了防止其缠锡林，应取较大的齿条工作角，一般为75°～80°。纤维不易沉入齿底，有利于转移、释放纤维。锡林针布对锋利度和齿形也有较高的要求，要有很好的穿刺能力，齿深浅、齿隙合理。锡林针布的齿深小，一般为 0.6～1.1mm，纤维充塞少，针面负荷轻，也不易缠绕锡林。

(2) 道夫的针布配置　道夫针布（图 3-16）以凝聚转移纤维为主，为了加强转移功能，道夫针布高度为 4～4.5mm。工作角要小些，一般为 50°～60°，转移率高，纤维缠结少，有的还设计成鹰嘴形，有的在齿面增加横纹。道夫齿深比较深，一般在 2.2mm 以上。齿隙、齿形比较大，强度好，容纤量大。

(3) 工作辊针布配置　由于工作辊直径较锡林小很多，针布包卷后曲率半径小，为保证角度和锡林针齿匹配，实现分梳和剥取，工作辊针布工作角要小些。针布的齿尖密度与需要梳理的纤维数之比应大于 1：1，这样才能够保证在梳理过程中不产生较大的纤维簇。为防止出现绕锡林或道夫转移效果不佳，同时为预防工作辊在抓取纤维后出现中途"落毛"现象，可以考虑在工作辊齿面上增加 2～4 根横纹，以增加握持稳定性和梳理作用，提高纤网的均匀度。

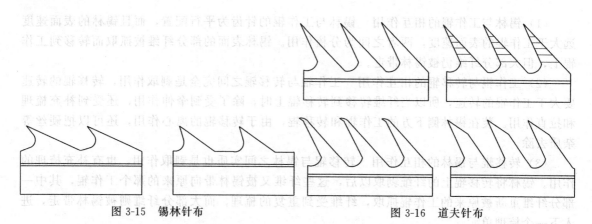

图 3-15　锡林针布　　　　　　　　　　　　　图 3-16　道夫针布

（4）剥取辊针布配置　剥取辊既承担了从工作辊上剥取纤维的任务，又要在第一时间将纤维释放到锡林上进行再次梳理，因此剥取辊的工作角度尤为重要，一般为 60°～65°左右。

双道夫带杂乱装置的梳理机各部件针布技术参数如表 3-2 所示。

表 3-2　梳理机针布技术参数

项目	基部宽 b_1/mm	总高 h_1/mm	齿距 p/mm	工作角 δ/(°)
喂入辊	1.65	6.0	8.47	117
刺辊	1.10	5.6	5.08	85
锡林	0.80	3.2	2.00	80
工作辊	1.00	4.5	2.10	65
剥取辊	1.50	3.3	3.18	65
道夫	1.00	4.3	2.10	60
内杂乱辊	1.00	5.0	2.80	55
外杂乱辊	1.20	5.0	3.60	50

三、纤维与针布的作用分析

梳理机各辊均包覆针布，梳理作用基本就是针布对纤维的作用。针布直接影响纤维的分梳、均匀混合、转移、纤网质量和效率，因此针布的齿向配置、相对速度、相对隔距及针齿排列密度的变化，可产生梳理、凝集和转移、提升及剥取等作用。对梳理性能和梳理质量起着关键性的作用。

1. 针布对纤维的作用类型

（1）分梳和凝聚作用　针齿面靠近，平行配置，按各自的针齿方向互为反向运动（图 3-17），则两个针齿表面之间的纤维会被梳理出来，每个针齿表面都会带走一部分纤维，这就是纤维的分梳过程。此过程中纤维被分梳并被拉直，并且对纤维具有破坏性，所以很少采用。

两针齿面靠近，平行配置，两个针刺面同向运动（图 3-18），有足够的速度差异，则两针齿表面间的部分纤维被分梳，还有部分纤维会被凝聚在速度较慢的针齿上，而且每个针齿表面都会带走部分纤维，这就是纤维的分梳和凝聚作用。

产生分梳作用的条件主要有三点：两针面的针齿为相对平行配置；两针面具有相对速度；具有较小的隔距和一定的齿密度。

（2）剥取作用　针齿面靠近呈交叉状态，且两针刺面反向运动或按照它们各自的针齿方向互为同向运动，那么存在于这两个针齿表面之间的纤维将会从运行速度较慢的那个表面传送到运行速度转快的那个表面上，这就是纤维的剥取过程（图3-19）。

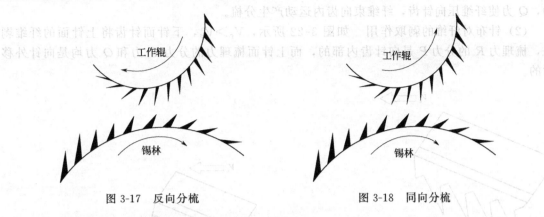

| 图 3-17　反向分梳 | 图 3-18　同向分梳 |

（3）提升作用　两针齿面呈平行配置，相对运动是背着针尖，梳理力的分力指向齿尖时，则产生提升作用。

2. 纤维的受力分析

纤维在两个针齿面之间受到多方向的力的作用，各个作用力最终形成一个合力作用于纤维，于是就产生了梳理和剥取作用。基本受力情况如图3-20所示。

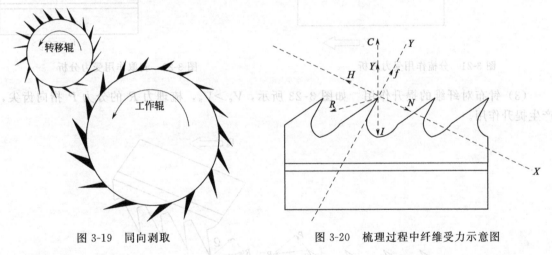

| 图 3-19　同向剥取 | 图 3-20　梳理过程中纤维受力示意图 |

① 梳理力 R　沿纤维方向的力，其大小与针布的齿形结构、工作角度、相对梳理速度及纤维的特性等有关。

② 离心力 C　由于梳理机件的高速回转，纤维会受到很大的离心力，使纤维脱离针尖的抓取。

③ 针齿中纤维层的反作用力 Y　该力是阻止纤维深入针齿间隙的力，其方向向外。

④ 纤维层的挤压力 I　纤维间的相互挤压而产生的力，方向向内。

⑤ 空气阻力 H　方向与运行速度方向相反，与气流、梳理点之间的隔距、针布齿深有关。

⑥ 纤维与针齿间的摩擦阻力 f　方向与纤维运行方向相反，沿针布各面向齿尖方向，大小与针齿的光洁度有关。

在各个工作区域，由于针布规格型号和速比的不同，以上的各个作用力最终形成一个不断变化的合力作用于纤维层。分梳和剥取作用有时候同时存在，如锡林与道夫、锡林与工作辊；有时只有分梳或剥取，如工作辊和剥棉辊、道夫与杂乱等。

（1）针布对纤维的分梳作用　如图3-21所示，$V_c > V_s$，由于两针面隔距小，纤维束同时被两针面针齿抓住，受到共同作用，梳理力 R 可分解为 P 力和 Q 力，P 力使纤维沿针齿内运动，Q 力使纤维压向针齿，纤维束向齿内运动产生分梳。

（2）针布对纤维的剥取作用　如图 3-22 所示，$V_c > V_s$，下针面针齿将上针面的纤维剥取，梳理力 R 的分力 P 是向针齿内部的，而上针面梳理力的分力 P 力和 Q 力均是向针外移动的。

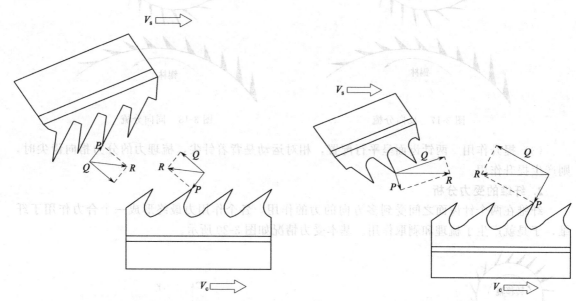

图 3-21　分梳作用受力分析　　　　　　图 3-22　剥取作用受力分析

（3）针布对纤维的提升作用　如图 3-23 所示，$V_e > V_s$，梳理力 R 的分力 P 指向齿尖，产生提升作用。

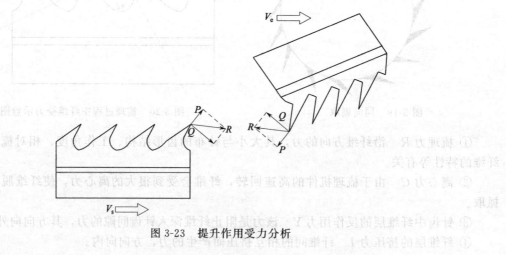

图 3-23　提升作用受力分析

四、梳理工艺

1. 梳理工艺流程

梳理工艺流程见图 3-24。纤维由气压棉箱与皮带秤定量，通过给棉罗拉、给棉板输入。经过胸锡林系统的预梳后，在胸锡林与主锡林间有一只转移辊，将胸锡林上的纤维转移到主锡林上，纤维进入主锡林、工作辊和剥取辊构成的主工作区，经反复梳理和均混作用而呈单纤维状态，锡林将充分梳理的纤维凝聚转移到道夫针面上，经杂乱辊对纤维重排后，由剥网罗拉剥取后形成纤维网，由输送帘输出并叠加后送入铺网机。

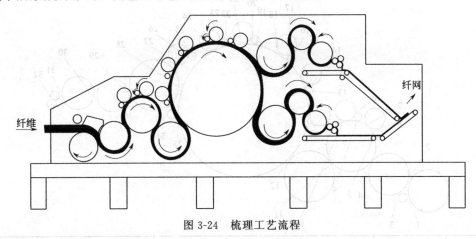

图 3-24　梳理工艺流程

2. 影响梳理机运行的主要因素

影响梳理的工艺参数很多，但是最主要是运行速度、隔距和杂乱装置，对梳理效能有决定性的影响。大多数情况下梳理机纤网质量问题都是由于主锡林、道夫、工作辊和剥棉辊之间的速度配置不合理所引起的。

（1）主要工艺部件的速度　梳理机的梳理作用主要发生在主锡林、工作辊及道夫上，主锡林速度直接决定了梳理机产量与质量，通常把锡林速度定为基础速度，其他单元的速度均以这个速度为基准加以调整，形成一定的速比。

① 主锡林速度。进入主锡林的纤维量超过其最大负荷量，即超过梳理机的最高运行速度时，纤网会出现白点、褶皱、云斑等现象。主锡林的最大负荷取决于其针布型号和速度，生产中适当提高主锡林的速度对纤网质量有一定的改善作用。

② 工作辊速度。转速对其集纤能力和混合效果影响较大，速度高则单位时间内梳理量就大，梳理效果也就越好，纤网就越均匀。工作辊速度提高会使其与锡林的相对速度降低，因而降低了梳理强度，减少了纤维在梳理过程中的长度损失，使纤维在成网后保持良好的伸缩性和弹性。

③ 道夫速度。道夫主要起凝聚纤维的作用，是成网的初始阶段。道夫的速度调节不当会造成纤网结构紊乱，或者不能充分发挥道夫的凝聚作用，造成无规辊的经常性缠棉。纤网薄时，可适当调大两者之比；纤网厚时，可适当调小两者之比。

（2）隔距　隔距是指各个梳理机件之间以及与梳理机件的漏底、护板之间的间隔距离。梳理隔距是梳理工作的重要工艺参数，工作辊与锡林是梳理机中最重要的梳理机构，其隔距的大小会直接影响到对纤维的梳理程度和纤维的转移率。图 3-25 为海岛纤维生产时的可参考的基本隔距。

① 小隔距时的影响。锡林转移或分配给工作辊更多的纤维，提高了梳理效果。锡林转移纤维后，针隙清晰，有利于梳理。隔距小使纤维间的挤压力增大，工作辊、锡林抓取纤维的能力增强，也会增强梳理作用。但如果隔距过小，会使工作辊的纤维过载，降低梳理效果。生产速度降低，而且容易塞车、接针、损伤设备。

② 大隔距时的影响。工作辊上的纤维数量会随之减少，而增加锡林的纤维负载量，使滞留系数和梳理能力降低，同时也会降低纤维的混合和开松程度。而且当负载量超出锡林的可负荷能力时，就会在纤维网中产生棉结，严重影响网面的均匀度。

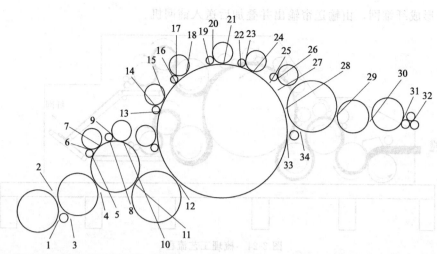

图 3-25 梳理机辊间隔距

序号	1	2	3	4	5	6	7	8	9	10	11	12	13
隔距/mm	0.8	0.3	2.0	0.3	0.7	0.5	1.0	0.7	0.5	0.8	0.3	0.3	0.5
序号	14	15	16	17	18	19	20	21	22	23	24	25	26
隔距/mm	0.4	0.7	0.5	0.4	0.6	0.5	0.5	0.5	0.5	0.4	0.4	0.5	0.4
序号	27	28	29	30	31	32	33	34					
隔距/mm	0.3	0.6	0.3	0.4	1.0	1.0	1.0	2.8					

隔距的设定原则如下。

a. 从前向后由大变小,主锡林的最前一个工作辊隔距应放大,最后一个应放小。随着梳理点的增多,纤维基本被梳理,到最后的工作辊时隔距小一些也不会损伤纤维。

b. 隔距的大小还应根据纤维的长短、粗细而定,长纤维、细纤维的隔距可放大一点。

c. 隔距在机台状态较好条件下要尽量减小。这受机台振动、针布包卷、使用管理维护等影响,是梳理全部工作的整体反映,应全面加强才能达到。

③ 调整隔距的方法。通常采用人工调整的方法,利用塞尺在辊子的两端进行测量和调整,简便但精确度较差。在新的梳理设备中,一般使用电脑和步进电机进行精确的自动化调整。

(3) 杂乱机构 纤网中纤维具有一定的排列方向,通常用非织造材料的纵向(MD)和横向(CD)强力的比值来鉴别纤维的定向性特征。梳理机道夫直接输出的纤网中纤维呈纵向排列,定向性好;杂乱梳理后纤维呈两维排列,非定向性良好。影响纤网纵横向性能分布的因素很多,其中杂乱机构是控制纤网杂乱程度的主要手段,通过改变杂乱比,可以得到不同纵横比的产品。

杂乱机构可根据工艺要求控制纤网的纤维取向度。通过几个辊的速度递减,纤维从道夫到前凝聚罗拉再到后凝聚罗拉时受推挤作用,从而使纤维产生随机变向,前辊所携带的纤维快速凝聚在后一个辊的针齿上,由于每两个辊之间均为剥取作用,该凝聚作用使输出纤网中纤维从单向排列转变为一定程度的杂乱排列。一般有三种类型,见图 3-26~图 3-28。

代表性的如德国 Spinnbau 公司的 Card 梳理机,采用双道夫结构,并配有 3 个杂乱辊,实现三级杂乱,杂乱比可调整。

杂乱作用除了可改变纤维的取向,降低纤网的纵横向强度比,还使纤维呈三维排列,产品有一定的蓬松度。另外因纤维的凝聚作用，可提高纤网的表观密度。

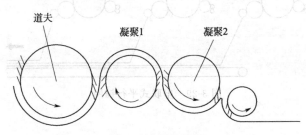

图 3-26　凝聚罗拉

($V_{道夫} : V_{1凝聚} = 2 : 1 \sim 1.75 : 1$　$V_{1凝聚} : V_{2凝聚} = 1.5 \sim 1$)

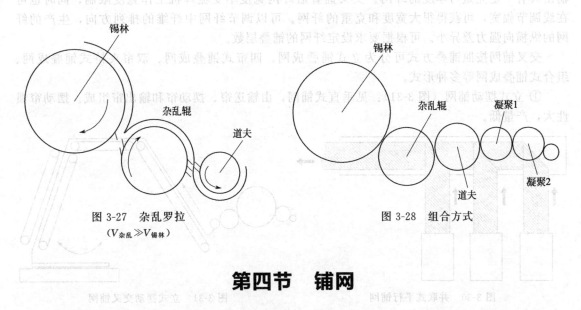

图 3-27　杂乱罗拉

($V_{杂乱} \gg V_{锡林}$)

图 3-28　组合方式

第四节　铺网

单纤维按一定方式组成纤维网的过程叫成网。从道夫剥下的纤网较轻，不能满足产品要求，一般不能直接对其进行加固，必须通过进一步的铺网技术进行完善。达到增加纤网单位面积质量、增加纤网宽度、调节纤网纵横向强力比、改善纤网均匀性的目的。干法成网有两种方式：机械成网和气流成网。合成革用非织造布基本采用机械成网，铺网方式有平行式铺叠成网和交叉式铺叠成网。

一、铺网类型

1. 平行铺网

平行式铺叠成网是将多台梳理机串联或并联使用，输出的单层纤网铺叠成一定厚度，获得一定的单位面积质量和纤维分层排列的纤网结构。具有外观好、均匀度高、生产速度高的特点。但是纤网中的纤维呈单向排列，使纤网的纵横向强力差异大。成网宽度受梳理机工作宽度限制，使产品的生产种类具有局限性。单台梳理机故障就会造成生产线停车，生产效率低。机台数多，占地大，不经济。此种形式的成网技术在我国许多水刺生产设备中被广泛应用。平行铺网的方式：串联式与并联式。

① 串联式（图 3-29）：几台梳理机串联，由输网帘将单层纤网进行叠加。

② 并联式（图 3-30）：几台梳理机并列，纤网转折 90°后叠加。早期的合成革装置采用过此技术。

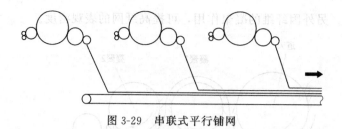

图 3-29　串联式平行铺网

2. 交叉铺网

交叉式铺叠成网主要的特点是具有单独成网设备，可将梳理机输入的纤网通过横向铺叠，输出具有一定克重与厚度的纤网。交叉铺叠后纤网宽度不受梳理机工作宽度限制，同时也可在线调节幅宽，可获得很大宽度和克重的纤网。可以调节纤网中纤维的排列方向，生产的纤网的纵横向强力差异小。可根据要求设定纤网的铺叠层数。

交叉铺网按照铺叠方式可分为立式铺叠成网、四帘式铺叠成网、双帘夹持式铺叠成网、组合式铺叠成网等多种形式。

① 立式摆动铺网（图 3-31）：见垂直式铺网，由输送帘、摆动帘和输出帘组成。摆动帘惯性大，产量低。

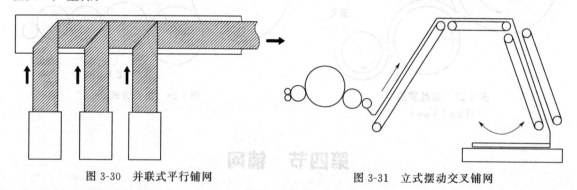

图 3-30　并联式平行铺网　　　　图 3-31　立式摆动交叉铺网

② 四帘铺网（图 3-32）：水平交叉铺叠，由输送帘、补偿帘、铺网帘和输出帘组成。成网宽度不受限制，易飘网，速度低。

③ 双帘夹持铺网（图 3-33）：一般由控制小车和输送网帘组成。纤网在输送过程中始终处于受控状态，不受气流的影响，可以达到高速成网的要求，改善纤网的均匀度。

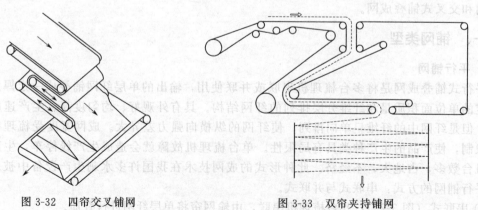

图 3-32　四帘交叉铺网　　　　图 3-33　双帘夹持铺网

二、合成革常用铺网设备

成网质量是直接影响非织造布性能和用途的重要因素。随着非织造工艺和设备的改进，双帘夹持式铺网机以及带补偿装置的铺网机成为国内合成革行业的主要配置。

1. 双帘夹持式铺网机

梳理机送出的纤网经斜帘输送到前帘的上部，进入前帘与后帘的夹口中，形成夹持状态。此时纤网的前进方向与输入方向相反，纤网经过传动罗拉后又改变前进方向，在下导网装置处被一对罗拉夹持，并随着下导网装置的往复移动被铺叠到成网帘上。由于采用双帘夹持结构，所以铺网速度可以达到 60m/min。

由于纤网在输送过程中始终受到前帘和后帘夹持，避免了意外牵伸和气流干扰。铺网小车上的下网装置下端与成网帘的间距很小，所以纤网输送始终处于控制状态下进行，使纤网均匀度有所改善。

铺网机往复运动铺网，在铺网宽度两端换向时，铺网小车经历了速度减至零、换向和重新加速的变化过程。由于梳理机输出纤网是恒速的，因而铺网小车在两端减速停顿时，纤网还在继续输入，产生超喂，使铺网两边厚、中间薄。由于纤网的张力，使纤网横向收缩。在后续纤网的固结过程中，由于牵伸而导致网面的横向收缩，使产品两边厚、中间薄的现象更加严重。为解决以上问题，常用的是多段速度补偿控制，这种办法可以改善 CV 值，但是难以彻底改变。夹持式基本保证了纤网质量，产品面密度的不均匀率在 2%～5%。

2. 带补偿装置的铺网机

带补偿装置的铺网机主要增加了储网功能装置和纤网截面修形系统，改善普通铺网机的超喂现象。基本结构如图 3-34 所示。

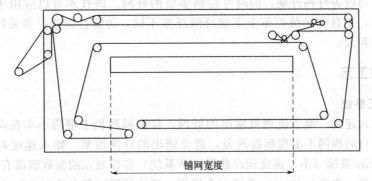

铺网宽度

图 3-34　青岛纺机公司 EKLB437 夹持式铺网机

储网装置。储网功能指铺网机在运行中有规律地利用铺网小车储存一定长度的纤网，当铺网小车行驶到两端换向变速期间，储网装置中垂直帘子向下运动，将梳理机输入的薄纤网储存起来，使纤网欠喂。当铺网小车完成换向加速时，垂直帘子向上运动，恢复纤网的供给。控制纤网随铺网小车在减速、加速过程中作相应的变化，保证在整个铺网宽度上纤网的重量一致。不均匀率可控制在 0.5%～2%。

纤网成形控制。纤网截面修形技术（Profile 轮廓补偿系统）主要解决在后续过程中发生的纤网因牵伸导致的收缩问题。铺网小车通过程序控制，按预先设定的曲线变化速度，使得铺设在两边的纤网因牵伸而变轻，铺在中间的纤网因压缩而变重，致使纤网呈两边轻中间重，可补偿后续牵伸带来的副作用，使最终产品的重量分布更均匀。传统成网与 Profile 成网截面形状比较见图 3-35。

纤网由前帘上部进入前帘和后帘的夹口中，此时纤网被两帘夹持送入铺网小车的落棉处，并随着下导网装置的往复移动，被铺叠到成网帘上。铺网小车在铺网宽度两端换向时，铺网小车经历了减速、换向和加速的过程，补偿车跟随着铺网车同向移动并同时进行着速度变化来完成补偿功能。在整个铺网过程中，小车之间帘带夹持部分的长度发生着变化，在铺网小

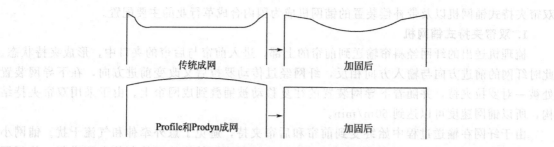

图 3-35　传统成网与 Profile 成网截面形状比较

车换向过程中夹持部分长度变长进行储网，在中间匀速铺网过程中夹持部分长度变小，将网放出。同时通过控制成网帘的速度来改善纤网的搭接。此机铺网速度可以达到 120m/min。

为了保证纤网的高速稳定运行，铺网机还采取了以下措施：采用同步齿形带驱动小车，保证运行平稳；采用抗静电铺网帘和碳素罗拉，高速运行时不产生静电；喂入帘上加装空心网眼罗拉，对梳理机输出的纤网进行初步压紧，既排除了纤网中的部分空气，又不影响纤网的自由状态，减少了纤网的飘移；输送帘自动纠偏，小车输出罗拉的隔距左右一致，纤网在高速运行时无相对滑移；输网帘张力不能太大，顺畅传动。

3. 交叉折叠铺网后再叠加平行梳理网

交叉折叠铺网后，纤网表面留有各层折叠痕迹。在交叉铺叠纤网的上、下两面再铺上一层平行梳理网，可改善纤网外观，同时可得到多层的纤网。该技术可以应用于不同纤维的复合非织造布技术，如日本的绒面革上下层纤维纤度不同，仿真性能强，多采用该法。但使用机台多，占地面积大。

三、铺网工艺

1. 主要工艺参数

（1）纤网输入速度　调节梳理机输出的纤网，保证铺网机上喂棉小车在向梳理机方向运转时，小车喂入口的棉网不出现起鼓现象，避免铺出的纤网褶皱。输入速度对非织造布纵横向强力比和 Profile 系统（小车速度运动曲线调节系统）各控制点的参数值都有较大影响。

（2）铺网速度　主要与 Profile 系统配合使用，调节铺网层各点的密度和平整性。

（3）储边量　用来改善非织造布两边厚、中间薄和毛边过多现象。通常根据检测结果进行微调。

（4）搭接宽度　铺网机底帘输出时，最上层棉网转折角与最下层棉网转折角重叠，即经过若干个往复铺网过程，棉网前进的距离等于喂入棉网宽度时，铺网效果最佳。但由于棉网两端有毛边和针刺机牵伸的存在，故必须留有一定的搭接宽度，才能保证搭头处基本吻合。可通过观察布面有无褶痕和布面纵向面密度测试数据来判断搭接宽度是否恰当。

（5）输出底帘高度　该参数与铺网层数和棉网蓬松性有关，需提供足够的空间来铺网。在保证小车铺网时因运动产生的气流不使棉网翻边的前提下，该值宜偏大。这样铺网小车铺网时就不会出现因与棉网摩擦使铺出的棉网上表面起皱，以及门幅两端棉网向中部回拖的现象，造成毛边过多和缩边。

（6）Profile 系统各控制点参数值　非织造布两端面密度偏大主要是由两方面引起：一是铺网小车转向时减速造成的超喂；二是针刺过程中牵伸引起门幅收缩。Profile 系统功能是通过控制铺网小车的运动速度来控制棉网的面密度，当铺网小车速度快时，棉网被拉伸少喂；当铺网小车速度慢时，棉网被压缩超喂，这样可以根据底帘棉网层面密度的实际需要来铺网。需要指出的是，如果控制点参数值过小，即超喂现象过于严重时，铺出的棉网会产生褶皱，并且当铺网小车速度差异过大时，棉网门幅会波动很大，从而影响搭头效果。

2. 工艺计算

（1）铺网层数 M 的计算

假设梳理机输出的纤网宽度为 L_1，铺网帘移动速度为 v_1，铺网机输出纤网宽度为 L_2，速度为 v_2，K 为拉伸修正系数。则有：

$$L_1 v_1 = L_2 v_2 M K$$

（2）铺网角度 α 的计算　当底帘输出纤网最上层纤维转折角与最下层纤维转折角重叠时，即经过若干个往复铺网过程，纤网前进的距离等于喂入纤网的宽度时，铺网效果最佳。则铺网角度 α 为：

$$\alpha = 2\tan^{-1}\left[\text{喂入纤网宽度}/(\text{层数·铺网宽度})\right]$$

通过改变铺网层数和铺网宽度，可以改变铺网角度 α。从而改变纤维排列的交叉角，直接影响产品的纵横向强度比。

（3）铺网层数与输出帘速度的计算

$$V_2 = \frac{V_1 L_1}{L_2}$$

式中　V_1——变更前铺网机输出帘速度；
　　　V_2——变更后铺网机输出帘速度；
　　　L_1——变更前铺网层数；
　　　L_2——变更后铺网层数。

这只是一个估算关系，在实际操作需要在此估算值的基础上，根据铺网状态进行微细调整。

第五节　针刺法加固

由双层纤网经铺网重叠后形成的具有一定厚度的纤网，由于只在两维方向上混交重叠，所以形状稳定性差，强度比较低，需要进行加固。纤网加固的方法很多，针刺法是合成革非织造布中最主要的方法。

一、针刺原理

针刺法是通过运动机构带动刺针往复上下运动，对按不同纤维取向铺叠而成并具有一定厚度的纤网层进行穿刺，使纤维自身相互缠结，增加纤维在三维方向上的混交度，从而形成具有一定强度、密度、弹性、平整度等性能的三维结构的材料。

（1）针刺法非织造布工艺原理　利用三角截面（或其他截面）棱边带倒钩的刺针对纤网进行反复穿刺。当刺针穿过纤维层向下时，钩刺可挂住纤维同时向下运动，强迫刺入纤网内部。纤网表面及次表面的纤维由纤网的平面方向向纤网的垂直方向运动，使纤维产生上下移位，纤网中纤维靠拢而被压缩。当刺针达到一定的深度后开始回升，由于刺钩顺向，产生移位的纤维脱离刺钩而留在纤网中，许多纤维束互相纠缠，使纤网产生的压缩不能恢复。经过反复针刺，纤维束不断被刺入纤网，纤网内纤维与纤维之间的摩擦力加大，纤网强度升高，密度加大，纤网形成了具有一定强力、厚度、密度、弹性等性能的针刺法非织造材料。图3-36为针刺法原理示意图。

（2）针刺法非织造工艺的特点　机械缠结后不影响纤维原有特征；纤维之间柔性缠结，具有较好的尺寸稳定性和弹性；可做大克重的厚型产品；纤维适用性广泛；良好的通透性和过滤性能；无污染，边料可回收利用。

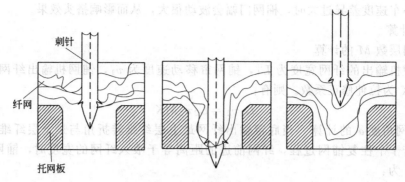

图 3-36　针刺法原理示意图

二、 针刺法工艺流程

针刺法非织造生产线分为：送网机构、牵伸结构、针刺机构、传动机构和附属机构等部分。其中最主要的部分为针刺机构，它分为预针刺和主针刺两部分。预针刺机将蓬松的纤网进行自上而下针刺加固，使其厚度减少，初步具备强力，以便送至主针刺机进行针刺。主针刺机是将纤网进一步针刺加固并进行表面修饰，形成具有合理的厚度、强度、密度的非织造布。

合成革非织造布厚重，对表观和均匀度要求很高，基本工艺流程为：喂入→预刺机→主刺机→修饰刺→输出→在线检测→裁边成卷，见图 3-37。

图 3-37　针刺法工艺流程

通常配置 6 台针刺机，同时根据产品的生产过程适当的分配针刺效能，其中预刺机实现纤网预加固；二、三、四、五台针刺机作为主要加固部分，可采用较高的针刺频率及深度，保证产品强力达到要求。第六台针刺机作为修面设备一般采用对刺形式，可适当减小针刺深度保证最终产品的布面平整。

三、 纤网喂入

铺网后的纤网层蓬松且抱合力很小，送网装置的作用就是要保证纤网顺利喂入针刺区，不产生塞网或拉伸现象。通常分为压网辊式、压网帘式、夹持式等。

1. 压网辊式

压网辊式是一种简单的送网方式，纤网经压网辊压缩后喂入针刺机。这种喂入方式简单但有明显缺陷。

① 加压辊靠表面受到的摩擦力转动，所以打滑现象很难避免，造成表面线速率波动。

② 压缩点与针刺点有一定距离，纤网在离开压辊后，由于自身的弹性，会部分反弹恢复。

③ 由于预针刺的剥网板和托网板之间距离有限，蓬松的纤网进入时会受到阻滞，纤网上下表面出现速度差异，甚至出现折痕，影响进网的质量。

④ 纤网出加压点后，由于喂给机构缺少对其进行有效控制的握持装置，加上刺针上下穿刺带动，引起纤网在托网板和剥网板之间不断地上下跳动，使几乎没有强度的纤网的均匀性再次受到破坏。

现在的改进型基本是增加了导网装置，如 Fehrer 公司的导网片送网装置。压辊上加装表面非常光洁的导网片，靠自身弹性卡在喂入辊的沟槽内，其伸出端尽量接近第一排刺针。蓬松的纤网由喂入辊和导网片的引导很容易地进入针刺区，从而解决蓬松纤网的拥塞问题。两根喂入辊的沟槽相互错开，装拆方便。图 3-38 为辊式导网送网装置。

2. 压网帘式

压网帘式就是把压网辊变为压网帘，压网帘和送网帘相配合，形成进口大而出口小的喇叭状输送通道，使纤网逐步被压缩。纤网离开压网帘后，还受到一对喂入辊的压缩，有效克服了拥堵现象。压网帘式送网机构见图 3-39。

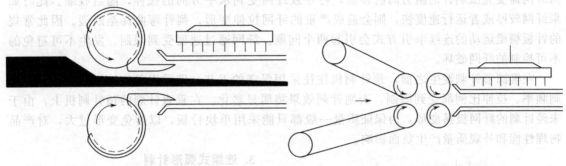

图 3-38 辊式导网送网装置   图 3-39 压网帘式送网机构

但这种喂入方式带来新的问题：纤网在压网帘和喂入辊之间产生拥塞，纤网牵伸大。对此各公司加以改进，出现了很多形式，如 Dilo 公司的改进后的 "CBF" 送网装置（图 3-40），加一对小罗拉，可防止纤网在压网帘和喂入辊之间产生拥塞，在喂入辊上加装导网片，防止纤网反弹。

3. 夹持式

夹持式送网装置是压网帘式的变化方式，喂入时纤网先受到上下帘的逐步压缩，在水平状态下一直处于上下帘的夹持下输送。纤网反弹形变小，牵伸率低，成网质量好。夹持式还可通过调节，喂入低克重纤网，做中、低厚度的绒面产品。夹持式送网装置见图 3-41。

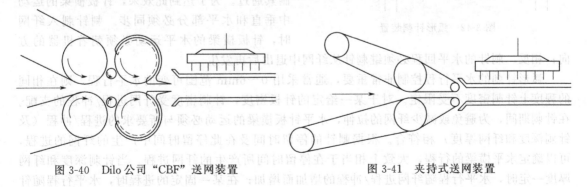

图 3-40 Dilo 公司 "CBF" 送网装置   图 3-41 夹持式送网装置

四、 针刺方法

针刺的形式有很多种，合成革非织造布的特点是克重大、密度高、均匀度和表观要求高。通常采用的为连续式平针针刺方式，由于对产品要求的提高，近年引进的设备大量采用了弧形针刺技术。

1. 间歇式平针针刺

早期的针刺机以间歇式的原理进行工作。对纤网进行针刺时，纤网停止运行，当刺针离开纤网后，纤网向前运动。运行特点是纤网只受到某一方向的单一作用力，来自刺针的垂直方向的作用力或者是来自牵引辊的水平方向的作用力。但是针刺速度慢，生产速度受到限制，交联效果差。

2. 连续式平针针刺

当纤网的输出变为连续式后，在针刺过程中，纤网同时受到刺针的垂直方向的作用力和牵引辊的水平方向的作用力。针刺速度慢时，刺针通过纤网的时间短，对纤网造成的拉伸作用不太明显，但是针刺密度和交联程度下降。当针刺速度提高时，刺针通过纤网的时间可能超过总行程 50%，生产速度又受到最大步进量/冲程的限制。在此阶段，刺针停留在纤网中，而纤网需要克服刺针的阻力向前移动，将导致纤网受到水平方向的拉伸，随后收缩。此时如果纤网较厚或者运行速度快，则会造成严重的纤网拉伸变形，刺针弯曲甚至断裂。因此常规的针板横梁运动的连续牵引方式会引起两个问题：纤网通过速度受到限制，发生不可避免的不可控制的纤网破坏。

在椭圆形针刺诞生之前，预针刺机往往采用保守的工艺，即采用单块针板，步进量、针刺频率、拉伸比例都受到限制，否则针刺效果将明显恶化。在垂直针刺的预针刺机上，由于未经针刺的纤网极易变形，为保证质量一般都只能采用单块针板，以避免变形过大，对产品物理性能和外观质量产生负面影响。

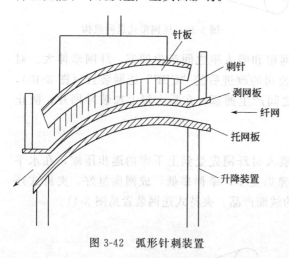

图 3-42　弧形针刺装置

3. 连续式弧形针刺

采用弧形针板和垂直的刺针，使纤网在不同的角度下针刺。针板横梁由两个偏心机构驱动，在垂直和水平两个方向同时传动针刺机的针板横梁，刺针不再单纯垂直运动，在 MD 向的子午面内作垂直和水平向二维运动，形成刺针椭圆形的运动轨迹。其水平方向的移距适应纤网的步进量，从而显著减少纤网的拉伸。图 3-42 为弧形针刺装置。

该方法是刺针与纤网一起运动，而不是限制其通过。为了达到此效果，针板横梁的运动中垂直和水平部分必须同步。刺针刺入纤网时，针板横梁的水平运动必须朝着机器的方向；相反，刺针的水平回程必须继刺针从纤网中退出后再发生。

弧形针刺的水平行程控制非常重要，通常采用 0～6mm 范围可变的水平行程，则在相同的程度上针刺密度不受限定。对于某一给定的针板密度，针刺密度受纤网进程/冲程的支配。在针刺期间，为避免或减少纤网的拉伸，水平针板横梁的运动必须与所要求的进程/冲程（及针刺深度和纤网厚度）相符合。根据刺针的停留时间及在此停留时间中产生的纤网的进程，可以确定水平横梁的行程，大致上相当于在停留时间所产生的纤网进程。当针刺深度和纤网厚度一定时，水平行程随纤网进程/冲程的增加而增加；在某一固定的进程时，水平行程随针刺深度和纤网厚度的增加而增加。

4. 弧形针刺与垂直针刺比较

（1）良好的缠结效果　由于弧形针板方向不断改变，刺针在纤网中运行的路线更长，纤维的再取向、随机分布和相互纠缠会更好一些，通过纤维的取向，能够比较容易获得各向同性的纤网，纤维进行再排列，杂乱及缠结效果均较传统的平板针刺为优。

不对称弧形针刺区的入口处略微有些倾斜，随后曲线继续倾斜使针道相互交叉，从而使每根针以不同角度刺过纤网，出口处曲线变得更加陡峭，这使针在纤网中运行路线更长，在此临界区域内被输运的纤维数量大大增加。

（2）理化性能提高　针道交叉使纤网的层与层之间有较好缠结效果，剥离显著增强。垂直针刺时拉伸严重，使两边收缩而增厚明显，椭圆针刺则不明显，使纵横向强力定量分布、纵横向克重 CV 值、厚度 CV 值都优于垂直针刺。穿孔针板的不规则曲线避免了纤网跳动，纤网的稳定性减少幅宽的收缩，减少尺寸变化。

（3）提高了表观质量　拉伸降低使刺针所留下的针眼小；纤网分布均匀，产品表面平整；不对称弧形针刺也降低了针迹的产生。

（4）对工艺参数的影响

① 步进量　不论何种步进量，椭圆针刺时纤网 MD 向拉伸都比相应垂直针刺时明显要小，其改进的程度随着步进量加大而增大。椭圆针刺时，纤网拉伸几乎不受步进量的变化而变化，垂直针刺时则随之加大而增大。

② 纤网定量　定量加重则纤网增厚，刺针作用于纤网的时间相应延长。垂直针刺时，纤网增厚则受拉伸的时间加长，伸长随之增加；椭圆针刺时定量增重对拉伸的影响不明显。在同样定量条件下，垂直针刺的伸长大，定量越大时，与椭圆针刺的差异愈越大。

③ 针刺深度　垂直针刺时，随着针刺深度加大，刺针作用于纤网的时间延长，拉伸显著增加；而椭圆针刺刺深加大时，由于水平移距对其的补偿作用，表现出拉伸程度和针刺深度变化关系不大，都处于较小的水平。

④ 针刺速度　针刺频率变化，单位时间内刺针和纤网接触的总持续时间不会变化，但累计接触长度增加，较多的针和纤维接触。垂直针刺时，针频增加则纤网拉伸增大；椭圆针刺时，因有补偿作用，伸长变化不大，且都比相应垂直针刺的为小。针刺速度愈高，差异越明显。

（5）对生产速度和产量的影响　椭圆针刺由于每刺一次针的运行路线都比较长，因而针刺密度比较低。在较少针刺密度下达到高品质的效果，因此可加大步进距离，提高生产速度。另外椭圆针刺可以减少针刺的工艺道数及刺针损坏，投资和维修费用均可减少。

五、预针刺

预针刺是非织造布生产中的核心部分之一，世界上著名的针刺机制造商有奥地利 Fehrer 公司、德国 Dilo 公司和法国 Asselin 公司等，国内的预针刺设备制造水平还有差距，主要制造商有青岛纺机、郑州纺机等。

1. 单板预针刺机

单板预针刺机由动力装置、传动装置、输入输出装置、针板与刺针、剥网板、托网板及机架组成。该设备结构简洁，操作方便。最常用的为单板下刺预针刺机，如图 3-43 所示。

DI-LOOM 通用系列针刺机是 Dilo 公司的主要机种，结构上变化较多，有单针板、多针板、上刺、下刺的多种组合，配置送网装置可作为预针刺机使用。DI-LOOM OD-I 预针刺机植针密度 3000 枚/m，针刺密度约 50～80 针/cm²，通常在预针刺机上使用 36 号或 38 号标准型针，3 个棱上均有 1 个或 2 个无针突钩刺。由于预针刺时刺针承受的负荷较大，所以常把具有圆锥形针叶的刺针植在针板的前几排。

2. 双滚筒预针刺机

Asselin 公司 169DF 型双滚筒预针刺机（图 3-44）采用了两个穿孔滚筒代替普通针刺机的剥网板和拖网板，双滚筒的转动可以自动压紧并强制输送纤网，因此具有极佳的喂入性能。

上、下针梁和针板装在两个滚筒内，双针板上下交替针刺，两个滚筒各钻有数万只完全对应的小孔，以便于刺针通过。滚筒间隔距可调节，范围为 0～20mm。输送帘和滚筒是连续运转的，为保持纤网的连续输送，刺针不仅通过滚筒上的小孔刺入纤网，而且在刺入纤网时还必须有一个与滚筒表面回转速度近似相等的前移运动。刺针的运动方式是上下、前后结合的复合运动，运动轨迹呈椭圆形。该机工作幅宽 5.5m，植针密度 500 枚/m，最大恒定频率 400～500r/min，针刺动程 70mm，适合预针刺的纤网单位面积质量为 60～5000g/m²。

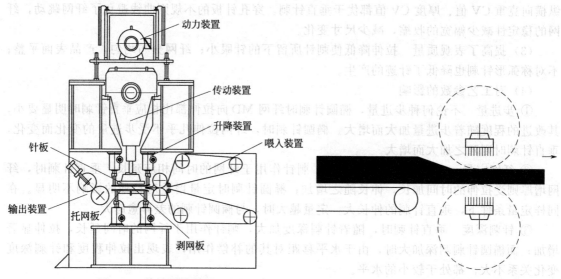

图 3-43 单板预针刺机 　　图 3-44 Asselin 公司 169DF 型双滚筒预针刺机

3. 椭圆形针刺机

Dilo 公司与 Fehrer 公司的椭圆形针刺机（针板横梁做椭圆形运动）在非织造布加工中非常适合预针刺，在技术和用途上有很大发展，逐渐成为合成革行业的主流设备。它在很大程度上减少了布面的针迹针孔问题，减少了纤网的牵伸，有效控制纤网纵横向强力比。并且能提高预针刺机的出布速度，增加了产品产量。

纤网进入喂入口后通过针刺区，凸形弧度的针板带动刺针往复运动穿刺纤网，在纤网的下方是一具有平缓曲度的托网板，纤网的上方为具有类似曲度的剥网板，刺针穿过剥网板、纤网及至托网板而达到固结纤网的目的。剥网板与托网板之间的间隙可通过调节剥网板来确定。曲柄传动装置驱动针板，该装置是由装配到连杆上的两个平形曲轴构成。与常规的纤网导向装置不同，在新工艺中，纤网是沿着被称之为"平缓曲度"运行方向运动的。

该设备动程在 40～60mm，最大针刺频率为 1000～2000 次/min，布针密度在 1500～10000 针/m，其水平方向的动程一般可以在 0～7mm 之间调节，调节量的大小应根据针刺机的步进量而定。

① 工作原理。曲柄-扇齿机构由动力构件、传动构件、导向构件组成。曲柄为动力源，做方向相反的转动，且相位差为 180°。通过连杆带动针板，针板在扇齿轮的导向作用下，沿垂直方向作往复运动。

② 机构特点。采用双曲柄-扇齿的机构形式，除满足机构自由度的要求外，由于两曲柄转动方向相反，还能起到水平方向上平衡的作用，能够减小机器的振动。在曲柄轴上还安装有飞轮，这样可使机构在高速运动中保持平衡，实现可靠的机械性能。摇臂导向装置，可较好地解决漏油问题。

4. 预针刺工艺与参数

针刺机主传动通过曲柄-连杆机构驱动针梁、针板和刺针一起作上下往复运动。蓬松的纤网在喂给帘夹持下送入针刺区。当针板向下运动时，刺针带动纤维刺入纤网，纤网紧靠托网板。当针板向上运动时，纤网与刺针之间的摩擦使纤网和刺针一起向上运动，纤网紧靠剥网板。纤网通过针刺区后，具备一定的强力、密度和厚度，然后再送至主针刺加工。

纤网在针刺区内同时受到不同方向的作用力，来自刺针的垂直方向的力和来自输出牵引辊的水平方向的作用力，所以纤网除了会产生厚度方向的变化，还会产生一定的拉伸。因此要求喂入和输出速度相配合，可以间歇步进，也可连续运动。

① 预针刺工艺特点。对蓬松的纤网进行初次针刺，剥网板与托网板之间的距离较大，有利于蓬松纤网喂入；剥网板在入口处呈倾斜状，配有导网装置；针刺频率较低；针刺动程较大；针板植针密度较小，刺针较长较粗。主要性能参数有：针刺频率；植针密度；针刺动程。

② 针刺动程。预针刺机的动程为 $40\sim70mm$，针刺机动程越大，针刺机的最高频率就越低，而且针刺机油封的使用寿命就越短。一般的原则是在满足生产工艺的前提下，针刺机的动程应选用小些为好，可以提高针刺机的功效与寿命。

③ 植针密度。预针刺机植针密度在 $1000\sim3000$ 针/m。在针刺生产中，预针刺后的产品针密不宜过高，如果针板过密则针刺机工作针频过低，会影响表面质量与强力，出现针孔过大，容易断针等。植针密度选择与纤维纤度有关，纤度大则植针密度少。

④ 针刺频率。预针刺针频不高，选择中速针刺（$600\sim900$ 次/min）即可。

六、主针刺

1. 主针刺机的结构

主针刺机的结构与预针刺类似，包括动力与传动系统，进布辊与出布辊、针板、托网板与剥网板。主针刺机主要特点是剥网板与托网板之间的距离较小；针刺频率较高；针刺动程较小；针板植针密度较大，刺针较短；针刺机结构变化多。

图 3-45 为青岛纺机公司的 QBG421、QBG422 型双针板针刺机。工作宽度：$1500\sim6000mm$；针刺频率（max）：1200 次/min；针刺动程：40mm；植针密度：$6000\sim15000$ 针/m。

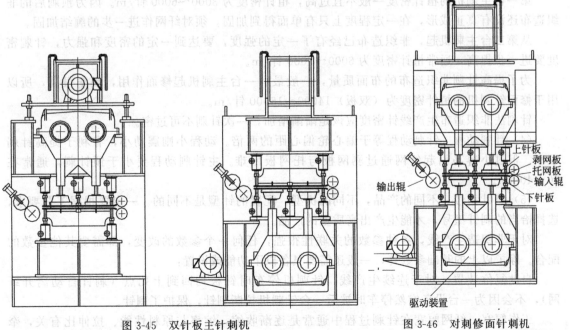

图 3-45　双针板主针刺机　　　　　　　图 3-46　对刺修面针刺机

上针板
剥网板
托网板
输入辊
输出辊
下针板
驱动装置

修面针刺采用的双针板上下对刺式针刺机，植针密度控制在 4000～16000 针/m，针刺动程 60mm，针刺频率 1200 次/min，机器门幅 3.8m。

Dilo 公司和 Fehrer 公司是世界上有影响力的针刺机制造商，在合成革行业广泛应用的是 Dilo 公司的 DI-LOOM 通用系列针刺机，该机型是 Dilo 公司的主要机种，结构上变化较多，有单针板、多针板、上刺、下刺的多种组合。代表性的有：

① DL-LOOM OUG-ⅡS 为四针板对刺形式，工作幅宽 2.5～6m，植针密度 8000～30000 枚/m，针刺频率 1500r/min，针刺动程 60mm。

② DL-LOOM OD-ⅡSC 为双针板上刺形式，工作幅宽 2.5～6m，植针密度 4000～15000 枚/m，针刺频率 3000r/min，针刺动程 25～60mm。

③ DL-LOOM OU-Ⅱ 为双针板异位对刺形式，工作幅宽 1.5～7.5m，植针密度 4000～10000 枚/m，针刺频率 1200r/min，针刺动程 40、50、60mm。

Fehrer 公司的主针刺机：

① NL21/S 为双针板上刺形式，工作幅宽 1.0～6.6m，植针密度 6000～20000 枚/m，针刺频率 2200r/min，针刺动程 30～40mm。

② NL42 为四针板对刺形式，工作幅宽 1.0～6.6m，植针密度 12000～30000 枚/m，针刺频率 1200r/min，针刺动程 70mm。

③ NL9/SRS 为双针板异位对刺形式，工作幅宽 1.0～6.6m，植针密度 6000～15000 枚/m，针刺频率 1500r/min，针刺动程 40～70mm。

2. 主针刺机参数

(1) 针刺形式　针刺机按针板数分为单针板、双针板和多针板。按针刺分为单向针刺和对刺。单向针刺包括上刺和下刺，对刺包括异位对刺、同位对刺。

每种机型都有自己独特的优越性，要根据产品的工艺特点来配置。

(2) 针刺频率　针刺频率是指针刺机的刺针每分钟穿刺布的次数，主针刺机以加固为主，一般选择高速型，针刺频率在 900～1200 次/min，高速稳定性是衡量该性能的主要依据。

(3) 植针密度

第一台主刺机的植针密度一般不宜过高，植针密度为 3000～6000 针/m。因为预刺后的非织造布还没有真正成形，在一定程度上只有单面得到加固，须对纤网作进一步的缠结加固。

从第二台主刺机起，非织造布已经有了一定的强度，要达到一定的密度和强力，针刺密度要进一步提高，通常植针密度为 6000～7000 针/m。

为了提高针刺非织造布的布面质量，一般最后一台主刺机起修面作用，频率很高，所以用于修面针刺机的植针密度为（双板）14000～16000 针/m。

针刺法非织造布生产线针密度应该是渐渐增加，一次针刺不可过密。

(4) 针刺动程　针刺动程等于偏心轮偏心距的两倍。动程小则震动小，有利于提高针刺频率。但过小容易引起纤网通过剥网板与托网板困难。主针刺动程要小于预针刺，通常在 30～40mm。

(5) 刺针型号　不同的产品，不同的机型，配置的针型是不同的。一定要根据工艺要求，选择恰当的刺针型号，才能生产出高质量的产品。

对于非织造生产线，各种参数的关联性很强，任何一个参数的改变，都需要其他参数的配合。除了以上的基础参数外，一般还需要具备以下功能或设置：

自动复位装置。对于连续生产线，针刺机停车时针板均回到上死点（刺针自动离开纤网），不会因为一台设备突然停车时被后一台针刺机拉断刺针，保护了刺针。

工作幅宽。纤网幅宽在针刺过程中通常是逐渐收缩，缩率与原料性能、拉伸比有关，牵伸比越大，既针刺机的输出速度与输入速度比值越大，纤网收缩越大。

单板针刺机的针刺区域较窄，纤网自然牵伸少。双针板机有两个针刺区，自然牵伸就略大。上下对刺式针刺机只是单针板的针区，上下单独针刺，所以平整效果好，纤网不产生额外牵伸，适合修面。

准确的参数显示。要求在控制柜上即时显示针刺深度、针道宽度、针刺频率、输入输出线速度、步进量、针刺密度等参数，便于调控。

3. 针刺工艺过程

对经过预针刺的纤网进行进一步的针刺，达到要求的厚度、密度和强力。主针刺对纤网起缠绕、加固、修饰的作用，通常是4～5台联合工作，所以每台主刺机在联合机中起到的作用是互不相同的。

合成革非织造布主刺一般为5台，基本按上刺→下刺→上刺→下刺→对刺配置，前四台主要是加固，选择双针板单向针刺，第五台主要是修面，选择双针板对刺，针板运动方向垂直于纤网。

影响针刺非织造材料性能的主要因素有针刺深度、针刺密度、刺针规格型号和排列、步进量、牵伸比、纤维性能等。刺针规格型号和排列等需停机替换，而针刺深度、针刺密度等参数可以在线调节。

（1）针刺深度 针刺深度是指刺针针尖通过托网板上表面的距离，即刺针穿过纤网后伸出网外的长度。当刺针规格一定时，针刺深度大，带动纤维多，纤维之间的缠结充分，产品的强力提高。但针刺深度须适当，过深的针刺，会使纤维断裂增多，同时引起针刺力的增加，甚至造成断针。过浅的针刺，也会造成缠结不良，影响产品强力。在确定针刺深度时，有如下基本原则：

① 粗长纤维组成的纤网，针刺深度可深些，反之则浅些。
② 单纤强度较高纤维组成的纤网，针刺深度可深些，反之则浅些。
③ 单位面积质量较大的纤网，针刺深度可深些，反之则浅些。
④ 较蓬松的纤网，针刺深度可深些，反之则浅些。
⑤ 要求硬实的产品，针刺深度可深些，反之则浅些。
⑥ 要求针刺密度较高的产品，先深后浅。
⑦ 预针刺比主针刺深，前几道针刺深度比后几道大些。

针刺深度可根据原料种类、纤网厚度和产品性能要求来确定，海岛纤维一般选择9～13mm，针刺深度与刺入纤网的钩刺数见表3-3。

表3-3 针刺深度与刺入纤网的钩刺数

针刺深度/mm	刺入钩刺数			
	标准型R	中等型M	加密型C	高密型F
7	1	1	1	1
9	2	2	3	7
11	3	3	5	9
13	4	5	7	9
15	5	6	8	9
17	6	8	9	9

（2）针刺密度 针刺密度是指单位面积的纤网所受到的针刺数。针刺密度可按下式计算：

$$D_n = \frac{Nn}{v} \times 10^{-4}$$

式中　D_n——针刺密度，刺/cm²；

　　　N——针板植针密度，枚/m；

　　　n——针刺频率，r/min；

　　　v——纤网输出速率，m/min。

针刺密度与产品性能的关系：针刺密度是随针刺频率与植针密度的提高而增大，随纤维输出速率增加而减小。通常植针密度是不变的，通过调节针刺频率和纤网输出速率来调节针刺密度。在一定范围内针刺密度提高，有利于加强纤维缠结，提高产品强力。但针刺密度过大，刺针钩刺带动纤维阻力增大，针刺力剧增，易损伤纤维或造成断针，使产品强力反而下降。

生产过程中应根据不同的原料、不同的产品要求、不同刺针型号，通过试验得出最佳工艺针刺密度。如合成革非织造布，要求强力和密度都比较高，所以针刺密度为 800～1000 刺/cm²，使纤维充分缠结。但当针刺密度达到 1700 刺/cm² 时，往往会出现纤维被刺断现象，反而不利于产品强度提高。预刺后再主刺的产品，预刺密度必须适度，既不能使密度过大，造成牵伸困难，又不能使密度过小，造成纤网意外牵伸。

（3）步进量　步进量是指针刺机每刺一个循环纤网所前进的距离。当针板的布针确定，步进量将会对布面的平整和均匀性产生影响，如果步进量和刺针之间的间距成整数倍，则会产生重复针刺而形成针迹。同一针板，步进量不同，针迹效果也会有很大区别。在生产过程中，如发现表面有明显的针刺条纹，可适当调整针刺频率，改变步进量，从而改善产品的表面品质。

$$步进量（mm/针）=\frac{输出辊速度（m/min）}{针刺频率（次/min）}\times 100$$

（4）针刺力　针刺力是指刺针穿刺纤网时所受到的阻力。针刺力实际是摩擦力，是由钩刺与所带纤维与其他纤维的摩擦产生的动态变化的摩擦力。它的变化过程可间接反映出针刺过程中刺针对纤维的转移效果和损伤程度，针刺力的变化可以作为调整针频率、针深和针密等参数的参考。

当刺针开始刺入纤网时，针刺力增加很缓慢。当刺针逐渐深入纤网时，进入纤网的钩刺数也逐渐增加，针刺力剧增并达到最大值。当刺针穿出纤网后，针刺力以波动方式逐渐下降。普通刺针的针刺力为 7～10N。

影响针刺力的因素：

① 当加工长而细的纤维时，钩刺所带纤维与其他纤维的接触数量多，针刺力增大。

② 当纤维摩擦系数较大时，针刺力较大。

③ 当纤网密度和纤网定量较大时，针刺力增大。

④ 针刺力一般随针刺频率、针刺深度、针刺密度的提高而增大。

（5）牵伸比　牵伸虽然有提速和改善纵横强力比的作用，但生产中牵伸带来的副作用更明显，主要表现在：

① 造成门幅收缩，使门幅两端面密度偏大；

② 加重针迹，当刺针还停留在非织造布中时，牵伸加大非织造布拉扯刺针的作用力；

③ 降低非织造布的强力，梳理机道夫输出的棉网经杂乱、交叉铺网、针刺后，具有很好的三维立体结构，但一经牵伸，纤维纵向排列得到明显改善，相应地三维立体和缠结度明显下降，这必然导致非织造布各项强力下降，特别是剥离强力。

要想降低牵伸比，除了适当降低针刺深度和针刺密度外，还必须做到尽量调小隔距，这样刺针对布面的作用力可以大部分由托网板和剥网板来承担。如果牵伸比下降，交叉铺网宽度相应下调，铺网机输出底帘的速度自然而然上调，达到提速目的。而改善纵横向强力比的作用，可以大部分由梳理机杂乱辊承担，通过提高杂乱辊凝聚率，适当时更换杂乱辊齿轮齿数。

七、刺针与布针

1. 刺针基本质量要求

刺针是针刺机中直接与纤维接触并将纤维加以缠结的易耗品，在针刺加固中起到关键作用，在连续生产中工艺调节需要围绕刺针使用情况及时调节针刺频率、针刺深度等工艺参数。刺针品质、刺针型号及其使用状况，决定了针刺产品的品质。

① 垂直度与平整度。即要求针杆平直，长度一致。刺针安装到针板上后，纵横观察应为一条直线，整体针尖面为平面。

② 硬度。表面硬度高，在 680°~760°（HV）左右，耐磨与耐疲劳度性能好。

③ 弹性。刺针在穿刺时要受到针刺阻力，受力弯曲后能恢复原有的垂直度，回弹角度随着针号的增加而增大，36 号以上的针工作段要求弯曲 30°以内不变形。

④ 光洁度。表面要光洁无毛刺、无锈蚀、无伤痕，针尖要锐利光滑，使纤维顺利地滑到齿间。

⑤ 带纤量。具有一定的带纤量是刺针的最基本功能，带纤量的大小与齿型密切相关，只有带动纤维移动，才能实现纤维间的相互缠结。

2. 刺针的结构类型

刺针由针柄、针腰（有的和针柄合在一起）、针叶和针尖四部分组成。针柄上的弯头使刺针固定在针板背面的针槽中。针腰主要是保证刺针的工作强度和弹性，也方便刺针的拔取更换。针尖使刺针顺利进入纤网层，形状可以有许多变化，如标准型针尖、尖锐型针尖、微球型针尖、球型针尖、钝球型针尖、极球型针尖等。针叶为刺针的工作段，带有不同数量、角度、形状的钩刺，是刺针直接接触纤维网的部分，其截面形状有圆形、三角形、菱形等。

三角形刺针（图 3-47）是最常用的类型。其针柄和针腰均为圆形截面，刺针总长度一般为 76.2~114.3mm。当刺针受力时，三角形结构可保证刺针在不同方向都具有相同的强度。

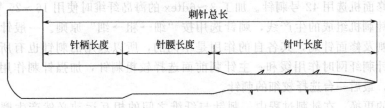

图 3-47 三角形刺针结构

钩刺是刺针钩带纤维的主要部位，针叶在纤维网上下穿刺时、通过钩刺使纤网中的纤维互相缠结和抱合。钩刺结构包括钩刺的形状、分布及数量，钩刺的结构如图 3-48 所示。

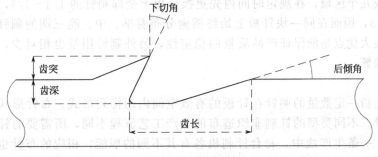

图 3-48 钩刺的结构

钩刺的形状直接反映带纤维量的多少。一般下切角越大，刺突越高，带纤维量越多，针刺力也大，针刺效率高。同时，纤维的损伤程度增大，针孔变大，产品外观下降，刺针的磨损也越严重。钩刺的结构也可以有许多变化。根据钩刺的结构可将钩刺分为标准钩刺、圆角钩刺、无突钩刺、中突钩刺等若干种。

标准三角形针叶的三条棱边上分别有三个钩刺（也有些特殊刺针是一个棱边或两个棱边带钩刺）。三个棱边上的钩刺并非在同一水平面上，而是相互错开，这样在进行针刺时，钩刺带动的纤维可以处在纤维网的不同高度，且使不同方向的纤维束发生位移、互锁、缠结，从而有利于纤维网的加固。

三角针通常根据钩刺间距不同分为四大类：RB 标准型（6.3mm）；MB 中等型（4.8mm）；CB 加密型（3.2mm）；HDB 高密型（1.3mm）。RB 标准针适合于预针刺用；MB 中等间距针适于加强纤维的缠结力，一般作为主针刺使用；CB 加密间距针一般用作最后一台针刺机中；HDB 针能够以最短的针刺深度提供最高的布的强力及缠结力，因此特别适应厚度极薄又需要极大强力的针刺非织造布。

3. 刺针的选用与更换

（1）刺针的规格　刺针的几何尺寸是表达刺针规格的重要参数。主要包括有总长、针号、针尖形状、针叶截面形状、钩刺结构、钩刺排列尺寸、针柄弯头方向等。刺针针叶、针腰和针柄的粗细分别以针叶号、针腰号和针柄号表示，号越大，表示越细。生产中经常提到的是针叶号（有时简称针号），普通刺针针叶号的大小与针叶截面三角形的高相对应。刺针通用标注一般为：

$$针柄号×针腰号×针叶号×刺针总长度×刺针类型$$

（2）刺针的选用　根据针刺工艺和产品要求选刺针类型。如合成革绒面产品对表面平整度要求很高，则选择大针号的 RB 针，三条棱边上只有 1～2 排钩刺的针。不同的成网（机械梳理成网、气流成网）方式，以及针刺产品物理指标，是选择刺针的重要依据。

根据纤维细度选择刺针号数。纤维较细时，选大号刺针；纤维较粗时，选小号刺针。如加工 1.5dtex 的涤纶锦纶纤维时使用 25～42 号针，预针刺机选用 38 号刺针，主针刺机选用 40号刺针，最后修面机选用 42 号刺针。加工 3～6dtex 的海岛纤维时使用 16～25 号针。

对于数台针刺机组成的生产线，刺针选用按"细→粗→细"原则。一般针刺机布局分为预针刺、主针刺及修面针刺，其各自的作用是不同的，所以选用的刺针也有所差异。预针刺选较细刺针，针刺纤网时作用缓和；主针刺前面选择较粗刺针，加强针刺作用；为使最终产品平整无针迹，最后一台选择较细的刺针。

（3）刺针的更换　在针刺过程中，刺针与纤维之间的相互运动必然产生摩擦，使用一段时间后会使钩齿磨损。刺针磨损后会显著影响针刺效率，同时影响针刺非织造材料的性能，因此必须定期更换刺针。

换针方式一般采用分批分区域法，防止针刺非织造材料性能的突然变化。通常在同一块针板上横向分成几个区域，在规定时间内先更换针板上全部刺针的 1/4～1/3，过一段时间后再更换 1/4～1/3，因而在同一块针板上始终横向分布着早、中、晚三期的刺针。分区分期分批换针方法的最大优点是能保证产品质量的稳定性，另外刺针用量也相对少，成本低。缺点就是更换比较频繁。

4. 布针

布针形式是指一定数量的刺针在针板的有效空间内的排列形式。布针形式主要影响非织造布的表观质量。不同类型的针刺非织造布的生产工艺流程不同，所需要的针刺设备和配置参数也不相同。一条生产线中，每台针刺机各有其不同的职能，相应的布针也不一样。无论采用何种布针形式，其基本原则：

①　明确针板的植针密度，必须达到针刺非织造布生产工艺的要求。

②　所有针孔在 X 坐标方向的投影必须均分且没有重叠点。

③　调节针孔的行距和列距，整体协调。

④　整条生产线的布针要做到前后弥补，追求整体效果。相邻两板的布针形式不同，且植针密度由低到高依次增加。相同植针密度的布针，其布针形式也要不相同，避免重复针迹的可能。

针板植针方式有很多种（图 3-49），主要有人字形（纵向等距）、双人字形（纵向无规）、杂乱形（无规杂乱）、满天星等。

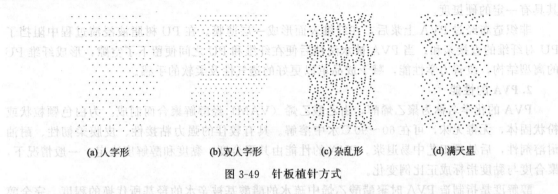

(a) 人字形　　　　(b) 双人字形　　　　(c) 杂乱形　　　　(d) 满天星

图 3-49　针板植针方式

针板的布针方式必须满足生产线工艺的要求，在常规生产工艺的条件下，针刺机步进量即针板的针迹图应尽量避免产生明显的条纹。布针不合理产生的直接后果就是出现表面针迹。步进量就是针刺机每刺一次布所走过的距离，每一种植针方式均可找到相对理想的步进量。人字形植针方式的理想步进量范围较小，双人字形和杂乱形植针方式的理想步进量范围较大。人字形和双人字形植针方式的加工性较好，适合多针板组合，双人字形的纵向无规设计不同，针迹也不同。工艺人员必须了解每台针刺机的最佳步进量，保证纤网针刺时不产生明显的针迹。

在实际生产中，预针刺过程中非织造布的针迹变化最大。因为预刺机的针刺频率低，且纤网本身没加固，牵伸大，留下的针迹会直接影响到产品的布面质量。预刺后的针迹很难在后面的针刺过程中消除，因此，预刺机布针的纵向孔距要大于横向孔距，保证预刺后不会出现明显的横向条纹，且植针密度不宜过高。

针迹图对生产实际具有良好的指导意义。针迹图是指非织造布在零牵伸的理想状态下按一定步进量走过刺针留下的针迹叠加，实际生产中的布面效果一般与设计中存在一定的差距。理想的步进量和具有连续性是评定布针好坏与实用性的主要标准。每一种布针都不是万能的，只能通过前后针刺机布针的工艺配合，才能达到生产出高品质非织造布的效果。

在针刺过程中，当刺针三角形顶的方向与非织造布走向相同时，由于针体的三角底边宽，针体的弹力强，当针体离开布层时针体的钢性弹力会使针恢复原状，相对针痕会大一点。反之，钩齿都在有棱的一边，当针穿入布层时由于布的走动就易断针。为了避免增大针痕，走向相同时，针的三角底边可作 15°～20°倾斜。

第六节　非织造布后整理

后整理的目的是为了提高非织造布的使用性能，合成革用非织造布在使用前通常进行两种整理方式：PVA 上浆法和烫平法。

一、 PVA 上浆

1. 上浆的目的

PVA 上浆法通常用于普通合成革和定岛超纤革的非织造布整理。上浆 PVA 的主要目的有两个：一是提高非织造布的硬挺度，便于与 PU 进行复合；二是提高基布的柔软性和透气性。

非织造布需要在 PU 浸渍槽中经过轧辊对其进行反复挤压，而未后处理的非织造布非常柔软，极易打折或缠辊，影响加工的顺利进行和基布质量，因此需要通过上浆一定量的 PVA 使其具有一定的硬挺度。

非织造布经过 PVA 上浆后，在纤维表面形成一层薄膜。在 PU 树脂液浸渍过程中阻挡了 PU 对纤维的直接亲和。当 PVA 被水洗掉后便在纤维和 PU 之间便留下了空隙，形成纤维 PU 的离型结构，改善力学性能，赋予成品革以更好的透气性及柔软的手感。

2. PVA 的性能

PVA 的化学名称为聚乙烯醇，由乙酸乙烯（VAM）经醇解聚合而制成。为白色颗粒状或粉状固体，无毒无味，可在 60～90℃水中溶解。具有较佳的强力粘接性、皮膜柔韧性、耐油耐溶剂性，后处理工艺中易退浆。PVA 的性能由其聚合度、黏度和醇解度决定。一般情况下，聚合度与黏度指标成正比例变化。

醇解度是指制造 PVA 时聚醋酸乙烯中疏水的醋酸基被亲水的羟基所代换的程度。完全醇解时醇解度在 95%以上，部分醇解时为 85%～95%，超低醇解时为 80%以下。不同醇解度的 PVA 溶解性，与纤维的亲和性，以及其浆液黏度均不同。一般情况下，醇解度高水溶性低。完全醇解 PVA 于常温下在水中只吸收膨润而不溶解，高温 80℃以上迅速溶解。部分醇解 PVA 可于常温下缓慢溶解，正常作用时为缩短溶解时间仍需加热。超低部分醇解 PVA 溶于冷水中，加温反而不利于溶解。

醇解度高的 PVA 对亲水性物质如天然纤维、黏胶等的亲和力高，醇解度低的 PVA 对疏水性物质如合成纤维有优良的接着力。相同聚合度的 PVA 在相同含固率条件下，醇解度低的其水溶液的黏度也低，但浆液黏度稳定。完全醇解 PVA 随着浓度增加浆液黏度略有增加，但在高浓度、低温条件下其黏度较不稳定。

合成革非织造布 PVA 的选择原则：

① 易溶解。通常都选用部分醇解的 PVA，溶解度达到 20%～25%。

② 具有一定黏度。除了 PVA 自身具有黏度，通常加入少量的聚丙烯酸钠做增黏剂。

③ 低温退浆。由于基布水洗温度一般不超过 80℃，因此要选择低温易溶型 PVA。

④ 具有良好的成膜性，对纤维的接着力好。

⑤ 不溶于有机溶剂，耐弱酸和弱碱，确保在 PU 含浸过程中不变性。

3. 上浆工艺

（1）基本工艺　非织造布→PVA 上浆→烘燥轧平→卷绕。

（2）配料　根据浓度要求先放入定量水，加热，然后缓慢加入 PVA，边加边搅拌，直到全部变成透明浆液。

PVA 的浓度主要是根据产品要求不同来确定，既要有一定的浓度达到对纤维的保护，又不宜太高，因为在基布凝固后，PVA 要被完全水洗掉，太高则浪费过大，同时给废水处理增加难度。作为普通品种，浓度在 3%左右即可，而对于绒面品，则需要适当增加 PVA 的浓度，有利于提高成品的手感和柔软性。

（3）上浆方式　通常有带浆辊法和饱和浸渍法两种。

① 带浆辊法　带浆辊法是让非织造布在压辊和上浆辊之间通过，上浆辊将浆槽中的 PVA

浆液带起并转移到布上，压浆辊表面包覆橡胶，对布进行挤压，把一部分浆液压入布内部，使其分布均匀，并把多余的浆液挤去。调节压浆辊与上浆辊之间的间隙，可以控制上浆率。带浆辊法由于生产速度快、带浆量少、浆液渗透时间短，所以布吃浆量少，只适合薄型布的上浆。用于厚型布会出现浸透现象，造成成品两面手感差异。

② 饱和浸渍法　饱和浸渍法是让非织造布在上浆槽内反复浸渍，充分吸收浆液，在出口时经过压轧，去除多余的 PVA 液。通过 PVA 的配料浓度和出口轧辊的压力控制 PVA 的上浆量。该法上浆量大，PVA 在纤维中分布均匀，成品的硬挺度高，成品的手感好，绒面革常采用该法。

烘燥轧平：通过热定型，非织造布达到一定的尺寸稳定性，满足后续加工的要求。通过镜面辊的压轧使基布达到要求的厚度和平整度。注意烘燥温度不能过高，否则 PVA 会变性使布表面发黄。温度过低又会使水分挥发不充分，轧平时 PVA 会粘辊。

二、烫平

不定岛非织造布通常采用烫平的方法进行整理。目的是提高硬挺度和平整性；使针刺出来的内应力得到有效消散，非织造布尺寸稳定；提高表观密度。非织造布主要是利用高温下纤维的热收缩来增加表面的平滑性和密度，以满足下道工序的生产。

非织造布在导布牵引下通过张力调节辊进入烘箱，在由烘箱组成的加热系统中逐渐受热，烘箱每一个单元具有独立的温度控制系统，非织造布在烘箱中均匀受热进行自由收缩，然后进入两道轧辊，轧辊间间隙可根据烫平布的厚度要求进行调节。烫平后经过牵引机、储布架、锁布辊进入卷取机进行卷取。

工艺流程：放卷机→张力调节辊→传送带→烘箱→第一压辊→第二压辊→牵引→储布架→锁布辊→收卷机。

烫平工艺控制要求如下。

① 为保证非织造布受热均匀，通常烘箱较长，在 25m 左右，分 5 个温度区由低到高循序加热。温度分布一般为 90℃—100℃—115℃—130℃—130℃，可根据布的厚度、密度和速度进行调整。另外要保证非织造布左右两侧温度的均一性，否则在出轧辊后反弹不同，出现厚度的左右偏差。

② 非织造布在第一压辊后通常会有反弹，因此间隙设定比目标值要略低一些，经第二压辊后达到目标值。压辊间隙要经常进行校正，防止厚度偏差和左右偏差。

③ 烘箱出口离第一压辊距离尽量短，并做好保温，防止非织造布温度下降。如距离过长，则非织造布表面热量散失，表面温度下降而内部温度仍然很高，出现内外温度差，再经过压辊时，高温区受压缩大，而低温表面压缩少，出现厚度方向的密度不均匀性。在浸渍 PU 时，出现 PU 分布不匀，严重时出现"夹芯"现象。如果是绒面产品，则在染色时出现无法透染的问题。

④ 在烫平特殊品种时，如两段压辊仍无法达到工艺要求，可采用三段压辊，并且压辊间的距离要尽量小。

⑤ 烫平过程中尽量减少张力，在烘箱入口时应保持无张力状态，保持尺寸的稳定性。

⑥ 运行时保持速度的稳定，在非织造布受热充分均匀的基础上，适当提高速度有利于烫平布表面的平整性。速度一般控制在 4～6m/min。

第七节　非织造布质量控制

针刺非织造布质量控制包括非织造布的物理机械性能与表观质量两方面。影响其质量的因素很多，包括原料纤维、设备选型、工艺参数控制、环境因素等。

一、 原料纤维性能的影响

（1）纤度　纤维纤度在非织造布生产中主要是影响梳理机梳理能力。纤度小一般难于梳理，如使用 1.5dtex 左右的涤纶锦纶纤维时，必须调节梳理锡林及各辊的间隙，采用更细更密的针布才能正常梳理，否则便缠绕锡林，引起不均匀输出，造成出网不匀或成网困难，严重时会引起纤维摩擦熔融，使针布无法工作。对此应适当降低生产速度和车间相对湿度。纤度过大时，纤维有脱离主锡林与道夫并向梳理区下方聚集的趋势，这种堆积严重时会磨损道夫并引起输出纤网出现破洞。海岛纤维属于中等纤度（不定岛 5～6dtex，定岛 2～3dtex），梳理相对容易，主要是加强针刺环节，提高缠结。

通常在相同克重条件下，纤度越小则纤维数量越多，纤维间缠结点增加，纤维间相对滑移阻力增大，非织造布强力增加。在相同的工艺条件下用低纤度纤维制成的非织造布物性指标较高，而且手感相对更柔软、细腻和舒适。

（2）纤维长度　纤维长度长，则纤维间的接触点越大，单根纤维缠结点多，抱合力强，纤维间相互位移的阻力增大，整体一致性提高。但是纤维过长，会出现纤维开松、梳理困难，甚至缠结锡林，影响纤网均匀度。另外在梳理过程中会造成纤维过量损伤，导致纤网强度下降。纤维过短则出现抱合度差，纤维间接触点少，产品强度低。作为短纤维非织造布，长度在 38～51mm 比较合适。

（3）卷曲度　纤维的卷曲起到增加纤维间摩擦，提高纤维抱合力的作用。如果纤维卷曲度不足，由于表面平直，纤维之间摩擦力小。梳理时针布对纤维握持力不足，纤网易脱落，出网时道夫针布抓不住纤网，成网质量差。针刺时交联度差，强力降低。但卷曲数太多也不利，它同样会增加开松与梳理的难度，而且卷曲度过大，纤维自身的强度会降低。在针刺时使针刺力过大，造成纤维过度刺伤，使非织造布强力下降，尺寸稳定性差。

适度的卷曲数、卷曲度与较高的卷曲率是非织造布生产对纤维原料的基本要求。一般以 12～18 个/25mm 为宜。

（4）纤维伸长率和强力　纤维在梳理和针刺过程中，要不断受到针布和刺针的作用，如果伸长率过低，纤维刚性大，受力时无弹性，很容易造成损伤断裂，使非织造布强力下降。但如果伸长率过大，纤维自身强力低，稳定性也差，受力时也容易断裂。海岛纤维通常控制断裂伸长率在 60%～90%，强力在 3～3.5cN/dtex，保持性能的综合平衡。

（5）纤维含油率　纤维上油的目的是使纤维表面顺滑，减少摩擦，防止产生静电，便于梳理针刺。纤维含油过多，纤维间可能出现粘合，梳理时很难达到单纤维状态，出网不匀。在开松喂入等环节容易粘辊、塞车，甚至损坏设备。如果含油量低，则纤维表面干涩，摩擦力增大，纤维在梳理针刺环节很容易受损，出现粉尘，强力也会下降。含油低其抗静电性也差，梳理时纤网抱合不足，翻花严重，导致纤网不匀。

如果是贮存时间很长的纤维，纤维上的油剂由于挥发、分解会有损失，润滑与抗静电性会随时间而衰退，特别是温度高时会更严重。在使用前可适量喷洒一定量油剂，再堆积 48h 以上使纤维均匀上油，海岛纤维一般上油以 0.8% 左右为宜。

（6）纤维含水率　纤维含水率高时不易开松，纤维容易扭结、缠绕锡林；纤维含水率低时，会产生大量静电，梳理机纤网上飘，道夫不易转移纤网，铺网时粘车，成网不匀。纤维所加外用抗静电剂需要在一定的湿度条件下才能发挥作用，亲水基和疏水基在纤维表面定向排列，外部吸湿水分子，形成水膜，提高导电性，从而改善静电现象。

除了纤维自身的含水率要控制外，环境的湿度也很重要，北方地区冬季寒冷干燥，车间要适当加湿，而南方地区夏天湿度很大，要适当进行排湿。保持车间的温、湿度稳定对非织造加工非常重要。为保证原料纤维各包湿度均匀，通常纤维要在车间存放 1 天以上使用。

（7）疵点纤维 疵点是在纤维生产过程中产生的，如硬丝、注头丝、倍长丝等。过多的疵点在纤维梳理过程中容易滞留在锡林以及各梳理辊的针布针齿内，严重时影响梳理机的梳理和成网质量。如硬丝可卡在针布空隙中，经过长时间运转后积累过多，与纤维产生摩擦，温度升高到一定程度则出现熔融，使部分针布失去梳理功能，纤网质量受到影响。

二、 设备条件对非织造布质量的主要影响

1. 开清设备的影响

当选用两种或两种以上纤维原料生产时，由于纤维之间的密度和表面性能差异，以及不同公司生产的纤维性能指标不同，因此纤维的配比及稳定性非常重要，对产品各项指标均产生影响。

① 通常在开清线配置至少两台给棉机，每台均可独立调整参数。

② 料斗带有电子秤，料斗的称量精度要小于 50g，保证纤维的质量混合比例正确及混合比例的稳定性。

③ 采用带有计算机控制的自动混合设备，确保各种短纤维混合均匀。

④ 采用多级串联开松，确保纤维得到足够的开松。

⑤ 采用多仓混棉，并且混合仓要有较大的容量。

2. 梳理机的影响

梳理机喂棉的稳定性是梳理效果的保证，也直接影响纤网的均匀度和克重。如果梳理机喂入的纤维层密度大范围波动，会造成梳理机输出纤网不匀现象，到最终产品则是克重及厚度的大范围波动。通常采用的是自调匀整的气压喂棉与皮带秤相结合的方法，横向与纵向匀整相结合。新型的梳理机充分运用机电一体化及电脑自动控制装置来控制喂入。德国Trutzschler 公司的 FBK 型容积式喂料箱，通常可以使克重控制在 1.5% 以内。如德国Spinnbau 公司采用的定容和定量组合电子喂棉系统使喂入不匀控制在 0.8% 以下。

梳理机在一定情况下会出现大量飞花，导致梳理纤网均匀度下降甚至纤网出现破洞的情况。采用降低主锡林、工作辊、剥棉辊的速度并且减小工作辊与剥棉辊的速度差的方法，可以明显提高梳理机输出纤网的质量。

梳理机道夫上纤网变窄或消失主要是由于主锡林速度过快，纤维无法正常转移到道夫上或纤维层两端密度太小，主锡林上纤维量不足，无法正常输出纤网所致。可以通过降低主锡林速度或提高纤维层两端密度的方法来解决。

合成革非织造布生产线针刺机台数多，牵伸大。为平衡强力比变化，一般采用双道夫梳理机并加装杂乱辊，可根据生产需要进行速度和补偿量的调整。

3. 铺网机的影响

铺网横向 CV 值直接影响成品的均匀性。改善铺网 CV 值主要靠铺网设备的改进。采用多段速度补偿控制可以改善 CV 值，但是难以彻底改变。现在一般采用铺网机超喂及储存装置，使 CV 值有了很大提高。双帘夹持式铺网机现在在国内已得到广泛使用。

4. 针刺的影响

预针刺对产品质量影响至关重要，预针刺的痕迹在后道针刺中无法消除，尤其是布针效果没有完全杂乱和采用椭圆针刺情况下，表观质量和强度控制更为重要。

没有经过加固的纤网最容易牵伸，在没有任何牵伸的情况下进行针刺是不可能的，只能尽量减少纤网的牵伸。通常采用的方法是在夹持条件下喂入，同时喂入罗拉与第一针刺区距离尽量缩短。另外，使预针刺后的纤网与主针刺喂入辊处于同一平面上，也可适度减少牵伸，这需要适当提高预针刺机台高度。

刺针和布针是影响非织造布的重要因素。进口刺针在使用寿命和布面效果上都优于国产，德国格罗茨和美国福斯特是著名刺针生产企业，但是价格较高。刺针在使用几个月后都存在磨损问题，需要及时更换，否则直接影响加固效果。海岛纤维的刺针使用时间一般是80～100万米/批次，要根据针刺次数及时轮流更换刺针。布针主要是综合考虑表观质量，尽量采用杂乱布针，并进行前后机台的配合，现在通用的是杂乱式和满天星式布针方式。

三、 非织造布主要物理性能质量控制

1. 厚度偏差及其均匀度

非织造布的厚度直接影响到成革的厚度，厚度偏差产生的主要原因是单网克重与铺网层数出现偏差，其次是针刺强度的影响。厚度的均匀度通常用离散系数表示，是表征非织造布质量的重要指标，产生的原因主要是纤网不匀，出现纤网的厚点与薄点。厚度不匀对后续加工影响很大，浸渍PU时会导致厚薄点PU含量的差别，体现在绒面革上就是表面绒感不一致，非织造布的薄点PU含量多，甚至出现PU膜，造成染色时与纤维着色不同出现PU斑点；在造面产品上，主要是造成面层粘合层涂布量不匀，厚点出现脱膜现象，而薄点涂布量大，导致手感板硬。

厚度数据通常在线检测设备上会及时反馈，根据一段时间的运行数据曲线趋势，及时对梳理机运行速度比、单网克重、铺网层数及搭接角度等因素进行调整。一般要求厚度偏差不超过±0.05mm，厚度均匀度离散系数不超过3%。

2. 单位面积克重及其均匀度

单位面积克重是指每平方米非织造布的质量，通常用g/m² 表示。一般用100cm² 的圆盘取样器进行多点取样，计算其克重。现在很多生产线都使用在线检测设备，即时反映克重及其均匀度的变化。

克重的影响类似于厚度对后续工序的影响。产生克重偏差的因素有很多，主要有：纤维的质量问题；梳理效果和成网的均匀性；铺网的层数和搭接角度；针刺牵伸比。

合成革非织造布的单位面积克重均匀度离散系数不超过3%，对于绒面品或要求高的产品，一般应控制在1%以内。

3. 表观密度

表观密度是单位面积克重与厚度的计算值，也称为视密度。合成革的表观密度远低于真皮，在保证合理物性指标前提下，非织造布的表观密度应适当提高。对针刺非织造布来说，如果过分提高密度，则只能增加针刺强度，纤维的损伤过大，反而对非织造布的强力和手感造成影响。因此表观密度应控制在合理范围内，通常控制在0.23～0.25g/cm³ 左右，经后处理后为0.28～0.30g/cm³ 左右。影响表观密度的因素主要是针刺参数。

4. 剥离强度

非织造布的剥离强度对成革的剥离性能起决定性作用。剥离强度的检测通常有两种方法：一是非织造布与非织造布或其他面料叠层复合，测试分离它们所需要的平均力；二是将非织造布厚度方向剖层，测试纤网分离所需要的力。

影响剥离强度的主要因素是纤维的质量和针刺工艺。如油剂含量过低，卷曲数过少，针刺密度不足，都能引起剥离强度的下降。对合成革非织造布来说，剥离强度并非越高越好，过高则需要更强的针刺，反而引起纤维受损，剥离下降。一般要求在30N/5cm 以上，就可以使合成革成品达到剥离的要求。

5. 非织造布纵横向强力

非织造布纵横向强力控制主要是控制生产过程中纤网的牵伸，即控制生产线的总牵伸比。具体的控制点主要有：

① 选用宽幅的高速梳理机，并具有杂乱装置。

② 铺网机与预针刺机之间的喂入机最好选用夹持喂入方式，减少纤网的拉伸。

③ 预针刺机是降低总牵伸比的关键，尽量选用小牵伸比的预针刺机，可选用弧型针刺或者双滚筒式的预针刺机，牵伸比尽量控制在 1：1.3 左右。

四、 非织造布表观质量

1. 针迹

针迹是由刺针布针和针刺工艺不当，前后针刺点重复引起的。主要是在表面出现纵向、横向或斜向的有规律的条纹，针孔明显。

针迹对非织造布表观质量影响非常大，因为在后道工序中无法弥补，针迹严重时，即使经过造面，在绷紧时仍可在表面反映出来。解决针迹一是选用杂乱布针的针板；二是调整针刺工艺的参数，尤其是步进量；三是前后机台的参数配合。

另外，断针量过大也可造成表面纵向条纹，发现该问题应立即停车，更换备板。

2. 云斑

云斑是指非织造布表面整体出现大片的不匀，密度的高低点明显。云斑从针刺出来后通过反面灯光照射可以清晰观察到，另外从梳理后的出网状态也能做出判断。产生原因主要是：纤维含油量过高，开松不足；梳理机喂入不均匀，梳理机各辊与道夫、锡林速比不合理，导致梳理效果差，出网时整体不匀，出现大量斑块；铺网时搭接不合理等。控制纤维质量及梳理铺网参数是避免出现云斑的关键。

3. 棉结

棉结一般是由纤维相互纠缠而成，主要影响因素是纤维含水含油率及设备原因。含水含油过高则梳理困难；设备则要对间隙、速比、针布型号等参数根据纤维的特点进行调整。另外，环境的温度和湿度对棉结的产生也有很大影响，要根据不同季节适度调整含水含油率，同时尽量保持车间生产条件的稳定，来减少棉结的产生。

4. 起毛

非织造布表面要求是细密的短绒，较长的毛羽会导致人工革表面出现起皮现象，而且起毛过长容易出现脱毛现象，影响外观质量和加工性能。起毛的主要原因是非织造布表面的纤维太长，主要的影响因素是针刺深度、针刺密度以及刺针的选型。需要调整针刺工艺，将纤维充分缠结。对于已经起毛的非织造布，要通过烫平或浸渍 PVA 时进行适当调整，如增加上浆量，加强压平；在浸渍 PU 时，减少刮刀的刮液强度；在安排基布品种时，尽量做磨面品等。通过后工序的工艺调整，尽量保证表面平整度。

5. 起皱

由于针刺深度不够，表面的纤维缠结不够，经过热定型后就会出现起皱现象。但是针刺深度太深或者钩刺带纤量太大会造成纤维结太粗，由于纤维间的力学补充，也会使表面出现起皱现象。另外，针刺密度过大，非织造布被刺得太实，也会出现起皱现象，这也是现在许多鞋革基布过分追求表观密度而增加针刺密度，出现成品表面折纹粗大的重要原因。

6. 针孔

针孔是刺针在非织造布表面遗留的针刺痕迹，使非织造布表面粗糙。理论上说针孔是无法消除的，但是当针孔非常小的时候，不影响表观质量。

针孔产生的原因主要有三个：一是刺针的选择，如果刺针号数偏小或者钩刺过深，则穿刺纤网后留下的孔洞也大，使后续工序无法弥补；二是针刺参数的影响，当垂直针刺时，如果纤网在水平方向上的拉力过大，则刺针在纤网中时，除了对纤网垂直的针刺外，还对纤网有水平的反方向作用力，使针孔变形变大；三是纤维自身的回弹能力，如果纤维回弹性能好，纤维在刺针离开后会发生部分回弹，使刺针留下的孔隙变小，甚至消失。如果纤维的卷曲度小，则回弹性能差，刺针离开后会形成明显的针孔。

7. 脏污

非织造布表面脏污是质量问题，也是管理问题。表面脏污产生的原因很多，主要有以下几点：

① 纤维中自身含有杂质，开松梳理后未清除彻底；

② 品种切换时，设备中残存未清理干净的纤维，如黑白丝的切换；

③ 设备故障，如针刺机推杆漏油污染；

④ 生产环境与责任心。如落地棉未及时清理而进入系统，生产现场地面未及时打扫等。

五、 检测项目及方法

1. 门幅

测试目的：测量样品的门幅大小。

设备：卷尺（精确到1mm）。

操作步骤：使样品处于无张力状态，用卷尺沿样品的纬向（与经向边缘垂直的方向）量取有效幅宽，精确到1mm。量取3处，取其平均值。

2. 厚度

测试目的：检测非织造布在一定应力作用下的厚度值。

设备：百分表测厚仪（精度：0.01mm，压脚直径10mm）。

操作步骤：用测厚仪在距离门幅边缘100mm以内的门幅内均匀测定5个点，各测定点应避开影响测量结果的疵点和折痕，并从厚度表上读出读数。结果以算术平均值表示，精确到0.01mm。

3. 单位面积克重

测试目的：测量样品的单位面积克重。

设备：万分之一天平。

操作步骤：用标准面积为100cm²的圆盘取样器在距离布边100mm以内的同一门幅中裁取5片试样，注意试样不能有纤维散失。对试样进行调湿处理，用天平上称取每片试样的质量，精确到0.01g。

结果计算：

$$P_A = \frac{m}{A} \times 10^4$$

式中　　P_A——单位面积质量，g/m^2；

　　　　m——试样质量，g；

　　　　A——试样面积，cm^2。

4. 表观密度

测试目的：测量样品的单位体积克重。

结果计算：取5个试样测试结果的算术平均值，精确到0.001g/cm^3。

$$P = \frac{m}{Ah} \times 10$$

式中　　P——表观密度，g/cm^3；

　　　　m——试样质量，g；

　　　　A——试样面积，cm^2；

　　　　h——试样的厚度，mm。

5. CV（离散系数）值

测试目的：测量样品的质量均匀程度。

设备：感量为 0.01g 的天平。

操作步骤：取 10cm×10cm 或 20cm×20cm 的正方形，或用圆盘取样器切样面积为 100cm²。取样数为 3～5 块，试样进行调湿处理，用感量为 0.01g 的天平进行称重。根据试样称重的算术平均值计算克重，精确到 0.01g。

结果计算：

$$CV = \frac{\sigma}{\overline{\chi}} \times 100\%$$

式中　CV——变异系数或离散系数；

　　　σ——试样的均方差；

　　　$\overline{\chi}$——试样的算术平均数。

$$\sigma = \sqrt{\frac{\sum_{i=1}^{n}(\chi_i - \overline{\chi})^2}{n-1}}$$

一般取样个数 $n>30$ 时，用 n 代替 $n-1$。

我国规定的测定单位面积质量的方法为 FZ/T60003—91。根据国际标准中 ISO9862 规定也可以测定非织造布的单位面积质量。切割试样不少于 10 块，每块为 100cm²，如果 100cm² 试样不能代表该无纺布时，应使用较大的试样尺寸。

6. 拉伸负荷及断裂伸长率

测试目的：检测规定尺寸的样品受外力作用至断裂时所能承受的最大负荷及此时伸长的情况。

设备：拉力机（速度 0～500mm/min，最大负荷 2500N，精度 1N）

操作步骤：沿经纬向各裁取 300mm×30mm（或 180mm×25mm）的试样三块。将试样的二端分别夹于电子拉力机的上下夹具上，设定拉伸速度为 100mm/min，选择试验状态为"拉伸负荷"，开启拉力机。当试样断裂，拉力机自动复位，复位速度 500mm/min。此时记录所显示的拉伸负荷（最大值）和断裂伸长率。

取三个试样的算术平均值（拉伸负荷精确到 1N，断裂伸长率精确到 1%）。

7. 撕裂负荷

测试目的：检测样品受外力作用撕开时织物所能承受的最大负荷。

设备：定速伸长型拉力机（自动记录仪）；冲样机；样品刀具。

测试方法：非织造布样品需进行调湿。在温度为 23℃±2℃，相对湿度 55%～75% 的状态下，放置 24 小时以上。（急需时，可缩短调湿时间）

每批样品取三点，分别为 A、M、B 三点。如图 3-50 所示，沿经纬向各裁取 100mm×25mm 的试样 3 片，从各试样短边的中央沿着平行于长边方向将试样剪开，剪开长度为 70mm。

将自动记录仪的上、下夹具的间隔调节为 40mm。将试验片二端分别装入上、下夹具内。以 100mm/min 的拉伸速度进行试验，记录试样撕裂的最大负荷。

以断裂时的最大负荷量表示撕裂拉伸负荷。用 A、M、B 三点试验片测量的值作撕裂拉伸负荷写入报告。数值精确至 1N。

注：试样大小也可取 150mm×30mm，从试样的长度中心线剪开 120mm。

8. 剥离强度检测方法

测试目的：检测样品和其他材料的黏合力程度

设备：电子拉力机（速度 0～500mm/min，最大负荷 500N，精度 1N）

测试方法 A：每批样品取三点，分别为 A、M、B 三点。如图 3-51 所示裁取试样 150mm×50mm。

将试样从中间一分为二，剥至 5cm 处。将拉力机的上下夹具调至 40mm 的位置。将试片剥开的两端分别装入上下夹具内。在机速为 100mm/min 的条件下进行测试。读出平均的负荷，作为剥离负荷，数据精确至 1N。

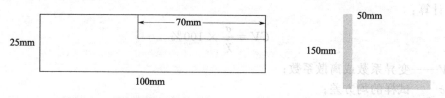

图 3-50　撕裂强度检测取样　　　　　图 3-51　剥离强度检测取样

测试方法 B：沿经（纬）向裁取 200mm×120mm 的试样二块。用适量的胶水涂于其中一块试样的表面，并与另一块试样表面粘贴在一起，然后用小锤敲打数次，使之能良好的黏合。测试试样要在开头一端留约 5cm 左右不要擦胶水。将粘合好的试样，置于 120℃±5℃ 鼓风恒温干燥箱，烘 20min 后，取出试样冷却至室温。将试样裁取成 150mm×30mm 的三组，然后对贴合处理后的试样进行手剥。将分开的两端分别夹在电子拉力机的夹具上，设定拉伸速度为 100mm/min，选择试验状态为"剥离负荷"，开启拉力机，同时观察试样剥离情况。当试样被完全剥离开时，电子拉力机自动复位，记录试样的剥离负荷（平均值）。以三个试样的平均值表示，精确至 1N。

第四章
纺织布

合成革所采用的底布目前主要有三大类：机织布、针织布、非织造布。作为普通合成革与人造革，除少量使用非织造布外，机织布与针织布是最常用的底布。具有功能性的复合织物也是合成革底布的一个重要发展方向。

第一节　常用纤维结构与性能

纤维是构成革基布的基本单元，纤维的性质决定了纺织布的性能。纺织纤维分天然纤维、人造纤维及合成纤维三种。目前革基布行业采用的纤维材料主要为黏胶、棉、涤纶、锦纶等，包括长丝、短纤、纱线等。

一、涤纶纤维

1. 化学结构

化学名称为聚对苯二甲酸乙二醇酯，涤纶是我国聚酯纤维的商品名称，简写为PET。由对苯二甲酸或对苯二甲酸二甲酯与乙二醇经酯化或酯交换和缩聚反应而制得的成纤高聚物，分子量约18000～25000之间。分子结构如下：

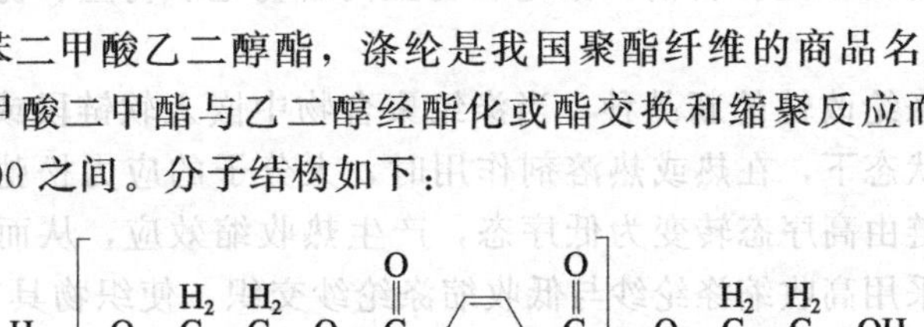

$$H \left[O - \overset{H_2}{C} - \overset{H_2}{C} - O - \overset{O}{\overset{\|}{C}} - \underset{}{\bigcirc} - \overset{O}{\overset{\|}{C}} \right]_n O - \overset{H_2}{C} - \overset{H_2}{C} - OH$$

涤纶分子中有不能内旋转的苯环，没有大的支链，所有苯环几乎处于一个平面上，分子链易于保持线型，因此大分子易于平行排列，因此涤纶的结晶度和取向性较高。

分子中的Ar—COO—结构刚性很大，涤纶大分子基本为刚性分子。而—CH₂CH₂—具有柔性，分子链易于折叠。分子中不含亲水基团，—COO—极性小，属于疏水性纤维。

2. 物理性能

涤纶是目前合成纤维中的最大类属，其产量居所有化学纤维之首。涤纶的品种有短纤维、拉伸丝、变形丝、装饰用长丝、工业用长丝以及各种差别化纤维。涤纶应用广泛，与其优良的性能有关。

① 高强度，高弹性。强度比棉花高1倍，比羊毛高3倍。对伸长、压缩、弯曲等形变的恢复能力与羊毛接近。耐冲击强度比锦纶高4倍，比黏胶纤维高20倍。

② 耐磨耐光。涤纶的耐磨性仅次于锦纶，耐光性仅次于腈纶。

③ 耐腐蚀，耐溶剂。对常用漂白剂次氯酸钠、亚氯酸钠、双氧水和还原剂如保险粉、二氧化硫脲的稳定性很高。对常规的烃类、酮类、石油产品稳定。

④ 易起毛起球，毛球不易脱落。易积聚电荷产生静电，吸附灰尘。

⑤ 涤纶的热稳定性优异，能在$-70\sim170℃$内使用。在$150℃$左右$1500h$也仅稍有变色，强度损失不超过50%。

⑥ 化学稳定性。涤纶分子中约含有46%酯基，酯基在高温时能发生水解、热裂解，遇碱则皂解，使聚合度降低。因此涤纶在酸中较稳定，但只能耐弱碱，常温下与浓碱或高温下与稀碱作用会使纤维破坏，酯基会发生水解反应使分子链断裂。

3. 应用与发展

革基布大量使用涤纶的原因有三点：价格低、性能优、品种多。在革基布加工中最常使用的有涤纶长丝和涤纶短纤两类，短纤一般用于非织造布加工或者混纺，而长丝主要用于针织布。常规涤纶也有缺陷，主要表现在其亲水性与染色性上。

① 亲水性。从涤纶分子组成来看，它是由短脂肪烃链、酯基、苯环、端醇羟基所构成。涤纶分子中除存在两个端醇羟基外，并无其它极性基团，因而涤纶纤维亲水性极差。在标准条件下的回潮率为0.4%～0.5%，相对湿度100%时的回潮率为0.6%～0.8%，因此干、湿状态下的纤维性能变化不大。

② 染色性。涤纶分子链上因无特定的染色基团，而且极性较小，所以染色较为困难，易染性较差，染料分子很难进入纤维内部，不能采用一般方法进行染色。现多采用分散性染料高温、高压染色，设备复杂，成本也高。

目前为改善涤纶的性能，采取了很多措施。如采用与其他组分共缩聚、与其他聚合物共熔纺丝及纺制复合纤维或异形纤维等改性途径来改善其染色性能。异形纤维可改变纤维的弹性，使纤维具有特殊的光泽与膨松性，并改善纤维的抱合性能与覆盖能力以及抗起球、减少静电等性能。

涤纶纤维面料的种类较多，除纯涤纶织品外，还有许多和各种纺织纤维混纺或交织的产品，弥补了纯涤纶织物的不足。目前，涤纶织物正向着仿毛、仿丝、仿麻、仿鹿皮等合成纤维天然化的方向发展。

高收缩涤纶也是涤纶改性的新品种，当涤纶聚合物中嵌入软链段或普通链段，处在低取向及结晶较弱的结构状态下，在热或热溶剂作用时，大分子的应力松弛，分子间次价键的结合力舒展，致使分子链由高序态转变为低序态，产生热收缩效应，从而使纤维具有较大的潜在收缩率。在织物中采用高收缩涤纶纱与低收缩涤纶纱交织，使织物具有凹凸感和立体花纹，两种不同收缩涤纶纱合股线可成为花色线。

二、锦纶纤维

1. 化学结构

锦纶是聚酰胺纤维的商品名称，又称尼龙，是分子主链上含有重复酰胺基团的热塑性树脂总称，简写为PA。锦纶品种很多，包括脂肪族PA，脂肪-芳香族PA和芳香族PA。常用的PA6是由己内酰胺缩聚或开环聚合得到的，其长链分子的化学结构式为：

$$H\left[\begin{array}{c} H \\ | \\ N-(CH_2)_5 \cdot C-OH \\ \quad\quad \| \\ \quad\quad O \end{array}\right]_n$$

脂肪族锦纶主链上有酰胺键（—CONH—），酰胺基之间有一定数量的亚甲基（—CH₂—），端基为氨基（—NH₂）和羧基（—COOH）。锦纶分子为平面锯齿状，亚氨基和羧基可以形成分子内氢键，也可与其他分子结合，形成较好的结晶结构。锦纶分子中的亚甲基之间因只能产生较弱的范德华力，所以亚甲基链段部分的分子链卷曲度较大。

2. 纤维性能

① 机械性能。锦纶大分子柔顺性好，分子间有一定量的氢键，拉伸后定向度和结晶度都比较高。断裂强度超过涤纶，比棉花高 1～2 倍、比羊毛高 4～5 倍，是黏胶纤维的 3 倍。

锦纶初始模量低，接近羊毛，比涤纶低很多，因此手感柔软，但在使用过程中容易变形。在所有纤维中，锦纶的回弹性最高，因此它的耐多次形变性也好，相同条件下比棉高 7～8 倍，比黏胶纤维高几十倍。高强度及低初始模量使锦纶成为最耐磨的纤维，比棉纤维高 10 倍，比羊毛高 20 倍。

② 耐热耐光性。锦纶耐热性较差，150℃下受热 5h，强度和延伸度显著下降，收缩率增加。在高温条件下，会发生各种氧化和裂解反应。锦纶耐光性也不佳，类似蚕丝。长时间日光照射，会引起大分子链断裂，强度下降，颜色泛黄。

③ 吸湿与染色性能。锦纶 6、锦纶 66 及其他脂肪族锦纶都由带有酰胺键（—NHCO—）的线型大分子组成。极性的酰胺基和非极性的亚甲基使锦纶具有较好的吸湿性，回潮率 3.5%～4.5%，在合成纤维中仅次于维纶。

锦纶分子链的两端分别含有羧基和氨基，分子链中含有大量酰胺基，这些基团的存在使得锦纶的可染性比较好，虽然不及天然纤维和再生纤维，但在合成纤维中是较容易染色的。一般使用酸性和中性染料染色。

④ 化学性质。锦纶最主要的表现是耐碱不耐酸。酰胺键使锦纶容易发生水解，而酸是水解催化剂，因此锦纶对酸是不稳定的，稀酸溶液中锦纶水解不严重，但对浓一点的无机酸很敏感。但锦纶在 10%氢氧化钠液中 100℃浸泡 128h，其强度下降不大。锦纶对常规氧化剂稳定性也不好，次氯酸钠和双氧水都能使聚酰胺大分子降解。

可以看出，锦纶具有高强度、回弹好、高耐磨、染色性好等优点，但也存在耐热耐光差，初始模量低等缺点，需要加以改进，以适应各种用途的需要。如异性截面纤维、双组分纤维、混纤丝、抗静电导电纤维等。

聚酰胺纤维按主要用途可分为衣料服装用、产业用和装饰地毯用三大方面。聚酰胺长丝可以纯织或经加弹蓬松等加工过程后作机织物、针织物和纬编织物等的原料。其短纤维与黏胶、羊毛、棉混纺可制成锦纶华达呢、锦纶凡立丁等织物。

三、 棉纤维

1. 基本结构

棉纤维属于天然纤维，是我国纺织工业的主要原料，它在纺织纤维中占很重要的地位。棉纤维由棉花种子上滋生的表皮细胞发育而成的，先生长变长（增长期），后沉积变厚至成熟（加厚期）的单细胞物质。

棉纤维的主要成分是纤维素，纤维素是天然高分子化合物，纤维素的化学结构式由 α 葡萄糖为基本结构单元重复构成，棉纤维的聚合度在 6000～11000 之间。

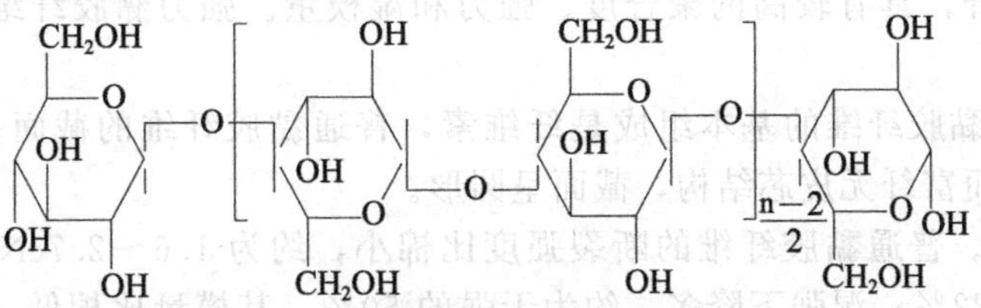

纤维素的分子结构

棉纤维为多层状带中腔结构，横断面由许多同心层组成，主要有初生层、次生层、中腔三个部分。稍端尖而封闭，中段较粗，尾端稍细而敞口，呈扁平带状，有天然的扭转，称"转曲"。截面常态腰圆形，中腔呈干瘪状。

按棉花的品种可分为细绒棉和长绒棉。

细绒棉：又称陆地棉。纤维线密度和长度中等，一般长度为 25～35mm，线密度为 2.12～1.56 dtex（4700～6400 公支）左右，强力在 4.5cN 左右。

长绒棉：又称海岛棉。纤维细而长，一般长度在 33mm 以上，线密度在 1.54～1.18dtex（6500～8500 公支）左右，强力在 4.5cN 以上。

2. 纤维性能

① 纤维的长度。主要取决于棉花的品种、生长条件和初加工。通常细绒棉的手扯长度平均为 23～33mm，长绒棉为 33～45mm。棉纤维的长度与纺纱工艺及纱线的质量关系十分密切。一般长度越长、长度整齐度越高、短绒越少，可纺的纱越细、条干越均匀、强度越高，且表面光洁、毛羽少；棉纤维长度越短，纺出纱的极限线密度越高。

② 线密度。是指棉纤维的粗细程度，是重要的品质指标之一，它与棉纤维的成熟程度、强力大小密切相关。棉纤维线密度还是决定纺纱特数与成纱品质的主要因素之一，并与织物手感、光泽等有关。纤维较细，则成纱强力高，纱线条干好，可纺较细的纱。

③ 强度和弹性。强度是纤维具有纺纱性能和使用价值的必要条件之一，纤维强度高，则成纱强度也高。棉纤维的断裂伸长率为 3%～7%，弹性较差。

④ 吸湿性。棉纤维是多孔性物质，且其纤维素大分子上存在许多亲水性基团，所以其吸湿性较好，回潮率可达 8.5% 左右。

⑤ 耐酸碱性。棉纤维主要组成物质是纤维素，所以它较耐碱而不耐酸。耐无机酸能力弱，使棉纤维强度变差。对碱的抵抗能力较大，但会引起横向膨化。可利用稀碱溶液对棉布进行"丝光"，制品表面会变得平整光亮且大大改善染色性能。

⑥ 耐光性、耐热性一般。在阳光与大气中棉布会缓慢的被氧化，使强力下降。长期高温作用会使棉布遭受破坏，但其可耐受 125～150℃短暂高温处理。

⑦ 卫生性。棉纤维主要成分是纤维素，还有少量的蜡状物质和含氮物与果胶质。与肌肤接触无任何刺激和副作用，久穿对人体有益无害，卫生性能良好。微生物对棉织物有破坏作用，表现在棉织物不耐霉菌。

四、 黏胶纤维

黏胶纤维（Viscose fiber）又称人造丝、冰丝、天丝。由天然纤维素经碱化而成碱纤维素，再与二硫化碳作用生成纤维素黄原酸酯，溶解于稀碱液内得到的黏稠溶液称黏胶，黏胶经湿法纺丝和一系列处理工序后即成黏胶纤维。

黏胶纤维有长丝和黏短纤之分，从性能上可分为普通黏胶纤维、高湿模量黏胶纤维，强力黏胶纤维和改性黏胶纤维。普通黏胶纤维具有一般的物理机械性能和化学性能，又分棉型、毛型和长丝型，俗称人造棉、人造毛和人造丝，可与棉毛混纺。高湿模量黏胶纤维在中国称富强纤维，简称富纤，具有较高的聚合度、强力和湿模量。强力黏胶纤维具有较高的强力和耐疲劳性能。

① 纤维结构。黏胶纤维的基本组成是纤维素，普通黏胶纤维的截面呈锯齿形皮芯结构，纵向平直有沟横。而富纤无皮芯结构，截面呈圆形。

② 强度和弹性。普通黏胶纤维的断裂强度比棉小，约为 1.6～2.7cN/dtex；断裂伸长率大于棉，为 16%～22%；湿强下降多，约为干强的 50%。其模量比棉低，在小负荷下容易变形，而弹性回复性能差，因此织物容易伸长，尺寸稳定性差。富纤的强度特别是湿强比普通

黏胶高，断裂伸长率较小，尺寸稳定性良好。普通黏胶的耐磨性较差，而富纤则有所改善。

③ 吸湿性。具有良好的吸湿性，回潮率在13％左右。在12种主要纺织纤维中，黏胶纤维的含湿率最符合人体皮肤的生理要求，具有光滑凉爽、透气、抗静电等特性。但吸湿后显著膨胀，直径增加可达50％，所以织物下水后手感发硬，收缩率大。

④ 耐酸碱性。黏胶纤维的化学组成与棉相似，所以较耐碱而不耐酸，但耐碱耐酸性均较棉差。富纤则具有良好的耐碱耐酸性。

⑤ 染色性。黏胶纤维的染色性与棉相似，染色绚丽，色谱全，染色性能良好。热学性质也与棉相似。

黏胶纤维是最早投入工业化生产的化学纤维之一。由于吸湿性好，穿着舒适，可纺性优良，常与棉、毛或各种合成纤维混纺、交织、用于各类服装及装饰用纺织品。

黏胶纤维的缺点是湿模量较低，缩水率较高而且容易变形，弹性和耐磨性较差。纤维素的大分子的羟基易于发生多种化学反应，因此，可通过接枝等方法，对黏胶纤维进行改性，提高黏胶纤维性能，并生产出各种再生纤维素纤维如 Lyocell 纤维。

Lyocell 纤维是用干湿法纺制的再生纤维素纤维。具有完整的圆形截面和光滑的表面结构，具有较高的聚合度。既具有纤维素的优点，如吸湿性、抗静电性和染色性，又具有普通合成纤维的强力和韧性，其干强与普通聚酯纤维相近，湿强仅比干强低15％左右。该纤维生产时不污染环境，自身可生物降解，故可称为"绿色纤维"。

其他以纤维素为基础的还有铜氨纤维和醋酯纤维。醋酯纤维是将纤维素浆粕，主要是棉浆粕溶解在氢氧化铜或碱性铜盐的浓铜氨溶液内，制成铜氨纤维素纺丝溶液，在水或稀碱溶液的凝固浴中（湿法）纺丝成型。醋酯纤维以纤维素浆粕为原料，利用醋酸酐对羟基的作用使羟基被醋酸酐的乙酰基型置换生成纤维素酯，经干法或湿法纺丝制成。

五、 其他纤维

1. 腈纶

腈纶是聚丙烯腈纤维在我国的商品名。它是由85％以上的丙烯氰和其它第二、第三单体共聚的高分子聚合物纺制的合成纤维。结构式：

$$\left[\begin{matrix} H_2 & H \\ C & C \\ | & | \\ & CN \end{matrix}\right]_n$$

腈纶具有许多优良性能，如手感柔软、弹性好，有"合成羊毛"之称。腈纶的强度一般，不及涤纶和锦纶，但比羊毛高1～2.5倍。弹性较好，仅次于涤纶，有较好的保形性。耐光性是所有合成纤维中最好的，露天暴晒一年强度仅下降20％。染色性较好。腈纶耐酸、氧化剂和一般有机溶剂，但不耐碱。

腈纶织物最大的特点是颜色鲜艳明亮，手感柔软蓬松。一般与聚丙烯腈纤维加工的膨体毛条可以纯纺，或与黏胶纤维、羊毛混纺，得到各种规格的中粗绒线和细绒线"开司米"。

2. 丙纶

丙纶是聚丙烯纤维的商品名称。是以丙烯聚合得到的等规聚丙烯为原料纺制而成的合成纤维，品种较多，有长丝、短纤维、膜裂纤维、鬃丝和扁丝等。

$$\left[\begin{matrix} H_2 & H \\ C & C \\ | & | \\ & CH_3 \end{matrix}\right]_n$$

丙纶是所有合成纤维总相对密度最小的品种。强度与涤纶、锦纶相近，但在湿态时强度不变化。耐平磨性仅次于锦纶，但耐曲磨性稍差。耐腐蚀性：对无机酸、碱有显著的稳定性。丙纶的吸湿性极小，织品缩水率小。

丙纶的最大优点是低成本、强度较高，耐化学腐蚀性好。但丙纶的耐热性、耐光性、染色性较差。丙纶一般与多种纤维混纺制成不同类型的混纺织物。

3. 维纶

维纶又称维尼纶，是聚乙烯醇纤维的中国商品名。主要成分是聚乙烯醇，其性能接近棉花，有"合成棉花"之称。

$$\left[\begin{array}{c} H_2 \quad H \\ -C-C- \\ \quad\quad OH \end{array} \right]_n$$

维纶是合成纤维中吸湿性最大的品种，吸湿率为 4.5％ ～ 5％，接近于棉花（8％）。强度稍高于棉花，比羊毛高很多。维纶的化学稳定性好，耐腐蚀和耐光性好，耐碱性能强。维纶长期放在海水或土壤中均难以降解，但维纶的耐热水性能较差，弹性较差，染色性能也较差，颜色暗淡，易于起毛、起球。纤维综合性能不如涤纶、锦纶和腈纶。

六、 新型纤维

进入 21 世纪，化学纤维无论在产量还是品种方面都占优势，但目前生产的常规品种除发展中国家外不会有太大增长，随着科学技术的发展，功能性纤维越来越丰富，人们的要求也越来越高，人们不仅要求单项功能的纤维，更要求同时具有多项功能的纤维，而仿生化、功能化、高性能化纤维将是今后发展的方向。主要的方法与手段如下：

① 物理改性。是指采用改变纤维高分子材料的物理结构使纤维性质发生变化的方法。目前物理改性的主要内容包括改进聚合与纺丝条件。

② 化学改性。是指通过改变纤维原来的化学结构来达到改性目的的方法。改性方法包括共聚、接枝、交联、溶蚀、电镀等。

③ 表面物理化学改性。是指如采用高能射线（γ 射线、β 射线）、强紫外辐射和低温等离子体对纤维进行表面蚀刻、活化、接枝、交联、涂覆等改性处理，是典型的清洁化加工方法。

高功能纤维一般都是应用高分子化合物改性、特殊异形截面化、超细纤维化、混纤化、表面处理等纤维制造高技术制得的。高功能纤维品种繁多，目前主要的改性品种有以下几类。

① 变形丝。改变合成纤维卷曲形态，即仿造羊毛的卷曲特征来改善纤维性能的方法。

② 异形纤维。异形纤维是指纤维截面形状不是实心圆形的纤维。目的是改善合成纤维的手感、光泽、抗起毛起球性、蓬松性等特性。

③ 复合纤维。是将两种或两种以上的高聚物或性能不同的同种聚合物通过一个喷丝孔纺成的纤维。通过复合，在纤维同一截面上可以复合不同结构性能的纤维。

④ 超细纤维。是指仿制麂皮织物用的细度小于 0.9dtex 的纤维，一般细度为 0.01～0.5dtex 的纤维。

⑤ 高收缩纤维。是指纤维在热或热湿作用下的长度有规律弯曲收缩或复合收缩的纤维。一般高收缩纤维在热处理时的收缩率在 20％～50％，而一般纤维的沸水收缩率小于 5％（长丝＜9％）。

⑥ 易染色纤维。是指可用不同染料染色，且色泽鲜艳、色谱齐全、色调均匀、色牢度好、染色条件温和（常温、无载体）等。

⑦ 吸水吸湿纤维。是指具有吸收水分并将水分向临近纤维输送能力的纤维。

⑧ 混纤丝是指由几何形态或物理性能不同的单丝组成的复丝。混纤丝的目的在于提高合成纤维的自然感。

第二节 机织布

一、机织布定义与分类

机织布也就是我们常说的梭织布。是由两条或两组以上、相互垂直排列的两个系统的纱线，在织机上按一定规律交织而成的制品，称之为机织布（梭织布）。可分为平纹织物、斜纹织物、缎纹织物和起毛织物四大类。机织布所使用的原料主要有纯棉、涤棉及涤黏混纺纱，织物具有良好的尺寸稳定性，在聚氨酯人造革加工中用量最大，主要用于鞋革、装饰用革、服装革及箱包革等。

按组成机织物的纤维种类分为纯纺织物、混纺织物和交织织物。

① 纯纺织物：指经纬用同种纤维纯纺纱线织成的织物，织物的性能主要体现了纤维的特点。如纯棉织物的经纬纱都是棉纱，黏胶纤维织物的经纬纱都是黏胶纤维纱线。

② 混纺织物：指两种或两种以上不同品种的纤维混纺的纱线织成的织物，如涤黏混纺、涤棉、毛涤等，最大特征是在纺纱过程（开清棉工序）中将纤维混合在一起。

③ 交织织物：指经纬向使用不同纤维的纱线或长丝织成的织物。如经向用锦纶长丝、纬向用黏胶的锦黏交织面料，尼龙和人造棉交织的尼富纺等。

按组成机织物的纤维长度和细度划分，可分为棉型织物、中长型织物、毛型织物与长丝型织物。

① 棉型织物：棉纤维的长度在 30mm 左右，在这个长度的纤维构成的纱线为棉型纱线，为了与棉纤维混纺，化纤要切成这个长度，用这种纱线构成的织物为棉型织物

② 毛型织物：羊毛的长度大概在 75mm 左右，在这个长度的纤维构成的纱线为毛型纱线，为了与毛纤维混纺，化纤要切成这个长度，用这种纱线构成的织物为毛型织物。

③ 中长型织物：介于棉型与毛型长度之间的纤维，称做中长纤维，构成的纱线叫做中长纤维纱线，用这种纱线构成的织物为中长型织物。

④ 长丝型织物：用长丝织成的织物，如人造丝织物、涤纶丝织物。

二、机织布的结构

1. 基本结构

机织布结构见图 4-1，在织物中经纱和纬纱相互交错或彼此沉浮的规律叫做织物组织。织物组织决定织物的结构、外观风格、光泽特征、柔软变形能力等。织物组织变化时，织物结构、外观风格和物理机械性能也会随之改变。

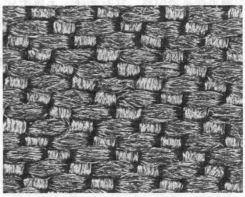

图 4-1　机织布结构

机织布基本组织分为平纹、斜纹、缎纹三种，又称三原组织。以三原组织为基础加以变化或联合使用几种组织，可以得到各种各样的组织结构。如能形成小花纹外观的组织、使织物增厚的组织、通过后整理可以起绒的组织、能织出毛圈的组织、能形成孔眼的组织等。

2. 三原组织

（1）平纹组织　由经纱和纬纱一上一下相间交织而成的组织称为平纹组织。

① 平纹组织特点。平纹组织是所有织物组织中最简单的一种。平纹组织在一个组织循环中，共有两根经纱和两根纬纱进行交织。共有组织点4个，其中经组织点两个，纬组织点两个。在组织循环中，经组织点数等于纬组织点数，织物正反面的组织没有差异，属同面组织。

② 平纹组织的分式表示：1/1，分子表示经组织点，分母表示纬组织点。习惯称平纹组织为一上一下组织。

③ 平纹组织的应用。平纹组织的经纬纱每间隔一根纱线就进行一次交织，纱线在织物中的交织最频繁，屈曲最多，能使织物挺括、坚牢，在织物中应用最为广泛。如细布、平布、府绸、帆布、法兰绒、人造棉平布、涤棉细纺、塔夫绸等。

（2）斜纹组织　经组织点（或纬组织点）连续成斜线的组织称为斜纹组织。

① 斜纹组织的特点。在织物表面上表现为由经（或纬）浮长线构成的斜向纹路。构成斜纹的一个组织循环至少要有三根经纱和三根纬纱。斜纹织物的斜纹线倾斜角度随着经纬密度的比值而变化，当经纬纱线密度相等时，提高经纱密度，则斜纹线倾斜角度变大。

斜纹组织与平纹组织相比具有较大的经（纬）浮长，在纱线线密度和织物密度相同的情况下，斜纹织物的坚牢度不如平纹织物，但手感相对较柔软。配置较大的经纬密度方能得到结构紧密的织物，因此斜纹织物的密度一般比平纹织物大。

② 斜纹组织的分式表示。分子表示组织循环中每根纱线上的经组织点数，分母表示在组织循环中每根纱线上的纬组织点数，分子分母之和等于组织循环纱线数。普通的有3种：2/1，3/1，2/2，几上几下是指经纱的沉浮。如3/1是指经纱浮在3根纬纱上面，再沉到一根纬纱下面，然后再浮到3根纬纱上面。斜纹的斜向有右斜和左斜之分。一般斜纹组织用分式并附以斜向箭头表示。

斜纹组织分经面斜纹与纬面斜纹。当分子大于分母时，组织图中的经组织点占多数，称为经面斜纹。当分子小于分母时，组织图中纬组织点占多数，称之为纬面斜纹。

③ 斜纹组织的应用。一般多为经面斜纹。如牛仔布、卡其、里子绸等。

（3）缎纹组织　单独的、互不连续的经组织点（或纬组织点）在组织循环中有规律的均匀分布，这样的组织称为缎纹组织。

缎纹组织是原组织中最复杂的一种组织。缎纹组织的相邻两根经纱上的单独组织点相距较远，单独组织点被其两侧的经（或纬）浮长线所遮盖，织物表面都呈现经（或纬）浮长线，因此织物表面平滑匀整，富有光泽，手感柔软、润滑。

① 缎纹组织的分式表示。分子表示组织循环纱线数 R，分母表示飞数 S。如5/2表示五枚二飞纬面缎纹。常用的缎纹组织循环纱线数为5、8、12、16等。缎纹组织循环 R 不能太大，在其他条件不变的情况下，组织循环纱线数越大，织物表面纱线浮长越长，织物越柔软、平滑和光亮，织物越松软，但其坚牢度则越低。

② 缎纹组织的应用：缎条府绸、直贡呢、横贡呢、驼丝锦、素缎等。

3. 复杂变化

（1）变化组织

① 平纹变化组织。是在平纹组织的基础上变化而来。

② 斜纹变化组织。是在短距离中改变斜纹纹路方向便可得到山形斜纹。如人字呢、大衣呢、女式呢等常采用山形斜纹。还有破斜纹、急斜纹、缓斜纹、锯齿斜纹、菱形斜纹、曲线

斜纹、芦席斜纹等常见的组织。

③ 缎纹变化组织。是以原组织中的缎纹组织为基础，采用增加经（或纬）组织点、变化组织点飞数或延长组织点的方法构成的。刮绒织物、缎背华达呢织物常采用缎纹变化组织。

（2）联合组织 联合组织是指将两种或两种以上的原组织或变化组织，按各种不同的方法联合而形成的新组织。联合组织的形成方法，可以是两种组织的简单并合，也可以是两种纱线交互排列，也可以是在一种组织上按另一组织的规律增加或减少组织点等等。

联合组织中的条格组织是用两种或两种以上的组织并列配置而获得。由于各种不同的组织，其织物外观不同，因此，将它们并列后便在织物表面形成了清晰的条或格的外观。联合组织中除了条格组织外，还有绉组织、透孔组织、蜂巢组织、凸条组织、网目组织和平纹地小提花组织等。如方格、灯芯条、人字斜、缎条等。

（3）复杂组织 复杂组织是由一个系统的经纱与两个系统的纬纱，或两个系统的经纱与一个系统的纬纱，或两个及两个以上系统的经纱与两个及两个以上系统的纬纱交织而成。采用这种组织织制的织物，厚实、致密，或改善织物的耐磨性及坚牢度，或使织物表面起毛，或满足某种特殊要求。如绒类产品的灯芯绒、干绒、拷花呢。

三、 机织布应用

机织布是目前聚氨酯人造皮革加工中用量最大的品种，广泛用于鞋革、装饰用革、服装革及箱包革等。机织布可以直接作为革基布使用，也可以进行进一步的加工，如轧光、拉毛、起绒、柔软整理、染色等。单面拉毛（图 4-2）或磨绒（图 4-3）是革基布最常使用的手段。

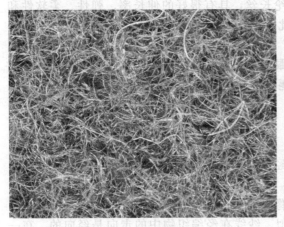 

图 4-2　机织布拉毛　　　　　　　　　　　　图 4-3　机织布磨绒

① 机织布生产速度快，工艺性能好，能大批量生产。

② 机织布具有良好的结构稳定性，一般不出现弛垂现象。使用过程中，不论纵向还是横向，形变很少，能保持很好的张力和运行稳定性。

③ 表面平整度高，立面漂亮，边中差少，便于干、湿法涂层加工。

④ 机织布布面有经向和纬向之分。当织物的经纬向原料、纱支和密度不同时，织物呈现各向异性，不同的交织规律及后整理条件可形成不同的外观风格。

⑤ 机织布适用于各种印染整理方法，一般来说，印花及提花图案比针织物、编结物和毡类织物更为精细。

机织布在合成革使用过程中也有缺点，如布两侧有明显的边组织，易松散，加工中操作不当易产生脱边现象。在后整理不当时会造成经纬歪斜。机织布的弹性不如针织布，不适于对拉伸弹性要求高的品种。拉毛厚度与拉毛效果不及针织物，不适于做加厚合成革产品及绒面革。

第三节　针织布

一、针织布概述

针织布是利用织针将纱线弯曲成圈并相互串套而形成的织物。针织面料不是由经纱和纬纱相互垂直而成的，而是纱线单独地构成线圈，再经线圈串套而成的。可分为经编针织布和纬编针织布两大类。有以下特点。

① 拉伸性与弹性。针织面料内同一根纱线形成横向或纵向的联系，在受外力拉伸时，有尺寸改变的特性。当引起针织面料变形的外力去除后，针织面料恢复原来形状的能力为弹性。

② 脱散性。针织面料的纱线断裂造成线圈失去串套连接能力，使线圈与线圈发生分离导致脱散。

③ 透气性。针织面料的线圈结构形成很多空隙能够保存较多的空气。因而保暖性、透气性、吸湿性都比较优良。

④ 卷边性。针织面料因边缘线圈内应力的消失而造成的边缘织物包卷现象。纱线越粗，弹性越好，线圈长度越短，面料的卷边性也越明显。双面针织物则基本上不存在卷边问题。

⑤ 舒适性。针织物结构中存在较大的空隙，有较大的变形能力，具有伸缩性好、柔软性好，吸湿透气性好等特点，针织面料的外形可自内变化，能做成机织面料所达不到的各种形状。

针织布的原料多采用棉、黏胶、涤纶及锦纶长丝，具有很好的伸长率、弹性、柔软性和保持制品形状的能力，抗弯曲变形能力好，因此常用在人造合成革基布中。主要用于衣料革、手套、鞋里、汽车坐垫和沙发包皮等。

常用的有针织汗布、棉毛布、罗纹布、网眼布、摇粒绒、毛圈布、拉绒布、割绒布、人造毛皮、经编平纹织物、经编网眼织物、经编麂皮绒、经编起绒织物、经编毛圈织物等。

二、经编针织布

1. 经编布定义与特点

经编是用一组或几组平行排列的纱线，于经向喂入机器的所有工作针上，同时成圈而形成针织物。

经编纱线在经编织物中是经向编织的，就像机织物的经纱一样，由经轴供纱，经轴上卷绕有大量平行排列的纱线，与机织中的经轴类似。纱线在经编织物中的走向是经向的。在一

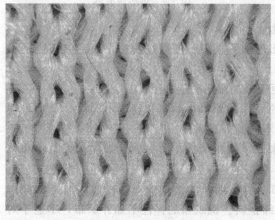

个横列中形成一个竖直的线圈，然后斜向移动到另一纵行，在下一个横列中形成另一个线圈。纱线在织物中沿长度方向从一边到另一边呈"之"字形前进，一个横列中每一个线圈都是由不同的纱线编制而成的。经编用多根纱线同时沿布面的纵向（经向）顺序成圈。经编织物用一根纱线是无法形成织物的，一根纱线只能形成一根线圈构成的链状物。经编布结构见图 4-4。

图 4-4　经编布结构

经编针织布一般延伸性比较小，纵尺寸稳定性好，质地较柔软，脱散性小，不会卷边，具有一定的延伸性、弹性和挺括性，具有良好

的悬垂性和透气性。但其横向延伸、弹性和柔软性不如纬编针织物。

经编针织面料以合成纤维长丝为主，如涤纶、锦纶、维纶、丙纶等，也有用棉、毛、丝、麻、化纤及其混纺纱作原料织制的。

经编针织面料有单面和双面之分，单面的正反面分别显露线圈主干和延展线。双面的经编针织面料为双正面织物，在织物两面均显露线圈主干。经编的正反面纹路是垂直的。

2. 经编织物结构与种类

经编织物按结构一般分为基本组织、变化组织和花色组织三类。

基本组织是一切经编组织的基础，包括经平、经链、经缎和重经。基本组织为单梳组织，很少单独使用，但它是构成多梳经编组织的基础。

变化组织是由两个或以上基本组织纵行相间配置而成，有变化经平（经绒、经斜等）、变化经缎、变化重经、双罗纹经平等。

花色组织指在基本组织和变化组织的基础上，通过改变线圈结构、附加纱线等手段，形成显著花色效果和性能的组织结构。

经编布主要有两大类产品：Raschel 织物，主要特征是花形较大，布面粗疏，孔眼多，主要做装饰织物；tricol 织物，布面细密，花色少，但是产量高，主要做包覆织物和印花布，这类织物多用于化纤长丝。

经编面料种类繁多，从织物效果上可分为色素和花色两种，素色的经编针织面料为平纹、单色织物；花式的具有花纹图案效应、闪色效应、凹凸效应、网孔效应、毛圈效应和毛绒效应等。常见的种类有。

① 涤纶经编面料。是用相同旦数的低弹涤纶丝织制，或以不同旦数的低弹丝作原料交织而成。常用的为经平组织与经绒组织相结合的经平绒组织，再经染色加工而成。

② 起绒织物。以涤纶丝或粘胶丝等合纤作原料，编链组织与变化经绒组织相间，有一定延展性的单面织物。再由起毛机将延展线纤维拉断，进行起绒整理。

③ 经编网眼织物。以合成纤维、再生纤维、天然纤维为原料，采用变化经平组织等织制，在织物表面形成方形、圆形、菱形、六角形、柱条形、波纹形的孔眼。孔眼大小、分布密度、分布状态可根据需要而定。

④ 经编丝绒织物。以再生纤维或合成纤维和天然纤维作底布用纱，以腈纶等作毛绒纱，采用拉舍尔经编织成由底布与毛绒纱构成的双层织物，再经割绒机割绒后，成为两片单层丝绒。按绒面状况，可分为平绒、条绒、色织绒等。

⑤ 经编毛圈织物。以合成纤维作地纱，棉纱或棉、合纤混纺纱作衬纬纱，以天然纤维、再生纤维、合成纤维作毛圈纱，采用毛圈组织织制的单面或双面毛圈织物。

⑥ 经编提花织物。经编提花织物常以天然纤维、合成纤维为原料，在经编针织机上织制的提花织物。织物经染色、整理加工后，花纹清晰，有立体感，手感挺括，花型多变，悬垂性好。

3. 常用经编革基布

（1）经编绒类面料　根据起绒方法可分为起圈织物、拉绒织物、毛圈剪绒织物、磨绒织物等。代表性产品为经编单面绒，起绒面可作为正面使用，也可作为背面使用。

单面绒（图 4-5～图 4-7）是合成革基布中使用非常多的品种。经编单面绒可在光滑背进行湿法涂层或干法工艺，利用起绒面作为背面。起绒结构提高了基布厚度，使基布具有了以纤维为基础的手感，也赋予基布良好的弹性和加工性能，消除了纺织品的编织纹理。

单面绒也可利用起绒面作为加工正面，通过浸渍、辊涂、磨皮等工艺，得到纤维与聚氨酯复合的单绒面产品，用于鞋里、包装等。单面绒湿法和绒面基布分别见图 4-8 和图 4-9。

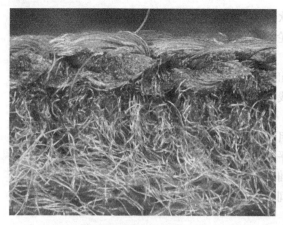

图 4-5 单面绒断面

图 4-6 单面绒背面

图 4-7 单面绒起绒面

图 4-8 单面绒湿法基布

（2）经编麂皮绒 经编麂皮绒（图 4-10）是一种绒面短密，绒毛纤细的超细纤维制品。利用纯天然纤维或与超细纤维交织布，经减量、多次起毛、剪毛等加工使织物表面形成顺向性的平整毛羽及光泽。

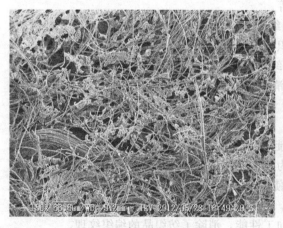

图 4-9 单面绒绒面基布

图 4-10 经编麂皮绒

经编麂皮绒的织造有底丝和面丝。编织需要紧密的地组织结构，纤维要求单丝较粗，有很明显的"筋"，平行排列，垂直于门幅，地组织采用高收缩纤维效果更佳。织物绒面要求选用单丝纤度较细的纤维，通常采用海岛丝 FDY75D/36F *37 岛为原料编织而成。仿麂皮织物表面的绒毛根数越多，纤度越细，织物外观仿真感越强。

麂皮绒的后整理是关键。经编麂皮绒面料整理的一般工艺流程为：白坯→初定型→起毛→剪毛→开纤→染色→热定型→磨毛→成品检验。后整理方面可以烫金、压花、打孔、印花等。

由于是由超细纤维构成，因此纤维浓密柔软，类似于麂皮。厚重、绒感强是它的主要特点。经编麂皮绒的编织密度较大，后处理后纤维柔顺爽滑，有良好的悬垂性。经编麂皮绒一般都是单面产品，常用作高档服装革。

（3）不倒绒 不倒绒面料是经编丝绒织物，在不带毛圈梳的普通高速经编机上，利用前梳作较长的针背垫纱运动，使织物表面产生较长的延展线，利用氨纶原料的弹性回复力，使其表面形成毛圈，在整理时将长延展线割断，以形成丝绒表面。

不倒绒是经编弹力丝绒的一种类型。这种绒毛织物类似立绒织物，织物光泽极好，富有弹性，手感柔软。

（4）仿棉绒 仿棉绒（imitation cotton velvet）属于涤纶绒类织物，主要用 50D、68D、75D 等 FDY 以及 75D 等 DTY 涤纶低弹丝织造而成。纤维蓬松低绅缩，仿棉绒的毛是从弹丝中拉出来的，成一卷一卷，绒短而密，绒面柔软，可塑性强，手感近于纯棉制品。

常用的仿棉绒厚度 0.65mm，主要用作鞋和包带革基布，适用于湿法、印花、烫金、压花、复合、涂层等用途。

三、 纬编针织布

1. 纬编布定义与特点

以一根或若干根纱线同时沿着织物的横向，循序地由织针形成线圈，并在纵向相互串套成为纬编针织物。纬编布的结构见图 4-11。

纬编机将纱线从机器的一边到另一边做横向往复运动（或圆周运动），纬向运行的纱线逐段上下弯曲形成线圈，依次穿入上一纱线形成的线圈，配合织针运动就可以形成新的针织线圈。纬编针织物纱线走的是横向，织物的形成是通过织针在横列方向上编织出一横列一横列的上下彼此联结的线圈横列所形成的。一横列的所有线圈都是由一根纱线编织而成的。

纬编针织面料常以低弹涤纶丝或异型涤纶丝、锦纶丝、棉纱、毛纱等为原料，采用平针

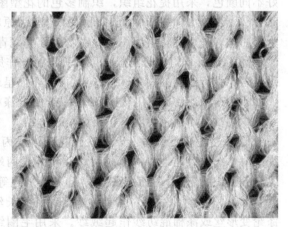

图 4-11 纬编布结构

组织，变化平针组织，罗纹平针组织，双罗纹平针组织、提花组织，毛圈组织等，在各种纬编机上编织而成。纬编针织品最少可以用一根纱线就可以形成，但是为了提高生产效率，一般采用多根纱线进行编织，大圆机旋转一周可以织入数十根纱线。

纬编针织物的品种较多，一般有良好的弹性和延伸性，织物柔软，坚牢耐皱，毛型感较强，且易洗快干。不过它的吸湿性差，织物不够挺括，且易于脱散、卷边，化纤面料易于起毛、起球、钩丝。纬编可分为单面和双面两类。纬编的正反面纹路是一致的。所有的纬编织物都可以逆编织方向脱散成线。

2. 纬编织物组织

纬编布基本组织由线圈以最简单的方式组合而成，包括平针组织、罗纹组织和双反面组织。

① 平针组织是由连续的单元线圈相互串套而成；

② 罗纹组织是由正面线圈纵行和反面线圈纵行以一定组合相间配置而成；

③ 双反面组织是由正面线圈横列和反面线圈横列相互交替配置而成。

两个或以上基本组织复合后构成变化组织，以改变原来组织的结构与性能，主要变化组织有变化平针组织、双罗纹组织等。变化平针组织由两个平针组织纵行相间配置而成。使用两种色纱则可形成两色纵条纹织物，色条纹的宽度则视两平针线圈纵行相间数的多少而异。双罗纹组织是由两个罗纹组织彼此复合而成的，即在一个罗纹组织线圈纵行之间配置另一个罗纹组织。

还可采取改变成圈阶段、引入附件纱线、组织复合等方法，形成显著花色效应和性能的花色组织。

单面提花组织：由两根或两根以上的不同颜色的纱线相间排列形成一个横列的组织。

双面集圈组织：在罗纹组织和双罗纹组织的基础上进行集圈编织而成。

衬纬组织：在基本组织或变化组织基础上，沿纬向衬入一根辅助纱线而形成的组织。

长毛绒组织：在编织过程中用纤维或毛纱同地纱一起喂入编织成圈，纤维以绒毛状附在织物表面。

复合组织：由两种或两种以上的组织复合而成。如罗纹复合组织是根据花纹的需要，由正反面线圈纵行排列而成，正反面线圈纵行排列不同，组成织物的风格也不同。

3. 纬编产品种类

纬编织物种类很多，通常分为纬编平素织物、纬编色织物、纬编绒织物、纬编多层织物等几大类，主要有以下产品。

① 涤纶色织针织面料：涤纶色织针织面料是以染色低弹涤纶丝为原料，按设计要求配置好不同颜色，采用提花组织，织制多色的花型图案。

② 涤纶针织牛仔布：是以低弹涤纶丝为原料，其中一根较粗的染成藏青色，一根较细的为本白丝，采用提花组织织制，织物表面在藏青色中夹有均匀细小的本色色点。

③ 涤纶针织灯芯条面料：以低弹涤纶丝作原料，采用变化双罗纹组织织制的。在编织时，每隔若干纵行线圈抽去 1~2 针，从而使布面呈现阔狭不等、凹凸不平的直向条纹。

④ 涤盖棉针织面料：是一种双罗纹复合涤棉交织物。它采用涤纶纱织制织物正面，棉纱织制织物反面，通过集圈将正反面加以连结。

⑤ 人造毛皮针织物：以棉纱、黏胶纱或丙纶纱作底布用纱，以腈纶或变性腈纶作绒毛，编织时将纤维束与地纱一起成圈，并使纤维两端露在织物的表面，在编织后于织物反面涂布黏合剂使织物定形，然后经梳毛、印花、剪毛等后整理加工后得到人造毛皮。

⑥ 天鹅绒针织面料：用棉纱、涤纶锦纶长丝、涤棉混纺纱等作地纱，以棉纱、涤纶长丝、涤纶变形丝或涤棉混纺纱作起绒纱。采用毛圈组织在长毛绒针织机上织地纱形成地组织，绒纱形成毛圈，再经割圈而形成织物表面的绒毛，再经剪、烫毛后整理而成。

4. 纬编革基布

纬编布弹性好，起绒后的强度较高，常用于绒面、包装、服装、手套等革基布。常用纬编革基布主要有以下几种。

① 纬编起毛布（图 4-12）。纬编起毛产品包括单面绒和双面绒两类。由合纤类高弹或低弹丝编织为纬编底布，再通过拉毛机进行拉绒后制成。由于毛是从长丝中拉出来的，单纤维方向比较一致，所以拉毛较少时有露底现象。

采用不同的纤维编织或改变编织方法，拉毛机上下针布采用不同形式和不同角度的拉毛钢针，都可以做出不同密度和效果的绒感。起绒纬编底布要求有一定的编织密度，否则拉毛后会有空松的感觉。另外要注意拉毛时的边中差的控制。

　　纬编双面绒可以做较高的厚度和细密的绒感，目前在水性绒面革中使用较多，经过辊涂含浸、磨皮、整理等工序，具有绒感与皮感兼备、保型好、强度大等特点，是良好的绒面鞋革生态用材。

　　② 纬编弹力布。纬编布具有良好的弹性。弹性来源于针织物的组织结构和原料具有的弹性，以及面料的后处理技术。除常规弹力布外，最具代表性的是四面弹（图4-13），即经纬双向弹力织物。目前有涤纶四面弹、锦纶四面弹、涤氨四面弹、锦氨四面弹等很多品种。

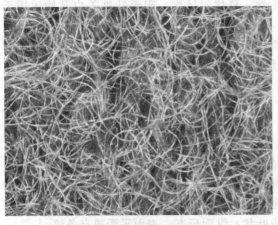

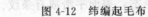

图4-12　纬编起毛布

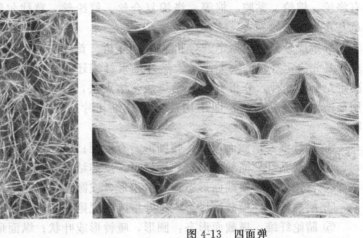

图4-13　四面弹

　　纬编四面弹采用针织大圆机织造。由于纬向经向都具有弹力，弹力均匀且垂感好，适合做女装、沙发套、手套，服装等，尤其是在户外用品方面具有优势。表布与薄膜复合后有很好的伸缩弹性，柔软、舒适、耐磨、透气，可以让穿着的人移动或伸展更舒适自在。

　　以前使用四面弹做革基布时都要加衬布，以消除其弹力在加工中的影响。目前由于设备的改进，四面弹可以在设备中直接通过，提高了其应用范围。

　　③ 纬编麂皮绒。市场上比较多的是经编麂皮绒和梭织麂皮绒，纬编麂皮绒是新兴的产品。由于纬编没有面地之分，是单一的海岛丝织造出来，因此较其他麂皮绒品种，纬编麂皮绒的弹力好，手感柔软是其主要优点。

　　纬编麂皮绒的原料主要是海岛丝。一般用于纬编麂皮绒的规格为105D或160D。海岛丝通过大圆机织造以后形成麂皮绒坯布，在经减量、染色、剪毛、磨绒等多道工序的处理，最后形成多毛感，有弹性的纬编麂皮绒（图4-14）。

　　纬编麂皮绒通常以单面绒为主，除了绒面产品外，还可以进行贴面、烫金、印刷、压花等工艺，最适合的产品是服装革，尤其是休闲服、夹克、女裙。纬编麂皮绒由于是涤纶超纤，所以色牢度普遍不高，毛感弹性和克重都很难控制。

图4-14　纬编麂皮绒表面

第四节　纺织布性能

　　织物的外观特征、内在性质既取决于纤维和纱线的性质，又取决于织物中纱线（或纤维）

的排列状态及其相互间的作用。机织布的构成要素很多，包括纤维成分、几何因素、组织结构、密度等。这些因素直接影响合成革的品质与性能，是合成革产品稳定性与新产品开发的基础。

一、 纤维成分

纤维成分是革基布首先要了解的因素，一般厂家都有明确标注。合成革基布常用的纤维有涤纶、锦纶、黏胶、棉等。涤锦复合丝、氨纶丝、莫代尔纤维、阻燃纤维等也开始运用于革基布生产领域。

纤维成分分析包括定性分析和定量分析。首先对织物的纤维进行定性分析，一般采用的步骤是先决定纤维的大类，属天然纤维素纤维还是属天然蛋白质纤维或是化学纤维，再具体决定是哪一品种。分析方法有燃烧法，熔点法，手感目测法，显微镜切片分析法等。一般采用显微镜切片分析法，即用切片器将纤维切片后在显微镜下观察，根据其外貌，判断纤维种类。

① 棉纤维。横截面形态：腰圆形，有中腰；纵面形态：扁平带状，有天然转曲。

② 普通粘纤。横截面形态：锯齿形，皮芯结构；纵面形态：纵向有沟槽。

③ 富强纤维。横截面形态：较少齿形，或圆形、椭圆形；纵面形态：表面平滑。

④ 醋酯纤维。横截面形态：三叶形或不规则锯齿形；纵面形态：表面有纵向条纹。

⑤ 腈纶纤维。横截面形态：圆形，哑铃形或叶状；纵面形态：表面平滑或有条纹。

⑥ 氨纶纤维。横截面形态：不规则形状，有圆形，土豆形；纵面形态：表面暗深，呈不清晰骨形条纹。

⑦ 涤纶、锦纶、丙纶纤维。横截面形态：圆形或异形；纵面形态：平滑。

⑧ 维纶纤维。横截面形态：腰圆形，皮芯结构；纵面形态：1～2 根沟槽。

定量分析一般采用溶解法，在定性分析基础上，根据不同的纤维用不同的溶剂进行定量分析，算出具体的成分含量。混纺织物中的一种纤维溶解，称取留下的纤维重量，从而也知道溶解纤维的重量，然后计算混合百分率。

再进一步的分析包括是长丝、变形丝、短纤纱等，是属纯纺织物、绲纺织物还是交织织物。若是化学纤维，还要了解其是有光还是无光，并确定其截面形状。

二、 几何指标

① 幅宽。机织布最外边的两根经纱间的距离称为幅宽。单位厘米（cm）。幅宽根据加工过程中的收缩程度、拉伸程度、产品要求与用途等因素确定。

② 匹长。是指一匹织物两端最外边完整的纬纱之间的距离。主要根据织物的用途、重量、厚度和织机的卷装容量等因素而定。计量单位，以公制米来表示（m），直接出口的仍用码作计量单位。

③ 厚度。织物在一定压力下，正反两面间的距离称为厚度。单位毫米（mm）。影响厚度的主要因素是纱线线密度、织物结构、加工张力等。织物厚度对坚牢度、透气性、悬垂性和刚柔性以及成品成本核算等都有较大的影响。

三、 织物密度

在表示纺织布的相对编织密度的时候，机织布和针织布由于制造方式的不同，所采用的表征方式也有区别。通常机织布是以纱支密度来表示，而针织布是以单位面积克重来表示，特殊产品会同时要求两个指标。

1. 纱线线密度

不管机织布还是针织布，都是建立在纤维或纱线的基础上，所以纱线线密度是一个基础数据。纱支的数字与其粗细成反比，支数越高，纱线越细，而相应的对原料的品质要求也更高。纱线线密度决定织物的品种、用途、风格和物理机械性质。

纱线线密度通常有定重制和定长制两类。定重制常用的为英制支数和公制支数，毛型纱线常采用公制支数，棉型纱线常用英制支数表示；定长制常用的是特克斯（tex）和旦尼尔（D），用来描述较细的化学纤维，比如尼龙、涤纶、氨纶丝等。

英制支数：公定回潮率下 1 磅重的纱所纺纱长度为 840 码的倍数就是支数。英支一般用 s 表示。

公制支数：公定回潮率下 1g 重的纱线所具有的长度米数（m）。

常用纱支及表示方法如单纱：24s，60s；双股线：20s/2，100s/2；多股线：200s/3，300s/4；捻线：50s/50s，80s/80s

特克斯：1000m 长纤维公定回潮率时的质量（g）。

旦尼尔：9000m 长纤维公定回潮率时的质量（g）。

表示方法如涤纶 100D/48F，锦纶 100D/36F 等。化学纤维的复丝线密度，用组成复丝的单丝根数和总特克斯数表示。如：16.5 tex/30 f，表示复丝总线密度为 16.5 tex，单丝根数为 30 根。

2. 织物密度

织物密度是指织物纬向及经向单位长度内的纱线根数。国家标准中公制密度是指在 10cm 宽度内经纱或纬纱的根数。

织物密度可分为经向密度和纬向密度。生产和商业中多写成经纬由左至右，即经密 M_T 和纬密 M_W 写成 $M_T \times M_W$。如 128×60 表示经密为 128 根/10cm，纬密为 60 根/10cm。国家标准规定使用 10cm 内纱线的根数表示密度，但纺织企业仍习惯沿用 1 英寸内纱线的根数来表示密度。常见的织物规格表示为：经纱线密度×纬纱线密度×经纱密度×纬纱密度。如"60×60/128×68"表示经纱、纬纱分别 60 支，经纬密度为 128、68。

密度的大小，直接影响织物的外观、手感、厚度、强力、抗折性、透气性、耐磨性和保暖性能等物理机械指标，同时它也关系到产品的成本和生产效率。在相同纱线条件下，织物密度大的方向屈曲程度大，比较显著突出于织物表面，小的反之。同样支数的物品，密度越高越好，高支才能高密。

机织布一般采用纱支密度表征。但是也有部分产品采用双标准制，如织物因缩水变化很大，为进一步控制品质，在规定用纱的粗细，经纬密度后增加一个克重指标。

3. 克重

克重。织物每平方米的质量（单位 g/m^2）。

由于针织布是以起圈方式织造的，所以布的质地很难以纱支、紧密度等来说明，克重是最容易掌握也是最合理的标准。所以针织布广泛采用的是以克重为标准的计量方式。如 180g/m^2 汗布，一般是采用 20 支或 21 支纱织造出来的，但是假如采用 18 支或 16 支纱或 24 支等的纱，织造的稀薄一些或紧密一些也可以织成为 180g/m^2 的汗布，所以通常会说：21 支 180 克、或 20 支 180 克。

针织布是比较活泛的一种产品，只要达到规定克重，可以采取很多方式：织造时用纱的粗细、针路的多少，漂染时还可以调整克重，后整理时也可以调整，甚至做成成品后还可以通过缩水或拉伸等方式来调整克重。所以对针织产品特殊情况下会进一步明确纱支、针路数。

四、 染整方式与色牢度

1. 染整方式

纺织品的染色可以在任何阶段进行，可以在纤维、纱线、织物及成品等不同阶段进行染色。染整方式有染色与色织两种。染色是指先织好坯布，在染厂经过退浆、烧毛、煮炼、丝光，磨毛、染色、定型，预缩、柔软等工艺获得色布。色织是指先对纱线进行染色，然后使用有色纱线进行织布整理获得成品布。

通常染色指匹染，即对织物进行染色的方法，常用的方法有绳状染色、喷射染色、卷染、轧染和经轴染色。

色织的染色包括散纤维染色和纱线染色。散纤维染色是对纺纱之前的纤维或散纤维的染色，将纤维装入大的染缸，在适当的温度下进行染色。色纺纱大多采用散纤维染色的方法（也有不同纤维单染的效果），常用于粗纺织物。纱线染色是织造前对纱线进行染色，一般用于色织物。

还有一种特殊的涂料着色，把涂料制成微小的不可溶的有色颗粒以黏附与织物上，适合于所有纤维，它不是一种染料，而是通过树脂机械的附着纤维，深色织物会变硬，但套色很准确，大部分耐光牢度好，水洗牢度良好，尤其是中、浅色。

2. 染料特点

要做好染色，纤维与染料的匹配性是首位的，以下是主要的染料种类与其适用的纤维，以及染色的特点。

① 酸性染料。适用于真丝等蛋白质纤维、锦纶等。色泽鲜艳，但水洗牢度较差，干洗牢度优异。

② 阳离子染料。适用于腈纶、涤纶、锦纶、纤维素及蛋白质纤维。色泽鲜艳，很适合人造纤维，但用于天然纤维素时水洗与耐光色牢度很差。

③ 直接染料。适合于纤维素纤维，水洗牢度比较差，耐光牢度不一，改性的直接染料水洗色牢度会得到一定的改善。

④ 分散染料。适合于黏胶、腈纶、锦纶、涤纶等，水洗牢度不一，涤纶较好，黏胶较差。

⑤ 偶氮燃料。适合于纤维素织品，色泽鲜艳，较适合于艳丽的色泽。

⑥ 活性染料。用于纤维素纤维，特点是色泽鲜艳、耐光，水洗、耐摩擦牢度较好。

⑦ 硫化染料。适合于纤维素纤维，色泽灰暗，主要有藏青、黑色和棕色，耐光、耐水洗牢度极好，耐氯漂牢度差，长期存放织物会破坏纤维。

⑧ 还原染料。适合纤维素纤维，耐光、水洗牢度很好，并且耐氯漂和其它氧化漂白。

3. 色牢度

色牢度包含项目很多，与合成革加工紧密相关的有摩擦色牢度与水洗色牢度，其检测方法参照国标或者 AATCC 标准。干擦牢度中浅色在 4 级以上，深色 3～4 级以上；湿擦色牢度中浅色 4 级以上，深色 3 级，磨毛 2～3 级以上。水洗色牢度中浅色在 4 级以上，深色 3～4 级以上，具体的要根据测试标准和客户要求来选择，一般水洗色牢度较差的颜色有翠蓝、艳蓝、黑大红、藏青等。

汗渍色牢度：将试样与标准贴衬织物缝合在一起，放在汗渍液中处理后，夹在耐汗渍色牢度仪上，放于烘箱中恒温，然后干燥，用灰卡进行评级，得到测试结果。汗渍变色、沾色牢度中浅色在 4 级以上，深色在 3～4 级以上。其次要求的还有氯漂色牢度：将织物在氯漂液里按一定的条件水洗之后，评定其颜色变化程度，这就是氯漂色牢度。

4. 色迁移

革基布大量使用涤纶面料，采用的树脂为聚氨酯树脂，发生色迁移的现象非常普遍。主要是涤纶纤维本身无反应基团，也无亲水性的极性基团，通常各类带电荷的染料很难上染。所以一般涤纶染色都会选用分子小，极性弱，难溶于水，相容性好的分散染料。

分散染料与涤纶的结合是物理结合，分散染料的分子量小，极易产生染料迁移，慢慢地从纤维里析出，不可避免会出现色迁移的现象，无论色牢度多好，时间长了之后一定会出现，或轻或重而已，特别是对于聚氨酯涂层和贴膜的产品，聚氨酯玻璃化温度低，分散染料容易上染，也容易迁移。如目前的鞋革产品，如基布采用的是涤纶深色布，在与聚氨酯鞋底粘合后，经常发生基布颜色迁移到鞋底上的现象。再如人造革涂层或贴面产品，也经常发生革基布的颜色迁移到表面的现象，严重的甚至穿过聚氨酯层，直接污染离型纸。

彻底消除色迁移，目前基本不可能，但是通过一些技术手段是可以改善或降低，达到使用要求。主要的方法如下。

① 小分子型（低温型）分散染料在与PU复合后的烘干程序容易出现颜色迁移。对色牢度高要求的优选分子量高、有较多支链的结构稳定的染料，如蒽醌类、中高温偶氮类分散染料，减少色迁移，从而提高色牢度。

② 染色后固色/皂洗要充分，减少浮色。因为部分浮色在干燥时随着水分在PU中无规则扩散晕化。

③ 优选适当的后处理剂，减少后处理剂对色牢度和色变的影响。如做防水处理时，硅类防水剂的影响就要比全氟烷烃防水剂大。

④ 生产中较高浓度的表层染料和溶剂的不均匀挥发也是织物发生色迁移和色变的原因，因此降低烘干温度，烘干均匀，用中等温度热风充分烘干后再用高温烘干定型。

五、 毛细管效应

毛细管效应简称毛效，是衡量织物润湿性和亲水性的指标。测试时将一定规格织物试样悬挂在支架上，下端浸入水中，液体即沿毛细管上升，表示方法有：

高度法。在一定时间内液体上升能达到的高度，以厘米（cm）表示。

时间法。上升一定高度所需时间，以秒（s）表示。

另外还有渗透法，是将水滴从一定高度滴至试样表面，测定液滴落布至液滴镜面刚好消失的时间。一般需在不同的位置测定5～10次后取平均值。

毛效较准确地反映织物的吸湿情况，也是前处理好坏的标志。可以通过毛效是否达标，确定该批布润湿性好坏。毛效越高，说明织物的润湿性越好。

在常见的纺织纤维中，羊毛、麻、黏胶纤维、蚕丝、棉花等吸湿能力较强，合成纤维的吸湿能力普遍较差，其中维纶和锦纶的吸湿能力稍好，腈纶差些，涤纶更差，丙纶和氯纶则几乎不吸湿。目前，常将吸湿能力差的合成纤维与吸湿能力较强的天然纤维或黏胶纤维混纺，以改善织品的吸湿能力。

毛效对合成革加工影响很大。合成革湿法工艺是在水中进行凝固，毛效直接影响水在基布中的渗透速度，从而影响PU的凝固速度和泡孔结构。毛效测试在水性聚氨酯合成革使用中尤为重要，革基布的毛效直接关系到涂层的渗透度和成品的手感，不同毛效的基布在同等条件下做出的成品手感差别巨大。在染色绒面产品中，毛效高低直接影响染色的上染率、匀染性和色牢度。生产中随机检验一般采用5min上升高度的快速测定法及渗透法。

六、 正反面判断

使用革基布时，首先应确定织物的正反面。多数织物其正反面有明显的区别，但也有不少织物的正反面极为近似，两面均可应用，一般是根据织物的外观效应加以判断。

① 平纹织物的正反面在外观上基本没有差异，如平布、细布、粗布等，但一般把布面较

光洁平整的那一面作正面。

② 斜纹织物可分为纱织物和线织物。纱织物斜纹的正反面纹路清晰，织物的表面纹向为一捺的是正面。线织物的正反面纹路都比较明显，正面纹向为一撇。

③ 缎纹织物正面光滑平整，反面织纹不明显，光泽晦暗。

④ 起毛织物。单面起毛织物，其起毛绒一面为织物正面。双面起毛绒织物，则以绒毛光洁、整齐的一面为正面。

⑤ 凹凸织物，正面细腻紧密，有图案凸纹，而反面较粗糙，有较长的浮长线。

⑥ 双层，多层及多重织物，一般把具有较大的密度或原料较好的一面作为正面。

⑦ 一般织物正面的花纹、色泽均比反面清晰美观；一般织物的布边正面比反面平整清晰；反面的布边边缘向里卷曲。

在合成革加工过程中，一般情况下使用正面，但是根据品种不同也会使用反面，即存在着织造正面与使用正面两个概念。如果做涂层工艺，一般选择平纹布、斜纹布，其正面光滑平整，表面瑕疵少，适合涂层加工，织造正面与使用正面相同，如常用的黏胶布、涤棉布等。如果做浸渍工艺，通常选择起毛织物，但通常是把起毛面作为反面，如使用平纹或斜纹拉毛布时，浸渍后通常对起毛面进行磨皮，提供良好的触感，而使用背面进行涂层或者贴面，此时布的织造正面与使用正面相反。

七、 机织布经纬向判定

在机织布内与布边平行的纵向排列的纱线叫经纱，与布边垂直的横向排列的纱线叫纬纱。分辨经纬纱时一般先看布边，平行布边方向的是经纱。如果是小块的无边布，则一般织物经纱粗、纬纱细。上浆的是经纱的方向，不上浆的是纬纱的方向。条子织物，其条子方向通常为经向。毛圈类织物，其起毛圈的纱线方向为经向，不起毛圈者为纬向。

在不同原料的交织物中，一般棉毛或棉麻交织的织品，棉为经纱；毛丝交织物中，丝为经纱；毛丝绵交织物中，则丝、棉为经纱；天然丝与绢丝交织物中，天然线为经纱；天然丝与人造丝交织物中，则天然丝为经纱。

由于织物用途极广，品种也很多，对织物原料和组织结构的要求也是多种多样，因此在判断时，还要根据织品的具体情况来定。

八、 尺寸稳定性

革基布在使用中要经过溶剂、水洗、热风等各种作用，尺寸稳定性非常重要，一般用缩水率表示。缩水率是表示织物浸水或洗涤干燥后，织物收缩的百分数，是织物尺寸产生变化的指标。

织物缩水的原因是因为织物本身具有的吸湿性和在织造过程中受到牵伸和弯曲，经过印染受到伸长和拉宽，使纤维或纱线不断受到外力的作用而变形，在干燥时暂时稳定，但遇到水分和加热熨烫后变形部位急速复原，于是就造成了剧烈收缩。影响缩水率的因素很多，织物组织，经纬纱原料及特数，经纬纱密度及在织造过程中纱线的张力等的不同，都会引起缩水率的变化。

① 原材料。吸湿性大的纤维，浸水后纤维膨胀，直径增大，长度缩短，缩水率就大。如有的黏胶纤维吸水率高达13％，而合成纤维织物吸湿性差，其缩水率就小。

② 织物密度。如经纬密度相近，其经纬向缩水率也接近。经密度大的织品，经向缩水就大，反之，纬密大于经密的织品，纬向缩水也就大。

③ 纱支粗细。纱支粗的布缩水率就大，纱支细的织物缩水率就小。

④ 生产工艺。一般来说，织物在织造和染整过程中，纤维要拉伸多次，加工时间长，施

加张力较大的织物缩水率就大，反之就小。

常用的缩水率试验方法有以下四种：自然缩率、干烫缩率、喷水缩率、水浸缩率。其中水浸缩率是最常关注的指标，将试样原料浸在水里，使之产生回缩。将试样原料浸在60℃的清洁温水中，用手揉一揉，在水中浸15min后取出，把试样的原料对折，再对折成方形，用手压出水分，然后捋平、晾干后计算缩率。

针织物主要是由线圈穿套连接而成，在受外力作用时圈柱、圈弧可以相互转移，使其尺寸（圈距与圈高，即横密与纵密）发生变化。在外力去除后，织物力求回复到拉伸前的状态，但由于纱线接触点间摩擦阻力等因素，往往不能实现完全的回复，此时的针织物呈现尺寸不稳定性。一般通过该过程中织物尺寸的变化来表征织物尺寸的稳定性。

拉伸性。针织物的拉伸性也可称为弹性。由于针织物是由线圈穿套而成，在受外力作用时，线圈中的圈柱与圈弧发生转移，外力消失后又可恢复，这种变化在坯布的纵向与横向都可能发生，发生的程度与原料种类、弹性、细度、线圈长度以及染整加工过程等因素有关。拉伸性能好的面料，尺寸稳定性相对较差。

脱散性。当针织物的纱线断裂或线圈失去穿套连接后，会发生线圈与线圈分离，称为脱散性。针织物的脱散是与编织相反的一个过程。脱散性与面料使用的原料种类、纱线摩擦系数、组织结构、未充满系数和纱线的抗弯刚度等因素有关。单面纬平针组织脱散性较大，提花织物、双面组织、经编织物脱散性较小或不脱散。

卷边性。单面针织物在自由状态下边缘会产生包卷现象，这种现象称为卷边性。这是由于线圈中弯曲线段所具有的内应力企图使线段伸直而引起的。卷边性与针织物的组织结构、纱线捻度、组织密度和线圈长度等因素有关。一般单面针织物的卷边性较严重，双面针织物没有卷边性。

九、 针织物与机织物区别

针织物与梭织物由于在编织上方法各异，在加工工艺、布面结构、织物特性、成品用途上，都有自己独特的特色，在此作一些比较。

1. 织物组织的构成

① 针织物：是由纱线顺序弯曲成线圈，而线圈相互串套而形成织物，而纱线形成线圈的过程，可以横向或纵向地进行，横向编织称为纬编织物，而纵向编织称为经编织物。

② 梭织物：是由两条或两组以上的相互垂直纱线，以90°作经纬交织而成织物，纵向的纱线叫经纱，横向的纱线叫纬纱。

2. 织物组织基本单元

① 针织物：线圈就是针织物的最小基本单元，而线圈由圈干和延展线呈一空间曲线而组成。

② 梭织物：经纱和纬纱之间的每一个相交点称为组织点，是梭织物的最小结构单元。

3. 织物组织特性

① 针织物：因线圈是纱线在空间弯曲而成，而每个线圈均由一根纱线组成，当针织物受外来张力，如纵向拉伸时，线圈的弯曲发生变化，而线圈的高度亦增加，同时线圈的宽度却减少；如张力是横向拉伸，情况则相反，线圈的高度和宽度在不同张力条件下，明显是可以互相转换的，因此针织物的延伸性大。

针织物能在各个方向延伸，弹性好，因针织物是由孔状线圈形成，有较大的透气性能，手感松软。

② 梭织物：因经纱与纬纱交织的地方有些弯曲，而且只在垂直于织物平面的方向内弯曲，其弯曲程度和经纬纱之间的相互张力，以及纱线刚度有关，当梭织物受外来张力，如以纵向

拉伸时，经纱的张力增加，弯曲则减少，而纬纱的弯曲增加。如纵向拉伸不停，直至经纱完全伸直为止，则织物呈横向收缩。当梭织物受外来张力以横向拉伸时，纬纱的张力增加，弯曲则减少，而经纱弯曲增加。如横向拉伸不停，直至纬纱完全伸直为止，同时织物呈纵向收缩，而经、纬纱不会发生转换。

梭织物因梭织物经、纬纱延伸与收缩关系不大，亦不发生转换，因此织物一般比较紧密，挺硬。

4. 织物组织的物理机械性

① 针织物：织物的物理机械性，包括纵密、横密、平方米克重、延伸性能、弹性、断裂强度、耐磨性、卷边性、厚度、脱散性、收缩性、覆盖性、体积密度。

② 梭织物：梭织物的物理机械性，包括经纱与纬纱的纱线密度、布边、正面和反面、顺逆毛方向、织物覆盖度。

十、 物理性能

织物在外力作用下引起的应力与变形间的关系所反映的性能叫做织物的物理机械性能。它包含强度、伸长、弹性及耐磨性等方面的性能。具体检测项目及方法可参照国标或按照客户要求标准进行测试。

影响物理性能的因素主要有纤维性质、纱线结构、织物的组织结构、染整后加工等。对革基布，使用企业很难做到全检，一般应要求供应商提供出厂检测报告，在使用时不定期进行抽检。

十一、 化学性能分析

化学性能包含的项目极广，作为革基布主要是参考生态纺织品控制项目：染料类（禁用偶氮染料、致癌染料、致敏染料）；游离甲醛；可萃取重金属，有机挥发物；禁用增塑剂；抗微生物整理剂，阻燃剂等。

以上控制项目一般都是委托专业检测机构如 SGS、ITS 等进行，检测费用昂贵。通常是由革基布制造商提供不含以上违禁化学品的保证书。

第五章

基布湿法工艺

第一节 基布概述

一、基布定义

基布名称来源于英文"BASE"，国内常音译"贝斯"，是基材、底布、半成品的意思。合成革基布通常指非织造布经过浸渍或涂层树脂后形成的纤维与树脂的复合片材。由于基布加工是在水系统中完成凝固，因此也称为湿法基布，是合成革生产中的核心技术之一。基布只是半成品，须再经过进一步加工如干法移膜、印刷、压花、磨皮、染色等才能成为成品。

基布加工技术从大致分为日本体系和意大利体系。日本的化工、化纤和纺织技术水平很高，对树脂及纤维的研究和开发较为深入，重视产品的内在性能，如物理机械性能、透气透湿等卫生性能、纤维超细化与聚氨酯微孔结构等仿真性能、产品的舒适性能等，以高技术含量见长。意大利体系产品较多受真皮加工技术影响，讲究外观的真皮化再现，注重表面加工的变化与艺术品位，追求产品设计及时尚性。

二、工艺分类

在基布加工中，由于使用的底布与成品用途不同，加工方法也有很多种类，按加工工艺可分为单涂层法、浸渍法和浸渍涂层法三类。

① 单涂层法。通常以机织布、起毛布、非织造布为底基，表面涂层聚氨酯溶液，经凝固、水洗、烘干而成。单涂层基布通常进行干法贴面或涂层打磨后形成成品，物理机械性能要求不高，主要用于女鞋、轻便鞋、皮包、钱夹等方面。

② 浸渍法。通常以非织造布为底基，在纤维空隙饱和浸渍 PU 液，经凝固、水洗、减量（超纤革）、烘干而成。浸渍法基布是以真皮网状层结构为模拟对象，以非织造布的三维交联结构为支撑，微孔 PU 形成整体网状结构分布在纤维空隙中。基布通常进行干法贴面形成成品，浸渍后的超纤基布还可经磨皮、染色、整理等形成绒面产品。浸渍法是各类合成革生产中广泛使用的基本技术，浸渍基布理化性能高，主要用于运动鞋、家具、服装、体育用品等方面。

③ 浸渍涂层法。通常以非织造布为底基，浸渍 PU 液后在其表面施加涂层，经凝固、水洗、减量（超纤革）、烘干而成。PU 涂层凝固后形成厚度方向上不同结构的微孔，通常表面为致密膜结构，上层是致密孔，而与浸渍层连接的下层则形成较大指形孔，使外观与结构更

接近真皮，具有一定的透气透湿性能。表面通常进行印刷、压花、辊涂、打磨后形成产品。主要用于运动鞋、箱包、劳动保护用品、体育用品等方面。

三、 基本流程

基布加工位于合成革生产线的中间部分，主要是将非织造布用浸渍液、涂层液进行浸渍或涂层处理，通过工艺条件控制，使 PU 固化并产生具有特殊微孔结构的基体层或二层结构。主要工艺通常分为两部分：浸渍（或涂层）、凝固与水洗。

① 浸渍（或涂层）。将 PU 树脂、DMF 和助剂按比例调配，按要求调整浆料的黏度、固含量到规定值。将调配料引入浸渍槽，非织造布进入后被多道轧辊强行浸渍，使 PU 树脂溶液充分均一地渗透到非织造布间隙中。涂层产品则采用刮涂或辊涂等方法，将涂层液均匀地涂于浸渍后的基布表面。

② 凝固与水洗。浸渍后的布进入预凝固槽进行初步的"DMF-H_2O"交换，外层 PU 基本固化，再进入主凝固槽，通过压辊的反复挤压，使内部的 DMF 充分扩散，整体的 PU 充分固化。凝固完全后，其泡孔层内仍然残留一定数量的 DMF，基布需在温水洗涤槽中反复挤压水洗，去除残余 DMF。

基布加工技术主要包括"非织造布-PU"复合及"PU-DMF-H_2O"凝固，其中，布与工作液是原料，凝固液是媒介。在基布形成中的作用如下。

① 非织造布。是合成革基布的基本结构，在基布中起到"支撑"与"骨架"作用。

② 凝固液。DMF 的水溶液，起凝固聚氨酯的作用。并通过温度、浓度的变化改变凝固速度，调节 PU 的微孔结构。

③ 浸渍液。PU 树脂的 DMF 溶液，用来浸渍非织造布，在纤维间隙形成连续的树脂膜，使基布结构"整体化"，并赋予基布良好的手感、弹性及理化性能。

④ 涂层液。PU 树脂的 DMF 溶液，在基布表面形成涂层，使合成革具有微细孔结构的透气透湿的表面层。

第二节　湿法凝固及泡孔机理

凝固发泡是合成革湿法工艺过程的关键，但凝固的过程复杂，而且凝固变化是隐形看不到的。因此了解其凝固的原理，对掌握湿法技术是非常必要的，也是湿法工艺调整的基础和依据。

一、 凝固原理

湿法凝固的本质是溶剂 DMF 脱离原来的 PU/DMF 体系，导致 PU 树脂在混合液中失稳而以固体析出。表现形式为 PU/DMF 体系中的溶剂 DMF 扩散到凝固液 DMF/H_2O 体系中，而 DMF/H_2O 体系中的 H_2O 不断进入 PU/DMF 体系中。

湿法凝固的基本原理是利用 PU-DMF-H_2O 三者之间的互溶与不溶的关系。即"DMF-H_2O"可互溶，"PU-DMF"可互溶，"PU-H_2O"不溶。PU/DMF 体系由于 H_2O 的存在，DMF 与 H_2O 之间相互置换，实现 DMF 与 H_2O 的双向扩散，PU 大分子间随着 DMF 的不断减少而凝胶化，最终使得 PU 形成连续的固体膜。PU 自身在凝固过程中只存在相态转变，分子组成不变。

双向扩散的动力是浓度差。DMF 和水各自由高浓度区向低浓度区同时扩散。DMF 不断从树脂溶液中进入凝固浴，同时水则进入基布中，直到浓度达到平衡。此时扩散仍然进行，只是扩散速率一致，是一个动态平衡。

需要特别指出的是，即使固态 PU，在 DMF-H$_2$O 中也存在平衡。即 DMF 的溶解力和水的凝固力之间的竞争，这个竞争也是动态的。当体系中增加 DMF，溶解力就增大，如果 DMF 加到足够多，溶解力远大于凝固力，则固态 PU 可重新溶解成溶液。这也是部分湿法配方在配料时可提前加入部分水的原因。基布水洗不彻底 DMF 残留高，在干燥时发生 DMF 二次溶解表面也是这个原因。

二、 凝固过程

凝固的动力学过程。PU 在双向扩散影响下首先成核，然后是核增长，最后全部析出。成核及核增长由外向内进行。按理想的过程，在凝固过程中的某一时刻，在涂层内部的同一平面上（与涂层面平行），混合液的特性和 PU 的浓度是相同的，而各平面之间的混合液特性和 PU 浓度不同，形成一个梯度，正是这个梯度，使凝固过程得以顺利进行。

凝固过程大致可分为四步：

① 水从涂层膜表面将 DMF 稀释或萃取。由于凝固浴的组成是一定 DMF 浓度，与纯水体系相比，稀释和萃取的过程将进行得比较缓慢。

② PU/DMF/H$_2$O 凝胶状态，从溶液中分离出来。原来溶液由单相（澄清）变为双相（浑浊），也就是发生了相分离。这种 PU 的相分离不是 PU 从溶液中分离出来，而是 PU 的富相从其贫相中分离出来，与此同时，溶液黏度将显著下降。

③ 双向扩散继续进行，在凝胶相中产生了固体的 PU 沉淀。

④ 固体 PU 脱液收缩，使涂层膜中产生了充满 DMF 水溶液的微孔，孔壁是固体 PU。在此后的水洗，烘干过程中，除去 DMF 水溶液，留下微孔。

三、 泡孔的形成机理与过程

泡孔的形成是应力（体积收缩产生）和应变作用的结果。在相互渗透过程当中，树脂中的溶剂浓度下降，聚氨酯分子自由伸展状态的外部环境发生改变，有逐步收缩或蜷曲以至于凝固的趋势，即逐步失稳。在溶剂比例逐步下降的同时，不稳定的树脂溶液会产生体积收缩，即产生收缩应力。

不同条件下泡孔形成的结构不同，但是基本结构都是由致密层和泡孔层构成，典型的泡孔结构如图 5-1 所示。

泡孔的形成是一个复杂的过程，与凝固过程是相伴发展的，凝固与泡孔形成过程在实际当中是连续进行的，没有明显界限，大致可分为以下几个阶段。

① 入水阶段。当聚氨酯刚进入到凝固液时，界面上的各种物质（DMF、水、PU）浓度差很大，即存在很大的浓度梯度，因此双向渗透迅速，表面迅速成膜。在快速成膜的同时，会出现快速的体积收缩，产生较大的收缩应力。只是由于整个表面的凝固速率较为均匀，所以只产生有大量的微裂隙的连续膜，而不会产生大的泡孔。

② 表层形成阶段。在表面的收缩应力作用下，下层的混合液黏度低，迅速流动补充，其中的 PU 分子在接近界面时成核并析出，使裂隙生长及时得到抑制，即应变补充了应力的变化。经过不断的移动补充，达到应力与应变的平衡，表面即形成致密层。

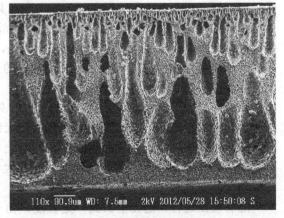

图 5-1 涂层泡孔基本结构

湿法表面凝固的致密层表面平整，但实际上是极其微小的致密泡孔，但形成的泡孔数目绝对量大。在实践中也能体现出上述现象，如黑色浆料凝固时表面迅速变成灰色，这种浅色效应就是凝固时产生大量的微孔所致。

③ 微孔层初期阶段。致密层的形成，减少了相互迁移的通道，阻碍了 DMF 和水的交换，此时双向扩散速率降低。此时下层流动液体的浓度趋向一致，浓度梯度非常小。但是由于对致密层的补充，PU 在内层混合液中的浓度比原来显著降低，但稳定性提高，成核及核增长的速度变得缓慢。

凝固液沿着表层裂隙向内发展，双向扩散缓慢进行。但是进行的方式由原来的面变成很多的点，这些点与同平面的凝固是不均匀的，因此同一个凝固平面上必然产生若干较慢凝固的区域。点状的凝固核引起应力收缩，点的横向及纵向与该点又会出现浓度差，使周边混合液流动补充产生的应力。但是由于下层 PU 浓度的降低，该补充的应变不足以完全应对产生的应力，当应力发展到一定的程度就会在脆弱的区域开裂成孔，以增大体积来应对产生的应力，使之达到平衡，泡孔因此产生。

泡孔的本质是应对 PU 凝固时收缩应力产生的应变补充体积。PU 浓度的补充作用及泡孔形成的共同作用使应力与应变达到了平衡。因此补充作用及泡孔在应变中谁占主导地位决定了泡孔的大小。由于表层下的 PU 浓度仍比较高，补充作用是主导的，因此形成的泡孔就小而细密。

④ 微孔层发展阶段。随着凝固液的进一步深入，PU 凝固继续增长沿应力方向进行。但越向下 PU 的浓度越低，在应对收缩应力时，补充体积的作用占主导，浓度补充成为次要因素，因此下层的泡孔越来越大。一般为"倒液滴"结构或"指型"结构。

如果最下层的 PU 浓度小到一定程度，在凝固过程中，浓度的补充和泡孔的体积补充都不足以应对产生的收缩应力时，泡孔无法形成完整体型结构，泡孔壁会发展成片状薄膜，并由于自身的拉伸作用，膜上出现若干孔洞，严重时膜会发生整体断裂。断裂也是对应力的一种应变，是凝固中的比较极端的应变。

⑤ 微孔层结束阶段。随着凝固液沿指形孔进入，凝固不断发展，由于孔壁部分凝固快，无法维持流动性，妨碍了整体的均匀收缩，膜的断裂不断进行，指形孔逐渐变大直至达到平衡状态。当最后的 PU 在水的作用下失去流动性，并完成交换作用，凝固结束，此时泡孔中充满凝固液，内外达到浓度平衡。

除了各泡孔层的凝固外，还包括泡孔壁的凝固，其凝固过程也是应力与应变的作用，因为较薄，并且从泡壁的正反两面同时凝固，应力形成均匀，因此泡孔应变作用也均匀，形成大量微小的泡孔，从镜图 5-1 中也能清晰看到泡孔壁的蜂窝一样的结构。泡孔壁的凝固是与泡孔的凝固同时进行的，与涂层断面的纵向泡孔共同构成整个涂层的泡孔结构。

如果是理论模型，涂层凝固是从上而下，泡孔也是逐步变化的。在实际生产中，最后的凝固一般并不是最下层，因为涂层是在织物上，凝固液从正面交换的同时，也会从背面渗透，因此实际的凝固作用是从正反两面同时进行的。背面渗透初期由于基布的缓冲作用，相对凝固速率较正面慢。

凝固之前，下部接触纤维的树脂与纤维首先形成抱合，在凝固开始时，PU 迅速收缩，但纤维会产生束缚树脂的力，使纤维抱合点和无纤维区域产生凝固速度差，造成在无纤维区域容易在先凝固的应力收缩拉力下开裂，同时上层的树脂也由于有毛细效应失去较多的 DMF，黏度提高，降低了对裂纹的补充能力，应力大于应变，很难形成连续的致密层，而容易产生相对较大的泡孔。

随着凝固进行，泡孔生长到一定程度，由于有大量的水分沿开裂口进入，使微孔的上部快速凝固，因此泡孔停止扩大。纤维上部的浆料由于下层的缓冲，凝固要比无纤维部分慢。

因此背面凝固一般产生的是相对较大、相对均匀的泡孔，而不会在某个点上继续发展，形成巨大孔，有利于提高剥离强度。

双向扩散速率决定了 PU 的凝固速度和微孔结构。当通过工艺条件控制这种扩散并引导 PU 在逐渐凝聚的过程中向一个特定的构造发展，就可得到所需要的特定微孔结构。

四、相平衡图

PU/DMF/H_2O 三相体系的相分离及其成膜过程可在相平衡图（图 5-2）上做进一步解释。三角形的三边分布代表聚氨酯（PU）、溶剂（DMF）和水（H_2O）三相体系的三种组分，三角形内任何一点都有三个坐标值，分别代表这三组分的含量，从不同浓度的 PU 溶液（成膜液）出发（开始点）可以得到一系列的相分离点，将这些分离点连接起来就得到了 SBL（Solid-Blend-Liquid）曲线。

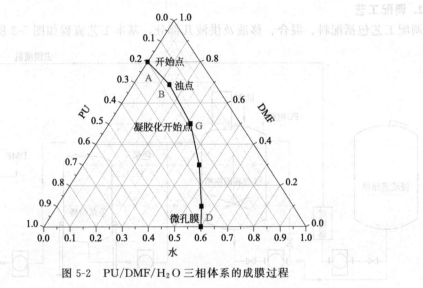

图 5-2　PU/DMF/H_2O 三相体系的成膜过程

PU 在一定 DMF 浓度下（A 点），由于水的进入，DMF 析出，三相体系中各组分的浓度随着水的进入而改变，到达 B 点时，发生了相的分离，即是三相体系的浊点，此时，整个体系尚处于流动状态，到达 G 点时体系开始凝胶化，流动性能下降，固体 PU 开始析出，到了 D 点，即完全形成固相 PU 膜和液相水组成的多孔膜。

相分离图是在一定温度下测得的，由于凝固温度、浓度不同，物质移动速率即 DMF 和水的相互扩散速率也发生变化，也可以沿着另外的路线完成凝固过程。由于凝固路线的改变，形成的聚氨酯微细孔构造也随之变化。

PU 是大分子，在混合液中的析出过程并非理想过程。在其成核及核增长的过程中，伴随着分子的变形与收缩，并形成内应力，在外层产生的内应力对内层的成核及核增长都产生很大影响。由于这个内应力的影响，后来的成核过程发生改变，最后影响凝固后的 PU 结构。

第三节　浸渍工艺

浸渍工艺是以压轧方式将聚氨酯浆料充分均匀地分布到非织造布的间隙中，并凝固成微孔弹性体，形成宏观上的有机整体结构。浸渍聚氨酯使基布具备类似真皮的质感，浸渍效果直接决定成革的风格、手感、弹性和理化性能。

一、 浸渍液调配

1. 调配目的

浸渍液调配的目的主要有两点。

① 用 DMF 把 PU 树脂调配到目标黏度与含量，满足加工要求。目标黏度主要是为了保证浸渍加工过程的稳定进行，使 PU 在非织造布中充分并均匀分布。固含量直接影响基布成型后的成肌性、弹性、手感及理化性能。

② 通过添加助剂，改善聚氨酯的使用性能与理化性能，或使其具备一定的功能性。通过添加助剂可有效提高浸渍液的使用性能，如添加微孔调节剂可控制泡孔发展，得到不同结构的微细孔；添加色浆使基布具有不同的颜色；添加表面活性剂可调节聚氨酯的凝固速度、流平性等。

2. 调配工艺

调配工艺包括配料、混合、移液及供液几部分，基本工艺流程如图 5-3 所示。

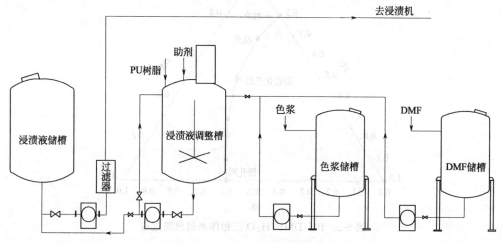

图 5-3　浸渍液调配工艺流程图

配料：首先加入 DMF，打开搅拌；投入色浆、填料及各种助剂；最后加入树脂。

混合：将混合物料在调配槽内通过对流、扩散、剪切等方法达到均质化。

移液：将混合好的浸渍液经过过滤、脱泡，转移到储槽中。

供液：将浸渍液连续定量地输送到浸渍机中。

3. 工艺控制

（1）原料检查　投料前要对各原料进行检查，确认树脂及助剂的牌号与数量，树脂要检查有无凝胶、颜色深浅、有无分层、黏度大小等基本情况。

（2）加料顺序与分散状态　加料时要遵循先加 DMF，后加助剂，最后加树脂的原则。先用 DMF 将助剂彻底分散，而树脂的黏度大，如先加入则很容易造成助剂类在树脂中的包覆，影响分散效果。在有颗粒填料的情况下，一定要缓慢投料，边加边搅拌。

（3）过滤与脱泡　调配结束后要进行过滤，清除可能存在于树脂中的凝胶与助剂中的颗粒。一般使用 100 目不锈钢过滤网。浸渍液对气泡要求不严格，通常采用静置脱泡即可。

（4）温度与水分控制　树脂调配与储存通常情况下可在常温下进行。但如果温度过低，尤其是北方冬季，树脂黏度会增高，影响调配与使用，应适当用加热，温度控制在 35～40℃。南方夏季空气潮湿，而 PU 吸湿性强，如在空气中暴露时间过长，则容易形成凝胶或浑浊，所以应尽量采用管道输送并注意密封。

（5）黏度与固含量检查　在调配结束后，要对调配液进行黏度与固含量的检查，确认是否达到工艺设计要求。黏度是调配设计时应考虑的重要指标。黏度过高则流动性差，渗透困难，尤其是加工厚型产品时，易出现浆料分布不均、夹芯等现象；黏度过低则流动性好，容易造成凝固前的沉降，出现正背面 PU 含量差异。固含量主要影响基布的手感和加工性，浸渍液凝固后，基布中只剩余 PU，DMF 都要进入凝固液中。通常根据产品用途确定合理的固含量，一般控制在 15%～20% 左右。如鞋革品种要求 PU 丰满有弹性，固含量过低容易造成革体空松。

二、给布机构

给布装置包括卷放机、贮布机、张力机几部分，见图 5-4。给布装置要求在一定张力下稳定地将非织造布送入浸渍机。

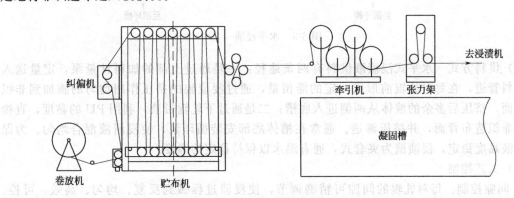

图 5-4　给布装置

贮布机主要功能是在布道中贮存一定量的非织造布，当卷放机换卷接头，或者需要裁除部分瑕疵非织造布时，贮布机释放所贮存的布，保持生产线正常运行，不至于造成停车。通常贮存高度保持在离下部 1/3～1/2 处，使非织造布保持一定张力和贮存量。

纠偏机使非织造布保持在中间位置平稳运行。如果非织造布走偏，则两侧容易出现张力差，进入浸渍机轧辊后会产生压褶，严重时还会缠辊。

牵引机提供非织造布输入的动力，一般采用大直径设计，运行时非织造布对辊的包角很大，保持足够的摩擦力与张力。

张力机主要是保证非织造布输入浸渍机时具有一定的张力，避免浸渍时由于轧辊的作用使非织造布产生打折或缠辊。

非织造布通过牵引机以一定的张力稳定进入浸渍机是给布机构的目的。张力的大小用数字表示，就是浸渍机与牵引机的速率比，通常浸渍机速率比牵引机速率高 3% 左右，这种速率比的控制是很重要的，尤其是在开、停车时，速率比小即张力小会使浸渍不良，还易造成非织造布缠辊。速率比大即张力大，易使非织造布拉长变形，幅宽变窄，特别是在接头的部位甚至有拉断的危险。

三、浸渍工艺

1. 基本流程

浸渍的目的将浸渍液均匀而充分得分布到非织造布的间隙中，通常是在连续浸渍机中完成。非织造布经过张力贮布机、蛇形修正机，稳定地通过送布机并保持一定张力进入浸渍机。经过反复浸轧，树脂均匀分布在非织造布中去。出浸渍槽时一般通过上下刮刀对布表面树脂进行适度清除，或者通过轧辊控制带液量，直接进入凝固槽。

2. 水平浸渍式

水平浸渍式（图5-5）是指非织造布从浸渍机中水平通过，但并不浸没于浸渍液中，而是从上下轧辊间通过。

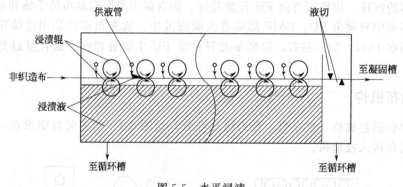

图5-5 水平浸渍

（1）供料方式　水平式浸渍液供料有两条途径：一是通过上部的加料计量泵，定量送入多孔加料管道，在每对轧辊前形成一定的滞留量，通过浸渍辊的挤压作用均匀的施加到非织造布正面，挤压后多余的液体从两侧进入底槽；二是通过下轧辊带液，利用PU的黏度，直接带料到非织造布背面，并挤压渗透。通常在槽体底部安装循环泵，使浸渍液混合均匀。为保持浸渍液黏度稳定，浸渍槽为夹套式，通有温水以保持稳定的温度。

（2）工艺控制

① 间隙控制。每对轧辊的间隙可精确调节，使浸渍过程做到反复、均匀、高效、可控。间隙调整要根据非织造布厚度的变化和浸渍效果及时变动。如果非织造布过厚则挤压强烈，虽然有利于把浸渍液挤压到内部，但整体含液量降低，尤其是最后一段辊，要在表面略留余量，否则不利于表面的平滑。如果间隙过大，表面带液量增加，但渗透效果不好，内部含液量少，凝固后易形成"空心"，影响基布的强力和手感。

以1.90mm非织造布10对轧辊的鞋革基布为例。鞋革基布较厚，要求浸渍饱满。通常第1、2对轧辊间隙设定为非织造布厚度加0.3mm，间隙比厚度大，保证初期有足够的浸渍液在非织造布表面；4、6、8段间隙为布厚度减0.2mm，间隙比厚度小，使表面的浸渍液强制向内部挤压；第3、5、7段间隙为2.00～2.10mm，在带液情况下不断从正反两面挤压渗透到布的整体，并且表面留有余液以利于平滑；第10对间隙为1.90～2.00mm，使基布表面不残留多余的浸渍液，并用间隙来控制基布的含液率。通过这种不同间隙的交替挤压浸渍，确保了高黏度的PU溶液能均匀地渗透到整个非织造布中。

② 转速控制。生产过程中为保证浸渍效果，浸渍辊速率要高于非织造布运行速率。二者的速率关系可表示为：α＝浸渍辊线速率/布速率

α值可理解为PU溶液与非织造布接触后被浸渍辊向其内部反复挤压的次数。因此可看出，α值大浸渍效果好，但基布会受到较大拉伸，形态尺寸变化大。α值小挤压次数少，形态变化小，但浸渍效率与效果降低。一般控制α值在3左右，可保证基布的浸渍效果与形态的平衡。

③ 液量控制。浸渍槽中的液量要保证浸渍辊挂带，但不能太满，否则浸渍液面接触到运行的布面上易使布粘到辊上发生"缠辊"现象。槽内液要定时测量黏度，以免因纤维或PVA等带入产生增黏而影响浸渍效果，因此要不断补充新液进行置换。

④ 压力控制。上部供液的齿轮泵要保持一定的压力，如果压力下降过大就容易吸进空气，造成浸渍不良，严重时会使浸渍辊前液体滞留量很少甚至没有，这时很容易发生缠辊现象。

水平法的优点是浸渍能力强，精度高。除了使用间隙强制浸渍外，还可调整轧辊线速度与布运行速度比例，加强浸渍效果，因此可对超过2.0mm厚度的非织造布进行加工。还可使用高固含量、高黏度的浸渍液，并保证浸渍液渗透均匀饱满。特别适合厚型品及精确度高要求的产品，一般超纤工厂采用。

水平法的缺点主要是浸渍槽体积大，并且只能采用固定式。开车时需一次性加入较大量的浸渍液，通常要达到下辊的1/2处。品种切换时需大量排液，清洗工作量很大。因此水平浸渍适合长周期大批量生产，灵活性不足。

3. 槽体浸渍式

槽体浸渍式（图5-6）指非织造布完全浸在浸渍液中，在槽体内反复通过导辊与轧辊，使浸渍液均匀进入非织造布中。

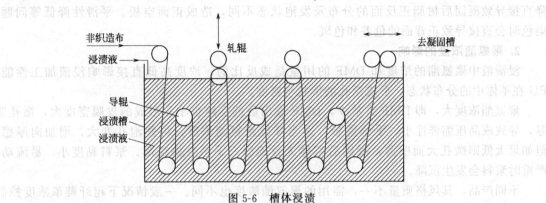

图5-6 槽体浸渍

槽体式一般是通过上部加料，即通过压缩空气泵将配好的浸渍液不断送入浸渍槽，送入量与非织造布的带液量保持基本持平，通过槽内不断补充浸渍液实现物料的平衡。基布在槽内的运动带动浸渍液，使槽内新旧液体混合均匀。

PU进入非织造布主要靠渗透与压轧，非织造布在槽内反复运行，浸渍液不断渗透进布的间隙，经过压轧后向内部渗透。经过反复浸轧，PU均匀地渗透到非织造布中。

与水平浸渍相比，槽体浸渍对浸渍液的黏度要求相对不太严格，黏度在一定范围内波动基本不影响浸渍效果。槽体法所使用浸渍液黏度比水平法要低，在低黏度下仍能达到很好的浸渍效果，适合加工基布PU含量低的品种，如服装革、仿麂皮、绒面革等。槽法的渗透速率慢，强制力小、布道较长，对厚度较小的非织造布，可采用单槽浸渍。如非织造布厚度较大，通常采用两组或三组槽体进行复合浸渍，以保证渗透效果。

槽体式浸渍槽体积小，可采用移动式。在品种切换时只需清洗浸渍辊，并更换新浸渍槽即可，工作量小，可适应多批量多品种的灵活性要求。槽体式是目前行业中广泛使用的加工方式。

四、主要影响因素

1. 聚氨酯黏度的影响

聚氨酯的黏度是保证基布加工顺利进行的重要指标，影响黏度变化的因素主要是树脂本身结构、DMF量、温度、助剂等。黏度变化主要影响基布的渗透效果、表观效果、总体含液率、正背面树脂含量差异。

当黏度过高时，基布容易出现"夹芯"现象。黏度大不利于树脂渗透，即使经过轧辊反复作用，树脂也很难保证完全渗透进布的空隙中，经常出现正背面树脂含量高而中心不饱满现象。

黏度高还容易在基布表面出现树脂膜。在完成浸渍进行表面树脂清理时，黏度过大，刮刀很难彻底清除干净，凝固后表面残余树脂形成收缩应力的膜结构，基布手感过硬且橡胶感强。另外，表面膜使表面纤维暴露不够，影响外观与手感，尤其对绒面革。

在黏度过高情况下，为了保证浸渍效果，就要适当降低运行速度，增加了运行成本，降低了生产效率。

当黏度过低时，首先是布中总的树脂含量降低。基布在浸渍槽中一般是饱和浸渍，如果黏度过低，进入布中的部分树脂在离开浸渍液时会重新脱出，即通常所说的"挂"不住料。这样基布中总的树脂含量就降低，凝固后手感空松，不够饱满。其次会造成基布正背面树脂含量差异。主要原因是沉降作用，黏度过低，运行时树脂至上往下流动，发生一定程度的沉降，导致背面的树脂多而正面少，经过刮刀时正面刮液少或无液可刮，而背面则刮液多。沉降直接导致凝固后树脂正反面的分布及发泡状态不同，造成正面空松、平滑性降低等问题。染色时会直接导致正背面的色差和色斑。

2. 聚氨酯浓度的影响

浸渍液中聚氨酯的浓度和 DMF 的用量是成反比的，浓度高低直接影响浸渍加工性能、PU 在革体中的分布状态、形成微孔的形状与密度。

聚氨酯浓度大，即 DMF 含量少，DMF 渗出后的空隙也小，形成的皮膜密度大，微孔壁厚，导致成品压缩弹性小，手感僵板。适当降低聚氨酯浓度，可使泡孔变大，增加肉厚感。但如果太低则微孔大而壁薄，凝固后革体无骨架感，手感空松扁薄。浆料黏度小，易流动，严重时浆料会发生沉降。

不同产品，其风格质量不一，需用的聚氨酯浓度也不同。一般情况下超纤鞋革浓度控制在 18％～20％左右；而绒面型产品浓度一般在 14％左右。

3. 非织造布质量

非织造布质量对浸渍效果影响非常大，如棉结、幅宽波动、断针、针迹、平整度、硬丝、CV 值、卷边等。其中对浸渍工艺影响较大的因素主要是平均密度、密度不匀率、表面平整性和针迹、厚度不匀。

① 平均密度。非织造布平均密度直接决定了 PU 含浸量。布密度大则纤维间空隙小，浸渍时填充的 PU 浆料也少，反之亦然。增大布密度在一定程度上有利于改善合成革的仿真效果，但是由于加工工艺与设备的限制，密度并非可以无限增加，如针刺法非织造布，适度提高针刺密度可以提高布密度，但增加过大则造成纤维损伤甚至刺断纤维，使强力大幅下降。

② 密度不匀率。非织造布是无规成网，靠多层叠加消除厚薄点。如控制不当会出现较大的纵向或横向的密度差异，即有的点纤维多密度大，而有的点纤维少密度小。在浸渍时，纤维少的点会进入较多的树脂，凝固后基布表面出现明显的 PU 亮斑，斑块与周围纤维形成鲜明对比；如果在基布内部，则形成较大的 PU 凝固点，微孔结构受到影响。

③ 表面平整性和针迹。非织造布在加工过程中要消除针迹，提高表面平整性。如果这些缺陷带到浸渍工序，直接的结果是表面的纤维与树脂分布不匀，会存在点状差别，造成表面的粗糙感。尤其是针迹对基布的影响非常严重，表面会形成明显的规律性横纹或斜纹，而这种纹路不管是经过磨皮还是造面，都是无法消除的。

④ 厚度不匀。浸渍是强制性的，通过轧辊间隙实现，而间隙是根据厚度提前设定的。如果非织造布厚度不匀，经过轧辊时，厚的地方压榨大，含液率低，而薄点挤压小，PU 含量高，造成整体的浸渍不匀。

4. 工艺条件的影响

① 聚氨酯树脂的使用温度。温度对聚氨酯树脂的影响是通过其黏度变化实现的。温度高则树脂黏度降低，温度低树脂黏度升高。在使用过程中，为了保持黏度的稳定性，通常在浸

渍机夹套中通热水加热。尤其是北方地区的冬天，必须加热。

② 轧辊间隙与压力控制。浸渍过程中最重要的是要保证树脂的渗透与含浸量，这个过程主要通过轧辊间隙与压力的控制进行强制渗透。间隙与压力的调整既要保证浸渍液的充分渗透，又要保证基布的含液率。基布因为不同的用途需要不同的 PU 含量，通常在浸渍结束时要通过轧辊轧液来实现。间隙控制有基本规律：间隙大，压入效果小而含液量大；间隙小，压入效果大但含液量少。另外要注意的是，轧辊两侧压力必须均衡，否则出现基布两侧含液率不同。

③ 浸渍液槽内液位与内部循环。非织造布在浸渍液中的运行直接影响浸渍效果，要定时检查浸渍液的液位及时补充，以保证浸渍效果。水平通过时如槽内液位不足，下辊则无法带液到非织造布背面或带液不足，造成浸渍不良；槽式浸渍法如液位不足，则非织造布在浸渍液中停留时间短，会出现渗透不够的现象。

在浸渍过程中，槽内液体的黏度并不是一成不变或整体一致的。如非织造布所带的处理剂（如 PVA）或纤维碎片会部分进入浸渍液中，积累过多会造成局部黏度升高，新液与旧液的比例不同黏度也不相同。这两种情况都会造成槽内浸渍液的局部不均匀性，尤其是开车周期比较长的情况下，容易引起浸渍不良和前后基布质量的差异，因此通常进行槽内浸渍液自身循环，及时与新液混合，并消除局部差异。

④ 刮刀控制。基布经过轧辊后，树脂在表面上仍有残留，不清除的话凝固后会形成树脂膜。通常在最后一组轧辊后面，基布的正反面安装上下刮刀，通过刮刀高度与角度的变化，将附着在基布表面的浆料刮净。刮刀要随基布张力大小随时调节，刮液过强易使基布表面起毛，过弱则基布表面含树脂多。通常以基布表面无残余液、不起毛为基准进行控制。如果是绒面品种，可使刮液状态更强一些，以保证表面有更多的纤维分布。刮刀需要定期观察清理，避免带有异物影响表观质量。

⑤ 环境因素影响。浸渍过程应在排气封闭体系中进行，首先是防止车间湿气浸入凝固结皮影响质量，尤其是湿气在槽体上部遇冷凝聚成水滴，落到基布上则成为明显的点状凝固斑，严重影响产品质量。其次，将散发出的 DMF 气体排出车间，可以保证安全生产和工作人员的身体健康。

第四节　涂层工艺

一、涂层概述

广义的涂层定义是在织物表面均匀地涂布一层（或多层）高分子成膜物，从而赋予织物以一种或数种功能的一种表面加工技术。被涂层的织物叫做"底布"，常用涤纶、锦纶、维纶、棉、黏胶等纤维的制品，可以是机织物、针织物或非织造布等。作为连续膜的高聚物叫做"涂层剂"，目前我国所使用的主要是聚丙烯酸酯类、聚氨酯类、聚氯乙烯类、天然和合成橡胶类、有机硅类、聚四氟乙烯等。

涂层技术是功能性高分子聚合物加工的一个应用分支，必须与涂层机械设备、化工新材料等紧密结合，才能取得较快的发展。通过涂层技术可以赋予基质材料新的功能、新的用途、新的流行感。涂层加工目的。

① 改变外观与色泽：如珠光、仿皮外观、反光、高光、亚光；
② 改变风格与手感：柔软、丰满、硬挺、高弹、仿麂皮手感；
③ 增加功能：防水透湿、阻燃、防紫外线、防辐射、耐高温、电磁屏蔽、热绝缘等。

涂层加工产品应用领域广泛，主要有服装类，如功能性户外运动服、赛车服、风雨衣、羽绒服、劳防服等；工业布类，如篷盖布、土工布、汽车安全气囊涂层、防滑涂层布、高弹涂层布；仿皮材料，如合成革、麂皮绒、牛巴革等。

在合成革工业中，广义的涂层定义包括湿法涂层、表面处理、直接干法涂层、转移涂层等加工工艺。根据涂层加工的方式分为直接涂布法和间接涂布法（转移法）两类。直接涂布法是将涂层剂用物理机械方法直接均匀地涂布到底布表面；间接涂布法是先将涂层剂涂在离型纸或其他载体上形成均匀连续的薄膜，然后与底布粘合，烘干固化后将载体剥离，涂层膜转移到底布上。以皮膜形成的方式又可分为干法涂层及湿法涂层，这是合成革常用的分类方法。干法涂层是经过热处理使涂层剂干燥固化成膜的方法。湿法涂层又称为凝固法涂层，用聚氨酯作涂层剂，经过水与溶剂的交换使聚氨酯固化成膜。

狭义的涂层通常指湿法涂层。是指在底布（或浸渍基布）表面涂层 PU 树脂，经过凝固、水洗、烘干等工序，成为表面平滑、多孔、透气性良好、手感丰满、与天然皮革性能相似的湿法革。它透气性好，耐油、耐寒、耐折及耐磨性能优越，广泛用作服装、鞋类及箱包等。

二、 涂层方法

涂层加工方式有很多种，将涂层剂涂布在基布上的装置称为涂布器，也称涂头。它的最基本形式有刀式涂布器与辊式涂布器。刀式与辊式可以单独使用，也可联合使用，组成刀辊式混合涂布器。

各种涂头有各自最适合的加工方法。不管哪种涂头，精度是第一位的，即涂布量必须做到稳定可控，在布的纵横向及各局部点，涂布量应均一。合成革湿法涂层最常用的是刮刀涂层法，其次还有辊式涂层法和圆网涂层法。

1. 刮刀涂层法

刮刀涂层法简称刮涂，是使用各种刮刀在基布表面涂布涂层剂。刮涂是传统的也是最常用的湿法涂层加工工艺。刮刀、辊筒、张力辊是其基本构成。刮刀的刀刃有多种形状，一般分为三个类型：尖刀、圆刀和钩刀，见图 5-7。刀刃形状的选择主要是根据涂层厚度及涂层剂的黏度确定。

尖刀也叫楔刀，刀刃与织物接触面积小，涂层在刃口下停留时间短，刀刃对涂层剂压力大，适合非常薄的涂层，多用浮刀法涂层。

圆刀种类比较多，包括半圆形、弧形、月牙形、弯钩形等。因它是弧形较厚的刀刃，涂层剂在刀刃下有较长的受压和流动时间，对涂层剂的剪切力大，所以适合高黏度、涂层量大的涂层，常用于贴辊（板）刮刀法。

钩刀因其形状特点有鹰嘴钩刀、液滴刀、逗号刀等。有板式的，也有辊式（逗号辊）的。其弧度比圆刀大，刃口直线度误差小，适合精密涂布及单刀大涂布量工艺。由于它背部的钓槽，能使涂料落入进去、而不致于重新落到涂层织物上，使涂层均匀无疵点。

刮涂涂层量和均匀度主要取决于涂刀的安装位置及涂刀与涂辊间的隔距。采用气动微调机构来调节和控制刮刀的位置，刮刀位置低、刀口薄，则涂层薄；反之则厚。

刮涂具有结构简单、应用面广的优点。但是涂层厚度与均匀性控制难度大，对系统张力、速度、角度等综合稳定性要求高，主要有贴辊（板）刮刀法及浮刀涂层法两大类。

（1）贴辊（板）刮刀法　贴辊刮刀法（图 5-8）涂头由支撑辊筒（板）、刮刀、挡浆板组成。这类涂层方法是将刮刀安置在辊筒的上面，在基布通过支撑辊时进行涂层，通过调节刮刀与辊筒的间隙调节涂布量。涂层质量的好坏与刀的角度、车速、涂层剂的黏度与涂层刀的精度有关。

贴辊刮刀法使用的刮刀一般有圆刀和钩刀两种。圆刀有较厚的弧形刀刃，涂层时浆料有较长的手压与流动时间，并且刀刃对浆料的剪切力很小，因此适合生产涂布量较大的产品。

刮刀需要配置气动升降，避免基布接头通过或生产异常时损害刀刃。

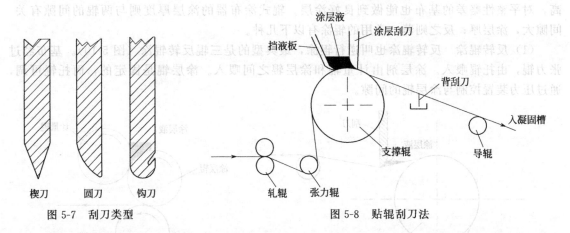

图 5-7 刮刀类型   图 5-8 贴辊刮刀法

支撑辊通常采用硬质钢辊，尺寸一般为 $\Phi300\text{mm}\times2000\text{mm}$，保证支撑辊运行稳定，并能部分消除系统中的波动，所以涂层厚度容易控制，稳定性好。目前较多的还有衬板法，以板代替辊。平板固定，涂刀可移动。当涂刀在板上面时，成为衬板法；当涂刀离开板后，平板变成张力机构，成为浮刀法；还可利用板前的弧度与涂刀位置，做成半浮刀法。调节方便简洁。

挡浆板一般采用圆弧设计，方便基布接头通过。在涂层结束后，一般在背面安装背刮刀，目的是刮除沉降或渗透的浆料，避免背面形成树脂膜。

贴辊刮刀法可涂布黏度较大的涂层液，涂布量通过调节刀刃与辊之间的间隙来调整，也可更换刮刀型号来得到不同程度的涂敷量。同时贴辊刮刀法刮刀对基布施加的张力较小，运行平稳。贴辊刮刀法是目前合成革工业普遍采用的刮涂方法，尤其适合"浸渍-涂层"或"浸渍-凝固-涂层"工艺。

(2) 浮刀涂层法 浮刀涂层法（图 5-9）是在移动的基布平面上直接放置刮刀，涂层浆在基布与刮刀之间。通过刮刀对基布的向下压力进行涂布。涂头一般由两个托布辊、刮刀、挡浆板组成。浮刀法的主要特点是刮刀下方直接是基布。将涂层剂直接加到基布上，用刮刀刮平。涂布时根据刮刀的厚度和角度，以及由调节辊调节基布的张力来控制涂层浆的涂布量。基布的张力可调节张力辊来控制。

浮刀涂层法一般采用锐角刮刀，与基布的接触面少，刀刃下涂层剂厚度薄，因此涂布量少，接触时间短则浆料的渗透少。浮刀法在涂层过程中刮刀对基布保持较大的压力，因此基布形成 V 形，基布承受的张力大则容易变形。浮刀法工艺对系统的张力稳定要求很高，张力的波动容易造成横条、渗浆等缺陷。为使基布在运转过程中张力恒定可控，一般在进布后设置进布拖布轧辊，并与最后的刮涂拖布辊同步运行。

浮刀涂刮主要用于精细涂层，可使涂层浆的涂布量达到非常小的程度，适用于加工极薄型涂层和基布的打底涂层。但其涂布均匀性较差，一般用于加工伞布、运动服和便服面料等。影响涂层质量的因素有基布的张力、刮刀的精度与角度、加工速度以及浆料黏度等。涂布量主要与涂层剂的黏度、刮刀的定位即刀口与被衬辊中心的距离、系统张力等有关。

浮刀涂刮经常采用锐角刮刀与圆形刮刀复合使用，即用锐角刮刀做底涂，用圆形刮刀做顶涂。

2. 辊式涂层法

辊式涂层简称辊涂，主要以转动的圆辊筒给基材施加涂层剂。它包括同向辊技术、反转辊技术、凹版涂层技术和浸渍辊技术。涂布辊有雕刻的凹印辊、线形辊、光滑的逆行辊。辊涂法最主要的优点是具有良好的涂布均匀性，能够计量地施加涂层剂，对底布的要求不是很高，对平整性略差的基布也能做到良好涂层。辊式涂布器的涂层厚度则与两辊的间隙有关。间隙大，涂层厚；反之则薄。常用的辊涂有以下几种。

（1）反转辊涂　反转辊涂也叫逆行辊涂，最典型的是三辊反转辊涂（图 5-10）。基布经过张力辊，由托辊喂入。涂层剂由计量辊和涂层辊之间喂入。涂层辊是固定的，而托辊可调，通过压力装置控制与涂层辊的间隙。

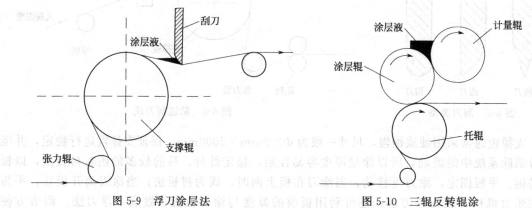

图 5-9　浮刀涂层法　　　　　　　　图 5-10　三辊反转辊涂

涂层过程中，三辊独立运转。计量辊转速慢，通过转动时的阻挡对涂层剂通过间隙的量起到调节作用。而涂层辊速度快，因此，两辊的间隙和相对速度大小是调节涂布量的关键。涂层辊与基布运行的相对速度也是可调的，如在基布运行速度一定情况下，调整涂层辊的速度也可以做到对涂布量的调整。所以控制三辊间的相对速度、间隙、浆料黏度是反转辊涂工艺的关键。

反转辊涂工艺中涂层剂黏度与涂布量都可在较大的范围内进行调整，但是对各辊的加工精度与安装精度要求很高，涂层辊带液量主要通过两辊间隙，如精度不高的话，直接导致涂布量不匀。

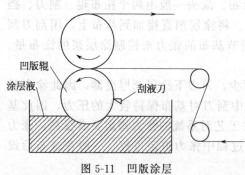

图 5-11　凹版涂层

（2）凹版涂层　凹版涂层（图 5-11）的核心设备是经过雕刻的凹版涂层辊。工作时涂层辊下部浸在浆料槽中，利用浸润与涂层液黏度，涂层液进入凹部，出槽后用刮刀去掉多余的液体，经过与基布的压合，涂层液均匀的转移到基布的表面。

凹版涂层工艺应用广泛，既可以做高涂布量的湿法涂层，也可以做低涂布量的干法表面涂层。可以单独使用，也可与其他涂层方式联合使用。几台不同涂布量的凹版涂层机可以串联使用，得到特殊的表面涂层效果。

凹版涂层的涂布量主要由涂层辊的凹孔数量及雕刻深度决定，数量多、雕刻深则带液量大。另外涂层液的黏度对带液量也有很大的影响。黏度过大则涂层液不易进入凹孔；黏度小则容易出现流浆。工作厚度（涂饰间隙）通过下压辊调节，涂层辊与下压辊之间的平行度是影响涂层质量的重要因素。

3. 圆网涂层法

圆网涂层原理：应用液体通过可透过的圆网作用于移动的基布上进行涂层，见图 5-12。刀片与支撑罗拉之间的切应力产生流体压力，它压迫液体穿过圆网，形成连续式涂层。此技术的特点主要由三个因素决定：圆网、刮刀、应用介质。

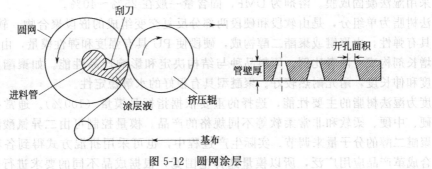

图 5-12 圆网涂层

圆网由电机驱动，刮刀不动，在刮刀和圆网之间安排一根送料管，把熔融体送进圆网。刮刀紧压圆网内壁，圆网压在基布上，基布压在辊筒上。液体涂层剂自动均匀地加到圆网内壁，经装在内壁内的特制刮刀透过圆网作用于移动的基布上，刀片与支撑罗拉之间的切应力产生流体压力，它压迫涂层剂穿过圆网，在基布上形成连续式涂层。

圆网是无接缝的有孔镍网，呈六边形网孔。涂层用的圆网是为每英寸 40～80 目。网孔数的选择是根据涂层剂的黏度、流动性能、涂布量等因素确定。圆网两端以闷头固定，以防涂层时圆网变形，能承受涂层时刮刀的压力。为了提高圆网的弹性，减少承受的压力，圆网要偏离支撑辊中心线安装。

圆网是决定涂布量的主要参数，涂层剂透过圆网受圆网孔的尺寸和形状影响。它的小孔产生一个流体压力的抵抗力，形成翻滚堆，这样它会控制涂层剂流率。当圆网孔的尺寸超过了特定的尺寸时，此功能将不能被维持，抵抗力太弱时涂层剂传输将失去控制。涂层剂在到达刀尖前已被挤压出圆网，移动到圆网和基布的夹缝间，并将会失去控制地扩展，玷污基布和圆网外面，这种效果称之为涂层剂预流。

刮刀安装在圆网中心线上的刮刀架上，刮刀采用铬、钼、钒、钢合金制造，具有摩擦系数小和可以任意调节角度的特点。通常刮刀由分配管和弹性刀片组成，并与管道连接。刮刀的主要功能是产生切应力，压迫涂层剂透过圆网作用于基布上。涂层时，刮刀的刀口和圆网的内圆相切，涂层剂被泵到刀片前形成一个翻滚堆，刮刀对涂层剂以施加压力为主，刮液为辅。刮刀压力和位置可以调节，以适应各种工艺要求。

圆网涂层的特点如下。

① 无张力加工。圆网的旋转速度与织物运行速度相同，圆网与织物之间没有摩擦，而刮刀式涂层产生的剪切力、压力及系统中的张力都会使基布结构发生变形，这是圆网涂层工艺的优势。

② 基于圆网和刀片的弹性，它可以灵活地适用于不同厚度的材料。

③ 对于粗糙不平、结构疏松的基布可以获得更好的涂层效果。

④ 圆网涂层可用于比刀涂更薄的涂层，最小的涂层间隙不受限制。

三、涂层剂

涂层剂是一种均匀涂布于基布表面的高分子类化合物，通过黏合作用，在基布表面形成一层或多层薄膜，改善基布的外观和风格，并增加附加功能。主要涂层剂为聚丙烯酸酯（PA）和聚氨酯（PU）两类。合成革最常用的是聚氨酯类涂层剂，主要是单组分聚氨酯树脂，另外添加各类表面活性剂、填料、色浆等调节剂。

1. 聚氨酯树脂

聚氨酯是涂层剂中的成膜物质，也是最重要的组分，目前湿法涂层使用的都是溶剂型聚氨酯，采用湿法凝固成膜。溶剂为 DMF，固含量一般在 25%～40%。

湿法树脂为单组分，是由软段和硬段两部分反复交变组成的嵌段聚合物。软段部分使 PU 柔软而具有弹性，由聚醚或聚酯二醇构成，硬段使 PU 具有强度和弹性模量，由各种二异氰酸酯和链增长剂构成。两者比例、原料品种与结构决定和影响产品性能。如聚酯型具有优良的成膜强度和伸长度，耐光耐热较好。聚醚型具有很好的水解稳定性。

硬度为湿法树脂的主要性能，选择的重要依据指标是模量（100%）。通常把树脂分成非常硬、硬、中硬、柔软和非常柔软等不同规格的产品。模量控制可由二异氰酸酯用量比例和聚酯、聚醚二醇的分子量来调节。实际生产过程中，也可采用拼混方式得到各种模量的混合树脂。合成革产品应用广泛，所以模量选择范围宽，根据成品不同的要求进行选择。低模量的手感柔软，但拉伸、摩擦等强力低，适合作为服装等。而高模量的强力大、耐摩擦，但手感较硬，适合作为鞋革、箱包革等品种。由于树脂的模量是制成无孔膜测定的，而湿法涂层是微孔膜，因此涂层剂的模量只能作为参考。

聚氨酯的结构与详细性能，将由单独章节详细阐述。

2. 溶剂

溶剂的作用是将成膜物质溶解，在成膜物质形成固态时要分离出去。作为溶剂要具有溶解、稀释、分散成膜物质的作用。

DMF 是聚氨酯的良溶剂，可用于溶解及稀释聚氨酯树脂，调整涂层液的黏度。DMF 可与水无限混溶，在凝固过程中进入水中，促进聚氨酯成膜。

3. 表面活性剂

表面活性剂直接影响凝固过程中双向扩散速率。通常使用阴离子和非离子表面活性剂。阴离子表面活性剂能促进 DMF-H_2O 的渗透与扩散，加速凝固。非离子表面活性剂使凝固成膜过程延长，使中心的 DMF 及时扩散，形成缓慢凝固。

阴离子表面活性剂通常采用的是 OT-70、SD-10 等，具有亲水性，形成球形泡孔，加入量在 0.5%～1% 之间，量大则表面致密层变薄，平滑性下降。

非离子表面活性剂通常采用的是 S-60、S-80 等，具有疏水性，形成针状或指形孔，加入量为 1%～2%，量大则影响凝固速度。

4. 填料

填料的作用首先是降低成本，另外也可以形成凝固时的"晶核"作用，加快凝固。常用的是纤维素粉和碳酸钙。不同型号纤维素粉的膨胀系数不同，在溶液中有的起到填充的作用，有的起到增黏的作用，细度要求一般要达到 400 目以上。适度的填料可以改善微孔结构，降低皮膜弹性，但是添加量大则会降低 PU 的理化性能。

5. 着色剂

一般使用颜料的分散体，要求颜料不溶于 DMF，分散颗粒要小于 $10\mu m$，载体与成膜 PU 有良好的相容性，通常加入量为 5%～12%。

6. 其他助剂

为了保证加工性能和涂层表观效果，一般在涂层液中加入少量的流平剂、消泡剂、防缩剂等，使涂层表面平整。另外，还可添加功能性助剂，使基布具有防水、耐水压、通气透湿、阻燃防污以及遮光反射等特殊功能。根据其功能主要分四类：

① 在形成涂层剂过程中起作用，即在配制涂料过程中起作用的助剂。有消泡剂、润湿剂、分散剂、乳化剂、发泡剂、增稠剂等；

② 改善涂膜性能、赋予涂层功能的助剂，如阻燃剂、防静电剂、防紫外线剂、防水解剂、防光氧化剂、防老化剂等；

③ 在涂层加工及成膜过程中起作用，如交联剂、固化剂、增塑剂等；

④ 便于涂料贮存、运输的助剂，如防沉淀剂、防冻剂、阻聚剂、稳定剂等。

四、 湿法涂层工艺

湿法涂层又称凝固涂层。将 PU 涂层液涂布于基布表面，进入"水-DMF"凝固浴，使 PU 凝固并形成具有微孔结构的薄膜。湿法凝固所形成的薄膜柔软并富有弹性，与基布结合牢度高，由于薄膜的多孔性，因此具有透湿和透气性能。表面的致密结构与微孔结构的配合使其具有良好的压花与印刷性能。从合成革加工工艺角度看，湿法涂层工艺主要有两大类：直接涂层与浸渍-涂层。

1. 直接涂层

直接涂层一般使用湿法涂层联合机（图 5-13），由卷放机、贮布机、涂层机、凝固槽、水洗槽、烘箱、卷取机组成。基本工艺为：基布预处理→刮涂→凝固→水洗→烘干→后加工。

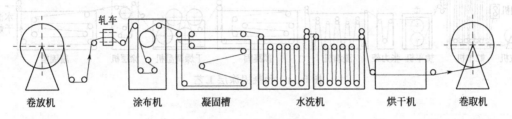

卷放机　　　　涂布机　　　凝固槽　　　　水洗机　　　　烘干机　　　卷取机

图 5-13 湿法直接涂层

直接涂层生产工艺相对简单，在涂层之前一般进行预处理，增加平整度和尺寸稳定性，减少涂层液背透现象，使涂层更加平整美观。在涂层时，根据产品要求采用刮涂或辊涂，也可是两者联合使用。如采用一次刮涂，涂层液的黏度要比较高，一般在 12000mPa·s 以上。若采用两次涂层则黏度可以降低，一般是先刮涂后辊涂。涂层后的基布经过凝固、水洗、烘干后成为半成品，转入后处理工序。

① 配制 PU 浆料。配料方法与浸渍液相同，但是涂层液黏度更高，分散效果要求更严格，尤其是要注意填料的分散，不能有一点结团。用 150 目过滤网过滤并进行真空脱泡后使用。

② 底布预处理

a. 浸水处理。底布大多为起毛机织布或弹力布，适用于单刮类产品。需要经过 DMF 水溶液浸渍处理并轧干，通过加热的调湿轮控制底布表面湿度与均匀度。浸水处理的作用主要是提高底布湿度，防止浆料渗入，产生透底现象。另外可以改善底布的亲水性，提高涂层的外观质量。

b. 热处理。底布大多为起毛机织布、水刺非织造布，适用于渗透类产品，在布涂前一定要经过热处理才可以防止基布变形。底布经过预烫平后直接涂布，要求浆料渗到背面。热处理可以使用烘箱和轧辊完成，也可以在印刷机上在 130℃下处理 1~3min 即可。

③ 涂层。处理后的底布在一定张力下通过涂层机，采用刀涂或辊涂把浆料混均匀地涂覆在底布上。在使用起毛布为底基时，要注意确认起毛状态和起毛的方向，保持顺毛涂覆。涂层的宽度要保持稳定，达到工艺要求的有效幅宽。涂层的厚度太薄会出现露底，涂层表面粗糙无弹性，涂层太厚则凝固缓慢，出现泡孔不匀及剥离强度下降等缺陷。

做刮涂时刮刀的选择很重要，如果底布薄要选择薄型刮刀，刀片厚则容易渗浆。刀片和接料板的距离要调整合适，如刀与板底部距离短则渗透力会很弱，距离长则渗透力会很强，所以要根据产品要求调整刀片和接料板之间的距离。通常刮涂时以车速为基准进行调整，当车速为 10m/min 时，间距为 1cm，这可作为参考数据。刮刀、刮涂辊及接料板必须保持平行，否则在加工过程中会出现横向的左右涂布量偏差问题。

　　直接涂层主要包括单刮类和渗透类。单刮类底布主要是起毛布或弹力布，经过浸水、调湿后涂布 PU 浆，通常 PU 含量控制在 13%～16%，黏度 4000～10000mPa·s/(25℃)。优点是产品表面平整，抗皱性好，厚度均匀性好。缺点是手感空松、背面及断面底布纱线结构明显，裁剪时易露线头。渗透类底布大多选择起毛机织布、薄型水刺无纺布，浆料渗到背面。通常 PU 含量控制在 12% 左右，黏度 1500～2500mPa·s/(25℃)。优点是产品表面具有刮涂类产品的平整性及抗皱性，背面有浸渍产品的丰满手感和弹性。缺点是表面质量受底布影响太大，工艺控制稳定性较差。

2. 浸渍-涂层工艺

　　浸渍-涂层工艺是合成革最常使用的涂层方法。包括预凝固涂层（图 5-14）和浸渍-涂层一步法（图 5-15）两大类。

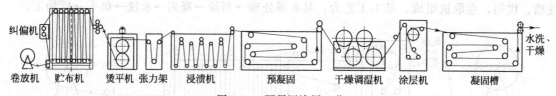

图 5-14　预凝固涂层工艺

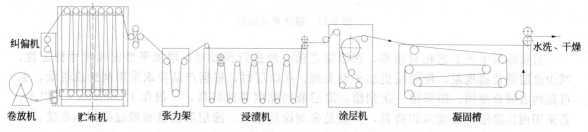

图 5-15　浸渍-涂层一步法工艺

　　① 预凝固涂层类。预凝固类底布大多选择起毛机织布或非织造布，底布进入后，在浸渍槽充分而均匀的含浸 PU 浆料，在出口时轧辊施加很大压力，将浸渍液大量挤出，再进入预凝固槽将浸渍液进行凝固。出口的轧辊会把凝固好的底布挤干，通过加热的调湿轮控制底布表面湿度、均匀度，然后涂布 PU 浆，再进入凝固槽进行凝固。

　　基本流程：底布→浸渍→预凝固→干燥调湿→涂层→凝固→水洗→烘干。

　　预凝固类产品通常采用刮涂。浸渍后要求基布中 PU 含量低，所以除了加大压轧外，浸渍液中的 PU 含量也很低，一般控制在 4%～8%。涂层液中 PU 含量控制在 16% 以上，黏度 8000～20000mPa·s/(25℃)。预凝固类产品表面抗皱性好，具有一定弹性。涂层界面清晰，剥离强度不是很高。手感略偏硬，甚至会有纸感。

　　② 浸渍-涂层一步法。该方法流程简单，一次成型。通常是在正常的浸渍生产线加装涂层机即可，可实现浸渍类产品与涂层类产品的迅速切换。国内超纤革生产线基本采用此配置。

　　基本流程：底布→浸渍→刮涂→凝固→水洗→烘干。

　　底布大多用非织造布，底布经过浸渍后直接进行涂布，再进入凝固槽进行凝固。通常涂层 PU 含量控制在 18%～22%，黏度 10000～20000mPa·s/(25℃)。

　　一次法产品表面具有刮涂类产品平整、抗皱性好的特点，背面有浸渍类产品的丰满手感，背面基布被覆盖，厚度均匀，截面没有明显的涂层分界线。一次法工艺控制难度大，影响因素多，收率相对较低。

五、涂层控制要素

1. 刮刀的选择

刮涂是合成革加工中最主要的涂层方式，因此刮刀对涂层加工具有决定性影响。常用的刮刀主要有以下几种。

① 平刮刀。指刮涂部位为平滑状态，以刀尖宽度的不同来分几种。平刮刀一般用于薄涂层或防止渗浆时，服装革、织物涂层等常用平刮刀。

② 圆刮刀。指刮涂部位是圆形的。多用于起毛布或非织造布，因为渗透力很强，主要用于高剥离品种。

③ 弧型刮刀。刮涂部位曲线长而深，渗透力强。用于高密度非织造布。

刮刀一定要保持平直，刀身不能有形变，刀口不得有损伤，即使有轻微损伤，也易造成涂层中条痕等疵病的产生。

2. 涂头控制

刮涂时刀片和挡料板的距离。刀片、挡料板及底布形成涂层液料槽，涂层液的渗透状况与底布的接触时间有关。如果刀片与挡料板之间距离短，涂层液与底布接触时间短，渗透力会很弱，如果距离长的话渗透力会很强，所以要调整好两者之间的距离及车速，进而调整渗透程度。

涂层剂在涂层过程中的渗透力主要是两种作用：底布毛细管作用；涂层时外力作用。如果是直接涂层，底布的毛细效应较强，则二者共同决定渗透距离。如果是浸渍-涂层，底布的毛细效应基本可以忽略不计，即涂层施加的外力远大于毛细管渗透力，则渗透作用主要取决于外力。

涂层宽度要略大于产品要求宽度，底布两侧的涂层由于边缘效应，厚度及发泡状况与整体略有不同，通常在成品中予以裁除。涂层时各辊和刮刀要保持水平，保持在幅宽方向涂层均匀。

涂层设备探边装置灵敏度不足，预涂层半成品存在破边、脱针、掉铗等疵病时易产生布边漏胶现象，因此涂层半成品的质量必须从严把关。如遇毛边织物，由于毛边影响光电探边装置对边缘的识别，因此更容易出现布边漏胶现象。应将涂层头两端挡料板各内调 0.5cm，即可较好地解决布边漏胶的疵病。

涂层量主要由刀辊间隙、车速及黏度确定。车速通常是固定因素，车速越高涂布量就越少。主要调整方法是通过间隙和黏度调整。间隙大则涂布量大，而涂层剂的黏度越大，流动性差，涂布量就越多，反之就越少。几个因素要综合调配，达到合理的涂布量。

3. 含浸控制

底布在浸渍槽中经多次浸轧，使浸渍液充分渗入纤维之间，出最后轧点后，由刮刀将背面浆液刮去，再进行涂层。含浸控制直接影响最终的涂层效果。

浸渍量是影响涂层的最主要因素，所以最后轧点的间隙控制在底布厚度的120%左右，表面刮液状态以不起毛为准。含浸量多则剥离强度会略有降低，表面平滑性优良，基本没有起毛现象，加工速度慢，厚度保持较好。含浸量低则相反。

4. 涂层剂调整

在湿法涂层工艺中，要根据最终产品的用途及风格调整树脂的软硬度。当树脂整体模量低时，膜的断裂伸长率明显增大，薄膜厚度下降。因为软段比例较大则凝固时的凝聚力较小，涂层的凝胶化速度变小，薄膜的结构变得不利于水分子的通过，透湿性能有所下降。

涂层中树脂的浓度和DMF的用量是成反比的，其比例决定了涂层微孔的密度。树脂浓度大，形成的表面皮膜密度大，微孔小但孔壁厚，成品相对弹性小，手感厚实，剥离强度高，但是透气透湿性能随之降低。树脂浓度大时，工作液的黏度也大，不利于均匀涂刮和渗透。树脂浓度太低则相反。因此在设计配方时，应根据产品的最终要求及生产条件来确定相应的配比和固含量。

另外，聚氨酯还有很多特性与种类，如防水透湿的、耐水解的、耐热的、快速凝固的等等，都应根据产品的质量要求选用合适的聚氨酯和优选工艺条件。

六、 质量控制

1. 剥离强度

剥离强度是表征涂层与基布之间黏结强度的重要参数。如果涂层剥离强度低，首先要确定剥离时断裂发生的部位。一般有两类：涂层的泡孔层；涂层与基布的黏结部位。而这两类发生的原因与解决方法完全不同。如果发生在泡孔层，则说明是涂层自身的强度问题，主要是泡孔过大、填料过多、树脂自身强度低等因素。如果发生在黏结部位，则主要是工艺问题，主要是涂层树脂渗透过低、基布过湿、黏结面积小等。

① 材料因素。首先因材料自身强度因素造成整体剥离强度降低。其次如果树脂中填料过多，使涂层皮膜强度下降。尤其是无机填料，如碳酸钙、二氧化硅等，添加过多会使皮膜强度急剧下降。这两种原因经常导致的是从涂层中间剥离。

② 工艺因素。涂层液中树脂含量低，或者凝固条件过强，涂层皮膜与底布的界面连接处形成大泡孔或者空洞，因连接点减少而导致剥离强度下降。布的表面过度处理，如三防处理会导致界面相容性差；烫平、轧光、调湿水分过多，树脂与纤维黏结面积小，从而导致剥离强度降低。

2. 色差

出现横向色差主要是涂层在宽度方向涂布不匀。首先要保持张力平稳均匀，保持涂布时的布面平整。其次是涂层刀因长期使用的磨损出现弧度，此时要磨平涂层刀的刀口。涂层刀与工作辊不平行也可使涂布不匀导致横向色差。

色浆中颜料分散不良，或者因储存期过长而导致颜料粒子团聚，在涂层中会造成点状色差。剩余色浆尽量不要用，配制浆料时应采用高速搅拌机并适当延长搅拌时间，以保证微粒均匀地分散。同时将涂层液或色浆以150目以上的丝网过滤。

3. 露底与透胶

露底指涂层液无法完全遮盖底布。首先检查底布平整性，如果厚度偏差过大应及时更换；其次调整刀辊间隙，适度提高涂布量；调整涂层剂黏度，提高浆料的黏度与流平性。透胶主要是底布结构过于疏松，涂层剂黏度过低、车速过低，刮刀压力过大。

4. 刀线

刀线是指涂层在底布运动方向上形成的有规律的连续的划伤。出现刀线主要是刮刀损伤或者杂质划伤，严重影响正品率。

定时检查涂层刀口是否沾有纤维、杂质、浆皮等，及时清理，清理时要用专门工具清理全宽。开车前检查刀口是否有损伤、变形，及时更换。

涂层剂要充分搅拌、过滤。剩浆应密封保管，存放以不超过48h为宜，再次使用前必须重新搅拌过滤。

保持布面的整洁。特殊品种要采取一定的刷毛、吸尘、清洁措施。

5. 波纹

波纹是指涂层表面出现较大的断续的弧形凝固痕迹，通常发生在横向。主要产生原因有以下几点。

① 涂层液的流平性。基布在进入凝固液时都有一定角度，当表面的涂层液在倾斜时相对

于底布产生流动,产生涂层不匀,凝固时通常形成较大弧形纹。因此涂层液要具有良好的流平性,并要尽量缩短入水距离。

② 凝固液面波动。基布刚入凝固液时表面的PU会立即凝固,因此凝固液入口处的液面稳定非常重要,如果有波纹,则会在涂层表面形成横向的不规则的凝固斑纹。消除波动首先要保证设备运行稳定无抖动。基布张力太大也会产生抖动,震动直接会传到水面引起水波动,所以系统的张力要调整适度。另外投入口吃水线的凝固液表面张力大时也容易产生波纹,可适当添加一点硅油,降低表面张力。

③ 温度与湿度影响。涂层液和凝固液的温度差异在入水时会形成水波动现象。如果空气中湿度大,而涂层后到入水前距离较长,则PU会因为DMF吸湿而提前凝固,在入水后则会改变凝固速度而使表面产生斑纹,这种斑纹比较杂乱无规则。

6. 起毛

起毛是指底布的纤维露出涂层。产生的原因主要有以下几点。

① 底布烫平不充分或者是PVA上浆量过低。表面的纤维因自身刚性弹起而未达到要求的平整度,尽管涂层工艺正常,但仍会有大量起毛现象。尤其是涤纶纤维,自身刚性大,起毛现象突出。

② 浸渍时刮液过大。经过处理的平整的底布进入浸渍机后,在轧辊的压力和浸渍液的浸泡下,纤维会比较松散。液切在刮除表面PU的同时,如果力量过大很容易使底布表面的纤维起毛,涂层后仍无法遮盖的纤维会部分露于表面。

③ 涂层厚度异常。在涂层厚度变薄的情况下,纤维露出涂层。出现这种情况首先需要检查涂层液黏度和涂布量。另外因底布厚度差异过大也会导致局部的涂层厚度差异,产生局部的起毛现象。

7. 针孔与缩孔

导致针孔的原因很多,主要原因有:涂层剂脱泡不良,凝固后在表面造成空气针孔;涂头与底布间隙过大导致空气混入;因填料团聚或PU凝胶,凝固后脱落形成的针孔;单涂层或预凝固涂层类的底布含水量大,涂层后在凝固过程中易产生气泡或鸡爪纹;涂层剂流平性差,或者干燥过快,会因为PU收缩而形成针孔。

缩孔指的是在PU表面上由低表面张力点引起的特殊缺陷,即液体从低表面张力点流到高表面张力点形成缩孔。低表面张力点由空气中的灰尘、油滴、凝胶颗粒产生,液体会以很快速度从低表面张力点流出。由于表层液体的快速流动和底层液体的拖曳,缩孔的边缘升高,常常可以观察到有个"峰尖"保持在缩孔的正中,而实际上中心部位是很薄的。

第五节　凝固与水洗

一、基布凝固工艺

凝固的目的是将液态聚氨酯溶液中的溶剂除掉,形成特定的聚集态结构的固态膜。通常包括预凝固和主凝固两部分,见图5-16。

1. 工艺流程

凝固槽有导辊式和针板布铗式两种。

导辊式是合成革最常用的方法。基布按顺序穿过各种辊子,依靠主动辊提供前进动力,张力辊保持运行稳定。导辊式结构简单,设备投资低,适宜加工厚密且尺寸稳定性好的基布。

针板布铗式用针板链条挂住基布布边进入凝固槽,布铗的作用是将布边扣在针板上,以防基布在凝固槽中运行时从针板上脱落。涂层基布正反两面均匀地接触凝固液,布面平整,

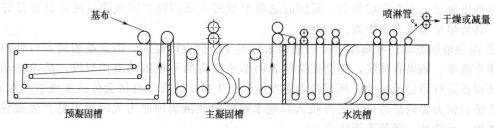

图 5-16　凝固与水洗工艺流程

经纬向张力可以调节，常用于加工一些织组织比较疏松、易于拉伸变形的基布。

2. 基布预凝固

基布出浸渍机后首先进入预凝固槽。在刚进入凝固液时的表面凝固，对产品的质量影响最大。凝固液是水与 DMF 的混合物，要求具有稳定的浓度与温度，否则将对 PU 的微孔结构造成影响。

基布在进入凝固液的初始阶段，DMF 大量析出，在入口部分形成局部的高浓度 DMF 液，浓度的增大直接影响凝固速度，对涂层产品来说易在表面形成凝固斑。因此在入口处要安装溢流及循环系统，及时带走高浓度 DMF，对整个槽体的凝固液进行循环、混合、过滤，形成稳定的凝固浓度。为保证凝固速度稳定，预凝固槽有温度控制装置，保持稳定的凝固温度。

预凝固的布道走向要始终保持正面不接触导辊，因为涂层品种在预凝固槽中表面虽已凝固，但内层尚未彻底凝固，内部具有一定流动性，与辊接触则表面将被破坏，影响涂层面的平整度。为了保证达到规定的凝固时间，则需要较大容积的凝固槽。以凝固时间 10min、车速 5m/min 计算，则凝固槽长度要在 50m 以上。倘要提高车速则凝固槽还要加长，这在生产中是不可取的。考虑到选用的基布比较厚密，尺寸稳定性好，强力比较高，采用导辊式导布装置设计简单，操作方便。为解决占地过大问题，凝固浴中的穿布路线设计为"S"形。在未达到规定的凝固时间前，只有反面接触导辊。

3. 基布主凝固

基布出预凝固槽后完成了基本凝固，进入主凝固槽。该槽特点是凝固液浓度低、布道长。由多对轧辊和大量导辊构成，基布在槽内经过不断浸轧，PU 完全凝固。主凝固是预凝固的继续，但无加热装置，靠水洗装置的溢流温水维持一定的温度，开车前只加水，而不加 DMF，其浓度是运转过程中由基布从预凝固中带入，主凝固工艺条件则相对要求宽松一点。

凝固过程中基布应有适宜均匀的张力。如张力松，由于导辊间距离长，基布易于下垂，严重时会跑偏起皱。如张力偏高，则基布上的聚氨酯浆会挤入凝固浴，不仅影响产品质量，还给 DMF 分离回收带来困难。在湿法成膜过程中，聚氨酯的体积会有所收缩，这是因为 DMF 的扩散速率大于水的浸入速率，聚氨酯在边减少体积的情况下边成膜，这样易使基布产生卷曲，影响加工的顺利进行。一旦产生卷曲，未凝固的聚氨酯相互粘连，很难分离，即使分离也已成为不可挽救的次品。因此在凝固浴中，要对基布均匀地施以适当张力，以防卷曲的产生。

凝固槽的针夹式导布装置使布在凝固过程中，经、纬向都有一定的张力，这一点优于导辊式，不仅可避免产生卷曲，还特别适用于针织布、非织造布等对张力敏感的基布，可以防止变形。不过这种导布装置，对机械设计和机械制造要求较高，上针、脱针要求严格，还必须有切边装置，以便将涂层后的不平整的布边切去，才能保证产品外观质量。

4. 凝固液

凝固液的主要成分是一定浓度的水与 DMF 的混合液。PU 浆料内及凝固浴中 DMF 的浓度差，决定了双扩散速率和微孔膜的质量。当凝固浴中 DMF 含量增加，亦即浓度差减小时，扩散速率缓慢，凝固时间延长。为了兼顾凝固时间、皮膜质量和提高 DMF 回收率几个方面因素，凝固浴中 DMF 浓度宜控制在 20%～35%。

在凝固与水洗系统，凝固液通常采用逆向溢流的方法。溢流遵循从低浓度向高浓度的原则。工艺水从最后一个水洗槽加入，沿基布行进相反的方向溢流。从第一个水洗槽再溢流进主凝固槽，主凝固槽同样为逆向溢流进预凝固槽。最后预凝固槽中的高浓度 DMF 液溢流到回收系统。由于各槽间存在一定的溢流高度差，因此可自动进行。

对于凝固液 DMF 浓度控制，以预凝固槽为核心，保持浓度的稳定。从总量控制角度看，预凝固溢流到回收工序的凝固液等于水洗工艺水加入量与基布带入的 DMF 量的和。根据车速及供料数据可计算出带入的 DMF 量，根据预凝固的浓度设定，可得出工艺水的加入量。由于凝固过程中存在的损耗和偏差，预凝固槽的浓度会有一定的波动，但由于凝固液总量大，这种波动比较缓慢，在可控范围内。通常浸渍品种对浓度变化的要求相对较松，偏差控制在 ±2%。而涂层品种对浓度变化敏感，过高过低都直接影响面层质量，因此偏差要控制在 ±0.5% 以内。对浓度的监控通常使用阿贝折射仪，每 2h 对投入口、预凝固槽、主凝固槽、水洗槽进行取样检测，通过增加或减少工艺水加入量达到设定浓度要求。

凝固浴中的水流方向和速度，要防止冲击未成膜的布面，一定要用软水。因为水中的重金属离子会影响聚氨酯性能，特别是铁离子，会使反复精馏回收的 DMF 中铁的含量越来越多而影响质量。

二、基布水洗工艺

水洗的目的是将凝固后的基布中残留的 DMF、表面活性剂等充分洗净，避免影响基布性能。

基布完全凝固后进入水洗槽。此时基布中还含有大量的 DMF 和助剂，DMF 如果不清洗干净，在后面的加工过程中将使 PU 重新局部溶解，产生"溶斑"现象，并破坏已经形成的微孔结构。助剂中如 PVA 有残留的话会使革手感变硬。水洗槽是由轧辊和导辊构成，基布在其中反复进行洗涤与挤压，充分去除 DMF 和助剂。

基布中含有的 DMF 浓度和洗涤长度（洗涤时间）的关系，如果用单对数曲线表示，大体成一直线关系，即残留 DMF 浓度对应于洗涤时间的变化是对数变化。

为了提高洗涤效果，洗涤时要保持一定温度。温度越高则洗涤效果越好，但是如果在洗涤初期温度过高（超过 90℃），则基布的外观和形态的变化大，同时基布的运行状态不稳定，易引起打折和压纹。因此在洗涤初期把温度降低，保持基布的形态和运行稳定，在洗涤后期把温度提高以补偿洗涤效果。各水洗槽的温度设定由低到高，以阶梯变化的形式，保持一定的温度梯度，外观质量与洗涤效果兼顾。

影响洗涤效果的另一个因素是轧辊的轧液率，因为采取的是浸轧反复进行的方式，所以轧液率和基布的含液率对洗涤效果有重要影响。基布含液率高，轧辊压力大，轧液率就高，基布中液体交换量多，洗涤效果好。但从产品质量和操作条件等方面看，基布在较大压力下不可避免地要有微小的厚度变动和密度变化。另外，压力大基布运行的稳定性会受到影响，对涂层产品还可能在表面产生压力纹。因此，要在保证质量和运行的前提下提高液体交换量。通常水洗液要求在出口时 DMF 浓度低于 1% 即可。

在水洗过程中，尤其是在水洗槽的后半部分，由于残留在基布中的 DMF 已经很少，因此基布在水洗水中停留的时间对 DMF 洗净程度的影响远不如挤压次数对其的影响大。因此，在水洗操作中，应十分重视基布的挤压作用。

水洗时基布是在较高的温度和压力下进行，所以基布的张力控制非常重要，否则会出现基布变形、运行不稳定，严重时会造成自动停车。

三、 原料对湿法凝固的影响

影响湿法凝固的因素很多，PU 凝固状态除了 PU 自身性能的因素以外，还与溶液组成、凝固工艺等有关，凝固控制决定了 PU 微孔膜的结构和宏观上的各项性能。

1. 树脂性能及配料条件

湿法成膜树脂通常采用 I 液型聚氨酯，具有凝集力强和凝固速度快的特点。分子结构由软段相与硬段相两部分组成，由于这两相的种类和比例、分子量及其分布等不同，树脂的模量、抗张强度、伸长率、成膜性等性能差异很大。湿法树脂在应用过程中主要控制以下条件。

① 树脂模量。树脂模量表征树脂的相对软硬度。模量低则成膜柔软，但低模量的树脂分子间的内聚力较弱，凝固速率较慢，其耐热性、拉伸强度及撕裂强度较差，伸长率高。反之则凝固时间短，成膜手感较硬，拉伸强度和撕裂强度大，但伸长率低。

树脂的选用要根据产品的要求来决定，通常采用几种树脂共混使用，平衡考虑树脂种类、模量、生产适应性等各种影响因素。

② 树脂含量。树脂含量越高，同等供液量下表面致密层的厚度就越大，内部 DMF 的扩散速率就越缓慢，于是生成了与指形孔不同的海绵结构。反之，树脂含量低，DMF 从树脂析出的量多，所成膜内的空间被水置换的机会越大，成膜的孔径越大，膜的力学性能越差。

③ 树脂黏度。黏度一方面影响 PU 树脂大分子线团的聚集，从而影响其成膜性能，另外也影响 DMF 与凝固浴中 H_2O 的双向扩散过程。因此适度的黏度控制是控制 PU 成膜的很好手段。

除了上述主要因素外，还要控制树脂的色素、凝胶、耐水解性、耐溶剂性等。

2. 凝固调节剂的影响

凝固调节剂通常指对 PU-DMF-H_2O 界面具有表面活性的助剂，起到引导凝固的作用。在树脂中添加部分凝固调节剂，达到提供凝固中心、变相界面张力、相容性等作用，从而提高或延迟凝固速率，达到调节成膜成孔的效果。根据调节剂的作用方式和原理，可分为结晶型、非结晶型和界面型。

① 结晶型调节剂。结晶型主要是依靠凝固调节剂在 PU 中形成结晶体而作用。凝固过程中，随着 PU 溶液中 DMF 不断扩散出来，由于凝固液温度要低于凝固调节剂的熔点，并且凝固调节剂不溶于凝固液，因而首先以结晶析出与 PU 相分离，并且占据一定的空间。这就使 PU 的溶液状态成为"掺砂"状的不均匀溶液。在这种胶状分散液向凝胶状态固化的过程中，凝固调节剂的结晶态就成为 PU 凝固的核心。使 PU 在其周围凝固下来，同时在凝固体的周围因大分子链的收缩造成一定的空隙。也就是说，聚氨酯包围着结晶进行凝固，从而在聚氨酯固化的过程中起到了作为高分子物质的分散稳定剂的作用。在随后的水洗工序，凝固调节剂被洗脱出来，它所占据的位置也形成一些与结晶形态类似的微孔结构。通常以结晶形态析出时形成针状微孔，以液滴态凝聚时所形成的微孔是粒状的。以结晶态析出还是液滴析出，取决于调节剂的熔点和凝固液的温度。低于熔点时以结晶形式作用，而高于熔点时以凝聚液滴形式作用，两者的作用机理相同，但前者的手感和柔软性好，后者的皮膜物理机械性能好。

另外，在凝固过程中，调节剂析出的结晶或液滴还起到阻碍延缓 PU 分子相互间迅速凝聚的作用，从而使 PU 凝固过程中的半凝固状态时间变长，给凝固液提供充分向里层渗透的时间，有利于内外层同时均匀地凝固，避免了因大分子凝聚太快而造成的大孔。

形成结晶的速率和结晶体成长的速度都直接影响到所形成的微细孔的构造，而结晶的形成和成长速率又与凝固液种类、温度、浓度以及 PU 溶液自身的配比等因素有着复杂的关系。当其他工艺条件确定后，凝固液的温度和浓度是影响凝固调节剂作用的关键因素。

② 非结晶型调节剂。非结晶型调节剂借助于在液态下进行液相分离，达到调节结构的目

的。凝固调节剂以液态凝聚分散到聚氨酯溶液层中，凝固时，凝固调节剂对凝固液的渗入比聚氨酯还敏感。在凝固初期，DMF最先析出，所以非结晶型调节剂能通过液体形式分散在半凝聚的PU溶液层内部，不久在其周围PU凝固并收缩，从而形成了空间。在凝固收缩前，在调节剂成均匀溶解的状态下，阻碍了聚氨酯原来的凝集，从而防止了大的气泡的产生。

非结晶型调节剂形成的海绵结构相互独立，因此其透气透湿性不太好，但撕裂强度和拉伸强度等性能优异。在某些条件下，非结晶型的凝固调节剂和结晶型凝固调节剂并用时，所生成的海绵状结构和这两种凝固调节剂单独使用所生成的海绵状结构相比较，从各自所形成的基布的透气性、透湿性、柔软性和强韧性各方面来看，还是采用复合凝固调节剂为好，即两种凝固调节剂并用为佳。

③ 界面型调节剂。界面型是通过表面活性剂的加入，改变各组分界面的张力和相容性而作用，从而影响DMF/H_2O之间的扩散速率，从而改变PU膜的结构。该方法也是合成革生产中最主要的调节方法。用于聚氨酯湿法成膜的表面活性剂主要有阴离子和非离子表面活性剂两类。

阴离子表面活性剂：它是一种亲水性的表面活性剂，由于其亲水性，降低了凝固界面的表面张力，使得膜表面迅速凝固成致密性膜。当凝固液进入膜的内部时，凝固迅速进行，因此所得的膜成孔大，孔壁也薄。

非离子表面活性剂：它是一种疏水性表面活性剂，由于具有疏水性，增大了凝固界面的表面张力，降低了凝固速率，延缓了表面致密层的形成，使膜内的DMF有充分的时间扩散出来，形成致密微细孔。

凝固调节剂在作用过程中必须与其他凝固条件配合，才能达到最佳效果。如凝固液的温度对结晶型凝固调节剂作用的影响是很明显的。因为温度的变化将直接决定调节剂是以结晶析出还是液态小液滴状析出，所以借助于凝固液温度调节析出速率的大小便能调整出不同的微孔结构。如果PU溶液中的DMF扩散非常迅速，凝固调节剂没有得到充分成长聚氨酯就已经凝固，这样就失去了添加凝固调节剂的意义。因此只有在合理的凝固速率下，调节剂才能发挥其应有的作用。

3. 添加剂的影响

在合成革湿法生产过程中，为了增加功能或降低成本，一般会加入一定量的色浆、填料等，诸如纤维素，轻质碳酸钙粉末等，在实际生产工艺中必须考虑到对PU成膜工艺的影响。

由于添加料中的颗粒非常细小，在PU凝固过程中为大分子凝集提供了成核点，从而在PU凝固成膜过程中起到了类似结晶体的作用。但是如果添加量过大，则会破坏PU膜的完整型，造成整体强力下降。

由于添加剂的种类、颗粒规格、形态不同，对聚氨酯溶液的黏度、凝固成膜性能的影响有显著的不同。如针叶林木浆所生产的纤维素，除了填充性能外，还能显著增加PU溶液的黏度，这将直接影响到凝固速率。另外功能材料（如纳米材料）的应用，除了考虑增加新功能外，还要考虑到实际生产对聚氨酯湿法成膜的影响。

四、凝固工艺条件

1. 凝固时间

影响涂层皮膜的表面平滑性的因素除了非织造表面平整度外，最主要的是基布在预凝固槽中的时间。尤其重要的是基布入水处与凝固槽下转向导辊之间的距离。如果在预凝固槽时间太短，PU层表面尚未完全凝固，在后面的轧辊的压榨下，皮膜表面会起皱而影响表面平滑性。因此实际生产速度与树脂的凝固时间、凝固槽长度要有良好的配合才能得到良好的成膜表面。

凝固时间与膜内 DMF 残留量的关系。凝固成膜是从表层开始的，在 PU 进入凝固浴的最初 2~3min，膜内 DMF 移向凝固浴的速度是很快的，当表层形成微孔膜后，内层的扩散速率就逐渐缓慢。因此达到凝固完全需要较长的时间。以 DMF 残留 30％（最初的 DMF 含量为 100％）作为涂层膜已基本凝固的标志，可得到不同基布在凝固浴中应有的滞留时间，这个时间通常是 DMF 扩散速度由快到慢的区间。

在车速和凝固浴条件一定的情况下，凝固时间是由布道长度决定。根据实验，涂层表面凝固需要 6min 左右。实际生产中，布道长度通常设计为最低凝固时间的 150％，便于车速和凝固时间的调节。

2. 凝固浴温度

从分子的热运动角度讲，温度高则分子运动剧烈，双向扩散速率增加。基布中 DMF 加速向凝固液中扩散，但同时返回 PU 溶液中的 DMF 分子数量也相应增加。而且由于温度增高，PU 的溶解性及可塑性也随之增强。

在凝固温度较高时，虽然扩散速率快，但 PU 的溶解性及可塑性成为影响凝固的主要因素，因此凝固温度越高凝固速率反而越缓慢。温度过高使膜表面很快生成致密层，反而影响了内层双扩散的进一步进行，成孔孔径小而不匀，涂膜变薄，效果并不理想。

在凝固温度较低时，虽然双向扩散速率降低，但基布 DMF 向凝固液中扩散作用则成为影响凝固的主要因素，凝固速率加快。但是当凝固浴温度过低，则 DMF 扩散速率过慢，基布容易发生扭曲，在干燥时易出现收缩，从而影响皮膜性能。如果 DMF 析出不净，在干燥时会重新熔融，破坏已经建立的微孔结构。

因此要根据产品选择合理的凝固温度，对单浸渍品种通常凝固温度控制在 20~30℃相对较低的区间，而涂层产品一般控制在 35~40℃相对较高的区间。

另外由于水和 DMF 混合时放热，所以在开车过程中，凝固浴的实际温度将高于预先设定的温度，注意调节。

3. 凝固槽 DMF 浓度

在 H_2O、DMF、PU 三者中，H_2O-DMF 间的亲和力大于 DMF-PU 间的亲和力，而 PU 不溶于水，当三者以液相接触时，DMF 就因与水的亲和力而迅速脱离 PU 向水中扩散，脱离了 DMF 的 PU 大分子便产生自聚（溶解的反过程）。PU 溶液中的 DMF 浓度越高，相压越大，这种扩散就越快，因而扩散速率在很大程度上取决于 H_2O-DMF 和 DMF-PU 这两相间的浓度差。

由于分子的热运动，在凝固过程中，既有 PU 溶液中的 DMF 进入水中（扩散）的情况，也有水中的 DMF 再返回 PU 溶液中（溶解）的情况，两者在相同时间内的数量差，可理解为扩散速率。当 PU 溶液与凝固液刚开始接触时，由于两液相间的 DMF 浓度差异很大，"扩散"成为主导因素。随着凝固的进行，水中的 DMF 浓度逐渐增大，两液相间的 DMF 浓度差越来越小，这样返回 PU 溶液中的 DMF 分子数量增多，"溶解"的因素逐渐明显，表现为扩散速率逐渐缓慢。因此两液相间 DMF 浓度差异大，凝固速率快，差异小则凝固速率缓慢。

在凝固初期，由于基布中 DMF 浓度高于凝固槽中 DMF 浓度，因此 DMF 从基布向凝固浴中扩散，而凝固液中的水也渗透至基布使 PU 成膜。随着扩散的进行，两相最终达到动态平衡。在凝固过程中，由于凝固浴中 DMF 的存在，影响了基布中 DMF 向凝固浴的扩散。浓度越高则扩散速率越小，表层膜缓慢凝固，使 PU 膜的孔细密而有强力，膜的密度等有所提高，大型孔的数量和微孔大小明显减少，而蜂窝状细孔占主体。反之，凝固浴 DMF 浓度越低，则表面致密层越易形成，而在膜的内部出现大孔，孔壁变薄，力学性能变差。

以树脂含量和 DMF 在凝固槽的浓度不同（DMF 浓度差改变）分析见图 5-17。

DMF 浓度差的改变，使得 PU 凝固过程中各区滞留时间出现差异，所形成的微孔结构也显著不同。PU 含量的增加和凝固 DMF 浓度的增加，减少了浓度差，使得凝固速率逐渐减慢，由独立的微孔发展为彼此连续的微孔结构体系。即成膜过程中树脂处于亚稳态结构和稳态结构的时间出现显著差异，从而形成的微孔结构出现显著不同。

浸渍品种凝固液浓度控制较低，一般在 20％～30％；涂层品种对表面成膜成孔要求非常严格，一般浓度控制比较高，在 35％～40％左右。

4. 水洗槽的影响

从凝固槽中出来的基布中还含有浓度为 25％～35％的 DMF 溶液。进入水洗槽后，经扩散和挤压，使 DMF 残留量尽量减少，以免在干燥时残留的 DMF 再溶解 PU 皮膜而影响产品的平滑性。为保证洗涤效果，要采取以下措施。

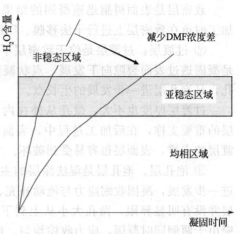

图 5-17　PU 树脂凝固过程在
不同区域所占时间分量示意图

① 水洗槽要加热。温度有利于 DMF 的扩散作用，加快洗出速率和降低 DMF 的残留量。水洗槽水温控制在 60～90℃，从前到后温度梯度升高。

② 控制工艺水流量。以最后一个水洗槽的 DMF 的浓度为 1％时作为控制标准，高于 1％则加大水量，相反就要减少水量。

③ 施加压力。只有挤压才能使内部的 DMF 向外渗透，加大换液率。挤压次数和压力是保证水洗效果的关键。

第六节　基布结构分析

一、湿法涂层基本结构

湿法涂层的基本结构（图 5-18）是具有上下层次变化的微孔聚氨酯膜，这与涂层的递进层状的凝固方式是紧密相关的。涂层的结构是连续的，没有明显界限，但大致可分为三层：致密层、过渡层、泡孔层。

① 致密层（图 5-19）。即湿法涂层的表面层，厚度很薄。宏观结构是一层平滑平整的树脂膜，从微观结构上看，该层具有极其细小微孔的结构，可以看作是有大量小裂隙的高分子膜。这也是湿法涂层具有良好卫生性能的基础。

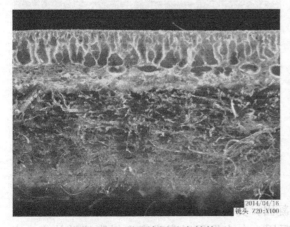

图 5-18　湿法涂层基本结构

图 5-19　致密层表面结构

致密层是表面树脂迅速凝固的结果，是湿法革的使用层，因此要求表面光滑平整。后期加工时可在致密层上进行干法移膜、印刷、压花、复合等工艺。

② 过渡层。过渡层是位于致密层下的微小泡孔层，与表面层有相对明显的界面。过渡层是凝固透过表面裂隙向下发展，点状凝固产生的收缩应力将部分树脂膜撕裂，形成的细小微孔，是泡孔层进一步发展的生长点。

过渡层厚度也不大，微孔从外往内、由小到大地均匀地变化。过渡层泡孔细密，是表面层的重要支撑，在后加工过程中，表面层要受到溶剂、压力、拉伸、热形变等作用，没有过渡层的支撑，表面层很容易受到破坏。

③ 泡孔层。泡孔层是湿法涂层的主体层，由大量指形孔构成。泡孔层是凝固沿着过渡层进一步发展，凝固收缩应力与流动补充、膜撕裂产生的应变不断作用的结果。泡孔层与过渡层并没有明显界限，微孔大小从上到下逐渐变大，最下层的泡孔大，为"倒液滴"形。泡孔壁由于两侧同时凝固，应力收缩均匀，形成细密的蜂窝状结构。

泡孔层提供了涂层的形变、弹性、手感、力学等性能。泡孔壁上也有撕裂点形成的孔洞（称交通孔），它们将长条形的孔洞串通，有很高的透湿率。

二、 湿法浸渍基本结构

浸渍型基布是纤维与树脂的复合体，树脂以不规则形状填充在纤维中间（图 5-20）。树脂微孔结构基本为均一的微小的海绵孔，无明显的结构变化和层次变化。这种结构使基布具有了优良的柔韧性、压缩性与弹性。

由于树脂分布在纤维之间，形成的是复合体，不同于涂层的单一树脂层结构。因此虽然凝固的机理相同，但凝固的进程是不同的。凝固状态由涂层的自上而下的"层状进行"变为浸渍的全方位"立体进行"。

当浸渍基布进入凝固液后，与表面纤维接触的树脂首先凝固收缩，由于表面有大量纤维，树脂无法形成连续膜，应力作用使树脂与纤维之间产生空隙。凝固液不是沿着树脂表面裂隙向下发展，而是沿着纤维与树脂形成的管道间隙向内渗透，正背面同时进行，凝固液迅速向内渗透到达基布中的每一部分。此时与纤维接触的树脂表面都凝固成膜，整体固定下来，这也是基布厚度方向结构上下一致的原因。基体层 PU 微孔结构见图 5-21。基布中 PU 形态结构见图 5-22。

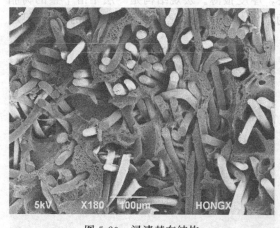

图 5-20 浸渍基布结构

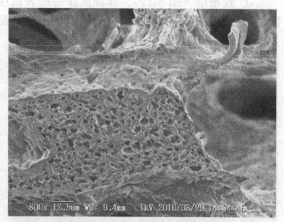

图 5-21 基体层 PU 微孔结构

整体固定以后，管道之间的树脂并未彻底凝固，交换在管道与管道壁之间进行。凝固液与树脂接触面积增大，并且管道内壁部分迅速凝固，向内发展时很难产生树脂流动补充，应力使管道内壁撕裂并向内发展。由于这种凝固的进行是从树脂的周围全方位立体进行，而不是涂层凝固的从上而下的层状进行，所以凝固速率快，应力分散快，基布整体均匀收缩，形成大量的立体网状结构，凝固完成。

三、离型结构

离型结构对合成革的力学性能和手感影响非常大。凝固首先发生在纤维与树脂的间隙，随着凝固的进行，应力使纤维与树脂的间隙进一步增大，直到凝固结束，形成对合成革性能影响非常大的纤维-PU间的"离型"结构（图5-23）。

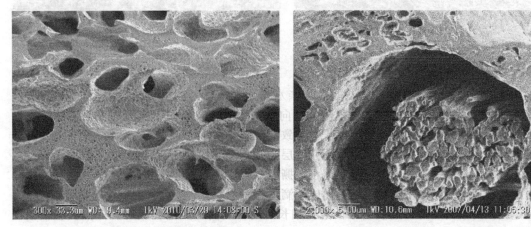

图 5-22　基布中 PU 的形态结构　　　　　图 5-23　纤维与 PU 离型结构

从图 5-23（纤维去除）可以看出，基布中分布的聚氨酯是一个立体结构。当基布受力时，由于聚氨酯是弹性体，可以在受力点发生弹性形变和拉伸形变。中间的管道空腔是纤维的位置，与树脂内壁有一定间隙，形成"离型"结构。

离型结构使基布构成一个立体互通管道，水汽和空气可以沿着管道进行传递，提高了合成革的卫生性能。

合成革的力学性能主要依赖非织造布，而非织造布的结构与力学特点就是纤维的物理交联。当某一点受到外力作用时，受力点纤维会将力传递给与该纤维相连的其他纤维，各处相连的纤维会形成联动，形成力学补充模型。

如果纤维被树脂紧紧包裹，当基布受到弯曲或拉伸时，发生的应变作用仅仅是树脂的弹性形变，而纤维能提供的也仅仅是受力点纤维自身的强度。正是有了"离型"结构，纤维可以在空隙中相对滑动，基布保持了非织造布的良好结构与性能，提高了撕裂和拉伸强度，也改善了基布的弹性和手感。

在生产实践中，为了提高基布离型性，一般在湿法树脂中添加少量非离子表面活性剂，如 S-60 \ 80 等，除了调节凝固速率，还可有效润滑纤维与聚氨酯的界面。

四、基布变化结构

1. 凝固速度对涂层结构的影响

涂层发泡与树脂凝固是相伴随进行的，因此对发泡结构最大的影响因素是树脂的凝固速率。凝固速率直接影响泡孔的大小、形状、分布。一般使用表面活性剂进行调节，亲水性的阴离子表面活性剂加快双向扩散速率，形成快速凝固（图5-24）；亲油性的非离子表面活性剂阻碍双向扩散，形成缓慢凝固（图5-25）。

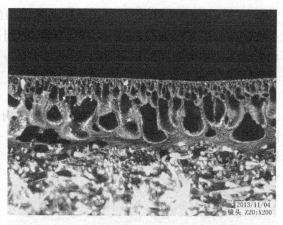

图 5-24　快速凝固　　　　　　　　　　　　图 5-25　缓慢凝固

　　在快速凝固时，表面迅速成膜，但由于亲水作用强，凝固液很快透过表层向下层发展，树脂流动补充时间很短，因此致密层很薄。在向下扩散时，亲水作用使凝固液沿着撕裂点向纵向发展很快，泡孔在膜内的延伸距离长，导致更多撕裂点并向下发展，形成大量的指型孔。

　　缓慢凝固时，表面成膜慢，斥水作用使下层树脂有充分的补充流动时间，因此致密层厚。在向下扩散时，凝固速率慢，产生的应力小，撕裂点均匀但数量少，树脂有充分的应变时间，泡孔由细长形逐渐变化为短圆形，最后形成液滴型孔。

　　快速凝固的致密层薄，过渡层厚，泡孔细长且均匀度高，大泡孔相对少一点。缓慢凝固致密层后，过渡层薄，泡孔呈短圆形，均匀度差，最下层为大泡孔。两者表现在革上用途也不一样。如致密层厚有利于表层形变，压花性能好，但下层的泡孔大，涂层与底布的连接点少，剥离强度下降。

2. 低浓度浸渍基布结构

　　低浓度浸渍树脂主要用于高密度无纺布和针织布。目的主要是降低基布中的树脂含量，在保留原有底布较强绒感的基础上，融入 PU 的弹性和皮感。目前主要是针对服装革及部分涂层鞋革。

　　从图 5-26 中可以看出，浸渍基布中纤维占很大比重，而聚氨酯在基布中的比例很低。聚氨酯凝固后基本是有大量圆形孔洞片状结构，而非典型的泡孔结构（图 5-27）。

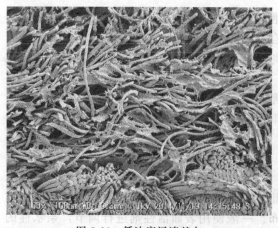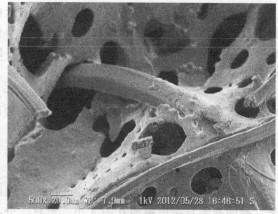

图 5-26　低浓度浸渍基布　　　　　　　　　图 5-27　树脂结构

　　由于浸渍液中的树脂含量很低，大部分为 DMF。当凝固液进入基布中时，大量 DMF 进入凝固液中，交换迅速进行，表面树脂立即成膜。

表面成膜时产生很大的收缩应力。由于PU的浓度很低，几乎无法提供浓度补充，只能依赖体积补充作用。当浓度补充和体积补充都不足以应对产生的收缩应力时，则出现应力撕裂现象，无法形成完整的泡孔，本应称为泡孔壁的树脂则会收缩变形为片状薄膜，薄膜会因为自身的收缩拉伸作用，在表面上出现若干孔洞，孔洞也是应对收缩产生的应变。

因此低含量浸渍形成的孔洞片状结构本质上是泡孔结构的一种变形体，凝固过程仍遵从凝固理论。片状结构如果进一步发展，则会发生膜的整体断裂，断裂也是对应力的一种应变，是凝固中的比较极端的应变。

3. 双涂层结构

双涂层（图5-28）是指在基布表面进行两次涂层，主要用于对表面平整度要求很高的湿法产品。底涂时一般采用高黏度树脂，在基布表面形成一层平滑结构。二次涂层建立在一次涂层基础上，其凝固过程接近理论模型，形成的表面光滑、平整、细腻。

图5-28中可以明显看到两次涂层中线的分界线，其微孔结构也有明显的差异。两次涂层产品要求界面有良好的结合，但又不能产生融合。一般通过调整树脂黏度大小达到目的。

双涂层产品工艺复杂，一般采用两次涂层、一次凝固成型的工艺。凝固速率慢，对凝固条件要求较高，因此目前只用于部分涂层鞋革产品。

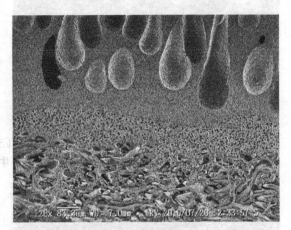

图5-28 双涂层结构

4. 低泡孔结构

低泡孔结构是通过原料及工艺控制，使整个涂层的泡孔量很少，并且在在厚度方向基本上下一致，无明显层次变化。低泡孔的显著优势是折痕细腻，主要用于部分鞋革产品及软质基布产品。低泡孔基布断面和表面见图5-29和图5-30。

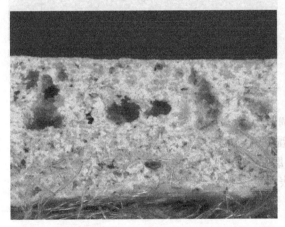

图5-29 低泡孔基布断面

图5-30 低泡孔基布表面

低泡孔涂层通常采用特殊的慢凝固型软质聚氨酯，并且添加较多的填料。凝固时凝固液会迅速通过表面向内发展，上下层的浓度补充很少，因此整体结构趋向一致。这一点从基布表面显现出大量的微小收缩裂隙也可看出。

聚氨酯中较多的填料分散后会形成很多的凝固中心，即细小填料粒子是泡孔壁上的"杂质"。凝固液进入该点后会以此为中心点，并沿着该点不断发展，因此会形成非常多的撕裂点，将收缩应力分散化。这种撕裂破坏了正常泡孔壁的结构，将较大的完整泡孔分散成无数的细小泡孔和撕裂点，而无法形成典型的泡孔。

因此低泡孔结构实际上是由数量非常多的小泡孔组成，这些小泡孔为不规则的撕裂型。该结构的优点是在弯折时应力分散均匀，因此体现出很好的挤压弹性，表面折痕很细。但是由于填料较多，低泡孔涂层整体显现出疏松感。软质树脂的力学性能如耐磨、剥离强度等会受到影响。

目前还发展了一种无折痕的树脂，其结构见图 5-31，由于树脂的特殊性，凝固时除了具有类似分散应力的细微泡孔，整体为纵横交错的无规则的支架结构。该结构及聚氨酯的弹性使受力时会形成有效的整体传递，几乎不产生折痕。

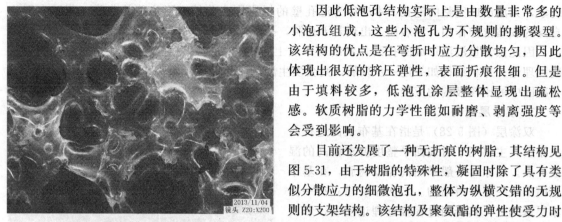

图 5-31　无折痕树脂结构

5. 湿法牛巴结构

牛巴革是通过特殊湿法工艺形成均匀的直立结构的泡孔，将表面致密膜打磨后，泡孔顶部暴露于表面，泡孔壁形成细密的绒感结构。牛巴革断面和表面见图 5-32 和图 5-33。

图 5-32　牛巴革断面　　　　　　　　　　　图 5-33　牛巴革表面

牛巴革湿法工艺中要选择专用牛巴革树脂，并有效地控制 PU 膜结构的微孔类型、孔径、孔壁和开孔率等结构参数，把皮膜的微孔结构调节为直立结构，打磨后形成类似蜂窝的表面。

通过树脂种类与模量变化，配料比例以及湿法工艺的调整，可做出不同手感和风格的产品。如将泡孔调整为上层细密而下层粗大，打磨后表面细小泡孔壁拉起，形成开放式表面，更多体现出湿法的绒感。湿法绒面革的断面和表面见图 5-34 和图 5-35。

五、　超纤基布类型

1. 鞋革基布

超纤运动鞋革要求具有很高的强度，良好的定型、保型性，身骨硬挺丰满。因此鞋革基布的 PU 含量相对较高，占基布质量的 50% 左右。在纤维之间填充饱满（图 5-36），凝固后形成较厚的膜层，身骨具有压缩弹性和很好的保型性。泡孔数量相对较少，孔壁厚，塑性好。PU 自身的模量高，使基布有较好的硬挺度。

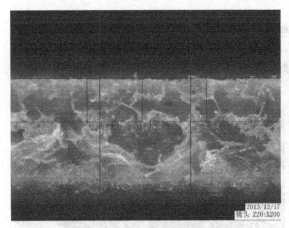

图 5-34　湿法绒面革断面　　　　　　　图 5-35　湿法绒面革表面

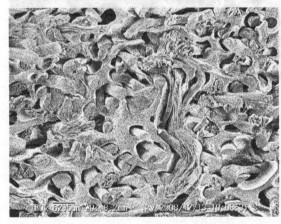

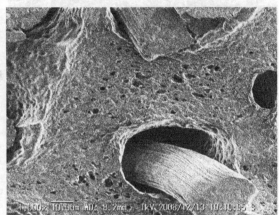

图 5-36　运动鞋基布

2. 家具基布

家具类基布的特点是软弹舒适，手感好。因此通常选择模量较低的 PU，结构丰满，纤维之间的 PU 虽然较厚，但泡孔丰富均匀（图 5-37），具有很好的弹性和压缩性。大量的泡孔形成连通结构，透水透气性优良。通常在凝固时添加较多的匀泡剂，保证泡孔的数量和均匀度。该类基布还适合用于休闲鞋、女鞋、箱包、皮件类制品。

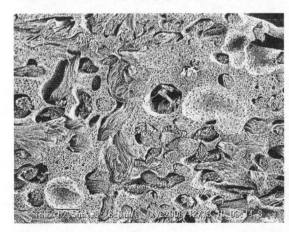

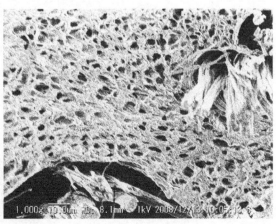

图 5-37　家具基布

3. 绒面革基布

绒面革的特点是手感软糯，悬垂性好。绒面基布（图 5-38）中纤维含量高，聚氨酯的量相对较少，一般只占基布总质量的 30%～40%，纤维束松散，形成很高的覆盖性，充分体现超细纤维的手感特点。树脂模量较低但是弹性好，包裹纤维束的树脂很薄，泡孔细密。该类基布适合做染色产品，主要用作服装革、内饰、包装等产品。

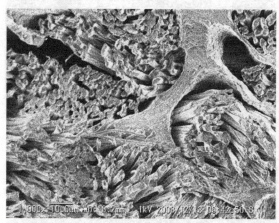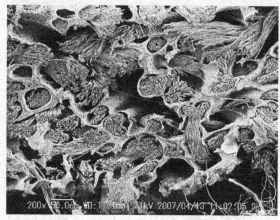

图 5-38　绒面基布

第六章
基布减量技术

基布的减量技术是超纤革特有的工序。纺丝工序制造的海岛纤维，在减量之前与普通化学纤维的外观、纤度、性能无大区别。只有通过减量，去除纤维的连续相载体，才能得到分散相构成的超细纤维。因此，纺丝是形成超细纤维的基础，而减量是得到超细纤维的手段。

纤维连续相采用的聚合物不同，其结构与性能也不同，因此决定了不同的减量工艺。通常分两大类：物理萃取法和化学减量法。萃取法是采用甲苯等溶剂将连续相溶解去除的减量方法，连续相一般为 PS、PE 等聚烯烃，主要用于不定岛纤维。碱减量法是采用碱液去除连续相的减量方法，连续相一般为水（碱）溶性聚合物如 COPET，主要用于定岛纤维。

两种减量工艺虽然都是去除连续相，但有着本质的不同。苯减量过程仅有萃取，是完全的物理变化；而碱减量是高分子的分解，是化学变化。

第一节　苯减量技术

一、甲苯减量原理

聚乙烯（PE）为惰性线型烷烃聚合物，具有良好的化学稳定性。常温下不溶于任何已知溶剂中，但与脂肪烃、芳香烃、卤代烃等长期接触会溶胀或龟裂，尤其对 100% 浓度的甲苯和二甲苯的抵抗能力较差。但随着温度升高，聚乙烯和甲苯就会发生变化，尤其是低密度聚乙烯比高密度的抵抗能力更差。如 LDPE 能溶于 60℃ 的苯中，HDPE 能溶于 80～90℃ 以上的苯中，超过 100℃ 二者均可溶于甲苯、三氯乙烯、四氢萘、十氢萘、石油醚、矿物油和石蜡中。由此可见，溶剂浓度和温度是影响其对聚乙烯溶解性的关键。

苯减量技术就是利用聚乙烯（PE）能够溶解于热甲苯中而聚酰胺（PA）不溶这一特性，以热甲苯作为聚乙烯的萃取溶剂，采用对流多段连续萃取方式，即将基布连续地送入抽出机内，甲苯溶液以对流方式连续送入。基布在大量高温高浓度甲苯中，经 1～6 个甲苯槽反复浸渍、压轧、萃取作用，将海岛纤维中的连续相聚乙烯萃取到甲苯中，使分散相形成束状结构的超细纤维。萃取过程即海岛纤维转变为超细纤维的过程。

经萃取后的基布带有大量甲苯，在追出槽中通过水与甲苯共沸作用排除残余甲苯。甲苯与水是不溶的，与水形成非均相二元共沸物，非均相就是在一定温度和压力下共沸物间发生分层，这也就是在汽相是共沸组成，液相存在液液分层。甲苯水溶液沸点是 84.1℃，共沸物组成甲苯 80.84%，水 19.16%，蒸馏时二者形成共沸物一起蒸出，蒸汽冷凝后甲苯和水会分层。

甲苯萃取聚乙烯是一个动态过程，包括甲苯向纤维的渗透过程、聚乙烯的溶解过程、聚乙烯向甲苯的扩散过程。渗透、溶解、扩散三个环节达到动态平衡状态，即完成一次萃取过程，因此温度、压力等条件控制对萃取效果影响重大。

二、 设备与物料

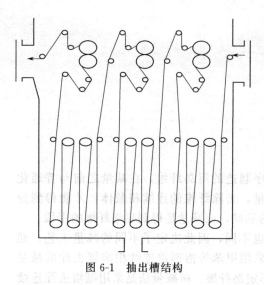

图 6-1　抽出槽结构

萃取过程主要是通过抽出机完成。抽出机为多段挤压槽式萃取装置，整个设备由六个抽出槽和三个追出槽组成，各槽体为密封结构，进出口为水压密封，防止甲苯外逸。单槽结构如图 6-1 所示。

工作时 6 个抽出槽内下部充满热甲苯溶液，每槽上部各有三对压力辊，上导辊 6 个，下段导辊 9 个，基布在各槽中反复进行浸泡挤压，将聚乙烯溶入热甲苯中。通过甲苯的不断循环，将聚乙烯带到回收工序进行分离。基布的运行速度由抽出槽的第一压力辊设定，其后的速度由相应调节辊和驱动辊的电机协调自动控制。

追出槽由三台沸腾水浴槽组成，设有表面粗糙的牵引辊，防止基布滑动。从抽出槽出来的含有甲苯的基布浸泡在沸腾水中，通过共沸除去甲苯，槽内沸水不断循环。追出槽的出口有一榨液装置，将基布中的水分最大限度地挤压出去。轧液装置由五组分割辊和一对压力辊组成，轧液效率高。

可作为聚乙烯萃取溶剂的主要是苯类，如苯、甲苯、二甲苯等。实际生产中采用的一般是甲苯。甲苯为无色透明液体，有类似苯的芳香气味，不溶于水，可混溶于苯、醇、醚等多数有机溶剂。技术指标要求如表 6-1 所示。

表 6-1　甲苯的技术指标

分析项目	规格
外观	无色透明液体
主要成分	$C_6H_5CH_3$
密度/(g/cm³)	0.864~0.875
分馏实验(对脱水试料进行)	110.6℃在 2℃以内的留出 97% 以上
铜腐蚀实验	看不到变色
硫酸着色实验(对脱水试料进行)	不暗于标准比色液 3 号
反应性	中性
颜色	不深于 K_2CrO_7 溶液(3mg/L)

甲苯在环境中比较稳定，不易发生反应，因此作为萃取剂可以反复使用，生产中只需定期补充部分损耗即可。

甲苯易挥发，水中的甲苯可迅速挥发至大气中，其蒸气与空气的混合物具有爆炸性。甲苯为一级易燃物，因此在生产中还必须注意使用安全。灭火剂：泡沫、干粉、二氧化碳、砂土。用水灭火无效。

甲苯毒性小于苯，但刺激症状比苯严重，对皮肤、黏膜有刺激性，对中枢神经系统有麻醉作用。吸入可出现咽喉刺痛感、发痒和灼烧感；刺激眼黏膜，可引起流泪、发红、充血；

溅在皮肤上局部可出现发红、刺痛及疱疹等。重度甲苯中毒后，或呈兴奋状，躁动不安，哭笑无常；或呈压抑状，嗜睡，木僵等。严重的会出现虚脱、昏迷。

抽出车间工作场所容许浓度为 100×10^{-6}（100ppm）。工作环境要通风良好，局部或全体设置通风装置，使甲苯含量在规定范围以下。个人穿戴好防护用具，按作业内容用防毒面具，防护眼睛，橡皮手套等。

三、甲苯减量工艺

甲苯减量属于特种工序，生产中大量使用甲苯，系统整体带压操作，因此采用全封闭全自动化生产方式，安全生产是甲苯减量的首要控制要点。对安全措施、设备条件、工艺流程、温度、压力等都要求非常高。

1. 喂入控制

进入抽出工序的基布要确认品种、基布号并通过抽出机入口码表记录长度。基布首先进入贮布机，控制调节辊的位置距下限1/4的高度。正常生产时基布离开贮布机经传送装置导入抽出机进行萃取处理。抽出工艺流程见图6-2。

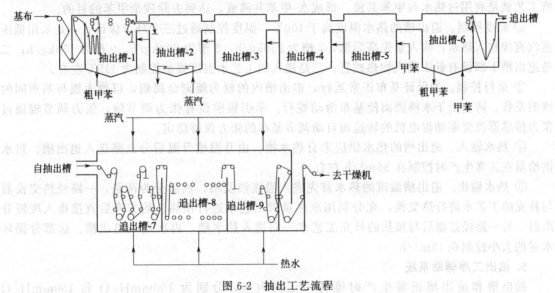

图6-2　抽出工艺流程

抽出机入口设有水封装置。甲苯的相对密度为0.87，而且不溶于水，因此利用水封可有效防止槽内气体逸出。入口水封部热水温度控制为65℃，溢流水量2m³/h。

2. 萃取工艺

① 温度控制。抽出槽内为循环加热的甲苯。为保证萃取效果，1~5槽温度为85℃，6槽为80℃。采用蒸汽蛇管加热方式，温度控制通过调节阀的开度自动调节。

② 压力控制。每槽各有三对压力辊，压力控制遵循由低到高的原则。1槽0.1MPa左右，2~6槽0.2MPa左右，6槽最后一段轧辊为0.25MPa左右。基布在热甲苯浴中反复浸渍挤压，使纤维中的聚乙烯被萃取。

③ 运行控制。抽出机的整体运行速度由第一槽第一段压辊控制，其他各辊运行速度均以此为标准进行自动调节。为保证基布正常运行，各槽内每对压力辊前均有调节辊，调节辊通过张力传感器信号调整达到自动调节基布张力的目的。为使基布不被污染，经过循环过滤的甲苯溶液，用喷管喷淋到上下压力辊上，喷淋液量由人工手动调节阀门开度控制。生产中抽出槽底部积累的废水经抽出排水泵连续抽送至粗甲苯受槽。

④ 安全控制。正常生产中向抽出槽和追出槽吹入一定量氮气，气流量为 2、4、5、6、7、8、9 槽各为 50L/min。抽出 6 槽出口及抽出 4、5 槽均设有水封部，事故状态或检修时可防止甲苯气外逸。正常生产中出口水封部水温为 95℃，循环量为 2m³/h。

3. 甲苯运行控制

① 甲苯预热。正常生产中，为保证抽出效果，由回收工序送来的甲苯溶液，经甲苯预热器加热分别送往抽出 5 槽和 6 槽，甲苯预热温度控制在 80℃左右。

② 甲苯输入。预热后的甲苯，经各自的转子流量计分别供给抽出 5 和 6 槽，其标准供给量 5 槽为 10m³/h，6 槽为 2m³/h。

③ 甲苯溢流。同基布行进的方向相反，新甲苯从第 5 槽按顺序依次溢流到第 1 槽，以置换槽内浓度高的聚乙烯甲苯溶液。

④ 甲苯输出。从 1 槽和 6 槽溢流出的甲苯-聚乙烯溶液进入粗甲苯受槽，并通过粗甲苯泵连续稳定地送往回收工序贮罐。

4. 追出槽工艺

① 工艺目的。从抽出槽出来的基布中含有大量甲苯，在进入后处理前需要去除掉。追出槽工艺就是利用过热水与甲苯共沸，形成水-甲苯共沸液，达到去除残余甲苯的目的。

② 温度控制。追出槽的热水温度高于 100℃，温度控制通过三个环节保证：一是采用低压蒸汽直接吹入热水，吹入量先高后低，7 槽为 250kg/h，8 槽为 200kg/h，9 槽为 150kg/h；二是追出槽下部设有低压蒸汽加热蛇管；三是送入的工艺水温度提前控制为 115℃左右。

③ 运行控制。为保证基布正常运行，追出槽内的辊为雕刻金属辊，以增大辊与基布间的摩擦系数，防止由于水沸腾而使基布滑动蛇行。牵引辊前设有张力调节辊，张力调节辊通过张力传感器改变驱动辊电机的转速而自动调节基布的张力保持稳定。

④ 热水输入。追出槽的热水供应来自热水槽，由升温槽升温后分三路送入追出槽。热水供给量在正常生产时控制在 35m³/h 左右。

⑤ 热水输出。追出槽溢流的热水首先进入溢流液受槽，然后分为两路，一路经热交换器与补充的工艺水进行热交换，充分利用废热量对工艺水进行预热。热交换后直接排入废液分离器。另一路经过滤后与预热的补充工艺水一同进入热水槽，再次进入追出槽。这部分循环水量的大小控制在 15m³/h。

5. 抽出工序辅助系统

抽出槽和追出槽正常生产时维持一定的内压，分别为 100mmH$_2$O 和 150mmH$_2$O (1mmH$_2$O≈9.81Pa)。为保持压力稳定，由抽出槽和追出槽逸出的甲苯-水蒸气分别导入冷凝器冷凝液化。冷凝液靠液位差进入冷凝液分离器，由于甲苯与水的密度不同而得以分离，分离后的甲苯溶液返回抽出 5 槽循环使用，废水则流入废液分离器。未冷凝的气体则进一步用冷冻水液化，冷凝液流入废液分离器，不凝气体则排空。

经抽出处理后的加工基布从追出槽出来后先以水喷淋洗涤基布表面可能沾有的污物，然后经过榨液装置榨出其中大量水分并通过牵引辊导入后处理工序。

四、影响因素分析

1. 萃取温度

PA6/LDPE 海岛纤维的两相分离是利用 LDPE 能够溶解于热甲苯中这一特性，所以甲苯温度对萃取效果非常重要，萃取效果通常用聚乙烯萃取率表示。不同温度下的萃取率见图 6-3。

当萃取温度为 50℃时，萃取率很低，而且随着时间的延长，萃取率基本无改变。说明在温度较低的情况下，聚乙烯无定型区分子链及甲苯分子的运动很弱，限制了甲苯的渗透与溶解作用，扩散就很难进行。

当温度为 70℃ 时，已经有明显的萃取作用，随着时间的延长，萃取率也明显增加。可见温度升高，甲苯的渗透作用与聚乙烯分子链的热运动都得到加强。溶解与扩散作用开始缓慢进行。

当达到 85～90℃ 时，萃取速率加快，萃取率显著增大，在 60min 左右达到 98%～99%。此后时间继续增加，萃取率变化不大。渗透、溶解、扩散基本达到平衡状态。

2. 萃取时间

萃取温度确定后，合理的萃取时间有助于提高运行速度，并确定各部分的甲苯循环量，避免供液过量造成浪费，或供液不足造成聚乙烯残留过高。

不同萃取时间的 DSC 曲线见图 6-4，在 85℃ 条件下，前 50min 曲线上都有聚乙烯和锦纶的熔融吸热峰。聚乙烯部分的熔融峰随着溶解时间的延长而减小，说明纤维中聚乙烯含量越来越少，萃取率随时间的延长而提高。在前 20～30min 内，萃取效果比较明显，随后速度放缓，到 60min 时，聚乙烯峰消失，萃取作用完成。

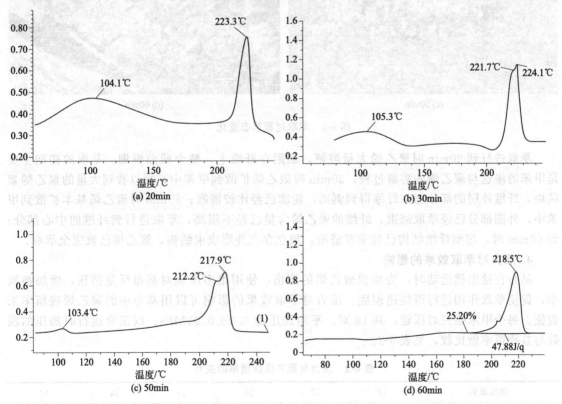

图 6-4 不同萃取时间的 DSC 曲线

3. 萃取过程的结构形态变化

为了更直观的观察萃取过程中纤维的状态，将不同溶解时间的纤维试样在扫描电子显微镜下观察，如图 6-5 所示。

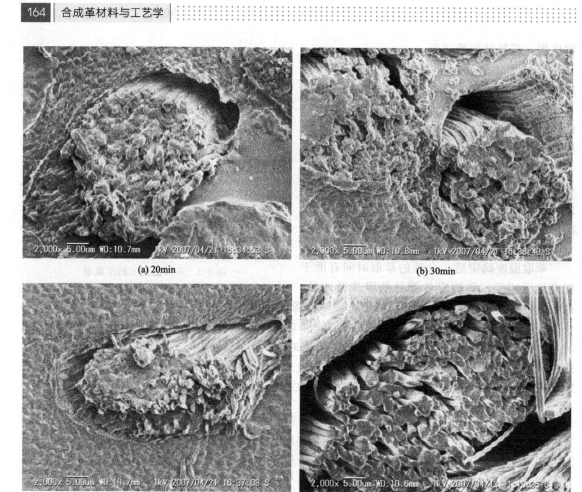

(a) 20min   (b) 30min

(c) 50min   (d) 60min

图 6-5　萃取过程形态变化

萃取进行到 20min 时聚乙烯大量溶解，黏附在纤维上，整个截面模糊。萃取的初期主要是甲苯的渗透与聚乙烯的溶解过程；30min 时聚乙烯扩散到甲苯中，可以看到大量的聚乙烯絮状块，纤维外层的部分超细纤维得到剥离，轮廓已经比较清晰；50min 时聚乙烯基本扩散到甲苯中，外围部分已经萃取结束，纤维的聚乙烯含量已经不很高，萃取进行到纤维的中心部分；到 60min 时，超细纤维结构已经非常清晰，独立存在并形成束结构，聚乙烯已被完全萃取。

4. 压力对萃取效果的影响

基布在抽出槽运动时，为加快聚乙烯的溶出，使用很多压辊对基布反复挤压，增加换液率，促使萃取作用进行得快速彻底。压力对萃取效果的影响可以用基布中的聚乙烯残留率来表征。每个甲苯槽三对压辊，共 18 对。平均加压为 0.2 ± 0.05MPa。以正常运行时加压的段数与其残留率做比较，见表 6-2。

表 6-2　压力与聚乙烯残留率的关系

加压段数	18	17	16	15	14	13
聚乙烯残留率/%	0.25	0.33	0.78	1.17	2.69	3.75

聚乙烯残留率随着加压段数的减少而增加，而且增加的速度随着压力的减少呈加速状态。通常产品要求聚乙烯残留率不超过 1%。因聚乙烯甲苯液为糊状，残留干燥后会在表面形成膜结构，使基布手感变硬，严重影响起绒和染色效果。因此压力对抽出效果影响很大，反复施

加压力有助于聚乙烯被充分溶解萃取，使超细纤维的性能充分体现。通常加压段数一般不少于16段。

五、 工艺异常及处理

1. 质量异常

（1）压痕

产生原因：基布厚度不均匀；压辊压力的变动。

处理方法：

① 在抽出机入口测定基布厚度，如两侧差别比较大时，则不投入此基布。

② 首先检查产生压痕的压辊压力是否变动，恢复正常压力。

③ 将产生压褶的压辊反复进行"开""关"校正。如仍不能校正时，就要变更压力。

④ 如果变动压力，但仍不能消除压痕时，就将该段压辊压力断开，进行维修检查。

（2）竖褶

产生原因：基布波动与张力过大；辊偏心或辊上粘有异物等。

在抽出槽出现竖褶处理方法：

① 调整旋转拉杆，张力调节辊的荷重加以校正。

② 检查驱动系统有无异常，如异常进行维修。

③ 如因辊上粘有异物，则投入导布进行清理。

④ 如果仍无法消除，则要进行停车处理，按排液、煮槽、排气、清理的顺序进行。

在追出槽出现竖褶处理方法：

① 通过调节追出槽的低压蒸汽喷入量、温水给水量、温度、液面高度来校正。

② 减少追出槽的甲苯带入量。

③ 通过提高追出槽基布的张力来校正。

④ 检查驱动系统有无异常，如异常进行维修。

⑤ 如以上措施仍无法消除，则需要进行停车清理。

（3）折边

产生原因：

基布掉边及破裂点在辊上折边；由于基布蛇行，布边接触槽壁造成折边。

处理方法：

① 通过压辊压力的断开操作，防止折边扩大及蛇行。

② 投入紧急用导布来修正。

③ 折边情况严重，不能进行正常运转时，投入导布用低速运转导出。

④ 出追出槽的基布，如果折叠而不能展开，将这部分基布裁掉。

（4）聚乙烯残留异常

产生原因：

① 在抽出机上发生蛇行、压褶，出现压辊压力下降、压力断开的次数增加时，萃取效率下降造成。

② 甲苯残渣浓度上升。

③ 由于基布或烫平布的比重增加而引起抽出效率下降。

处理方法：

① 作为紧急措施，首先降低抽出机运转速度，再查明蛇行、压痕的原因，采取相应措施。

② 将抽出各槽的甲苯更换1/2～1/3，或临时向5槽增加甲苯的给液量。

③ 校正基布横向的厚度不匀现象。

④ 通过增加张力调节辊的荷重提高槽内张力。

⑤ 将压力断开及已下降压力的压辊的压力尽量恢复到标准条件，将抽出机速度恢复到标准状态。

2. 工序异常

（1）抽出槽异常断布的处置

① 准备作业。为防止在恢复作业中基布向压辊附着，槽内滞留基布要有一定的下垂度，除断点外，单独驱动压辊使基布松弛，将调节辊转动到变位检测器刻度的（＋）侧的尽端再停住。把1～6槽、追出槽出口榨液各压辊的压力断开并切断电源。

② 清槽作业。将1～6槽甲苯按作业要求排放，顺序进行循环过滤器的水置换，排出抽出槽底泄配管中的甲苯。向抽出槽注入热水并进行抽出槽的升温及循环，将槽内残存甲苯彻底洗涤后，煮沸液排放。打开上部入孔，放出抽出槽的甲苯气体，必要时采用鼓风机对槽内气体加快交换，降低浓度。排气结束后必须对槽内空气进行检测，至达标为止。

③ 基布连接。在切断部分分别扎引带，拖至入孔位置拉到槽外进行连接。将三角导布、窄幅导布与切断部分连接。先将基布与三角导布缝合，再缝合三角导布与窄幅导布。将窄幅导布留出必要的长度后切断。把引带一端扎在窄幅导布的前端。将基布-三角布-窄幅导布从入孔倒回槽内，然后把窄幅导布的前端拉到槽外与另外断点的三角导布连接起来。注意要仔细检查，不要把布道弄错。所有连接部分由入孔倒回槽内后，调整校正基布的下垂度。

④ 恢复作业。关闭各槽入孔盖。按操作要求恢复水封、氮气吹入、甲苯的投入及升温、追出槽供水及升温、抽出槽槽内循环。启动设备重新运转。

（2）追出槽异常断布时的处理

① 抽出槽作业。断开所有压辊。停止向6槽输送甲苯，5槽甲苯供液减少到200L/h。切断各槽循环泵的开关，停止槽内循环。停止各槽的泄水，进行6槽水封部分的灌水。

② 追出槽作业。7～9槽进行排液，打开槽上及槽侧的入孔盖，进行排气及冷却。

基布的连接方法与抽出槽断布相同。

③ 恢复作业。放出6槽水封部分的水，打开底阀向管道放水。恢复甲苯供液量并重新开始槽内循环。关闭追出槽入孔盖，对追出槽进行给水和升温。启动设备重新运转。

（3）甲苯大量流出时的处理

① 紧急作业。立即切断电器室的电源开关，打开全部窗户，接通室内吸气排气风扇，全部运转进行紧急室内换气。抽出设备停止运行，关闭甲苯输液系统。用粗甲苯紧急泵排出泄液槽的甲苯。关闭追出槽热水输入、热水溢流系统。

② 事故后停车处理。关闭废水槽的入口、出口阀。停止各槽循环。排放抽出各槽的甲苯，停止各槽的槽内循环、加热、排水系统。切断回收甲苯泵。关闭追出槽吹入低压蒸汽，关闭热水槽、升温槽、蛇管的低压蒸汽。在甲苯向管道及废水槽流出完毕以前不能排液。

③ 流出甲苯的处理。用规定的用具将废水槽的甲苯收集到罐内，汲取完毕后，慢慢打开废水槽入口阀，开始投入抽出室内管道甲苯，最后打开废水槽出口阀，确认废水槽排出的水中没有混入甲苯。将抽出槽泄漏的地方及地面甲苯用水冲洗排到废水槽中去，再把废水槽的甲苯用规定用具收集到罐内，收集到罐内的甲苯用搬运车送到回收工序。

④ 泄漏点的处理。单独运转各压辊使基布松弛，然后将活动调节辊转动至变位检测器标度"＋"侧的顶端后停止，防止粘着槽内基布。请维修人员检查甲苯泄漏的地方，可否从槽外采取应急措施进行修理，有无进行槽内作业的必要。

⑤ 恢复作业。恢复作业按抽出槽、追出槽作业方法。注意观察原泄漏点的状况。

3. 安全规定

抽出工序属于一级防火防爆，因此对安全的要求非常严格。作业人员必须在安全规定的范围内，严格按照工艺操作规程进行作业。

① 熟知各种消防设备和防护设备的存放地点与使用方法。

② 不得将手机、火柴、打火机等带入生产现场，预防火灾、爆炸等事故的发生。

③ 熟知各种危险化学品的性质并正确使用。

④ 对生产设备要进行定期检查，安全阀与压力表要定期校验，确保装置正常可靠。

⑤ 预备好防爆型移动手电以备巡回检查、停电及意外时使用。

⑥ 要经常巡回检查现场，发生故障和异常要采取紧急处理措施。

⑦ 与公用工程有关的部分（电力、水、蒸汽、空气、氮气等）发生事故时，要依照操作标准沉着处理，及时报告。将整个工序安全停车是发生动力系统故障最首要的事情，停电时要迅速断开正在运转的机械设备的开关，要经常检查是否有漏气、漏液等异常现象，避免外溢。

⑧ 发现火灾，要通知附近人员，同时按火灾报警器的按钮通报，并用附近的灭火器努力进行初期灭火。两名以上的人员发现时，一人进行联络，其他人进行灭火作业。由电气仪表设备引起火灾，要拉断开关，同时用二氧化碳灭火器灭火。当电气室（变压器室）发生火灾时在确认电源切断、通电停止前不可向高压线放水。

⑨ 清扫及修理作业时，首先要确认管路、阀门是否按要求关闭。作业现场要出示正在作业的标记，穿用规定的保护用具。存在有害气体、易燃气体或氧气不足时要进行通风换气。

⑩ 非有关人员不得进入本工序操作现场。

第二节 碱减量技术

一、碱减量原理

碱减量法是定岛复合超细纤维常用的海岛结构化学剥离方法。定岛纤维通常为 PET/COPET、PA/COPET 结构，COPET 为连续相组分，只有将其水解溶离掉，才能得到单一的分散相组分，即所需要的超细纤维。

碱减量通常是将海岛纤维置于一定浓度和温度的 NaOH 溶液中，经过一定时间将海组分 COPET 溶离。经碱减量处理后的纤维，不仅达到剥离的目的，而且使合成纤维产生类似天然纤维的优点。

COPET 是含有磺酸基团的共聚酯，COPET 大分子链中引入间位结构磺酸基团（$-SO_3Na$），间苯二甲酸磺酸钠的特殊间位及磺酸官能团，破坏了聚酯分子链的规整性，易于在碱溶液中溶解，故也称碱溶 PET。它结构比较疏松，在沸水或者热碱溶液中容易降解，从而迅速溶解与分散相纤维脱离。磺酸基在共聚酯中的比例对 COPET 的溶解性有很大的影响，随磺酸基比例增加易溶性增强。在海岛复合纤维中，连续相溶解性必须要与纺丝性相结合来考虑，在顺利纺丝的前提条件下再考虑连续相的易溶性。

COPET 在氢氧化钠溶液中的溶解，实际上是氢氧化钠催化水解过程，可在碱液中水解的是两个具有反应性的酯键，水解后生成羧酸和乙二醇，羧酸与氢氧化钠反应成为水溶性的羧酸钠盐。

酯化物的碱水解速率取决于中间体亲核加成速率。COPET 大分子链上含有间苯二甲酸磺酸钠改性链节，苯环上磺酸基团的存在，使形成四面中间体时的空间位阻有所增加。但由于磺酸基团具有强烈的吸电子性，且又处于间位，比对位的吸电子效应更显著。它的存在使苯环的电子云密度明显减小，羰基碳原子的正电性增强，使羰基碳与氢氧根离子间的静电力增大，有利于 OH^- 的进攻，促进了酯键水解速率。

作为 PET/COPET 型纤维，构成岛结构的 PET（聚对苯二甲酸乙二醇酯）在减量过程中也会受到碱的水解作用。PET 低温时与稀氢氧化钠无明显的化学作用，在浓度或温度较高的条件下，与氢氧化钠起化学作用中产生对苯二甲酸钠和乙二醇。

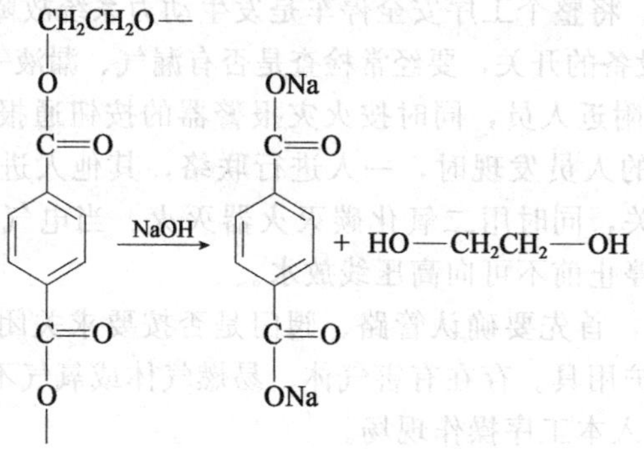

PET 的结晶度和取向度高，是疏水性纤维，在适当的碱处理条件下 OH^- 很难渗透到内部，化学作用仅在表面进行，内层纤维水解较少。PET 和氢氧化钠作用以后，全部生成对苯二甲酸钠，不存在大量涤纶降解物或低分子量产物，纤维上也无大量 PET 长分子键的断裂。因此适度碱处理不会导致强力过多损失，对纤维的内在质量影响不大。

PET 经碱处理以后，表面纤维水解产生亲水性基团（—COOH、—OH），从而在一定的程度上改善了织物的吸水（汗）性，提高了穿着的舒适性。并且形成了许多无规则的龟裂、凹凸的表面状态，使得染料在纤维上的染着面积增加，同时染色的视觉浓度随着减量率的增加而逐步变浅。因为凹凸的表面使纤维对光的反射作用改变，使其具有柔和的光泽。处理后的 PET 身骨下降，滑而僵硬感得以消除，从而赋予基布优良的柔软性和悬垂性，滑爽而富有弹性。

对 PA/COPET 型纤维，则不存在上述问题。PA 自身化学稳定性好，特别是耐碱性更为突出，在 10%NaOH 溶液中，85℃处理 10h，纤维强度只降低 5%。在整个碱减量处理过程中，水解反应只发生在 COPET 上。

二、 碱减量方法

超纤革碱减量处理从加工方法上主要分为：浸渍法、浸轧汽蒸法、浸轧堆置法。

1. 浸渍法

浸渍法是将基布用热碱液较长时间浸渍之后经多道冲洗，酸中和，冲洗，干燥等工序来实现碱减量。浸渍法可使用炼桶、绳状染色机、溢流染色机、喷射染色机及高温高压染缸等设备加工。通常 NaOH 溶液的浓度控制在 $15\sim30$g/L，视设备和减量率要求而定。若添加促进剂，则 NaOH 溶液的浓度可降低。在碱液中必须加入少量耐碱分散剂，提高水解产物的分散作用，减少在基布上的沉积。碱液于 $80\sim100$℃浸渍处理基布 $30\sim60$min，然后进行充分水洗、中和。

浸渍法在碱减量处理中应用较多，其工艺灵活，设备简单，整理品手感良好，适用于小批量多品种，但碱液的反应效率较低，而且批与批之间质量差异较大。

2. 浸轧汽蒸法

基布经碱水溶液浸轧后用高温蒸煮的减量法。基布在一定温度、浓度的碱溶液中反复浸轧，在带液状态下进入常压蒸箱或高压蒸箱加工。带液的目的是使碱液与基布中海岛复合纤维充分作用，促使海聚合物的分解。氢氧化钠在轧后的汽蒸中的反应效率较高，溶解速率是随浓度加大而加快，但必须注意浓度过高会造成渗透困难，溶解反而降慢。因此需加入耐碱渗透剂，以提高碱液的渗透性。高温蒸煮除有高温蒸汽补给外还设有微波管加热，促使碱液与海聚合物加速反应，通常在100℃下汽蒸20~30min或120~130℃下汽蒸3~5min，蒸煮后经多道高压温水冲洗，充分洗涤被分解的高聚物。如有残留物则会对革基布的染色造成影响。洗净后还须用酸中和，再水洗干燥。

通常应用于连续化碱减量。减量效率高，适合大批量生产。有利于提高生产效率，降低成本，减少批差。

3. 浸轧堆置法

浸轧堆置法是以含有耐碱渗透剂的碱液浸轧基布打卷，以塑料薄膜包覆于基布外面防止风干，使其在室温下缓慢地连续旋转24h，然后水洗、中和。为了提高内外层的均匀性，通过降低初始轧碱浓度或减少单布量进行改善。碱液浓度可根据减量率予以控制，促进剂的效率不明显。

浸轧堆置法是一种半连续化的碱减量工艺，工艺灵活，设备简单，适宜于小批量、多品种生产，但是工艺均一性较差。

三、 碱减量设备及工艺

碱减量工艺基本分为间歇式和连续式两种。两种工艺适用范围是根据基布厚度、类型、减量率等要求不同而改变。

1. 间歇式减量

常用的有挂练槽加工、喷射溢流染色机加工、冷轧堆法减量等。用一定量的基布进行分批碱减量处理。

（1）精练槽 精练槽为长方形练桶，生产时一般以5只练桶为组。精练槽减量法的优点是投资低，产量高，成本低，张力小，减量率易控制，强力损伤小，适宜于小批量多品种生产。但缺点是劳动强度大，各工艺参数随机性大，减量均匀性差，重现性差。

精练槽减量的基本工艺流程为：基布准备→浸渍碱减量处理（95~98℃）→80℃热水洗→60℃热水洗→冷水洗→酸中和→水洗→脱水→烘干。

碱减量时工艺处方：NaOH为3~10g/L；促进剂0.5~1.5g/L。

（2）常压溢流减量机 此设备是在常压下绳状运转，其张力低，减量率易控制，易清洗。残液由吸泵吸收至箱顶高位槽内贮存再利用。但易出现直皱纹。其操作类似于高温高压溢流染色机，所不同的是它不需高压。由于是常压下进行，因而工艺条件和配方类似于练槽，浴比较练槽低。此类设备加工的关键是精确控制碱液浓度、工艺温度、时间及布速，以提高碱量率的均匀性和重现性。

（3）高温高压喷射溢流染色机 该类设备张力低、温度高、碱反应完全、适应性广，基布松弛效果明显。高温高压喷射溢流染色机碱减量时，其碱用量视基布质量而定。由于减量温度高，时间又较长，因而减量较为充分，所以其碱用量略大于理论用量。

减量浴比根据装载容量、基布厚度及设备类型选定，通常选择浴比在1:（10~20）左右。但对低浴比高温高压染色机，则可采用低浴比1:（6~8）。气流式染色机最低可控制到为1:3。这类设备加工的关键在碱浓度的控制，否则减量率就难以控制。

由于分批处理会造成批差，革品质很难稳定，同时被分解的高聚物容易黏附在基布上，对染色造成疵点。这种加工方法的主要缺点是周期长、产量低，且减量率不易控制、批差大。一般只用于处理小批量薄型超纤基布，通常在溢流染色机或高温高压染色机进行减量。

2. 连续式减量

连续式减量设备（图 6-6）是大型设备，目前主要有意大利的 Debaca、日本小野森的 M 型、荷兰 Brugman 的 Holland。连续碱减量机主要由配给液系统、浸轧碱液槽、汽蒸反应箱、平洗槽及中和槽五部分组成。其压力、汽蒸温度、碱浓度等技术参数均自动控制，运行十分稳定。

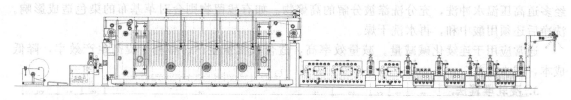

图 6-6 连续式减量机

超纤革与传统的机织物有很大的不同，强度、厚度、组分等都远远超过普通织物，通常采用的是连续式加工方法。基本工艺流程为：

基布→碱液浸轧→高温汽蒸→多道冲洗→超声波清洗→中和→冲洗→干燥

基布连续经卷放机连续进入碱液槽，通过浸轧使碱液充分均匀地分布在基布中。配给液系统按需自动地补给一定浓度的碱液，保持基布带液平稳。

浸轧后进入高温汽蒸室，在温度作用下碱液与 COPET 的反应加速，直至完全溶解。此过程中由于基布的结构发生了变化，会产生张力增大，导致基布意外伸长，物性和克重有所变化，必须要调整并控制张力。还要防止蒸箱内滴水，蒸箱内冷凝水滴在布面会冲淡碱浓度，造成点状减量不足，从而造成染色暗影，需注意防范。

汽蒸结束后要用温水对其反复洗涤，将水解物要彻底洗脱。由于基布比较厚实，洗净困难，为了保证洗涤效果，通常在水洗后要增加一道超声波清洗，将基布内部黏附在纤维上的残留物清除干净。主要利用超声波空化冲击效应。由超声波发振箱发出高频高压振荡信号，经换能器变换为机械振动传入到清洗介质中去。以连续不断的方式辐射状直线传播的超声波束，在介质中前进时会产生成千上万的负压小气泡，这些气泡在一定的压力下在被清洗物表面形成一连串密集的爆炸，不断冲击被清洗物表面，包括穿透到被清洗物的另一侧面，以及所有侵入介质的内腔、盲孔、狭缝，将清洗物表面附着的污垢剥落，达到完美的效果。

洗涤后的基布进入中和槽，使用弱酸（多用乙酸）对基布进行中和，使基布的 pH 值保持中性。再经过一次水洗，将反应生成的盐或多余的酸去除，干燥后进入后处理工序。

连续式减量的优点：其自动化程度高，操作简易方便，过程控制简单直观。减量率易于控制，可随时取样测定。反应均匀性高，前后质量变化小避免了批差，重现性好。减少了开剪的损耗，速度快，产量高。

连续式减量的缺点：存在张力较大、缩率较高的现象。因此对于连续减量设备来说，张力控制尤其重要。要使设备具有联动功能，各单元机同步运转，增加了设备的稳定性。一次性投入的碱量大，存在运转中碱浓度控制及涤纶水解物过滤去除困难等问题，织物风格不及间歇式减量。

四、 影响碱减量的因素

1. 碱液浓度

碱在减量加工中起着定性的作用。碱减量是利用碱在高温条件下使大分子水解生成的钠盐和乙二醇溶于水中来实现。从理论上讲，碱液浓度与减量率存在一定的比例关系。但减量率受温度、浴比、处理时间和助剂等因素的影响，通常用量要比理论值大，存在碱的利用率问题。

减量率随碱浓度增加而提高，但不呈线性关系。且碱浓度小于 10g/L 时减量速度增加较快，而在 10g/L 之后增加的速度有所减小。这是由于碱浓度增加，提高了 OH^- 进攻酯键的概率，加速了反应。当碱液浓度达到一定的值时，有效的进攻趋于饱和，反应速率的增加逐步趋于平缓，此时失重率不随碱浓度的增加而增加。如碱的浓度过高，会使纤维水解过度，强力下降。一般添加减量促进剂，以提高减量效果，减少碱的用量。连续碱减量机一般使用浓度为 10%。

基布的柔软性和悬垂系数也随碱浓度的提高而改善，但强力随碱浓度提高而降低，随减量率提高，强力相应损失增大。

浸轧过程中碱液的控制有几个方面：

① 碱槽中的碱液液位及循环。由自动加料系统来完成，输液泵将贮碱槽中碱液不断输送到浸轧槽底部，槽内过剩的碱液从轧槽上部的溢流口送回贮碱槽，在动态流动中始终保持稳定的液位。

② 碱液浓度稳定。由浓度检测装置和自动配料装置完成，自动配料装置的连续运转保证了碱液浓度稳定。

③ 保持轧槽中碱液温度在 60~70℃，有利于提高渗透性并预热基布。

④ 在汽蒸箱安装碱液追加装置。主要目的有两个：一是可使反应前期产生的水解产物经过喷淋及时冲洗掉；二是使基布重新均匀带碱，提高了减量效果。

2. 汽蒸箱温度

在温度较低的情况下，减量速度较慢，随着温度的升高减量速度增大。因为温度升高，纤维中大分子链的活动性增加，加速 COPET 的水解，但是当温度增加到一定程度时，减量率曲线趋于平缓，水解反应基本结束。

基布的柔软性和悬垂性随反应温度的升高而提高，但幅宽缩小，强力损失相应增大。如果温度太高，略有波动则减量率难以控制。持续提高温度会使基布性能受到损害，因此应当控制适当的温度。连续减量反应温度一般控制在 105~115℃。

汽蒸箱加热方式有两种：一种是直接蒸汽加热；另一种是间接蒸汽加热。一般是两种加热方式协同作用。饱和蒸汽直接加入到蒸箱中，既提供了反应所需的热量，又保证了一定的湿度。湿度对碱减量效果影响也很大，如果蒸箱内的蒸汽湿度太低，则基布上的水分要蒸发，碱浓度增大，使减量速度提高。如果蒸箱内湿度太大，则蒸汽凝结成水珠滴到基布表面，造成局部减量不匀。间接蒸汽加热能有效地解决这个问题，它从蒸箱的底部和顶部对蒸箱内的直接蒸汽进行加热，从而既保证了蒸箱内的温度，又使其湿度维持在一定的范围内。

3. 反应时间

基布的运行速率决定了它在蒸箱内的停留时间，即反应时间。基布在蒸箱中停留时间越长，反应越充分，减量率也愈高，反之则减量率低。一般反应时间延长 1min，减量率约相差4%左右。

减量率比较明显地分成两个阶段，初始阶段反应速率较快，后一阶段反应慢，失重率基本趋于不变，说明减量已基本完成。因此基布运行速度根据不同品种规格进行调整。在保证减量效果的基础上增加速度。但速度太快，反应时间太短，减量不充分，同时可能由于张力问题而影响最终效果；速度太慢，增加时间对失重率影响不大，反而会造成不必要浪费，降低生产效率，而且导致减量过度。连续减量机蒸箱容布量一般可使基布在蒸箱中的停留时间约为 3min，即能达到理想的减量效果。但是碱反应率是不高的，减量反应后布上仍有较多的残碱，在水洗时被洗去。

4. 助剂的影响

要保证开纤充分，首先要保证基布有一定的 NaOH 含量。但由于 PA、PET 和 PU 都具有疏水性，所以必须得提高 NaOH 溶液的润湿性能。另外，由于 PU 的特殊结构，使得 PU 孔隙中含有大量的空气，造成溶液不能渗透到基布内部。因此必须提高碱液渗透性，在孔隙中形成强有力的渗透压，从而使 NaOH 溶液能完全到达内部。提高渗透性的最直接方法是添加渗透剂，渗透剂有以下作用：

① 在碱液中加入耐碱渗透剂，有助于提高渗透性，增加带液量，缩短减量时间，从而可加快车速、提高生产效率。

② 可使碱的利用率大幅度提高，降低碱液使用浓度，节约烧碱。减少减量后的水洗压力。避免纤维损伤，质量易于控制。

③ 在浓碱中加入渗透剂可降低烧碱液的表面张力，使基布很快润湿渗透，从而使减量均匀，防止染色时发花。

④ 提高基布减量率。随着用量的增加，减量率逐步提高，当表面活性剂用量达到一定值后，促进作用变得平缓。

以季铵盐为代表的阳离子表面活性剂常用于作为碱减量处理的促进剂，COPET 分子的碱水解是一种液-固相转移催化反应。将季铵盐表面活性剂加入到热的碱液中，季铵类表面活性剂具有疏水性长链烃基，在碱液中可迅速地吸附在纤维表面上，并与溶液中的季铵化合物形成平衡状态，降低纤维表面张力；其次，季铵盐分子中的负离子与处理浴中的 OH^- 发生离子交换作用，使溶液中的 OH^- 可以迅速地向纤维表面转移，提高了纤维表面的碱液浓度，使 OH^- 有更多的机会也更容易进攻 COPET 分子中带部分正电荷的羰基中的碳原子，造成分子断裂，促进了纤维的水解。

减量促进剂的作用与其化学结构有关，双烷基双季铵盐阳离子表面活性剂的促进作用最为明显。渗透剂要具备在高浓度碱液中仍保持较好的渗透性和润湿性，此外还要考虑到渗透剂在碱液中的溶解度、储存稳定性及成本。在目前常用的减量促进剂中，十二烷基二甲基苄基氯化铵的效果不错，其用量为 1g/L 时，促进作用已趋于平衡。

促进剂在使用时需要很慎重。酯键可以发生水解反应，亦可以发生氨解反应，而且不需任何催化剂，在常温下即可进行。由于氨解作用不仅发生在纤维表面，而且能深入到纤维的无定形区和结晶区表面，因此纤维的减量作用要比烧碱溶液的水解作用显著。季铵盐类阳离子型表面活性剂的浓度越高，氨解反应进行越剧烈，纤维失重越大，损伤越严重，甚至发生溶解现象。由于反应进行迅速，较难控制到合适的减量率。另外促进剂是强阳离子性，易吸附在织物表面，不易洗净，染色时容易出问题。故对表面活性剂的选择应慎重。

5. 水洗与中和条件

织物出蒸箱后即进入平洗槽中进行水洗：第一格洗槽温度为 70～80℃，第二格洗槽温度为 50～60℃，第三格洗槽为常温，第四格为中和。该槽中装有 pH 探测装置及自动加酸（HAc）装置，保证基布出布时布面呈中性。在每格洗槽上部装有大量的喷淋管，对织物正反两面进行强力喷淋，能彻底去除基布上的残留碱液及水解生成的低聚物，整个平洗装置采用逆流方式水洗，既节约用水，又能保证水洗充分。洗涤不完全和洗涤完全的基布见图 6-7 和图 6-8。

洗涤时要保持充足的新水补充到水槽中，确保基布能彻底洗净，避免给后道工序带来不必要的麻烦。在中和结束后要再次进行洗涤，防止中和盐和醋酸带入基布，影响染色时的 pH 调整。

在洗涤时要使用软化水，因为自来水有一定的硬度，其中含有大量的钙、镁离子。钙镁离子会与开纤产物反应生成沉淀，黏在设备上，而且累积速度相当快，造成设备清洗困难。

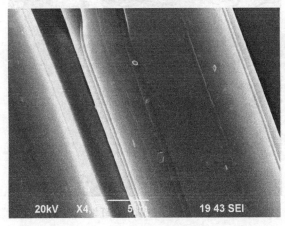 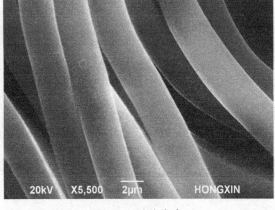

图 6-7 洗涤不完全　　　　　　　　　　　　　图 6-8 洗涤完全

在 COPET 水解过程中，水解物会黏附在纤维上，洗涤效果不佳的纤维表面会存在块状黏附物，影响染色的色泽，造成染色不匀或色斑。

五、 基布减量结构变化

减量的工艺完善与否，对合成革的物性和手感影响很大。我们通过扫描电镜照片可以直观的看到结构的变化，并指导工艺的改进，见图 6-9 和图 6-10。

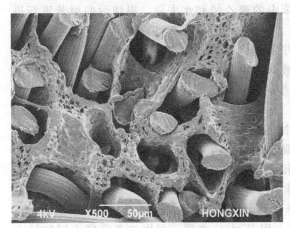 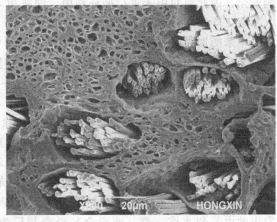

图 6-9 减量前基布结构　　　　　　　　　　　图 6-10 减量后基布结构

在减量前后只有纤维的变化，聚氨酯未发生变化。海岛纤维经过减量，连续相分解去除，每根海岛纤维变为一束超细纤维，各超细纤维之间分离清晰。纤维束仍保持与聚氨酯的离型结构，并且由于连续相的去除，结构发育更为完善。完成了从"海岛纤维-聚氨酯"结构到"超细纤维-聚氨酯"结构的转变。减量不完全和减量完全的纤维见图 6-11 和图 6-12。

在正常减量工艺过程中，开纤完全则海岛纤维完全变为超细纤维。但是个别纤维由于开纤不良，形成两种类型的纤维混合体。产生的原因首先是在纺丝过程中因岛相粘连而无法分离；其次是减量工艺控制问题，如渗透性、碱浓度等原因，造成该部分纤维的海相未充分水解。减量不完全将直接影响手感与染色性能，如开纤不良纤维过多，染色时其显色性则与其他超细纤维不同，形成不规则的小色斑。

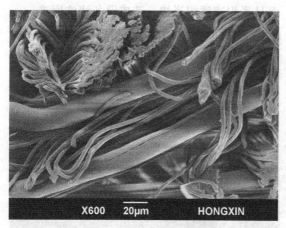

图 6-11　减量不完全纤维　　　　　　　　　　　　　图 6-12　减量完全纤维

第三节　甲苯回收与循环利用

一、甲苯回收的目的与原理

甲苯回收的目的。甲苯作为聚乙烯的萃取溶剂，在萃取结束后含有大量的聚乙烯和水，如果作为一次性使用则成本很高。另外甲苯具有毒性和易燃易爆性，挥发后会污染环境，影响安全，因此要对甲苯进行循环利用。即将甲苯中的聚乙烯和水去除，提纯后的甲苯重新进入萃取工序使用，实现清洁化萃取。

甲苯的回收有三套系统：甲苯蒸发系统；甲苯蒸馏系统；残渣蒸发系统。甲苯蒸发系统是对来自抽出工序的水、甲苯、聚乙烯的混合液（粗甲苯）做第一步处理。甲苯蒸馏系统是将蒸发处理后难以分离的水-甲苯混合液做进一步的蒸馏，达到完全分离的目的。其基本生产原理如下。

① 甲苯蒸发生产原理。甲苯的蒸发是以除掉粗甲苯中的聚乙烯为主要目的，原料为粗甲苯。这个过程是在甲苯蒸发器中进行的。利用聚乙烯等残渣在系统中的不挥发性，而甲苯和水则有较高的挥发性，经过加热使大部分甲苯和水蒸发成气体，然后被冷凝回收，而聚乙烯等残渣则仍留于蒸发器中，从而达到分离粗甲苯中的聚乙烯等的目的。

粗甲苯经过初步沉降排掉大部分水后进入蒸发器，用高压蒸汽加热，在110℃下蒸发，蒸发出的甲苯和水汽（汽、液混合）经冷却后流入甲苯-水分离器。利用二者密度不同的特点（甲苯相对密度0.89）进行液相分离，甲苯回收起来，余下的含有少量甲苯的混合液送至甲苯蒸馏系统。

② 水-甲苯蒸馏生产原理。系蒸汽蒸馏，使水和甲苯混合液在100℃以下沸腾汽化，并利用水和甲苯在组成适当时于85℃下形成共沸物的特性，混合液被蒸汽直接加热升温，在混合液中的微量甲苯则以共沸物的形式馏出。馏出汽液化后，由于水和甲苯互不相溶且比重不同，经沉降使水和甲苯得以分离，达到除去水分回收甲苯的目的。

③ 甲苯残渣蒸发生产原理。利用聚乙烯等残渣的不挥发性和甲苯（其中有极少量的水）的较高挥发性，经加热将残渣中的甲苯蒸发回收，聚乙烯等残渣由器底排除，从而达到回收残渣中的甲苯的目的。

二、甲苯回收工艺

1. 甲苯蒸发工艺

甲苯蒸发工艺流程见图 6-13，由抽出工序来的含有水、聚乙烯、DMF 等杂质的粗甲苯，进入粗甲苯储槽。粗甲苯的组成：甲苯 95.6%；DMF0.1%；水 3.3%；聚乙烯 1.0%。

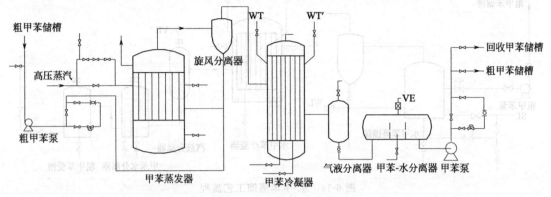

图 6-13　甲苯蒸发工艺流程

粗甲苯在储槽中经过沉降分层后，甲苯层（上层）的粗甲苯打入甲苯蒸发器。甲苯蒸发器以高压蒸气加热，控制加热蒸气压力为 0.9MPa，蒸发器的温度为 111℃，压力为常压。由甲苯蒸发器出来的甲苯蒸气经甲苯旋风分离器分离后，甲苯液体由底部返回到甲苯蒸发器，甲苯蒸气由顶部进入以冷却水冷却的甲苯冷凝器。在冷凝器中大部分甲苯气体被液化为 50℃ 的甲苯液体，经甲苯气液分离器底部流入甲苯-水分离器中。在甲苯-水分离器中，水由底部排出到废水池中，甲苯由上部流入甲苯受槽，经甲苯泵打到回收甲苯储槽。若甲苯质量不合格时，则由旁通管线打回粗甲苯贮槽，重新处理。

粗甲苯贮槽中产生的微量气体由贮槽上部自然排空，系统中的不凝性气体分别由甲苯气液分离器、甲苯-水分离器、甲苯受槽上部经阻火器排空。

以聚乙烯为主的残渣经甲苯蒸发器残渣溢流口流入甲苯残渣受槽，作为残渣蒸发罐的进料。

粗甲苯贮槽中水层（下层，含有少量甲苯）经水-甲苯泵打入水、甲苯蒸馏罐作蒸馏处理。甲苯蒸发工艺条件见表 6-3。

表 6-3　甲苯蒸发工艺条件

装置	项目	工艺条件
甲苯蒸发器	粗甲苯供给量/(L/h)	12500±100
	液面	溢流口位置
	温度/℃	＞111
	蒸汽压力/MPa	＞0.9
	罐液残渣浓度/%	55±10
甲苯冷凝器	馏出温度/℃	50±2
甲苯-水分离器	水层液面/cm	20 以下
甲苯受槽	液面/m	0.2
甲苯预热器	预热温度/℃	95±5

2. 水-甲苯蒸馏工艺

水-甲苯蒸馏工艺流程见图 6-14。水、甲苯混合液的组成：甲苯 14%；DMF1%；水 84.6%；聚乙烯 0.4%。

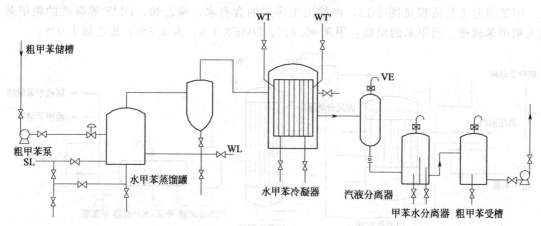

图 6-14　水-甲苯蒸馏工艺流程

水、甲苯混合液自粗甲苯贮槽由粗甲苯泵分批定量打入蒸馏罐。蒸馏罐以直接蒸汽加热，常压生产，控制温度不大于 100℃。混合液中的甲苯和部分水分因受热馏出，馏出气体进入水-甲苯冷凝器，被冷凝为 45℃ 的液体进入水-甲苯气液分离器。其中甲苯由分离器上部流入粗甲苯受槽，经粗甲苯泵打入粗甲苯贮槽。冷凝液中的水分则由下部流出与来自分离器下部排出的水相会合一起进入甲苯排水受槽。

水中的微量甲苯由排水受槽上部流入粗甲苯受槽，作为粗甲苯打入粗甲苯贮槽。排水受槽中的水则由该槽下部流入废水池。系统中的不凝性气体分别由水-甲苯气液分离器、水-甲苯分离器、甲苯排水受槽、粗甲苯受槽上部的阻火器排空。

水-甲苯蒸馏罐中的残渣、水直接排入废水池，再用泵打入总废水池。当残液中的 DMF 浓度高于 2000×10^{-6}（2000ppm）时则打入非正常排水贮槽作为计划排放处理。甲苯蒸馏工艺条件见表 6-4。

表 6-4　甲苯蒸馏工艺条件

工装蒙件	项目	单位
水甲苯蒸馏罐	加料量/(L/B)	2000±100
	温度/℃	85～100
水甲苯冷凝器	馏出温度/℃	50±2

3. 甲苯残渣蒸发工艺

甲苯残渣蒸发工艺流程见图 6-15，甲苯残渣蒸发罐进料组成：甲苯（35.1%），聚乙烯（64.9%）。以聚乙烯为主的残渣和甲苯组成的黏稠混合液由甲苯蒸发器残渣排出口溢流至甲苯残渣受槽，在加热蛇管中通以少量的低压蒸汽以确保甲苯残渣不因降温而凝固。在甲苯残液受槽中所产生的微量甲苯蒸汽由甲苯残渣排气冷凝器冷凝后重新返回甲苯残渣受槽，不凝性气体则经阻火器排空。

甲苯残渣由甲苯残液泵分批定量打入甲苯残渣蒸发罐，蒸发罐的夹套中通高压蒸汽加热，压力为 0.9～1MPa，控制甲苯残渣蒸发罐的温度为 150℃，真空度为 0.053MPa。甲苯在蒸发罐内受热而蒸发，甲苯蒸气进入以冷却水冷凝的甲苯残渣蒸发冷凝器，甲苯蒸气被液化为

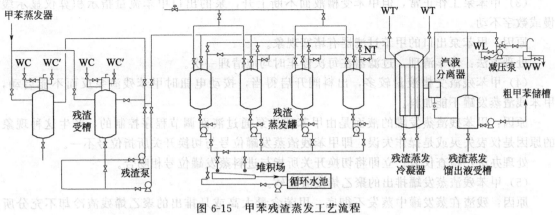

图 6-15 甲苯残渣蒸发工艺流程

50℃的液体,由甲苯残渣气液分离器底部流入甲苯残渣馏出液受槽,经甲苯残渣馏出液泵打到粗甲苯贮槽。系统负压是由甲苯残渣蒸发减压泵维持的。

系统中的不凝性气体经甲苯残渣蒸发减压泵的气液分离器排空。甲苯残渣蒸发罐内残渣在氮气压送和甲苯残渣蒸发残液泵的作用下由罐底排出,经聚乙烯切割机切成小块,同时加水冷却成型。表 6-5 为甲苯残渣蒸发工艺条件。

表 6-5 甲苯残渣蒸发工艺条件

装置	项目	工艺条件
甲苯残渣受槽	温度/℃	≥100
甲苯残渣蒸发罐	添加量/(L/B)	1600±100
	压力/kPa	47.8
	夹套蒸汽压力/MPa	0.9
	温度/℃	135±5

三、 工序异常时的处理

(1) 甲苯蒸发器内刚开车时发生巨大撞击声。

原因:因为在刚开车时没有事先将蒸发器壳程中的蒸汽冷凝水排尽,通入蒸汽后,蒸汽带动冷凝水撞击设备壳体和列管,故易发生巨大响声,称之为"汽锤"现象,操作时应注意避免。

处理方法:

① 将蒸发器蒸汽进口阀关小;

② 打开设备壳程排压阀和蒸汽冷凝水旁路排出阀,当这两个阀均出蒸汽时再关闭,并让蒸汽冷凝水由汽水分离器排出;

③ 恢复蒸汽的正常流量。

(2) 甲苯蒸发器控制温度正常,但甲苯蒸发器罐液溢流困难。

原因:蒸发器加热的蒸汽压力太大,使罐液残渣浓度太高(>60%);或者蒸发器罐液排出的夹套管中低压蒸汽保温不好,导致罐液在排出管中凝固,使溢流困难。

处理方法:

① 检查蒸发器加热蒸汽压力,如高于工艺规定值,则调到符合工艺指标;

② 确保低压蒸汽保温良好。

（3）甲苯泵工作正常，但甲苯受槽液面不断上升，泵的出口甲苯流量指示积算仪显示缓慢或数字不动。

原因：甲苯泵出口的甲苯过滤器有堵塞现象。

处理方法：停车清理，过滤器在每次停车时均应清理一次。

（4）甲苯残渣受槽液量较多，出料阀开启得当，按动电钮时甲苯残渣泵反而不能启动，甲苯残渣蒸发罐不能加料。

原因：甲苯残渣蒸发罐的液面是由甲苯残渣泵通过液面调节程序控制的，产生这种现象的原因是仪表失灵或是操作失误，即甲苯残渣蒸发罐位号与切换开关所指位号不一。

处理办法：检查仪表；立即将切换开关所指与进料蒸发罐位号相吻合。

（5）甲苯残渣蒸发罐排出的聚乙烯残渣太软。

原因：残渣在蒸发罐中蒸发不彻底，甲苯含量太高或是排出的聚乙烯残渣冷却不充分所造成。

处理方法：保持蒸发罐夹套蒸汽压力为 0.9MPa；残渣应以生活水充分冷却。

（6）水-甲苯蒸馏罐加料太多。

原因：水-甲苯蒸馏罐加料定时器设定时间超过规定时间，是责任事故。

处理方法：提高责任心；精心设定好时间。

（7）水-甲苯蒸馏罐被蒸干，没有残渣。

原因：通蒸汽量大，在达到 100℃后，蒸馏 15min 后未停车（即未停蒸汽）所造成，结果未起到分离作用。

处理方法：提高责任心；在达到 100℃后，蒸馏时间严格不超过 15min。

第七章
基布后加工

基布经过湿法与减量处理后，已经基本具备了合成革基布应有的微观结构、理化性能和感官特征。但是在加工过程中，基布形态和结构都发生了变化，需要进行进一步的整理，才能形成结构与性能稳定的基布。基布的后加工主要任务是通过适当的加工手段进一步完善并赋予基布应有的性能和特征。

减量后的基布加工主要包括扩幅干燥、上油、定型等工序。为了提高基布的使用性能，还要根据产品需要对基布进行磨皮、片皮、揉皮等处理工序，最大限度提高基布的品质。基布后加工是一个有机整体，在工序设置上互相交叉契合，在操作上相互影响制约，因此需要统筹、协调、平衡生产工艺。

第一节　基布的干燥定型

干燥定型是利用合成纤维与聚氨酯的热塑性，将基布保持一定的形态尺寸，加热到所需温度。微观上使高分子链运动加剧，内应力降低，结晶度与晶区有所增大，非晶区趋向集中。宏观上使非织造编织结构进行一定重排。达到高聚物性能与编织结构的进一步完整，尺寸热稳定性提高，并在后续加工中得以保持。

一、　干燥目的

(1) 调整基布形态结构，使基布定型。

① 扩幅干燥定型。经过抽出处理后的基布整体横向收缩而纵向拉长，纵横向物理性能比例发生变化。基布经过干燥扩幅机干燥，并用循环热风进行加热，在一定的温度和扩幅率下进行边干燥边横向拉伸，使基布得到热固定成型。

② 松式干燥定型。上油处理后的基布稳定性受到影响，需要对基布进行松式干燥和定型处理。即基布在一定的温度下，通过由热循环风加热的干燥收缩定型机进行边干燥边收缩。基布在松弛状态下消除应力，自然均匀收缩，提高基布表观密度并稳定成型。

(2) 改善表观性能。基布表面带有大量细小的凹凸不平点及皱褶，影响基布的使用性能。使用辊筒干燥可对基布表面进行一定的热压熨平。另外在干燥过程中，基布被施加拉伸、冷压、扩张、上油等作用，基布的平展性和手感都得到很大提高。

(3) 去除基布中的水分。基布经过抽出和上油后含有大量的水分，轧液后的含水量都在50%以上，通过干燥可去除基布中过多的水分，满足后续加工的需要。

(4) 促进油剂与纤维的结合，提高基布性能。基布上油后，大量油剂进入基布内部，其中部分尚未完成与纤维的结合，游离在基布间隙的溶液中。在干燥过程中，水分挥发和温度升高使油剂破乳，油剂逐步扩展于纤维表面并与之结合固定。水分缓慢挥发也使油剂在基布内分布均匀，改善了手感。另外，油剂中结合不牢固的离子键，由于水分的去除，油剂离子与纤维的距离进一步缩短，使亲和力增强。

二、 干燥方法与设备

1. 扩幅干燥

扩幅干燥主要是针对抽出后形态变化很大的基布，干燥与强制定型同时进行。以热空气为干燥介质，实现强制对流干燥。

① 基本原理。将冷空气（或循环的低热空气）经加热器加热升温，然后将热空气经风机、风道送入烘房并吹向基布。基布中的水分受热挥发，挥发的湿热空气及时排走，保持干燥室内低湿度。在干燥过程中，空气除带走被烘燥基布的水分外，还供给水分汽化所需的热量。这属于对流传热形式，热风既是载热体，又是载湿体，故热能消耗较大。

② 基本流程。利用干燥室的高温使基布在高温下定型。通过温度和送风量可有效控制干燥速度和水分含量。扩幅干燥基本工艺流程如图7-1所示。

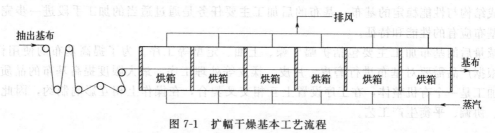

图 7-1　扩幅干燥基本工艺流程

基布通过扩幅干燥实现干燥与调整幅宽两个目的。从抽出工序送来的基布经过张力系统，进入扩幅干燥机。采用双面循环热风吹烘，基布按一定的扩幅率边扩幅边干燥。干燥机通常为6~8个干燥室，通过循环风机和排气风机进行加热和排湿。

扩幅主要是通过轨道宽度调整带动基布强制实现。传动链条有布铗式和针板式两类。布铗式适于厚型基布，而针板式适合薄型基布。基布扩幅示意图见图7-2。

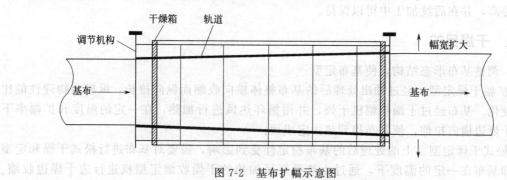

图 7-2　基布扩幅示意图

布铗的工作原理：在布铗链的进布端，由于布铗链轮上方的开铗转盘的作用，将绕经转盘的有柄布铗打开，使基布的边部进入其间。在布铗离开转盘时，由于滑轮被基布边部托住，不能落入底板的轮槽中，刀口并未夹住基布。待布铗沿该段轨道的开档逐渐加大而使基布边缘外移至一定位置，滑轮落至底板轮槽中时，刀口触及基布边部，并将它夹住，因而可使铗持宽度均匀。出布端基布脱铗时，也是采用同样方法打开铗舌。

针板的工作原理：基布通过喂入辊后，经过展平辊去皱展平。在进入链条时，由主动毛刷压布轮上的毛刷轮将布压在针板上的小针上，再由压布轮继续深压到针板根部防止脱针。布即可在两列链条的传动下进入烘箱内。脱布时通过出口链条后的高位脱布辊，利用布的张力将基布从针板上脱下。

烘干定型室至出布区的工作幅宽设定，是通过每节轨道宽窄杆变化实现，调整时马达、连杆及传动件同时动作。基布的扩幅率需要根据进口基布宽度和出口要求宽度确定，扩幅率过大则容易出现脱布现象，严重时会撕裂基布。通常扩幅率在5%～8%。轨道宽度调整需要缓慢进行，入口时基布水分大温度低，所以宽度要比入口基布窄1～2cm，防止脱布。中间部分要比出口宽度窄2～3cm，出口时到达设定扩幅宽度，通常是基布最后宽度再增加2～3cm。

为防止基布运行出现偏差，通常在入口装有光电探边装置。随着基布位置的变化自动调整针板导轨的位置，保证布边准确纳入针板。

基布干燥主要通过热风循环系统（图7-3）。定型机由多节加热室组成，每节加热室有上下两排喷风管道，基布在管道通过时呈浮动状态。风机吹出的热风通过上下喷嘴垂直均匀地吹向基布，同时上排风系统不断进行吸风，及时带走基布中的水分，并通过温度的作用，将基布结构初步定型。

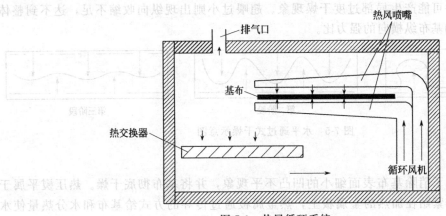

图7-3 热风循环系统

热风温度的设定要根据基布厚度和含水量进行调整，温度过低则水分残留高，干燥不良。温度过高则容易干燥过度，造成表面平整度下降。稳定设备要依据由低到高的原则依次升高，中间位置达到最高，直至最后保持稳定状态。超纤革的干燥温度最高一般不超过130℃。

需要注意的是在临时停车时要及时打开干燥箱，避免基布停留时过度干燥造成废品。

在入口要安装红外线探边系统，保证基布不发生蛇行，使布边准确的落于定型机的针板上。左右侧可单独操作，不互相干扰。

扩幅干燥常发生的故障是脱边。产生的设备原因是基布入口蛇行或探边器不灵敏，基布自身幅宽过窄，追出槽打折等也经常引起脱边。另外，由于基布脱边或扩幅率过大，还会引起基布破损，需要及时进行修边。

2. 缩幅干燥

缩幅干燥是针对上油或整理后的松弛定型。干燥与松弛定型同时进行，即基布在一定的温度下边干燥边收缩。与扩幅干燥一样以热空气为干燥介质，实现对流干燥，并形成稳定的基布结构。

① 立式热风干燥。立式干燥（图7-4）为侧面吹风干燥，基布从干燥机中部进入。通过热风加热，热源通常为高压蒸汽。具有干燥速率快、设备简单、占地少的特点。缺点是在基布运行方向仍具有一定张力，不利于基布整体的收缩。

② 水平通过式干燥。水平通过式干燥为垂直吹风干燥，基布水平通过干燥机。为了降低

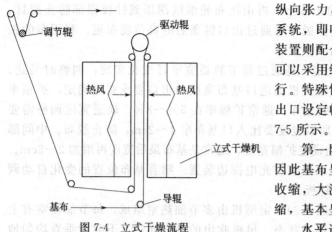

图7-4　立式干燥流程

纵向张力，保持纵向稳定收缩，通常安装有超喂系统，即喂入速度大于输出速度。而横向的扩幅装置则配合基布的形态要求，可以采用扩幅，也可以采用缩幅。经过超喂的基布有利于扩幅的进行。特殊情况下的缩幅通常采用"八"字形，即出口设定幅宽低于入口设定幅宽。基本原理如图7-5所示。

第一阶段由于喂入速度快而基布尚未收缩，因此基布呈大幅波浪状；第二阶段基布开始受热收缩，大波浪逐渐缩小；第三阶段基布大幅度收缩，基本呈水平状态。

水平通过式干燥主要是控制超喂率。超喂装置采用同步电机控制，可在任何速度下保持固定的超喂率。一般定型机超喂设计在0～20%，合成革超喂通常保持在3%～8%之间。超喂过大则基布表面平整度变差，基布在干燥机内堆积，影响运行，并可能产生局部过度干燥现象。超喂过小则出现纵向收缩不足，达不到整体收缩的目的，影响基布纵横向的强力比。

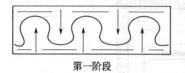
第一阶段

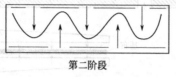
第二阶段

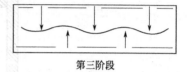
第三阶段

图7-5　水平通过式干燥示意图

3. 热压熨平

热压熨平是为了消除基布表面细小的凹凸不平现象，并将基布彻底干燥。热压熨平属于传导式干燥，基布紧贴在加热的金属板上，热金属板通过传导的方式给基布和水分热量使水分汽化，产生的蒸汽由空气吸收带走，达到干燥与熨平的目的。

热压熨平通常采用辊筒干燥机进行，以蒸汽加热，使用的加热蒸汽由蒸汽总管通入烘燥机的空心立柱，分别引入各只烘筒。每根进汽端的立柱（或进汽管）上都装有调节阀、安全阀和压力表，当单位面积上蒸汽压力超过规定压力时，安全阀便会自动开启，放出超压的蒸汽。

进入烘筒内的蒸汽，将热量传递给烘筒表面的含湿基布后，蒸汽由于散失了热量而冷却成水，冷凝水由排水斗或虹吸管排出烘筒，进入排水端的立柱（或出水管），经疏水器（即回汽管）而排出机外，防止了水和汽同时排出。

辊筒具有一定的表面温度和压力，基布通过辊筒干燥机，边运行边进一步干燥。由于辊筒的压光作用，基布经过多道带热熨平处理，基布表面光洁度显著提高。为了保证熨平效果，辊筒直径一般较大，基布运行采用大包角形式，保持基布与辊筒的紧密接触。

烘筒烘燥机的效率通常以单位时间内每平方米有效烘燥面积上所能汽化基布内水分的质量来表示。提高烘燥效率可采取以下措施。

① 适当增大进汽压力，提高温度，从而加快基布表面热交换速度和内部传递速度。

② 迅速有效地排除烘筒中的冷凝水。可减少筒内水层厚度，有利于传热。

③ 向基布汽化表面吹风。水分自基布自由表面汽化时，在表面形成呆滞的水汽层，不利于基布内水分继续向自由表面扩散。向这个区域吹风可减薄和破坏这一汽层，使汽化表面附近空间的蒸汽压下降，加速了汽化速率。

辊筒干燥流程见图7-6。

4. 其他干燥方式

随着合成革工艺与材料的发展，与之相适应的干燥方式也发生变化。如水性聚氨酯的应用是行业发展的趋势，但是其干燥速率慢，成膜成孔机理与传统的溶剂型有本质区别，所以其干燥方式也要发生改变。新型的干燥方式主要有以下几种。

(1) 远红外干燥 远红外干燥是利用红外线照射基布使水分汽化而实现基布干燥的方法，属于辐射干燥。利用远红外干燥可使基布内部和表面同时得到热能，而表面由于水分迅速汽化使温度降低，因此基布内部温度比表面温度高，热扩散是由内而外进行的。

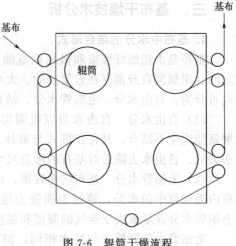

图7-6 辊筒干燥流程

远红外的辐射能传递是直接的，不需要中间介质，避免了热损失，因此传热效率高，干燥速率快。基布整体同时均匀受热，干燥与纤维收缩均匀，整体物性好。

(2) 高频干燥 基布通过两块电容极板，极板间产生电压交替变化的高频电场，水分子正、负电荷中心位置随着电场的方向而改变，水分子得到足够的热量从而加速运动进而汽化，达到干燥的目的。

高频干燥是由电能转化为热能，瞬间即能产生热量，也不需要介质，因此干燥速度快。高频干燥对基布有穿透作用，内外被同时加热，干燥均匀。高频干燥操作简单，温控容易，但缺点是耗电量大，因此不建议单独使用，而是与其他干燥方式联合使用。

(3) 微波干燥 微波是指频率在300～300000MHz或波长0.001～1m的高频电磁波，微波加热干燥实际上是一种介质加热干燥。当待干燥的基布置于高频电场时，由于基布中水分子具有极性，则分子沿着外电场方向取向排列。随着外电场高频率变换方向，则水分子会迅速转动或做快速摆动。又由于分子原有的热运动和相邻分子间的相互作用，分子随着外电场变化而摆动的规则运动将受到干扰和阻碍，从而引起分子间的摩擦而产生热量，使其温度升高达到加热干燥的目的。

微波加热干燥主要特点如下。

① 加热均匀。微波干燥与普通干燥法的主要区别在于，微波干燥属于内部加热干燥法，电磁波深入到物体内部，无论物体各部位形状如何，微波加热均可使物体表里同时均匀渗透电磁波而产生热能。把物料本身作为发射体，使物料内、外部都能均匀加热干燥，所以加热均匀性好。

② 加热迅速。微波加热是使基布本身成为发热体，不需要热传导的过程，因此也可以在极短的时间内达到加热温度。

③ 节能安全。由于含有水分的物质容易吸收微波而发热，因此除少量的传输损耗外，几乎无其他损耗。故热效率高、节能。它比红外加热节能1/3以上。由于微波是控制在金属制成的加热室内和波导管中工作，所以微波泄漏极少，没有放射线危害及有害气体排放，不产生余热和污染。

④ 选择性。微波在传输过程中会遇到不同的材料，产生反射、吸收和穿透现象，这取决于材料本身的特性，如介电常数、介电损耗系数、比热容、形状和含水量等。

三、 基布干燥技术分析

1. 基布中水分的结合形式

基布是由超细纤维束和微孔聚氨酯构成的立体网状结构。纤维束之间、纤维束与聚氨酯之间、聚氨酯自身都存在着复杂的、大小不一的空隙和微孔。湿的基布根据水分与其结合形式可分为：自由水分、毛细管水分、结合水分。

（1）自由水分　自由水分以吸附形式附着在基布表面和内部较大的空隙中，它与纤维、聚氨酯完全不结合，其存在形式与液体水完全相同，因此自由水分可采用普通的机械挤水方法去除。自由水去除后对基布的形态尺寸变化和性质影响很小。

（2）毛细管水分　基布结构致密，内部结构形成大量毛细管。毛细管水分是指存在于基布内毛细管中的水分，通过表面张力维持与基布的结合。毛细管越小，这种结合就越牢固。毛细管水分含量取决于空气的湿度和温度，湿度越高，温度越低，其含量越高。

毛细管水分性质上与纯水相同，但在毛细管中其蒸汽压与开放表面上水的蒸汽压不同，通常小于相同温度下纯水的饱和蒸汽压，并随着干燥过程的进行而下降。这种水分的去除会使毛细管收缩，引起基布在几何、外观以及物理机械性能等方面发生改变。

（3）结合水分　结合水分是以氢键的形式与基布中的极性基团牢固结合，具有一定的结合能，它没有液体水的性质，水分子直接分布在极性基团附近并发生定向作用。其含量与基布种类、成分有很大关系。与自由水和毛细管水相比，它具有以下特点：

① 去除结合水需要一定能量或热量，机械压力无法去除；

② 不具有溶解性。由于与极性基结合，所以不具有对油剂等的溶解力；

③ 蒸汽压低于其他形式水分的蒸汽压，因此结合水取出后基布结构与性能将产生很大的改变。

通常干燥过程去除的水分主要指基布中的非化学结合水，即自由水和毛细管水。而化学结合水应看做是基布的一部分，不属于基布干燥的范畴。

2. 基布干燥过程

基布干燥过程是一个复杂的物理、化学变化。首先是借助热传递使基布中的水分由液态转变为气态的干燥过程。其次干燥过程促进了染料、助剂等与基布活性基团的结合。

干燥包括传热和传质两方面。传热就是指基布内液态水吸收热能发生相变成为水蒸气；传质是指水蒸气被空气带走。对流传质传热是基布干燥过程中最常采用的方式，即以空气为干燥介质，并通过流动的不饱和空气把水分带走。干燥的全过程必须具备两个条件：使基布中水分蒸发所必需的热量；为带走蒸发水分所必需的水蒸气分压力梯度。当以上两个条件协调一致时，可达到最佳的干燥效果。因此空气的流速、温度、湿度是主要的干燥条件。

当热空气流向基布时，与基布表面存在着温度差，该温差即传热动力。热空气以对流方式把热量传递给湿基布并汽化其中的水分。基布的干燥速率即水分汽化速率 N_A，可用单位时间、单位面积（气固接触界面）被汽化的水量表示：

$$N_A = \frac{G_c dX}{-A d\tau}$$

式中　G_c——基布中绝干燥基布的质量，kg；

A——干燥面积，m^2；

X——物料的自由含水量，$X = X_t - X^*$，kg 水/kg 干料。

干燥曲线或干燥速率曲线是恒定的空气条件（指一定的速率、温度、湿度）下获得的，对指定的基布，空气的温度、湿度不同，速率曲线的位置也不同。干燥过程具有梯形特征，基本可分为三个阶段。

① 预热阶段。热能大部分用于湿基布温度上升，为汽化湿基布水分消耗的很少。

② 恒速干燥阶段。该段给予基布的热量几乎全部用于蒸发水分，烘燥过程大部分是在恒速烘燥区完成的。基布含水量基本与时间变化呈直线关系，即干燥速率为一定值，不随基布中水分变化而变化。此阶段水分大量挥发，空气传热基本等于水分汽化所需热量。如基布在干燥之前的自由含水量 X_1 大于临界含水量 X_c，则干燥必先有一恒速阶段。忽略物料的预热阶段，恒速阶段的干燥时间 τ_1 由汽化速率积分求出。

$$\int_0^{\tau_1} d\tau = -\frac{G_c}{A}\int_{X_1}^{X_c}\frac{dX}{N_A}$$

因干燥速率 N_A 为一常数，

$$\tau_1 = \frac{G_c}{A}\times\frac{X_1-X_c}{N_A}$$

速率 N_A 由实验决定，也可按传质或传热速率式估算，即

$$N_A = k_H(H_w - H) = \frac{\alpha}{r_w}(t - t_w)$$

式中，H_w 为湿球温度 t_w 下的气体的饱和湿度。

传质系数 k_H 的测量技术不如给热系数测量那样成熟与准确，在干燥计算中常用经验的给热系数进行计算。气流与物料的接触方式对给热系数影响很大。基布在恒速干燥终了时的含水量为临界含水量，而从中扣除平衡含水量后则称临界自由含水量。

③ 降速干燥阶段。干燥速率随着基布含水量的减少而降低，直至干燥速率为零，干燥结束。在降速阶段干燥速率的变化规律与物料性质及其内部结构有关。降速的原因大致有四个：实际汽化表面减少；汽化面的内移；平衡蒸汽压下降；基布内部水分的扩散极慢。

3. 干燥过程中的热交换方式

(1) 热传导 当高温物体与低温物体直接相接触时，热量由高温物体传递到低温物体，或在同一物体中，热量由高温部分传递到低温部分的物理过程称为热传导。

辊筒干燥机、贴板干燥机、熨平机等是利用加热的金属表面与基布表面相接触而传递热量，汽化基布中的水分，对基布进行烘燥。

(2) 热对流 当流体一部分受热时，因其密度变化而发生流动，从而引起热量的传递，称为热对流。

立式干燥机、拉幅定形机、干揉机等是利用加热的空气吹向基布表面而传递热量，从基布汽化出来的水分，仍然由这些热气带走。

(3) 辐射 以电磁波形式通过空间进行热量转移的过程，称为辐射传热。在烘燥机中，一般采用红外线或远红外线等辐射线来进行辐射传热。

4. 干燥缺陷分析

(1) 基布收缩大，手感僵硬 基布过度收缩、僵硬是指触摸时手感板硬干枯、缺乏弹性和丰满性。因干燥引起过度收缩的原因主要是干燥温度过高，或者基布在干燥室滞留时间过长。温度高则干燥速率快，无缓慢均匀过渡过程，基布急剧收缩。滞留时间长会造成纤维软化板结，表面发黄，手感变硬，如果油剂选型不合适，在高温干燥时发生挥发或分解，也会造成手感板硬。

所以要严格控制干燥条件，尤其是最高温度和烘干时间；选择耐高温的助剂；临时通车必须关闭热源并及时散热。对已经干燥过度的基布要及时裁下，并采取补救措施，如重新上油和做软，或根据要求改变基布用途。

(2) 边缘黄变 边缘黄变多发生在上油后的干燥中，主要是油剂耐高温性能稍差，轧液时由于边缘效应，基布两边轧余液较多，干燥时过多的油剂会在表面破乳，形成油剂膜，如

果干燥温度过高,油剂会部分分解或变性,形成黄变。如果基布整体厚度很不均匀,则会在整体上形成大块的黄色斑。

(3) 形态尺寸变化大 形态尺寸(如幅宽、厚度)变化大除了基布自身因素外,干燥条件也有很大影响。形态的变化将直接影响基布的使用性能和物理性能。

在基布扩幅干燥时,如果基布没有均匀达到要求的温度,则幅宽定型性差,即使勉强拉伸到规定的幅宽,在后面的上油与松弛干燥过程中,基布也会收缩很大,造成幅宽不足。而厚度则因扩幅时基布整体温度不足,在导辊的拉力下,基布两侧受力大,厚度变薄,而中间厚度变化不大,造成横向的厚度不匀。在松弛干燥时,温度低会使最后基布中含水量高,达不到要求。而且会因为干燥不到位使基布定型性差,影响到后续加工。干燥过程中基布张力过大也会造成基布幅宽不足。

(4) 基布脱边、破损 发生脱边的因素主要有几点:基布本身幅宽太窄;在扩幅干燥机入口基布出现蛇行;入口导轨动作不良;抽出工序基布打折。属于基布自身原因的应及时联系上道工序调整。属于干燥机原因的应按操作规程进行调整。

破损发生最多的是因为基布入口窄,而扩幅率过大造成的撕裂破损。已发生破损的基布,如果数量少则在干燥机出口进行顺向修剪,但要保证顺利通过贮布机。如果破损大则直接进行裁除。

第二节 上油

一、 上油的目的与机理

上油的本质是基布的化学柔软整理。即采用能使基布产生柔软、滑爽效果的化学品,减少纤维之间的摩擦阻力,达到基布柔软、平滑、悬垂的效果,同时提高基布的力学性能。

1. 目的

基布经过减量、干燥后,结构发生了变化。纤维表面干涩,基布整体手感板硬,强度较低。通过上油,使油剂进入基布并与之结合,达到增加基布的柔软性,提高基布的撕裂强度,赋予基布不同的手感的目的。

① 提高强度。基布在受力时,纤维受力分布是不均匀的,受力点的纤维受到最大负荷而断裂。撕裂强力主要决定于撕破处纤维承受外力的情况,如果纤维在基布内能作适当的滑动并且有足够的延伸度,那么受力点的纤维在受到外力的时候,会将外力部分转移至与其相连的其他纤维上。增大受力面积,共同承担应力,使应力分散,基布的撕裂强力就会升高。柔软剂在纤维表面形成油膜,降低了摩擦力,使纤维具备了相对滑移的能力,形成一种纤维间的力学补充,因此其柔软性和撕裂性能提高。

② 改善手感。不同结构的油剂还可以赋予基布不同的手感和触感。如有机硅类可给予基布特有的滑爽感觉;油类表面活性剂可使基布表面有滋润感;疏水性油剂除手感外,还可以延缓基布内部的聚氨酯的水解。

2. 机理

纤维是由线型高分子构成的比表面很大的物质,形状十分细长,分子链的柔顺性也较好。当整理液中加入表面活性剂(或柔软剂)后,由于表面活性剂在界面(纤维与整理液)上易发生定向吸附,从而降低了纤维的界面张力,扩大表面积所需的功减少,使纤维变得容易扩展表面,伸展其长度。基布变得蓬松、丰满,产生了柔软手感。

表面活性剂在纤维表面吸附有薄薄的一层,而且疏水基向外整齐地排列着。摩擦就发生在互相滑动的疏水基之间,疏水基越长越易于滑动。降低纤维之间或纤维与人体之间的摩擦阻力，获得柔软的手感。适当地降低摩擦系数还能使基布在受到外力时纤维便于滑动，从而使应力分散，撕裂强度得到提高。

3. 影响因素

① 疏水基的影响。带有近乎直链的脂肪族烃结构的矿物油和表面活性剂适合作柔软平滑剂。带有支链的烃基或带有苯环基团的则不适于作柔软平滑剂。烷基链长，柔软剂的效果好，具有两个长链烷基的效果较佳。$C_{16} \sim C_{18}$ 柔软性好，例如十六醇（棕榈酸）、十八醇（硬脂酸、油酸）。

② 亲水基的影响。降低静摩擦系数能力顺序：聚乙二醇非离子＞阴离子＞多元醇型非离子＞阳离子（包括两性）＞矿物油。

降低动摩擦系数能力顺序：矿物油＞阳离子。

③ 纤维间的摩擦与柔软性的关系。在柔软整理中要求 μ_s、μ_d 都降低，但柔软感和降低静摩擦系数的关系更大。要求 μ_s 低些（但也不是越低越好。因 μ_s 太低全体纤维抱合力减小），并且最好是 $\mu_s < \mu_d$。

④ 油膜厚度。柔软剂的用量直接影响到纤维表面润滑油膜的厚度。流体润滑是摩擦的两个表面完全被连续的流体隔开，边界润滑则流体膜非常薄，甚至部分表面还未被覆盖。一般来说，纤维的润滑大多属于流体润滑，柔软剂用量一般在 0.3% 以上，油膜最佳厚度在 $5 \sim 10 \mu m$。

在纤细表面形成油膜的厚度不但与柔软剂的用量有关，还与纤维的细度或比表面有关。同样质量的柔软剂施加到纤维较细的织物上，则由于比表面较大，成膜厚度一定较薄。

4. 测试方法

对于柔软效果评定方法，目前尚缺乏比较理想的测试仪器，通常是采用评定实物手感和测定基布回弹性能的方法作相对比较。常用评价方法如下。

① 实物手感能较好地反映整理基布的滑爽、刚柔和抗皱性能，故目前仍是评价柔软效果最常用的传统方法。

② 弹性在一定程度上能反映基布的刚柔性，抗皱性能，故亦可作为测试柔软效果的主要指标之一。

③ 柔软效果的测定方法还有硬挺度，因为柔软、硬挺是相对的两个方面，达到一定数字时为柔软，不到此数字时为硬挺。

④ 风格仪上测其弯曲刚性。

二、上油基本流程

上油过程是在上油机内进行的。上油液首先要根据设定浓度配制成溶液，并充分搅拌混合。调配液打入上油槽，并进行升温和内部循环。基布进入槽内后，在导辊和轧辊作用下不断浸轧，油剂充分均匀地渗入基布内部，并在纤维表面形成一种结合油膜，部分小分子甚至可以进入纤维分子内部。浸轧结束时经过表面喷淋，去除杂质和油斑，再经最后轧液后进入下一工序。上油工艺流程见图 7-7。

柔软剂使用浓度的控制主要是根据油剂种类及基布品种来确定。要保证基布的上油效果，必须有一定的浓度。但是使用浓度过高，基布达到饱和吸收，则过多的原液在槽内积累，浓度不断上升；使用浓度过低，基布不断带走更多的原液，则槽内浓度不断降低。过高或过低都会造成浓度的波动，影响上油效果。所以要控制适当的浓度，尽量保证基布带出的油剂和水分的比例与配液浓度接近，并对槽内溶液浓度进行定时检测，补充原液或水，保持浓度的相对稳定。

上油通常是在一定温度下进行，因此上油机内部安装加热管和温度控制系统。适当温度

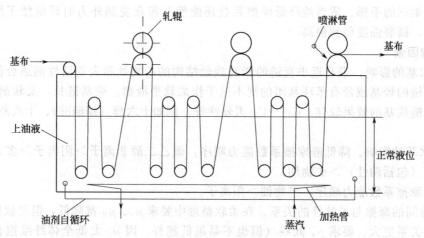

图 7-7　上油工艺流程

有利于促进柔软剂的渗透吸收，但是温度过高柔软剂易发生破乳漂油，在基布表面聚集，反而影响渗透效果，严重的会形成凝聚油斑。槽内温度一般控制在 30～40℃即可。

基布进入槽内时，初期由于是干布且内部无油剂，因此吸收量大，而后期更多的是溶液的渗透、扩散与平衡作用。如仅靠基布的带动，可能会出现槽内溶液浓度差异的现象，因此上油槽内还有一套溶液的自循环系统，通过前后循环保证了上油液的稳定均一，避免基布带料量出现偏差。为了使基布吸收渗透充分，保证基布在溶液内的上油时间，因此上油槽内的液面一般保持在 2/3 以上，当降低到 1/2 以下时则影响上油效果。最后一段轧辊要合理调整间隙和压力，使基布保持一定的含液率。

三、柔软剂种类

柔软剂是一类能改变纤维的静、动摩擦系数的化学物质。当改变静摩擦系数时，手感触摸有平滑感，易于在纤维或织物上移动；当改变动摩擦系数时，纤维与纤维之间的微细结构易于相互移动，也就是纤维或者织物易于变形。二者的综合感觉就是柔软。

柔软剂种类很多，不同的纤维和结构适用不同的柔软剂。通常只有非织造布结构的合成革需要进行上油，最常用的是阳离子型、两性型及有机硅类柔软剂。

1. 阳离子型柔软剂

在合成革上使用的阳离子表面活性剂主要是季铵盐型，主要有烷基季铵盐与烷基咪唑啉季铵盐。

它的主要优点是：在相对较低的施加量时，能获得较高的柔软性；吸附力强，几乎适用于各类纤维的织物；具有消费者欢迎的特征手感；可以改善基布的撕裂和耐磨性能；处理方便，不需高温热处理。该类油剂也存在某些缺点：易泛黄、变色；与阴离子助剂的相容性差等。

烷基季铵盐类由于所含的烷基不同，有很多衍生物。早期的烷基三甲基季铵盐目前已很少使用，现使用较多的是烷基二甲基季铵盐与双酰氨基烷氧基（甲基）季铵类。

烷基的碳链长度一般为 $C_{16}\sim C_{22}$，常用的为 C_{18} 的饱和烃基，或者苯甲基。此类柔软剂具有膨体蜡样手感，并具有抗静电作用。单长碳烷基改为双长碳烷基，使柔软性提高和改善泛黄性；脂肪酰氨基代替脂肪基，以改进柔软剂的耐热性；在季铵上引进烷氧基，使柔软剂在水中稳定分散性获得改善。

烷基咪唑啉季铵盐由脂肪酸与羟乙基乙二胺或二乙烯三胺发生缩合反应得到叔胺，经环构化，再用烷基化试剂季铵化得到烷基咪唑啉型活性物。

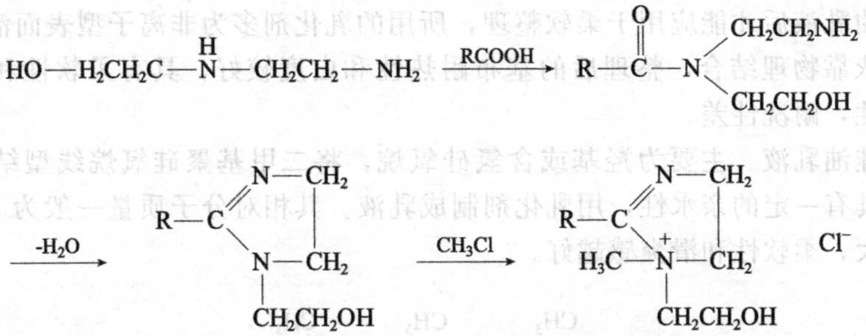

它可形成高浓度、低黏度乳液，其乳液稳定且具有极强的渗透作用，在整理中易被基布吸收。虽其柔软性稍逊，但产品具有较好的抗静电性和再润湿性。

在非硅类柔软剂中，双烷基二甲基季铵盐具有最佳的柔软性，是最重要的品种，其次是咪唑啉化合物和二酰胺基烷氧基季铵盐。

2. 两性型柔软剂

两性型柔软剂对合成纤维的亲和力强；没有泛黄和使染料色变以及抑制荧光增白剂等弊病；能在广泛的介质中使用。这类柔软剂一般是烷基胺内酯型结构，包括氨基酸型、甜菜碱型及咪唑啉型。结构如下：

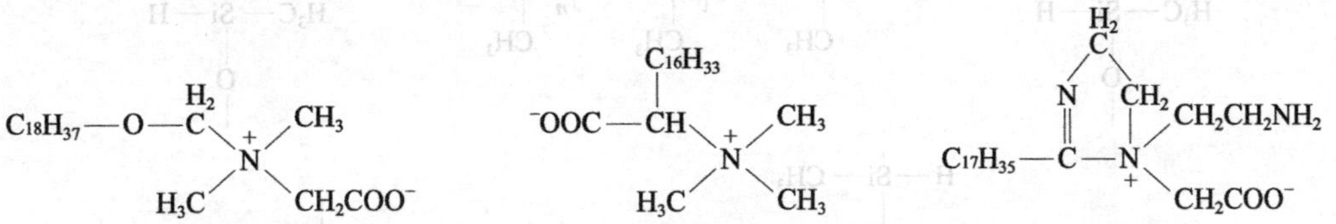

氨基酸型　　　　甜菜碱型　　　　咪唑啉型

两性型柔软剂是为改进阳离子型柔软剂的缺点而发展起来的，但其柔软效果不如阳离子型柔软剂，故常和阳离子型柔软剂合用。由于价格比较贵，目前品种尚不多，正在逐步推广应用中。

3. 有机硅类整理剂

有机硅柔软剂是合成革上应用最广泛的一类柔软剂。有机硅具有润滑性、柔软性、疏水性、成膜性等突出的优点，加上这类材料合成无毒，无环境污染，成本也不高，已大量应用。

通过在硅氧烷侧链上引入氨基、环氧基、聚醚、羟基等各种活性基团，大大提高基布的耐洗性、防缩性、亲水性等，并依靠不同的基团赋予基布不同的风格。

聚硅氧烷的主链十分柔顺，围绕 Si—O 键旋转所需的能量几乎为零，这表明聚硅氧烷的旋转是自由的，可以 360°旋转，这个特性决定了聚硅氧烷成为最优良的柔软整理剂。优异的柔顺性起因于基本的几何分子构型，聚硅氧烷是一种易挠曲的螺旋形直链结构，由硅原子和氧原子交替组成。

有机硅类柔软剂的类型：硅油乳液、羟基硅油乳液、氨基改性有机硅及其他改性有机硅柔软剂。

(1) 硅油乳液　用作柔软剂的硅油主要由二甲基二氯硅烷水解缩合而成，故又称为二甲基硅油（DMPS），分子量为6万~7万。

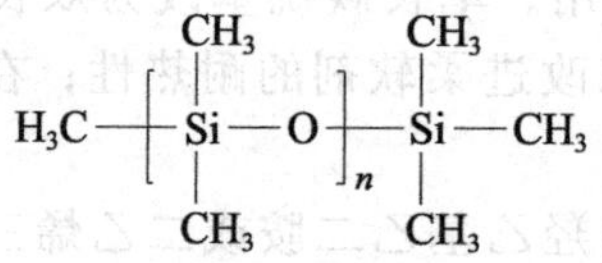

$$H_3C-\left[\begin{matrix}CH_3\\|\\Si-O\\|\\CH_3\end{matrix}\right]_n\begin{matrix}CH_3\\|\\Si-CH_3\\|\\CH_3\end{matrix}$$

由于侧链及端基是甲基或乙基，所以聚合度不高，本身不能交联。它必须在乳化剂的作用下制备成硅油乳液后才能应用于柔软整理，所用的乳化剂多为非离子型表面活性剂。

硅油乳液依靠物理结合，整理后的基布耐热性和白度较好，具有柔软性和平滑性。但缺乏弹性与悬垂性，耐洗性差。

（2）羟基硅油乳液　主要为羟基或含氢硅氧烷，将二甲基聚硅氧烷线型结构的两端用羟基取代，使其具有一定的亲水性，用乳化剂制成乳液。其相对分子质量一般为6万~8万，相对分子质量越大，柔软性和滑爽感越好。

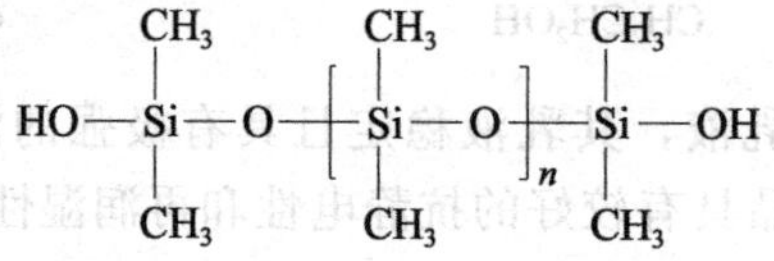

$$HO-\begin{matrix}CH_3\\|\\Si-O\\|\\CH_3\end{matrix}\left[\begin{matrix}CH_3\\|\\Si-O\\|\\CH_3\end{matrix}\right]_n\begin{matrix}CH_3\\|\\Si-OH\\|\\CH_3\end{matrix}$$

羟基硅油单独使用在纤维表面不成膜，一般与聚甲基氢基硅氧烷混合使用，交联反应形成有一定弹性的高分子薄膜，因此具有耐洗性，且能提高基布的弹性。

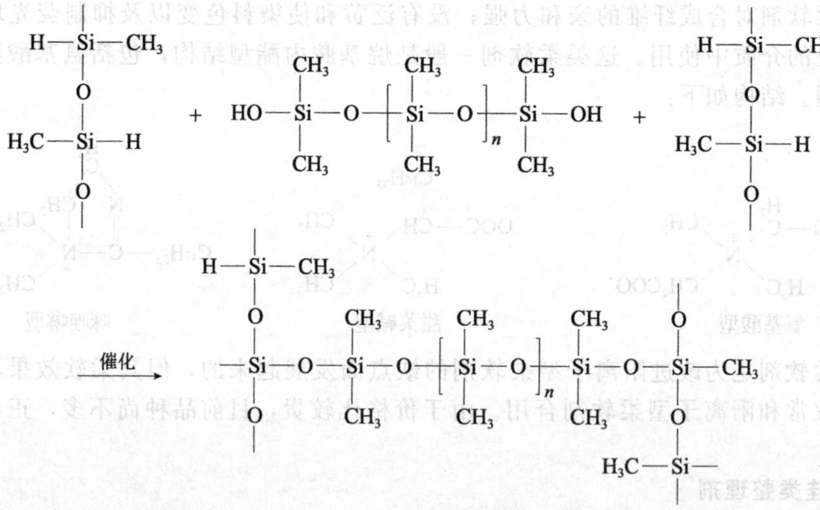

$$\xrightarrow{催化}$$

有机硅羟乳根据其使用的乳化剂离子性的不同可分为阳离子、阴离子、非离子和复合型乳液。阳离子型羟乳主要用于柔软整理，整理后手感滑爽，并具有良好的拒水性。阴离子型羟乳一般稳定性较好，与其他整理剂能配伍，可提高基布的强度，对化纤类整理柔软性较好。

虽然有机硅羟乳在分子链的末端存在羟基，对提高其亲水性和乳液稳定性有一定帮助，但由于有机硅羟乳的乳液颗粒很难控制细小均一，因此乳液的稳定性也很难掌握，在应用时易出现漂油现象，出现难以去除的油斑等疵病。因此有机硅羟乳类柔软剂的乳液稳定性好坏也是评定其质量的重要指标。

（3）氨基改性有机硅　有机硅类具有润滑性、柔软性、疏水性、成膜性等突出的优点，引进氨基官能团，柔软性有很大改善，称为超级柔软剂。目前主要的改性产品为氨乙基氨丙基硅氧烷，结构为：

$$\text{R}-\underset{\underset{\text{CH}_3}{|}}{\overset{\overset{\text{CH}_3}{|}}{\text{Si}}}-\text{O}-\left[\underset{\underset{\text{CH}_3}{|}}{\overset{\overset{\text{CH}_3}{|}}{\text{Si}}}-\text{O}\right]_m\left[\underset{\underset{(\text{CH}_2)_2}{|}}{\overset{\overset{\text{CH}_3}{|}}{\text{Si}}}-\text{O}\right]_n\underset{\underset{\text{CH}_3}{|}}{\overset{\overset{\text{CH}_3}{|}}{\text{Si}}}-\text{R}$$

$$\text{HN}-(\text{CH}_2)_3-\text{NH}_2$$

以氨基改性聚有机硅氧烷为主体的柔软剂是目前合成革使用最多的柔软剂。极性氨基能与纤维表面的酰胺基、羧基等相互作用，使硅氧烷主链能定向地附着于纤维的表面，使纤维之间的摩擦系数下降，从而达到极好的柔软、平滑效果并提高了强力。

① 氨基硅油的柔软机理。氨基聚硅氧烷由于氨基的极性强，与纤维表面的羟基、羧基等相互作用，与纤维形成非常牢固的取向和吸附。

Si—O 键主链的柔顺性。和硅原子上的甲基与聚二甲基硅氧烷一样，它能使纤维之间的静摩擦系数下降，用很小的力就能使纤维之间开始滑动，以达到柔软的手感。

氨基聚硅氧烷与纤维之间的交联不是主要的，主要是其自身缩合。氨基聚硅氧烷在纤维上吸附后，由空气中二氧化碳及水分形成碳酸，与氨基产生交联，高度聚合，在纤维表面和内部生成高聚合度弹性网状结构，赋予其超级柔软的效果和很高的耐洗性。

② 氨基硅油存在问题

a. 易氧化泛黄。氨基硅油中的伯、仲氨基在受热或紫外线照射作用下极易被氧化。通常氨基含量越高，柔软度越好。但较高的氨基含量，也意味着较大的泛黄性。这主要是因为其侧链上的伯氨基和仲氨基有活泼氢原子，容易氧化形成发色团，而这种双胺结构更具有加速氧化的协同作用。因此在氨基含量和泛黄性之间必须有一个最佳的平衡。

b. 氨基分布均匀性。如果氨基在聚硅氧烷主链上分布不均匀，在使用过程中，不含有氨基的聚硅氧烷链段因不能与纤维牢固结合而容易发生分子团聚，导致粘辊、漂油等弊病，不仅造成清洗困难，生产效率下降，而且还会影响整理的效果。

c. 氨基的引入影响亲水性。氨基改性硅油分子链中由于氨基的存在，使产品的亲水性降低，因此整理后的吸湿、导湿性下降。

③ 氨基硅油的改性。由于氨基硅油水溶性较差，通常制成乳液或微乳液而用于制作柔软剂。赋予氨基改性硅油亲水性将是这类柔软剂发展方向之一。聚醚、氨基同时改性硅油不仅能发挥氨基的超柔软作用，而且可改善其亲水性，达到自乳化目的或者制备水溶性柔软剂。

$$\text{R}-\underset{\underset{\text{CH}_3}{|}}{\overset{\overset{\text{CH}_3}{|}}{\text{Si}}}-\text{O}-\left[\underset{\underset{\text{CH}_3}{|}}{\overset{\overset{\text{CH}_3}{|}}{\text{Si}}}-\text{O}\right]_m\left[\underset{\underset{(\text{CH}_2)_2}{|}}{\overset{\overset{\text{CH}_3}{|}}{\text{Si}}}-\text{O}\right]_n\underset{\underset{\text{CH}_3}{|}}{\overset{\overset{\text{CH}_3}{|}}{\text{Si}}}-\text{R} \quad + \quad \text{H}_2\text{C}=\text{CHCOO}(\text{C}_2\text{H}_4\text{O})_x(\text{C}_3\text{H}_6\text{O})_y\text{R}'$$

$$\text{NH}_2$$

$$\xrightarrow{\quad\quad} \text{R}-\underset{\underset{\text{CH}_3}{|}}{\overset{\overset{\text{CH}_3}{|}}{\text{Si}}}-\text{O}-\left[\underset{\underset{\text{CH}_3}{|}}{\overset{\overset{\text{CH}_3}{|}}{\text{Si}}}-\text{O}\right]_m\left[\underset{\underset{(\text{CH}_2)_2}{|}}{\overset{\overset{\text{CH}_3}{|}}{\text{Si}}}-\text{O}\right]_n\underset{\underset{\text{CH}_3}{|}}{\overset{\overset{\text{CH}_3}{|}}{\text{Si}}}-\text{R}$$

$$\text{NH}(\text{CH}_2)_2\text{COO}(\text{C}_2\text{H}_4\text{O})_x(\text{C}_3\text{H}_6\text{O})_y\text{R}'$$

改变氨基官能团类型。主要是将伯胺基变成仲胺基或叔胺基，如 N-丙基环己胺（仲胺）和 N-丙基哌嗪（叔胺）改性的有机硅柔软剂已被开发应用于柔软整理。这类柔软剂在干燥时可以减少泛黄。

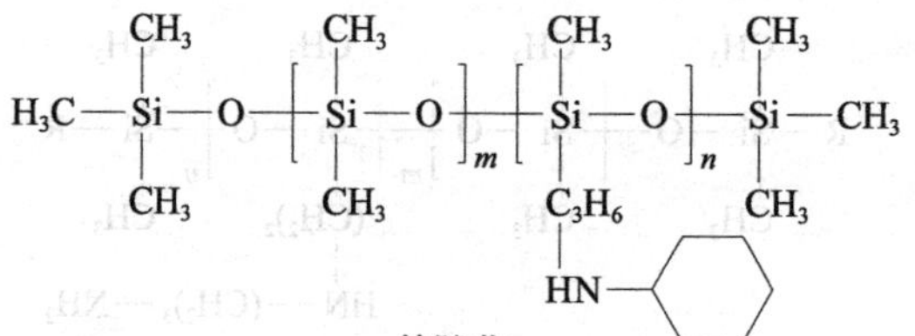

仲胺化

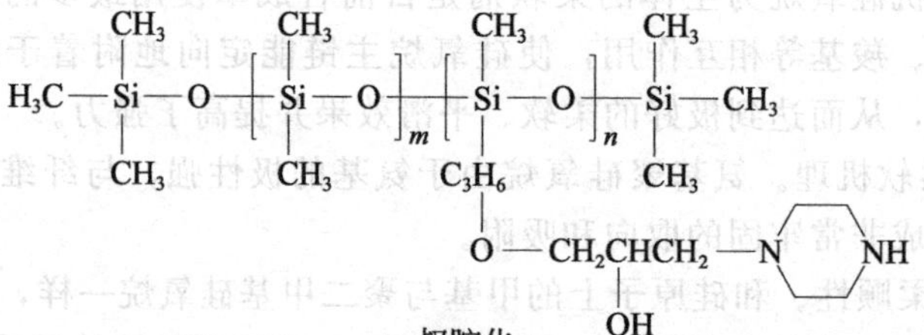

叔胺化

为了获得超平滑的手感，将二甲基硅氧烷大分子的两端用氨基改性封端，其在纤维上可以形成非常整齐的定向排列，从而获得优异的平滑手感；如果将聚硅氧烷的部分侧链基和两端基均用氨基改性取代，可使基布获得更好的柔软性。

④ 氨基改性硅油主要参数。选择氨基改性硅油有四个重要参数：氨值、黏度、反应性和粒度。这四个参数基本反映出氨基硅油的品质，并且会大大影响基布的手感、白度、色光以及乳化效果。

a. 氨值。氨基硅油的各种性能如柔软度、滑度、丰满度大多是氨基所带来的。氨基含量越高，氨值就越高，基布手感越柔软。因为氨基官能团的增加，使其对纤维的亲和力大大增加，形成更规整的分子排列。但是氨基中的活泼氢易于氧化形成发色团，造成基布的泛黄。

b. 黏度。黏度与聚合物分子量及分子量分布有关。通常黏度越大，氨基硅油的分子量越大，在纤维表面的成膜性越好，手感越柔软，平滑性越好。但其渗透性变差，难以渗入纤维内部，影响上油效果。一般通过氨值和黏度来平衡产品的性能。通常氨值低，就需黏度高，从而平衡基布的柔软性能。分子量的分布对产品性能的影响可能更大。低分子量的可渗入纤维内部，而高分子量的则分布于纤维外表面，使纤维内外均被氨基硅油所包裹，从而赋予基布柔软和滑爽的感觉。

c. 反应性。具有反应性的氨基硅油在整理时可以产生自交联。交联度的提高将增加基布的滑爽感、柔软度和丰满度，尤其对弹性提高更为明显。

d. 粒度。氨基硅油乳液粒径小，是热力学稳定的分散状态。微小的粒径使颗粒表面积增大，从而大大提高氨基硅油与纤维的接触概率，吸附量增大且均匀性提高，渗透性提高，所以易形成连续膜，提高柔软、滑爽性和丰满感。尤其对超细纤维，如果氨基硅油粒径分布不匀，将大大影响乳液的稳定性。

⑤ 手感与参数的关系。

a. 柔软感。氨基硅油主要通过氨基官能团与纤维的结合而提高与纤维的亲和力，形成规整排列方式，使基布具有柔软顺滑的手感。上油效果很大程度上取决于氨基官能团在氨基硅油中的本性、数量及分布。同时乳液配方及乳液平均粒径大小也影响柔软手感。一般氨基硅油柔软剂的氨值多在 $0.3 \sim 0.6$ 之间，氨值越高、分布越均匀，手感越柔软。但是当氨值大于 0.6 以后，柔软手感并不明显增加。上油时要求各项指标尽量能够达到理想平衡状态，则基布整理的柔软风格将达到最佳效果。

b. 顺滑感。有机硅的表面张力很小，因此氨基硅微乳液极易在纤维表面铺展，形成良好的平滑手感。通常氨值越小，氨基硅油分子量越大，其平滑性越好。端氨基的硅油由于链节中的硅原子全部与甲基相连，可以形成非常整齐的定向排列，从而获得优异的平滑手感。

c. 弹性与丰满感。基布的整理弹性取决于在烘干定型时，氨基硅膜在纤维表面的交联情况。端羟基的氨基硅油其氨值高则丰满度与弹性好，侧链引入羟基、长链烷基可以调整基布的弹性，获得理想的弹性手感。

d. 白度。由于氨基官能团特殊的活性，在时间、加热和紫外线的影响下氨基会被氧化，造成基布泛黄或稍带黄光。氨基硅油对基布白度的影响，包括造成白色基布泛黄和染色基布色变，白度一直是氨基硅油整理剂除手感外的重要考评指标。通常氨基硅油中氨值越低，白度越好，但氨值变小会导致柔软度变差。为此需要选择适当氨值的硅油以达到理想手感。在低氨值的情况下，还可以通过改变氨基硅油的分子量，达到期望的柔软手感。

（4）其他改性有机硅柔软剂

① 环氧改性硅油。加入环氧化合物的嵌段，使之在硅油分子中产生活泼氢，减弱氨基降解的几率。环氧的引入还可以改善吸水性，抑制静电的产生。

此类产品为乳液，能提供持久的柔软作用，能提高回弹性、抗机械强力和黏结性，但平滑性略差。环氧值越大，所含环氧基的数目越多，改性后的光滑度和手感越好。可与其他硅类或非硅柔软剂混合使用。

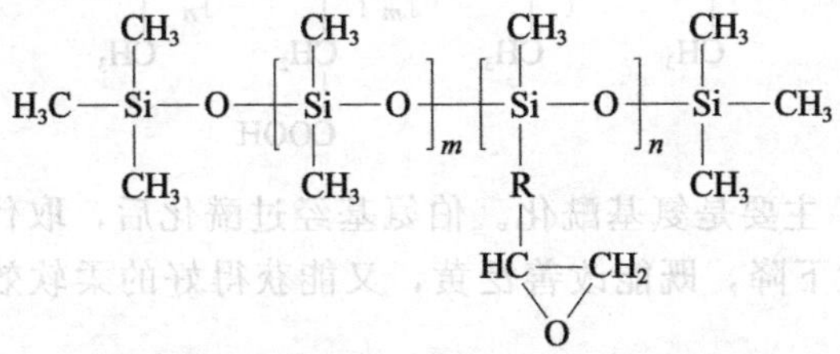

② 醚基改性硅油。在聚合体中导入聚醚，提高了产品亲水性，所以能赋予基布好的吸湿、抗静电和防污性能。经整理后基布柔软润滑，在工艺上有时还可与染色同浴，目前是纺织工业上销量最大的一类改性硅油。

聚醚改性硅油的最大缺点之一是没有活性基团，与纤维的结合能力弱，成膜性差。为了克服此缺点，可以通过聚醚-环氧共同改性来解决。

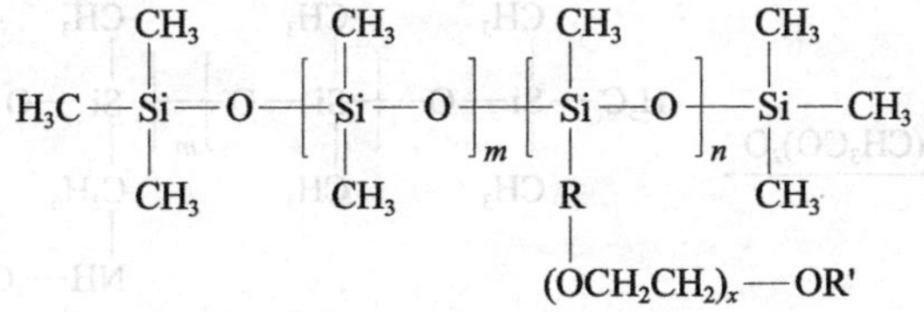

调节共聚物中硅氧烷段的相对分子质量，可以使共聚物突出或减弱有机硅的特性，如滑爽性、柔软性。在聚醚改性硅氧烷分子结构中，硅氧烷和聚醚配比相当时，其摩擦系数最小。

EO 基和 PO 基可提高产品的亲水性，使合成的产品比甲基或羟基硅油更易溶解或乳化，对共聚物的性能也会产生影响。当聚醚与聚硅氧烷的比例大于 1.5 时，改性硅油本身就可以溶于水，不需要加任何乳化剂乳化；即使小于 1.5 时，也只需加入少量乳化剂就可将其乳化。但是亲水性和耐久性是一对矛盾因素，亲水性过大必将导致整理织物的耐久性下降。

当使用温度升高达到浊点温度后，聚醚硅油乳液就会变浑浊而影响整理效果。因此使用时应该将温度控制在浊点以下。

③ 环氧和聚醚改性硅油。混合改性使分子中含有两种反应性基团。EO 基和 PO 基可提高产品亲水性，使合成的产品比甲基或羟基硅油更易溶解或乳化。环氧基可提高产品活性度，易于交联。

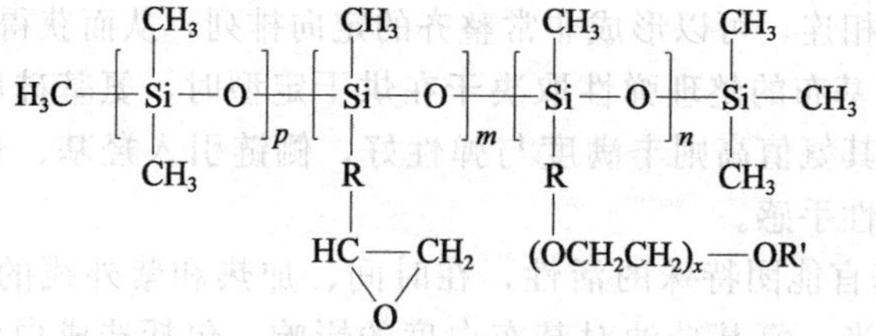

$$\text{H}_3\text{C}-\underset{\underset{\text{CH}_3}{|}}{\overset{\overset{\text{CH}_3}{|}}{\text{Si}}}-\text{O}\underset{p}{\left[\underset{\underset{\text{R}}{|}}{\overset{\overset{\text{CH}_3}{|}}{\text{Si}}}-\text{O}\right]}_{}\underset{m}{\left[\underset{\underset{\text{R}}{|}}{\overset{\overset{\text{CH}_3}{|}}{\text{Si}}}-\text{O}\right]}\underset{n}{\left[\underset{\underset{(\text{OCH}_2\text{CH}_2)_x-\text{OR}'}{|}}{\overset{\overset{\text{CH}_3}{|}}{\text{Si}}}-\text{O}\right]}\underset{\underset{\text{CH}_3}{|}}{\overset{\overset{\text{CH}_3}{|}}{\text{Si}}}-\text{CH}_3$$

（R 含有 HC—CH₂ 环氧基）

除了具有耐洗涤、柔软作用外，亲水、吸湿、抗静电和防污等性能都有很大改进。有时可与染色同浴，但手感不够滑爽柔软。若与氨基改性有机硅并用，可起到非常理想的柔软效果。

④ 羧基改性硅油。具有活性和较强的反应性。用于天然纤维后整理能与纤维很好结合，用于化纤能改善抗静电性和吸湿性，也能与氨基改性聚硅氧烷并用。提高织物的耐洗性，高温泛黄比氨基改性时有改善，柔软度和耐洗性等都比较优良。但滑爽性还不够。突出特点是其耐溶剂性能，对一般溶剂都具有很好的牢度。

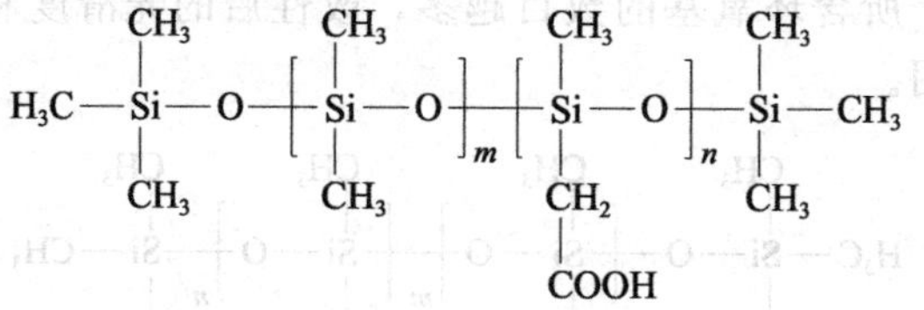

（羧基改性硅油结构式，侧链为 CH₂—COOH）

⑤ 酰氨基改性硅油。主要是氨基酰化。伯氨基经过酰化后，取代基氮原子上的电荷被羰基吸引，因而活泼性大大下降，既能改善泛黄，又能获得好的柔软效果。一般用乙酸酐或定内酯进行酰化：

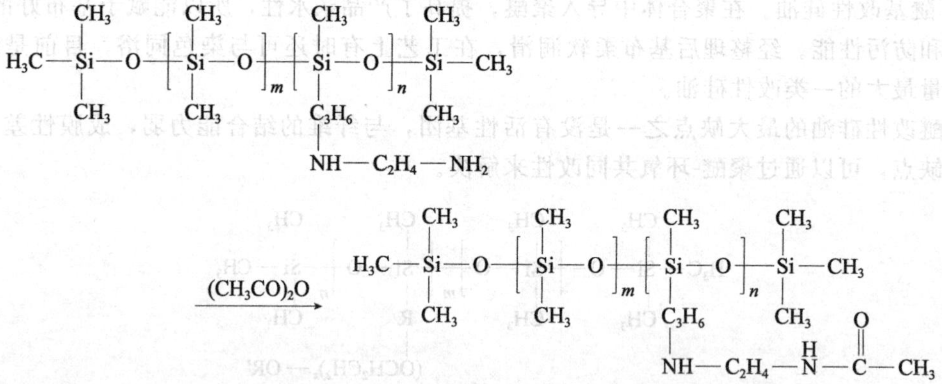

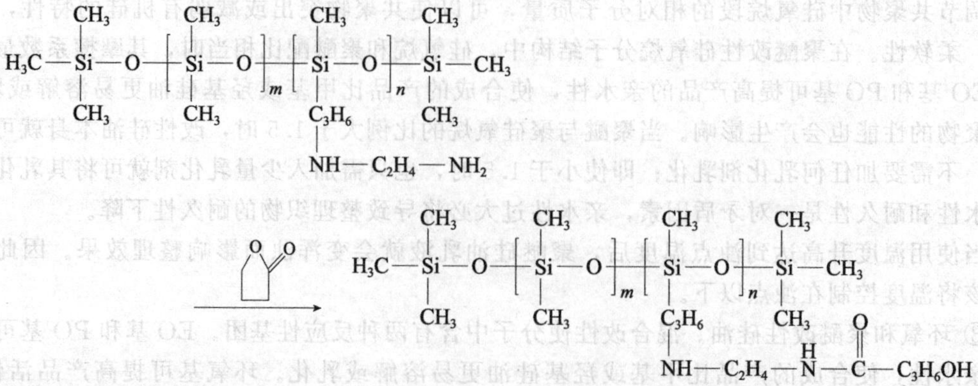

（酰氨基改性硅油反应式：氨基改性硅油 NH—C₂H₄—NH₂ 与 (CH₃CO)₂O 反应生成 NH—C₂H₄—N(H)—C(O)—CH₃；与内酯反应生成 NH—C₂H₄—N(H)—C(O)—C₃H₆OH）

⑥ 醇、酯、巯基改性有机硅。

$$\underset{\underset{CH_3}{|}}{\overset{\overset{CH_3}{|}}{H_3C-Si-O}}\left[\underset{\underset{CH_3}{|}}{\overset{\overset{CH_3}{|}}{Si-O}}\right]_m\left[\underset{\underset{\underset{OH}{|}}{R}}{\overset{\overset{CH_3}{|}}{Si-O}}\right]_n\underset{\underset{CH_3}{|}}{\overset{\overset{CH_3}{|}}{Si-CH_3}}$$

$$\underset{\underset{CH_3}{|}}{\overset{\overset{CH_3}{|}}{H_3C-Si-O}}\left[\underset{\underset{CH_3}{|}}{\overset{\overset{CH_3}{|}}{Si-O}}\right]_m\left[\underset{\underset{\underset{COOR'}{|}}{R}}{\overset{\overset{CH_3}{|}}{Si-O}}\right]_n\underset{\underset{CH_3}{|}}{\overset{\overset{CH_3}{|}}{Si-CH_3}}$$

$$\underset{\underset{CH_3}{|}}{\overset{\overset{CH_3}{|}}{H_3C-Si-O}}\left[\underset{\underset{CH_3}{|}}{\overset{\overset{CH_3}{|}}{Si-O}}\right]_m\left[\underset{\underset{\underset{SH}{|}}{R}}{\overset{\overset{CH_3}{|}}{Si-O}}\right]_n\underset{\underset{CH_3}{|}}{\overset{\overset{CH_3}{|}}{Si-CH_3}}$$

醇基改性。该类柔软剂可改善基布的染色、耐热性和耐水性。

酯基改性。该柔软剂使基布手感柔软滑爽，弹性好，适用于化纤的柔软整理。

巯基改性。用该柔软剂整理含毛或蛋白类产品，具有耐久的防皱性和润滑性。

四、柔软整理中常见质量问题

后整理剂是超纤革用量最大的助剂，通过与纤维的作用，赋予成革柔软爽滑的手感和防水防油防污功能，还能提高成革的撕裂强度。

(1) 手感不理想　柔软整理的柔软风格随客户要求不同而不同，如柔软、平滑、蓬松、柔糯、油滑、干滑等，根据不同的风格选用不同的柔软剂。如阳离子表面活性剂，有不同结构的柔软剂，其柔软度、蓬松度、滑度、泛黄情况等均不同。在硅油中，不同改性基因的改性硅油性能也不同，如氨基硅油、羟基硅油，环氧改性硅油、羧基改性硅油等性能均不同。

手感不理想有时是因为柔软剂的渗透与结合程度不够，或者带液量不足。

(2) 基布表面泛黄　氨基硅油中的氨基最容易造成泛黄，氨值越高其泛黄越大。应在不影响柔软性的基础上进行适度改性，改用低黄变氨基硅油或聚醚改性、环氧改性等不易泛黄的硅油。

阳离子柔软剂柔软性、手感好，易吸附在纤维上。但在高温下易泛黄变色，尤其是在乳化不良后带液过多的情况下，主要发生在基布的两边。阳离子黄变还将影响亲水性。

乳液中添加的乳化剂也会产生泛黄现象。硅油乳化时使用乳化剂不同，其"剥色效应"不同，会造成不同情况下的剥色而色浅，这属于色变。

(3) 亲水性下降　合成革中的活性基团本不多，亲水性不高，造成其吸排湿等卫生性能比皮革差。当进行上油时，油剂在纤维表面成膜。如果油剂自身也缺少吸水基因，加上封闭了基布原来的羟基、羧基、氨基等这些吸水基团，则基布的整体亲水性下降，同时也无法模拟真皮湿糯的手感。所以应尽可能选用自身具有较多活性基团的油剂，适度增加亲水性。

(4) 表面斑渍　柔软剂自身乳化性能不佳（乳化剂选择欠佳、乳化工艺欠佳、乳化粒子太大等），配料后分散性不好，无法形成稳定的乳液，造成自身的颗粒凝聚，沉积在表面形成点状油斑。乳化剂使用不当会造成泡沫过多，在出槽时布面带上柔软剂泡沫渍。

基布表面带阴离子物质，加工时与阳离子柔软剂结合形成沉积斑渍。基布未处理干净的酸、碱、盐等对上油也有很大影响，如表面pH值未达中性，尤其是表面为碱性时，很容易造成硅油破乳漂油，形成油斑。

处理浴水质太差，硬度太高，造成水中杂质与柔软剂结合凝集在基布上。硅油在硬度较大的水中极易漂油，六偏磷酸钠或明矾等水处理剂与柔软剂易形成絮状物，使布面带斑渍。

第三节　片皮工艺

一、片皮目的与原理

在合成革生产中，要使基布厚度均匀一致，或得到规定厚度的基布，通常通过片皮来实现。尤其是现在人们对合成革要求轻、薄、软，质量要求高，规格多样化，片皮工艺显得尤为重要。因此合成革片皮的主要目的有以下几点：

① 使基布或成革的厚度到达规定的要求；

② 通过片皮，使基布在纵横向各点厚度达到整体均匀一致；

③ 厚基布通过片皮，可以得到多层不同厚度的薄基布，增加革的品种和产量，降低成本；

④ 通过片皮可使基布达到某些特别要求，如基布背面高平整度等。

不同的品种对片皮的要求亦不相同。如绒面产品厚度要求较薄，多为0.6～0.8mm左右，而正常的基布加工厚度多为1.2～1.8mm。通过片皮，不仅满足了产品厚度的要求，而且充分利用了基布，实现了一变二，提高了基布的使用价值，降低了制造成本。对造面薄型产品如鞋里革、箱包革、票夹革等亦是如此。

片皮操作通常是采用带刀式片皮机，按锯条切削原理工作的。片皮时，环形带刀靠刀轮的摩擦传动在压刀板中运动，基布由喂入辊带动前进，当基布与带刀刀刃接触时，即被带刀锯切剖成两层。通过调节喂入辊的高低位置，即可调整两层剖分的厚度。

基布的质量、带刀的运动速度和喂入速度、刀刃形状和带刀运行状态、刀口与各辊之间的相互位置以及它们的材料材质、机械性能等都会直接影响片皮操作的进行和剖分基布的质量。

二、带刀式片皮机

片皮机的精密度是保证片皮质量的关键因素。合成革行业片皮操作最普遍使用的是意大利米歇尔公司的连续式带刀片皮机，厚度偏差一般控制在±0.05mm以内，做到了精确剖层。片皮机种类很多，但其主要结构基本都包括带刀机构、磨刀机构、供料机构、传动机构、控制调节机构等部分。片皮机构造见图7-8。

带刀机构是片皮机的主要工作部分，由环形带刀、刀轮和导向控制装置组成。

1. 环形带刀

带刀是片皮机的核心部件，起剖分基布的作用。带刀安装在两个刀轮上，通过与主动刀轮间的摩擦力而运动。带刀质量是影响片皮机精密度的重要因素之一，一般采用符合硬度要求的钢带，经冲裁、焊接而成。主要质量要求有以下几点：

① 硬度与韧性：带刀硬度一般在洛氏47°～57°。硬度大，刀刃磨后较锋利，但韧性差，刀背易裂；硬度小，刃口易卷边，不够锋利。

② 长度：带刀长度为两刀轮中心距的两倍与一个刀轮的周长之和。

③ 宽度：通常为75～80mm。

④ 厚度：0.8～1.28mm，刀片应厚度均匀，边缘平直。

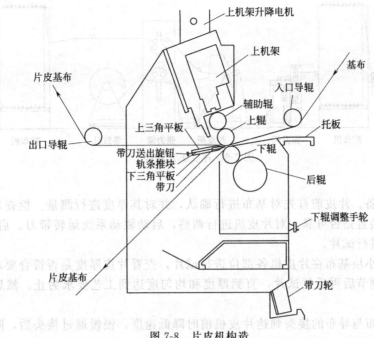

图 7-8 片皮机构造

⑤ 焊接与打磨：通常采用 45°斜面焊接，并对焊接部分进行打磨，保证刀背的直度和刀面的平整。

⑥ 运行同心度：为保证设备运行平稳，减少带刀的拉力变化，刀轮轴心与刀轮外圆要高度同心。刀轮直径尽量大一些，以减轻带刀由于重复交变应力作用而发生疲劳断裂。

2. 导向控制装置

带刀的工作区间由导向控制装置夹持。导向装置包括垫刀板座、盖板、上下压刀板、顶刀板、固定与调节螺钉。带刀在上、下压刀板形成的轨道中快速移动，压刀板的作用是控制带刀运动的轨道，使带刀在移动时不产生上下跳动。带刀与压刀板的间隙一般小于 0.04mm，因此要求压刀板非常平直。由于带刀快速移动和基布对带刀的反作用力，压刀板会逐渐磨损，尤其是口部边缘磨损更大。因此压刀板必须有很好的耐磨性能，硬度应达到洛氏 52°～56°，并经常进行磨损检查。片皮时，带刀受到基布的推力，顶刀板的作用是防止带刀受力后移，从而保持刀口处于正常工作位置。带刀刃口磨损和磨刀后，位置会发生变化，顶刀板的位置也应相应地进行调整，现代片皮机由光电跟踪自动进刀装置实现该功能。

3. 刀轮

左右刀轮安装在机体的左右墙板外侧，刀轮由电机驱动顺时针旋转，套装于刀轮上的环形带刀由刀轮的摩擦力驱动。刀轮轴线水平方向偏斜可产生后坐力，刀轮横向移动可提供张刀力。带刀工作时要求较大的张紧力。片皮时带刀会因摩擦发热而增加长度和减少张紧度，出现带刀在刀轮上打滑的现象。如张紧度过大，摩擦力变大，会使带刀有断裂的危险。尤其是使用过程中，带刀不断磨损变窄，截面上的张力会增加，必须适度调节其张紧度。

三、 片皮工艺

1. 片皮流程

片皮操作系统以片皮机为核心，辅助以贮布机、卷放机及张力机。基布首先由卷放机进入贮布机，在张力系统调节下稳定地进入片皮机，片皮后基布分为上下两部分，上层部分通过贮布机后进行打卷，下层直接打卷。片皮工艺流程见图 7-9。

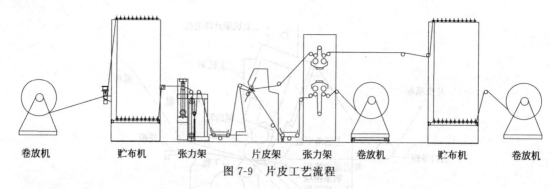

卷放机　　　贮布机　　张力架　　片皮架　　张力架　　卷放机　　　贮布机　　　卷放机

图 7-9　片皮工艺流程

2. 片皮操作

① 片皮前准备。片皮前首先对基布进行确认，并对其厚度进行测量。检查片皮机各部位是否正常，安全装置是否可靠。对片皮机进行调整，启动驱动系统运转带刀。启动磨刀砂轮，刀刃锋利后即可进行试片。

② 试片。取小块基布在片皮机各部位进行试片，查看片皮厚度是否符合要求。根据试片情况对设备进行调节后再反复试片，直到厚度和均匀度达到工艺要求为止。然后进入正式片皮操作。

③ 片皮。基布与导布的接头到达片皮机前时降低速度，慢慢通过接头后，降下上部机架开始片皮。片皮上层通过导布连接进入贮布机，下层则手工牵引到卷放机上。

片皮进行后应立即对厚度进行校正，横向的整体厚度校正通过手动上部机架升降电机机轴进行调节。操作侧、驱动侧的厚度校正通过转动升降手柄进行调节。在片皮后的基布上切开三个刀口，用厚度计测量基布全宽的厚度。如果厚度不匀超过规定范围，则进行微调。

3. 片皮质量控制

在片皮操作中，由于设备自身的精度和磨损老化，使用与调节不当，会引起一些片皮缺陷和片皮机故障，主要有以下几种表现。

① 基布横向厚度不匀。桥架一边高，一边低，使喂入与带刀刃口之间的缝隙不一致。带刀刃口与上、下辊轴心所在平面的距离在设备两端不一致。上、下辊两端高低不一致，造成喂入时基布压缩程度不同。

② 基布整体厚度不匀

a. 片皮机调整不良。按操作规程对片皮横向和纵向厚度进行调整，仍不能校正时，要停车调整或调换备用机台。

b. 片皮前基布厚度不匀。基布两端厚度差较大（0.06mm 以上），会直接导致片皮后的基布厚度出现波动。片皮前基布厚度较薄，片皮厚度无法维持在控制范围内，应及时停片或变更片皮厚度。基布纵横向厚度的控制偏差一般在±0.05mm 以内。

③ 片皮横纹或阶梯状伤痕。带刀接头焊接不平；带刀硬度不够导致部分卷刃或刀刃出现缺口，使剖面不光滑；上辊或辅助辊上黏附有杂质，如变更片皮速度横纹的间距仍不改变，则需降低速度，用集尘器除掉，严重时要停车清理；基布中的异物如断针等打伤刀口，应及时进行磨刀，消除缺口；辊表面磨损老化，使表面不圆不直，软硬度不一。

④ 带刀摆动。刃口被卷而使锋利度不够时，及时磨刀。刀片缺油时应在刀的里面和表面注油，并除掉油渣。如因带刀轮粘有杂质，使用刷子去除；如带刀轮出现摆动，则应及时更换机台。检查带刀的张紧度，防止打滑使带刀运行速度不稳定而摆动。带刀有裂纹、变窄或焊接不良时，则及时更换机台。上下压刀板间隙太大或带刀太窄引起带刀运行不稳定，顶刀板位置不一使刀口不能保持在正常位置上。

⑤ 带刀速度不稳定，打滑或卡刀。带刀张紧度不够或刀轮表面有油，造成对带刀的摩擦

力低，带刀出现打滑。

压刀板与带刀间隙过小，压力过紧。磨刀时给进量太大，阻力增加。刀刃位置过于靠前，与基布的摩擦力增大。片刀与平板间有异物咬进时，也会造成对刀片的阻力异常。这些因素都可以造成速度不稳或卡刀，如片刀不驱动，则把上部框架提高并降低下辊。

⑥ 片刀卷刃。判断片刀卷刃主要依据：片皮层发生横纹；刃口与砂轮接触发出异音；片刀前后摆动剧烈；基布厚度变化大并出现波形振动；片刀驱动电流上升。

发生卷刃后应停止片皮作业。片刀损伤轻微时，缓慢进行磨刀。片刀损伤严重时则及时转到备用机台。

四、 片皮技术分析

1. 带刀刀刃几何形状

带刀的刃口为上下两个磨面的尖劈，刀刃在刀片厚度距离下面1/3处。基本结构如图7-10所示。

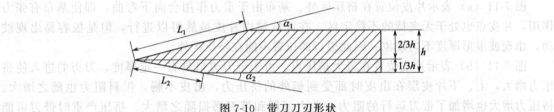

图 7-10 带刀刀刃形状

带刀的结构锋利角 $\alpha = \alpha_1 + \alpha_2$，一般控制在 $15° \sim 20°$。锋角小切削力强，但刀刃强度小，刃口容易钝化卷刃；锋角大则刀刃强度大，切削阻力大，切削效果差。锋角的大小一般用磨面宽度 L 来表示。合成革片皮时通常都优先保证上层，而且上层一般比较厚，为了基布片皮时顺利通过，上磨面宽度要大于下磨面宽度，通常 $L_1 = 4 \sim 5mm$，$L_2 = 2.5 \sim 3.5mm$。

带刀刀刃在整个片皮过程中都要保持锋利，通常采用砂轮外圆打磨的方法。当锋角或磨面宽度设定后，可计算出砂轮中心到刃口的距离，磨刀时只需推进到该距离就能达到要求的锋角。

2. 基布运行速度和带刀运行速度

片皮时除了刀口切割作用外，还存在着基布与带刀的相互运动。基布运行速度 v_1 和刀片运行速度 v_2 形成新的合成速度 v，并与原基布速度 v_1 形成一定角度 γ 的倾斜，使原来刀片的结构锋角 α 在片皮过程中形成工作锋角 α'。各参量有如下关系：

$$\tan\gamma = \frac{v_2}{v_1}$$

$$\tan\alpha' = \tan\alpha\cos\gamma$$

增大带刀运动速度可使倾斜角度增大，而使工作锋角减小，有利于片皮作业。因此在带刀速度较大时可以略微增大刀刃的结构锋角，以保证刀刃的强度。通过带刀速度的增加，也可在保证片皮质量的情况下加大基布供料速度，提高生产效率。当刀刃在工作一段时间略微钝化时，可以通过降低基布运行速度或提高带刀速度来减小工作锋角，以保证片皮质量。

工作锋角的改变是有一定限度的。带刀运行速度过快，对带刀自身质量和设备的结构都提出很高的要求，而且速度快会增加设备的振动和磨损，反而对片皮不利。基布运行速度下降过大则会降低片皮效率，不利于生产的进行。

3. 刃口与基布的位置

基布是在前进中被片皮的，为了保持正常的喂入，上、下辊对基布有一定的挤压作用。

在挤压区基布受力变薄，而出挤压区后又可恢复原来的厚度，从图 7-11（a）可以看出，挤压区的长度为 $2a$，最大挤压点在上下辊轴心连线处。

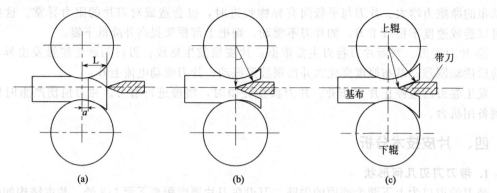

图 7-11　刀刃与基布的片皮位置

图 7-11（a）表示片皮位置在挤压区外。基布由于重力作用会向下弯曲，即使基布有张力作用，片皮点也处于无夹持的不稳定区。在此区域内片皮虽然可以进行，但是极容易出现波动，出现波浪形厚度不匀现象。因此刃口的位置不能在挤压区外。

图 7-11（b）表示片皮位置在最大挤压点。由于带刀刃口具有一定厚度，刀刃的进入使挤压力增大，上、下片皮层在出皮时都受到额外的挤压力，出皮不畅，供料阻力也随之增大。挤压力增大也增加了带刀运行的阻力，动力消耗和带刀磨损随之增大。挤压严重时带刀可能停止运转，造成停车。因此刃口与轴心太近是不适合的。

图 7-11（c）表示片皮位置在挤压区内，但离开中心连线一定的距离。刀刃的正确位置是以基布不承受额外的挤压为原则。刀片锋角、供料辊半径及基布厚度越大，则刀刃之中心线的距离也应该相应增大，但一定不能超过压缩区。在此范围内片皮都可顺利进行。

第四节　磨皮工艺

一、　磨皮目的

为了改善合成革表面效果或者半成品平整度等，一般会采用磨皮的方式进行加工。合成革上很多产品离不开磨皮工艺，例如湿法牛巴革、超纤绒面革等，因此磨皮也是合成革的一项重要的加工手段。通过磨皮使基布外观与手感的各项指标都得到很大的改善。磨皮的目的主要有三点：匀整厚度；起绒；去除表面瑕疵。

① 匀整厚度。如果基布的厚度与目标厚度相差不大，一般在 0.1mm 以内时，厚度调整很难通过片皮进行，通常采用磨皮的方法，对基布进行精确切削，达到目标厚度。并且通过不同的磨皮工艺，对表面的高低点进行不同的磨削调整，达到优化基布厚度的作用，通常是重磨，以切削为主，即"以磨代削"。

② 起绒。基布经过系列加工后，表面纤维基本为束状抱合状态，影响手感。尤其是绒面革，要求表面纤维松散，有良好的色泽、触感和书写效应。基布经过磨皮处理后，在表面形成的是一系列深浅不同、排列杂乱无序的磨痕，但由于其宽窄、深浅、隔距的绝对尺寸非常小，肉眼无法分辨。经过磨皮后，纤维束舒展蓬松，在表面形成更大的覆盖，对光线的反射更柔和，革体富有弹性，手感与触感更舒适。通常是轻磨，以松散拉起绒毛为主。

③ 去除表面瑕疵。基布在制造过程中表面有时会有少量瑕疵，如脏污点、聚氨酯斑点和皮膜、划伤等。通过磨皮可以消除或减轻这些微小质量缺陷，美化外观并提高收率。

二、 磨皮原理

磨削基布表面采用的工具是砂带或磨皮辊。其切削作用的切削刃是许多排列无序的磨料颗粒，因此在磨削过程中，无论是横向还是纵向的切削刃都呈不连续状态。基布与砂带的运行方向虽然一致，但是砂带的运行速度远远大于基布前进速度。所以磨削过程实际上是无数磨粒的利刃在高速运动中，从基布表面上隔断纤维和聚氨酯的过程。因此磨皮后的基布表面是无数颗粒切削后留下的痕迹，单位时间内参加切削作用的磨粒数量越多，所遗留的痕迹就越明显，基布表面的平整度和光洁度就越高。

根据磨削效果可分为磨面和磨绒两种，磨削和起绒的原理如图 7-12 所示。

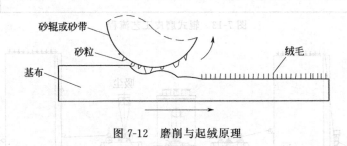

图 7-12　磨削与起绒原理

磨面以切削为主，实现基布整体厚度均匀且表面光洁，一般采用先粗磨后精磨的方法。粗磨主要是加大对表面的切割，平整厚度；精磨的主要作用是增加表面的平整度和细腻感，提高表观质量和手感。

磨粒在退出切削时，会将表面被切割纤维的"断头"顺势拉起，形成绒毛。理论上基布与砂带之间为线接触，即使考虑基布压缩与包角因素，二者接触面也不大，因此形成的绒毛可能会被后续的砂粒梳理，但一般不会被切割，而是得到保留，这就是"起绒效应"。绒毛长短与砂纸的磨粒大小有关，磨粒大一般会起长绒，磨粒小通常起短绒，要按加工要求正确选择砂粒的大小及之间的匹配，一般采用先粗后细的方法。

三、 磨皮工艺

1. 工艺流程

合成革磨皮通常采用连续磨皮机，有辊式和带式两类。辊式磨皮机的磨削工具是一根外周包缠砂纸的辊筒；带式磨皮机的磨削工具是一条由辊筒张紧和驱动的环形砂带。这两类设备在合成革磨皮中都广泛使用，带式的切削能力强，辊式的起绒效果好。

辊式磨皮机一般由放卷、磨革、刷毛除尘、收卷几道工序组成，其工艺流程见图 7-13。工作时，在主磨辊处要根据产品的情况，选择合适目数的砂皮纸包裹磨皮辊，调节磨革间隙以及车速。同时也应考虑橡胶辊的软硬度对磨皮的影响，主磨辊处对成革厚度、超纤起绒效果影响较大，副磨辊可以根据需要进行设定，弥补主磨辊磨皮的一些不足，磨辊主要影响绒毛长短等。因此在磨革时，要将两磨辊搭配使用适当，才能起到较好的效果。

带式磨皮机主要由收放卷、张力调节、贮布机、磨革装置、除尘等设备组成，其工艺流程见图 7-14。基布进入贮布机，在一定张力下进入磨皮机构，经过砂纸的高速磨削后以一定的速度输出，表面的磨削粉尘经过吸尘或毛刷清扫后即可满足要求。

磨皮很难做到一次磨削到位，多采用串联磨皮。实现粗磨与精磨的配合，磨平与起绒的配合，磨皮均匀度的配合，正磨与反磨的配合、正面起绒与反面拉毛的配合等。通过不同设备与工艺的组合，可得到不同表观与风格的磨皮产品。

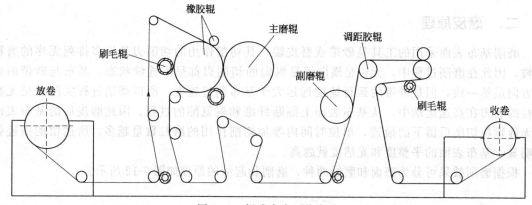

图 7-13 辊式磨皮工艺流程

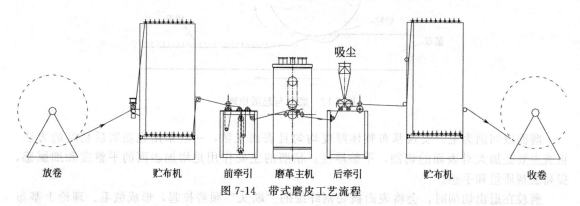

图 7-14 带式磨皮工艺流程

2. 磨皮参数

（1）基布张力与包角 磨皮过程中基布始终要保持一定的张力，保持基布与砂纸的稳定接触。否则会出现表面磨削不均匀现象。适度的张力使基布表面始终与砂纸形成稳定的线接触和包角，表面受到均匀的磨削作用。张力过大或过小都容易使基布表面起皱，凸起部分受到过大磨削，而凹点受到的磨削作用小甚至出现漏磨现象，最终基布表面会形成纵向的条状斑或者不规则块状斑。

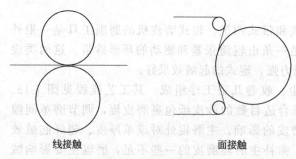

图 7-15 接触面类型

根据基布张力辊的作用，即包角的变化，基布与砂纸的接触面可分为线接触与面接触两类。以辊式接触点为例，基本结构如图 7-15 所示。

（2）压辊压力 磨皮时保持适当大小和均匀一致的供料压力是非常重要的，只有让压辊对基布横向各点的压力维持在某一水平并分布一致，才能使基布受到的磨削程度比较接近，从而获得理想的加工效果。

基布与砂纸的接触面大小可通过压辊调节。压力大则基布与砂纸的接触面积大，磨粒深入基布的深度增加，切削力增强，但绒毛粗大，光洁度下降。如压力过小则切削力不足，磨削效率下降。压力的大小需要根据基布的状况和工艺要求确定。如只需表面起绒，则调节压辊使基布与砂纸刚刚接触即可，如果切削过大，则表面纤维被大量切断成为粉尘，基布表面露出聚氨酯，绒感变差。如果是厚度调整则需要较大的压力，实现高效率的磨削。

（3）磨皮速度 磨皮速度是指磨皮过程中磨粒切削刃相对于基布表面的移动速度。磨削时，砂带或砂辊除了自身的圆周运动，还有轴向的摆动，以保证磨皮的效果。增加砂纸的运行速度可以使磨皮速度增加，在较大的磨削速度下可获得较细的绒毛。

合成革基布比较松软，延伸率较大，因此宜采用较大的磨皮速度。降低喂料速度也可以增大磨皮速度，但减少喂入速度会导致生产率下降。合理的方法是增加砂纸运行速度，或者在保证磨皮效果的情况下同比增加喂入速度和砂纸运行速度。

（4）轴向摆动速度　砂纸的轴向摆动速度相对于旋转速度小很多，它对运行速度的大小影响很小，但可以明显改变运行速度的方向。由于基布表面纤维的不一致性以及砂纸磨粒分布的不连续性，很难在整个基布面上产生非常均匀一致的磨削效果，因此在磨皮过程中适当变换加工方向可以使磨皮均匀性得到改善。

3. 除尘

磨皮结束后要对表面的粉尘进行充分去除，否则严重影响成革质量。对造面品种来说，大量粉尘存在会大大降低面层聚氨酯与基布的黏合力，成革的剥离强度下降。对绒面品种，粉尘除了影响表观质量，还会降低染色的摩擦牢度。大量粉尘还污染工作环境，恶化劳动条件。磨皮粉尘直径基本都在 $5\mu m$ 以下，沉降速率很慢，在车间内到处飘扬，人吸入后很容易引起呼吸道黏膜充血、尘肺病等。大量粉尘存在时还有安全隐患，容易引起爆炸或火灾。

抽风和除尘系统是磨皮机的辅助装置，用来处理磨皮时产生的碎屑和粉尘。每台磨皮机可以单独配置一套除尘设备，也可由多台设备共用一套除尘设备。

袋式除尘设备主要用于单机除尘，属于"干式"除尘装置，具有结构与维护简单、工作可靠等优点。它是通过吸尘的方法，让磨皮机的工作机构在负压下工作，粉尘随着空气被抽吸到过滤装置再进行空气与粉尘的分离，实现除尘的目的。

粉尘通过吸风管进入除尘系统，随着风力与空气混合进入过滤袋，粉尘被拦在袋内，而空气则从间隙通过。由于空气通过滤袋时流动阻力很大，流速骤减，方向急变，在重力作用下，袋内粉尘沉降到底部。

袋式除尘是通过毛刷辊清理基布表面的粉尘，再通过风力吸走，其原理见图 7-16。由于毛刷与基布摩擦会产生静电效应，使较小的粉尘仍吸附在基布表面，尤其是部分细小粉尘会卡在纤维之间，很难清扫掉，这是袋式除尘的缺陷。

为解决袋式除尘效率不高的问题，比较先进的方法是采用气流除尘，其原理见图 7-17。先用喷嘴向基布表面喷射高速气流，将粉尘扬起再用风机抽走。

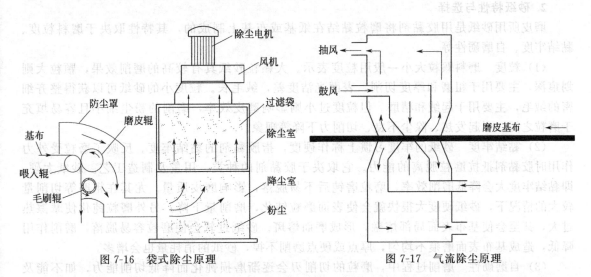

图 7-16　袋式除尘原理　　　　　　图 7-17　气流除尘原理

气流除尘一般是与磨皮机组成联合机组。磨皮后的基布进入除尘系统后，送风管的气流经过喷嘴，流速迅速加大，将基布表面的粉尘吹起，扬起的粉尘从喷嘴两侧出来，随空气进入吸风管，吸风管及时将粉尘排走。喷嘴两侧一般装有喷气调节板，用于调节气流的分布。

四、 磨皮技术分析

1. 磨皮过程的运动参量

磨皮过程就是基布与砂纸的相对运动过程，主要存在四个运动：砂纸的旋转运动；砂纸的轴向运动；基布的传送运动；基布厚度方向的吃刀深度的进给运动。

砂纸的旋转运动是以其运行线速度表示，通过磨皮辊或砂带张力辊的转速进行调节。基布的传送运动是指加工过程中供料系统传送基布的速度，通过牵引系统进行调节。砂纸的轴向往复运动是为了对基布表面的作用更加均匀，轴向运动是与旋转运动同时进行的，决定其运动的两个参量是轴向的往复运动频率和运动行程。给进运动是指磨粒切入基布过程的运动，除了与速度有关外，主要与磨粒的大小有关，总吃刀量取决于磨粒粒度，其最大值通常约为$1/2 \sim 2/3$粒径值。

磨皮的运动参量直接影响到整个的磨皮效果，以辊式磨皮设备进行分析。

（1）旋转运动。增大磨辊的运行速度，将使磨辊上的接触弧长变长，单位时间内参加磨削的磨粒增多，从而可得到较细的绒毛，对于弹性和柔软度较高的绒面革，采用较大的旋转速度可以改善磨削效果。但是速度过高则增加砂纸的消耗，产生较大的摩擦热，反而降低了磨皮效果。

（2）降低基布传送速度可以改善磨皮效果，但是会降低生产效率。一般在保证质量的前提下尽量提高传送速度。如果在生产中出现异常或对磨皮质量要求非常高，则通常采用较低的运行速度，保证磨皮质量。

（3）吃刀深度主要影响磨削量。在其他参数一定的情况下，轻磨重磨主要通过调节吃刀深度来实现。如果是轻磨面，吃刀深度过大则表面粗糙，磨皮效果变差。如果是重磨面，吃刀过浅则达不到理想的切削量。

（4）轴向运动。轴向运动可以防止个别磨粒始终沿着一个方向磨削，造成局部的磨痕过大或过小，形成纵向磨面条纹。因此提高轴向的运动频率和行程有利于均匀性的提高，但是这种运动是变速运动，过大则会影响到整个磨削速度的不均匀性，反而降低磨皮质量。另外往复频率的增加使砂纸的使用寿命降低，也增加了设备维护的难度。

2. 砂纸特性与选择

磨皮所用砂纸是用胶黏剂将磨粒黏结在纸基或布基上制成的，其特性取决于磨料粒度、黏结牢度、自磨砺性等。

（1）粒度　磨料颗粒大小一般用粒度表示。大颗粒砂纸具有较高的磨削效果，颗粒大则划痕深，主要用于粗磨和厚度切削，表面光洁度差，绒毛长。粒度小的砂纸可以获得整齐细密的绒毛，主要用于起绒和精磨。但粒度过小则影响磨皮效率，磨削的粉尘细小且容易填充于磨粒之间，引起发热、除尘不良、切削力下降等现象。

（2）黏结牢度　砂纸的牢度习惯上称作硬度，指胶黏剂的黏结牢度。反映了磨粒受外力作用时胶黏剂抵抗磨粒脱离的能力。它取决于胶黏剂的种类、用量及制造工艺。砂纸太硬，即黏结牢度大会降低磨削效率，磨粒磨钝后不易脱落，影响磨皮质量。尤其在粗磨等切削量较大的情况下，砂纸硬度大很快就会使表面磨粒钝化，磨削量下降。另外磨粒钝化使摩擦热过大，甚至会使基布表面局部熔融，形成磨面熔斑。砂纸过软会使磨粒容易脱落，磨削作用降低，造成基布表面磨痕不均匀，厚点或硬点磨削不掉，砂纸的消耗量也会增多。

（3）自磨砺性　磨削过程中，磨粒的切削刃会逐渐磨损钝化而降低切削能力，如不能及时修复则影响磨皮效果，出现纤维无法磨断，表面磨痕深浅不一，摩擦发热等。因此要获得好的磨皮效果，砂纸要具有良好的自磨砺性。即钝化磨粒在切削阻力作用下发生脱落或碎裂，露出新的磨刃继续进行切削，这种能力称为砂纸的自磨砺性。随着使用时间的加长，磨粒的更新越来越少，粉尘等也会填塞到磨粒之间，砂纸的效率降低。当无法继续完成磨皮时就需要及时更换砂纸。

砂纸的选择主要依据是其磨粒的种类和粒度。合成革磨皮一般采用人造磨料，碳化硅类磨料硬度高，锋利且易碎裂，价格低廉，适合合成革磨皮加工，其他可采用的还有刚玉及碳化硼。切削能力及起绒长短都与粒度紧密相关。通常粒度大切削能力强、划痕深、绒毛长；粒度小则切削弱、起绒短。砂纸的一般选择原则如下：粗磨、厚度调整等选择较粗的砂纸，一般选择 120[#] 和 150[#]。精磨、磨面、起绒等选择较细的砂纸，一般选择 180[#]、220[#]、240[#]，个别特殊品种采用 280[#] 与 320[#]。

超纤革表面为纤维和聚氨酯两组分，一般采用先粗后细的型号搭配。与皮革粒面不同的是，超纤革的纤维为短纤，在表面表现为断头束状，要想获得好的绒感，粗磨要注意切削量不宜过大，以把纤维束拉起打散为主，尽量多得保留表面纤维，依靠精磨来进一步加工，调整绒头长短与平整度。

3. 磨皮中的纤维松散作用

磨皮时一般采用同向供料喂入辊和砂纸与基布接触处的切向速度相同，但由于砂纸的线速度远远大于喂入速度，因此喂入辊对基布的摩擦力与砂纸的切削力方向相反。基布在磨皮过程中上下表面所受到的力可看做两部分：在磨皮面，有砂纸的磨削力和给基布的压力；在供料面，有喂入辊的摩擦力和给基布的压力。

磨削力主要是切断纤维和聚氨酯。摩擦力阻止基布相对滑动，保持稳定的基布喂入速度。这两个力的作用相反，因此对基布还产生一定的剪切作用（图 7-18），使厚度方向上的纤维发生一定程度的错动，这种错动有利于纤维间形成滑移，增强"离型"效果，消除基布中的束缚应力。超细纤维束在错动过程中会进一步松散，减少之间的抱合，更多的以单纤维的形式体现，绒头分散蓬松，提高了纤维束的覆盖性。因此磨皮还有利于提高基布的柔软性及弹性，消除基布板硬感觉，并改善其物理机械性能。

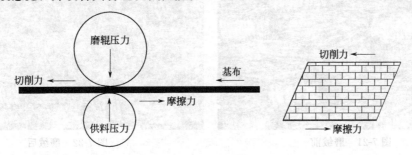

图 7-18　磨皮中的剪切作用

五、磨皮种类

磨皮可用于很多工序，机织布、针织布、麂皮绒、超纤绒面等，还可以对湿法表面树脂进行打磨，如牛巴革、水性发泡革、微球发泡革等。完成磨削、拉毛、起绒等。

1. 超纤绒面

超纤革的纤维虽然纤细，但抱合较紧，无法形成表面的有效覆盖，因此绒面革在染色前或染色后要对表面进行起绒，提高手感和染色效果。

通过 SEM 对磨皮前后的基布进行观察（图 7-19 和图 7-20）。从断面看，基布在磨前表面纤维少，覆盖率低，纤维束基本为紧密抱合状态，基布表面的平整度略差。磨皮后表面大量超细纤维呈蓬松状覆盖了表面，反观未磨皮的背面，基本与中间部位纤维一样仍为抱合状，经过磨皮后的基布表面平整度也有提高。

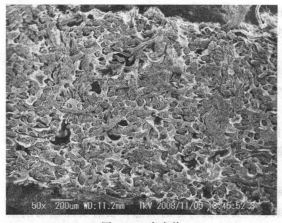

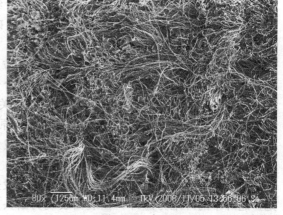

图 7-19　磨皮前　　　　　　　　　　　　　图 7-20　磨皮后

　　经过磨皮后表面纤维束蓬松杂乱地覆盖在基布表面，蓬松表面的下面仍可见到抱合的纤维束，将起绒纤维的下部紧得与基布连接。表面单纤维束的断头呈喇叭状张开，束内超细纤维变得松散，充分将超细纤维特有的绒感和性能表现出来。

2. 机织布起绒

　　机织布磨绒是一种使织物产生绒面的整理工艺。是利用砂粒锋利的尖角和刀刃磨削织物的经纬纱而成绒面的，纱线中的部分表面纤维被磨断或拉起，形成短、密、匀的绒毛，使织物有柔软、平滑和舒适感，代表性的如桃皮绒。磨绒前后对比见图 7-21 和图 7-22。

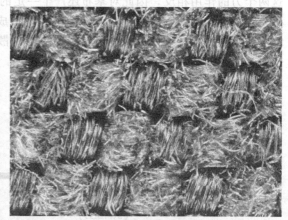

图 7-21　磨绒前　　　　　　　　　　　　　图 7-22　磨绒后

　　如果经纬纱密度接近，磨绒时经纬纱被磨几率相等，由于磨粒对纬纱的磨损大，则要选用较细的砂粒，同时减少张力，使织物与磨辊形成轻接触。若经密高于纬密，磨粒与经纱的运动方向是平行的，磨削作用较少，则应用较粗的砂粒，或增加张力、包角或磨绒次数。

　　纱线的支数对磨绒效果也有影响。磨绒时主要是纬纱受到较大磨削，因此一般纬纱比经纱支数粗一些有利。由于磨绒对纱线有一定损伤，在起绒时要兼顾织物的强度降低与绒感的平衡。

3. 针织布拉毛

　　针织布拉毛是通过包有钢针针布的起毛辊，由针尖挑起纱线中的纤维，勾断后生成绒毛。拉毛后为了使绒毛效果更好，需再进行磨绒整理。通过对起毛辊速度与张力的控制，可产生直立短毛、倒伏长毛或波浪形毛等。拉毛起绒使织物变得蓬松、柔软、丰满，增加了厚度，并且绒毛掩盖了织纹，光泽和花型也变得柔和。纬编拉毛见图 7-23。

　　拉毛与磨皮在针织布中应用广泛，可做单面起绒（图 7-24），也可做双面起绒。可做分布杂乱的波浪绒，也可做倒伏的长毛产品。代表性的产品有单面仿棉绒、麂皮绒（图7-25）、双面纬编起绒布等。

起毛效果除了与起毛工艺有关，还有织物的密度、组织有很大关系。如织物的编织密度较低而起毛较大的话，则会出现拉毛过度的问题，导致整体密度、手感、毛效下降，同时整体的力学性能也大幅下降。

4. 湿法磨皮

湿法层具有致密层和泡孔层的结构，如果将表面的致密层磨掉，则泡孔壁暴露，形成特有的树脂绒感表面。

湿法磨皮的代表性产品为牛巴革。牛巴革是英文 nubuck 的音译词汇，直译过来的意思是正绒面革，是将牛皮粒面层打磨之后，而达到绒面触摸感，厚实而柔软，表面色泽、绒毛、皮纹自然而成，不讲究对称和一致性。

图7-23 纬编拉毛

图7-24 单面绒

牛巴革湿法泡孔为直立结构（图7-26），打磨后表面形成无数垂直的孔洞，类似蜂窝结构，这种结构具有皮感与绒感结合的风格。

图7-25 麂皮绒

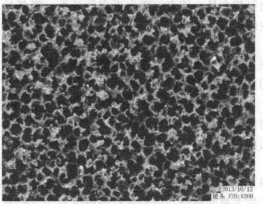

图7-26 牛巴革表面

调整湿法层的结构，将泡孔调整为上层细密而下层粗大，打磨后表面细小泡孔壁被拉起，形成开放式表面，更多体现出湿法的绒感，类似二层皮绒面革。主要用于电子产品包装、装饰、休闲鞋类。图7-27和图7-28分别为湿法绒面和水性机械发泡绒面。

合成革没有粒面层，是用湿法层泡孔体现出有孔密的毛绒。由于需经打磨，因此该类产品统称为"磨砂皮"。表面绒感风格、产品质量等是依靠磨皮控制实现，因此对磨革的要求很高，包括磨革精度、磨削量、基布张力、表面除尘等。

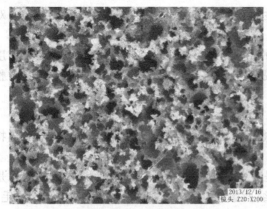

图 7-27　湿法绒面

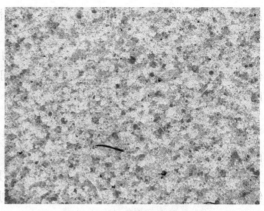

图 7-28　水性机械发泡绒面

六、　磨皮缺陷与控制

① 表面划伤。由粗大磨粒的锋刃造成的伤痕。尤其在小号新砂纸上表现明显，因此使用前要对砂纸进行检查，去掉表面粗砂粒。表面划伤对绒面革是致命的，呈现出不同的颜色条痕与绒头，需要进行二次磨面加以消除。划伤对造面革也有影响，过大的划痕使聚氨酯面层液很难遮盖。因此在磨皮过程中出现划伤应立即停车检查。

② 磨削量不足。磨削量不足主要表现为基布厚度下降慢。主要原因有：砂纸型号选择过大，切削力差；压辊压力不足，基布与砂纸接触面小；供料速度太快；砂纸使用时间过长，砂粒钝化，并有大量粉尘堵塞于磨粒之间，应及时更换砂纸。

③ 表面绒感不一致。造成绒感不一致的首要原因是非织造布和基布的缺陷。如非织造布的厚度不匀、针迹、密度不匀等，这些因素在湿法加工中无法得到消除。非织造布厚度与密度不匀导致基布表面的聚氨酯和纤维的密度不同，非织造布的薄点只能以来聚氨酯进行填充，严重时甚至出现点状聚氨酯斑（该点无纤维）。而针迹的本质就是该部分纤维的编织加固结构不同于其他点，也无法通过后续加工手段消除。湿法工序对表面绒感的影响主要是控制表面聚氨酯含量，使表面露出更多的纤维，降低缺陷点的数量。因此基布自身质量状况是决定磨皮绒感好坏的根本因素。

作为磨皮工艺，砂带或磨皮辊的振动、吃刀量的轻重稳定性也会加剧这种缺陷。对质量较差的基布，应先用小号砂纸进行一定的切削，尽量保留表面纤维，再用大号砂纸进行细磨起绒，尽量对缺陷进行遮盖。

④ 磨面横纹。磨面横纹产生的主要原因是砂纸的跳动，而砂纸出现跳动是张紧度不足或两侧的张紧度不一致造成的。基布供料速度不稳定也是造成横纹的原因，速度不稳造成在纵向前后点的磨削差异，形成横道。

⑤ 熔斑。造成熔斑的原因是砂纸与基布局部过度摩擦，产生的热量使表面的纤维软化熔解并黏附于基布表面，表现为局部硬斑块。砂纸型号过大、使用时间过长、吃刀量过大都可产生大量摩擦热。如果基布的厚度不匀，则在高点产生反复磨削，热量积累到一定程度即可熔融纤维，形成熔斑。

第五节　机械做软

一、　做软的目的和原理

合成革在经过一系列的物理化学作用和机械加工后，基布自身存在着应力。不管是纤维还是 PU，革的整体物理机械性能都会发生改变，整体板硬翘曲，柔软性差。基布要成为满足各种感官要求和具有不同物理化学性能的成品。

通过机械做软，使纤维松散并发生一定程度的重排，消除应力和板硬感觉，保证了基布的弹性、压缩性等，并具备了良好的折纹及回复性。也常用于成品的做软，如沙发革的水揉与干揉、绒面革的摔软等。

合成革机械做软的目的是松散纤维束，加强聚氨酯与纤维的"离型"效果，增强纤维束的相对滑动，消除加工中的应力，赋予基布柔软而富有弹性的身骨、平展的表面、合理的强度。

合成革的主要成分是聚酯纤维、聚酰胺纤维和聚氨酯树脂。聚酰胺纤维的耐磨性、回弹性和拉伸强度很好。聚氨酯是一种高弹性的树脂，有良好的拉伸强度和伸长率，同时具有较低的永久变形。因此可承受一定程度的机械作软的力度。在机械做软过程中，通过对基布施加机械力，使纤维在三维方向上的黏合减少，手感柔软，表面纹路具有特殊的风格和折痕，花纹更加自然和饱满。

合成革揉皮通常有搓软、摔软及拉软等。不管哪种做软方法，其机理都是通过工作部件对基布反复施加弯曲和拉伸的作用力，基布在弯曲拉伸作用下，纤维经过反复变形，消除了内应力，迫使其纤维间的联系松弛并产生相对滑动，纤维束也得到有效的松散。在机械作软中，纤维有极微小的伸长和直化倾向，但适当的机械作用可以保证这种伸长是非永久性的。合成革的柔软性和弹性，是建立在纤维相对滑动和非永久性伸长的基础上的。拉力和弯曲是影响揉皮效果的两大重要因素。通常拉力和弯曲角越大，基布的形变和作用越大，揉皮效果越好，但是要考虑基布的承受范围，不能无限扩大。

二、 通过式搓软

通过式搓软揉皮是通过两个不同转动相位的偏心转动的揉模，对基布进行搓软。它是根据手工搓软动作加以机械化而来的。基布在两个偏心揉模之间通过，由于驱动模转动方向、转动速度及偏心度不断改变，对基布形成一定的拉伸和弯曲，达到揉皮的目的。

揉皮机由多段揉模构成，见图 7-29，每段揉模由一个固定模板和一个驱动模板构成，以一定的间隙互相平行。内外牙板构成环状波形孔，孔的宽度为基布厚度的三倍左右，波形孔的长度略大于基布的宽度。基布在波形孔内运行，驱动模板以一定的偏心量做圆周运动，转速为 300~400r/min，并且以一定的时间间隔变换旋转方向，使基布不在波形孔里偏向一个方向运动而堵塞波形孔，保证揉皮连续进行。基布通过驱动模板和固定模板时受到多次揉搓，揉搓次数可由下式计算：

揉搓次数＝（两板间隙×驱动板转速）/基布运行速度

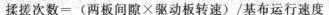

图 7-29 通过式揉皮机

驱动模板的偏心量及两板间隙的大小决定了每次机械揉搓的强度。驱动板偏心量一定时，两板间隙小则揉搓强度大，反之亦然。

　　在实际工艺中，第一段间隙一般调大，此时基布较硬，基布可在较小的强度下进行揉搓，不至于产生揉伤和破损。经过初步揉搓后基布变软，以后几段可以把板间隙调小，增加揉搓强度，使揉皮效果更好。总的揉皮效果由揉搓次数和揉模间隙决定。通常揉皮速度较慢，为 1m/min 左右，经过六个揉模，即进行六段机械揉搓。

　　通过式揉皮的机械作用力强，运行连续，适合厚型高强度基布的揉皮，如 1.4mm 厚度的超纤鞋革、高物性合成革等。低强度薄型革不适于该方法，很容易产生揉伤甚至断布。另外，该方法由于揉皮时间短，板牙间作用力均匀度略差，基布表面会出现连续的揉痕，因此揉皮效果一般。

三、震荡拉软

　　振荡拉软机为通过式设备。它的主结构部分为拉伸机构、振荡机构等。拉伸机构为齿板和孔板，孔板与振荡机构连接，机器的每块齿板上装着数百个顶伸齿柱。工作时，位置相对固定的上齿桩板和上下往复振动的下齿桩板之间交错排列的顶伸齿相互啮合，使夹在中间的基布受到弯曲和拉伸作用。由于基布不断前进而变换位置，基布各点不断受到不同的顶拉，整体得以均匀松散变软，从而实现揉皮目的。震荡拉软工作原理见图 7-30。

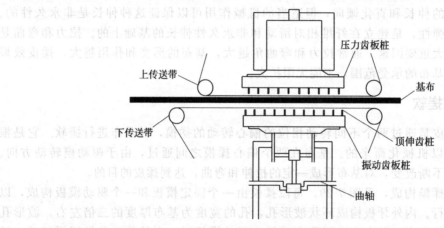

图 7-30　震荡拉软工作原理

　　影响震荡拉软效果的因素是：顶伸齿的咬合深度；下振动桩板的振荡频率；喂入速度。通过对以上三个因素的调节可改变其弯曲拉伸作用，达到不同的做软效果。

　　调节上齿板位置高低，可达到不同的拉软效果。上齿桩板用固定板固定在油缸活塞的下端，用液压系统调节上下位置，该位置的改变即可改变顶伸齿的咬合深度。拉伸齿板通常有单排和双排两种形式，通过对每组板进行不同调整，调节拉伸强度的强弱，可以获得更佳的效果，满足不同基布的拉软要求。

　　震荡拉软的顶伸齿桩将基布平面分为一个个微小面积，在下振动齿桩板向上振动时形成空间构型，当顶伸齿桩按梅花形规则排列时，各桩对基布表面的处理便形成一个个四面锥。基布所受到的作用力由上板液压系统压力决定，基布所受到的拉力如图 7-31 所示。

　　根据拉伸分析，则基布受到的拉伸力为：

$$F_1 = \frac{F_2}{2\sin\dfrac{\beta}{2}}$$

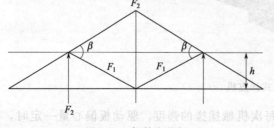

图 7-31　拉伸力分析

式中，F_1 为拉力；F_2 为上板液压系统压力；h

为上下顶伸齿的咬合深度；β 为弯曲角。

不同基布所需要的拉力是不同的，可根据上式计算出液压系统的压力并对设备进行调节。如鞋革需要较大的拉力，而沙发革的拉力则较小。

新型拉软设备的齿桩高度是变化的，沿着基布前进方向由弱至强渐进，拉软作用逐渐加大。开始时基布受力很小，在基布前进时冲击头的力量逐渐加强，这种渐进的方式使基布得以充分做软，不易留下加工痕迹和对基布造成损伤。

振荡频率由下板控制，活塞由曲轴、连杆带动而呈上下往复振动，振动频率也是根据拉软要求进行调节。

在实际操作用，基布处于连续传送中，速度不同则表面的顶伸状态不同。评价连续加工的两个指标为：单位面积上变形面积数和微小面积尺寸，这两个指标反映了揉皮过程中"逐次加工"的情况。

$$\sum = 4nf\,\frac{b}{v} = \frac{kf}{v}$$

式中　n——顶伸齿桩数，个/m^2；

　　　f——振荡频率，次/s；

　　　b——工作板沿基布运动方向边长，m；

　　　v——基布运行速度，m/s。

设备固定后，其工作板的结构参数 k 为一固定值，由单位面积上的顶伸齿桩数、工作板长及形成空间构型时基布所产生变形的面积数的乘积决定。因此影响单位面积上变形面积数的参数仅为传送速度和振荡频率。

振荡拉软处理后的基布厚度略有降低，减少幅度一般在 $0.02 \sim 0.05$mm。拉伸负荷几乎没有变化，撕裂负荷略微上升，这是因为拉软使基布中的纤维产生相对滑动。剥离负荷没有变化。

四、摔软

摔软是利用机械翻滚和抛摔作用，使基布的纤维受到弯曲、拉伸和揉搓作用而得到松散。摔软是合成革常用的做软方法，主要用于沙发革、服装革、手套革等。根据介质不同，分为干摔和湿摔。

① 湿摔　湿摔一般是在水揉机或水揉转鼓内进行。设备由内外两层不锈钢壳体构成，外层主要是承载工作液体，完成加热、进排水等作业。内层为筛网式，由壳体外的驱动系统带动，承载基布并带动基布完成揉皮过程。工作液通过筛孔在运动中进行交换，保持整体的温度与浓度的均匀。水揉设备结构见图7-32。

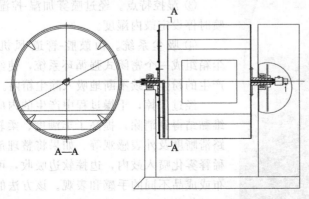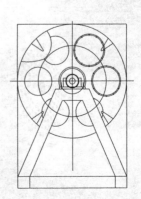

图 7-32　水揉设备结构

基布在转鼓内充分吸水，随着内层鼓转动，基布不断地被升皮板带起到高点，然后脱落从高处落入水中，完成一次抛摔。基布不断被提升、弯曲、拉伸、翻滚、抛摔，纤维也受到随机的弯曲与拉伸，完成了揉皮过程。

基布湿摔的另一点是利用纤维在干湿状态下的结构变化实现的。以超纤革为例，利用锦纶干湿态的差别及超纤基布的构造特点，在一定温度、pH 值及特殊机械力下，对基布进行整理。锦纶在水中的玻璃化温度会降低，大分子更容易发生伸展，收缩更容易。基布在无张力状态下进行湿摔，纤维束的滑动效果会更明显，基布整体均匀收缩，消除了内应力，因而基布会更柔软。

通过 SEM 观察基布处理前后结构的变化，见图 7-33 和图 7-34。

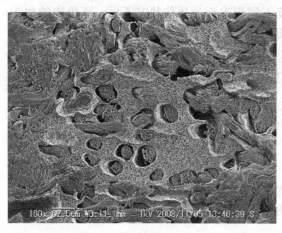

图 7-33 处理前基布结构

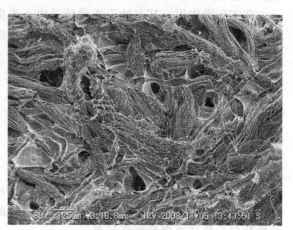

图 7-34 处理后基布结构

处理前基布中的纤维束抱合紧密，与聚氨酯连接紧密，纤维束刚直平滑。处理后纤维束虽然仍为束状，但充分蓬松分散，收缩为卷曲状态，纤维柔软绒感强，呈现出类似真皮网状层的状态。因此，充分松散纤维束是超纤革机械做软的关键。

② 干摔。机械摔软是把干燥的基布或成品通过转鼓的抛摔作用做软。摔软转鼓的机械力使基布或成品变软，绒面革在干摔时除了做软效果外，由于不断的摩擦作用，表面的绒感会更加细腻。摔软转鼓内部结构见图 7-35。

机械干摔设备具有以下特点。

① 传动特点。变频调速，为不同基布或成品摔软提供所需机械作用。

② 温控特点。可设定鼓内温度，实现自动升温-换气控温-冷却降温，消除环境温差造成的影响。

图 7-35 摔软转鼓内部结构

③ 湿控特点。经过喷雾加湿-控湿排湿-时喷时停设定鼓内湿度。

④ 吸尘系统。由鼓腔-管道-风机-过滤除尘箱组成一个密闭式强循环系统，使经摔软所产生的粉尘连续不断地吸入除尘箱内。

经过干摔，干燥过程中产生的内应力和纤维黏结得到消除，提高了丰满度、柔软度、纹路清晰度及外表感观等。如果将整理剂等经过稀释雾化喷入鼓内，边摔软边吸收，可赋予基布或成品不同的手感和表观。该方法的缺点是必须将基布裁断，如果单片过长则在摔软过程中打结，影响效果。

第八章
聚氨酯化学

聚氨酯（polyurethane）全称聚氨基甲酸酯，是主链上含有重复氨基甲酸酯基团的高分子化合物的统称。它是由有机二异氰酸酯或多异氰酸酯与二羟基或多羟基化合物加聚而成。聚氨酯大分子主链上含有大量氨基甲酸酯基，还含有醚、酯、脲、缩二脲、脲基甲酸酯等基团。

聚氨酯是世界上重要的合成材料之一，它既具有塑料的高强度，又具有橡胶材料的弹性和韧性。它的硬度、强度和伸长率的范围很广。聚氨酯分子中含有强极性的氨基甲酸酯基团，能在大分子间形成氢键，所以聚氨酯具有高强度、耐磨、耐溶剂、耐低温等特点。并且可通过改变原料，尤其是多元醇化合物的结构改变，能在较大范围内调节聚氨酯的性能。

聚氨酯合成材料既具有优良的综合性能，又有某些优于其他高聚物的独特性能，而且合成与加工工艺又比较简单，成型方法也多种多样，聚氨酯类聚合物可以分别制成塑料、橡胶、纤维、涂料、胶黏剂、合成革等。由于其综合性能优越，在许多领域得到广泛应用，如在军工、轻工、纺织、交通、铁道、石油、煤矿、机械、矿山、水电、冶金和粮食加工等工业以及建筑、医疗、航海、体育和文教等方面，所以它是国民经济建设和人民生活中不可缺少的聚合物材料，被公认为六大合成材料之一。

聚氨酯合成材料，其种类和品种相当多，按用途可分为弹性体、泡沫所料、纤维、涂料和胶黏剂等。本章重点介绍用于合成革工业的溶剂型聚氨酯树脂。

第一节　基本原料

合成聚氨酯的原料主要是多元醇与二异氰酸酯化合物，另外还有扩链剂、交联剂、交联促进剂以及其他功能助剂。

一、异氰酸酯

作为合成聚氨酯的主要原料，要求异氰酸酯分子内要含有两个或两个以上的—NCO活性基团，即官能度数 $n \geqslant 2$。异氰酸酯分为芳香族系和脂肪族系两大类。

异氰酸酯构成聚氨酯分子中的硬链段，其化学活性主要表现在特性基团—NCO上，该基团具有重叠双键排列的高度不饱和键结构，它可以与各种含活泼氢的化合物进行反应，化学性质极其活泼。

1. 二苯基甲烷二异氰酸酯

二苯基甲烷二异氰酸酯，简称MDI，国外也称MMDI，别名二苯基亚甲基二异氰酸酯、二苯甲烷二异氰酸酯、单体MDI等。它是制造聚氨酯树脂最主要的二异氰酸酯，还可用于热塑性聚氨酯弹性体、鞋底树脂、溶剂型胶黏剂等。MDI 制造复杂，安全措施要求高，目前全球只有巴斯夫、拜耳、万华化学、亨斯迈、陶氏化学五大公司掌握 MDI 制造技术。

MDI 分子式为 $C_{15}H_{10}N_2O_2$，分子量 250.25。一般有 4,4'-MDI、2,4'-MDI、2,2'-MDI 三种异构体，以 4,4'-MDI 为主，没有单独的 2,4'-MDI 及 2,2'-MDI 的工业品。结构式：

4, 4'-MDI

2, 4'-MDI

2, 2'-MDI

通常 MDI 是指 4,4'-MDI，纯度 99% 以上，又称 MDI-100。常温下 4,4'-MDI 为白色固体，熔点 38～43℃，熔化后为无色至微黄液体。230℃ 以上易分解变质。可溶于丙酮、四氯化碳、苯、氯苯、硝基苯等。

4,4'-MDI 由于 NCO 邻位无取代基，反应活性大，即使在无催化剂存在下，在室温也有部分单体缓慢自聚成二聚体。这就是 MDI 在室温贮存不稳定、熔化时出现白色不熔物的原因，因此要求低温储存运输，建议在 5℃ 以下，最好是 0℃ 以下隔绝空气储藏，并尽快使用。在常温下放置几个小时就会产生明显的二聚体沉淀，反复的熔解冷冻也会加速二聚体的产生，但低水平二聚体（<0.5%）的存在通常不影响使用。

MDI-50 是 4,4'-MDI 与 2,4'-MDI 各 50% 的混合物。2,4'-MDI 比 4,4'-MDI 具有相对较低的反应活性，反应速度低一些，室温下黏度更小，其制品在柔顺型和伸长率方面优于 4,4'-MDI。2,4'-MDI 常温下是无色透明液体，5～15℃ 之间有细小针状结晶，低于 5℃ 几乎为固态。常用于弹性体、胶黏剂及涂料的生产。代表性产品如 BASF MI。

MDI 是典型的芳香型二异氰酸酯，反应活性高。MDI 分子结构中含有两个苯环，并具有对称的结构，因此制得的聚氨酯树脂具有优异的力学性能。其分子量比 TDI 大，挥发性较小，对人体的毒性相对小，是目前合成革聚氨酯树脂使用最广泛的品种。

2. 甲苯二异氰酸酯

甲苯二异氰酸酯，简称 TDI，是重要的芳香型异氰酸酯原料。广泛用于聚氨酯泡沫、涂料、弹性体、胶黏剂等产品。主要制造商有陶氏化学、拜耳、巴斯夫、三井化学等。

TDI 分子式为 $C_9H_6N_2O_2$，分子量 174.15。有 2,4-TDI 和 2,6-TDI 两种异构体，结构式：

2, 4-TDI

2, 6-TDI

常用的 TDI 有三个牌号：TDI-80、TDI-100、TDI-65。TDI-80 使用量最大，是 2,4-TDI 与 2,6-TDI 质量比 8：2 的混合物，用途广泛。TDI-100 为纯 2,4-TDI，结构规整，主要用于

弹性体和涂料。TDI-65 为 2,4-TDI 与 2,6-TDI 质量比 65∶35 的混合物，主要用于聚氨酯软泡。2,6-TDI 的反应活性高于 2,4-TDI。

常温下 TDI 为无色或淡黄色头有刺激气味的透明液体，溶于丙酮、乙酸乙酯、甲苯、卤代烃等。TDI-80 在 10℃ 以下会产生白色结晶。

TDI 是一种芳香型二异氰酸酯，NCO 与苯环直接相连，反应活性高于脂肪型。能与羟基化合物中的羟基、水、胺及具有活泼氢的化合物反应生成氨基甲酸酯、脲、氨基脲及双缩脲等。TDI 树脂的力学性能优异，但耐黄变性较差。

在加热或催化剂存在下会自聚成二聚体和多聚体。TDI 本身及其产品长期暴露在自然光下会发生黄变。TDI 具有易挥发、毒性大的特点，在运输及使用中有严格规定。

3. 脂肪（脂环）族异氰酸酯

脂肪（脂环）族异氰酸酯，简称 ADI，种类很多，其中 IPDI、HDI、$H_{12}MDI$ 占全球 ADI 产量的 85% 以上。主要生产商为德固萨、巴斯夫、拜耳、罗地亚、旭化成等。

① IPDI。异佛尔酮二异氰酸酯简称 IPDI。化学名称：3-异氰酸酯基亚甲基-3,5,5-三甲基环己基异氰酸酯。分子式 $C_{12}H_{18}N_2O_2$，分子量 222.29。工业品为 75% 顺式和 25% 反式异构体的混合物。结构式：

IPDI 为无色或浅黄色液体，有轻微樟脑气味，溶于酯、酮、醚、脂肪烃、芳香烃等。

IPDI 为脂环族异氰酸酯，分子中含有两个 NCO 基团，化学性质活泼，但反应活性比芳香族要低。IPDI 分子中 2 个 NCO 基团的位置不同，一个连在脂肪链上，一个连在脂肪环上，为不对称结构，其反应活性相差很大。有的学者通过实验测算出位于侧链上的 NCO 反应活性是脂环上 NCO 的 3 倍左右。但也有学者认为，侧链上的 NCO 受到环己烷环和 α-取代甲基的位阻作用，活性较低，而连在环己烷上的仲 NCO 基团反应活性高，该分子中的仲 NCO 比伯 NCO 反应活性高 1.3～2.5 倍。出现差异的原因可能与不同反应条件有关。

IPDI 分子中无苯环，因此硬段刚性比较低，但有一个六元环，因此其制品有较好的机械性能。NCO 连接在脂肪族碳原子上，不会形成醌式结构而黄变，因此制成的聚氨酯具有优异的光稳定型和耐化学性，一般用于制造不黄变、耐水解、耐寒等高档聚氨酯树脂。还可用于制备脂肪类聚异氰酸酯衍生物，如预聚物、三聚物和加合物。

② HDI。六亚甲基二异氰酸酯，简称 HDI，别名己二异氰酸酯，分子式 $C_8H_{12}N_2O_2$，分子量 168.19。结构式：

$$OCN—CH_2CH_2CH_2CH_2CH_2CH_2—NCO$$

HDI 为无色或微黄色液体，有刺激性气味，工业品纯度在 99.5% 以上。挥发性高，毒性较大。

HDI 具有特殊的直链饱和结构，端基为反应性很强的两个 NCO 基团，结构对称，反应活性相同。HDI 为脂肪族异氰酸酯，反应活性较芳香族二异氰酸酯的小。不含芳环，树脂有明显的耐黄变的特性。分子为直链饱和结构，因此其聚氨酯制品柔韧性好，但线形的分子结构决定了其强度和硬度不高，一般用于制造涂层树脂。HDI 经常被做成缩二脲和三聚体，具有优异的耐候性和耐热性。

③ $H_{12}MDI$。4,4'-二环己基甲烷二异氰酸酯，简称 HMDI、$H_{12}MDI$、DMDI。分子式 $C_{15}H_{22}N_2O_2$，分子量 262.35。结构式：

$$\text{OCN} - \bigcirc - \underset{\text{C}}{\overset{\text{H}_2}{|}} - \bigcirc - \text{NCO}$$

$H_{12}MDI$ 常温下为无色至浅黄色液体，有刺激性气味，溶于丙酮等有机溶剂。

$H_{12}MDI$ 为脂环族异氰酸酯，结构与 MDI 类似。从分子结构的角度讲，氢化 MDI 是将 MDI 分子中的两个苯环氢化成为两个环己基，这可以从一定程度上解决 MDI 型容易变黄的问题，同时由于苯环被氢化，以环己基六元环取代苯环，使得氢化 MDI 的活性低很多。$H_{12}MDI$ 的两个 NCO 结构对称，活性相同。$H_{12}MDI$ 聚氨酯树脂在力学性能上要优于 IPDI 和 HDI，相同硬段含量的 HMDI 基树脂具有更高的力学强度和模量，以及更高的微相分离。除了不黄变性能，还具有优异的耐水解和耐化学品性能。一般用于制造高性能的不黄变聚氨酯树脂、涂层树脂、弹性体、辐射固化聚氨酯涂料等。

4. 改性异氰酸酯

改性的异氰酸酯类是指过量的异氰酸酯与含活泼氢类化合物反应，生成末端是—NCO 的预聚物。

① 液化 MDI。液化 MDI 是合成聚氨酯最常用的改性异氰酸酯产品，简称 L-MDI、C-MDI。纯 MDI 常温下是固体，使用不方便。4,4′-MDI 在贮存过程中，还容易产生二聚物，贮存稳定性差，在使用之前必须加热熔化成液体才可使用。反复加热将影响 MDI 的质量，而且使操作复杂化。液态 MDI 是 20 世纪 70 年代发展起来的一种改性 MDI，它克服了以上缺点。

最常用的液化技术是在 MDI 中引入氨基甲酸酯或碳化二亚胺基团，目前国内一般采用碳化二亚胺技术，将 MDI 液化的同时保持改性物具有与 MDI 相近的性质。

MDI 在加热催化作用下，异氰酸酯自身可发生缩聚反应，部分 MDI 单体先转化为含碳化二亚胺（—N═C═N—）结构的多异氰酸酯，形成部分碳化二亚胺的液态混合物，一般质量分数在 10%～20%。

$$\text{OCN} - \bigcirc - \underset{\text{C}}{\overset{\text{H}_2}{|}} - \bigcirc - N = C = N - \bigcirc - \underset{\text{C}}{\overset{\text{H}_2}{|}} - \bigcirc - \text{NCO}$$

含碳化二亚胺结构的多异氰酸酯又可进一步与异氰酸酯加成环化，生成含脲酮亚胺基团的多异氰酸酯，得到的液化 MDI 是含部分碳化二亚胺基团和脲酮亚胺基团的多异氰酸酯混合物。通过控制脲酮亚胺的生成程度，可得到不同官能度的多异氰酸酯，其官能度大于 2，一般在 2.15～2.20，NCO 含量通常为 28%～31%。

若需制备低官能度的碳化二亚胺改性 MDI，即不含酮亚胺结构的、官能度约为 2 的碳亚胺改性 MDI，可加入特殊物质抑制 MDI 与碳化二亚胺的加成反应。

$$\text{OCN} - \bigcirc - \underset{\text{C}}{\overset{\text{H}_2}{|}} - \bigcirc - \underset{\overset{|}{\underset{O=C}{}}}{N} \overset{C=N-\bigcirc-\underset{C}{\overset{H_2}{|}}-\bigcirc-NCO}{}$$

MDI 与碳化二亚胺生成脲酮亚胺的反应是可逆的，在 90℃ 以上时，脲酮亚胺分解为碳化二亚胺和异氰酸酯。典型产品如万华化学的 Wannate MDI-100LL 及 Wannate MDI-100HL。

② TDI 二聚体。TDI 二聚体又称 2,4-TDI 二聚体，是一种特殊的二异氰酸酯产品，简称 TD。理论分子式 $C_{18}H_{12}N_4O_4$，分子量 348.3。结构式：

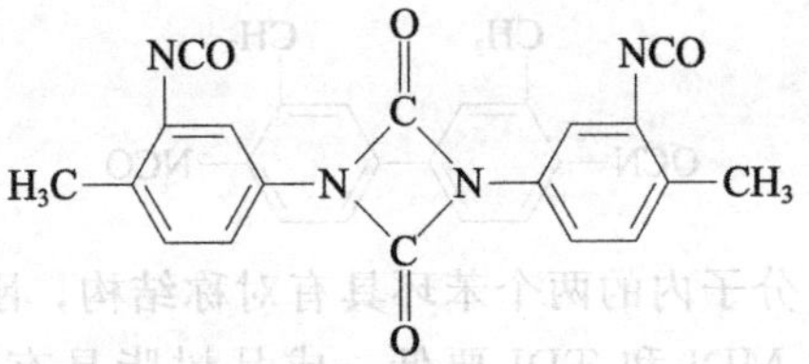

芳香族异氰酸酯的 NCO 反应活性高，能自聚生成二聚体。TDI 二聚体是一种四元杂环结构，又称脲二酮。二聚反应是可逆反应，在加热条件下可分解成原来的异氰酸酯化合物。因此既可做常规反应，又可做高温交联。

TDI 二聚体是白色至微黄色固体粉末，降低了 TDI 单体的挥发性，熔点较高，室温下稳定，甚至可与羟基化合物混合在室温下稳定贮存。

TDI 二聚体中的 NCO 基团活性较低，在 130℃ 下时可作为二官能度的异氰酸酯使用。在有强碱性催化剂，90℃ 以上温度时，或者在加热至 150～175℃ 时，无催化剂存在下，也能分解成 TDI 单体。解聚后成为两个 TDI 分子，反应活性基团增加一倍。因此也可利用二聚反应的可逆特性制备室温稳定的聚氨酯，在高温下，NCO 基团被分解，参与反应，生成交联型聚氨酯。

5. 特殊异氰酸酯

① 萘异氰酸酯。萘-1,5-二异氰酸酯，简称 NDI，分子式 $C_{12}H_6N_2O_2$，分子量 210.19。结构式：

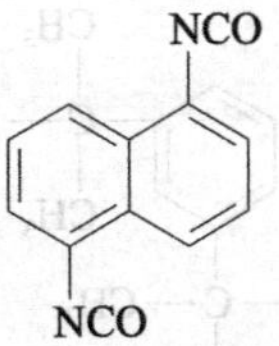

NDI 是高熔点芳香族二异氰酸酯，片状结晶固体。具有刚性芳香族萘环结构，用于高硬度高弹性的聚氨酯弹性体。具有优异的动态特征和耐磨性，阻尼小，永久变形小，应用于高动态载荷和耐热场所。

② 对苯二异氰酸酯。对苯二异氰酸酯，简称 PPDI，分子式 $C_8H_4N_2O_2$，分子量 160.13。结构式：

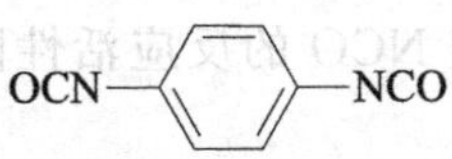

PPDI 为白色片状固体。具有紧凑而对称的结构，因此在其聚氨酯树脂中可以形成紧密的硬段区，并产生高度的相分离。因此具有优良的动态力学性能，以及高温下的低压缩变形性能。

③ 苯二亚甲基二异氰酸酯。苯二亚甲基二异氰酸酯，简称 XDI，工业品主要是间苯二亚甲基二异氰酸酯（m-XDI）。分子式 $C_{10}H_8N_2O_2$，分子量 188.19。结构式：

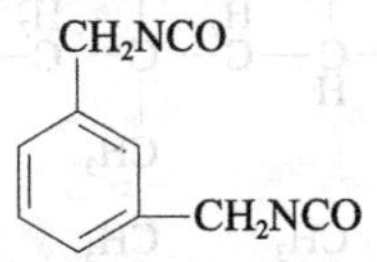

m-XDI 为无色透明液体。反应活性较高，由于其 NCO 基团是接在亚甲基上，而不是苯环上，因此避免了苯环与 NCO 之间的共轭现象，使得 XDI 树脂对光稳定，不黄变。一般用于涂料、涂层剂、胶黏剂等。

④ 二甲基联苯二异氰酸酯。二甲基联苯二异氰酸酯，简称 TODI，分子式 $C_{16}H_{12}N_2O_2$，分子量 264.28。结构式：

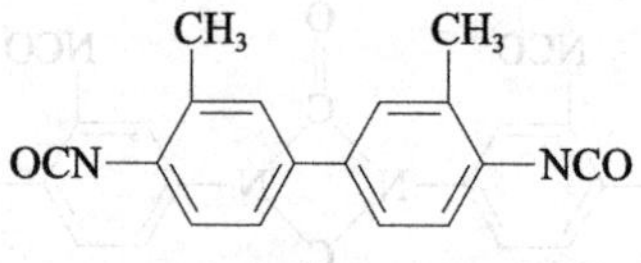

TODI 为白色固体颗粒。分子内的两个苯环具有对称结构，刚性较强。由于相邻甲基的位阻作用，NCO 的反应活性比 MDI 和 TDI 要低。成品树脂具有较好的耐水解、耐热及力学性能。

⑤ 环己烷二异氰酸酯。1,4-环己烷二异氰酸酯，简称 CHDI，分子式 $C_8H_{10}N_2O_2$，分子量 166.18。结构式：

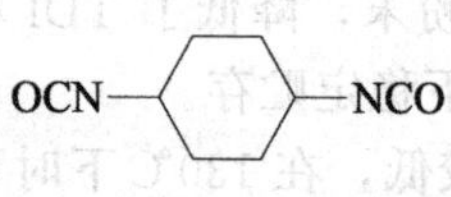

CHDI 为白色蜡状固体，工业品为反式结构，属于特种异氰酸酯，具有紧凑而对称的分子结构，因此在其树脂中可形成紧密的硬段区。基于 CHDI 的树脂具有优异的高温动态力学性能、光稳定性、耐溶剂耐水解性。

⑥ 四甲基间苯二亚甲基二异氰酸酯。四甲基间苯二亚甲基二异氰酸酯，简称 TMXDI，分子式 $C_{14}H_{16}N_2O_2$，分子量 244.29。有间位和对位两种异构体，工业化生产的是 m-TMXDI，结构式：

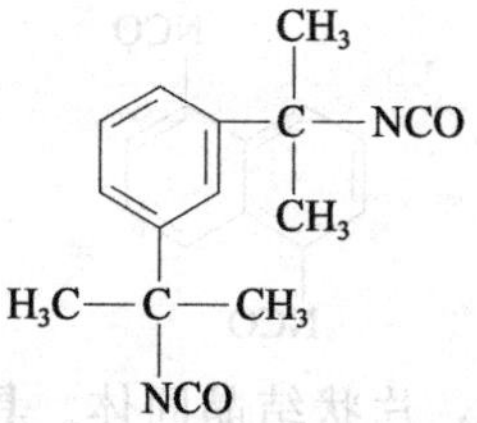

m-TMXDI 为无色液体。分子结构是 XDI 的两个亚甲基上的氢以甲基取代，NCO 连接在亚甲基上，不与苯环共轭。从结构上看，它具有芳香型和脂肪型两者的特点，其制品柔软而具有较高强度，黏附力、柔韧性及耐久性好。

由于甲基取代了氢，提高了耐老化和耐水解性能，减弱了氢键作用，提高了聚氨酯的延伸率。NCO 基团是叔位，立体位阻使 NCO 的反应活性降低，预聚体黏度低，因此特别适合制造无溶剂型水性聚氨酯。

⑦ 三甲基-1,6-六亚甲基二异氰酸酯。三甲基-1,6-六亚甲基二异氰酸酯，简称 TMHDI，分子式 $C_{11}H_{18}N_2O_2$，分子量 210.28。工业品是 2,2,4-三甲基-1,6-六亚甲基二异氰酸酯与 2,4,4-三甲基-1,6-六亚甲基二异氰酸酯的混合物，结构式：

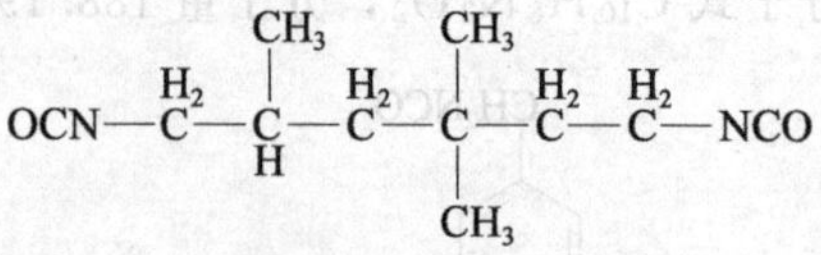

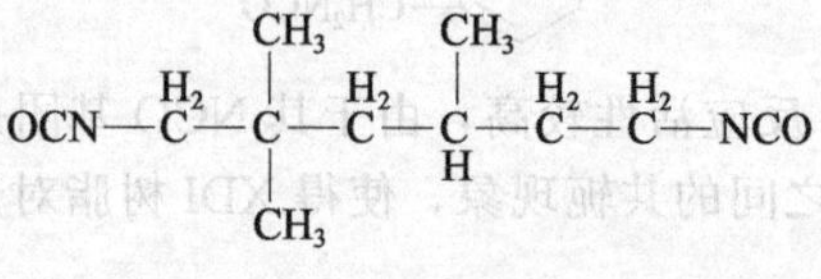

TMHDI 为无色至浅黄液体，有刺激气味。其结构为直链 HDI 上用三个甲基取代了氢。反应活性低，预聚体黏度要低于脂环型，产品具有很好的柔韧性、附着力、耐光性和耐候性，主要用于热固化及辐射固化树脂体系。

⑧ 环己烷二亚甲基二异氰酸酯。环己烷二亚甲基二异氰酸酯，又叫氢化 XDI，简称 HXDI。分子式 $C_{10}H_{14}N_2O_2$，分子量 194.23。工业化产品为 m-HXDI，结构式：

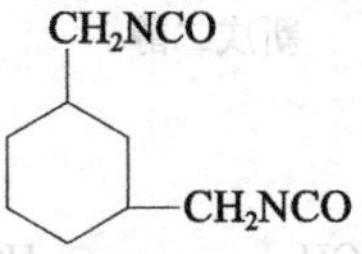

m-HXDI 为无色透明液体。脂环型异氰酸酯，与 XDI 比，结构中无苯环，进一步改善了耐光耐黄变性能，制品软而又韧性。

二、多元醇

多元醇化合物是合成聚氨酯的主要原料之一，约占原料总量的 $50\%\sim70\%$，构成聚氨酯的软链段。它依靠分子内的羟基与异氰酸酯分子内的异氰酸酯基（—N＝C＝O）反应，生成氨基甲酸酯链段（—NH—CO—O—）。作为聚氨酯的原料，多元醇化合物分子中的羟基数要大于 2。最常用的是聚酯多元醇和聚醚多元醇。

1. 聚酯多元醇

聚酯多元醇是合成革聚氨酯树脂使用最多的种类，通常是由有机二元羧酸（酸酐或酯）与多元醇（包括二醇）缩合（或酯交换）或由内酯与多元醇聚合而成。

制备聚酯醇的原料中，有机多元酸主要是二元酸，主要有己二酸（AA）、丁二酸、戊二酸、辛二酸、癸二酸、1,4-环己烷二甲酸；顺、反丁烯二酸或其酐等不饱和脂肪酸；邻苯二甲酸、对苯二甲酸、间苯二甲酸及其酸酐等芳香酸。其他还有亚油酸二聚体、二聚酸、混合二酸等，其中最常用的是己二酸。特殊多元醇也采用少量三官能度如偏苯三酸酐等。代表性二元酸有：

$$HOOC—CH_2CH_2CH_2CH_2—COOH \qquad HOOC—CH_2(CH_2)_6CH_2—COOH \qquad HOOC—\underset{\text{H}}{C}＝\underset{\text{H}}{C}—COOH$$

己二酸　　　　　　　　　　　　癸二酸　　　　　　　　　　　顺丁烯二酸

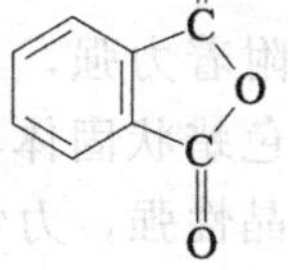

邻苯二甲酸酐 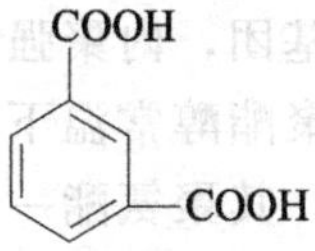　　　　　间苯二甲酸 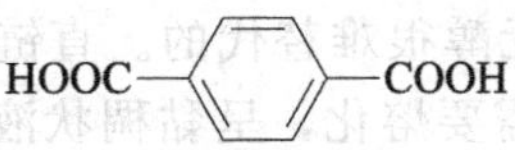　　　　　对苯二甲酸 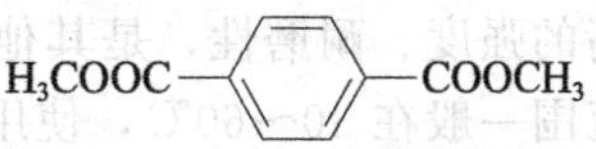　　　　　对苯二甲酸二甲酯

原则上含伯羟基或仲羟基的脂肪族多元醇都可用于聚酯的合成。常用的二元醇化合物有乙二醇（EG）、1,2-丙二醇（1,2-PG）、1,4-丁二醇（BDO）、一缩二乙二醇（DEG）、2-甲基丙二醇（MPD）、新戊二醇（NPG）、1,6-己二醇（1,6-HDO）等。除上述外，1,3-丙二醇、1,3-丁二醇、1,5-戊二醇、3-甲基-1,5-戊二醇、2,4-二乙基-1,5-戊二醇、2,2,4-三甲基-1,3-戊二醇、一缩二丙二醇、1,4-环己二醇、2-丁基-2-乙基-1,3-丙二醇、2-乙基-1,3-己二醇等，也都用于聚酯多元醇的生产。典型的二醇有：

$$HO—CH_2CH_2—OH \qquad HO—CH_2CH_2CH_2—OH$$

乙二醇　　　　　　1,3-丙二醇

HO—CH₂CH₂CH₂CH₂—OH   HO—CH₂CH₂CH₂CH₂CH₂CH₂—OH

1,4-丁二醇   1,6-己二醇

$$CH_3$$
$$HO—CH_2CH—OH$$
1,2-丙二醇

$$HO—C\overset{H_2}{C}—\overset{CH_3}{\underset{CH_3}{C}}—\overset{H_2}{C}OH$$
新戊二醇

$$HO—\overset{H_2}{C}—\overset{CH_3}{\underset{H}{C}}—\overset{H_2}{C}—OH$$
甲基丙二醇

HOH₂C₂C—O—CH₂CH₂OH

一缩二乙二醇

$$HOHCH_2C—O—CH_2CHOH$$
一缩二丙二醇

三元醇化合物有三羟甲基丙烷（TMP）、三羟甲基乙烷（TME）、丙三醇、1,2,6-己三醇等都被广泛使用。另外，像季戊四醇、山梨醇等高官能度多元醇也在特殊聚酯中被采用，起调节支化度的作用。一般情况下，引入三元醇能提高聚酯型聚氨酯的刚性、硬度、耐热及耐化学性，而降低弹性。引入芳香系二元酸也将提高聚氨酯的耐热性及硬度。将卤素、磷、氮、硼或锑等元素引入聚酯醇结构中，也能使聚氨酯制品的耐燃性显著提高。通过改变各种醇酸的不同配合，可分别合成各种歧化度、不同分子量、不同结构、不同用途的多种类型聚酯多元醇。

作为聚氨酯级聚酯多元醇必须具备酸值低（≤0.5mgKOH/g）、含水量低（≤0.03%）、色数低（≤50APHA）的特点。下面简述几类常用的聚酯多元醇。

① 己二酸系聚酯醇。它是最常用的一系列聚酯醇，以聚酯二醇为主，一般由己二酸与乙二醇、丁二醇、丙二醇、丁二醇、己二醇等二醇中的一种或几种缩聚而成。基本结构式：

$$H—\left[O—\left(\overset{H_2}{C}\right)_m—O—\overset{O}{\overset{\|}{C}}—\left(\overset{H_2}{C}\right)_4—\overset{O}{\overset{\|}{C}}\right]_n—\left(\overset{H_2}{C}\right)_m—OH$$

己二酸系聚酯醇的柔软性，是通过改变醇类化合物的品种来实现。各种二元醇的柔软性与醇的分子量及结构有关。常用的几种二元醇的柔软性由大到小的顺序为：一缩二乙二醇>丁二醇>丙二醇>乙二醇。醇类化合物的性质直接影响聚酯醇及聚氨酯制品的物理性质。因此，根据需要，可以通过选用不同的多元醇，或几种多元醇配合使用，就可制备出一系列不同牌号的聚酯醇。

聚酯型聚氨酯因分子内含有较多的酯基、氨基等极性基团，内聚强度和附着力强，具有较高的强度、耐磨性，是其他多元醇很难替代的。直链型聚酯醇常温下为白色蜡状固体，熔点范围一般在30～60℃，使用时需要熔化，呈黏稠状液体，其聚氨酯一般结晶性强，力学强度好。带侧基的聚酯如PMA等常温下为液体，其聚氨酯一般较软，附着力与耐水解较好。

而对于聚酯二醇来说，软段长度对强度的影响并不很明显。这是因为聚酯制成的聚氨酯含极性大的酯基，聚酯软段的分子量增加，酯基也增加，抵消了软段增加、硬段减少对强度的负面影响。这种聚氨酯内部不仅硬段间能够形成氢键，而且软段上的极性基团也能部分地与硬段上的极性基团形成氢键，使硬相能更均匀地分布于软相中，起到弹性连接点的作用。在室温下某些聚酯可形成软段结晶，影响聚氨酯的性能。

聚酯型聚氨酯的耐水解性能随聚酯链段长度的增加而降低，这是由于酯基增多的缘故。聚酯易受水分子的侵袭而发生断裂，且水解生成的酸又能催化聚酯的进一步水解。聚酯种类对弹性体的物理性能及耐水性能有一定的影响。随聚酯二醇原料中亚甲基数目的增加，制得的聚酯型聚氨酯弹性体的耐水性提高。酯基含量较小，其耐水性也较好。同样，采用长链二

元酸合成的聚酯，制得的聚氨酯弹性体的耐水性比短链二元酸的聚酯型聚氨酯好。因此聚酯型聚氨酯的强度、耐油性、热氧化稳定性比聚醚型的高，而耐寒性、耐水解性则不如聚醚型。

② 芳香族聚酯多元醇。芳香族聚酯多元醇即含有苯环的聚酯多元醇。一般是指以芳香族二元酸（或者酸酐、酯）与二元醇或者三元醇（EG、PG、DEG、DPG、TMP、NPG、MPD、BDO、HDO）聚合得到的聚酯多元醇。典型产品如聚邻苯二甲酸酯二醇结构式：

$$H \left[O \left(\overset{H_2}{\underset{}{C}} \right)_m O - \overset{O}{\overset{\|}{C}} \left(\underset{}{\bigcirc} \right) \overset{O}{\overset{\|}{C}} - O \left(\overset{H_2}{\underset{}{C}} \right)_m \right]_n OH$$

目前行业使用的芳香族聚酯多元醇产品，以苯酐聚酯多元醇为主，合成方法与脂肪族聚酯类似，采用苯酐后缩聚过程产生的水较少。

聚酯醇结构中含有芳环结构可增加聚酯分子链的刚性，从而使制得的聚氨酯制品具有较大的硬度和耐热性，且价格较己二酸聚酯便宜。因此用于替代或部分替代的己二酸聚酯，有增加制品强度，耐热性及降低成本的作用。但引入芳环二元酸或其酐会使聚酯醇黏度增大，聚合时黏度高。因此在制造时可以采用芳环二元酸与脂肪二元酸混合反应，制备混合型共聚酯。

芳香族聚酯多元醇具有高附着、低成本、耐热耐水解等特点，但是手感偏硬，在合成革聚氨酯中一般做黏合剂使用。

③ 聚己内酯系多元醇。聚己内酯系多元醇（PCL）是由己内酯单体与起始剂经催化开环聚合而成，它是属于聚合型聚酯，而不同于己二酸系的缩合型聚酯。反应过程中无水分产生，所以操作比普通聚酯简单。以聚己内酯二醇为主，其反应式为：

$$(m+n) \underset{}{\bigcirc} + HO - R - OH \xrightarrow{\text{催化}} HO \left[(CH_2)_5 COO \right]_m R \left[OOC(CH_2)_5 \right]_n OH$$

聚己内酯多元醇的官能度取决于所用多元醇起始剂的官能度。其分子量与歧化度可通过改变不同起始剂的种类和用量来决定。通过调整己内酯单体和多元醇的摩尔比，可合成与理论分子量相近的不同分子量的聚己内酯二醇、三醇等，从而合成适用于不同应用范围的己内酯聚酯醇。

聚己内酯多元醇一般具有低色素、高纯度、分子量分布窄、熔融黏度低等特点。用聚己内酯聚酯醇制造的树脂兼有聚酯和聚醚两种聚氨酯的性能，其树脂具有较好的热稳定性，分解温度达350℃，玻璃化温度达-60℃，低温柔韧性很好。PCL作为一种聚酯型的多元醇其主要特点有：较好的机械性能，特别表现在耐磨、弹性恢复性等方面，且与聚醚多元醇相比具较好的耐候性，耐热性的特征，比己二酸聚酯更具有优异的耐水解性。

④ 聚碳酸酯多元醇。聚碳酸酯多元醇是指分子主链中含有重复的碳酸酯基（—O—CO—O—），链端为羟基的一类聚合物。最常用的是聚碳酸酯二元醇，由小分子二元醇与小分子碳酸酯进行酯交换而制成。

小分子碳酸酯酯交换法合成PCDL是一种环境友好的方法，通过调整二元醇的种类可以合成多种结构的聚碳酸酯二醇，同时相对分子质量的可调性高，催化剂使用量少，产品色度低，羟基官能度比较接近理论值。常用的二醇有1,6-己二醇、1,4-丁二醇、3-甲基戊二醇等。常用的碳酸酯有碳酸二甲酯、碳酸二乙酯、碳酸二丙酯、碳酸二苯酯、碳酸亚乙酯等。如常用的品种聚碳酸亚己酯二醇（PHCD），是由1,6-己二醇与碳酸二苯酯经过酯交换制成，分子结构式：

$$HO\!\left[(H_2C)_6-O-\overset{\overset{\displaystyle O}{\|}}{C}-O\right]_n\!(CH_2)_6-OH$$

目前国内已经开发了由二氧化碳与环氧丙烷、环氧乙烷为原料制备脂肪族聚碳酸酯二醇的技术。

聚碳酸酯二元醇（PCDL）是合成新一代聚碳酸酯型聚氨酯的原料，是目前多元醇品种中综合性能最优秀的品种之一。与传统型多元醇（如普通型聚酯、聚醚等）所合成的聚氨酯材料相比，聚碳酸酯型聚氨酯具有更优良的力学性能、耐水解性、耐热性、耐氧化性、耐摩擦性及耐化学品性。可同时具备聚醚型优良的耐水解性、低温柔顺性以及聚酯型的高机械强度、优良的耐热、耐磨和耐油性，适合有高耐久性要求的聚氨酯各个领域。

2. 聚醚多元醇

分子主链由醚键（—R—O—R—）组成、分子端基或侧基含两个或两个以上羟基的低聚物统称为聚醚多元醇。通常以多羟基、含伯胺基化合物或醇胺为起始剂，以氧化丙烯、氧化乙烯等环氧化合物为聚合单体，开环均聚或共聚而成。根据性能和用途可分为通用型和特殊型。

常用起始剂主要有乙二醇、丙二醇、二乙二醇、二丙二醇、丙三醇、三羟甲基丙烷、三乙醇胺、季戊四醇、乙二胺、甲苯二胺、木糖醇、二乙烯三胺、山梨醇、甘露醇等。以丙二醇使用量最大。

常用的环状单体有环氧丙烷（PO）、环氧乙烷（EO）、环氧丁烷（BO）、四氢呋喃（THF）等。其中以环氧丙烷最为重要。

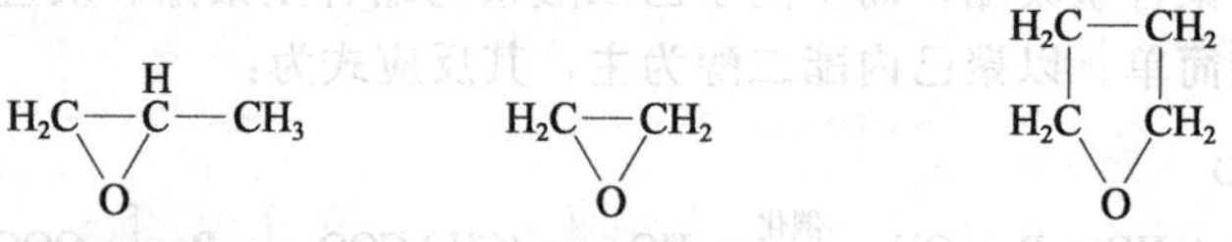

环氧丙烷　　环氧乙烷　　四氢呋喃

通用型聚醚多元醇以氧化烯烃开环聚合制得的有各种官能度、分子量的聚醚醇。它的官能度取决于合成时所选用的起始剂的种类和性能，即活泼氢的数量。起始剂还起到调节聚醚醇分子量的作用，通过调节氧化烯烃与起始剂的摩尔比可合成不同分子量的聚醚醇。不同起始剂所含活泼氢的数目不同，从而与氧化烯烃聚合所生成的聚醚醇支链度也不同。

凡具有特殊性能和用途的聚醚称为特种聚醚。特殊聚醚品种很多，如接枝共聚醚、聚四氢呋喃醚、高活性聚醚、耐燃聚醚、耐热聚醚等。

① 通用型聚醚二醇。最常用的普通聚醚二醇是聚氧化丙烯二醇（PPG），又称聚环氧丙烷二醇、聚丙二醇。结构式：

$$H\!\left(OCH\overset{\overset{\displaystyle CH_3}{|}}{}CH_2\right)_m\!OCH\overset{\overset{\displaystyle CH_3}{|}}{}CH_2O\!\left(CH_2\overset{\overset{\displaystyle CH_3}{|}}{CH}O\right)_n\!H$$

丙二醇的用量决定了聚醚醇的分子量。随着丙二醇用量的增大，合成的聚醚醇的分子量减少。分子量1000和2000的PPG是使用量最大的品种，为无色或淡黄色透明油状液体，稍有苦味，难溶于水，溶于乙二醇、甲苯等有机溶剂。除聚氧化丙烯二醇，还有聚氧化丙烯-氧化乙烯二醇。

聚醚二醇是在分子主链接构上含有醚键、端基带有羟基的醇类聚合物或低聚物。因其结构中的醚键内聚能较低，并易于旋转，与二异氰酸酯反应生成的是线形直链聚氨酯，所以低温柔顺性能好，耐水解性能优良。随着聚醚相对分子质量的增加，链更柔顺，聚氨酯的柔软度和伸长率就越高。软段分子量增加也就降低了硬链段的比例，聚氨酯中硬段的相对含量就减小，故强度下降。但聚醚型聚氨酯的耐水解性能随聚醚链段长度的增加而提高。

聚醚体系反应体系黏度低，易与异氰酸酯、助剂等组分互溶，加工性能优良。但聚醚二醇中的醚键极性较弱，旋转位垒较小，分子规整性和形成氢键的能力差，因此在机械性能、耐油性、耐高温、弹性回复等方面 PPG 不如聚酯多元醇基聚氨酯。

② 通用型聚醚三醇。凡含有三个活性氢的化合物，如甘油、三羟甲基丙烷，1,2,6-己三醇及三乙醇胺等，均可作三羟基聚醚醇的起始剂。一般采用甘油和三羟甲基丙烷作起始剂，生成的聚醚分子中的羟基几乎都是仲羟基。结构式：

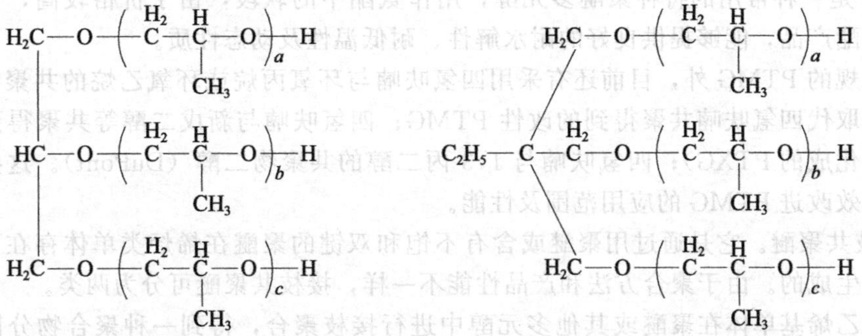

$$H_2C-O+(C\!-\!C-O)_a H \qquad H_2C-O+(C\!-\!C-O)_a H$$

为了提高三羟基聚氧化丙烯醚的伯羟基含量，增加聚醚活性，一般需要在三官能度聚醚末端引进 10%～15% 的氧化乙烯链段。其方法是在氧化丙烯聚醚反应结束后，再加入所需量氧化乙烯单体继续反应，形成氧化乙烯-氧化丙烯嵌段共聚醚。

聚醚三醇反应形成的聚氨酯为体型交联网络，一般不单独使用，二是作为改变性能的辅助手段，与聚醚二醇等配合使用。

③ 通用型聚醚四醇及高官能度聚醚多元醇。聚醚四醇。这类聚醚由于所用的起始剂不同，可分为四羟基聚乙二胺-氧化丙烯醚、四羟基聚季戊四醇-氧化丙烯醚、甲苯二胺聚醚四醇等。四羟基聚乙二胺-氧化丙烯醚是最常用的一种，俗称"胺醚"。具有叔胺碱性和多羟基性。季戊四醇聚醚官能团多，支链度大，作为结构聚醚使用。

官能度大于 4 的聚醚称为高官能度聚醚。主要有五羟基聚氧化丙烯醚，如以二乙烯三胺为起始剂制成的五羟基含氮聚氧化丙烯醚；以含五羟基的木糖醇为起始剂制成的聚氧化丙烯醚。此外，还有山梨醇、甘露醇等为起始剂制得的六羟基聚氧化丙烯醚，以蔗糖为起始剂制得八羟基聚氧化丙烯醚。它们都具有较多官能度。

④ 聚四氢呋喃二醇。聚四氢呋喃二醇，又称聚四亚甲基醚二醇，聚丁二醚，简称 PTMG、PTMEG，结构式：

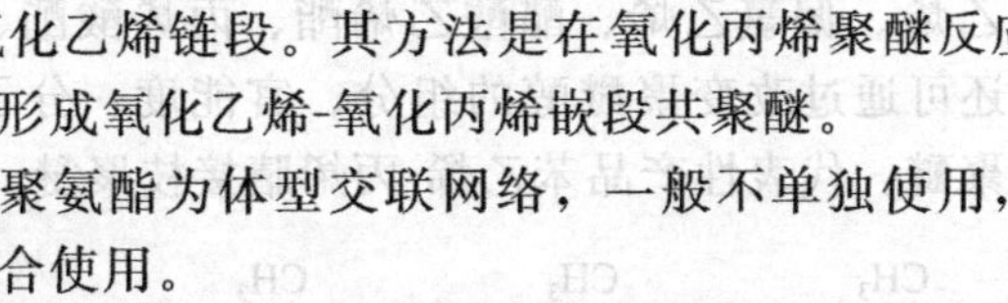

$$\longrightarrow HO+CH_2CH_2CH_2CH_2O\;]_n H$$

聚四氢呋喃是由单体四氢呋喃（THF）在催化剂的存在下，经阳离子开环聚合得到的均聚物。分子两端具有羟基的直链聚醚二醇，分子呈直链结构，骨架上连接着醚键，两端为一级羟基，具有整齐排列的分子结构。

聚四氢呋喃按照分子量的不同分为 250 、650 、1000 、1400、1800、2000、3000 七种。态随相对分子质量的增加从黏稠的无色油状液体到蜡状固体，它的物理性质主要由相对分子质量决定。在常温下，低分子量的聚四氢呋喃为无色液体，分子量较高的聚四氢呋喃为白色蜡状物。易溶解于醇、酯、酮、芳烃和氯化烃，不溶于脂肪烃和水。

在 PTMG 结构中，主链是由碳链和醚链组成。由于它具有醚键，因而具有良好的柔顺性和耐水解性；不含不饱和键，因而具有耐老化性能；不含酯键，而有较好的耐水解性能；醚键之间是 4 个碳原子的直链烃基，偶数碳原子的烃基互相排列紧密，密度高，分子间的引力大，故 PTMG 类聚氨酯不仅具有良好的低温弹性和耐水解性能且机械强度也很高。

聚四氢呋喃的缺点是以羟基封端，所以亲水性增加，容易潮解。脂肪醚主链骨架中与氧原子连接的碳原子容易氧化，故易受紫外射线影响。所以 PTMG 工业品中一般加有少量抗氧剂。

PTMG 是一种常用的特种聚醚多元醇，用作氨酯中的软段，由于价格较高，目前主要用于高端聚氨酯产品，能够提供良好的耐水解性、耐低温性及动态性质。

除了常规的 PTMG 外，目前还有采用四氢呋喃与环氧丙烷或环氧乙烷的共聚醚；由四氢呋喃和侧基取代四氢呋喃共聚得到的改性 PTMG；四氢呋喃与新戊二醇等共聚得到的共聚型二醇（如旭化成的 PTXG）；四氢呋喃与 1,3-丙二醇的共聚物二醇（DuPont）。这些新型改进的二醇可有效改进 PTMG 的应用范围及性能。

⑤ 接枝共聚醚。它是通过用聚醚或含有不饱和双键的聚醚在烯烃类单体存在下，进行接枝共聚反应生成的。由于聚合方法和产品性能不一样，接枝共聚醚可分为两类。

一类是乙烯基单体在聚醚或其他多元醇中进行接枝聚合，得到一种聚合物分散状的接枝共聚醚（也称为聚合物多元醇）。整个分散状聚合物，由于部分接枝的缘故，分散体较为稳定。丙烯腈、苯乙烯、氯乙烯、偏氯乙烯、醋酸乙烯酯、丙烯酸酯、甲基丙烯酸酯、丁二烯等都可作为乙烯基单体。还可通过改变聚醚醇的组分、官能度、分子量及丙烯腈的接枝量等制造出不同用途的接枝共聚醚。代表性产品苯乙烯-丙烯腈接枝聚醚（POP）的结构如下：

$$\text{HO}-\left(\underset{\underset{H}{|}}{\overset{\overset{CH_3}{|}}{\underset{|}{C}}}-C-O\right)_x\left(\underset{\underset{H}{|}}{\overset{\overset{CH_3}{|}}{\underset{|}{C}}}-C-O\right)_y\left(\underset{\underset{H}{|}}{\overset{\overset{CH_3}{|}}{\underset{|}{C}}}-C-O\right)_z-CH_2CH_2-OH$$

接枝共聚醚的另一类是不饱和双键引入聚醚醇的结构中，然后用乙烯基单体进行接枝共聚。例如，聚氧化丙烯醚低聚物与不饱和二羧酸酐（如顺丁烯二酸酐）或烯基甘油醚（如烯丙基甘油醚）先反应后，再与氧化烯烃反应，生成主链中含不饱和键的聚醚多元醇。将该聚醚醇再与乙烯基单体共聚，制成接枝型聚醚。

⑥ 聚氧化乙烯多元醇。聚氧化乙烯多元醇是由乙二醇或二甘醇为起始剂，由环氧乙烷聚合而成的聚醚二醇，又称聚乙二醇，简称 PEG，化学式：

$$\text{HO}-(CH_2CH_2O)_n-H$$

PEG 根据分子量大小不同，可从无色透明黏稠液体（分子量 200～700）到白色脂状半固体（分子量 1000～2000）直至坚硬的蜡状固体（分子量 3000～20000）。PEG 通常情况下溶于水和多种有机溶剂，不溶于脂肪烃、苯、乙二醇等，不会水解变质，有广泛的溶解范围和优良的相容性。PEG 在正常条件下是很稳定的，但在 120℃或更高温度下能与空气中的氧发生氧化作用，加热至 300℃产生断裂或热裂解。

PEG 的吸湿性强、强度低，一般很少单独用于合成聚氨酯。通常是少量添加于其他多醇中，改善某些特殊聚氨酯产品的亲水性或透湿性。小分子量的 PEG 或多羟基起始剂的聚氧化乙烯多元醇可作为扩链剂和交联剂使用。

⑦ 聚三亚甲基醚二醇。聚三亚甲基醚二醇是一种特殊的聚亚丙基醚二醇，结构式：

$$HO-\!\!-\!\!\left[CH_2CH_2CH_2O\right]_n\!\!-\!\!H$$

采用 1,3-丙二醇一步法缩聚工艺制得。其主要原料 1,3-丙二醇是采用淀粉进行生化技术制造，因此属于可再生资源。

聚三亚甲基醚二醇具有与 PTMG 相似的性质，但由于是奇数碳链结构，常温下为液态，其聚氨酯突出的特点是低温柔韧性与耐冲击性。

⑧ 耐燃聚醚。耐燃聚醚指含磷、卤素、锑等阻火元素的有机多元醇（即耐燃聚醚、聚酯等反应型阻火剂）。是提高聚氨酯耐燃、阻火性能的重要途径。

实践证明，磷、卤素、锑、氮、硼等元素具有耐燃、阻火作用。各种耐燃元素之间配合使用有协同作用，能使聚氨酯的耐燃性能成倍地提高。耐燃聚醚的阻火作用原理随阻燃元素的成分不同而不同。对于含磷、锑、硼等元素的阻燃性聚醚，主要是在火焰下表面生成一层致密的"炭化防护层"，阻止火焰向内部穿透，防止进一步燃烧，达到阻火目的。对于含卤素的耐燃聚醚，主要是在高温条件下，首先通过热分解产生出卤代烃类气体，从而隔离外界空气中的氧进一步燃烧，起到阻火效果。

耐燃性聚醚中的活性氢参与聚氨酯的化学反应，所以制品耐燃稳定性好，它不会随制品的使用年限增加而下降。目前耐燃聚醚有下述几种类型。

a. 磷酸酯、亚磷酸酯及焦磷酸酯。它是以磷酸、五氧化二磷、三氯化磷、四羟甲基氯化磷为起始剂与多羟基化合物，如乙二醇、甘油等反应，然后进一步与氧化丙烯或环氧氯丙烷反应而制成的含磷或含磷、氯的耐燃聚醚。

b. 卤代耐燃聚醚。它是以氯代氧化烯烃类化合物（如三氯氧化乙烯、全氟氧化丙烯等）为单体，在酸性催化剂作用下，开环聚合而成。特别是以三氯氧化烯烃类化合物为单体与各种羟基化合物起始剂加聚制得的聚醚醇具有较大阻燃性能。

c. 含锑含氯耐燃聚醚。它是以氯化锑或三氧化二锑为原料与各种卤代聚醚或通用聚醚反应制得的。含锑含氯聚醚是一种耐燃性能优越的结构型阻燃剂。

⑨ 芳香族或杂环系多元醇。它是采用芳香族或杂环系多元醇或多元胺为起始剂与氧化烯烃反应制得。芳香族、杂环系起始剂有双酚 A、双酚 S、苯酚-甲醛低聚物、三（2-羟乙基）异氰酸酯、甲苯二胺等。该起始剂会在聚醚多元醇结构中引入上述结构，酚醛结构芳环、叔胺基、苯环的引入，使生成的聚氨酯材料具有较好的尺寸稳定性，耐热、耐燃。起始剂品种的变化，可以合成不同官能度、不同化学结构和不同功能的聚醚多元醇，以适应聚氨酯制品的多样性变化和性能要求。

代表性产品如双酚 A 聚氧化乙烯醚，结构式：

另外还有双酚 A 聚氧化丙烯醚，它们使聚氨酯具有良好的硬度、阻燃性、耐热和耐水性。除了用于聚氨酯外，还可用于环氧树脂和丙烯酸树脂。

3. 其他低聚物多元醇

除了以上的聚酯、聚醚类多元醇外，还有端羟基聚烯烃多元醇、植物油多元醇、端氨基聚醚、脂肪酸二聚体二醇等。

① 端羟基聚烯烃类化合物。端羟基聚烯烃类化合物一般是指每个大分子两端平均有两个以上羟基的丁二烯的均聚物或共聚物。主要以丁二烯为基本原料，有均聚物和共聚物两种形式。

均聚物主要是端羟基聚丁二烯（HTPB），结构式：

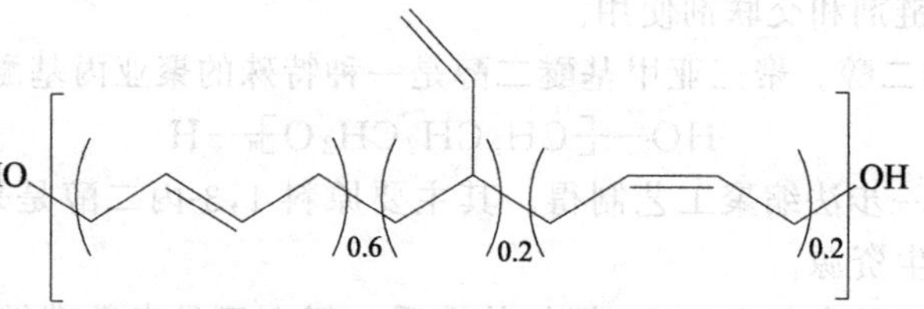

主链上有三种不同的链段，官能度在 2.1~2.6 之间。将 HTPB 催化加氢，可得到主链为饱和结构的氢化端羟基聚丁二烯，具有更好的光稳定性和耐热性。

共聚物有丁二烯-苯乙烯共聚物（HTBS）、丁二烯-丙烯腈共聚物（HTBN），结构式：

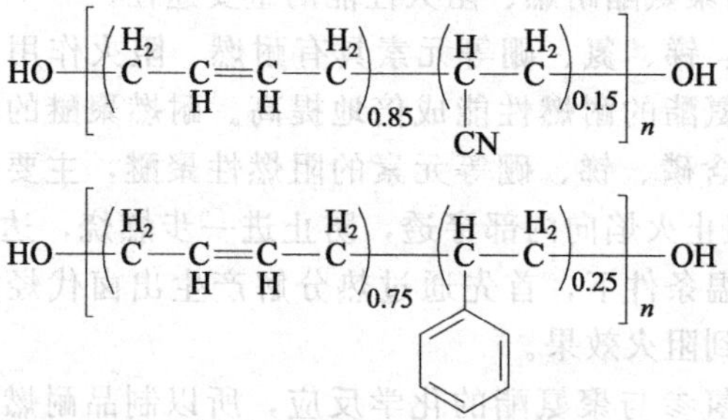

端羟基聚烯烃类化合物的分子骨架中，不含有通常聚氨酯分子骨架中有的醚或酯键，而与一般固体橡胶的分子骨架相似，因此耐低温和电绝缘性能突出，对非极性材料的黏结性能好。但该类材料价格高，主要应用于军工材料。

② 植物油及其衍生物多元醇。蓖麻油是应用较早，也是最广泛的植物油多元醇。它的成分是蓖麻油酸的甘油酯。其中 70% 是甘油三蓖麻酸酯，30% 是甘油二蓖麻酸酯。因此，蓖麻油大约有 70% 是三官能度的，30% 是二官能度的，羟基平均官能度为 2.7 左右。其化学结构通式为：

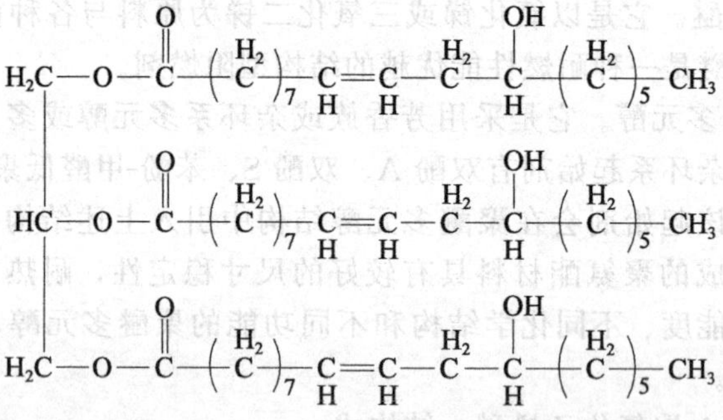

精制蓖麻油为无色至浅黄色透明液体，羟值为 163~164mg KOH/g，挥发度 0.02%~0.2%，酸值 1~2mg KOH/g。

作为聚氨酯的原料，除蓖麻油外，还可以使用蓖麻油经醇解、酯交换改性的衍生物。乙二醇、丙二醇、甘油、三羟甲基丙烷、季戊四醇、山梨糖醇都可作醇解剂。改性后蓖麻油衍生物，不仅增加了产物的羟值及交联密度，而且还因伯羟基含量增加而提高其反应活性。由蓖麻油及其衍生物合成的聚氨酯具有较好的低温柔软性、并提高了水解稳定性。它主要用于低模量的聚氨酯中。可直接使用，也可改性后使用。

大豆油、棕榈油多元醇。传统聚醚多元醇受到石油资源和不可再生性的限制，具备环保和资源可再生性的植物油多元醇正越来越多地受到关注和应用。使用廉价的植物油如大豆油、棕榈油开发的系列植物油多元醇，成称为很多公司研发的重点。

大豆油的成分是甘油三酸酯，不饱和脂肪酸含量大于 80%，其中一个双键的油酸为 20%~

30%；两个双键的亚油酸为 45%～55%；三个双键的亚麻酸为 4%～10%。平均不饱和度 4.6。

棕榈油是饱和脂肪、单不饱和脂肪、多不饱和脂肪三种成分混合构成的，具有平衡的不饱和酸与饱和酸比例、它含有 40% 油酸；10% 亚油酸；45% 棕榈酸和 5% 的硬脂酸。

大豆油、棕榈油上含有大量双键，首先利用过氧化物进行打开双键的反应，经环氧化后生成环氧化植物油。环氧化植物多元醇有多重途径可以得到，其中醇解是最简单也是最成熟的工艺，即与活泼氢反应羟基化生成植物油多元醇。

与传统的聚醚和聚酯多元醇相比，由植物油制备出的多元醇结构特殊，具有很长的碳链且支化度大，这种结构决定了植物油型多元醇的下游产品在耐水性方面更有优势，而且溶胀性低。由于植物油多元醇官能度比较大，其玻璃化温度比传统的石油型多元醇高，反应生成的下游产品交联度比较大，热稳定性也比较好。另外，植物油多元醇价格便宜，聚合产品还具有可生物降解性。

③ 端氨基聚醚。端氨基聚醚是一类主链为聚醚结构，末端活性官能团为氨基的聚醚多元醇，又称聚醚多胺、聚醚胺（PEA），简称 ATPE。是一种高活性聚醚。

端氨基聚醚是通过含伯羟基和仲羟基的聚醚多元醇在高温高压下氨化得到的。目前主要产品是端伯氨基的脂肪族聚醚胺，如端氨基聚氧化丙烯醚和端氨基聚氧化乙烯醚等。典型共聚醚二胺、三胺结构如下：

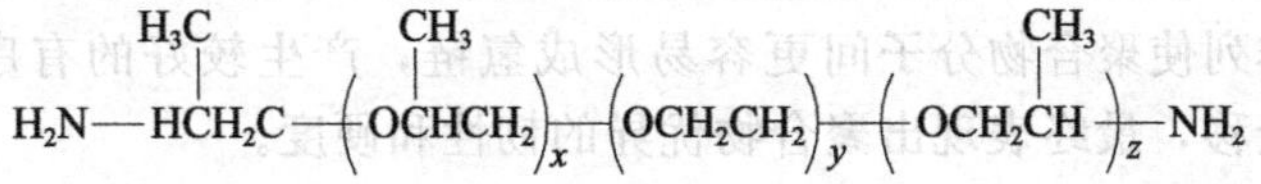

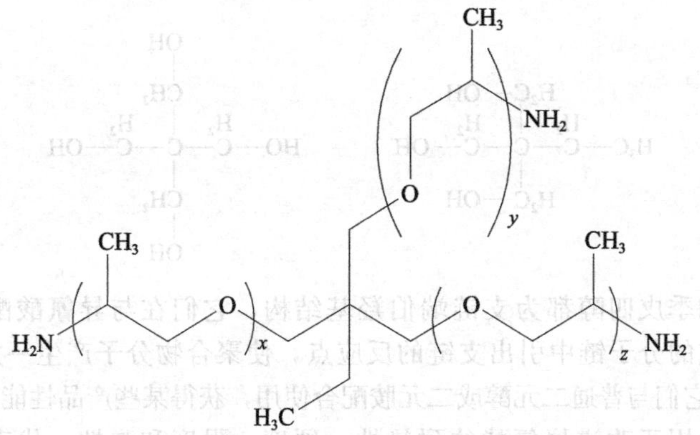

端氨基含有活泼氢，能与异氰酸酯起反应生成聚脲。由于氨基与异氰酸酯的反应活性比羟基高很多，使伯氨基与甲基相邻，可有效降低其与 NCO 的反应速度。或者将伯氨基变化为活性更低的仲氨基。通过选择不同的聚氧化烷基结构，可调节聚醚胺的反应活性、韧性、黏度以及亲水性等一系列性能，而胺基提供给聚醚胺与多种化合物反应的可能性。其特殊的分子结构赋予了聚醚胺优异的综合性能，目前商业化的聚醚胺包括单官能、双官能、三官能，主要用于室外工业材料，在聚氨酯树脂中更多的是作为交联剂或添加剂使用。

三、 辅料与助剂

1. 扩链剂

聚氨酯类的高分子材料是由刚性链段和柔性链段组成的嵌段共聚物。当异氰酸酯与多元醇反应至一定程度，需要使用扩链剂实现其链增长。扩链剂本质上是增加聚合物的分子量，把短链预聚体分子变成高分子聚合物。只有具备了一定的链长度及分子量后，聚氨酯才能达到优异的使用性能。因此扩链剂的选择和使用，对聚氨酯的形成与性能有着直接影响。扩链剂的功能：

① 能使聚氨酯反应体系迅速地进行扩链和交联；

② 采用不同品种及用量，能有效地调节体系的反应速度及黏度增长等工艺参数；

③ 将扩链剂中的特性基团结构引入聚氨酯主链中，改善聚氨酯的某些性能；

④ 扩链剂与二异氰酸酯反应后构成聚氨酯的硬链段。

本节所叙扩链剂，除包括能使分子链进行扩展的双官能基的低分子化合物外，同时也包括能使链状分子结构产生支化和交联的官能度大于 2 的低分子化合物。常用的扩链剂有醇类、胺类、醇胺类。

① 低分子醇类。醇类扩链剂使用最广泛。常用的二醇类扩链剂有 1,4-丁二醇、乙二醇、丙二醇、一缩二乙二醇、新戊二醇和己二醇。另外脂环类二醇有 1,4-环己二醇、氢化双酚 A。芳香族二元醇主要有二亚甲基苯基二醇、对二苯酚二羟乙基醚、间苯二酚羟基醚。低分子多醇化合物有丙三醇、三羟甲基丙烷、季戊四醇等。

1,4-丁二醇是溶剂型聚氨酯使用量最多的二醇。结构式：

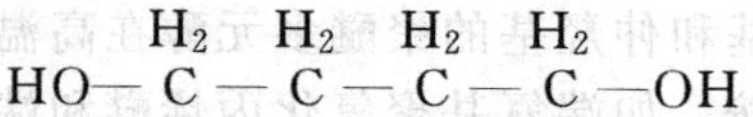

$$HO-\overset{H_2}{\underset{}{C}}-\overset{H_2}{\underset{}{C}}-\overset{H_2}{\underset{}{C}}-\overset{H_2}{\underset{}{C}}-OH$$

1,4-丁二醇为直链端伯羟基结构，无色液体，易吸潮。具有适中的碳链长度，能使软、硬链段产生微区相分离，使氨基甲酸酯硬链段的结晶性更好，MDI 与 1,4-丁二醇硬链能较好地定向。结晶和定向排列使聚合物分子间更容易形成氢链，产生较好的有序结晶，结晶的阻旋作用和聚合物链段迁移，最终表现出聚合物优异的韧性和硬度。

三官能或四官能醇常用的有三羟甲基丙烷和季戊四醇，结构式：

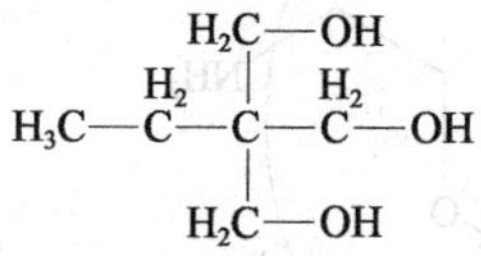

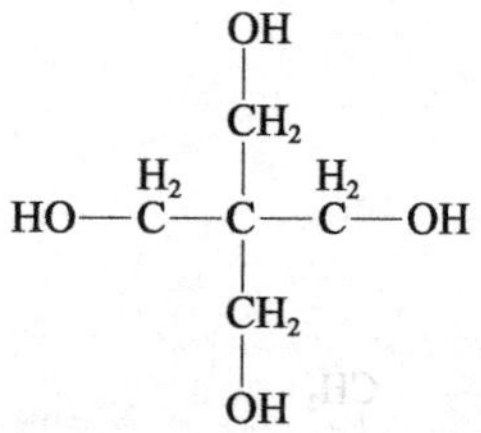

三羟甲基丙烷和季戊四醇都为支链端伯羟基结构，它们在与异氰酸酯反应使分子链增长的同时，还会在生成的分子链中引出支链的反应点，使聚合物分子产生一定程度交联，形成网状结构。生产中常将它们与普通二元醇或二元胺配合使用，获得某些产品性能的改善和提高。

芳香族二醇一般用于改进聚氨酯的耐热性、硬度、强度和弹性，代表性的为对苯二酚二羟乙基醚（HQEE），间苯二酚二羟乙基醚（HER），结构式为：

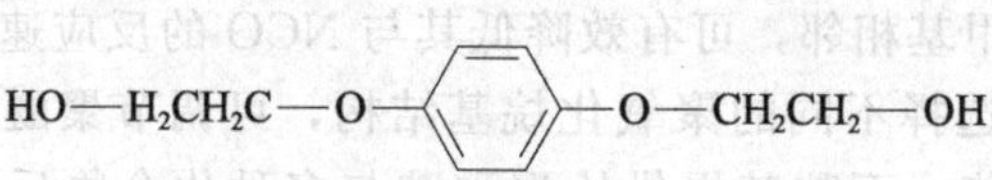

HQEE 能提高树脂的刚性和热稳定性，HER 能提高树脂的弹性和可塑性。HER 与 HQEE 都具有芳香族扩链剂的优点且不污染环境，但 HQEE 熔点高（102℃），所需要的反应温度更高，当使用温度稍微下降时，HQEE 有迅速结晶的趋势，因而限制了它的应用。HER 的熔点比较低（89℃），反应温度也较低，应用广泛。

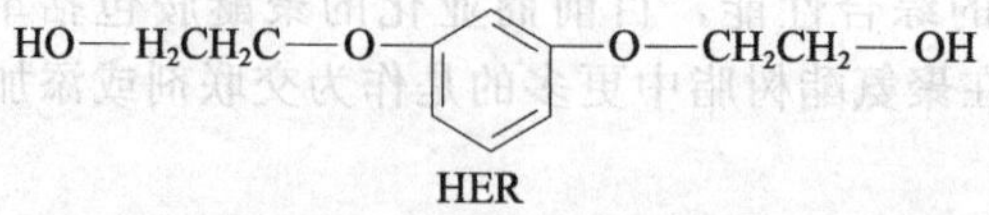

② 低分子胺类。胺类与异氰酸酯反应生成内聚能高的脲基。低分子量二胺类化合物与二

异氰酸酯反应十分激烈，成胶速度迅速，生产不易控制，使用较少。目前普遍采用受阻胺类化合物，其中使用最多的是 3,3′-二氯-4,4′-二氨基二苯甲烷（MOCA），结构式：

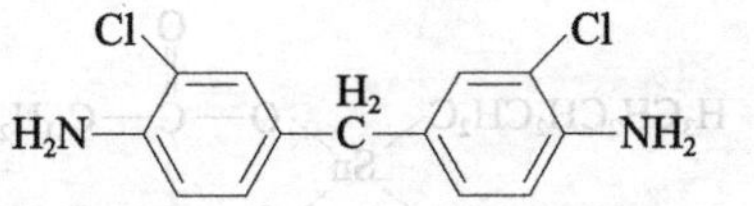

MOCA 为白色至浅黄色针状结晶体，有吸湿能力，易溶于各种溶剂。在 MOCA 的氨基邻位上存在氯原子取代基，吸电子作用和位阻使氨基电子云密度增加，从而使氨基的反应活性降低，从而降低了氨基与异氰酸酯的反应速率，较好地适应聚氨酯合成工艺。

由于 MOCA 的安全性仍有争议，目前广泛使用的芳香族二胺还有 3,5-二甲硫基甲苯二胺（Ethacure E-300）、3,5-二乙基甲苯二胺（Ethacure E-100）等芳香族二胺。都为混合物，常温下为液体，使用方便且毒性低。

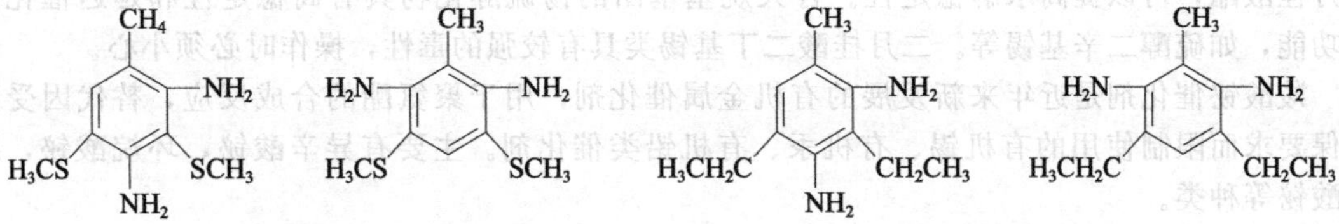

E-300

E-100

由于氨基与异氰酸酯反应速度快，因此，二胺类一般不用于聚氨酯树脂合成，而用于预聚体的固化剂。

③ 醇胺类。醇胺类指同时含有羟基和氨基的化合物。目前使用较多的醇胺类扩链剂主要有乙醇胺、二乙醇胺、三乙醇胺、三异丙醇胺和 N,N-双(2-羟丙基)苯胺、N-甲基二乙醇胺（MDEA）等。

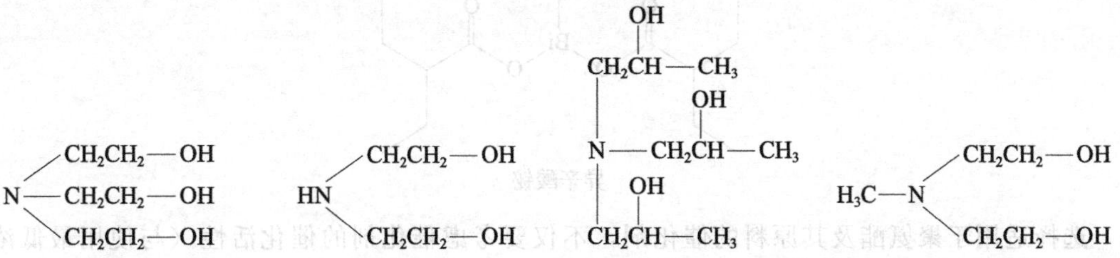

TGA   DGA   TIPA   MDEA

2. 催化剂

聚氨酯合成中最主要的催化剂为有机金属类催化剂和叔胺类催化剂两大类。作为合成革用聚氨酯树脂，主要是异氰酸酯与多元醇的反应，有机金属类使用最多，缩短树脂反应时间，提高合成效率。有机金属化合物包括羧酸盐、烷基化合物等，所含的金属元素主要有锡、钾、铅、汞、锌、钛、铋等。有机锡类与有机铋类是使用最多的，常用的有辛酸亚锡、二月桂酸二丁基锡、羧酸铋等。

辛酸亚锡，化学名称：2-乙基己酸亚锡，为淡黄色透明黏稠油状液体，溶于多元醇和大多数有机溶剂，不溶于一元醇和水。结构式：

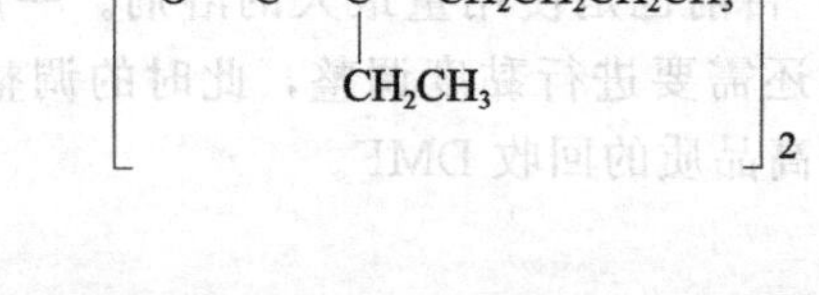

二月桂酸二丁基锡，简称 DBTDL，DBTL，其烷基是通过碳-锡直接连在锡原子上。淡黄色透明油状液体，溶于一般增塑剂及溶剂，不溶于水，结构式：

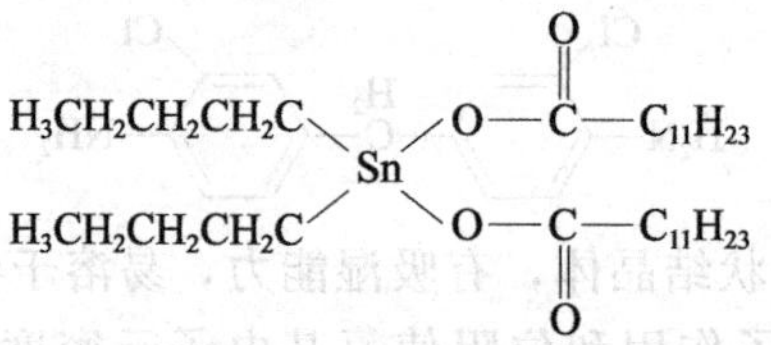

$$H_3CH_2CH_2CH_2C \diagdown \underset{H_3CH_2CH_2CH_2C}{Sn} \diagup \begin{matrix} O \\ \parallel \\ O-C-C_{11}H_{23} \\ O-C-C_{11}H_{23} \\ \parallel \\ O \end{matrix}$$

有机锡类催化剂催化 NCO 与 OH 的反应能力很强，如果需要调节催化速度，可选择不同取代基的有机锡。因为空间位阻对催化活性的影响随温度的升高而降低，用位阻较大的烷基代替位阻较小的基团可使得有机锡化合物具有较高的稳定性及延迟催化活性。如用二辛基锡代替二丁基锡，可起到延迟催化作用。用二烷基锡二马来酸酯、二硫醇烷基锡代替二丁基锡二月桂酸酯，可以提高水解稳定性。含大烷基基团的锡硫醇化物具有高稳定性和延迟催化两种功能，如硫醇二辛基锡等。二月桂酸二丁基锡类具有较强的毒性，操作时必须小心。

羧酸铋催化剂是近年来新发展的有机金属催化剂，用于聚氨酯的合成反应，替代因受到环保要求而限制使用的有机锡、有机汞、有机铅类催化剂。主要有异辛酸铋，环烷酸铋，新癸酸铋等种类。

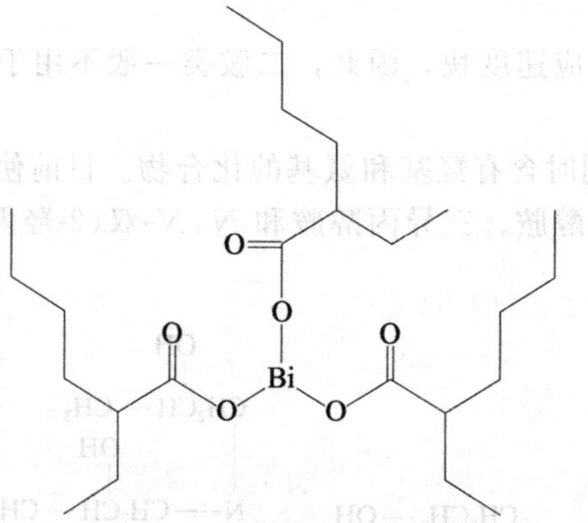

异辛酸铋

选择适用于聚氨酯及其原料的催化剂，不仅要考虑催化剂的催化活性（与使用最低浓度相关）、选择性，还要考虑物理状态、操作方便性、与其他原料组分的互溶能力、在混合原料体系中的稳定坐、毒性、价格、催化剂残留在制品中对聚合物性能是否有损害性影响等因素。

3. 溶剂

在聚氨酯合成中，预聚体随着反应进行分子链不断增长，黏度也不断增大。如果黏度增大到一定程度，则工艺操作很难进行。因此要加入一定溶剂来调节黏度。

聚氨酯选用溶剂要考虑溶剂的溶解力、极性、纯度、基团结构、挥发速率等各种因素。一般分为聚合溶剂与反应结束后的调节溶剂两类。

聚合溶剂是在多元醇与异氰酸酯反应时使用，因此要求严格，在合成中不参与反应，起到溶解、稀释、调节黏度的作用，应采用纯度高的"氨酯级溶剂"。即不能选用与 NCO 基起反应的醇、醚醇类溶剂。溶剂不允许含有超标水分，一般要求低于 $500×10^{-6}$（500ppm）。也不得含有超标游离酸、醇、碱类物质等能与 NCO 基反应的基团。

DMF 是聚氨酯的强溶剂，目前也是使用量最大的溶剂。一般在合成中采用精制 DMF 为主。反应结束后根据不同种类还需要进行黏度调整，此时的调整溶剂要求相对比聚合溶剂要低，如湿法聚氨酯可使用部分高品质的回收 DMF。

湿法树脂由于其凝固方式为 DMF 与水的交换，因此其合成与调整用的溶剂都是 DMF。其他常用的溶剂有甲乙酮、丙酮、甲苯、二甲苯、乙酸乙酯、乙酸丁酯、二醇醚类、环醚类等，主要是干法聚氨酯使用，除了要调整树脂黏度外，由于是溶剂热挥发成膜，因此还要调整溶剂体系中的高、中、低沸点溶剂搭配，调整挥发速率以及成膜时的流平性。

4. 助剂

聚氨酯作为高分子材料，在使用过程中会受到光、热、氧、水、微生物等影响而发生一定降解，使聚合物性能下降。为了抑制降解，必要时要添加一些抗氧剂、光稳定剂、耐水解助剂等等。

① 抗氧剂。有机化合物的热氧化过程是一系列的自由基链式反应，在热、光或氧的作用下，有机分子的化学键发生断裂，生成活泼的自由基和氢过氧化物。氢过氧化物发生分解反应，也生成烃氧自由基和羟基自由基。这些自由基可以引发一系列的自由基链式反应，导致有机化合物的结构和性质发生根本变化。

抗氧剂的作用是消除产生的自由基，或者促使氢过氧化物的分解，阻止链式反应的进行，达到防止聚氨酯热氧降解的目的。能消除自由基的抗氧剂有芳香胺和受阻酚等化合物及其衍生物；能分解氢过氧化物的抗氧剂有亚磷酸酯和硫酯等。

受阻酚类抗氧剂是一些具有空间阻碍的酚类化合物，它们的抗热氧化效果显著，重要的产品有：2,6-二叔丁基对甲酚，即抗氧剂 264；2,2′-亚甲基双-（4-甲基-6-叔丁基苯酚），即抗氧剂 2246；四（3,5-二叔丁基-4-羟基）苯丙酸季戊四醇酯，即抗氧剂 1010。

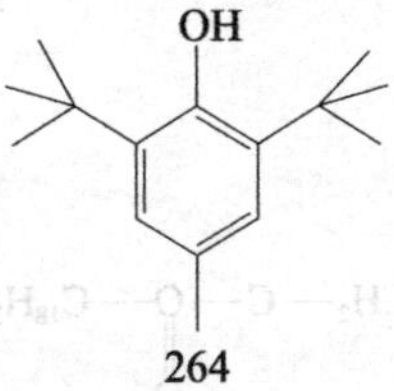

264 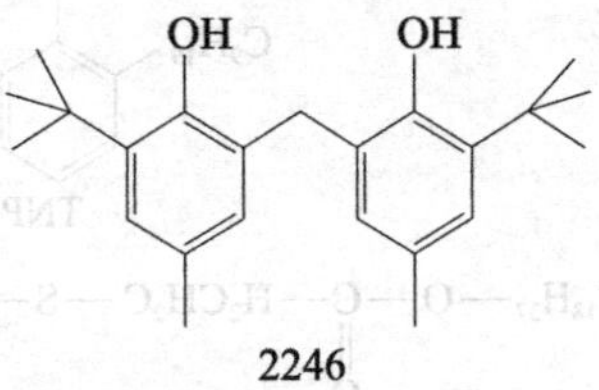   2246

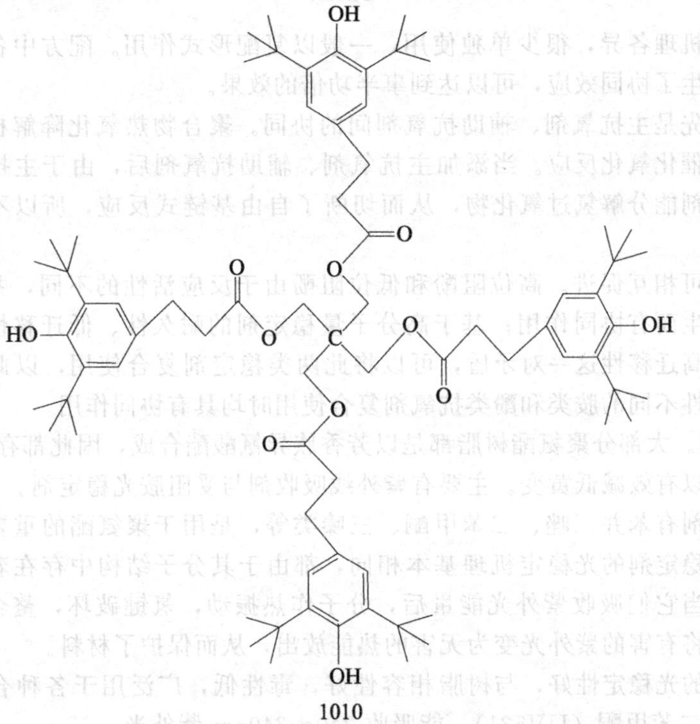

1010

抗氧剂 264 与 2246 都是具有消除自由基作用的传统通用型酚类抗氧剂，它们的抗热氧化效果显著，不会污染制品，应用广泛。但 264 由于其分子量相对较小，具有较高的挥发性，较高的迁移性，并且高温下有黄变现象，近年来逐渐被其他低挥发性抗氧剂所取代。

抗氧剂 1010 是一种大分子（分子量 1177.6）的多功能受阻酚类抗氧剂，是一种热稳定性高、非常适合于高温条件下使用的助剂，能有效防止聚合物在长期老化过程中的热氧化降解，是目前酚类抗氧剂中性能最为优良的品种之一。在聚氨酯中一般做主抗氧剂。

芳香胺类抗氧剂是生产数量最多的一类，这类抗氧剂价格低廉，抗氧效果优于酚类。但由于变色性和污染性原因，在聚氨酯树脂中使用较少。重要的芳香胺类抗氧剂有：丁基、辛基化二苯胺、芳基对苯二胺、二氢喹啉等化合物及其衍生物或聚合物。

作为过氧化氢的分解剂，辅助抗氧剂亚磷酸酯类主要产品有：亚磷酸三苯基酯、亚磷酸三壬基苯酯（TNP）、亚磷酸苯二异辛酯、双十八烷基季戊四醇双亚磷酸酯、3,5-二叔丁基-4-羟基苄基二乙基磷酸酯等。硫酯类主要是硫代二丙酸双酯，主要产品有：双十二碳醇酯（DLTP）、双十四碳醇酯和双十八碳醇酯（DSTDP）。该类稳定剂抗过氧化物分解的作用机理是将氢过氧化物还原成相应的醇，而自身则转化成酯。

$$C_{18}H_{37}-O-\overset{\displaystyle O}{\underset{\displaystyle \|}{C}}-H_2CH_2C-S-CH_2CH_2-\overset{\displaystyle O}{\underset{\displaystyle \|}{C}}-O-C_{18}H_{37}$$

DSTDP

抗氧剂作用机理各异，很少单独使用，一般以复配形式作用。配方中各类稳定剂配合得当，稳定剂间产生了协同效应，可以达到事半功倍的效果。

协同作用首先是主抗氧剂、辅助抗氧剂间的协同。聚合物热氧化降解机理是按链式自由基机理进行的自催化氧化反应。当添加主抗氧剂、辅助抗氧剂后，由于主抗氧剂可以捕获自由基，辅助抗氧剂能分解氢过氧化物，从而切断了自由基链式反应，所以不同程度地延缓了聚合物的降解。

结构不同也可相互促进。高位阻酚和低位阻酚由于反应活性的不同，并用时高位阻酚可以使低位阻酚再生而有协同作用；基于高分子量稳定剂的耐久性、低迁移性和低分子量稳定剂的易损失性、高迁移性这一对矛盾，可以将此两类稳定剂复合使用，以此来达到最佳使用效果。抗氧化活性不同的胺类和酚类抗氧剂复合使用时均具有协同作用。

② 光稳定剂。大部分聚氨酯树脂都是以芳香族异氰酸酯合成，因此都存在长期黄变问题，添加光稳定剂可以有效减低黄变。主要有紫外线吸收剂与受阻胺光稳定剂。

紫外线吸收剂有苯并三唑、二苯甲酮、三嗪类等，是用于聚氨酯的重要光稳定剂。二苯甲酮和苯并三唑稳定剂的光稳定机理基本相同，都由于其分子结构中存在着分子内氢键构成的一个螯合环，当它们吸收紫外光能量后，分子作热振动，氢键破坏，螯合环打开，分子内结构发生变化，将有害的紫外光变为无害的热能放出，从而保护了材料。

二苯甲酮类的光稳定性好，与树脂相容性好，毒性低，广泛用于各种合成材料中。如 2-羟基-4-正辛氧基二苯甲酮（UV531），能吸收 240～340nm 紫外光。

　　苯并三唑类具有良好的光稳定性，挥发性小，对紫外光的吸收区域宽，几乎不吸收可见光，用途广泛。代表性产品 2-（2′-羟基-3′,5′-二特戊基苯基）苯并三唑（UV328）。

　　受阻胺类光稳定剂（HALS）是一类新型光稳定剂，其稳定机理独特，它不吸收紫外线，而是发生热氧化和光氧化，HALS 可以转化成硝酰自由基，它可以捕获自由基，起到稳定作用。代表性的高效受阻胺类光稳定剂为双（2,2,6,6-四甲基-4-哌啶）癸二酸酯（光稳定剂770）。结构如下：

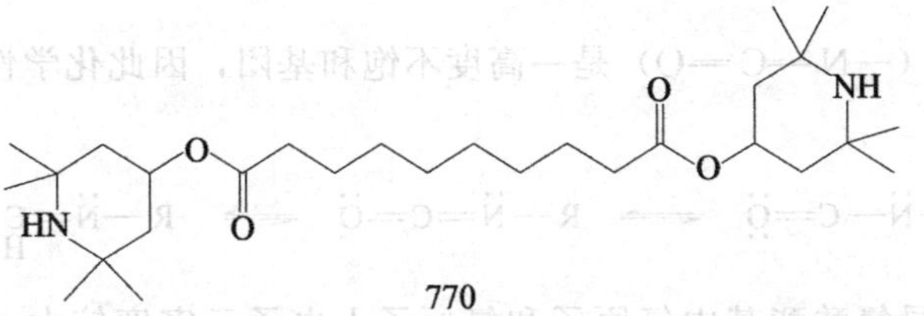

770

　　一般来说，任何一种光稳定剂单独使用时往往效果较差，必须与其他稳定剂并用。在聚氨酯稳定体系中，抗氧剂的协同作用是显著的，只添加光稳定剂达不到理想的效果，必须使HAIS、紫外线吸收剂、抗氧剂三者并用构成一个合理的稳定体系才能取得最好的效果。

　　③ 水解稳定剂。聚氨酯分子中的酯键比较容易发生水解，生成羧酸基团，而羧酸又是水解的促进剂，它能促进水解反应的进行。要改善聚氨酯的水解稳定性，加入水解稳定剂是一种有效的途径。常用的是碳化二亚胺及其衍生物、环氧化合物两类。

　　碳化二亚胺类水解稳定剂是含有不饱和 N＝C＝N 键的一类化合物，容易与水解产生的羧基反应生成稳定的酰脲以抑制羧酸对水解的催化作用。对于因水解而导致的断链，聚碳化二亚胺还有一定的修补作用。碳化二亚胺的水解稳定机理：

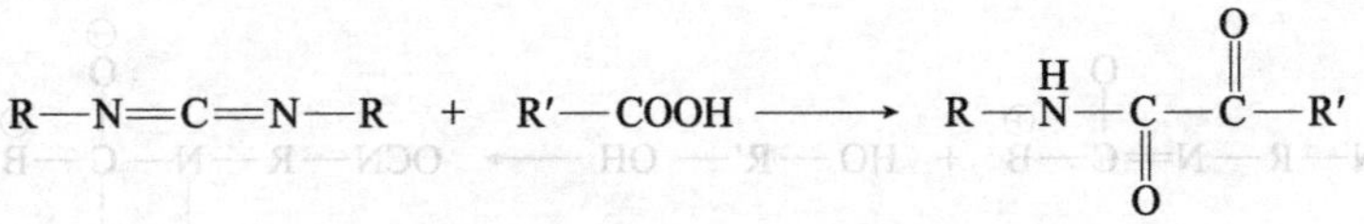

　　这类水解稳定剂有两种：一是单碳化二亚胺；二是低分子量的聚碳化二亚胺。少量添加即可有很好的耐水解效果。为了防止异氰酸酯与碳化二亚胺发生成环反应，应选用在 N＝C＝N 邻位上有空间位阻的碳化二亚胺类水解稳定剂。

　　环氧类稳定剂中较常用的是缩水甘油醚类环氧化合物，如苯基缩水甘油醚、双酚 A 双缩水甘油醚、四（苯基缩水甘油醚基）乙烷、三甲氧基-3-（缩水甘油醚基）丙基硅烷等。环氧化合物的水解稳定机理如式：

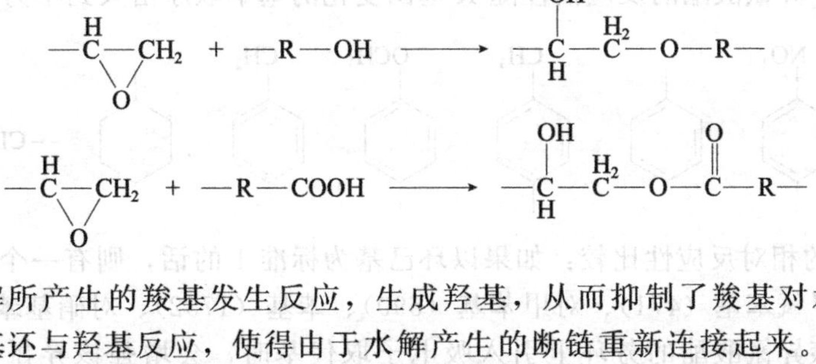

　　环氧基与水解所产生的羧基发生反应，生成羟基，从而抑制了羧基对水解的催化作用。另一方面，环氧基还与羟基反应，使得由于水解产生的断链重新连接起来。与碳化二亚胺类水解稳定剂相比，环氧化合物水解稳定剂对聚氨酯的稳定作用更彻底，而且它们可用于聚醚型聚氨酯中。高温高湿下环氧类的稳定作用优于碳化二亚胺类，缺点是添加量较大。

第二节 异氰酸酯的化学反应

聚氨酯是异氰酸酯与羟基化合物反应生成的高聚物，其合成的关键在于异氰酸酯的高反应活性。

一、异氰酸酯的反应机理

由于异氰酸酯基（—N=C=O）是一高度不饱和基团，因此化学性质非常活泼。其电子共振结构如下：

$$R-\overset{..}{N}-C=\overset{..}{\overset{..}{O}} \quad \Longleftrightarrow \quad R-\overset{..}{N}=C=\overset{..}{\overset{..}{O}} \quad \Longleftrightarrow \quad R-\overset{..}{N}=C-\overset{..}{\overset{..}{O}}$$

从共振结构看，异氰酸酯基中氧原子和氮原子上电子云密度较大，电负性很强，成为亲核中心，碳原子则成为亲电中心。由于其共振特性，它可以与进攻它的亲电中心的亲核试剂发生反应，典型的就是活泼氢化合物分子中的亲核中心进攻异氰酸酯基中的正电性很强的碳原子，这是一种亲核加成反应。加成反应主要是加成在碳-氮双键上，活泼氢原子进攻异氰酸酯基中的氮原子，与活泼氢相连的其他基团加成到碳原子上。

二异氰酸酯与二元醇的反应机理可如下表示：

$$OCN-R-NCO \;+\; B \xrightarrow{\text{催化剂}} OCN-R-N=\overset{\overset{\displaystyle \ominus}{O}}{\underset{}{C}}-\overset{\oplus}{B}$$

$$OCN-R-N=\overset{O}{\underset{}{\overset{\oplus}{C}}}-B \;+\; HO-R'-OH \longrightarrow OCN-R-\underset{H}{N}-\overset{\overset{\displaystyle \ominus}{O}}{\underset{O-R'OH}{\overset{\oplus}{C}-B}}$$

$$OCN-R-\underset{H}{N}-\overset{\overset{\displaystyle \ominus}{O}}{\underset{O-R'OH}{\overset{\oplus}{C}-B}} \longrightarrow OCN-R-\underset{H}{N}-\overset{O}{\underset{}{C}}-OR'-OH \;+\; B$$

① 诱导效应。在异氰酸酯基中若与其相连的 R 基团是吸电子基团，会进一步降低碳原子的电子云密度，使其正电性更强，更容易与亲核试剂反应。因此通常芳香族异氰酸酯的反应活性比脂肪族高，异氰酸酯的反应活性随 R 基团变化的基本顺序由大到小为：

各种 R 基团的相对反应性比较：如果以环己基为标准 1 的话，则有一个相对的速度比较：环己基（1）、对甲氧苯基（471）、对甲苯基（590）、苯基（1752）、对硝基苯基（145000）。

另外，芳香族异氰酸酯的芳环上引入吸电子取代基时，会增强该异氰酸酯的反应活性，反之则降低。如芳香族异氰酸酯中的两个 NCO 之间可以发生诱导效应，使其反应活性增加，第一个 NCO 参加反应时，另一个 NCO 基团则起到了吸电子取代基的作用。当其中一个反应后，其诱导效应降低。从实际反应过程中体现的是，随着反应的进行，二异氰酸酯的活性随反应程度的增大而降低。

② 位阻效应。位阻效应也是影响异氰酸酯反应的一个重要因素。芳香族化合物的邻位取代基、脂肪族化合物的侧链、位于反应中心位置的庞大的取代基等都能降低反应活性。二异氰酸酯中两个 NCO 基团位置不同，其反应的先后顺序与反应活性也相差很大。

以 TDI 为例，2,4-TDI 的反应活性远高于 2,6-TDI，主要是 2,4-TDI 的 4 位 NCO 远离甲基与 2 位 NCO，几乎无位阻。而 2,6-TDI 的两个 NCO 都受到邻位甲基的位阻效应，反应活性受到影响。

二异氰酸酯的两个 NCO 活性一般不同，而且活性是变化的。2,4-TDI 的 4 位 NCO 反应活性比 2 位 NCO 高很多，对位的异氰酸酯与邻位的反应性相比约为（7～8）：1，邻位的活性受到邻位甲基的影响，要低得多。2,6-TDI 的两个 NCO 基团的初始反应活性一致，但当其中一个发生反应生成氨基甲酸酯后，失去了诱导效应，位阻效应占主导，剩下的一个 NCO 的反应活性就大大降低。

MDI 两个 NCO 基团相距远，结构对称，周围无取代基，因此反应活性都很高，其中一个基团反应后，对另个基团的影响不大。

③ 不同活泼氢与异氰酸酯的反应活性。活泼氢分子中若亲核中心的电子云密度越大，电负性就越强，与异氰酸酯的反应活性就越高，反应速率就越快。即 R 的性质影响活泼氢化合物的反应活性。常规活泼氢与异氰酸酯反应活性大小顺序如下：脂肪胺＞芳香胺＞伯羟基＞水＞仲羟基＞酚羟基＞羧基＞取代脲＞酰胺＞氨基甲酸酯

二、 异氰酸酯与含羟基化合物的反应

1. 异氰酸酯与醇类反应

异氰酸酯与醇类化合物的反应是聚氨酯合成中最常见的反应，反应产物为氨基甲酸酯。多元醇与多异氰酸酯生成聚氨基甲酸酯。以二元醇与二异氰酸酯的反应为例，反应式如下：

$$n\text{OCN}-\text{R}-\text{NCO} + n\text{HO}-\text{R}'-\text{OH} \longrightarrow \left[\begin{matrix} \text{O} & \text{H} & & \text{H} & \text{O} \\ \| & | & & | & \| \\ \text{C}-\text{N} & -\text{R}- & \text{N}-\text{C}-\text{OR}'-\text{O} \end{matrix} \right]_n$$

R 表示异氰酸酯核基，R′一般为长链聚酯或聚醚，也可以是小分子烷基、聚丁二烯等。

若反应物中异氰酸酯基与羟基的摩尔比大于 1，即异氰酸酯基过量，得到的是端基为 NCO 的聚氨酯预聚体。若羟基与异氰酸酯基等摩尔，理论上生成分子量无限大的高聚物。不过由于体系中微量水分、催化性杂质及单官能度杂质的影响，聚氨酯的分子量一般为几万到几十万。若羟基过量，则得到的是端羟基预聚体。

异氰酸酯与羟基化合物的反应活性受各自分子结构的影响。异氰酸酯与羟基化合物的反应中，各类羟基的反应活性大小基本顺序为：伯羟基＞仲羟基＞叔羟基。它们与异氰酸酯反应的相对速率大约为 1.0：0.3：0.01。

通常合成使用的羟基化合物结构复杂，位阻效应、极性因素、分子间作用力等都会引起反应活性的变化。就常用的聚酯和聚醚两种多元醇看，其基本反应速度有以下顺序：

$$\text{R}-\text{CH}_2\text{CH}_2-\text{OH} > \text{R}_2\text{R}_1\text{HC}-\text{OH} > -\overset{\text{H}_2}{\text{C}}-\text{O}-\text{CH}_2\text{CH}_2-\text{OH} >$$

$$-\overset{\text{H}_2}{\text{C}}-\text{O}-\overset{\text{CH}_3}{\underset{}{\text{CH}}}-\text{OH} > \text{R}_3\text{R}_2\text{R}_1\text{C}-\text{OH}$$

含有相邻醚键的醇反应性降低很多，可能和氢键有关。这也是通常端羟基聚酯二醇的反应速率快，而聚氧化丙烯二醇反应慢的原因。

同类型的醇，由于在反应中受醇本身的结构、反应物浓度、异氰酸酯指数、酸碱等因素的影响，其反应活性也不同。对于官能度相同的多羟基化合物，分子量小的反应速率大；羟基含量相同的情况，官能度大的速率大。

2. 异氰酸酯与水反应

异氰酸酯与水的反应活性相当于它与仲醇的反应活性，但其生成物较复杂，首先生成不稳定的氨基甲酸，然后氨基甲酸立即分解成胺类化合物与二氧化碳，胺类化合物再与异氰酸酯反应生成脲。其反应过程如下：

$$R{-}NCO + H_2O \xrightarrow{\text{慢}} R{-}\overset{H}{N}{-}\overset{\overset{O}{\|}}{C}{-}OH \xrightarrow{\text{快}} R{-}NH_2 + CO_2$$

$$R{-}NH_2 + R{-}NCO \xrightarrow{\text{较快}} R{-}\overset{H}{N}{-}\overset{\overset{O}{\|}}{C}{-}\overset{H}{N}{-}R$$

大多数异氰酸酯都能与水反应生成脲，少量的水可消耗大量的二异氰酸酯，并产生大量气体。因此在合成聚氨酯树脂时，多元醇与溶剂中的水分应控制在很低的范围。

异氰酸酯与水的反应活性受异氰酸酯结构、水的浓度、温度、催化剂等多种因素的影响。水与异氰酸酯的反应活性比伯羟基低，与仲羟基的反应活性相当。在无催化剂时，由于水和异氰酸酯的亲和度差，反应速率较慢。在催化剂的存在下，异氰酸酯与水的反应可加速进行。

3. 异氰酸酯与羧酸反应

异氰酸酯很容易与羧酸反应，但其反应活性小于伯醇和水。其反应产物取决于羧酸及异氰酸酯的结构。

如果双方均为脂肪族，其反应产物首先是生成不稳定的酸酐，然后分解成酰胺与二氧化碳，反应过程如下：

$$R{-}NCO + R'{-}\overset{\overset{O}{\|}}{C}{-}OH \longrightarrow R{-}\overset{H}{N}{-}\overset{\overset{O}{\|}}{C}{-}O{-}\overset{\overset{O}{\|}}{C}{-}R'$$

$$R{-}\overset{H}{N}{-}\overset{\overset{O}{\|}}{C}{-}O{-}\overset{\overset{O}{\|}}{C}{-}R' \longrightarrow R{-}\overset{H}{N}{-}\overset{\overset{O}{\|}}{C}{-}R' + CO_2$$

如果两者中有一个是芳香族的话，在常温下主要是生成酸酐和脲，反应过程如下：

$$Ar{-}NCO + R{-}\overset{\overset{O}{\|}}{C}{-}OH \longrightarrow Ar{-}\overset{H}{N}{-}\overset{\overset{O}{\|}}{C}{-}O{-}\overset{\overset{O}{\|}}{C}{-}R$$

$$Ar{-}\overset{H}{N}{-}\overset{\overset{O}{\|}}{C}{-}O{-}\overset{\overset{O}{\|}}{C}{-}N{-}Ar + R{-}\overset{\overset{O}{\|}}{C}{-}O{-}\overset{\overset{O}{\|}}{C}{-}R$$

$$Ar{-}\overset{H}{N}{-}\overset{\overset{O}{\|}}{C}{-}O{-}\overset{\overset{O}{\|}}{C}{-}N{-}Ar \longrightarrow Ar{-}\overset{H}{N}{-}\overset{\overset{O}{\|}}{C}{-}N{-}Ar + CO_2$$

当温度达到 160℃ 时，脲与酸酐能进一步反应，生成酰胺与二氧化碳，如下：

$$Ar{-}\overset{H}{N}{-}\overset{\overset{O}{\|}}{C}{-}O{-}\overset{\overset{O}{\|}}{C}{-}\overset{H}{N}{-}Ar + R\overset{\overset{O}{\|}}{C}{-}O{-}\overset{\overset{O}{\|}}{C}R \longrightarrow 2Ar{-}\overset{H}{N}{-}\overset{\overset{O}{\|}}{C}{-}R + CO_2$$

在一定条件下，反应中生成的酰胺还可与异氰酸酯反应生成酰基脲。

4. 异氰酸酯与酚的反应

酚中有羟基，所以能与异氰酸酯反应。但由于苯环的共振效应使羟基氧原子的电子云密度降低，所以酚的反应活性很低。但反应中采用叔胺或氯化铝等催化剂，可以加快其与异氰酸酯的反应活性。

三、异氰酸酯与氨基化合物的反应

1. 异氰酸酯与胺的反应

胺基与异氰酸酯的反应是聚氨酯合成中较为重要的反应。含伯胺基及仲胺基的化合物，除具有较大位阻的外，基本都能与异氰酸酯反应。总体上胺基与异氰酸酯的反应较其他活性氢化合物为高。异氰酸酯与胺基反应生成取代脲。

$$R{-}NCO+R'{-}NH_2 \longrightarrow R{-}\underset{H}{N}{-}\overset{O}{C}{-}NHR'$$

$$R{-}NCO+\underset{R_2}{\overset{R_1}{N}}{-}H \longrightarrow R{-}\underset{H}{N}{-}\overset{O}{C}{-}NR_1R_2$$

异氰酸酯与胺基化合物的反应活性除了受异氰酸酯结构影响外，还受胺类化合物结构的影响。脂肪族伯胺与异氰酸酯的活性相当大，在25℃下就能和异氰酸酯快速反应，生成脲类化合物，因反应太快而难以控制，脂肪族伯胺很少在合成时使用。

脂肪族仲胺和芳香族伯胺与异氰酸酯反应就比脂肪脂肪族伯胺慢，芳香族仲胺更慢。对于芳香族胺，若苯环的邻位上有取代基，由于存在空间位阻效应，反应活性要比无邻位取代基的小；其中存在吸电子取代基者使胺基的活性大大降低。而对位存在吸电子取代基的芳胺的活性比无取代基的活性高，这是因为它通过苯环使得胺基的碱性增强，容易失去质子。

常用的二胺化合物是活性较缓和的芳香族二胺，如3,3'-二氯-4,4'-二氨基二苯甲烷（MOCA）等，MOCA的邻位氯原子的空间位阻及电子诱导效应使得NH_2的活性较低。

其他具有类似碱性的含氮化合物，如氨水、肼等都容易与异氰酸酯发生反应。氨基酸钠盐也可反应，在较低温度下，羧基不发生反应，也无其他副反应，生成脲的衍生物。

2. 异氰酸酯与脲、氨基甲酸酯、酰胺的反应

由于脲基具有酰胺的结构，两个氨基连在同一个羰基上，所以它的碱性比酰胺略强，具有中等反应活性。在100℃以上温度或催化剂作用下，脲可继续与异氰酸酯基反应，生成缩二脲。

$$R{-}NCO+R_1{-}\underset{H}{N}{-}\overset{O}{C}{-}\underset{H}{N}{-}R_2 \longrightarrow R{-}\underset{H}{N}{-}\overset{O}{C}{-}\underset{R_1}{N}{-}\overset{O}{C}{-}\underset{H}{N}{-}R_2$$

氨基甲酸酯与异氰酸酯的反应活性比脲基的反应性低，当无催化剂存在下，常温下几乎不反应，一般反应需在120～140℃之间才能得到较为满意的反应速率。所得最终产物为脲基甲酸酯。

$$R{-}NCO+R_1{-}\underset{H}{N}{-}\overset{O}{C}{-}R_2 \longrightarrow R{-}\underset{H}{N}{-}\underset{R_1}{N}{-}\overset{O}{C}{-}R_2$$

酰胺分子中，羰基双键与氨基氮原子形成共轭，使氮原子上的电子云密度降低，从而减弱了酰胺的碱性，因此它与异氰酸酯的反应活性较低，反应产物为酰基脲。

$$R{-}NCO+R'{-}\overset{O}{C}{-}NH_2 \longrightarrow R{-}\underset{H}{N}{-}\overset{O}{C}{-}\underset{H}{N}{-}\overset{O}{C}{-}R'$$

氨基甲酸酯、脲基、酰胺基中仍含有活性氢，可继续与异氰酸酯基反应，生成交联键。但其活性比醇、水、胺、酚等的活性低。大部分叔胺对这两个反应不呈现较强的催化作用，只有在强碱或某些金属化合物的存在下，才具有较强的催化作用。

异氰酸酯与氨基甲酸酯、脲基、酰胺基反应而分别形成脲基甲酸酯、缩二脲、酰基脲，实际上是异氰酸酯与已反应产物间发生的加成反应。该反应属交联反应，使聚合物分子链产生支链或交联。少量产生的交联键，可以改善制品的强度及永久变形等性能，因此它是聚氨酯化学反应中非常重要的反应类型。

四、异氰酸酯的自聚反应

异氰酸酯可发生自加成反应和自缩聚，生成各种自聚物，包括二聚体、三聚体、多聚体及碳化二亚胺聚合物等。

1. 自加聚反应

异氰酸酯的聚合机理。由于亲核催化剂攻击异氰酸酯基中的碳原子，使异氰酸酯基中氮原子的未共享电子对偏移到氮原子上，形成活性络合物，然后该活性络合物再与另外的异氰酸酯进行加成反应，形成异氰酸酯的聚合体，其反应历程如下：

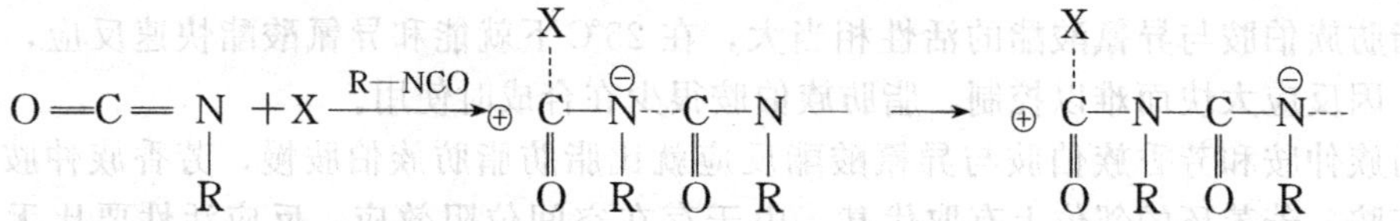

$$O=C=N-R + X \xrightarrow{R-NCO} \quad \longrightarrow \quad$$

芳香族异氰酸酯的 NCO 反应活性高，能生成二聚体、三聚体和多聚体。生成哪种聚合体取决于它在反应到某一时刻的反应速率。

通常只有芳香族异氰酸酯能自聚形成二聚体，自聚速率取决于苯环上取代基的电子效应和空间位阻效应。2,4-TDI 在室温下也能缓慢自聚生成二聚体，但无催化剂存在时反应进行得较慢。MDI 即使无催化剂存在，室温下也容易聚合成二聚体，因此要低温保存。2,4-TDI 二聚体是一种特殊的二异氰酸酯产品，使用广泛，制备反应式为：

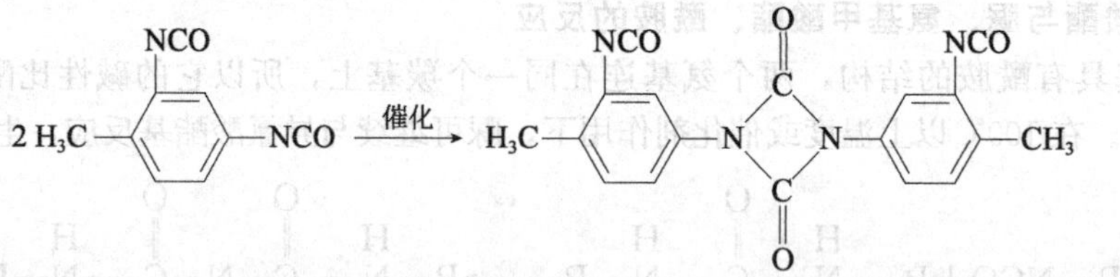

$$2\ H_3C\text{—}\langle\text{NCO}\rangle\text{—NCO} \xrightarrow{催化} \text{（脲二酮二聚体结构）}$$

生成的二聚体是一种四元杂环结构，这种杂环称为二氮杂环丁二酮，又称脲二酮。二聚体可在催化剂存在下直接与醇或胺等活性氢化合物反应。芳香族异氰酸酯二聚反应是可逆反应，二聚体不稳定，在加热条件下可分解成原来的异氰酸酯化合物。

芳香族或脂肪族异氰酸酯均于加热催化下自聚为三聚体，两种或两种以上的异氰酸酯单体在三烷氧基锡催化下可制得混合异氰脲酸酯。三聚反应式为：

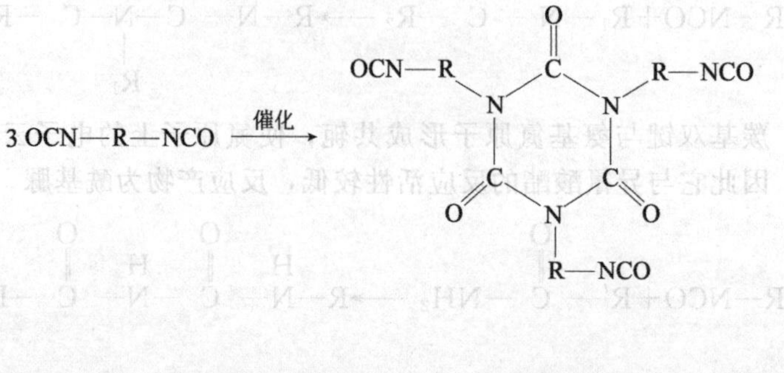

$$3\ OCN\text{—}R\text{—NCO} \xrightarrow{催化} \text{（异氰脲酸酯三聚体结构）}$$

三聚体的核基是异氰脲酸酯六元杂环，在高温下仍然稳定，三聚反应是不可逆反应。和其它异氰酸酯的反应一样，电子效应和空间效应对异氰酸酯的三聚反应有较大的影响。苯环上的吸电子基团能加速三聚反应，而供电子基因则减慢三聚反应，空间效应也强烈的影响三聚反应速率。脂肪族异氰酸酯的三聚能力比芳香族异氰酸酯弱。

2. 自缩聚反应

在有机膦催化剂加热条件下，异氰酸酯可发生自身缩聚反应，生成含碳化二亚胺基（—N=C=N—）的化合物，该反应是另一重要自聚反应。

单碳化二亚胺在常温下是黄色至棕色液体或结晶固体，可采用单异氰酸酯化合物制备。聚碳化二亚胺常温下为黄色或棕色粉末，一般可由 HMDI、MDI、TDI、IPDI 等二异氰酸酯制备。

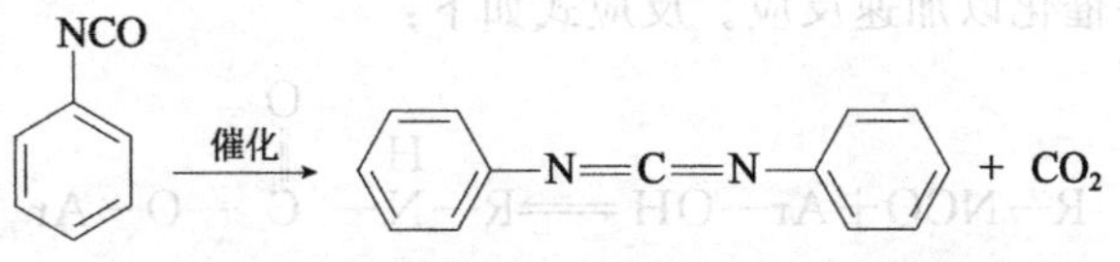

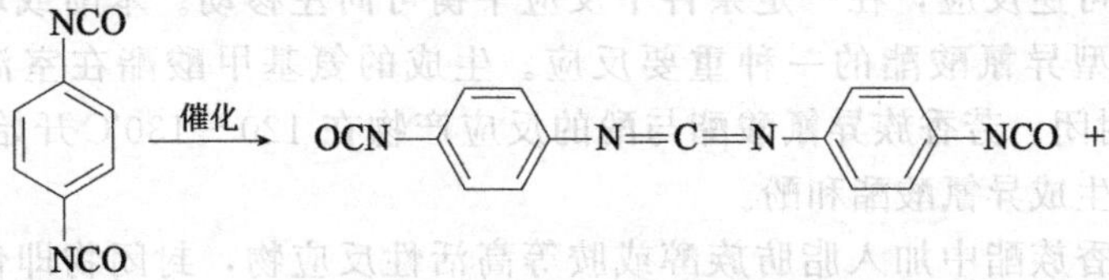

$$\text{苯基-NCO} \xrightarrow{\text{催化}} \text{苯基-N=C=N-苯基} + CO_2$$

$$\text{对苯二-NCO} \xrightarrow{\text{催化}} OCN-\text{苯基}-N=C=N-\text{苯基}-NCO + CO_2$$

由于碳化二亚胺会与异氰酸酯进行反应生成脲酮亚胺环状物质，可在 NCO 相邻原子上接一位阻基团以抑制副反应。为了得到贮存稳定性良好的聚碳化二亚胺，可采用两个 NCO 基团活性不同的二异氰酸酯。

在聚氨酯工业中采用碳化二亚胺有两种方式：一种是碳化二亚胺类添加剂，包括单碳化二亚胺及聚碳化二亚胺，用途是聚酯型聚氨酯弹性体及其他体系的水解稳定剂，增加聚氨酯的水解稳定性；另一种是碳化二亚胺改性二苯基甲烷异氰酸酯，是液化 MDI 的主要品种。

五、 异氰酸酯的封闭反应

1. 封闭反应机理

异氰酸酯封闭物就是通过化学方法将活性异氰酸酯基保护起来，使其在常温下失去反应活性。通常利用异氰酸酯可与一些弱反应性活性氢化合物反应，得到封闭型异氰酸酯，其内部形成的化学键相对较弱。使用时加热到一定温度时发生脱封反应，游离出活性异氰酸酯基团发生反应达到使用目的。这就是"封闭"和"解封"反应，该反应在一定条件下是可逆的。异氰酸酯基的封闭与解封用化学式表示为：

$$R-NCO+BH \rightleftharpoons R-\overset{H}{N}-\overset{\overset{O}{\parallel}}{C}-B$$

在实际使用中，由于封闭剂的种类及使用环境不同，解封与树脂固化反应往往是同时进行的，从解封到固化目前基本认可两种原理：

$$R-\overset{H}{N}-\overset{\overset{O}{\parallel}}{C}-B \underset{\text{加热}}{\rightleftharpoons} HB+R-NCO \xrightarrow{HA} R-\overset{H}{N}-\overset{\overset{O}{\parallel}}{C}-A$$

消去-加成解封固化机器

$$\underset{\text{H}}{\text{R—N—}}\overset{\overset{\text{O}}{\|}}{\text{C}}\text{—B+HA} \underset{\text{加热}}{\overleftrightarrow{}} \underset{\underset{\text{OH}}{|}}{\overset{\overset{\text{H}}{|}}{\text{R—N—}}}\overset{\overset{\text{A}}{|}}{\underset{|}{\text{C}}}\text{—B} \longrightarrow \underset{\text{H}}{\text{R—N—}}\overset{\overset{\text{O}}{\|}}{\text{C}}\text{—A+HB}$$

SN₂ 取代解封固化机理

目前使用的封闭剂主要有酚类、醇类、内酰胺、β-二羰基化合物、肟类、亚硫酸盐类等。大致可分为羟基型、亚胺基型及活泼亚甲基型。

2. 异氰酸酯与酚的反应

酚类化合物与异氰酸酯反应生成氨基甲酸苯酯。该反应与醇类相似，但由于苯环是吸电子基，降低了酚羟基氧原子的电子云密度，所以酚羟基的反应活性较低。异氰酸酯和酚类反应缓慢，通常需加热并催化以加速反应。反应式如下：

$$\text{R—NCO+Ar—OH} \overleftrightarrow{} \underset{\text{H}}{\text{R—N—}}\overset{\overset{\text{O}}{\|}}{\text{C}}\text{—O—Ar}$$

上述反应是一个可逆反应，在一定条件下反应平衡可向左移动。苯酚或取代酚与异氰酸酯的反应是合成封闭型异氰酸酯的一种重要反应。生成的氨基甲酸酯在室温下稳定，但在150℃左右高温下解封闭。芳香族异氰酸酯与酚的反应产物在 120～130℃ 开始解封，180℃ 以上可解封完全，重新生成异氰酸酯和酚。

若在氨基甲酸芳香族酯中加入脂肪族醇或胺等高活性反应物，封闭物即使在较低的反应温度下也会缓慢的反应，酚类化合物被转换出来。

$$\underset{\text{H}}{\text{R—N—}}\overset{\overset{\text{O}}{\|}}{\text{C}}\text{—O—Ar+R'—OH} \longrightarrow \underset{\text{H}}{\text{R—N—}}\overset{\overset{\text{O}}{\|}}{\text{C}}\text{—O—R'+Ar—OH}$$

3. 异氰酸酯与酰胺的反应

异氰酸酯与酰胺基化合物反应形成酰基脲。由于酰胺基中的羰基双键与氨基 N 原子的未共享电子对共轭，使得 N 原子的电子云密度降低，从而使酰胺基的反应活性较低。与伯胺基化合物相比，酰胺基化合物反应能力较差，一般反应温度需在 100℃ 左右。

异氰酸酯能与酰胺或取代酰胺反应，最常使用的是己内酰胺与异氰酸酯反应生成的封闭体。解封温度 160℃ 左右。

$$\text{R—NCO} + \underset{\text{HN}}{\bigcirc} \overleftrightarrow{} \underset{\text{R—N—}}{\bigcirc}$$

4. 异氰酸酯与其它封闭剂的反应

① β-二羰基-α-氢化合物。活性氢位于两个羰基中间，属于活泼亚甲基，可以与异氰酸酯反应。主要有乙酰乙酸乙酯、乙酰丙酮、丙二酸二乙酯、丙二腈等。丙二酸二乙酯的解封温度在 130～140℃，乙酰丙酮在 140℃。

$$\underset{\text{O}}{\overset{\text{H}_2}{\text{H}_3\text{C—C—C—C—O—C}_2\text{H}_5}} \qquad \underset{\text{O}}{\overset{\text{H}_2}{\text{H}_3\text{C—C—C—C—CH}_3}} \qquad \underset{\text{O}}{\overset{\text{H}_2}{\text{C}_2\text{H}_5\text{—O—C—C—C—O—C}_2\text{H}_5}}$$

乙酰乙酸乙酯   乙酰丙酮   丙二酸二乙酯

② 酮肟类化合物。主要是丙酮肟、甲乙酮肟及环己酮肟等。甲乙酮肟的解封温度为 $110\sim140℃$，丙酮肟与环己酮肟的解封温度高，超过 $160℃$。

$$
\begin{array}{cc}
H_3C & \\
\quad \diagdown & C_2H_5 \\
\qquad C=N-OH & \qquad \diagdown \\
\quad \diagup & \qquad C=N-OH \\
H_3C & \qquad \diagup \\
& H_3C
\end{array}
$$

丙酮肟　　　　　　　　　甲乙酮肟

③ 亚硫酸氢盐。亚硫酸氢钠（NaHSO₃）是最常用的封闭剂，异氰酸酯与亚硫酸氢钠的反应式为：

$$RNCO+NaHSO_3 \longrightarrow RNHCOSO_3Na$$

在众多异氰酸酯封闭剂中亚硫酸盐类的解封闭温度最低，只有 $50\sim70℃$。价廉易得，基本上不存在污染问题。

其他封闭剂还有咪唑类化合物、二异丙胺、3,5-二甲基吡唑等。

第三节　聚氨酯合成

一、 聚氨酯合成基本方法

聚氨酯的合成工艺比较复杂，其制备过程通常包括低分子量预聚体的合成、扩链反应、交联反应、链终止几部分。

1. 预聚体的合成

预聚体通常是用二异氰酸酯与多元醇进行逐步加成聚合反应而制得，并可根据不同需要制得不同分子量和不同黏度的预聚体。在制备过程中，又可根据异氰酸酯基与羟基两者摩尔量的比值 R 不同，制成端基为羟基或者端基为异氰酸酯基的预聚体。其反应方程式为：

异氰酸酯基过量，生成端基为异氰酸酯基预聚体。

$$\text{OCN}-\text{R}-\text{NCO} \ + \ \text{HO}-\text{R}'-\text{OH} \xrightarrow{\text{NCO过量}}$$

$$
\text{OCN}\sim\text{R}\!-\!\!\left[\!\begin{array}{c} \overset{\displaystyle O}{\parallel} \\ \text{N}-\text{C}-\text{O}-\text{R}'-\text{O}-\text{C}-\text{N} \\ \text{H} \qquad\qquad\qquad\qquad \text{H} \end{array}\!\right]\!\!-\!\text{R}\sim\text{NCO}
$$

端NCO预聚体

羟基过量，生成端基为羟基的预聚体。

$$\text{OCN}-\text{R}-\text{NCO} \ + \ \text{HO}-\text{R}'-\text{OH} \xrightarrow{\text{OH过量}}$$

$$
\text{HO}\sim\text{R}'\!-\!\!\left[\!\begin{array}{c} \overset{\displaystyle O}{\parallel} \qquad\qquad\qquad\qquad \overset{\displaystyle O}{\parallel} \\ \text{O}-\text{C}-\text{N}-\text{R}-\text{N}-\text{C}-\text{O} \\ \text{H} \qquad\qquad \text{H} \end{array}\!\right]\!\!-\!\text{R}'\sim\text{OH}
$$

端羟基预聚体

二异氰酸酯与二元醇之间的反应为二级反应，产物取决于原料组分间的摩尔比。R 值的大小控制了预聚体的分子量与端基的结构。从理论上有如下规律：

$R<0.5$，分子不扩链，端基为—OH，存在未反应的游离羟基；

$R=0.5$，分子不扩链，端基为—OH；

$0.5<R<1$，分子扩链，端基为—OH；

$R=1$，无限扩链，端基为—OH 与—NCO；

$1<R<2$，分子扩链，端基为—NCO；

$R=2$，分子不扩链，端基为—NCO；

$R>2$，分子不扩链，端基为—NCO，存在未反应的游离异氰酸酯基。

这样就有能通过加聚反应制出所要求的末端基团的及按统计学规律分布的一定平均分子量的预聚体。

预聚体法可以保证多元醇与异氰酸酯的预聚反应平稳彻底进行，包括各种反应活性不同的多元醇，如低反应性聚醚多元醇也能完全反应。也可以有目的地制备某一种特殊链节结构。预聚体分子大小相对均匀，分子链分布规律，再与扩链剂反应，这种情况下就比较容易形成大分子的有规律排列。

2. 扩链反应

扩链反应时预聚物通过末端活性基因的反应使分子相互连结而增大分子量的过程。聚氨酯预聚体是低分子量聚合物，必须经过扩链或交联成高分子聚合物才具有优异的物理机械性能。

预聚体端基不同所用的扩链剂不同。以端基为异氰酸酯基的预聚体为例，通常用小分子二元胺、二元醇等含活泼氢化合物扩链。

以二元醇扩链为例，最简单的扩链结构是二醇与端异氰酸酯反应，生成氨基甲酸酯基联接键。如下所示：

$$OCN\text{\textasciitilde}R-\underset{H}{N}-\underset{\underset{O}{\|}}{C}-O-R'-O-\underset{\underset{O}{\|}}{C}-\underset{H}{N}-R\text{\textasciitilde}NCO + HO-R''-OH \longrightarrow$$

$$OCN\text{\textasciitilde}R-\underset{H}{N}-\underset{\underset{O}{\|}}{C}-O-R'-O-\underset{\underset{O}{\|}}{C}-\underset{H}{N}-R-NHC-O$$
$$OCN\text{\textasciitilde}R-\underset{H}{N}-\underset{\underset{O}{\|}}{C}-O-R'-O-\underset{\underset{O}{\|}}{C}-\underset{H}{N}-R-NHC-O$$

实际的扩链过程非常复杂。扩链剂有可能先与游离的异氰酸酯反应，预聚体本身就存在分子分布不匀等因素，导致软段与硬段的比例、排列方式、连接点不同，因此经过扩链后分子结构也非常复杂，性能也会发生变化。其基本分子结构可用下式表示：

$$OCN-R-\underset{H}{N}-\underset{\underset{O}{\|}}{C}-O-X-O-(\underset{\underset{O}{\|}}{C}-\underset{H}{N}-R-\underset{H}{N}-\underset{\underset{O}{\|}}{C}-O-R'-O)_a(\underset{\underset{O}{\|}}{C}-\underset{H}{N}-R-\underset{H}{N}-\underset{\underset{O}{\|}}{C}-O-R''-O)_b]_n H$$

其中：R 为异氰酸酯除 NCO 基外的部分；

　　　R'为多元醇中除 OH 基外的部分；

　　　R''为扩链剂中除 OH 基外的部分；

　　　X 为 R'或者 R''。

以二元胺扩链，扩链后生成取代脲基联接键。

$$OCN\text{\textasciitilde}R-\underset{H}{N}-\underset{\underset{O}{\|}}{C}-O-R'-O-\underset{\underset{O}{\|}}{C}-\underset{H}{N}-R\text{\textasciitilde}NCO + H_2N-R''-NH_2 \longrightarrow$$

$$OCN\text{\textasciitilde}R-\underset{H}{N}-\underset{\underset{O}{\|}}{C}-O-R'-O-\underset{\underset{O}{\|}}{C}-\underset{H}{N}-R-NHC-NH$$
$$OCN\text{\textasciitilde}R-\underset{H}{N}-\underset{\underset{O}{\|}}{C}-O-R'-O-\underset{\underset{O}{\|}}{C}-\underset{H}{N}-R-NHC-NH$$

因二胺类反应速率太快，控制困难，因此合成时一般采用小分子二醇作为扩链剂。羟基与异氰酸酯基反应，形成重复的氨基甲酸酯基，实现聚氨酯分子的增长。扩链后产物取决于异氰酸酯基团和羟基两者摩尔量的比值 R，R 控制了扩链反应的发生与否及反应进行程度。

扩链剂与异氰酸酯共同构成分子中硬段结构。扩链剂的分子量越小，硬链段的凝集力就越强，反之则变弱。扩链剂并列使用与分别单独使用相比，会产生凝集力下降，尤其是凝集速率有着显著的下降。扩链剂中的两个羟基的反应性不相等，如 1,3-丙二醇，新戊二醇，1,5-戊二醇等立体构造面会大幅度降低硬段的凝集。

低分子二元醇类化合物作扩链剂时是逐渐加入的，反应平稳，易于形成硬链段与硬链段及软链段与软链段之间较为有序的排列，大分子间具有较大的相互作用和微相分离程度。

3. 交联反应

交联反应是线型分子链之间进行的化学反应。聚氨酯的交联反应是在加热的条件下，通过交联剂与主链上反应基团的作用，在分子链之间形成共价键，使线型聚合物转变为体型网状结构高聚物。交联后产物的性能取决于交联前分子链的长短、交联后交联点的数量与距离、交联基团的性质等因素。通过调整这些因素，可以改善交联后产物的物理机械性能。聚氨酯的交联方法大致有以下三种：交联剂交联、加热交联、氢键交联。目前大多采用既加交联剂又加热的方法实现交联。

① 多元醇类交联剂的交联反应。多元醇如三元醇、四元醇等均可作为交联剂，常用的三羟甲基丙烷、甘油、季戊四醇、三元醇与氧化丙烯的加合物，在加热的情况下，生成氨基甲酸酯基的支化键而交联。以三元醇为例，它的三个羟基均可与预聚体的 NCO 反应，以三个氨基甲酸酯键与不同预聚体分子形成连接，基本反应式如下：

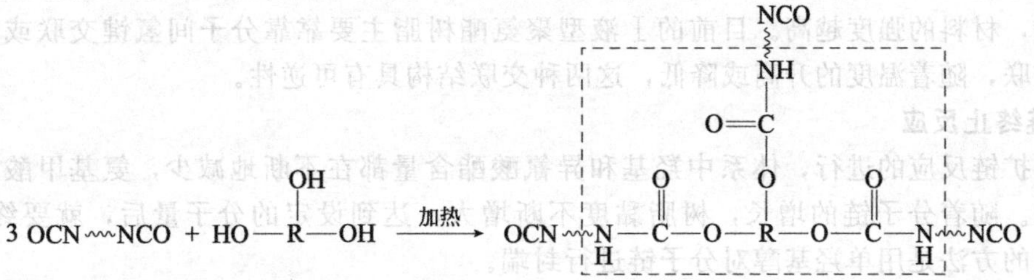

以上交联预聚体的端 NCO 仍可与其他二醇或三醇反应，最后形成较大的体型结构。需要指出的是，交联结构属于热固性，很难溶解，通常在合成过程中一般是控制其交联度，避免出现过度交联而出现超高黏度导致报废。

② 过量二异氰酸酯的交联反应。该法一般是在制备预聚体时，根据需要加入一定过量的二异氰酸酯，加热时剩余的异氰酸酯与聚合物中的脲基、氨基甲酸酯基、酰胺基等基团上的活泼氢反应，分别生成缩二脲基、脲基甲酸酯基和酰脲基的交联键。

过量异氰酸基与氨基甲酸酯基进行支化反应：

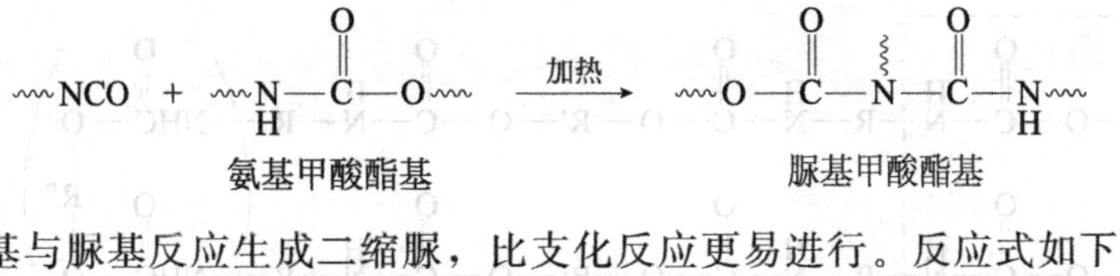

过量异氰酸基与脲基反应生成二缩脲，比支化反应更易进行。反应式如下：

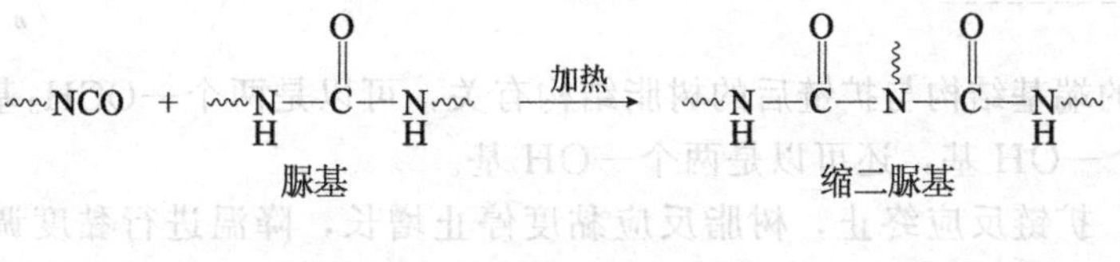

由上述副反应可知，即使双官能度的反应，过量的异氰酸酯存在也可借这些副反应产生支链，甚至形成部分体型结构。但上述交联反应活性较小，一般只有在加热和催化条件下才能发生。

③ 聚合物链段之间的氢键交联。聚氨酯分子链中含有很多脲基、缩二脲基及氨基甲酸酯基，其中羰基上的氧原子由于有活泼的未共享电子对的存在，很容易与分子链上半径很小，又没有内层电子的氢原子接近，它们之间以一种很大的静电力相互吸引，形成氢键。

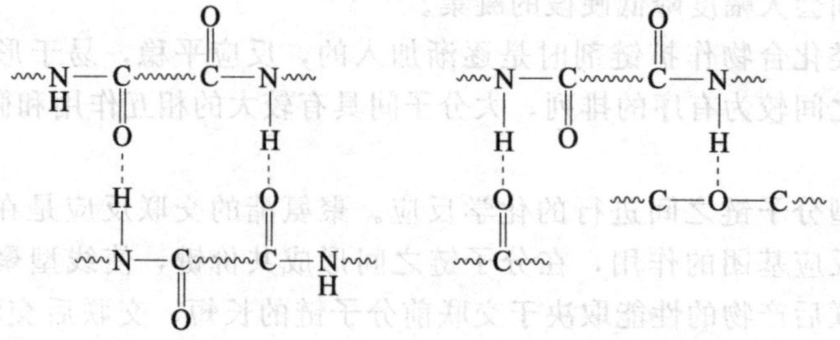

硬段-硬段　　　　　　　　硬段-软段

氢键多存在于硬段之间，聚氨酯中的多种基团的亚胺基（NH）大部分能形成氢键，而其中大部分是 NH 与硬段中的羰基形成的，小部分是 NH 与软段中的醚氧基或酯羰基形成的。与分子内化学键的键合力相比，氢键是一种物理吸引力，极性链段的紧密排列促使氢键形成，其能量比分子间作用力大，仅次于共价键，所以氢键交联又称为二级交联。在较高温度时，链段接受能量而活动，氢键消失。

氢键起物理交联作用，使聚氨酯弹性体具有较高的强度、耐磨性。氢键越多，分子间作用力越强，材料的强度越高。目前的 I 液型聚氨酯树脂主要靠靠分子间氢键交联或大分子链间轻度交联，随着温度的升高或降低，这两种交联结构具有可逆性。

4. 链终止反应

随着扩链反应的进行，体系中羟基和异氰酸酯含量都在不断地减少，氨基甲酸酯含量则相应增加。随着分子链的增长，树脂黏度不断增大，达到设定的分子量后，就要终止反应。通常采用的方法是用单羟基醇对分子链进行封端。

单羟基醇一般采用小分子伯醇（甲醇、丁醇等）与聚氨酯分子链上的残留异氰酸酯反应，达到封端结束反应的目的。其分子结构中最后的端基是烷基，例如甲醇的链终止反应如下：

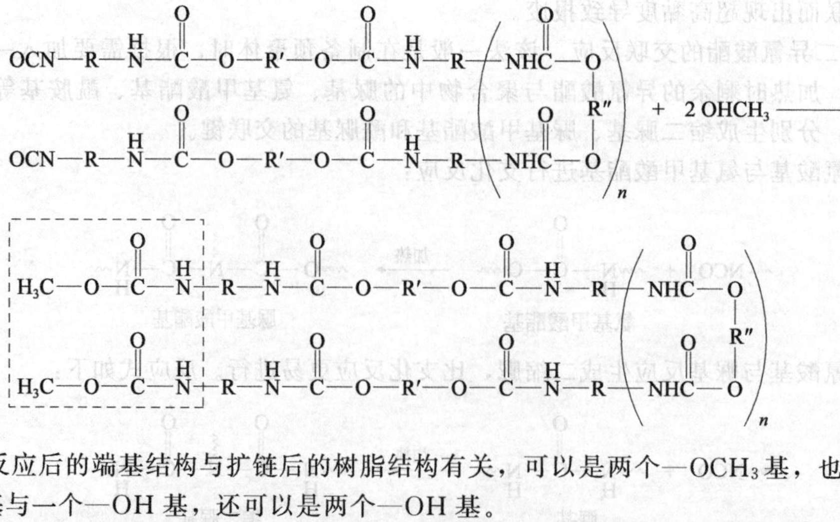

甲醇反应后的端基结构与扩链后的树脂结构有关，可以是两个—OCH₃基，也可以是一个—OCH₃基与一个—OH 基，还可以是两个—OH 基。

单醇加入后，扩链反应终止，树脂反应黏度停止增长，降温进行黏度调整即可出料。未反应的甲醇残存在体系中。单醇的加入要非常谨慎，加入量要控制精确，并根据原料的种类、官能度、分子量控制、水分含量、原料批次等进行调整。

还可以采用二醇进行封端，如1,3-丁二醇，利用其两个羟基的反应活性差异，用伯羟基与残留的NCO反应，得到端仲羟基结构的树脂，利于进一步进行交联反应。一般二液型树脂合成时采用较多。

二、影响反应的主要因素

在聚氨酯合成过程中，有可能发生各种各样的反应，而且反应的类型和速度不同，必然会对最终产物的性质产生很大的影响。

1. 异氰酸酯的反应活性

异氰酸酯与活泼氢之间发生的反应是按亲核加成历程进行的。异氰酸酯的反应活性取决于与异氰酸酯基相连基团的电子效应和空间效应。异氰酸酯基连有吸电子基团，则增大反应活性；而引入给电子基团则降低反应活性。常用异氰酸酯的基本规律。

① 芳香族异氰酸酯的反应活性比脂肪族高。苯环吸电高于脂环及烷基，因此MDI、TDI反应活性高于IPDI、HMDI、HDI。

② 位置不同则活性不容。在同一芳香族异氰酸酯中，由于位阻效应，对位上的异氰酸酯基反应速度要比邻位上高5～8倍。2,4-TDI的反应活性远高于2,6-TDI。而MDI的活性高于TDI。

③ 在二异氰酸酯中，第一个异氰酸酯基的反应速率都远高于第二个，不论异氰酸酯在那个位置上。反应初期，两个NCO之间可以发生诱导效应，使其反应活性增加。反应后期，已经形成的氨基甲酸酯基则成为另一个NCO的位阻。

2. 多元醇对反应的影响

多元醇是制备聚氨酯的主要原料，其种类和性能对聚合反应有着不同的影响。主要有聚酯二醇、聚四氢呋喃醚二醇、普通聚醚二醇等。其反应羟基有伯羟基与仲羟基两种。另有小分子二醇作为扩链剂，其反应方式与聚醇类似。基本规律如下。

① 同等条件下，长链聚醇与二异氰酸酯的反应速率比低分子二元醇要快。如聚己二酸乙二醇酯二醇的反应速率是1,4-丁二醇的4倍。若分子中引入不饱和碱，其反应速率也会下降。

② 相同羟值和官能度的二醇，聚酯二醇的反应速率最快，对应的预聚体黏度偏高。聚四氢呋喃醚二醇的反应速率略慢一点，与聚酯的相当，而聚丙二醇和聚乙二醇的反应速率要慢很多，相差约10倍。

③ 对同类型聚二元醇，分子量越大，反应速率越低。如分子量为600的聚丙二醇的反应速率是2000分子量的2倍。

④ 对于相同羟值和官能度的多元醇而言，伯羟基与异氰酸酯的反应速率比仲羟基高很多。分子结构中含有的伯羟基比例越高，合成时反应速率越快。

⑤ 同分子量的情况下，多官能醇的反应速率与聚醚二醇差不多，远低于聚酯二醇与聚四氢呋喃醚二醇。

不同种类多元醇对聚合反应速率影响不同，因此在制备时必须对所选择的多元醇结构进行必要的了解和分析，从而有针对性地确定其反应温度和反应时间等反应条件。

除了以上结构上差异的影响，聚醇与异氰酸酯的反应速率在很大程度上取决于聚醇的纯度。纯度越高反应速率越快。因此采用极少量催化剂和高纯度的聚醇，在聚氨酯合成中非常重要，最重要的控制指标是酸值和水分。

聚醇的酸值会影响到与异氰酸酯的反应性。酸值是残留的端羧基的量，它与异氰酸酯反应生成酰胺，会造成链的终止。酸同时对反应催化产生不良的作用，而且降低制品的耐水解性能。

对于聚氨酯反应来说，反应体系中水分含量是必须严格控制的。水分高反应速率会增加，特别是在催化剂存在下，异氰酸酯与水的反应可加速进行。水与异氰酸酯反应活性尽管比伯羟基低，却与仲羟基相当，会生成不稳定的氨基甲酸，易再分解成二氧化碳和胺。在预聚体中，水分还会降低预聚体中 NCO 的含量。

水分的来源主要是聚醚/聚酯多元醇或其他醇类原料中所含的水分、空气中的潮气、反应器具中残酸酯发生反应，首先生成脲基，使得预聚体的黏度增大。其次，以脲为支化点进一步与异氰酸酯反应，形成缩二发生凝胶，导致预聚体黏度增大，流动性变差，难以与扩链剂混合均匀，最终影响产品的力学性能。因此为了降低水分对预聚体的影响，必须严格控制基础原料的含水量。

3. 催化剂的影响

催化剂可降低反应活化能，加快反应速率，控制副反应。在聚氨酯的聚合反应中，为了使体系内的两个或多个活性相差很大的活泼氢化合物都能加速到一定的水平，需要采用一些选择性很强的催化剂。聚氨酯合成采用的催化剂按化学结构类型基本可分为叔胺类催化剂和金属烷基化合物类两大类。

目前关于催化反应理论很多，较公认的机理是：异氰酸酯受亲核的催化剂进攻，生成中间络合物，再与羟基化合物反应。一般来说，金属化合物催化剂对 NCO 与 OH 的催化活性比 NCO 与水的反应要强。而叔胺对 NCO 与水的催化活性影响要大于 NCO 与 OH 的催化活性。作为促进聚氨酯链增长反应，金属化合物要比叔胺高出上百倍。

有机金属类催化剂对凝胶反应的选择性催化效果明显，主要有铋、铅、锡、钛、锑、汞、锌等金属烷基化合物。有机锡类如辛酸亚锡（T-9）和二月桂酸二丁基锡（T-12）使用最广泛，促进异氰酸酯基与羟基反应很有效，对芳香型与脂肪型异氰酸酯与羟基的反应都有很好的催化效果，但对水与异氰酸酯的反应也有一定的加速作用。

随着环保与安全的要求，有机锡、铅、汞等催化剂使用受到一定限制，现欧盟已经立法禁用。有机铋类是目前新兴的环保型催化剂，该类催化剂活性尚不及有机锡，但是无毒环保，能提供羟基反应，降低与水反应的选择性。

在同类催化剂中，催化效果也相差很大。有机金属类中辛酸铅的效率最高，使反应体系的黏度在初期迅速增高，而环烷酸锌的效率则相对低；二价有机锡（辛酸亚锡）的催化效能高于四价锡（二月桂酸二丁基锡）的催化效能。同一催化剂对不同异氰酸酯的活性是不同的。如环烷酸锌对 HDI 的催化效率是对 TDI 的 6 倍。

需要指出的是，催化效果不是越快越好，而是根据不同要求确定催化效果。如辛酸铅催化速率很快，但会使异氰酸酯加速与氨基甲酸酯的反应，形成交联，这是 I 液型树脂不需要的副反应，但对 II 液型树脂来说，交联是其形成高分子的关键。

另外，催化剂的浓度增加，则反映速率加快；两种不同的催化剂复合，催化活性比单一催化剂要高很多。催化反应是一个复杂反应，要根据具体的反应体系、反应类型、催化剂活性、成品要求、使用环境等进行调整。

聚氨酯反应所用的催化剂，由于不同的特性，促进链增长与交联的能力也不同。因此，除了影响反应速率外，还密切影响反应混合物的流动性、平行反应的相对速率和固化物的物理机械性能。所以，由于催化剂种类与用量不同，即使在配方中其他组分相同的情况下，也会引起上述诸因素的不同，从而导致材料力学性质的差别。故在同等用量的情况下，活性高的催化剂对微观结构的影响要高于活性低的催化剂，反映在宏观上即相应性能的变化幅度也较大。

4. 温度的影响

反应温度是聚氨酯树脂制备中一个重要的控制因素。合成过程中，温度不仅对反应速率有很大影响，而且对最终聚合物的结构与性质也有很大影响。

通常情况下，异氰酸酯与各类活性氢化合物的反应速率都是随着反应温度的升高而加快。但当反应温度达到140℃时，所有的反应速率都几乎趋向一致。

当处于130℃以上时，异氰酸酯基团与氨基甲酸酯或脲键反应，产生交联键，且在此温度以上所生成的氨基甲酸酯、脲基甲酸酯或缩二脲不很稳定，可能会分解。

在相同反应温度下，随反应时间的延长，产物的黏度增加，NCO质量分数降低，到一定程度其变化趋于平缓。而长时间的加热状态下会导致物料的黄变。所以，当产物的黏度及NCO质量分数达到要求，就应及时降温终止反应。

对于常见的聚醚多元醇、聚酯多元醇、聚四氢呋喃多元醇等制备MDI型聚氨酯，温度低于70℃则反应不充分，尤其扩链反应会不完全，分子量与黏度偏小，NCO残留高于理论值。温度高于100℃，预聚反应后生成的部分氨基甲酸酯在催化作用下进一步与未反应的NCO发生交联反应，生成脲基甲酸酯支链，得到超高分子量的聚氨酯，甚至发生凝胶现象，体系黏度也会相应偏高。在80～90℃的反应温度下，实验值基本与理论值吻合或稍微偏低，因为MDI还会发生二聚、三聚以及与水等发生副反应而消耗掉一部分MDI，此温度能保证反应顺利进行。

三、聚氨酯树脂合成工艺

合成革所用聚氨酯从使用上可分为干法和湿法两大类，从合成角度可分为Ⅰ液型与Ⅱ液型两种。湿法树脂均为Ⅰ液型，干法树脂分为Ⅰ液型与Ⅱ液型两种。Ⅰ液型为反应结束的树脂，而Ⅱ液型是预聚体，在使用时需要加入交联剂继续反应。

合成革用聚氨酯树脂通常称为聚氨酯浆料，其反应通常是在溶剂存在下的溶液反应。溶液法的优点是反应平衡缓慢易控制；均匀性好；获得线性结构的聚氨酯；能够更准确地控制分子量大小、交联度、分子的排列等。缺点是反应时间长；对溶剂纯度要求高，不含水、醇、胺、碱等杂质，否则可产生副反应。

溶液聚合法一般分为一步法和预聚法。一步法就是将多元醇、异氰酸酯、扩链剂及助剂混合均匀，升温后逐步加成聚合生成聚氨酯树脂。预聚法是多元醇与异氰酸酯先进行反应，生成具有端羟基或端异氰酸酯基的预聚体，预聚体再进行扩链反应，生成高分子量的聚氨酯树脂。

1. 一步法聚合

反应过程如下。

① 按设计量在60℃时依次将溶剂、多元醇、扩链剂、催化剂、助剂等加入到反应釜中，并进行充分搅拌，使之混合均匀。

② 降温至40℃，加入计量的异氰酸酯。

③ 升温至70～75℃，并保持恒温反应。随着反应的进行，树脂黏度不断增大，分批加入溶剂进行稀释。

④ 聚合反应达到要求后，加入链终止剂进行封端，结束反应。加入溶剂调整体系黏度，使之达到使用要求。

⑤ 降温，加入一定助剂，排料。

聚氨酯一步法合成曲线见图8-1。

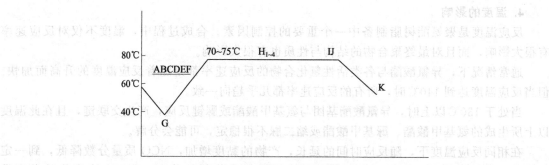

图 8-1 聚氨酯一步法合成曲线

表 8-1 为聚氨酯一步法合成投料表。

表 8-1 聚氨酯一步法合成投料表

序号	原料名称	序号	原料名称
A	DMF	F_2	H_3PO_4
B	多元醇	G	MDI
C	1,6-HD	$H_{1\sim4}$	DMF(×4)
D	EG	I	DMF
E	催化剂	J	二乙基乙醇胺
F_1	BHT	K	苹果酸

在上述原料中，多元醇与 MDI 构成分子的主体，1,6-HD 与 EG 作为二醇扩链剂；DMF 作为高聚物的溶剂存在，不参与反应；BHT 是抗热氧化剂；而磷酸是阻聚剂，控制副反应发生，投料量随中间体和 DMF 的 PH 的改变而变化；二乙基乙醇胺可与 NCO 反应，是反应的链终止剂，NCO 比色高时需进一步追加，如有保存减黏倾向时则应少加；苹果酸（2-羟基丁二酸）的作用是防止树脂过度降黏。

在反应设计上，一步法通常 NCO/OH 设定在（1.01~1.03）：1，NCO 稍微过量。多元醇、扩链剂同时与异氰酸酯反应，即预聚与扩链同步进行。从理论上说，由于 NCO/OH 接近 1，对异氰酸酯来说，在一个 NCO 与 OH 反应生成氨基甲酸酯基团后，另一个 NCO 的反应活性就下降，因此反应初期大量的应是一个端羟基和一个端 NCO 的分子，即：

随着反应的进行，其端羟基和端 NCO 可以互相反应，形成的结构也复杂很多，与各自的反应活性、分子量大小及多醇与扩链剂的比例有很大关系。

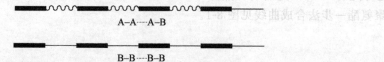

以上三种类型再继续混合反应，可生成更多的种类。可以生成类似预聚体型的结构，如 A-A 型与 A-B 型结合；也可以生成连续的硬段结构，如 B-B 型与 B-B 型反应。

类似预聚体型的结构是反应所需要的，但连续的硬段结构则会形成偏分子排列，分子内会发生对于溶剂的溶解性相差很大的部分，使成膜膨润变形，也会影响其相分离形态，从而影响树脂的物理机械性能。如果是几种多醇和扩链剂同时反应，则其复杂程度更高。反应到最后，形成各种复杂结构的端 NCO 基团的树脂。

一步法降低了成本，增加了反应速率。但一步法聚合基本是无规则的反应，生成物复杂，可通过原料性能、比例、条件等进行方向性调控。如控制反应温度相对较低，有利于反应的平稳进行，防止爆聚以及软硬段的排列。

2. 预聚法聚合

反应过程如下。

① 按设计量在 60℃时依次将溶剂、多元醇、催化剂、助剂等加入到反应釜中，并进行充分搅拌，使之混合均匀。

② 降温至 40℃，加入计量的异氰酸酯。

③ 升温至 80℃左右，并保持恒温反应 2h。随着反应进行，树脂黏度不断增大，直到黏度达到一个基本稳定值，预聚反应结束。

④ 加入溶剂和扩链剂后，降低温度，加入计量的异氰酸酯。

⑤ 升温到 85℃左右，持续反应 2h，视黏度增长补充溶剂。

⑥ 扩链反应达到要求后，加入溶剂和链终止剂，反应结束。

⑦ 降温，加入一定助剂，排料。

聚氨酯预聚法合成曲线见图 8-2。

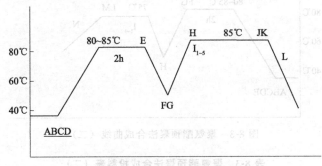

图 8-2 聚氨酯预聚法合成曲线（一）

表 8-2 为聚氨酯预聚法合成投料表（一）。

表 8-2 聚氨酯预聚法合成投料表（一）

序号	原料名称	序号	原料名称
A	DMF	G	BHT
B	多元醇	H	增黏剂
C	H_3PO_4	$I_{1\sim5}$	DMF
D	MDI	J	DMF
E	DMF	K	甲醇
F	EG	L	苹果酸

在该反应中，多元醇与异氰酸酯首先进行反应，体系中 NCO 过量，因此反应生成的预聚体为轻度扩链的端 NCO 结构，分子量不太大，分子结构为规律的软硬段相间。

预聚体的反应程度是由异氰酸酯与多元醇的 R 决定的。如果 NCO 过量较少，形成的"异氰酸酯-多醇"链节比较长，则预聚体分子量就比较大。如果做较硬的品种，通常异氰酸酯过量较大，则预聚体自身扩链度就小，超过2的话，理论上就不扩链了，每个多醇分子两端连接一个端异氰酸酯，还可能存在游离状态的NCO。

作为聚氨酯浆料来说，更多是通过多醇分子量大小来调节软硬段比例，因此预聚体基本都是轻度扩链。基本结构如下：

后期通过扩链剂的加入，端基的NCO反应，形成高聚物。从理论上说，扩链剂加入后，首先把两个预聚体分子连接起来，形成端NCO的较大的分子，然后再继续把较大分子连接，形成更大的分子，直到形成所需的分子量。基本结构如下：

链段中的硬段有两类：一种是异氰酸酯独自形成的，来自预聚体；另一种是异氰酸酯与小分子扩链剂共同形成的，来自扩链反应。对于这两种硬段的比例，在同等 R 时，即结合浓度相同，多醇与扩链剂所提供羟基的比例则直接影响到反应物的结构与性能。

以上反应的预聚体中异氰酸酯过量，生成端NCO的结构，通常也成为NCO过量法。还有一种方法是NCO欠量法，即生成端羟基的预聚体，再进行扩链反应。其基本投料方法与过量法类似，反应的基本曲线见图8-3。表8-3为其投料表。

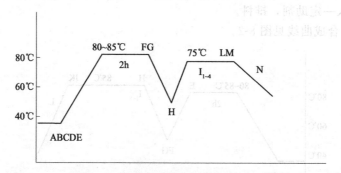

图 8-3 聚氨酯预聚法合成曲线（二）

表 8-3 聚氨酯预聚法合成投料表（二）

序号	原料名称	序号	原料名称
A	DMF	G	1,4-BG
B	多元醇	H	MDI
C	BHT	I$_{1\sim4}$	TOL(×4)
D	H$_3$PO$_4$	L	DMF
E	MDI	M	甲醇
F	DMF	N	DMF

该反应是先进行反应生成端羟基的预聚体，为保证预聚体反应的均匀性，通常NCO/OH设定在0.75/1，因此生成的预聚体为轻度扩链的端羟基结构。从理论上说，该反应生成的预聚体结构为：

后期通过扩链剂与MDI的加入，较均匀的接到预聚体羟基两端。在后加入的扩链剂与MDI中，NCO是过量的，理论上因此首先是扩链剂与游离NCO的反应：

该反应物与预聚体进行扩链反应，并继续反应下去：

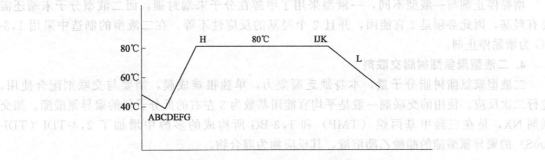

通常 NCO/OH 设定在 0.99/1，保证生成足够的分子量，后期可通过补充加入 MDI 的方式进行黏度调整。

两步法反应温度相对较高，有利于预聚体的形成及扩链反应的进行，两步法的优点是分子可控性强。

3. 二液型树脂

二液型聚氨酯树脂是在一个分子中最少有两个羟基的聚氨酯树脂。它需要与末端有异氰酸基的架桥剂混合，在加热或催化时进行反应。其基本反应见图 8-4。投料表见表 8-4。

图 8-4 二液型聚氨酯合成曲线

表 8-4 二液型聚氨酯合成投料表

序号	原料名称	序号	原料名称
A	甲苯	G	TDI-80
B	多元醇	H(×3)	辛酸亚锡
C	扩链剂	I	甲苯
D	H_3PO_4	J	MEK
E	BHT	K(×4)	1,3-BG
F	辛酸亚锡	L	甲苯/MEK

二液型聚氨酯树脂基本是由长链多醇和异氰酸酯反应生成末端含有羟基的聚合物。其合成方法可以是一步法，也可以是预聚体法。可以是直链结构，也可以是带支链的结构，根据产品的用途而定。

如果是预聚体法，基本上是 TDI 与多醇、TMP 预先混合反应，再用 EG、1,4-BG、MDA 等扩链，最后用 1,3-BG 封端。预聚体法通常 R 设定接近 1，最后得到的是仲羟基封端产物，常用于快速固化产品。一步法是最常用的，包括增黏和封端两步。首先将 TDI、多醇、扩链剂一起反应，最后 1,3-BG 封端，利用 TDI 两个 NCO 反应活性的差异进行控制，R 设定一般在 0.95～0.96。

二液型树脂的基本结构为：

　　TDI 是二液型树脂主要使用的异氰酸酯。多醇使用的是共缩合聚酯多醇。由于是低分子量，二液型树脂的性质极易受长链多醇自身性质的影响，结晶性高的聚酯多醇会形成硬膜，影响合成革的手感度和层析性。

　　链伸长剂除特别要求外不使用或少量使用，根据需要把低分子量多醇作为链伸长剂使用。作为能够保持稳定溶液状态的聚氨酯树脂，一般二液型聚氨酯树脂的分子量要比一液型聚氨酯树脂小。因此，作为链伸长剂的一部分，少量使用三官能团的三羟甲基丙烷来提高架桥效率，提高初期黏着力。

　　二液型树脂在低极性溶剂中反应溶解，如甲苯、MEK 等，不包含像 DMF 那样本身具有触媒作用的溶媒，需要加入催化剂。因为辛酸亚锡在聚氨酯树脂溶液中分解失去触媒机能，因此反应中要分段加入。

　　增黏停止剂与一液型不同，一液型采用了甲醇在分子末端封锁，而二液型分子末端还需要有羟基，因此必须是 2 官能团，并且 2 个羟基的反应性不等。在二液型的制造中采用 1,3-BG 为增黏停止剂。

4. 二液型聚氨酯树脂交联剂

　　二液型聚氨酯树脂分子量，本身缺乏凝集力，单独很难成膜，需要与交联剂配合使用，进行二次反应。使用的交联剂一般是平均官能团基数为 3 左右的低分子量的聚异氰酸酯。如交联剂 NX，是在三羟甲基丙烷（TMP）和 1,3-BG 所构成的多醇中增加了 2,4-TDI（TDI-100S）的聚异氰酸酯的醋酸乙酯溶液，其反应物为混合物。

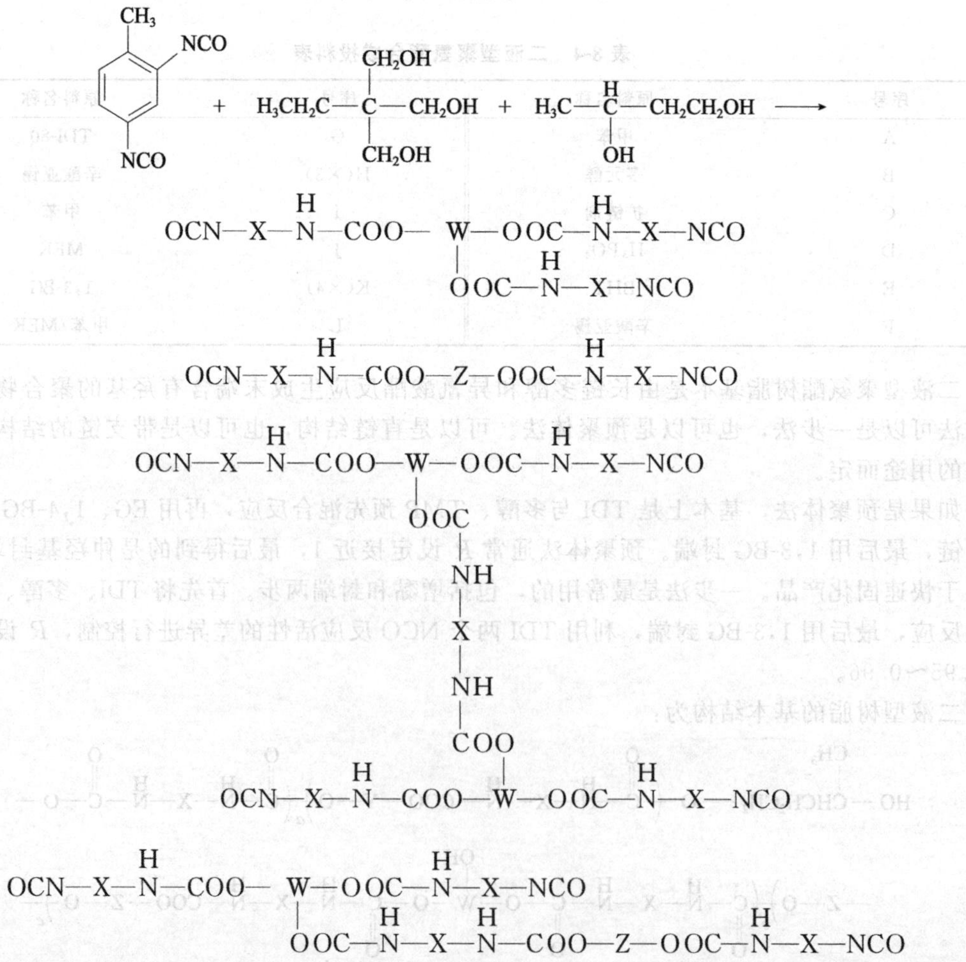

使用 2,4-TDI 是为了减少交联剂中没有反应的 TDI 残留量。未反应的 TDI 不但对交联效率有影响，而且分散在空气中危害作业人员的身体健康。2,4-TDI 的两个 NCO 基的反应性不同。常温下的反应物对位比邻位高约 2.5 倍。对位的 NCO 基反应后，邻位的 NCO 基和伯羟基反应的几率与 2,6-TDI 相比（在同样条件下）低约 40%，这样未反应的 TDI 很少。因此，反应状态应采取往 TDI 中滴加多元醇的形式，同时注意反应的发热。如果向多元醇中滴加 TDI，那么在初期两个 NCO 基反应，到后期的 TDI 全部不反应。

多元醇通常使用原则是三官能度与二官能度醇混合使用，伯羟基与仲羟基混合使用。最常用的三官能醇是三个伯羟基的三羟甲基丙烷，二官能醇一般是一个伯羟基一个仲羟基的 1，3-丁二醇。利用对位与邻位 NCO 与不同的羟基反应性，可使三羟甲基丙烷结晶性弱，提高生成物的溶液稳定性。

二液型聚氨酯树脂与交联剂的反应主要是羟基与 NCO 基的反应，生成线型与网状的分子。另外，氨基甲酸酯与 NCO 的网状化反应也是重要因素。由于交联剂对聚氨酯树脂的羟基成了数倍过剩的配方，网状结合容易形成，促进网状化一般使用作为碱性物质的叔胺。二液型树脂中作为链伸长剂的 N-甲基乙二醇在分子内也起了架桥促进剂作用。

交联剂的使用量和使用条件对最终的皮膜性能有非常大的影响。随着交联剂添加量的增加，聚氨酯皮膜变硬，抗张力增加，伸长度下降，但是添加超过一定量则抗张力还会下降。二者配比形成最平衡的配方可作为标准配方，这要靠大量实验和经验。根据二液型聚氨酯树脂的种类、交联剂种类、气温温度等季节因素、加工条件、熟成条件等。通常交联剂和二液型聚氨酯树脂的 NCO：OH 当量比不是 1：1，而是（3~5）：1，NCO 过剩。该条件不是一成不变的，如使用时有吸湿现象，则应适当提高交联剂用量，防止强度下降和手感变化。

第四节　聚氨酯的结构与性能

聚氨酯是一种复杂结构的嵌段聚合物。使用性能最终取决于聚合物自身的分子结构。而分子结构主要取决于原材料的分子结构、反应特性及对反应条件的控制。

硬链段和软链段及其特性基团是决定性能的主要因素。多醇链段是软链段，含有较大软链段的聚氨酯具有良好的柔软度、弹性、挠曲性和较低的玻璃化转变温度。低分子二醇与异氰酸酯构成硬链段，硬链链节的比例有利于提高其熔点、玻璃化温度、硬度和强度。影响其性能的主要有软硬段种类、化学组成、链的长度、链的刚性、交联程度、支化程度、链间力等。

一、　软段对性能的影响

软链段的长链多元醇占一液型聚氨酯树脂的 60%~80%，占二液型聚氨酯树脂的 70%~90%，其种类、组成、分子量对聚氨酯树脂的弹性、力学、耐水解、低温性能等有着很大影响。作为长链的多元醇，通常使用聚酯多醇及聚醚多醇。

代表性的聚醚多元醇有聚乙烯醇（PEG），聚丙二醇（PPG）及聚丙烯二醇（PTMG）。和普通聚酯多醇的聚氨酯树脂的特性见表 8-5。

表 8-5　聚醚多元醇和普通聚酯多醇的聚氨酯树脂的特性

种类	价格	耐光性	耐热性	耐水解	抗张强度	撕裂强度	耐折性	耐膨润变形性
聚酯	○	◎	◎	△	◎	◎	◎	○
PEG	○	×	×	○	○	○	○	×
PPG	◎	×	×	○	○	×	×	×
PTMG	×	◎	○	◎	◎	◎	◎	×

注：×代表差；△代表一般；○代表良好；◎代表优异。以下同。

对于聚酯多醇的酸成分，理论上二元酸都可以使用，但芳香族、脂环族系过硬，起不到软链段作用。因此一般不使用。其醇类也是同样，聚酯多醇的正醇类成分一般使用碳数为2～6个。在脂肪族二元酸中，己二酸价格最低，并且性能平衡良好，大部分用在聚酯多醇上。脂肪族系聚酯多醇中的二元酸或正醇，以己二酸为基础的聚酯多醇的成分种类和特性关系大致如表8-6所示。

表 8-6　以己二酸为基础的聚酯多醇的成分种类和特性关系

特性	价格	溶解性	耐溶剂性	结晶性	耐水解性	颜料相溶性	耐膨润变形性
乙二醇	◎	×	◎	◎	×	×	×
二甘醇	◎	△	○	×	×	×	×
1,4-丁二醇	△	○	△	◎	○	○	○
新戊二醇	○	◎	○	×	○	○	◎
1,6-己二醇	×	◎	×	◎	◎	◎	◎

一般情况下聚酯型聚氨酯比聚醚型聚氨酯具有更好的物理机械性能，而聚醚型具有更好的耐水解性和低温柔顺性能。聚酯制成的聚氨酯含极性大的酯基，这种聚氨酯内部不仅硬段间能够形成氢键，而且软段上的极性基团也能部分地与硬段上的极性基团形成氢键，使硬相能更均匀地分布于软相中，起到弹性交联点的作用。一般来说，聚醚型聚氨酯，由于软段的醚基较易旋转，具有较好的柔顺性和玻璃化转变温度，因而低温使用范围更广。聚醚中不存在相对易于水解的酯基，其耐水解性比聚酯型好。聚醚软段的醚键的α碳容易被氧化，形成过氧化物自由基，产生一系列的氧化降解反应。

聚酯型聚氨酯的强度、耐油性、热氧化稳定性比PPG聚醚型的高，但耐水解性能比聚醚型的差。聚四氢呋喃（PTMG）型聚氨酯，由于PTMG规整结构，易形成结晶，强度与聚酯型的不相上下。

聚酯多醇可以与聚醚多醇配合使用，具有较高的搭配自由性，对聚氨酯树脂的分子结构设计极为有利。两种多醇并用时，结晶性下降，柔软耐折性提高，但是耐膨润变形性下降，表面滑性降低。

软段的分子量对聚氨酯的力学性能有影响。一般来说，假定聚氨酯分子量相同，其软段若为聚酯，则聚氨酯的强度随聚酯二醇分子量的增加而提高；若软段为聚醚，则聚氨酯的强度随聚醚二醇分子量的增加而下降，不过伸长率却上升。这是因为聚酯型软段本身极性就较强，分子量大则结构规整性高，对改善强度有利，而聚醚软段则极性较弱，若分子量增大，则聚氨酯中硬段的相对含量就减小，强度下降。

二、 硬段对性能的影响

聚氨酯的硬段由异氰酸酯与扩链剂组成。硬段结构基本上是低分子量的聚氨酯基团，含有芳基、氨基甲酸酯基、取代脲基等强极性基团。这些基团的性质在很大程度上决定了主链间相互作用以及由微相分离和氢键作用带来的物理交联结构。硬链链节的比例有利于提高其熔点、玻璃化温度、硬度和强度，但相对降低了其弹性和溶解度。

异氰酸酯的结构影响硬段的刚性。芳族异氰酸酯分子中由于刚性芳环的存在，以及生成的氨基甲酸酯赋予聚氨酯较强的内聚力。芳香族异氰酸酯制备的聚氨酯由于硬段含刚性芳环，因而使其硬段内聚强度增大，强度比脂肪型聚氨酯大。对称二异氰酸酯使聚氨酯分子结构规整有序，促进聚合物的结晶，所以对称结构的MDI比不对称的二异氰酸酯TDI的聚氨酯的内聚力大，模量和撕裂强度等物理机械性能高。脂肪族聚氨酯则不会泛黄。在耐久性方面，芳香族芳环上的氢较难被氧化，因此比脂肪族聚氨酯抗热氧化性能好。但脂肪族在柔性及抗黄变性能方面则优于芳香族。

扩链剂对聚氨酯性能也有影响。含芳环的二元醇与脂肪族二元醇扩链的聚氨酯相比有较好的强度和硬度。同类脂肪族二元醇相比，短链的刚性高于长链的，直链的高于支链的。二元胺扩链剂能形成脲键，脲键的极性比氨酯键强，因此二元胺扩链的聚氨酯比二元醇的具有较高的机械强度、模量、黏附性、耐热性，并且还有较好的低温性能。

硬链段通常影响聚合物的软化熔融温度及高温性能。由异氰酸酯反应形成的几种键基团，其热稳定性顺序如下：脲基＞氨基甲酸酯基≫脲基甲酸酯基、缩二脲基

所以在聚氨酯的热分解过程中，首先是脲基甲酸酯基、缩二脲基交联键断裂，然后才是氨基甲酸酯基和脲基键的断裂。

氨酯键的热稳定性随着邻近氧原子、碳原子上取代基的增加及异氰酸酯反应性的增加或立体位阻的增加而降低。并且氨酯键两侧的芳香族或脂肪族基团对氨酯键的热分解性也有影响，稳定性顺序如下：

$$R\text{-}NHCOOR > Ar\text{-}NHCOOR > R\text{-}NHCOOAr > Ar\text{-}NHCOOAr$$

三、 聚氨酯的形态结构

聚氨酯的特殊性能受大分子链形态结构的影响，在很大程度上取决于软硬段的相结构及微相分离程度。故硬段对材料的力学性能，特别是拉伸强度、硬度和抗撕裂强度具有重要影响。软段相区主要影响材料的弹性及低温性能。

强极性和刚性的氨基甲酸酯基等基团由于内聚能大，分子间可以形成氢键，聚集在一起形成硬段微相区，室温下这些微区呈玻璃态次晶或微晶。极性较弱的聚醚链段或聚酯等链段聚集在一起形成软段相区。

由于硬段与软段为热力学不相容，二者虽然有一定的混容，但硬段之间的链段吸引力远大于软段之间的链段吸引力，硬相不溶于软相中，而是分布其中，形成一种不连续的微相结构，并且软段微区及硬段微区表现出各自的玻璃化温度。硬段的晶区在软段中起物理交联点的作用，硬段微区与软段存在氢键等形式的结合，起到活性填料的作用，这种微相结构提高了体系的强韧性、耐温性和耐磨性能。

聚氨酯中能否发生微相分离、微相分离的程度、硬相在软相中分布的均匀性都直接影响树脂的力学性能。影响聚氨酯微相分离的因素很多，包括软硬嵌段的极性、分子量、化学结构、组成配比、软硬段间相互作用倾向及合成方法等。聚氨酯相分离示意见图 8-5。

硬段和软段之间的相分离程度分别取决于硬段与硬段之间或硬段与软段之间的相互作用（亲和力）。聚醚型聚氨酯的相分离现象较聚酯型聚氨酯明显，由于聚醚软段的极性与硬段相差大，溶解在软段中的硬段少，即软段中的"交联点"少，也是强度比聚酯型聚氨酯差的原因之一。硬段间的亲和力在很大程度上也取决于二异氰酸酯的对称性及所用的具体的扩链剂二元醇或二胺。形成的这些嵌段结构将影响硬段的对称性，而且影响到组织结构的形成。在其主链上具有偶数亚甲基的扩链剂产生的硬段的熔点范围高于具有奇数亚甲基的扩链剂。而且由低分子量二胺生成的含脲结构的硬段极性高于含有氨基甲酸酯结构的硬段。相互分离的微相中也存在链段之间的混合，从而导致软段玻璃化温度的提高和硬段玻璃化温度的减小，缩小了材料的使用温度范围，并使材料的耐热性能下降。

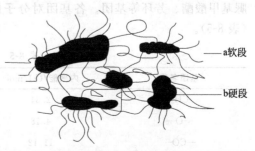

—a软段

—b硬段

图 8-5 聚氨酯相分离示意

四、 交联度的影响

聚氨酯树脂基本上属于具有线型性分子特征的热塑性树脂，但也可由多官能度扩链剂方式引入一定程度的交联。当异氰酸酯与多元醇均为二官能团时，即可得到线型性结构的聚氨酯。若其中的一种或两种，部分或全部具有三个或三个以上官能团时，则可得到体形结构聚氨酯。一般是由多元醇（偶尔多元胺或其他多官能度原料）原料或由高温、过量异氰酸酯而形成的交联键（脲基甲酸酯和缩二脲等）引起，交联密度取决于原料的用量。

交联有化学键的一级交联和分子间氢键形成的二级交联两类。一级交联为化学交联，形成的化学键是稳定的、不可逆的，只有在高温下，交联基团发生热分解才能使交联键断开，因此具有较好的热稳定性。二级交联是氢键形成物理交联，该交联是可逆的。通常所说的交联指一级交联。

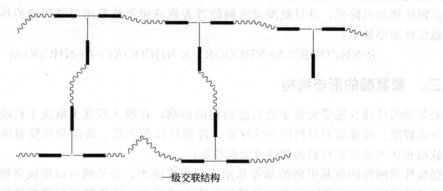

一级交联结构

在聚氨酯的交联中，一级交联增加时，则阻碍链段之间的紧密靠拢，二级交联就会减少。为全面平衡聚氨酯的性能，在合成时要考虑一级交联和二级交联的最佳平衡问题。对无定形高聚物，高度交联将使聚合物变硬，提高了软化温度和弹性模量，降低伸长率和溶胀度。对高度结晶聚合物，少量交联会导致结晶度降低，减弱分子链节的定向度，使原有的高熔点、高硬度的结晶态聚合物变成具有弹性和柔软性的无定形高聚物。

适当交联可以改善材料的物理机械性能，提高耐水性和耐候性，降低形变和溶胀性。但若交联过度，树脂出现凝胶化，使用性能变差，成品的拉伸强度、伸长率等性能下降。一液型树脂基本以二元醇和二异氰酸酯反应，形成线型分子的二级交联。只有个别品种添加少量的三羟基化合物如 TMP 等，形成极少量的一级交联。二液型树脂成膜时大量使用三官能度的交联剂，形成以一级化学交联为主的体型结构。

五、 基团的内聚能

聚氨酯的性能与其分子结构有关，而基团是分子的基本组成成分。由于聚氨酯的反应复杂，在实际制备过程中，分子结构中除氨基甲酸酯基团外，还有酯基、醚基、脲基、缩二脲、脲基甲酸酯、芳环等基团。各基团对分子内引力的影响可用组分中各不同基团的内聚能表示（表 8-5）。

表 8-5 主要基团的内聚能

基团名称	内聚能/(kJ/mol)	基团名称	内聚能/(kJ/mol)
—CH₂—	2.84	—COOH	23.4
—O—	4.18	—OH	24.2
—CO—	11.12	—CONH—	35.53

基团名称	内聚能/(kJ/mol)	基团名称	内聚能/(kJ/mol)
—COO—	12.12	—COONH—	36.63
C_6H_5—	16.30	—HHCONH—	>36.5

一般情况下，内聚能越高则基团的极性越强，分子间的作用力越大，对聚氨酯的物理机械性能的影响就越大。脂肪烃基和醚基的内聚能最低，氨基甲酸酯基、酰胺基及脲基的内聚能较高。因此聚酯型聚氨酯的强度高于聚醚型聚氨酯，而聚氨酯-聚脲型树脂的内聚力和软化点高于聚氨酯型。芳香环的存在对聚合物的刚性影响很大，表现为熔点、硬度提高，尺寸稳定性增加。因此，聚氨酯的性能与软硬段种类有关，也与基团的性质与密集度有关。

六、 氢键、 结晶性及分子量的影响

氢键是分子结构中的二级交联，属于物理交联。与分子内化学键的键合力相比，氢键是一种物理吸引力，极性链段的紧密排列促使氢键形成，该交联是可逆的。当温度升高，链段分子运动能量增加到某一极限值时，便可冲破氢键的束缚，氢键断开。而当温度降低，聚合物的氢键交联又重新形成。聚合物的极性基团越多，形成的氢键就越多，交联密度就越大，使聚合物链段具有较高的强度。

结构规整、含极性及刚性基团多的线性聚氨酯，分子间氢键多，材料的结晶程度高，这影响聚氨酯的某些性能，如强度、耐溶剂性。聚氨酯材料的强度、硬度和软化点随结晶程度的增加而增加，伸长率和溶解性则降低。

若在结晶性线性聚氨酯中引入少量支链或侧基，由于位阻作用，氢键弱，则材料结晶性下降。交联密度增加到一定程度，软段失去结晶性，整个聚氨酯可由较坚硬的结晶态变为弹性较好的无定型态。

在材料被拉伸时，拉伸应力使得软段分子基团的规整性提高，结晶性增加，会提高材料的强度。硬段的极性越强，越有利于材料的结晶。

聚醚或聚酯软链段的规整度能提高其结晶度，因而可改善材料的抗撕裂性能和抗拉强度。一般来说，结晶性对提高聚氨酯制品的性能是有利的，但有时结晶会降低材料的低温柔韧性，并且结晶性聚合物常常不透明。为了避免结晶，可打乱分子的规整性，如采用共聚酯或共聚醚多元醇，或混合多元醇、混合扩链剂等。

线性聚氨酯的分子量在一定程度内对力学性能有较大的影响，基本性能一般都是随着平均分子量的增加而提高，如抗张强度、伸长率、硬度及玻璃化温度等。聚氨酯随分子量的增加在有机溶剂中溶解性下降。但分子量增加到一定的值后，对性能的影响就会减弱。对高交联度的聚氨酯材料，分子量并非是影响其性能的主要因素。

第九章
基布助剂

第一节　湿法凝固调节剂

凝固调节剂是指对聚氨酯、DMF、水等具有界面活性的表面活性剂或以占据方式形成微孔结构的助剂的统称。

一、凝固调节剂作用机理

凝固调节剂在湿法凝固中主要通过界面张力的改变从而加快或减缓凝固速率，形成不同结构的 PU 微孔结构，从而达到调节合成革手感与理化性能的目的。合成革行业使用的凝固调节剂种类很多，根据其作用机理的不同分为两大类：结晶型与表面活性剂型。

结晶型凝固调节剂是以"溶解-结晶-洗脱"的方式调节微孔结构。即调节剂首先溶解于聚氨酯溶液中，在凝固时从溶液中析出形成结晶体，凝固结束后结晶体在水洗工艺中洗脱出来。结晶型凝固调节剂是以温度调节为基础，通过温度变化熔解或结晶，达到对 PU 微孔结构的调节。

表面活性剂型以改变凝固界面的表面张力为调节手段，以此影响 DMF/H_2O 之间的扩散速率，达到调节凝固速率与 PU 微孔结构的目的。主要有阴离子和非离子型两大类，表面活性剂在 PU 凝固时的调节机理如下。

① 表面活性剂分子结构由两部分组成：一部分是亲溶剂的极性部分；另一部分是憎溶剂的非极性部分。其两亲性结构是其表面活性的基础。

② 在聚氨酯树脂中，DMF 是强极性的高表面张力的小分子溶剂，可以渗透到聚氨酯大分子链之间，并形成一定氢键结合，削弱了大分子间的相聚力，使大分子处于松散的线团状排列，呈溶液状态。

③ 当表面活性剂加入聚氨酯树脂中时，依据"相似相溶"的原理，极性基团使表面活性剂有进入溶剂的趋势，即强极性的 DMF 与表面活性剂中的极性基团相亲和，而非极性的碳氢长链则阻止其在 DMF 溶剂中溶解，有迁移出 DMF 溶剂的倾向。

④ 当水进入体系中，因 H_2O 分子的极性较弱，不足以使表面活性剂的极性基团摆脱与 DMF 的作用而与 H_2O 相结合，于是表面活性剂中极性基团一端伸向极性更强的 DMF 中，非极性基团则伸向极性较弱的 H_2O 中。

正是因为表面活性剂的这种存在状态使得表面活性剂在 PU 凝固时得以改变 DMF 与水的双向扩散速率。而对于不同的表面活性剂其作用结果不同。

⑤ 当表面活性剂分子的偶极矩很大时，即极性基团的作用力比非极性基团更强，使得当 H_2O 进入 PU 溶液时，除了 DMF 与 H_2O 的作用力外，表面活性剂的极性基团同样促进了 H_2O 的进入，从而加速了 H_2O 与 DMF 间的置换。

当表面活性剂的非极性基团的作用力占主导时，因非极性基团的存在使得其阻碍了 H_2O 的进入而减缓了 H_2O 与 DMF 的置换。

二、 结晶型凝固调节剂

1. 基本要求

结晶型凝固调节剂要具备以下性能：

① 在常温下是针状的白色结晶体，经过洗脱后能形成所希望的连续的针形孔。

② 温度升高能以液态形式熔解到聚氨酯溶液中，而且和聚氨酯要有适当的亲和性，形成均一稳定的混合体。

③ 熔点一般要求在 40～60℃之间，便于熔解与结晶。

当熔点过高时，只有保持聚氨酯溶液处于高温的状态下才能熔解凝固调节剂，不利于浆料的调配与使用；如熔点太低的则需将凝固液的温度调低，否则无法形成结晶析出，不利于凝固的进行。熔点低通常分子量也较低，但低分子的醇和酸溶解度较大，要获得同样的效果必须增大凝固调节剂的添加量。

④ 在热水中易洗脱。只有将结晶洗脱后，才能得到结晶所占据的微孔结构。如果洗涤效果差将不利于工业化生产，而且残留的结晶体在干燥过程中会使聚氨酯黏结硬化。

2. 调节剂种类

可作为结晶型凝固调节剂的主要是烷基醇和脂肪族羧酸。烷基醇主要是十二、十四、十六、十八、二十、二十二、二十四烷醇等；脂肪族羧酸主要是 8～31 个碳原子的癸酸、十二烷酸、十四烷酸、硬脂酸、二十碳烷酸、三十烷酸等。在实际生产过程中，根据聚氨酯溶液和凝固液的温度、凝固调节剂的熔点及溶剂的溶解度等因素，一般选择含碳原子数在 14～20 个的长链烷基醇，如十四醇、十六醇、十八醇、二十醇等比较适合，尤其是正十八醇，是合成革涂层产品中常用的凝固调节剂。

十八醇为长直链结构，端基为醇羟基，但由于大的脂肪烷烃链的屏蔽作用，已不能显示出一般低级醇的亲水性质，而以长的烷烃基的疏水性质为主要特征。因此在液体状态下抑制水的扩散与渗透，是凝固延迟剂。

工业十八醇通常是 $C_{18}H_{37}OH$ 与 $C_{16}H_{33}OH$ 的混合物，其中十八醇的含量在 95% 左右，熔点为 56.5℃。常温下为白色蜡状小叶晶体，结晶时为针型。不溶于水，在一定的温度下可溶于 DMF 中且与聚氨酯有一定的相容性。溶于乙醇、乙醚，微溶于苯、氯仿和丙酮。

3. 凝固调节

凝固进行初期，由于温度较高，凝固调节剂仍为液态，与聚氨酯树脂为均一溶液，由于强疏水基的存在抑制了水的扩散与渗透，延迟了凝固速率，此时表现的更多的是其碳氢长链的作用。

随着凝固的进行，由于凝固液温度要低于凝固调节剂的熔点，温度降低使凝固调节剂以结晶析出，与树脂产生相分离，并且占据一定的空间。此时树脂溶液有流动性，因此结晶析出使树脂形成掺"杂质"状的不均匀溶液，而"杂质"的存在抑制了树脂的流动性，使体系整体均匀收缩。缩应力通过膜的自身蠕动来消除，较少发生膜撕裂，因而形成致密的表面层与针形微孔。

在这种胶状分散液向凝固状态固化的过程中，凝固调节剂的针形结晶就成为 PU 凝固的核心，同时在凝固体周围因大分子链的收缩造成一定的空隙。也就是说，聚氨酯包围着结晶进行凝固，从而在聚氨酯的固化过程中起到了作为高分子物质的分散稳定剂的作用。

在水洗工序，凝固调节剂被洗脱出来，它所占据的位置也形成一些与结晶形态类似的微孔结构。通常以结晶态析出还是以液滴析出，取决于调节剂的熔点和凝固液的温度。低于熔点时以结晶形式作用，而高于熔点时以凝聚液滴形式作用。调节剂析出的结晶或液滴还起到延缓 PU 分子相互间迅速凝固的作用，从而使 PU 凝固过程中的半凝固状态时间变长，给凝固液提供充分向里渗透的时间，有利于内外层同时均匀的凝固，避免了因大分子凝聚太快而造成的大孔。

凝固调节剂在树脂溶液中有一定的溶解度。以十八醇为例，在 20% 的树脂溶液中，常温下如果十八醇含量在 0.5% 以下，基本是溶解状态，但超过后则出现结晶现象，含量越高结晶析出现象越发明显。溶解部分的结晶是随着液膜进入凝固浴后，随着膜内的 DMF 含量的减少缓慢结晶析出。所以首先主要表现为疏水性，减缓凝固浴中水的扩散和渗透，而当十八醇结晶析出后则表现为占据式发泡。

十八醇一般不单独使用，而是与其他表面活性剂联合使用。可形成表面高度平整，具有良好压缩弹性的基布，泡孔总量少，泡壁厚，强度高，一般用于鞋革。十八醇与 S-60 混合湿法结构见图 9-1。

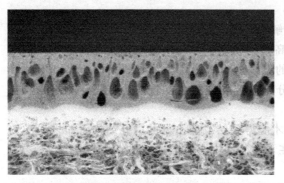
图 9-1　十八醇与 S-60 混合湿法结构

三、 阴离子表面活性剂

阴离子表面活性剂起表面活性作用的部分是阴离子，主要利用其亲水性，促进水的渗透和扩散，从而加速凝固过程。主要有高级脂肪酸酯盐、磺酸化盐、硫酸酯盐类。

磺酸盐类表面活性剂的亲水基是磺酸基（$-SO_3-$），由于磺酸基以 S—C 键直接与疏水基相连，化学性能十分稳定。因此，以磺酸基作为亲水基的阴离子表面活性剂是使用量最大的一类，主要包括脂肪醇磺基琥珀酸酯钠盐；脂肪醇聚氧乙烯醚磺基琥珀酸酯钠盐；烷基酚聚氧乙烯醚磺基琥珀酸酯钠盐；椰油酸单乙醇酰胺磺基琥珀酸酯钠盐。

合成革常用的为琥珀酸酯磺酸盐系列。由顺丁烯二酸酐与各种羟基化合物缩合得到琥珀酸酯，再由亚硫酸钠或亚硫酸氢钠与双键进行加成反应，得到琥珀酸酯磺酸盐。其性质的区别只要取决于含有活泼氢的疏水基原料的不同，以及顺丁烯二酸酐上两个羧基的酯化程度的不同。根据酯化程度的不同，可分为单酯型和双酯型。

$$RO-\underset{O}{\overset{O}{C}}-\underset{H_2}{C}-CH-\underset{O}{\overset{O}{C}}-ONa \qquad RO-\underset{O}{\overset{O}{C}}-\underset{H_2}{C}-CH-\underset{O}{\overset{O}{C}}-OR$$
$$\quad\quad\quad SO_3Na \qquad\qquad\qquad\qquad\quad SO_3Na$$
$$\text{单酯} \qquad\qquad\qquad\qquad\qquad\qquad \text{双酯}$$

单酯型有两个亲水基团：一个是磺酸盐基团；另一个是羧酸盐基团。双酯型只有一个磺酸盐亲水基团。如果单酯型与双酯型的疏水基相同，它们的亲水亲油性能有很大的区别。可以看出，通过改变 R 的结构和单双酯的比例，可以得到系列化的琥珀酸酯磺酸盐。

单酯磺酸盐在室温时水中的溶解度很低，一般为白色膏状。溶解度随温度升高而增大，随碳链的增长而减少。常用的主要是双酯型磺酸盐。随着碳原子数的增加，其临界胶束浓度和表面张力均相应降低。碳原子数相同时，正构烷基的略低于带支链的烷基。当碳原子数小于 14 且不带支链时，随正构碳链的增长润湿力增强；随支链数增加，润湿力减弱。大于 14 后，碳链长度增加，其润湿力下降，而随支链的增加润湿力增强。烷基碳数合计在 16～18 时，润湿性能优异。

代表性的双酯为琥珀酸二异辛酯磺酸钠，由异辛醇和顺丁烯二酸酐在酸性催化下反应生成顺丁烯二酸双酯，再以亚硫酸氢钠进行磺化处理制得。反应式与分子结构为：

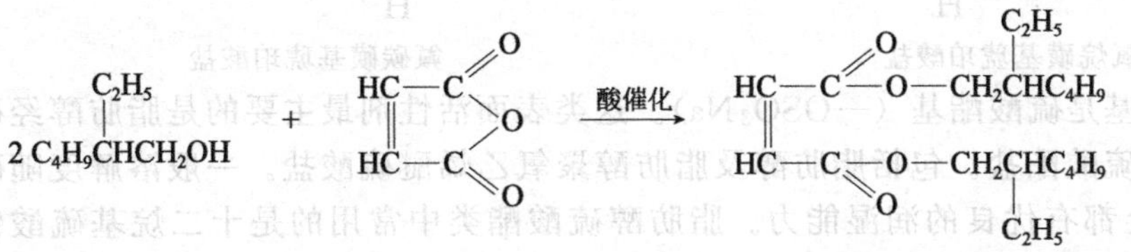

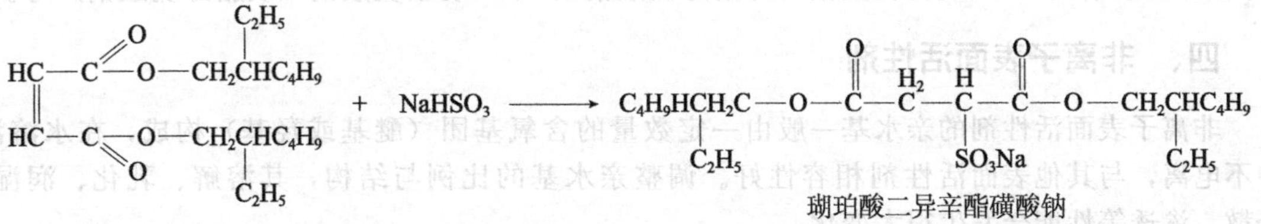

瑚珀酸二异辛酯磺酸钠

琥珀酸二异辛酯磺酸钠溶于水及有机溶剂，具有极低的平衡和动态表面张力，可快速向界面迁移。由于其亲水性降低了表面张力，使表面致密膜迅速形成，凝固液进入膜内部后，较低的界面张力提高了凝固速率，使聚氨酯迅速凝固收缩。因此凝固后的 PU 表面的致密层度小，形成较均匀的由上到下逐渐增大的指型孔。通常使用量为 PU 浆料总量的 0.3%～1.5%。

琥珀酸双十三烷基酯磺酸钠也是常用的凝固调节剂。是具有一个磺酸盐亲水基团的双酯型琥珀酸酯磺酸盐，分子结构为：

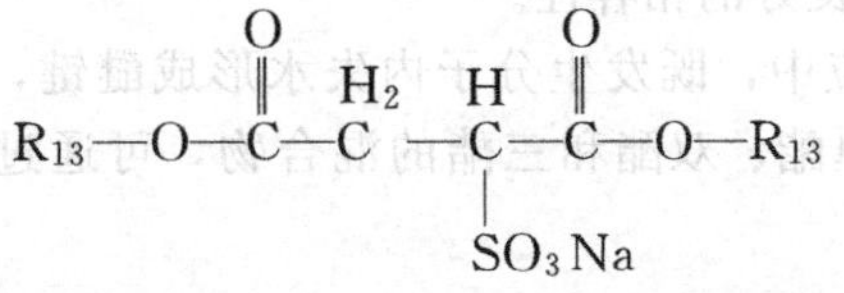

琥珀酸双十三烷基酯磺酸钠为白色至淡黄色黏稠液体，可溶于水，渗透性快速均匀，在凝固过程过程中起稳定调节的作用，产生较大且长的连通微孔结构。由于它的两个长链烷基的不规则弯曲对亲水性基团产生屏蔽作用，使其亲油性优于亲水性，不过它的 CMC 值非常低。极低的 CMC 值、高油溶性和有限的水溶性的特点，使它在体系中的再润湿性及乳化性良好。因此，在 PU 浆料体系中，其流平作用更突出，通常作为湿润流平剂使用。

目前比较新型的产品为聚硅氧烷磺基琥珀酸盐与氟碳磺基琥珀酸盐。聚硅氧烷磺基琥珀酸盐将硅氧烷的性能手感和磺基琥珀酸盐的渗透性结合在一起，赋予湿法涂层特殊的性能与结构。氟碳磺基琥珀酸盐表面活性剂是近年来出现的特殊用途的表面活性剂，含氟表面性剂具有"三高"、"两憎"特性。在具备一般琥珀酸类表面活性剂性能的同时也表现出含氟表面活性剂的这种独特性能，而且具有很好配伍能力，复配品具有更高的降低表面张力的能力。

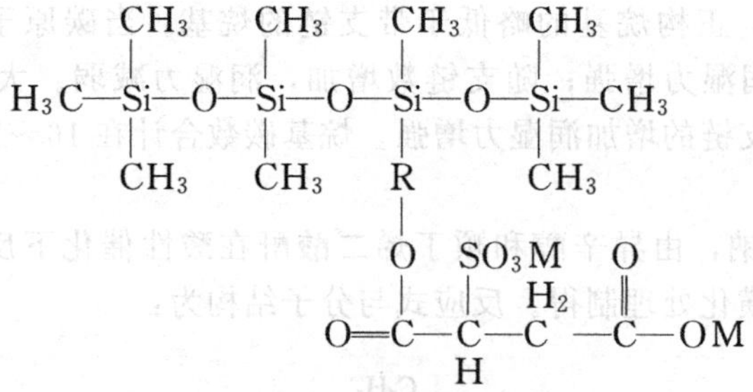

聚硅氧烷磺基琥珀酸盐 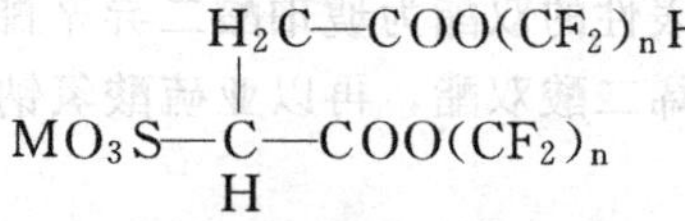   氟碳磺基琥珀酸盐

烷基硫酸盐的亲水基是硫酸酯基（—OSO_3Na）。这类表面活性剂最主要的是脂肪醇经硫酸酯化后得到的脂肪醇硫酸酯盐。包括脂肪醇及脂肪醇聚氧乙烯醚硫酸酯盐。一般溶解度随碳链增长而下降，C_{12}以上都有优良的润湿能力。脂肪醇硫酸酯类中常用的是十二烷基硫酸钠（月桂醇硫酸钠）、十六烷基硫酸钠（鲸蜡醇硫酸钠）、十八烷基硫酸钠（硬脂醇硫酸钠）等。

四、 非离子表面活性剂

非离子表面活性剂的亲水基一般由一定数量的含氧基团（醚基或羟基）构成，在水溶液中不电离，与其他表面活性剂相容性好。调整亲水基的比例与结构，其溶解、乳化、润湿、分散、渗透等性能会发生很大变化。

1. 多元醇型

作为凝固调节剂的非离子表面活性剂主要是多元醇酯类。以C_{12}～C_{18}脂肪酸为亲油基原料，以多羟基化合物如甘油、季戊四醇、失水山梨醇等为亲水基原料进行反应。多元醇与脂肪酸反应生成的酯作为疏水基，残余羟基为亲水基，所以这类产品大都不溶于水或亲水性很差。利用其疏水性，增加凝固界面张力，降低PU树脂分子间的凝聚力。

代表性的产品为山梨醇脂肪酸酯类。是一类低HLB值的非离子表面活性剂，同时具有疏水基团和亲水基团，疏水基为脂肪酸酯链，亲水基为失水山梨醇。所以可溶于具有强极性的DMF溶液中，与聚氨酯也有良好的相容性。

山梨醇与脂肪酸直接反应中，既发生分子内失水形成醚键，同时发生酯化反应，得到失水山梨醇的酯。反应产物为单酯、双酯和三酯的混合物，可通过改变投料比和反应条件来决定产物的组成。

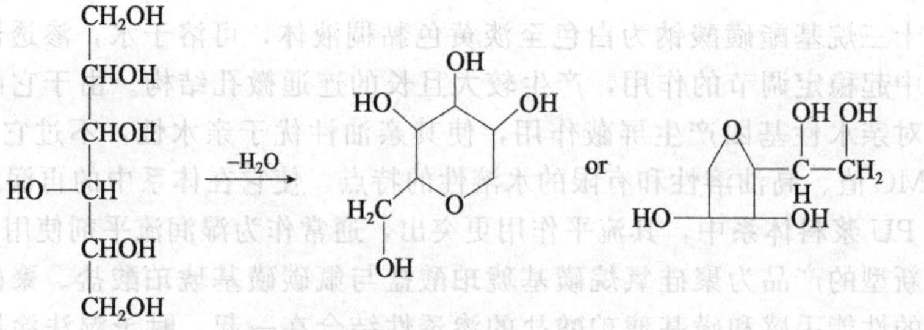

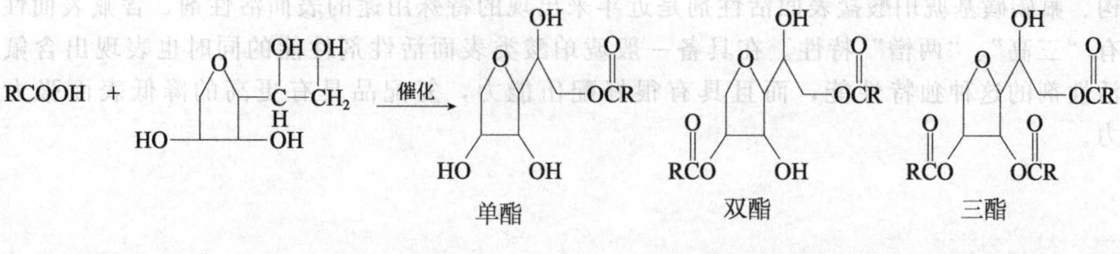

该类产品用途广泛、技术成熟，商品名称为斯盘（Span）系列。产品主要包括失水山梨醇单月桂酸酯（Span-20）、失水山梨醇单棕榈酸酯（Span-40）、失水山梨醇单硬脂酸酯（Span-60）、失水山梨醇单油酸酯（Span-80）、失水山梨醇油酸三酯（Span-85）。Span系列分子基本结构为六元环与五元环的混合物。这些产品不溶于水而溶于有机溶剂，无毒无味，

Span系列因为长的烷烃链的存在而显示亲油疏水的性质，HLB值较低，三酯的要低于单酯的。各种不同的HLB值的产品可以配合使用。Span-60和Span-80为最常用品种，通常使用量为浆料总量的0.5%～2%。表9-1为Span系列及其HLB值。

表9-1 Span系列及其HLB值

商品名	结构	HLB
Span-20	失水山梨醇单月桂酸酯	8.6
Span-40	失水山梨醇单棕榈酸酯	6.7
Span-60	失水山梨醇单硬脂酸酯	4.7
Span-65	失水山梨醇硬脂酸三酯	2.1
Span-80	失水山梨醇单油酸酯	4.3
Span-85	失水山梨醇油酸三酯	1.8

2. 聚氧乙烯型

聚氧乙烯型非离子表面活性剂，一般是含有亲油基及活性氢的化合物在催化剂作用下与一定量的环氧乙烷反应得到。分子中的亲油基团为脂肪醇或脂肪酸，亲水基团主要是由具有一定数量的聚氧乙烯链构成，其亲水性是通过表面活性剂与水分子之间形成氢键的形式体现的。合成革常用的有脂肪醇聚氧乙烯醚（AEO）和脂肪酸聚氧乙烯酯（AE）。基本通式如下：

$$R{-}OH + nH_2C{-}CH_2 \xrightarrow{\text{催化}} RO(CH_2CH_2O)_n^-H$$

$$RCOOH + nH_2C{-}CH_2 \xrightarrow{\text{NaOH}} RCOO(CH_2CH_2O)_n^-H$$

脂肪醇聚氧乙烯醚是脂肪醇与环氧乙烷的加成物。易溶于水及一般有机溶剂，具有良好的渗透、乳化和净洗性能，生物降解性好，是目前使用量最大的品种。高碳脂肪醇聚氧乙烯醚的水溶性受醇结构中碳原子数和加成的环氧乙烷分子数的影响很大。亲油基一定的情况下，随着分子中环氧乙烷加成数的增加，表面活性剂从亲油向亲水逐渐变化，在DMF/H$_2$O界面活性也有很大不同。

通常使用的脂肪醇含碳原子数在12～18之间，如果饱和十醇的碳原子数比加成的环氧乙烷分子数多三个的话，一般在常温下都是可溶于水的。如月桂醇（十二碳醇）加成9个环氧乙烷分子的产物，鲸蜡醇（十六碳醇）加成13个环氧乙烷分子的产物都是常温下水溶性很好的。但鲸蜡醇加成11个环氧乙烷分子的产物水溶性较差。

因此，通过改变结构可以得到不同用途的表面活性剂，并应用到湿法工艺中，得到不同孔型、性能、手感的产品。如强疏水性的非离子表面活性剂，可用作要求稠密多孔形状的湿法加工，减缓膜表面的急速凝固；弱疏水性非离子表面活性剂在湿法凝固法中对DMF的洗脱能起到非常有效的促进作用，给予表面平滑性良好的多孔层。

其他非离子表面活性剂还有烷醇酰胺类，代表性产品为椰油酸二乙醇酰胺、脂肪酸酯类。如乙二醇单硬脂酸酯或双硬脂酸酯、聚乙二醇双硬脂酸酯、丙二醇单硬脂酸酯。脂肪酸甘油酯类，如四甘油单硬脂酸酯、四甘油五油酸酯等。需要特别指出的是，由于欧盟2003/53/EC

指令禁用烷基酚（NP/OP）及烷基酚聚氧乙烯醚（NPEO/OPEO）等非离子型表面活性剂，因此使用时要特别谨慎。

3. 凝固调节

大部分非离子表面活性剂都是疏水型的。由于疏水性使凝固成膜的过程延长，特别是延缓了表面聚氨酯分子凝固形成致密层的过程，表面平滑无卷曲，整体皮膜收缩面积小。致密层下的泡孔细小，但下层的泡孔比上层的大很多，尤其与基布相连的部分。

以 Span-80 为例。当加有 Span-80 的树脂液进入水中时，内外 DMF 浓度相差很大。在聚氨酯分子链间的 DMF 由于其高度亲水性，脱离与 PU 和 Span-80 的稳定体系而进入水相。而聚氨酯分子由于失去 DMF，其松散伸展的状态受到影响，分子之间有凝聚缠绕的趋势。Span-80 自身具有疏水性，会减缓水向内扩散的速率。同时 Span-80 存在于聚氨酯大分子链间，削弱它们间的相聚力，从而减缓了 PU 的凝固。因此形成致密层的过程变得很缓慢，为下层 DMF 往上扩散赢得了时间，使表面形成了较厚的致密层。

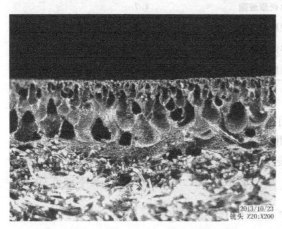

图 9-2　Span-80 湿法结构

当膜表面凝固后因固体膜脱液收缩，收缩应力不能通过膜的自身蠕动来消除，在应力集中处发生膜撕裂，成为指形孔的生长点。而 Span-80 的存在阻碍了水沿着指形孔的生长点进入膜内，使得进入过程很缓慢，产生的应力小，撕裂点均匀但数量少，树脂有充分的应变时间，泡孔由细长形逐渐变化为短圆形，延伸距离越来越短，孔与孔之间的孔壁变厚。当 Span-80 达一定浓度后，凝固过于缓慢，导致下层树脂浓度过低，凝固形成的泡孔不足以抵消 MDF 交换和 PU 凝固收缩的体积，致使最终膜底部无法得到有效补充而形成较大泡孔。图 9-2 为 Span-80 湿法结构。

非离子型除了具有使凝固缓慢进行的作用，还有防止纤维与聚氨酯粘连的作用，对形成合成革的特殊离型结构有积极作用，增加了基布的柔软性。

五、 有机硅表面活性剂

1. 基本性质

有机硅表面活性剂其疏水部分由硅氧基、硅亚甲基或硅氧烷构成，分为阴离子、阳离子、非离子、两性离子四种。由于湿法凝固的特点，非离子型的聚醚改性聚硅氧烷具有独特的表面性质（表面张力低、亲水、亲油、稳定气泡）而被广泛使用。

聚醚改性聚硅氧烷是在疏水性的聚硅氧烷的侧链或端链引入亲水基团，所以其结构是聚氧化烯烃-聚硅氧烷相嵌共聚物。以聚二甲基硅氧烷为疏水链，聚醚链为亲水链。具有较高的表面活性与良好的亲水亲油平衡性能。

聚醚改性硅氧烷比普通表面活性剂有更好的表面活性和易铺展性是来源于聚二甲基硅氧烷的低表面张力和弱分子间作用力。硅原子在化合物中处于四面体的中心，两个甲基垂直于硅与两个相邻氧原子连接的平面上。由于 Si—C 键键长较大，两个非极性的甲基上的三个氢张开，从而使其具有极好的疏水性。甲基上的三个氢原子由于甲基的旋转有较大的空间，增加了相邻硅氧烷分子之间的距离，降低了它们之间的分子间作用力，比碳氢化合物的分子间作用力要低得多。由此它的表面张力很小，极易铺展在界面上。

聚二甲基硅氧烷链极易铺展在极性物体的表面的另一个原因是硅醚键中的氧能与极性分

子或原子团形成氢键，增加了硅氧烷链与极性表面之间的分子间作用力，促使其展布成单分子层。从而使疏水性的硅氧烷横卧于极性表面，呈现特有大的"伸展链"构型。

2. 主要类型

聚氨酯用改性硅油是采用聚醚与二甲基硅氧烷接枝共聚而成的一种性能独特的有机硅非离子表面活性剂。通过改造硅油链节数或改变聚醚 EO 与 PO 之配比及改变其链节数和末端基团可获得性能各异的各种有机硅表面活性剂。

根据硅氧碳原子连接的方式不同，分为 Si—O—C 型（A）和 Si—C 型（B）两大类，以 Si—C 型为主。

（a）Si—O—C 键的改性聚醚硅氧烷

$$O(Me_2SiO)_m(C_2H_4O)_a(C_3H_6O)_bR$$
$$Me—Si—O(Me_2SiO)_n(C_2H_4O)_a(C_3H_6O)_bR$$
$$O(Me_2SiO)_y(C_2H_4O)_a(C_3H_6O)_bR$$

支链型

$$Me_3—Si—O(Me_2SiO)_m(MeSiO)_nSiMe_3$$
$$O(C_2H_4O)_a(C_3H_6O)_bR$$

侧链型

（b）Si—C 键的悬改性聚醚硅氧烷

$$Me_3—Si—O(Me_2SiO)_m(MeSiO)_nSiMe_3$$
$$C_3H_6O(C_2H_4O)_a(C_3H_6O)_bR$$

侧链型

$$R(OC_3H_6)_b(OC_2H_4)_a—OC_3H_6 \underset{Me}{\overset{Me}{+}}Si—O\underset{Me}{\overset{}{)_n}}\underset{Me}{\overset{}{Si}}—C_3H_6O(C_2H_4O)_a(C_3H_6O)_bR$$

两端型

$$R(OC_3H_6)_b(OC_2H_4)_a—OC_3H_6 \underset{Me}{\overset{Me}{+}}Si—O\underset{Me}{\overset{}{)_n}}\underset{Me}{\overset{}{Si}}—Me$$

单端型

Si—O—C 型合成方法：首先制备具有一定分子量、端基为烷氧基的聚硅氧烷；第二步制备具有烷氧基封端的单官能团聚醚；第三步将这两种聚合物在催化剂作用下进行酯交换反应。优点是单体原料较易得，制造工艺较成熟，泡沫稳定效果好。缺点是遇酸碱易水解。

Si—C 型合成方法：以氯铂酸为催化剂使含 Si—H 聚硅氧烷与含不饱和双键的聚醚发生加成反应，主要包括含 Si—H 键硅氧烷的合成、烯丙基聚醚的合成及封端、硅氢加成三步。Si—C 型稳定性好，是现在使用产品的主流，但价格较高。

通常使用产品为聚二甲基硅氧烷-聚氧烷嵌段共聚物。通过控制聚硅氧烷和共聚醚的分子结构、分子量等条件，其亲水、疏水性能可进行调节。如聚环氧乙烷链段能提供亲水性和起泡性，而聚环氧丙烷链段则能提供疏水性和渗透力，它对降低表面张力有较强的作用。因此可通过反应条件的改变合成适合各类聚氨酯的凝固调节剂。线型和有支链的聚醚-硅氧烷都可使用，但支链型有更好的稳定性。

在共聚物中，聚氧化烯烃醚是亲水基团，起增溶作用。聚硅氧烷是疏水基团，起"界面取向"作用，有利于成泡和稳泡。它兼具水溶、油溶性，既具有传统硅氧烷类产品疏水、耐高低温、低表面张力等优异性能，又具有聚醚链段提供的良好铺展性和乳化稳定性等性能。因此在湿法凝固时可使多相体系中各不相溶的组分产生部分相容性，使它们之间的溶解与交换均匀而有效地进行。

3. 调节作用

聚醚改性硅油因为含有硅醚键以及醚键，与 DMF 有极好的相容性，聚醚改性硅油/聚氨酯/DMF 可形成均匀稳定的均相溶液。聚醚链段是亲水基，硅氧烷是亲油基，两者的 HLB 值决定着凝固调节性能。

如果亲水聚醚支链较短，为垂悬型支链，有机硅表面活性剂总体表现为疏水性，而主链的硅氧烷结构由于分子间作用力的原因（支链较短所以阻力较小），导致分子聚集堆砌在凝固界面上，因此减缓了 DMF 与 H_2O 的置换。另一方面有机硅表面活性剂分散在各 PU 大分子链间，削弱了它们间的相聚力，也减缓了 PU 溶液的凝固速率。

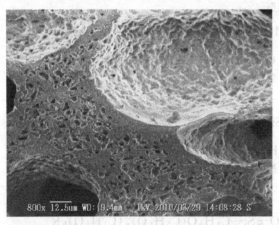

图 9-3 有机硅类湿法结构

如果亲水聚醚支链较长，为悬挂型支链，有机硅表面活性剂总体表现为亲水性。聚醚改性硅油由于它的高表面活性降低了在应力集中处的表面张力，降低了成核所需的吉布斯自由能，微小的应力集中都可成核，于是大量而又密集的撕裂发生，并不断深入生长，聚醚与 PU 很好的相容性使撕裂发生得比较均匀。有机硅类湿法结构见图 9-3。

有机硅调节剂由于价格高，一般只有超纤革使用。代表性的产品如道康宁公司的 0193 和 DIC 公司的 No.10，兼具浆料的流平剂和泡孔调节剂的作用，通过调节表面张力，达到稳定凝固中产生泡孔的作用。

第二节　填料

在合成革湿法工艺中，一般会加入一定量的填料，即体积颜料。目前以纤维素应用最为普遍，其次是轻质碳酸钙、硫酸钙、硅灰石等。生产中是否需要添加、选用何种填料、用量多少，要根据革的质量要求与用途而定，同时考虑生产成本与经济效益，切忌盲目性和片面性。

一、填料的性质与作用

填料是一种结构上与树脂完全不同的固体，是材料改性的一种重要手段。填料不仅可以大大降低材料的成本，而且可以显著地改善材料的各种性能，赋予材料新的特征，扩大其应用范围。

1. 填料的性质对性能的影响

影响填料添加性能的因素很多，包括填料的结构、来源、形状、尺寸、界面性质、分散状态等。就通常使用效果看，最主要的是填料颗粒的形状、大小、表面积及表面结构。

① 颗粒的形状。片状、纤维状等机构的填料通常会使体系黏度增加，流动性与加工性变差，但是增强作用明显，力学性能优良。而球形、无定形粉体易分散，加工性与填充性好，

但对体系力学性能影响大。

② 颗粒的大小。细小的颗粒有利于成品的力学性能、尺寸稳定性、表面光泽及手感。但粒径太小则分散困难，成本增加，在体系中易团聚。因此，粒径的选择以加工要求为准，平衡性能与成本的关系。

③ 颗粒的表面积。通常颗粒表面积大有利于颗粒与聚合物、表面活性剂的结合。但填料表面的物理结构很复杂，粒子与粒子之间千差万别。填料经过粉碎加工后，其表面结构会发生变化，如局部发生龟裂层，遭到破坏形成粗糙面，增加表面的凹凸点等，继续粉碎可减少表面的凹凸不平。

④ 颗粒表面结构。填料表面由于各种官能团的存在及与空气中的氧或水分的作用，填料粒子表面结构与内部结构不尽相同，其化学结构的不同直接影响颗粒在树脂中的分散状态。因此经过表面改性的颗粒与树脂有更好的相容性与分散性，从而提高填充效果，改善流动性。

2. 填料与树脂的作用

① 填料的作用机理。填料作为添加剂，主要是通过它占据体积发挥作用。由于填料的存在，基体材料的分子链就不能再占据原来的全部空间，使得相连的链段在某种程度上被固定化，并可能引起基体聚合物的取向。由于填料的尺寸稳定性，在填充的聚合物中，聚合物界面区域内的分子链运动受到限制，而使玻璃化温度上升，热变形温度提高，收缩率降低，弹性模量、硬度、刚度、冲击强度提高。

② 填充作用。由于填料与聚合物在化学结构和物理形态上存在着显著的差异，两者缺乏亲和性，对于聚合物来说，填料相当于"杂质"。单纯聚氨酯具有较强的抗撕裂性能和较好的拉伸性能，当填料加入后，相当于在浆料中添加了杂质，在凝固时还破坏了原有聚氨酯的线性构成，会导致革的力学性能下降。

填料的细度、形状及表面结构等因素影响填料在基体中的分布以及与聚合物基体的界面接合，从而影响材料的力学性能（如拉伸强度、断裂伸长率、冲击强度等）和加工性能。

大多数矿物填料具有一定的酸碱性，其表面有亲水性基团，并呈极性，容易吸附水分。而有机聚合物则具有憎水性，因此两者之间的相容性差，界面难以形成良好的黏结，因此无机填料基本上没有增强作用，主要作为填充剂使用，降低制造成本，过多的添加还会引起树脂力学性能的大幅降低。

③ 桥联作用。桥联作用指能通过分子之间力或化学键力与聚合物材料相结合，将其自身的特殊性能与聚合物材料性能融为一体。该作用主要用于聚合物的性能改善，比如当某分子链受到应力的作用，应力可通过桥联点向外传递扩散，避免材料受到损害。

每一种填料因本身性质不同，当与高聚物结合时也常常会产生不同的效果。如果填料表面具有一定活性基团，并与树脂形成良好的界面，则填料以细小颗粒状态分散于树脂中可与聚合物产生一定桥联作用，主要是氢键作用。

氢键作用主要发生在填料表面的活性基团（主要是羟基）与聚氨酯羰基之间。由于氢键作用属于二级交联，有较强的作用力，因此氢键的形成会大大改善填料与树脂之间的相容性。通过选择合适的填料类型和用量，可以改进某些性能，如热稳定性和耐磨性等。但是由于聚氨酯结构的复杂性，这种影响将变得十分复杂。

④ 补强作用。补强作用是指在较大应力作用下，如果发生了某一分子链的断裂，与增强材料紧密结合的其他分子链可起到加固作用。补强的重要因素是填料同树脂链形成界面层的相互作用。包括粒子表面对高分子链的物理或化学的作用力，又包括界面层内高分子链的取向与结晶等。可以是粒子与高分子链的直接作用，也可以是通过表面活性剂或偶联剂形成间接作用。

需要指出的是，填料的填充与补强作用是相对的，填料的补强是在一定条件下对于特定树脂才能成立，否则不但没有补强作用，而且还大大降低材料的强度。对于惰性填料（非活性填料），它与基体高分子链几乎没有作用，所以不但没有补强效果，相反由于填料的存在，会引起应力集中，从而导致材料强度下降。即使对具有一定活性的填料，其添加量也是需要控制的。如在一定添加量时，线性结构的聚氨酯与填料颗粒交织，此时填料会产生一定的补强作用，但增加量继续增大时，颗粒间的 PU 量不断减少，树脂分子链无法形成有效的缠绕与结合，力学性能又不断减弱。

3. 填料的用途

① 增加树脂体积容量，降低成本是合成革填料的首要用途。普通合成革与人造革附加值相对较低，在不影响物理机械性能的基础上，加入部分填料可有效减少聚氨酯的用量，降低成本，提高产品竞争力。而超纤革由于附加值高，以性能要求为主，因此基本不做降成本添加。

② 调整 PU 微孔结构。由于填料细小颗粒在成膜体系中的存在，为聚氨酯大分子凝集提供了一个成核点，在凝固过程中起"晶核"的作用，可以加快凝固速率。由于填料的种类、颗粒规格、形态不同，对 PU 溶液的黏度、凝固成膜性能的影响也不同，合理添加可改善了PU 的凝固效果。

③ 赋予一定性能。使用填料可简单、直接、有效地改善合成革的加工性能。合成革产品要求像皮革一样兼具弹性和塑性，回弹速度不能太大，否则会有橡皮感，加入微晶纤维素可有效降低皮膜的弹性。又如添加高吸湿树脂或胶原类可提高皮膜的吸湿透湿性能；添加纳米材料可使合成革具有抗菌防臭、产生负离子等功能。填料加入降低了材料的收缩率，提高了尺寸稳定性、表面光洁度、平滑性以及平光性或无光性。

二、纤维素

纤维素是植物细胞壁的主要成分，是自然界中分布最广、含量最多的一种多糖，占植物界碳含量的 50% 以上。棉花的纤维素含量接近 100%，为天然的最纯纤维素来源。一般木材中，纤维素占 40%~50%，还有 10%~30% 的半纤维素和 20%~30% 的木质素。

1. 纤维素结构

纤维素是由 D-吡喃型葡萄糖基彼此以 $1,4$-β-苷键连接而成的一种均一的高分子。纤维素分子除了两个端基外，每个葡萄糖基都有三个羟基。分子式 $(C_6H_{10}O_5)_n$，平均聚合度约10000 左右。

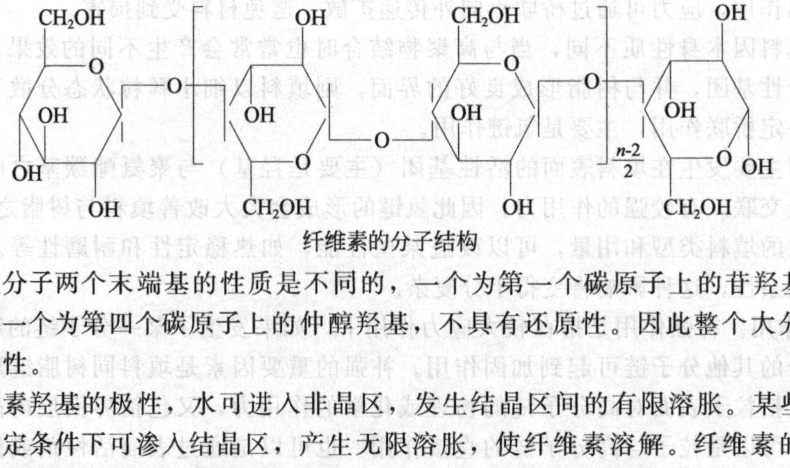

纤维素的分子结构

纤维素大分子两个末端基的性质是不同的，一个为第一个碳原子上的苷羟基，具有潜在的还原性；另一个为第四个碳原子上的仲醇羟基，不具有还原性。因此整个大分子具有极性并呈现出方向性。

由于纤维素羟基的极性，水可进入非晶区，发生结晶区间的有限溶胀。某些酸、碱和盐的水溶液在一定条件下可渗入结晶区，产生无限溶胀，使纤维素溶解。纤维素的工业制法是用亚硫酸盐溶液或碱溶液蒸煮植物原料，主要是除去木质素，得到的物料称为亚硫酸盐浆和碱法浆。经过漂白进一步除去残留木质素，再进一步除去半纤维素，就可用作纤维素衍生物的原料。

纤维素纤维由结晶区和非结晶区组成，在温和的条件下加水降解，就能得到大小为微米级的结晶的微小物质。微晶纤维素（MCC）是一种纯化的、部分解聚的纤维素，结构为葡萄糖苷键结合的直链式多糖，是天然纤维素在酸性介质中水解使分子量降低到一定的范围成为尺寸约 $10\mu m$ 左右的颗粒状粉末产品。通常以木浆为原料经水解、中和、干燥粉碎制备。

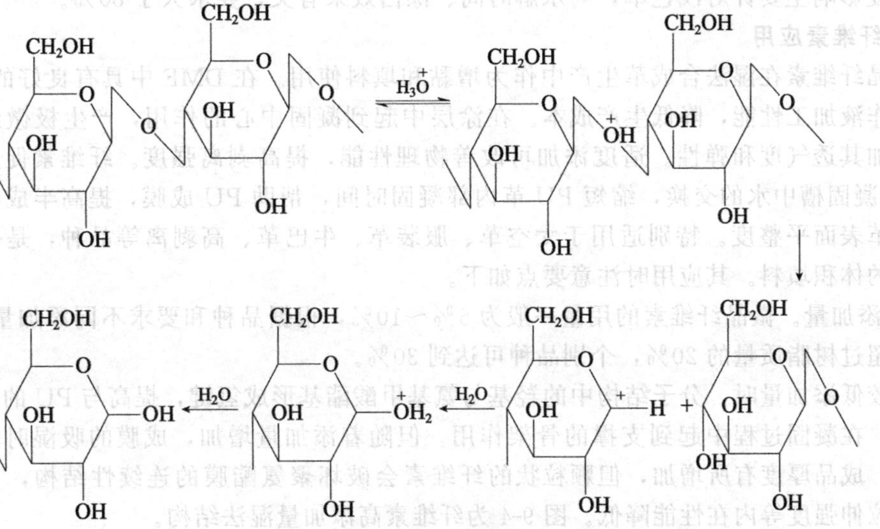

纤维素水解过程

水解过程分三步：纤维素上糖苷氧原子迅速质子化；糖苷键上的正电荷缓慢地转移到 C_1 上，形成碳阳离子并断开糖苷键；水分子迅速攻击碳阳离子，得到游离的糖残基。

MCC 主要由以纤维素为主体的有机物和以 CaO、SiO_2、MgO、Al_2O_3 及其他极微量的金属元素无机物组成。其颗粒大小一般在 $20\sim80\mu m$（晶体颗粒大小为 $0.1\sim2.0\mu m$ 的微晶纤维素为胶态级别），极限聚合度在 $15\sim375$ 之间；不具纤维性而流动性极强；不溶于水、稀酸、有机溶剂和油脂，在稀碱溶液中部分溶解、润胀。微晶纤维素微观形态呈树叶状空心结构或呈短圆柱状，相对密度小，容重 $0.32\sim0.35g/cm^3$。

2. 纤维素性能

微晶纤维素性质的物化指标很多，主要有结晶度、聚合度、结晶形态、吸水值、润湿热、粒度、容重、比表值、流动性、凝胶性能、反应性能、化学成分等。合成革用微晶纤维素质量标准可参考行业标准 LY/T 1333—1999。其中对合成革生产影响重要的指标是细度、均匀度与膨胀系数，其次是灰分与白度。

① 细度与均匀度。只有呈微晶状态的物料，才能在 DMF 中易于分散并润胀成胶体状态，纤维素均匀分布于 PU 浆料中，才能形成平细光滑的表面层，改善合成革的微孔结构。此外，颗粒的均匀度和细度还影响浸渍液的过滤性能和涂布工艺，大颗粒纤维素在浆料中成为颗粒杂质，影响过滤速度并产生沉积，影响正常生产。微晶纤维素一般要求 $350\sim400$ 目过筛≥95%。

② 膨胀系数。微晶纤维素对 DMF 的饱和吸收率也很重要，首先要在溶剂 DMF 中充分润胀，因此要求一定的吸收率，但该指标并非越高越好，吸收率过高浆料黏度会上升，吸收过低又很难达到润胀效果，不利于湿法膜的性能。综合实验饱和吸收率（24h）在 $120\%\sim160\%$比较合适。因此目前行业所采用的测纤维素膨胀系数的方法作为表征革用纤维素品质的指标不够准确可靠。用 DMF 的饱和吸收率作为表征该指标能客观地反映纤维素对 DMF 的实际吸收程度。

不同型号、厂家的微晶纤维素，其膨胀系数不同，即使在其他材料相同情况下，其黏度、性能均不相同，要进行前期实验确定最佳比例。

③ 灰分与白度。正常的微晶纤维素灰分在0.3%以下，目前市场上的产品灰分普遍超标，主要是因为原料自身带入及加工过程中混入的杂质，降低灰分要增加成本和工序。灰分过高直接影响浆料的使用黏度和手感，金属离子的引入也会加速聚氨酯的老化速度。

白度影响主要针对浅色革，与水解时间、漂白效果有关，要求大于80%。

3. 纤维素应用

微晶纤维素在湿法合成革生产中作为增黏和填料使用。在DMF中具有良好的润胀性能，改善工作液加工性能，降低生产成本。在涂层中起到凝固中心的作用，产生极微细的孔隙结构，增加其透气度和弹性。适度添加可改善物理性能，提高剥离强度。纤维素促进浆料中的DMF与凝固槽中水的交换，缩短PU革内部凝固时间，帮助PU成膜，提高半成品的内在质量及皮革表面平整度。特别适用于太空革、服装革、牛巴革、高剥离等品种，是一种很好的膨润型的体积填料。其应用时注意要点如下。

① 添加量。微晶纤维素的用量一般为5%~10%，根据品种和要求不同添加量随之变化，一般不超过树脂质量的20%，个别品种可达到30%。

在较低添加量时，分子结构中的羟基与氨基甲酸酯基形成氢键，提高与PU的结合力及成膜强度，在凝固过程中起到支撑的骨架作用。但随着添加量增加，成膜的吸湿时间缩短，透湿度高，成品厚度有所增加，但颗粒状的纤维素会破坏聚氨酯膜的连续性结构，导致其剥离强度、拉伸强度等内在性能降低。图9-4为纤维素高添加量湿法结构。

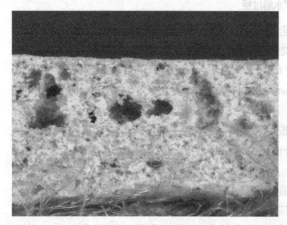

图9-4　纤维素高添加量湿法结构

一般来说，鞋革对物理性能要求高，添加量要低，防止其对剥离强度造成影响。而服装革对强度要求不高，而对透气性等卫生性能要求高，可以增加添加量。如软质低泡孔型树脂，可以大量加入填料，断面泡孔基本为细小疏松型，表面有大量微细孔。

② 工作黏度。树脂工作黏度是一个重要的工艺参数，为了保证产品的稳定，浆料的黏度必须控制在一定的范围内，而浆料的黏度既与树脂有关，又与纤维素等填料的性质有关。

一般情况下，加入纤维素会使黏度升高。因为纤维素会吸收部分DMF，浆料中用于溶解聚氨酯树脂以及浸润填料表面的DMF的量就相对减少，浆料黏度会上升。黏度的升高可防止涂布液渗透到基布中，还可提高加工速度，提高产量。但如果黏度上升很高，甚至出现流动困难，则是因为纤维素对DMF的饱和吸收率过高。如果出现添加后黏度降低的现象，则因为纤维素的细度不够，或者无机物含量太高。

因为树脂与填料的批次、品种、时间、温度等原因，工作黏度出现小的波动是正常的，可以用 DMF 进行微调。但如果出现大的波动，则应及时查找原因。

③ 组分的影响。目前市场的纤维素品种很多。采用的浆粕种类不同，加工方法不同，组分与纯度也各不相同，主要有以下几类。

a. 木粉：是利用机械方法磨解纤维原料制成的粉体，部分解聚。是纤维素、半纤维素、木素、无机物的混合物。细度、均匀度、白度都较差，无机物含量高。使用时工作液基本不增黏，流动性较差，表面颗粒感强。

b. 纸浆粉：是纤维素和半纤维素的混合物，多以棉花为原料，纤维素含量在 80% 左右，无机物含量也比较低，一般在 3%～5%，细度一般在 350 左右。对树脂增稠明显，流动性也较好，是目前市场使用量较大的品种。

c. 纤维素：以高 α-纤维素含量的纯木材纤维素为原料，无机物含量很低，细度可达到 400。增稠明显，流动性与放置稳定性好，成膜后的表面光滑平细，同等用量下物理性能损失最少。

4. 改性纤维素

纤维素作为多羟基聚合物，其化学改性主要依赖于与纤维素羟基有关的反应来进行。经过改性处理的纤维素将具备各种不同性能。

① 羧甲基纤维素。羧甲基纤维素（CMC）是一种非常重要的纤维素衍生物，通常产品为羧甲基纤维素钠盐，属于阴离子型高分子化合物。为白色粉末。性能稳定，易溶于水，不溶于乙醇、乙醚、异丙醇、丙酮等有机溶剂。CMC 种类很多，基本结构如下：

CMC 的分子结构

CMC 的主要化学反应是纤维素和碱生成碱纤维素的碱化反应以及碱纤维素和一氯乙酸的醚化反应：

$$[C_6H_7O_2(OH)_3]_n + nClCH_2COOH + 2nNaOH \longrightarrow$$
$$[C_6H_7O_2(OH)_2(OCH_2COONa)]_n + nNaCl + nH_2O$$

CMC 是水溶性的，通常不适宜作为填充材料。但在一定状况下加入聚氨酯，成膜后进再行水洗，CMC 则可以洗脱进入水中在原来占据的位置形成微小孔隙，即通常所说的"盐析法"。CMC 可作为防水透湿的材料。

② 改性羧甲基纤维素。改性羧甲基纤维素是将 CMC 进行改性，增加分子间的交联，保留其吸湿性能的同时降低其水溶性。通常是用环氧氯丙烷在碱催化下改性 CMC：

$$NaOOC—Cell—OH + Cl—CH_2CH \underset{O}{\overset{\diagup\diagdown}{—}} CH_2 \longrightarrow$$

$$NaOOC—Cell—OCH_2CHCH_2O—Cell—COONa$$
$$\underset{OH}{|}$$

改性羧甲基纤维素可用作为功能性填充剂，本身含有大量羧基钠盐，可以通过亲水基团来传递水分子，具有很强的吸湿能力。通过添加 MCMC，形成的聚氨酯膜的微孔结构也在变化，孔径和孔数的变化使得孔隙率加大，因而透湿量也增加，实现了"吸湿-放湿"功能。

③ 聚氨酯改性纤维素。纤维素较高的结晶度和分子间和分子内存在大量的氢键，使其在大多数溶剂中不溶解，聚氨酯材料生物相容性较差，这成为纤维素在应用开发中的最大障碍。

纤维素定向转化为不同多元醇。可部分代替传统多元醇作为合成原料，不仅可以提高资源利用率，而且可为聚氨酯工业提供廉价的原料来源。目前以木粉、麦秆、甘蔗渣等为原料制备生物质基多元醇在国内已经开始生产。

利用聚氨酯合成技术对纤维素与木素进行部分改性，得到可与聚氨酯具有相容性的改性"聚氨酯木质素"。如纤维素/聚氨酯半互穿网络材料，线性纤维素分子穿插于已交联的聚氨酯网中，形成半互穿网络，相比纯纤维素，纤维素/聚氨酯半互穿网络中纤维素的结晶规整度下降，但强度和杨氏模量有较大的提高。

无论是纤维素多醇，还是聚氨酯改性纤维素，由于其自身具备了一定的树脂化性能，因此可以实现与聚氨酯树脂的良好结合。纤维素的改性及其功能化，提高了纤维素的利用率。

三、 无机填料

1. 轻质碳酸钙

轻质碳酸钙简称轻钙，分子式为 $CaCO_3$，又称沉淀碳酸钙，简称 PCC。主要成分是 98％以上含量的 $CaCO_3$，它作为一种重要的无机粉体化工填料，广泛应用于各种行业中。

轻钙粒径为 $1\sim5\mu m$ 时，称之微粒碳酸钙；粒径为 $0.1\sim1\mu m$ 时，称之微细碳酸钙；粒径在 $0.02\sim0.1\mu m$ 时，称之超细碳酸钙；粒径小于 $0.02\mu m$ 时，称之超微细碳酸钙。通常所说的轻钙是指符合国标 GB 4794—84 的产品。

轻钙一般用二氧化碳化学沉淀法制造。将石灰石等原料燃烧生成石灰（主要成分为氧化钙）和二氧化碳，再加水消化生成石灰乳（主要成分为氢氧化钙），然后再通入 CO_2 碳化石灰乳生成碳酸钙沉淀，根据用途可进行碳酸钙粒子表面改性处理，最后经脱水、干燥而制得。

在轻钙生产过程中，采用不同的结晶条件，可以制备不同晶形的产品，如纺锤体、针状体、链状体、立方体、球状体等。轻质碳酸钙的粉体特点：颗粒形状规则，可视为单分散粉体；粒度分布较窄；粒径小。粒度为 $0.1\sim0.35\mu m$，相对密度 2.65，吸油量 $25\sim65$，白度为 97％左右，不溶于水和醇，有轻微吸潮能力。

轻质碳酸钙是合成革填料中用量最大的品种，通常用于湿法工艺中的聚氨酯添加。目前市场主要有 400 目和 600 目两种，根据质感的要求与用途不同，使用比例又有一定区别。其主要优点如下。

① 作为填料，增量能力高，价格低廉，因此具备低成本优势。现阶段添加碳酸钙以降低成本为主要目标。随着碳酸钙表面性质的改善和形状、粒度的可控，碳酸钙将逐渐成为补强或赋予功能性为目的的功能性填充剂。

② 提高了合成革的稳定性。轻质 $CaCO_3$ 作为助剂加入聚氨酯涂层液中，使涂层液在凝固过程中的内应力发生变化，使凝固过程的速度均匀，避免了聚氨酯的急剧收缩，改善了卷边、平滑等性能，提高了产品的磨皮加工性能。

③ $CaCO_3$ 粒子表面的毛细孔对水的虹吸作用，使水轻易地从一端移向另一端。而 $CaCO_3$

在凝固过程中如同一个核心点，因此改变了 PU 的成核及核增长的比例。适当的碳酸钙在聚氨酯中起到骨架作用，使革的厚度增加，手感更饱满。

但轻质碳酸钙在使用中也存在一些问题。

① 耐水性下降。加入填料后材料拉伸强度降低，使水分子渗入到填料与树脂之间，破坏了两者之间的相互作用。而填料量越大这种作用越明显。

② 轻钙加入后，对成膜的耐热性影响不大，但对耐低温性能尤其是低温弯曲疲劳性能下降较大，主要是轻钙颗粒破坏了聚氨酯分子链间的作用力。因此对高寒地区使用的品种添加量一定要慎重。

③ 相容性问题。常用的碳酸钙粉体为亲水性无机物，其表面有亲水性较强的羟基，而合成树脂是高分子聚合物表面呈亲油性。当碳酸钙粉末分散在高分子聚合物中时，二者的表面性能相差极大，亲和性不好，易产生聚集体、沉淀、分散不均匀等问题。两种材料之间界面缺陷，导致加工性能和材料的力学性能劣化。

④ 填充量问题。适度填充有利于降低成本，但在填充量较大时，会降低表面的平滑性，增加硬度，降低各项物理机械性能。

2. 改性碳酸钙

填料表面改性的目的是提高无机填料颗粒与聚合物的相容性，增强相互间的结合力，改善填料在聚合物中的分散性，最终提高填充聚合物的综合性能。

碳酸钙本身是一种强极性材料，在高分子材料中难相容、易结团、分散性差。为了解决这个问题，目前比较流行的方法主要有两种。将碳酸钙颗粒细化；将碳酸钙颗粒表面进行化学改性。

通过上述方法在很大程度上克服其原有的特点，通过改性来满足不同产品的要求。因此超细化和表面活化是碳酸钙填料的发展方向。

① 活性碳酸钙。简称活钙，用处理剂对轻质碳酸钙进行表面改性而制得。目前市场上销售的用于常规填料的轻钙几乎都是未经表面处理的，在树脂中皆易于沉底结块。处理剂的选择要慎重，绝大多数表面处理剂都可以改善轻钙在树脂中的分散性，但由于与成膜物树脂之间相互作用有别，只有那些与基料树脂之间存在较好的相容性，且处理剂本身力学性能、耐化学品性、耐热耐光等性能得到保证的处理剂才可以使用。

碳酸钙表面改性主要采用表面活性剂和偶联剂处理。表面活性剂分子中一端为亲水性的极性基因，另一端为亲油性非极性基因。用它处理无机填料时，极性基团能吸附于填料粒子表面。基本模型如下：

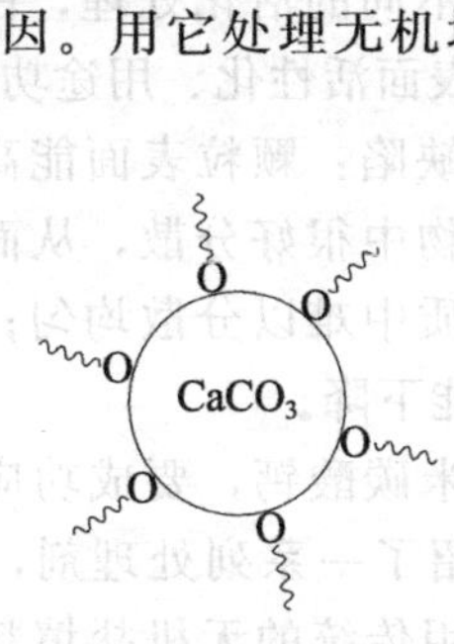

通常使用各种脂肪酸，脂肪酸盐、酯、酰胺等对碳酸钙进行表面处理。由于脂肪酸及其衍生物对钙离子具有较强的亲和性，所以能在表面化学吸附，覆盖于粒子表面，形成一层亲油性结构层，使处理后的碳酸钙亲油疏水，与有机树脂有良好的相容性。活化表面不能通过溶剂萃取的方法将之去除就表示 $CaCO_3$ 表面被完全活化。

偶联剂的分子中通常含有几类性质和作用不同的基团，一部分基团可与无机物表面的化学基团反应，形成牢固的化学键合。另一部分则具有亲有机物性质，可与聚合物分子反应或物理缠绕。从而达到改善无机填料与聚合物之间的相容性，并增强填充复体系中无机填料与聚合物基料之间的界面相互作用的目的。

硅偶联剂是目前使用最普遍的，通式为 $RSiZ_3$，其处理碳酸钙的机理如下：

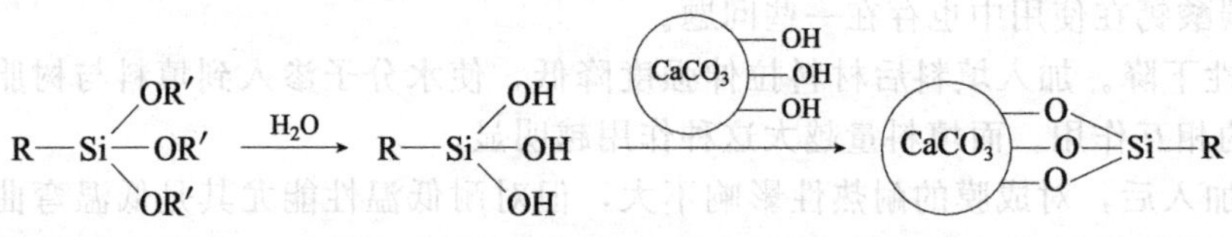

用钛酸酯偶联剂处理碳酸钙，由于它能与填料表面的自由质子发生化学吸附，从而在填料表面形成有机单分子层，大大提高了与聚合物基料之间的亲和性。

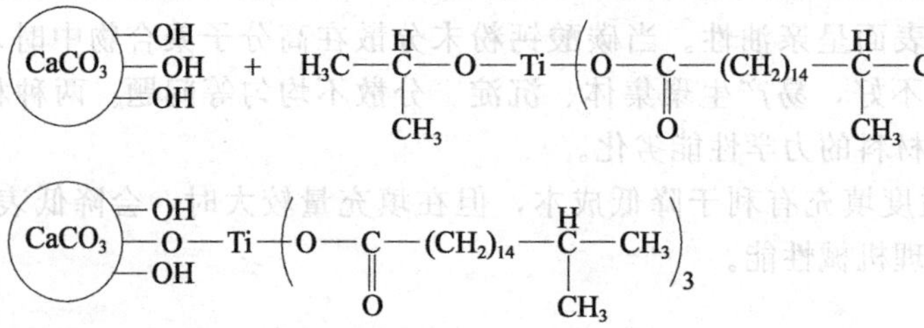

通过采用偶联剂、脂肪酸、石蜡、白油等助剂对碳酸钙粉体进行包覆改性，使碳酸钙表面性能由无机性向有机性过渡，以增大碳酸钙与树脂等有机体的相容性，消除填料在有机体中分散不均等因素，提高碳酸钙粉体的补强作用以及在复合材料中的分散性能和改进碳酸钙填充复合材料的物理性能。

经改性的碳酸钙一般具有吸油值低、分散性好、能补强等优点。但主要的优点是具有补强性，即所谓的"活性"。所以习惯上将改性碳酸钙均称为活性碳酸钙，将改性过程称为活化过程。如目前市场上的胶质碳酸钙，是一种白色细腻软质粉末，是其粒子表面吸附一层脂肪酸皂，使碳酸钙具有胶体活化性能。

② 纳米碳酸钙。指合成碳酸钙的粒径在 $0 \sim 100nm$ 范围内的产品。包括超细碳酸钙（粒径 $0.1 \sim 0.02\mu m$）和超微细碳酸钙（粒径 $\leqslant 0.02\mu m$）两种产品。由于制造方法不同，其产品粒径分布、应用范围各有差异。

纳米碳酸钙具有如下显著特点：粒子超微细；比表面积大；与普通轻钙粒子的纺锤状相比，它的粒子呈立方体状；表面经过不同的活化处理，白度高，具有独特的功能和用途。基本具备了新型无机填料粒子微细化、表面活性化、用途功能化的优点。

纳米碳酸钙在应用中也存在以下缺陷：颗粒表面能高，处于热力学不稳定状态，吸附作用越强，粒子互相团聚，无法在聚合物中很好分散，从而影响其使用的实际效果；粒子表面是亲水疏油的，呈强极性，在有机介质中难以分散均匀；与基材之间结合力低，在受外力冲击时，易造成界面缺陷，导致材料性能下降。

因此，不管是活性碳酸钙还是纳米碳酸钙，要成功应用于树脂中，表面进行特殊的改性是关键。需要注意的是很多资料都介绍了一系列处理剂，但对性能的讨论不完整，缺乏实用性。目前对碳酸钙的表面处理大多采用传统的无机盐填料的处理方法，采用的处理剂多为硬脂酸及其盐类，各类表面活性剂与偶联剂等。

3. 其他无机填料

滑石粉主要成分是水合硅酸镁，分子式 $3MgO \cdot 4SiO_2 \cdot H_2O$，含 $30.6\%MgO$ 与 62% SiO_2，是由天然滑石粉精选制得。由基本单位组成的集合体，再形成上下层，层间靠微弱的范德华力结合着，所以施加外力易在层间剥离滑脱。滑石粉是纯白、银白、粉红或淡黄的细粉，不溶于水，化学性质不活泼，粉末软而滑腻，是典型的板状填料。相对密度 $2.7 \sim 2.8$，其晶体属单斜晶系，呈六方形或菱形，粒子形状为鳞片形，细度要求 400 目通过 98％以上。滑石粉添加量不宜过多，否则成品板硬。

高岭土属于黏土中的一种，即黏土矿物的粉末，又称瓷土，主要由高岭石微细晶体组成，是各种结晶岩（如花岗岩）等破坏后的产物。高岭土化学组成为 $Al_2O_3 \cdot SiO_2 \cdot H_2O$，含 39％ Al_2O_3 与 45％ SiO_2，经 600℃煅烧后称为煅烧陶土，经研磨成细粉末后可用作填充剂。相对密度 2.58～2.63，色泽纯白明亮，常温略溶于酸。电绝缘性能好，具有耐磨及吸水性低的优点。

蒙脱土像高岭土一样，也是黏土中的一种，其主要成分是膨润土，化学组成为：SiO_2 72％，Al_2O_3 14％，Fe_2O_3 2％，CaO 2％，MgO 2％。每层的厚度约 1nm 而且刚性很好，层间还富有可交换的 Na^+、K^+、Ca^{2+}、Mg^{2+} 等水合阳离子，可与其他有机阳离子进行交换，使层间距发生变化。由于蒙脱土的插层效应，可制作各种纳米复合材料。

硅灰石（$CaSiO_2 \cdot SiO_2 \cdot nH_2O$）。天然硅灰石具有 β 型硅酸钙化学结构，是针状、棒状、粒状各种形状粒子的混合物，吸油吸水少，化学稳定性能及电绝缘性能较好，成本低廉。可将天然硅灰石粉碎、分级、精制而成为填料用。或用合成方法制备硅灰石，即将二氧化硅和氧化钙进行加热制备。用化学反应合成的硅灰石结构为 α-硅酸钙，硅酸钙一般具有粒状形态。

二氧化硅（$SiO_2 \cdot nH_2O$）。合成出来的二氧化硅呈白色无定形微细粉状、质轻，其原始粒子在 0.0003mm 以下，吸潮后聚合成细颗粒，有很高的绝缘性，不溶于水和酸，溶于苛性钠及氢氟酸。在高温下不分解，多孔，有吸水性，内表面积很大，具有类似炭黑的补强作用，所以也把这种合成出来的二氧化硅叫做白炭黑。

作为无机填料，其添加量、添加方法、性能基本与轻质碳酸钙相似。通常在聚氯乙烯中使用较多，而在聚氨酯中使用较少。

第三节　着色剂

一、着色剂的基本性质

1. 着色剂的组分

着色涂料包括：成膜物质（天然树脂，合成树脂，改制过油脂）、颜料（着色颜料，功能性颜料，体质颜料）、助剂（分散剂、防沉剂、催干剂、表面调整剂）等。

① 成膜物质。根据被着色物性质及接触的介质性质决定对成膜物质的性能要求。湿法着色主要是添加到聚氨酯树脂中，因此要选择与湿法树脂及溶剂相容性展色性好的匹配的聚氨酯树脂。

② 颜料。除了按颜色要求选择外，还要按性能要求选择，也要考虑经济因素。要综合考虑使用目的、性能要求、价格等因素来选择。

③ 助剂。助剂的用量小但作用大，对改进着色剂的性能起较大作。湿法着色剂常用的助剂有湿润剂、流平剂、消泡剂等。

④ 溶剂。溶解和稀释成膜物质，达到容易分散和应用的要求。通常湿法使用的是 DMF。干法使用的还有丁酮、丙酮、乙酸乙酯等。

2. 着色剂要求

着色剂是赋予合成革不同颜色的添加剂。一般都做成分散体（色浆），再通过颜色调配后添加到浆料中。着色剂在合成革应用中要具备如下条件。

① 耐迁移性好，在树脂膜中不发生色迁移。

② 色泽鲜艳，色相纯正，着色力强。

③ 耐热性好，在高温下有良好的热稳定性，不变色、不分解。

④ 化学稳定性好，有良好的耐酸、碱性，与其他助剂不发生化学反应。

⑤ 分散性好，在低黏度条件下保持分散悬浮状态，如果产生沉降、凝集，则必然造成前后产品的色差。细度细，保证着色均匀，不产生色点色疵。

⑥ 与树脂系统具有良好的混合性和相容性，在机械搅拌下可达到均匀稳定状态。相容性差极易产生色条、浮色等。

⑦ 符合环保与安全要求。重金属如锑、铬、镉、铅、汞等的含量不能超过限定。合成革常用的铬黄类颜料、钼红颜料中含有铬、铅重金属，镉橙颜料中含有镉，一些媒染染料则常含有铬、镍、铜等重金属。还应符合欧盟 2002/61/EC 指令中禁用某些偶氮染料的禁令。

二、 颜料

1. 颜料的性能

① 颜料的通性。PU 着色剂中最主要的组分是颜料，赋予成膜一定的颜色，起到装饰保护的作用。颜料是一类有色的微细颗粒状物质，颗粒范围在 $30nm \sim 100 \mu m$ 之间，在这些细小粒子内部，其分子有一定的排列方式。颜料一般不溶于水、溶剂和载体树脂，而在其中呈悬浮状态，以其"颗粒"展现其颜色，即"颜料发色"。而染料可溶解于分散介质中，以其"分子基团"展现颜色，这是二者最大的不同。颜料的透明性、鲜艳性略差，但耐热性、耐光性好，而且基本不发生迁移现象。

② 颜色。颜料的颜色，是由于颜料对白光组分选择性吸收的结果。白光就是不同波长的光所组成的复色光。经过颜料对白光选择性吸收，看起来好像上了一种与被它所吸收的余色的颜色。颜色理论有两种不同的解释。

一种理论认为颜料呈现不同颜色与原子电荷排列和振动相关联。如果某颜料的振动频率与可见光谱绿色部分的频率相当，就将吸收绿光部分，把其余部分反射出来，这一颜料我们看它是红的。

另一种理论是颜料显色与颜料晶格结构有关。晶格对称的颜料，因为光波全部通过其晶格而无变化，白光射到上面显白色，红光射到上面显红色。不对称晶格中，首先变弱的光波是最短的光波，即相当于紫色的。因而颜料呈显紫色的余色。随着品格不对称性的扩大，波长较大的光也逐渐变弱，颜料将呈显相应的余色。

颜料的颜色主要取决于其自身的化学组成与机构、晶型、粒子大小等，还与光源与观测者有关。

③ 遮盖力。颜料的遮盖力是指涂膜中的颜料能遮盖表面，使它不能透过漆膜而显露的能力。颜料的遮盖力用数值表示时，常用每遮盖 $1m^2$ 的面积所需要颜料的克数。

颜料遮盖力的强弱受颜料和基料两者折射率之差的影响。颜料的折射率和基料的折射率相等时，颜料就显得是透明的，即不起遮盖作用。颜料的折射率大于基料的折射率时，颜料呈现出遮盖力。两者之差越大，颜料的遮盖力显得越强。

颜料遮盖力强弱不仅取决于涂层反射光的光量，而且也取决于对射在涂层表面的光吸收能力。如炭黑完全不反射光线，但能吸收射在它上面的全部光线，因而它的遮盖力很强。

颜料颗粒大小和分散对颜料遮盖力强弱有影响。颜料颗粒小，分散强度大，反射光的面积多了，因而遮盖力增大。当颜料颗粒大小变得等于光的波长的一半时，分散度再继续增加，遮盖力不再增加。

有些颜料的遮盖力随着它们的晶体结构不同而有差异，如斜方晶形铬黄的遮盖力比单斜晶体的弱。混合颜料的遮盖力，决定于混合物各组分的遮盖力。因此可以在某些颜料中加入适量的体质颜料，来降低颜料的成本，而不至使它的遮盖力降低。

④ 着色力。着色力又称着色强度。某一颜料与基准颜料混合后形成颜色强弱的能力，通常是以白色颜料为基准去衡量各种彩色或黑色颜料对白色颜料的着色能力来表示。

着色力强调的是混合后形成颜色强弱的能力，当配制混合颜料时，达到同样色调，着色力强的颜料用量少。如铬黄与华蓝混合时，产生各种绿色颜料，华蓝的用量就取决于它的着色力。

与遮盖力相似，着色力也是颜料对光线吸收和散射的结果。但不同的是，遮盖力侧重于散射，着色力则主要取决于吸收。颜料的吸收能力越强，其着色力越高。

着色力除了和颜料的化学组成有关外，亦和颜料粒子的大小、形状有关。着色力一般随颜料的粒径减小而增强。当分散度很大时，着色力缓慢下来，所以存在着使着色力最强的最佳粒径。

⑤ 颗粒大小。颜料颗粒的大小不仅决定着颜料的特性，而且决定着成膜的质量。颜料颗粒大小即颜料的分散度、细度，一般用标准筛的筛余物测定。在其他条件想通的情况下，颜料的色泽决定于其细度。细度的提高，加强颜料的主色调和亮度。颜料的遮盖力和着色力也取决于其分散度。

⑥ 耐光性。有些颜料在光的作用下，颜色有不同程度的变化，变化程度越多，颜料的稳定性越差。这种现象可能是由于化学反应，或是由于颜料晶形的变化引起的。颜料对光和大气作用的稳定性是它的一个重要性能，如锌钡白在阳光下变暗，是由于硫化锌还原为金属锌。

2. 颜料的种类

颜料的品种较多，具有不同的颜色、结构、性能。一般可分为无机颜料和有机颜料，合成革行业常用颜料品种如下。

（1）无机颜料

① 钛白粉。即二氧化钛（TiO_2）。有金红石型、锐钛型两种类型。在常用的白色颜料中，同等质量的白色颜料 TiO_2 的表面积最大，颜料体积最高，因此 TiO_2 最突出的颜料性质就是有极强的遮盖力。

TiO_2 属于热稳定性的化合物，无毒，化学性质很稳定，常温下几乎不与其他物质发生反应，是一种偏酸性的两性氧化物。与氧、硫化氢、二氧化硫、二氧化碳和氨都不起反应，也不溶于水、脂肪酸和其他有机酸及弱无机酸，微溶于碱和热硝酸。二氧化钛虽具有亲水性，但吸湿性不太强。

② 炭黑。是合成革的主要黑色颜料，为疏松的黑色粉末。由烃在空气不足的条件下经部分燃烧或热分解制得。炭黑的主要成分是碳元素，按照制造方法可分为槽法、炉法及热裂解三类。合成革着色主要使用槽法高色素炭黑，平均粒径 9～14nm，吸油量 2～4mL/g，比表面积 400～1000m²/g。

炭黑具有很强的遮盖力与着色力，极高的耐光性和化学稳定性，可以单独使用，也可与其他颜色拼混成灰色、深咖啡色、深棕色等。通常基体层着色采用 3# 或 6# 炭黑即可，表层着色一般采用 1# 或特黑品种。

③ 铬黄。又称铅铬黄，主要成分是铬酸铅（$PbCrO_4$）、硫酸铅（$PbSO_4$）、碱式铬酸铅（$PbCrO_4 \cdot PbO$）的黄色颜料。产品一般有柠檬铬黄、浅铬黄、中铬黄、深铬黄和桔铬黄五种。中铬黄的主要成分是铬酸铅。浅铬黄是铬酸铅和硫酸铅的混合物。桔铬黄是碱式铬酸铅。铬黄颜色鲜艳，是黄色颜料中遮盖力和着色力较好的品种，但耐光性不十分理想，在光的作用下会变暗，遇强的无机酸会溶解，遇硫化氢会变黑，不宜与碱性染料混用，在过量碱中会溶解。

④ 铁黄。又称氧化铁黄，以 $\alpha\text{-}Fe_2O_3 \cdot H_2O$ 为主要成分的黄色无机颜料。遮盖力与着色力好，耐光、耐碱性也佳。但不耐酸、不耐高温，当温度达到 150～200℃时便脱水转变成铁

红颜料。

⑤ 铁红。主要成分为 α-Fe_2O_3，红棕色粉末。遮光力和着色力都很高。耐碱、耐酸能力均强，在浓酸中只有在加热的情况下才逐渐被溶解。

⑥ 钼铬红。由硝酸铅与重铬酸钠、钼酸钠按一定比例配合而成。红色至橘红色晶体。不溶于水和油，易溶于无机强酸。色泽鲜艳，着色力高，遮盖力强。常同有机红颜料配合使用。

⑦ 铁蓝。是由 $Fe_4[Fe(CN)_6]_3$ 与 $K_4Fe(CN)_6$ 或 $(NH_4)_4Fe(CN)_6$ 以及 H_2O 形成的复杂络合物。又叫华蓝或普鲁士蓝，铁蓝颜色艳亮，着色力很高，能耐光、耐候、耐弱酸，不溶解于油和水，遮盖力不强，耐碱力很差，所以不能与碱性颜料同用，也不能用于呈碱性的物体表面。

⑧ 群青。结构 $Na_8Al_6Si_6O_{24}S$，是最美丽的蓝色颜料，最大的特点是耐久性高，耐光、耐热、耐候、耐碱，但遇到酸分解发黄。在白色中加入少量群青是消除白色泛黄的理想方法，使白色纯正，显出美丽的蓝相。

⑨ 氧化铬绿。是耐久力最强的绿色颜料，有优良的耐光、耐候、耐高温（700℃）、耐酸碱、耐气体侵蚀等性能。但着色力和遮盖力较铅铬绿差，颜色不够鲜艳。常用于化工厂和耐酸雾等环境的涂料中做颜料。

⑩ 金属颜料

铝粉。俗称银粉，呈微小的鳞片状，有银色光泽的金属颜料。其特点是：有很高的遮盖力，反光、散热、阻止紫外线穿透的能力强，能阻止水汽和其他腐蚀性气体渗入漆膜，耐热性高。分散时应完全润湿鳞片以得到完全的光学性能。

铜粉。又叫金粉，由铜合金粉末制成，有金黄色的光泽。其特点是遮盖力弱，反光和散热性差，一般用于装饰生产中的颜料。

(2) 有机颜料

有机颜料在着色介质中是以不溶性的微细粒子状态对物质着色，改变其吸收光谱而显示出颜色的一种有机物质。具有色光鲜艳、透明度高、色谱齐全、价格高等特点。常用品种有：

① 有机颜料黄

耐晒黄 G。不溶性单偶氮颜料，芳酰胺结构。具有纯净的黄色，遮盖力很高，在高温下有偏红的倾向。耐酸碱性好，但耐溶剂性及耐迁移性不高。

有机颜料黄 13。不溶性双偶氮颜料，由于颜料结构相对分子质量增大，料的性能提高，具有优良的鲜艳度、透明度和遮盖力。耐热、耐溶剂性能都比较优良。

耐晒黄G

有机颜料黄13

② 甲苯胺红。又叫猩红，一种单偶氮红颜料。具有鲜艳的红色，有很高的耐光、耐水和耐油的性能，有良好的耐酸碱能力，遮盖力也很强，能耐热 130～140℃，易研磨，所以该品种是一种很好的红色颜料。

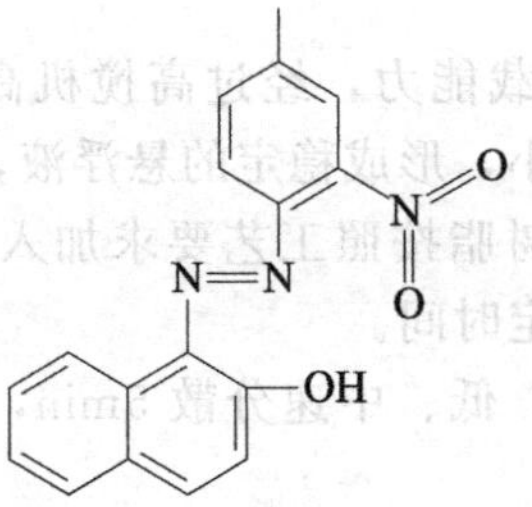

甲苯胺红

③ 酞菁颜料

酞菁蓝。色彩鲜艳，着色力强，耐光、耐化学反应强，是一种性能优良的蓝色颜料。所以，大量用于涂料生产中。

酞菁绿。呈带绿光的黄色。耐光、耐热、耐各种化学品性能十分优良。不溶于水和一般溶剂。颜色鲜艳，着色力高，耐晒及耐热性能好，属于氯代铜酞菁不褪色颜料。

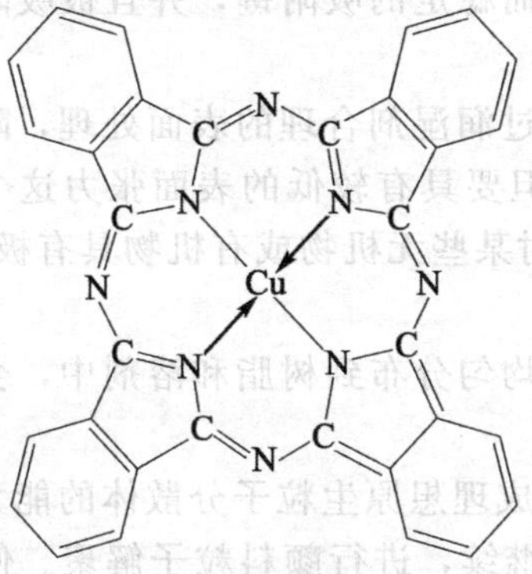

酞菁蓝

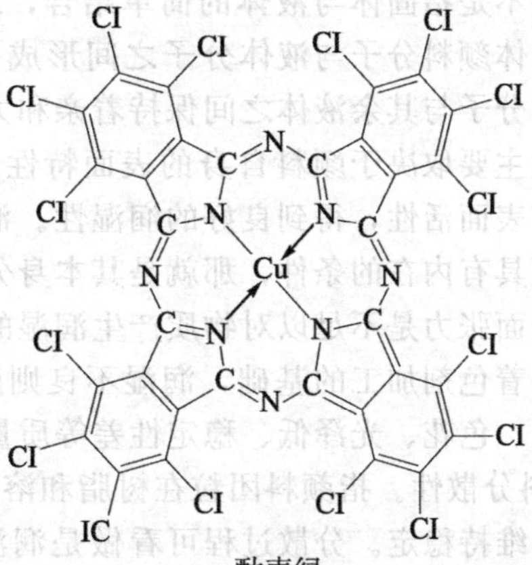

酞菁绿

钛菁颜料在树脂中分散困难，因此具有絮凝趋势。放置后易与体系分离而产生浮色，因此在使用前需再次分散，否则易产生色条与色花。

目前有机颜料的研究重点是在颜料后处理改进方面，如选择较好的晶型，制造较细而粒度分布又狭的颗粒，改进颜料的湿润性等，使有机颜料能发挥更大的效用。

基布通常是大批量生产，颜色变化相对少，黑色与白色是最常规的品种，其他的使用量相对较少。

三、着色剂的制造

1. 制造原理

颜料不能直接在聚氨酯浆料中添加使用，通常是配制成色浆。色浆由颜料、载体树脂、溶剂及助剂四部分构成。色浆的加工是一个复杂的物理过程，包括颜料润湿、解聚、稳定化三个基本过程。

① 润湿是指用树脂或添加剂取代颜料表面上的吸附物如空气、水等，即固/气界面转变为固/液界面的过程。

② 解聚是指用机械力把凝聚的二次团粒分散成接近一次粒子的细小粒子，构成悬浮分散体。

③ 稳定是指形成的悬浮分散粒子在无外力作用下，仍能处于分散悬浮状态。

2. 制造过程

因聚氨酯具有很高的黏度和承载能力，经过高搅机高速搅拌后，颜料粒子被树脂包覆，经过砂磨机研磨，颜料粒子逐渐变小，形成稳定的悬浮液，即色浆。其基本配制方法如下。

配料。将溶剂、颜料、助剂、树脂按照工艺要求加入配料桶。一般为了达到较好的湿润效果，通常是配置好后密封放置一定时间。

搅拌。将配料送入高速搅拌机，低、中速分散 5min，再高速分散 15min。使各种物料充分混合，达到初步分散的目的。

研磨。将搅拌料送入砂磨机，利用研磨介质（玻璃珠或锆珠）对颜料颗粒进行连续研磨，使颜料达到要求的颗粒尺寸，充分悬浮在树脂中。

过滤。将研磨好的浆料用不锈钢网过滤，同时取样检测。

3. 制造要点

① 颜料润湿性。指颜料与树脂、溶剂的亲和性。颜料在使用时，从固体状态加入到液体中，原有的固/气界面消失，形成新的固/液界面，这个过程称为润湿。

润湿并不是指固体与液体的简单结合，或粉状体在液体中的机械分布，而是由于在相的界面上，固体颜料分子与液体分子之间形成一种直接而稳定的吸附键，并且被吸附在颜料固体表面上的分子与其余液体之间保持着亲和力。

润湿性主要取决于颜料自身的表面特性，一般通过润湿剂合理的表面处理，降低其表面张力，提高表面活性，得到良好的润湿性。润湿剂不但要具有较低的表面张力这个外在的条件，还必须具有内在的条件，那就是其本身分子结构对某些无机物或有机物具有极好亲和性，单是降低表面张力是不足以对物质产生润湿的。

润湿是着色剂加工的基础，润湿不良则颜料不能均匀分布到树脂和溶剂中，会产生颜料颗粒、浮色、色花、光泽低、稳定性差等质量问题。

② 颜料分散性。指颜料团粒在树脂和溶剂中分散成理想原生粒子分散体的能力，并将这种分散状态维持稳定。分散过程可看做是润湿过程的继续，进行颜料粒子解聚。使这些粒子能完全被基料所润湿，并在每个粒子周围形成溶剂膜，以消除粒子再度聚集的可能性，最后使粒子均匀地分布在基料中。

实际操作中，颜料不可能达到理想的原生粒子状态。一般通过加入分散助剂，其附着在微粒上后，让相互的微粒之间产生一种排斥力，使微粒之间不容易产生再次聚集。平常用到的都是分散剂和润湿剂配合在使用，也就是常看到的润湿分散剂。润湿剂在其中起到一个带领分散剂进入微粒的各个缝隙之中，让分散剂使所有微粒分隔开来，让所有微粒悬浮在体系中的作用。

提高分散性还需要采用合理的分散设备与分散工艺，使颜料团尽可能打开，形成相对稳定的、颗粒极小的颜料分散体。通常采用砂磨机多次分散。

颜料的分散性首先取决于自身的表面状态和聚合状态，后期分散性主要是依靠助剂的润湿及研磨度。颜料的分散性能对颜料的遮盖力和着色力的强弱有很明显的影响。分散度差直接的结果是放置后产生絮凝，颜料颗粒聚集，色强度与遮盖力下降。

③ 体系匹配性。选择与被着色树脂相容性好的树脂作为着色剂的载体树脂，否则添加后会与母液树脂相容性差，出现色道和浮色。

载体树脂的加入量要达到一定要求，否则会造成色浆整体黏度下降，高分子无法包裹颜料颗粒，发生沉降，影响色浆的稳定性。

DMF 主要作用是分散与稀释，如采用回收 DMF 则要注意甲酸和水分含量，如过高则容易造成絮凝。

④ 湿润分散剂的使用。分散剂吸附在颜料的表面上产生电荷斥力或空间位阻，依赖于其

提供体系的锚固作用和空间位阻，来抗衡粒子之间的范德华力，防止颜料产生有害絮凝，使分散体系处于稳定状态。分散剂在颜料表面要尽可能形成较厚的吸附层，分散链节要有足够的长度和较多的活性吸附点。吸附在颜料表面的部分不溶于溶剂，伸展的自由链节部分尽量溶于溶剂。润湿和分散过程是一个统一连续的过程，所以润湿剂和分散剂很难区分。

分散剂若使用得当，不但能防止颜料沉淀，具有良好的贮存稳定性，而且能改善流平性、防止颜料浮色发花，提高颜料的着色力与遮盖力。还能降低色浆的黏度、增加研磨色浆中颜料的含量、提高研磨效率，达到节省人力和能源的效果。

分散剂产品品种繁多，如 TEGO Dispers 700，可分散抑制颜料颗粒的絮凝、帮助颜料浓缩浆取得更高的光泽、在混合的颜料体系中更能防止浮色和发花。分散剂的用量根据颜料品种与比表面积而改变，需要达到对颜料粒子表面的最大覆盖。

四、着色剂的质量与使用要求

1. 主要质量要求

色浆的颜料含量。颜料含量仅作为评定色浆性能的参考指标。色浆的着色力与颜料含量并不是成简单的正比关系。相同的颜料含量，其细度不同着色力也有很大差异。为保证色浆着色力的稳定，色浆颜料含量是在一定范围内的变化值。

色浆的细度。细度是反映色浆的着色力分散效果和储存稳定性的一个直观指标。无论光学性能有多好的颜料，最终都要看它是否能以微细的颜料粒子形式均匀地分散到介质中。颜料中任何过多的凝聚、聚集和絮凝颗粒，都会对光的散射能力产生不良的影响。颜料粒子对光线的散射力的决定性影响因素是粒子的粒径和体系中颜料的体积浓度，颗粒粒径则取决于颜料的分散过程及分散效率。

一般对于同一颜料色浆来说，粒径越小，比表面积越大，因而遮盖能力也就增大了，着色力也越高；细度越小，光泽就越高，分散效果和储存稳定性就越好。色浆的细度并不是越细越好，因为当粒子变小，其比表面积增大时，吸收的光能量增加，受破坏的程度也增加，导致其耐候性降低。合成革用着色剂要求着色粒子的细度$\leq 10 \mu m$。

色浆的着色力与展色性能。着色力是一个重要指标，它反映色浆的色浓度、展色性能及颜料分散体絮凝情况。数据是按颜色以达到国际标准深度（ISD）的1/25所需颜料浆的份数色浆来衡量，数值越小，着色力越高。

色浆与使用体系的相容性是影响色漆的浮色发花、絮凝和表面缺陷的关键。在使用色浆配色前，一定要做相容性实验，助剂经常可以用来解决色浆与涂料的相容性问题。如色浆的细度不够，分散性能不好均导致色浆展色性不好，会影响重现性。

2. 主要质量缺陷

絮凝。是颗粒被分散后的重新聚集。在分散过程中，颜料颗粒被外力分开，形成新的表面，然而这是一个不稳定的状态。在色浆制造、储存或应用的任何时候，絮凝都可能发生。絮凝体的结合力有大小之分；絮凝和解絮凝是可逆的，往返逆转的过程有快有慢。如果解絮凝不够彻底或解絮凝后逆转过程很快，则仍然会影响到使用效果。如炭黑有较大的表面积，一旦发生絮凝，底材就不可能被均匀遮盖，即产生色斑。

浮色和发花。在混合的颜料体系中，当几种颜料的比重和粒径相差较大时，浮色和发花就会发生，这种表现通常是颜料在比重和极性等方面的差异所造成的。如比重大的钛白倾向于集中到干膜的底部，而有机颜料的比重明显地低于钛白，因此会集中到涂膜的上部。这种垂直的浮色也叫发花，使涂膜看起来比想要的颜色要深。浮色可通过指擦试验来显示。

黏度异常变化。色浆在储存中往往会出现异常增稠的现象，化学性异常增稠不属分散过程的范涛，而物理性的异常增稠则是分散不稳定性的一种表现。这种表现同样是颜料粒子和基料相互作用的结果，是颜料粒子受力情况发生变化的结果。

3. 着色剂的使用

着色剂添加的比例没有固定值，以达到产品要求为准。不同产品间的加入量差异很大，如黑色基布浸渍液中黑色浆（含炭黑 20％左右）使用比例一般占调配浆料的 8％～10％；牛巴类表面磨皮的涂层液着色剂用量较大，高达 25％～30％；而通常的超纤革类基布浸渍液中添加量一般很低，主要是消除聚氨酯氧化形成的黄色色光。当颜色接近饱和时，增加用量对颜色的变化影响不大。

做深色或色泽鲜艳产品时，通常选用稳定性高、着色力强的着色剂，如有机颜料、高色素炭黑等。

由于湿法基布的生产工艺是在凝固水浴中进行，必须考虑到着色剂在水中的溶解行为，为了提高聚氨酯着色效果和减轻 DMF 回收的困难，要求所使用的颜料在 DMF 水溶液中的溶解度很低。

第四节　消泡剂

一、 消泡剂的工作原理

消泡剂主要作用是消除聚氨酯浆料或加工过程中产生的气泡，避免带到涂层表面形成针孔、鱼眼、气泡划伤等缺陷，保证涂层表面光滑平整。

按作用原理不同可分为消泡剂和抑泡剂两种。防止吸收空气而产生泡沫的为抑泡剂。消除已产生泡沫即静态泡的为消泡剂。

抑泡作用的机理有两种：一是抑泡剂能分散于发泡液体中，被泡沫吸附，但不溶于该发泡液体，并能排挤或消除起泡剂的吸附层。由于抑泡剂的铺展性能，而内聚力小，阻止了分子间的紧密连接。不溶的抑泡剂分子不规则地分布于液体表面，阻碍了表面黏度对泡沫的稳定作用，抑制了泡沫的形成。二是抑泡剂取代泡沫中的起泡剂，形成缺乏弹性的泡沫，在气体压力下易于破坏，致使泡沫不能形成。

消泡剂的作用原理主要是降低液体表面的表面张力，由于其表面张力低，便流向产生泡沫的高表面张力的液体，在已有或将要有的泡沫上自动铺展，并置换膜层上的液体，使泡沫的表面张力急剧地变化，泡沫壁迅速变薄，泡沫同时又受到周围表面张力大的膜层强力牵引，当液膜层厚度变薄至机械失稳点而导致其"破泡"。不溶的消泡剂再进入另一个泡沫膜的表面，在气液界面间不断扩散、渗透，重复上述过程。消泡剂在液体表面铺展得越快则消泡能力就越强，要求有足够低的表面张力。

良好的消泡剂应具备以下要求：

① 具有被消泡体系更低的表面张力，有移动气-液界面的倾向。

② 用量低，消泡能力强而持久稳定。

③ 有正铺展系数。消泡剂消泡所必须具备的两个条件：渗透因子（E）>0，保证消泡剂渗透到泡沫壁。铺展因子（S）>0，保证消泡剂微滴在泡沫介质中的扩散铺展。

④ 在使用条件下（温度、pH 值等）下化学稳定性好，无毒性。不与被加入体系反应，也不影响被加入体系的基本性能。

⑤ 消泡剂不溶于介质，也不易被体系中的表面活性剂所增溶，能以微滴形式进入并分散于介质，消泡微滴最有效的直径相当于泡沫壁的厚度。

二、消泡剂的种类

消泡剂种类很多，适合做消泡剂的有机化合物较多，有硅油、聚醚、醇、脂肪酸、磷酸盐及金属皂等。从结构上看，非硅系消泡剂都是分子一端或两端带有极性基团的有机化合物或聚合物，它们与起泡剂相似，因而使用不当便会有起泡剂的作用，其铺展系数较大，破泡作用很强，而抑泡作用较差。根据合成革使用的特点，主要分两类：有机硅类消泡剂与聚醚类消泡剂，主要是用于聚氨酯涂层液的消泡，凝固液中有时也做部分添加。

1. 有机硅类消泡剂

有机硅消泡剂一般为聚二甲基硅氧烷，线型结构的非极性分子，分子中为易挠曲的"之"字形链，分子结构决定了它的表面张力很低，比水、表面活性剂水溶液及油类都要低，很适宜作消泡剂。结构式为：

$$H_3C-\overset{\underset{|}{CH_3}}{\underset{|}{Si}}-O-[\overset{\underset{|}{CH_3}}{\underset{|}{Si}}-O]_n\overset{\underset{|}{CH_3}}{\underset{|}{Si}}-O-\overset{\underset{|}{CH_3}}{\underset{|}{Si}}-CH_3$$

具有与 DMF 相容的硅氧醚键和与 PU 相亲近的甲基，所以在涂层液中加入硅油，会降低DMF 与 PU 的界面张力。二甲基硅油与水不亲和，与油亲和性也很小，挥发性极低，化学性质稳定，使它可以在广泛范围的温度里起消泡作用。将细小的 SiO_2 粒子加入到二甲基硅油中，经过特定的化学处理得到的硅脂有更好的消泡和抑泡效果。

消泡剂的黏度对它的消泡和抑泡作用影响很大，低黏度硅油消泡效果快，但持续性差；高黏度硅油消泡效果慢，但持续性好。一般规律是起泡液黏度越低，选用的硅油黏度应越高；起泡液黏度越高，选用的硅油黏度越低。通常使用中黏度硅油。分子量的大小会影响消泡剂在起泡液中的扩散和抑泡时间的长短，分子量小的消泡剂比较易于分散，但是抑泡效果不好，分子量大的消泡剂溶解性差，但是抑泡时间很长。油性消泡剂对油溶性溶液的消泡效果优异，但纯硅油对水溶液的泡沫无消泡作用。

有机硅消泡剂按照形态进行分类主要有以下几种：

① 油状有机硅消泡剂。惰性很强，在水中不溶解，但是在起泡液表面铺展均匀。

② 溶液型有机硅消泡剂。颗粒细小，分散性很好。

③ 乳液型有机硅消泡剂。流动性和扩散性很好。

④ 固体型有机硅消泡剂。稳定性和附着性很好，运输和使用很方便。

有机硅消泡剂通常消泡效率很高，但是抑泡效果一般。适合在液体剪切较小，所含表面活性剂发泡能力较温和的条件下使用。但对致密型泡沫的消泡能力差，因此应用上受到局限。因此有机硅可以与脂肪酸酰胺、聚醚等其他具有消泡、抑泡活性的表面活性剂复配成复合消泡剂，这样既可以提高有机硅消泡剂的抑泡能力又能降低产品的成本。

2. 聚醚类消泡剂

聚醚是分子量较低的聚氧乙烯聚氧丙烯的嵌段共聚物。它是一种性能优良的水溶性非离子表面活性剂，与水接触时，醚键中的氧原子能够与水中的氢原原子以微弱的化学力结合，形成氢键。分子链节成为曲折形，疏水基团置于分子内侧，链周围变得容易与水结合。当温度升高，分子运动较为剧烈时，曲折形的链会变为锯齿形，失去了与水的结合性。

聚醚消泡剂有以下三类：①$R[X(EO)_nH]_p$；②$R[X(PO)_n(EO)_mH]_p$；③$R[X(EO)_m(PO)_nH]_p$。

其中 $R(XP)_p$ 为起始剂，其中 R 为烷基或芳基等，X 为 O、S、N 等，p 为起始剂中起作用的活性氢个数，n，m 分别为结构单元 EO（环氧乙烷）、PO（环氧丙烷）的数目。

对于① 类聚醚，R 一般为长链羟基或烷基取代的环状化合物，它使聚醚具有疏水性。这类物质调节表面活性的灵活性不够，作为消泡剂一般需要与其他的消泡剂配合使用，也常作为有机硅消泡剂的乳化剂。

在②类和③类中，分子中引入了 PO 链段，而 PO 链长到一定程度时就显示出疏水性。当分子中 R 的碳原子个数较多时，要求 $m \geqslant 4.6$，而 R 的碳原子个数小于 6 个时，PO 链段相对分子质量必须大于 900。对于③类，当 R 的链数较小时，聚醚的疏水性主要由 PO 链段提供。聚醚的性质，随 PO/EO 的不同而异，改变 PO/EO 的比例，就可以改变聚醚兑水的亲和性，制成一系列消泡剂，从而扩大聚醚的应用范围。

GP 型消泡剂：甘油聚醚类代表产品是聚氧丙烯甘油醚，以甘油为起始剂，由环氧丙烷，或环氧乙烷与环氧丙烷的混合物进行加成聚合而制成的。为微黄色透明液体，高分子量产品，它的抑泡能力比消泡能力优越。

GPE 型消泡剂：聚氧丙烯聚氧乙烯甘油醚，在 GP 型消泡剂的聚丙二醇链节末端再加成环氧乙烷（EO）为末端嵌段物，链端为亲水基。无色透明液体，亲水性较好，在发泡介质中易铺展，消泡能力强，但溶解度也较大，消泡活性维持时间短。

GPES 型消泡剂：新型聚醚类消泡剂，在 GPE 型消泡剂链端用疏水基硬脂酸酯封头，便形成两端是疏水链，而中间隔有亲水链的嵌段共聚物。这种结构的分子易于平卧状聚集在气液界面，因而表面活性强，消泡效率高。

常规聚醚消泡剂最大的优点是抑泡能力较强，但是破泡率低。如果产生大量泡沫，其消泡速度和抑泡时间都不甚理想，需要新加一定量的消泡剂才能缓慢解决问题。因此开发了许多新型聚醚类产品，代表性的为甘油聚醚脂肪酸酯。根据其酯化程度可分为单酯、双酯、三酯。酯化后亲水性进一步降低，亲油性增加，削弱了原来聚氧乙烯链与水分子间的氢键而有利于表面张力的降低。它往往是以折叠式的结构平铺于气液界面上。因此活性高，用量少，消泡力强。

3. 聚醚改性聚硅氧烷类消泡剂

聚醚改性硅油具有很强的乳化能力，能乳化硅油和自乳化，使整个乳化体系非常稳定。由于兼具有聚硅氧烷的低表面张力和聚醚的易分散性的特点，使消泡剂易于分散铺展。高于浊点温度时具有消泡性，低于浊点温度则分散在起泡液中，使消泡持久。聚醚硅油还具有优良的耐高低温、耐酸碱、抗老化、电绝缘、柔软性、安全环保、储存稳定及使用方便等优点等，是一种性能优良，有广泛应用前景的消泡剂。

通过缩合接枝在聚硅氧烷链段上引入聚醚链段。结构式为：

$$
\begin{array}{c}
\underset{\overset{\displaystyle |}{CH_3}}{H_3C-Si-O} \left[\underset{\overset{\displaystyle |}{H}}{Si-O} \right]_x \left[\underset{\overset{\displaystyle |}{CH_3}}{Si-O} \right]_y \underset{\overset{\displaystyle |}{CH_3}}{Si-CH_3} + H_2C=\underset{\overset{\displaystyle |}{H}}{C}-\overset{H_2}{C}-(OCH_2CH_2)_n(OCH_2CH)_m-OH
\end{array}
$$

$$
\xrightarrow{\text{催化剂}} H_3C-\underset{\overset{\displaystyle |}{CH_3}}{Si}-O \left[Si-O \right]_x \left[Si-O \right]_y Si-CH_3 \\
CH_2CH_2CH_2-(OCH_2CH_2)_n(OCH_2CH)_m-OH
$$

在硅醚共聚物的分子中，硅氧烷链段有亲油性，聚醚链段的氧乙烯基或氧丙烯基链节有亲水性，聚醚的引入提高了共聚物的铺展和扩散能力。这种聚醚改性硅油类共聚物可改善溶解性，提高消泡效力。聚醚改性聚硅氧烷类消泡剂不仅具有聚硅氧烷类消泡剂消泡效力强、表面张力低等特点，还具有聚醚类消泡剂的耐高温、耐强碱性等特性。通过改变硅氧烷、环氧乙烷、环氧丙烷的摩尔比或相对分子质量，则可得到不同消泡能力的系列产品。

聚醚改性聚硅氧烷类消泡剂还具有逆溶解性强、自乳性好、化学稳定性和热稳定性高等独特优点，通常用于凝固液的消泡。聚醚硅油本身就有消泡和抑泡性能，也能与甲基硅油/改性白炭黑产生协同作用。在一定用量范围内，随着加入聚醚硅油量的增加，消泡时间变短，抑泡时间延长。这是由于聚醚硅油具有自乳化能力，增加了乳液的稳定性及其在水中的分散性，能够发挥组分间的协同增效作用，从而使消泡剂的消泡效果明显改善。

近来消泡剂的研究主要集中在有机硅化合物与表面活性剂的复配、聚醚与有机硅的复配、水溶性或油溶性聚醚与含硅聚醚的复配等复配型消泡剂上，复配是消泡剂的发展趋势之一。就目前消泡剂而言，聚醚类与有机硅类消泡剂的性能最为优良，对这两类消泡剂的改性与新品种的开发研究也比较活跃。最新的消泡剂种类是硅醚共聚类的，这类消泡剂消泡快，抑泡时间长，耐碱耐酸，耐高温，相容性好，既有普通消泡剂相容性好的特点，又有有机硅类消泡剂消泡效果好的特点。

三、　消泡剂使用特点

① 适用性。消泡剂的体系与被消泡体系是否适应是首先考虑的问题，因为消泡剂有油性和水性之分，不同的消泡剂用在不同的行业。还要考虑体系中有机溶剂的量，是否会有一些干涉影响。

消泡剂在浆料中的消泡机理是基于与浆料的不相容性，以及破坏浆料起泡时的表面能的稳定性，才达到消泡效果。所以，消泡剂选择与使用不当可能带来另一个问题，即使涂层膜产生缩孔，严重时影响将来涂层膜表面的印刷或移膜，出现脱层或粘接牢度下降等问题。

② 使用量。PU消泡剂使用量一般为浆料总量的 $0.01\%\sim0.1\%$，过多则影响效果，甚至出现漂油现象。

③ 使用方法。化学消泡与物理真空脱泡配合使用，效果经济有效。采用复配消泡剂，发挥组分协同效应。比如有机硅化合物和表面活性剂的复配、聚醚和有机硅的复配、油溶性聚醚和含硅聚醚的复配等。

④ 使用消泡剂时要注意浆料的条件，如温度高低、酸碱性、黏度大小等，有针对性地选择消泡剂。强酸和强碱环境对消泡剂的要求比较苛刻，这需要与消泡剂生产厂家说明载体环境。消泡剂多为几种不同性质和作用的物质混合而成，在储运中分层，为保证消泡良好使用前要搅拌均匀。

⑤ 消泡剂的长效性。有些消泡剂开始很好，放置一段时间效果就差很多。影响因素很多，如：消泡剂被表面活性剂增容；消泡剂主剂能被胶粒树脂吸收。

⑥ 重涂性。在使用有机硅消泡剂时，由于有机硅基团能迁移到涂层表面，所以能赋予涂层表面以有机硅的滑爽手感，但有机硅另一个特性是其隔离性，有可能会影响涂层的重涂性能。

第五节　流平剂

一、　流平剂的作用

聚氨酯涂层要求凝固后形成光滑平整的膜结构，在很大程度上取决于成膜过程中的流动、流平性能。如果流平不好往往在成膜过程中会产生一些缺陷。不仅影响涂层的表面效果，而且会降低其性能。影响浆料流平性的最重要因素是浆料的表面张力、成膜过程中产生的表面张力梯度、表面张力均匀化能力。解决的最有效的方法就是在浆料中使用流平剂。

流平剂主要用于涂层产品中，改善基布表面的平整性，增加树脂与基布间的亲和性。涂层基布要求表面在凝固成膜过程中形成一个平整、光滑、均匀的聚氨酯膜，为下一步的整饰工艺奠定基础。流平性差会出现刮痕、橘皮、水纹、缩边、缩孔、鱼眼、厚边、浮色等现象，称之为流平性不良。生产过程中通过添加流平剂改善 PU 涂层液的流平性，作用主要有以下三点：

① 降低涂层液与底布之间的表面张力，使之具有最佳的润湿性，减少因底布的原因而引起的缩孔、附着力不良等现象。这点对"浸渍-干燥-涂层"工艺基布要尤其注意，对"浸渍-涂层"工艺影响较小。

② 适度降低浆料黏度，提高其流动性。但流动增大而易产生流挂现象，因此使用中应在调节流挂和流平之间寻找一个最佳的范围。

③ 流平剂在 PU 膜表面能形成单分子层，以提供均一的表面张力，减小因"DMF-H_2O"交换进行而导致的 PU 膜的张力梯度。流平性不良会在局部区域形成表面张力梯度，即缩孔部分为低表面张力物质。由于低表面张力物质总是呈现伸展扩展趋势，使得它从中心向四周扩散，而四周紧近相触的高表面张力部分又呈收缩趋势，在二者相互作用下形成永久性缩孔。

流平剂不但是利用降低表面张力起到润湿流平的作用，同时流平剂中的高沸点溶剂可延长涂层表面的开放时间，给予涂层更长时间流平。同时目前市场上大多数流平剂还具有滑爽、抗刮等附加性能，单纯意义上的流平已经不能满足客户的需求。

二、 流平剂种类

流平剂的作用有两种：一种是通过调整成膜黏度和流平时间来起作用的，这类流平剂大多是一些高沸点的有机溶剂或其混合物，如异佛尔酮、二丙酮醇、Solvesso150 等。主要在离型纸干法或直涂法中使用。另一种是通过调整成膜表面性质来起作用的，通常流平剂大多是指这一类。这类流平剂通过有限的相容性迁移至成膜表面，影响成膜界面张力等表面性质，使成膜获得良好的流平。

根据化学结构的不同，流平剂目前主要有三大类：丙烯酸类、有机硅类和氟碳化合物类。其中湿法使用较多的为有机硅类，特殊情况下使用氟碳化合物类。

有机硅流平剂有两个显著特性。一是可以做到显著降低涂料的表面张力，提高底材润湿能力和流动性、消除 Benard 旋涡从而防止发花。降低表面张力的能力取决于其化学结构。另一个显著特性是能改善涂层的平滑性、抗挂伤性和抗粘连性。这类流平剂的缺点是存在稳定泡沫、影响层间附着力的倾向。

聚二甲基硅氧烷是早期经常使用的流平剂，由于其相对分子质量难于控制导致与浆料的相容性存在问题，另外未改性的硅油也会影响到涂层间的附着力，现已很少使用。改性聚二甲基硅氧烷流平剂是目前应用的主要品种，可以强烈地降低涂料的表面张力，提高浆料对底材的润湿性，防止产生缩孔；能够减少凝固收缩时而产生的表面张力差，改善表面流动状态。

聚醚改性硅氧烷。通过不同聚醚链段的引入和分子设计获得可接受的相容性，从而可以使有机硅助剂用于水性、溶剂型、高固体分体系或 UV 固化体系，并提供各种功能，如平滑和抗划伤效果；改善流动性、流平性；改善光泽和消泡效果等。在聚二甲基硅氧烷主链上引入醚键来改善其对浆料体系的相容性，同时仍保持高的迁移性。提供更好的流平效果和更快的流平速度。

$$\text{H}_3\text{C}-\underset{\underset{\text{CH}_3}{|}}{\overset{\overset{\text{CH}_3}{|}}{\text{Si}}}-\text{O}-\left(\underset{\underset{\text{CH}_3}{|}}{\overset{\overset{\text{CH}_3}{|}}{\text{Si}}}-\text{O}\right)_x\left(\underset{\underset{R-(OCH_2CH_2)_n\,OR}{|}}{\overset{\overset{\text{CH}_3}{|}}{\text{Si}}}-\text{O}\right)_y\underset{\underset{\text{CH}_3}{|}}{\overset{\overset{\text{CH}_3}{|}}{\text{Si}}}-\text{CH}_3 \qquad \text{H}_3\text{C}-\underset{\underset{\text{CH}_3}{|}}{\overset{\overset{\text{CH}_3}{|}}{\text{Si}}}-\text{O}-\left(\underset{\underset{R-(OCH_2CH_2)_n\,OR}{|}}{\overset{\overset{\text{CH}_3}{|}}{\text{Si}}}-\text{O}\right)_x\underset{\underset{\text{CH}_3}{|}}{\overset{\overset{\text{CH}_3}{|}}{\text{Si}}}-\text{CH}_3$$

悬挂型　　　　　　　　　　　　　　　　　　　　ABA型

烷基改性硅氧烷。通过在硅氧烷主链的侧基上引入有机基团进行改性，常用的有二苯基聚硅氧烷、甲基苯基聚硅氧烷、有机基改性硅氧烷等。能在表面能形成单分子层，提供均一的表面张力，改善与浆料的混溶性、耐热性等。代表性产品如 BYK-300、BYK-306 等。

$$\text{H}_3\text{C}-\underset{\underset{\text{CH}_3}{|}}{\overset{\overset{\text{CH}_3}{|}}{\text{Si}}}-\text{O}-\left(\underset{\underset{\text{CH}_3}{|}}{\overset{\overset{\text{CH}_3}{|}}{\text{Si}}}-\text{O}\right)_x\left(\underset{\underset{(\text{H}_2\text{C})_n-\text{C}_{\text{H}_2}-\text{C}_6\text{H}_5}{|}}{\overset{\overset{\text{CH}_3}{|}}{\text{Si}}}-\text{O}\right)_y\underset{\underset{\text{CH}_3}{|}}{\overset{\overset{\text{CH}_3}{|}}{\text{Si}}}-\text{CH}_3$$

反应性官能团改性。通过在主链的侧基接入带有反应性的官能团进行改性，这些反应基团指可以与树脂或固化剂进行交联反应的基团，如羟基、氨基、羧基、环氧基、异氰酸酯类等。湿法浆料中一般不采用。

$$\text{H}_3\text{C}-\underset{\underset{\text{CH}_3}{|}}{\overset{\overset{\text{CH}_3}{|}}{\text{Si}}}-\text{O}-\left(\underset{\underset{\text{CH}_3}{|}}{\overset{\overset{\text{CH}_3}{|}}{\text{Si}}}-\text{O}\right)_x\left(\underset{\underset{A}{|}}{\overset{\overset{\text{CH}_3}{|}}{\text{Si}}}-\text{O}\right)_y\underset{\underset{\text{CH}_3}{|}}{\overset{\overset{\text{CH}_3}{|}}{\text{Si}}}-\text{CH}_3$$

合成革浆料常用的流平剂 ACR 是以多元共聚物为基础的改性硅助剂。白色至淡黄色透明液体，完全溶于 DMF，属非离子型表面活性剂系列，流平性、润湿性、渗透性均良好。在湿法革生产中与阴离子型渗透剂并用，在凝固过程中生成连续均匀的微孔结构，在水洗过程中提高 DMF 洗涤效果，并赋予涂层表面光亮滑爽特点。在干法革生产中增加聚氨酯浆料和溶剂的相容性，减少界面强力，防止"鱼眼"产生。提高离型纸使用寿命，增加使用次数。改善革的外观质量，手感滑爽，增加真皮感。

氟碳化合物类流平剂。含氟表面活性剂对于树脂及溶剂具有优良的相容性和表面活性，能有效地改善浸润性、分散性、流平性。特点是高效，但价格昂贵，也存在稳定泡沫、影响层间附着力的倾向。

三、 流平剂的使用

流平剂主要应用于湿法涂层中，最主要的性能是提高浆料在湿法凝固前的流动性。浆料在离开刮刀或涂布辊后，由于树脂黏度高，整个涂层平面存在一定的刮刀痕、辊印、刮线、漩涡等加工缺陷。如果流平性不足，该缺陷进入凝固液后将被固化，成为永久性缺陷。

流平剂的主要作用是适度降低浆料黏度，改善表面流动状态，缩短涂层流平时间，在凝固前通过浆料自身的流平作用消除刀痕、刮线等表面差异，形成平滑的表面。

理论上如果时间足够长，流平都能自动完成。此时流平剂主要影响的是流平时间。当流平剂迁移到涂层表面形成了单分子膜以后，流平就开始了，而对应的迁移时间的长短就是评价流平剂流平速度的标准，所需要的时间越短，则认为快速流平越好。

流平性还体现在湿法凝固的初期。表面的聚氨酯因 DMF 的交换而凝固，此时的表面膜因外部凝固条件不同产生表面张力梯度与张力不匀，造成收缩不同，导致平整度下降。流平剂此时的作用主要体现在使半凝固状态的浆料表面张力均匀化，使凝固收缩产生的应力均一。

另外，刚凝固的表面膜是不稳定的，仍存在内部 DMF 的再溶解作用与外部 H_2O 的凝固作用的竞争。表面膜下层的浆料仍具有很好的流动性，可以对表面进行有效的补充，改善表面的小的缺陷。

因此在湿法浆料中，流平剂首先要与溶剂体系具有很好的相容性，均匀分布于线型聚氨酯分子间。未改性的聚二甲基硅氧烷虽然具有降低表面张力及提高流平性等性质，但与浆料的相溶性较差，易导致缩孔。因此目前流平剂一般采用的是聚醚，聚酯，长链烷基或芳烷基改性的聚二甲基硅氧烷。

流平剂使用量也很重要，通常为聚氨酯浆料总重量的 0.1%～0.3%。流平剂用量过多会导致聚氨酯黏度下降过大，表面出现过度流平，即"流挂"与"流淌"现象，使加工无法进行。另外过量流平剂会富集于湿法涂层表面，还会影响湿法以后的加工性，如热压花时出现粘板粘辊现象主要与流平剂过量使用有关。

流平剂用量太少时无法在每个涂膜局部（微观）都均匀分布，造成流平不足，涂膜不同部位表面张力差异引起缩孔。湿法表现为表面整体出现波纹状不平整，或整体出现橘皮现象。分散性缺陷主要是漩涡、划痕、刀线等。

流平剂的使用还要与底布相配合。流平剂可降低涂层液与底布之间的表面张力，使之具有最佳的润湿性，提高涂层在底布纤维间的渗透，达到增强与底布的附着力，提高剥离强度的作用。但是如果过度渗透，则使基布手感变硬。

由于浆料体系的复杂性和多样性，没有一个助剂是万能的。溶剂、树脂、填料、浓度、加工方法，甚至气候条件都会对流平剂在体系中的性能表现产生影响。因此要根据实际应用进行合理的调整。

第六节　碱减量促进剂

1. 促进剂的作用

定岛纤维外层组分为 COPET，只有将其分解才能得到分布在内部的超细纤维。通常用 NaOH 进行水解。为了提高减量加工的效率，减少 NaOH 的使用量，通常要在 NaOH 中加入减量促进剂，能有效地促进 COPET 在较低的碱浓度下快速皂化，从而达到均匀碱减量的目的，又不损伤纤维强度。选择促进剂时主要考虑下列几个方面：

① 能高效促进涤纶水解；
② 具有较高的耐碱、耐硬水性；
③ 减量后的纤维不泛黄，具有良好的白度；
④ 具有较高的渗透性和易洗涤性；
⑤ 对强度损伤少；
⑥ 环保，价格低廉。

涤纶碱减量处理是一个复杂的反应过程，主要为聚酯纤维高分子和 NaOH 间的多相水解反应。在 NaOH 水溶液中聚酯纤维表面的大分子链的酯键水解断裂，不断形成不同聚合度的水解产物，最终形成水溶性物质。

减量促进作用主要表现在三个方面：降低纤维的表面张力；携带 OH^- 进攻酯键；对碱水解催化的离子交换反应。

阳离子表面活性剂常用于作为涤纶碱减量处理的促进剂，如季铵盐表面活性剂。涤纶分子的碱水解是一种液-固相转移催化反应。将季铵盐表面活性剂加入到热的涤纶碱减量处理浴中，二者相互作用而处于平衡：

$$R_4N^+X^- + NaOH \rightleftharpoons R_4N^+OH^- + NaX$$

季铵盐表面活性剂具有疏水性长链烃基，在碱液中可迅速吸附在纤维表面，降低纤维表面张力。季铵盐分子中的负离子与处理浴中的 OH^- 发生离子交换反应，浴液中的 OH^- 转移并富集在纤维表面，使 OH^- 有更多机会也更容易进攻涤纶分子中带部分正电荷的羰基中的碳原子，造成涤纶分子断裂，从而完成水解反应。

2. 促进剂的种类

常用的促进剂是阳离子表面活性剂。代表性产品有十二烷基二甲基苄基氯化铵（1227）与促进剂 ATP（十六烷基甲基丙烯酸乙撑酯二甲基溴化铵和十六烷基三甲基溴化铵混合物）。

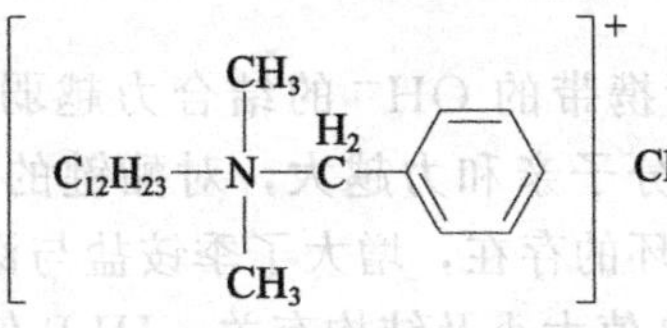

1227

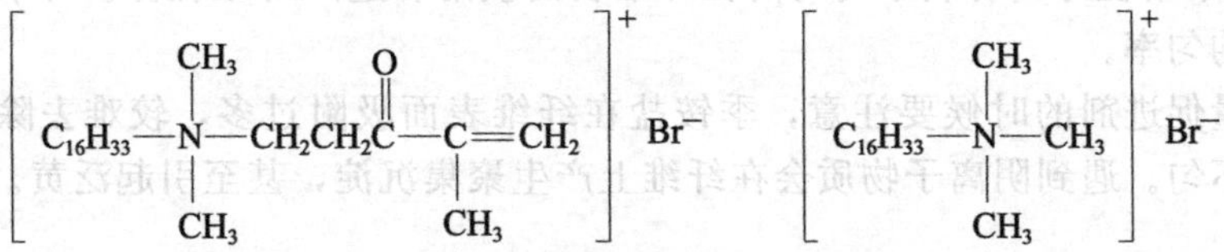

ATP

它们可以显著缩短减量时间，加快反应速度，提高减量率，但存在减量率提高过快造成减量不均匀，难以控制，易造成强力损失的问题，同时对着色性能影响很大。

为了适度控制减量速度，目前出现一些改性产品，如 N,N-聚氧乙烯基烷基苄基氯化铵、环氧类季铵盐等。由于分子中聚氧乙烯链的存在，影响了其在纤维表面上的吸附，促进作用下降，该表面活性剂对减量具有催化作用并具有较好的减量均匀性。

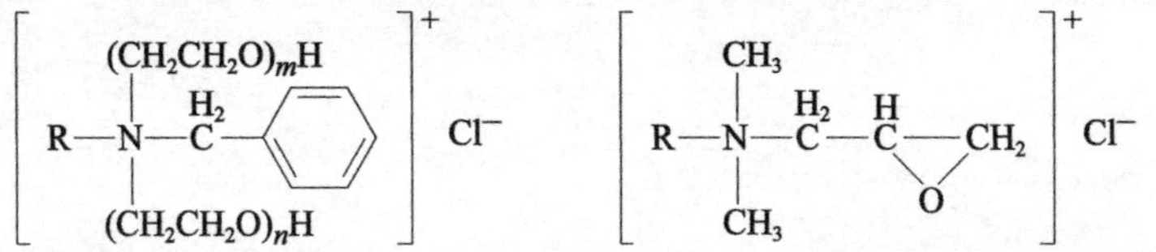

Gemini 型季铵盐表面活性剂是一种分子内含有两个亲水基和两个亲油基（或 2 个以上亲水基和亲油基）的表面活性剂。与常规表面活性剂相比，在界面的吸附能力比传统的表面活性剂大得多，临界胶束浓度（cmc）很低，其增溶效果比传统的表面活性剂效果好。对碱减量有明显促进作用，并且减量后的纤维具有良好的性能。

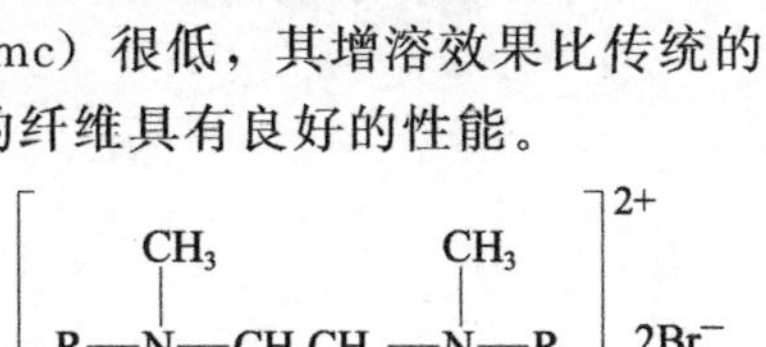

阳离子聚合物促进剂是一类聚胺类物质，它是含有多个阳离子基团，并含有多碳长链的大分子，对碱减量具有较高的催化作用，比季铵盐表面活性剂高 $4 \sim 5$ 倍。除具有促进作用外，还兼有柔软作用。一般结构：

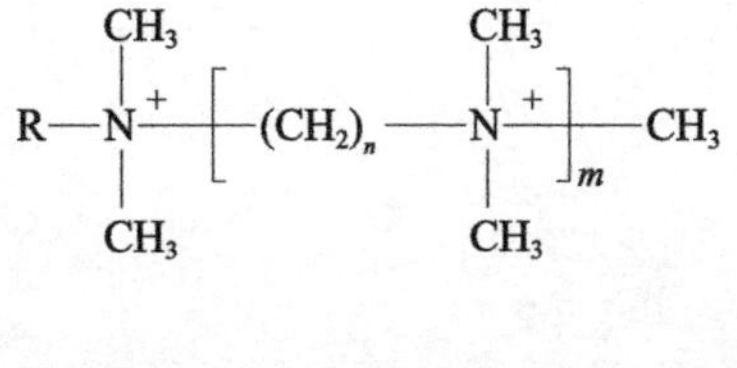

常用的阳离子促进剂有甲基二乙基铵烷基苯、甲基聚乙二醇、醚苯磺酸盐等。聚阳离子碱减量促进剂可以在中低质量浓度氢氧化钠溶液中使用，能有效降低耗碱量、排污量，且合成工艺简单，产品无毒，绿色环保。

3. 促进剂的使用

促进剂的促进效果取决于季铵盐表面活性剂的分子结构和浓度。主要是离子的体积和水溶性。阳离子表面活性剂随着碳链的增长在涤纶表面的吸附增加，表面张力降低越大，促进效果越好。短碳链季铵盐对碱减量几乎无催化作用。不同碱浓度下，表面活性剂的促进作用基本一致。在表面活性剂用量较低时，随浓度的增加，促进作用增加较快；表面活性剂用量较大时，促进作用增幅趋于缓和。

季铵离子体积越大，则它与所携带的 OH^- 的结合力越弱，OH^- 越裸露，亲核性越强，催化能力越大。季铵离子与涤纶大分子亲和力越大，对酯键的有效碰撞几率越大，催化能力越大。如带苄基的季铵盐，由于苯环的存在，增大了季铵盐与涤纶的亲和力，催化作用大。

减量的均匀性与季铵盐的 HLB 值大小及结构有关。HLB 值高的季铵盐减量均匀性好，因为 HLB 值大则水溶性好，有利于均匀的在纤维表面吸附和进入纤维孔隙。环氧类季铵盐具有非常好的减量均匀率。

使用碱减量促进剂的时候要注意，季铵盐在纤维表面吸附过多，较难去除，残存在纤维上会造成染色不匀。遇到阴离子物质会在纤维上产生聚集沉淀，甚至引起泛黄。

第十章
干法工艺

干法加工工艺是聚氨酯应用于合成革的一种重要方式，是指将聚氨酯树脂中的溶剂挥发掉后，得到的多层薄膜复合底布而构成的多层结构体。通过人工方法制造出类似真皮表面纹路与风格的外观效果，实现从基布到成革的技术手段。

第一节　干法成膜

一、干法概论

1. 目的

干法技术主要用于合成革的造面，因此对合成革的表观纹理、理化性能、卫生性能、仿真皮效果等都有要求。通过干法成膜可达到以下目的。

① 表观性能。可在基布表面形成一定颜色、花纹、光泽、手感的复合树脂膜，赋予合成革良好的质地、风格与美观性能。

② 使用性能。干法膜可在合成革表面形成保护层，使合成革具有特定的使用性能。如强度、耐磨、耐刮、耐候、耐光、耐水、耐溶剂及卫生舒适性能等。通过与新材料的结合，还可具有抗菌、防水透湿、阻燃等性能。

2. 方法

干法加工技术可分为直接涂层法与间接涂层法两种。

① 直接涂层法。是将聚氨酯浆料直接刮涂于基材或者半成品表面，干燥后形成一层致密的薄膜。一般用于纺织涂层。

② 间接涂层法。又称转移法、离型纸法，是将树脂涂膜通过离型纸转移贴合在基布表面。是合成革干法加工的主要方式。

离型纸法基本工艺。将涂层剂刮涂于离型纸，流平干燥后形成连续均匀的薄膜，然后在薄膜上施加黏结剂，与基布复合后烘干固化。将离型纸剥离，聚氨酯膜从离型纸转移到基布上。

涂层剂、离型纸和基布是干法移膜的三个组成部分。涂层剂为成膜物质，通常由聚氨酯与助剂进行调配。基布为成膜物质的载体，通常为浸渍或涂层布，也可以是机织布或针织布。离型纸转移媒介，是具有一定花纹结构且脱模性能良好的特种复合纸。

3. 特点

离型纸法应用广泛，该工艺的特点：

① 工艺模块化。通过对树脂、干燥、贴合等工艺组合，实现单涂、双涂、三涂等；或者湿贴、干贴、半干贴；或者熟化、速剥离等。

② 产品可一次完成。得到的产品直接具有特定的纹路、颜色、手感、光泽、性能等指标要求，效率高。

③ 材料适用性强，涂层材料可使用各种树脂，如 PU 类、PVC 类、PA 类等。可选择溶剂型、水性、无溶剂等各种分散基材料。

④ 涂布量精确可控，涂层的厚度可以在大范围内调整。涂层结构可以从单层到复合层，完成不同树脂层的性能配合。

二、 成膜机理

含有聚氨酯高分子成膜物质的液态涂层剂刮涂于离型纸表面后，形成可流动的液态薄层，即"湿膜"，湿膜在一定的干燥条件下可变成连续的固态膜，即"干膜"。这个过程中溶剂与高分子的分离；有溶剂的挥发；线型高分子的反应、交联、缠绕与相分离等状态。

1. 树脂与溶剂的相互作用

涂层剂主要是树脂与溶剂构成的均相溶液。树脂溶解于溶剂中。聚合物溶解的实质可理解为聚合物分子链段间由热运动所致的"孔隙"立即为更易活动的溶剂分子所占据，形成所有的聚合物分子被相互间隔而成为"溶液"。溶剂体系不同会导致体系溶解性、黏度、释放性的变化。

① 溶解性。混合溶剂中不同溶剂对聚氨酯的溶解力不同，依据溶解力的大小可分为真溶剂、助溶剂和稀释剂。

真溶剂指能单独溶解高聚物形成涂层，起到真正的溶解作用的溶剂。如 DMF 是聚氨酯的真溶剂，与聚氨酯有着良好的亲和性，部分溶剂与聚氨酯形成一定的氢键吸附或包裹于树脂中。

助溶剂本身则无溶解能力，但调节体系的溶解度参数，使体系的溶解度参数与高分子的参数相近，与真溶剂并用可起到溶剂的作用；稀释剂本身也无溶解能力，它仅能降低溶液黏度和成本。

② 树脂对溶剂的作用。在涂层剂中，溶剂的挥发除了与自身因素及各种溶剂成分之间的相互作用外，还受到聚合物的影响，即存在"溶剂释放性"。

不同的树脂有不同的结构和性质，与溶剂的作用也相差很大。即使相同的树脂，经过相同的干燥条件，各种溶剂在膜内的释放速度也不相同，残留量差距很大。通常助溶剂类释放快，而真溶剂由于存在一定结合，往往挥发慢，最后挥发的溶剂对体系有一定的溶解力，在最后的溶剂残留阶段通常都是真溶剂。

③ 溶剂对黏度的影响。溶剂以三种方式影响涂层剂的黏度。

对树脂的溶解能力。随着干燥的进行，溶剂的量逐渐减少，对树脂的溶解能力下降，树脂高分子之间互相聚集缠绕，黏度不断上升。当溶剂的量不足以溶解时，树脂产生相分离，形成凝胶。

氢键力。由于聚合物之间会产生一定的氢键作用，黏度可能很高。如果调整溶剂结构，如加入环己酮类，则使黏度会大幅下降。

溶剂自身黏度。该因素常被忽略，溶液和溶剂黏度的关系：$\lg\eta_{溶液}=\lg\eta_{溶剂}+B$（常数）。可以看出，溶剂黏度的微小差异有可能使树脂黏度相差很大。因此助溶剂通常选择黏度很低的酮类。

2. 溶剂的挥发作用

使成膜过程进行的动力是溶剂的挥发。所以在给定的树脂种类和干燥条件下，溶剂组成对于挥发速率和挥发梯度起决定作用。

① 挥发过程。混合溶剂的挥发是连续进行的，大致可分为三个阶段。

第一阶段：即湿阶段。溶剂的挥发速率主要受单一溶剂的四种因素（即温度、蒸汽压、表面积/体积比和表面空气流动速率）的影响，挥发速率与单一溶剂基本相同。

第二阶段：即干阶段。随着溶剂的进一步挥发，溶剂的挥发速率突然变慢。溶剂的挥发速率不再是由表面溶剂的挥发所控制，而是由溶剂在涂膜内的扩散速率所控制。

第三阶段：随着树脂的凝胶化，溶剂的挥发速率更加缓慢。与树脂作用较强的溶剂会长时间滞留，直至彻底释放。

② 挥发速率。溶剂的挥发速率是决定涂层剂干燥速率的重要因素。干法聚氨酯涂层剂一般采用混合溶剂，其挥发相对复杂。混合溶剂的挥发速度由下式计算：

$$R = \sum R_i T_i V_i$$

式中，R 为混合溶剂的挥发速率；R_i、T_i、V_i 分别为 i 组分的挥发速度率、活性参数、体积分数。

从式中可以看出，混合溶剂的挥发速度等于各溶剂组分的挥发速度之和。因此对于相对固定的涂层剂体系，各溶剂组分的沸点与所占比例是影响挥发速度的最主要因素。

此外，溶剂挥发速率还与溶剂分子的大小有关。分子越小，可供跳跃的自由体积空穴数目越多，挥发越快。

③ 挥发梯度。混合溶剂除了整体的挥发速率外，还存在挥发过程中的梯度问题。溶剂梯度，就是低沸点溶剂、中沸点溶剂、高沸点溶剂的合理混合组成。挥发时呈阶梯式，挥发速率稳定适中。

挥发梯度主要影响树脂的流平性。溶剂沸点越低挥发越快，沸点越高挥发越慢。如在某阶段出现集中大量挥发，则树脂黏度增加快，润湿与流平时间不足，成膜平整度差。因此合理的高中低挥发梯度搭配是良好成膜的基础。常用的溶剂体系如下。

低沸点：丙酮、甲乙酮、乙酸乙酯、四氢呋喃。

中沸点：甲苯、乙酸丁酯。

高沸点：环己酮、二甲基甲酰胺。

3. 物理成膜

Ⅰ液型聚氨酯树脂无反应性，成膜是溶剂挥发的结果，过程中只有分子状态的变化，而无反应发生，属于物理成膜。成膜物质的基本变化过程为"溶液→高浓溶液→凝胶→固体膜"。

由于涂层具备一定的厚度，表层由于溶剂的迅速挥发而趋向于成为致密膜，并且随着下层溶剂不断上升，对表层产生一定的二次溶解作用，加强了表膜的致密性。随着溶剂的进一步挥发，内部溶剂的减少使得聚氨酯形成凝胶，聚氨酯开始出现固化，也就是说相分离开始，这样涂膜的骨架结构开始形成，但体系内仍存在部分溶剂。干燥继续进行，但残留溶剂的进一步挥发不会对涂膜的骨架结构造成很大的改变，同时溶剂挥发所留下的空间就形成了一定的极其微小的孔隙。

从分子角度看，物理成膜是线性高分子间分子链的缠绕所形成，见图10-1。在分子内部，每个高分子都是独立的线性结构，分子的软段与硬段有微相分离，相互间没有反应性交联，但大量氢键存在于硬段之间。

线型结构、微相分离、氢键结合是物理成膜的主要特点。由于没有交联结构，因此属于热塑性膜。在适合的条件下可以发生热变形及重新溶解。

从宏观上看，物理成膜为致密膜结构，内部有许多介于物理微孔与高分子空穴的"裂隙"结构。涂膜中孔隙的大小、孔隙率及其分布均匀度均受树脂的结构、涂层厚度及溶剂的挥发速率所控制。

由于干法膜基本为致密膜，孔隙在涂膜中的作用并不明显，因此大多干法膜的透气透湿性能不佳，但对手感会产生一定的影响。特殊树脂如防水透湿树脂，加入一定致孔剂后，在溶剂挥发初期形成微孔的骨架，凝胶成形后进一步挥发得到一定微孔的聚氨酯膜，实现良好的透气和手感。

4. 化学成膜

Ⅱ液型树脂是以预聚体形式存在，自身无法成膜，但分子具有反应活性，与交联剂混合后，通过化学反应生成高聚物的涂膜，其成膜过程属于化学合成反应。

交联反应成膜必须具备两个条件：

① 预成膜物质分子链上有可反应的官能团，能进行缩聚反应、聚合反应或外加交联剂进行的固化反应。通常熟化型产品即为此类，在涂层剂中要添加交联剂和交联促进剂，在成膜过程中进行树脂的交联反应。

② 进行反应的必要条件。如温度、引发剂及其他能量等条件。聚氨酯涂层剂可以通过外加交联剂实现固化反应，或引入交联官能团变为热固性聚合物。反应在一定的温度下缓慢进行，反应结束即形成立体网状结构的树脂膜。

Ⅱ液型树脂是作为黏合剂使用，对成膜状态要求要比纹理层低一些。而且交联反应与干燥是同时进行的，因此化学成膜时交联反应过程是主要的，溶剂挥发是次要的。

聚合物成膜是伴随着交联反应的进行。反应初期，在溶剂挥发的过程中就开始交联反应，交联作用使分子链段的运动受到一定限制，溶剂对轻度交联的聚合物会溶胀或稍溶，溶剂的渗透力或扩散力被伸展的聚合物分子的弹性收缩力所平衡，但不会溶解成为一种易动的溶液。随着反应得进行，高度交联的聚合物逐渐停止链段运动，成为凝胶弹性体，溶剂与高聚物分离，而且只能轻微对链段产生溶胀，而不可能有溶解作用。

从分子角度看，化学成膜是高分子依托反应基团所形成网状结构，见图 10-2。反应前的预聚体是线性结构的短分子链的端羟基结构聚氨酯，而交联剂是多异氰酸酯的反应性结构，其异氰酸根可分别与不同预聚体的羟基反应，直至反应基团消耗结束，形成复杂无规的体型结构。

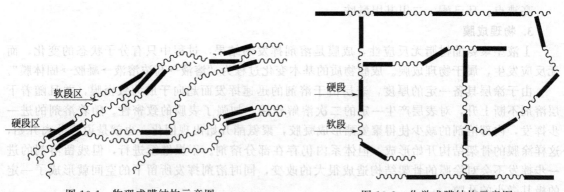

图 10-1　物理成膜结构示意图　　　　　图 10-2　化学成膜结构示意图

在分子内部，每个高分子都不是独立结构，都与其他分子有化学连接，甚至可将其视为一个超级大分子。因此分子链段的运动受到限制，只能相对形变而无法位移，因此属于热固性膜，不能发生热变形及重新溶解。体型结构、交联反应、热固性是化学成膜的主要特点。

从宏观上看，化学成膜也是致密膜结构。但由于交联反应使体系很快达到凝胶化，且反应一般控制缓慢进行。凝胶后残留溶剂量较多，通常需要"熟化"使反应与挥发稳定进行，因此其"孔隙"结构较多。成膜手感富有弹性和压缩性，力学性能高。

三、干法成膜过程

干法成膜采用热引导溶剂挥发，固相沉淀而形成致密的微孔膜。即聚氨酯由液体状态经干燥转变为致密完整的固态膜的过程。在"液-固"转化中要经历两个相伴发生的过程：溶剂的挥发和树脂的凝聚成膜。

① 表干过程。涂层剂进入烘箱后，由于温度的作用，液膜表面的低沸点溶剂就开始大量挥发，初期的挥发过程与纯溶剂在自由表面上挥发几乎相同。由于温度高，挥发速率快，这个过程比较短暂。

② 随着涂层剂表面溶剂的减少，树脂浓度迅速增加，有形成致密膜的倾向，使挥发速度会很快降低。

这时涂层剂表面形成较高的表面张力，并且黏度增大，造成表层与内层之间的温度、表面张力以及黏度的不同。这种差异将产生一种推动力，使下层的溶剂向上扩散，促使液膜总体趋向平衡。

③ 随着下层溶剂不断扩散，在表面的不断挥发，会产生上下两层之间新的差异，使下层溶剂不断地向表层运动。

这种扩散运动持续进行，直到树脂黏度增加到足以阻止其流动时为止，此时表层和里层的表面张力差也趋于消失。此时聚氨酯在离型纸上形成了不流动的黏性凝胶。

④ 聚氨酯凝胶中仍含有部分溶剂，挥发继续进行，黏性凝胶膜从外向内变成干凝胶膜。在这一过程中，溶剂要克服阻力从膜内向膜表面迁移，溶剂的气化从表面向内推移，与成膜剂结合最紧密的溶剂最后被蒸发，涂膜被彻底固化。颜料颗粒会被包裹在膜中，其他助剂或添加剂会溶解在成膜剂中，并在膜中均匀分布。

第二节　涂层剂

干法涂层剂是指能在离型纸或基布表面形成牢固黏合的连续结构的薄膜材料。由成膜物质、着色剂、溶剂、助剂按照一定比例配制而成。

一、聚氨酯树脂

成膜物是能够形成连续的薄膜，具有一定强度和性能的物质，是涂层剂的主体部分，决定着涂层的基本性质。

合成革干法工艺中使用的成膜物基本为聚氨酯树脂。不同聚氨酯树脂有着不同的表观与物性特点，其特点将在最终产品上表现出来，所以要对其有充分的认识，才能将其合理正确应用。聚氨酯树脂制造商一般会在产品上有以下说明：

种类：脂肪族或芳香族；单组分或双组分；聚酯或聚醚等。

组成：有效含量；所含溶剂种类。

基本性能：黏度、模量、断裂强度、断裂伸长率、色数、耐水解性等。

用途：如直接涂层或转移涂层；皮层或黏结层；衣用或鞋用等。

其他：如双组分涂层剂规定配套使用的交联剂、交联促进剂的品种；或其他特殊性能如消光、高弹、高耐磨等。

1. 按使用分类

① 面层树脂。面层树脂根据产品要求，模量从低到高选择性较多。可单独使用也可与其他模量树脂混合使用，满足不同产品要求。

面层树脂都为Ⅰ液型，不需要加入交联剂与促进剂。Ⅰ液型聚氨酯分子结构可分两部分：

多元醇构成的软链部分；低分子量化合物和异氰酸酯构成的硬链部分。硬链段比例提高有利于提高树脂熔点、玻璃化温度、硬度和强度，但相对降低了其弹性和溶解度。相反，软段比例提高能降低熔点与玻璃化温度，提高柔软度、延伸性和挠曲性，但回弹性、强度、耐磨性会下降。

面层树脂使用时通常只需要加入溶剂和着色剂，有时还需加入一些功能型助剂来满足产品特殊要求。从表观、手感及物性上分，有耐磨型、耐光耐黄变型、耐溶剂型、滑爽型、高光型、消光型等不同种类。

通常干法合成革要求表面处理层树脂光滑耐磨，耐折、耐溶剂性好，有良好的重复涂敷性、颜料分散均匀、展色性佳等特点。

② 黏结层树脂。黏结层树脂首先要保证干法膜与基材的良好贴合，并且尽量少的影响手感。黏结层树脂模量上选择性较少，一般模量都较低。有Ⅰ液型和Ⅱ液型两种。

Ⅰ液型树脂凝集力较高，成膜性强，干燥后树脂可达到很高的强度，因此可做到干燥后马上与离型纸剥离，是最常用的黏合剂。

如果要求黏接性好，强度高，柔软且耐水解性好，一般采用凝集力低的Ⅱ液型聚氨酯树脂，它本身不能成膜，即使成膜也是低物性的皮膜。Ⅱ液型树脂末端上具有反应性的羟基，需要加入交联剂，同时需要经过一段时间与温度的熟化才能成膜，不能过早地与离型纸剥离。

Ⅰ液型和Ⅱ液型树脂成膜机理不同，Ⅰ液型树脂成膜为物理变化，分子呈线状排列，属热塑性树脂。而Ⅱ液型由于加入交联剂，成膜过程为化学变化，分子形成空间网状结构属热固性树脂。

Ⅱ液型具有更高的物性与剥离强度，花纹立体饱满，耐水解耐溶剂性强。但是交联剂的加入对离型纸的要求较为严格，不是所有厂商的离型纸牌号都适合做Ⅱ液型产品，例如美国WARREN纸就不能使用Ⅱ液型树脂，限制很多产品的生产。交联剂的加入和长时间熟化对离型纸伤害也比较大，容易缩短离型纸使用寿命，生产连续性及效率都比较低。

2. 按材料类型分类

① 芳香族与脂肪族。聚氨酯树脂的主要硬段结构为多异氰酸酯，分为芳香族与脂肪族两种，以结构中是否含有苯环划分。异氰酸酯是聚氨酯树脂硬段的主要部分，选择脂肪族还是芳香族对聚氨酯材料的性能有很大影响。

芳香族PU树脂由于硬段部分含有刚性的芳环，因而使其硬段内聚强度增大，材料强度一般比脂肪族树脂大。但是芳香族抗紫外线降解性能较差，氨基甲酸酯键易发生光化学氧化作用，容易黄变。而脂肪族聚氨酯不含引起共轭结构的苯环，因此不会泛黄。不同的异氰酸酯结构对聚氨酯的耐久性也有不同的影响。脂肪族与芳香族优缺点对比见表10-1。

表 10-1　脂肪族与芳香族优缺点对比

种类	耐 UV	耐 NO_x	耐热	耐候	耐溶剂	力学性能	耐黄变
脂肪族	好	好	差	差	差	差	好
芳香族	差	差	好	好	好	好	差

② 聚酯、聚醚、聚碳。聚氨酯树脂的主要软段结构为多元醇，以软段划分大致可分为聚酯型、聚醚型和聚碳酸酯型等几种。多元醇在聚氨酯中占了大部分，它们与二异氰酸酯制备的聚氨酯性能各有不同，表现出很大的差异性，主要表现为结晶性、耐寒性、耐水解性、耐热性、耐油性、机械强度等方面的不同。

极性强的聚酯多元醇合成的聚氨酯力学性能较好。由于聚酯多元醇中含有极性较强的酯基，它能够与硬段部分上的极性基团形成氢键，使硬段部分能够均匀的分散在软段相中，起到物理交联的作用，提高聚氨酯的物性。在强度、耐油性、热氧化稳定性能方面聚酯型有良好的表现。

聚四氢呋喃型聚氨酯，由于聚四氢呋喃分子结构规整，易形成结晶，强度接近聚酯型。总的来说，由于聚醚型聚氨酯软段的醚基较易旋转，具有较好的柔顺性，有优越的低温性能，并且聚醚中不存在相对易水解的酯基，其耐水解性比聚酯型好。聚醚型软段的 α 碳较活泼，容易被氧化，形成过氧化物自由基，从而产生一系列的氧化降解。

软段的结晶性对线型聚氨酯链段的结晶性贡献较大。一般来说，结晶性对提高聚氨酯制品的性能是有利的，但有时结晶性会降低材料的低温柔韧性，而且结晶性会影响 PU 树脂的透明性，不利于通透性水晶感强的产品，使用范围受限制。

3. 按溶剂体系分类

合成革行业使用的聚氨酯树脂一直是以溶剂型体系为主，但溶剂具有易燃、易爆、易挥发、气味大、有污染、危害人体健康等缺点，新型环保型的水性 PU 树脂以及无溶剂高固型树脂就应运而生。

水性聚氨酯以水为基本介质，具有不燃、气味小、不污染环境、高固含量等优点，已经得到了人们的重视，各离型纸厂商、树脂材料厂商、助剂材料厂商等都在投入相当大的资源用于水性树脂及其配套体系的开发工作，环保概念已经深入人心。

无溶剂（高固型）树脂具有低溶剂含量、一次成膜厚、高耐磨性、高耐水解、成膜柔软、容易发泡等优点。

水性树脂和高固树脂作为新型替代型树脂还有很多需要解决的问题，但在可预见的将来，环保型树脂必将替代溶剂型成为行业主流树脂材料。

4. 特殊树脂

特殊树脂是指具有特定的分子结构或特殊基团，达到某种功能性要求的树脂。可以单独使用，也可配合使用。如防水透湿树脂、发泡树脂、高吸水树脂、龟裂树脂、疯马树脂、变色树脂、压纹树脂等。

这类树脂不属于常规树脂，它们具有一定的特殊功能。如透湿树脂较一般常规树脂具有良好的透水汽性，提高合成革的穿着舒适性；变色树脂在一定应力、温度条件下会产生不同的颜色效果。

这些特殊功能型树脂的出现满足了市场对革表面不同变化以及特殊功能的要求，具有独特的市场地位。

二、着色剂

1. 基本性质

着色剂的作用是赋予涂层各种颜色和对基材的遮盖性。着色剂的主要成分是染料和颜料，二者不直接在合成革加工过程中使用，而是预先制备成能分散于 PU 树脂中的着色材料后供合成革厂家使用。着色剂一般需要检测的指标有耐光性、耐热性、耐酸碱性、耐硫化性、耐色迁移性、毒性等环保等指标。

合成革用着色剂主要是色浆、色粉和染料水。其中色粉和色浆的主要成分为颜料，染料水的主要成分是染料。主要区别在于溶解性。染料能溶解在水、油、各种有机溶剂中，而颜料一般不溶于水、溶剂。

染料具有强烈的着色能力，色泽鲜艳，着色力强，但耐热性、耐光性和耐溶剂性差，在合成革加工温度下易分解，在制品使用过程中易从产品中渗出，造成串色和污染。颜料和染料比，透明性、鲜艳性差，但耐热性耐光性好，不易迁移渗出。

颜料包括无机颜料和有机颜料。无机颜料具有优良的耐热性、耐光性和耐溶剂性，而且价格低廉，但透明性与鲜艳性差，色泽暗淡，相对密度大。有机颜料具有介于无机颜料与染料之间的综合性能，耐热、耐光、耐溶剂性不如无机颜料，但色泽鲜艳，分散性好。因此要求遮盖力好的则选用无机颜料，要求透明度好的则选用有机颜料。在红色、黄色、蓝色、绿色、紫色颜料中，有机颜料占据重要位置，但在黑色和白色颜料中，炭黑和钛白粉仍是主要使用品种。有机颜料与无机颜料比较见表10-2。

表10-2　有机颜料与无机颜料比较

指标	无机颜料	有机颜料	指标	无机颜料	有机颜料
相对密度	大	小	耐油性	优	劣-良-优
遮盖力	大	小	耐酸性	劣-良-优	劣-良-优
透明度	小	大	耐碱性	劣-良-优	劣-良-优
鲜艳度	小	大	耐药品性	劣-良-优	劣-良-优
着色力	良	良-优	耐光性	良-优	劣-良-优
耐水性	良-优	良-优	耐热性	良-优	劣-良-优
耐溶剂	优	劣-良-优	价格	低-高	中-高

常用颜料可参看基布化学品种的着色剂。干法色料用于合成革表层，因此对着色有着更高的要求。理想的着色剂应具有：

① 色泽鲜艳，着色力强；

② 耐热性好，在高温干燥时不变色、不分解；

③ 分散性好，能均匀的分散在树脂中，不凝聚；

④ 耐溶剂性好，不会因溶剂作用而迁移串色；

⑤ 耐迁移性好，在树脂中不发生色迁移，颜料不会析出，也不会影响产品涂饰性能；

⑥ 耐化学稳定性好，有良好的耐酸性、耐碱性，与树脂中的其他助剂不发生化学反应；

⑦ 着色剂不含有对树脂有影响的杂质；

⑧ 无毒、无臭；

⑨ 价格便宜。

除此之外，还应考虑着色剂的抗氧化性、耐水性。任何一种着色剂都不可能完全满足以上条件，在生产中只能适当选择和配色。

2. 种类

① 色浆。色浆一般是将颜料分散在介质中，制成含有颜料、连结剂、溶剂、润湿剂和分散剂等的浆状或膏状物，避免了革厂使用颜料时的分散工作。

外观：具有一定黏度和流动性的浆状；

用量：0～30份；

优点：分散、配料、使用方便；

缺点：贮存、运输不方便。

在使用色浆时要考虑色浆环保性、色牢度、色纯度、分散性、耐热稳定性、光稳定性以及耐气候稳定性等。同时另一个要着重考虑的问题是与涂层剂的相容性，如着色浆中的介质与涂层剂的种类不同，就会出现凝聚、游离分层、黏度异常、色料沉淀等问题。

由于各合成革厂家加工产品多样化，所使用的PU树脂类型较多，经常出现色浆与树脂不匹配等问题。不同色浆厂家的色浆不能协同使用，互不相容，有机色料和无机色料混合性差等问题，使用时应特别注意。

② 色粉。色粉主要成分是颜料，可视为高浓度固态着色剂。

外观：片状、颗粒状；

用量：0～10份；

优点：使用方便、储存期长；

缺点：需溶解使用，对物性影响较大。

色粉对树脂物性影响很大，会提高树脂黏度，同时也会提高涂膜的物理机械性能。使用时也要考虑色粉的环保性、色牢度、遮盖力、分散性、耐热稳定性、光稳定性以及耐气候稳定性等。

③ 染料水。染料包括水溶性染料和醇溶性染料，主要作用是将成膜物质染成各种透明色泽，从而使成革更加鲜艳突出。

外观：有色溶液；

用量：0～5份；

优点：涂膜通透色彩鲜艳；

缺点：遮盖差、容易产生色迁移。

染料水在干法中使用较少，只是在个别产品中使用，达到透明鲜艳的外观效果。但是使用中要特别注意染料水造成的色迁移问题，由于染料未能与聚氨酯形成有效结合，染料从树脂中迁移至离型纸上，使离型纸面上被染料染色，会导致离型纸无法使用或离型纸使用后将染料二次迁移到后续生产的产品上。

目前较好的产品是将染料嵌段进聚氨酯分子中，形成高分子染料，然后再调配使用，解决了迁移问题。

三、溶剂

在合成革干法生产过程中要大量使用各种溶剂，对涂层剂起到溶解树脂、调节黏度、控制成膜等作用。通过溶剂可调节涂层剂的含量与黏度，改善其刮涂性、流平性、渗透性等；改变溶剂种类与比例，可调节干法成膜速率，调节成膜状态。

聚氨酯树脂采用的溶剂通常包括酮类（甲乙酮、丙酮、环己酮）、芳香烃（甲苯、苯、二甲苯）、二甲基甲酰胺、乙酸乙酯等。

溶剂的选择可根据聚氨酯分子与溶剂的溶解原则，由溶解参数 SP、溶剂极性、溶剂本身的挥发速率等因素来确定。可采用混合溶剂来提高溶解性、调节挥发速率来适应不同加工工艺的要求。实际生产中，常用两种或两种以上有机溶剂以一定比例配制成混合溶剂。转移涂层用溶剂见表 10-3。

表 10-3 转移涂层用溶剂

溶剂	溶剂参数 SP	沸点/℃	相对密度	折射率
甲苯	8.85	110.6	0.866	1.4967
醋酸乙酯	9.08	77.0	0.902	1.3719
醋酸丁酯	8.74	126.3	0.8826	1.3591
丙酮	9.41	56.5	0.7899	1.3591
甲乙酮	9.19	79.6	0.8061	1.3790
环己酮	10.05	155.6	0.9478	1.4507
四氢呋喃	9.15	66.0	0.8892	1.4070
二甲基甲酰胺	12.09	153.0	0.9445	1.4269

注：聚氨酯溶解参数 SP 值为 10。

二甲基甲酰胺（DMF）。该溶剂是唯——种通用的强力溶剂。外观为无色透明流动的液体，有刺激性气味，蒸气有毒，腐蚀皮肤。能与大多数无机和有机溶剂互溶。能与水以任何比例互溶，故吸水性强。在空气中自燃的极限（以体积分数表示）为 2.2%～15.2%。是聚氨酯树脂的主溶剂。

甲苯（TOL）。无色易挥发液体，有芳香气味。不溶于水，易溶于乙醇、乙醚、丙酮、三氯甲烷和二硫化碳中。蒸气与空气形成爆炸性混合物，爆炸极限（以体积分数表示）1.2%～7.0%。易燃、毒性较大。PU 树脂使用中属于弱溶剂，作为稀释剂使用。

甲乙酮（MEK）。甲乙酮又称丁酮、甲基丙酮。有类似丙酮的气味，易挥发。溶于水、乙醇、乙醚，可与油类混合。易燃、遇旺火、高热、强氧化剂有引起爆炸危险。有毒。也用作硝酸纤维素、乙烯基树脂溶剂。溶解 PU 能力适中，作为稀释剂使用。

乙酸乙酯（EA）。该产品是无色澄清有香味的液体。溶于氯仿、丙酮、醇、醚、稍溶于水，遇水能发生极缓慢的水解。易挥发。遇明火、高温易燃，自燃点 426.7℃。与氧化剂接触发生强烈反应，甚至引起燃烧。其蒸气在空气中的爆炸极限为 2.2%～11%。有毒，对眼、皮肤、黏膜有刺激性，并有麻醉性。溶解 PU 能力适中，作为稀释剂使用。

四、助剂及添加剂

一般聚氨酯树脂在合成或使用时会添加一定的助剂与添加剂，提高合成革的物性以及解决一些生产操作过程中的问题。通常在干法中使用的助剂添加剂有：阻燃剂、耐光稳定剂、抗氧化剂、防霉抗菌剂、有机硅系列助剂（如流平剂、脱水剂、助剥剂、耐磨助剂等）以及一些特殊用途添加剂。

1. 阻燃剂

按照英国标准 BS476 对阻燃材料的要求是：一级阻燃材料氧指数＞38%，二级阻燃材料氧指数＞25%，而聚氨酯氧指数为 19%～20%，属于可燃物质范围。用于家居、建筑、汽车、铺地材料的聚氨酯必须满足二级阻燃标准或者一级阻燃标准。因此，阻燃剂在聚氨酯制品中使用相当广泛。

阻燃剂是一类能够阻止物质引燃或者抑制物质火焰传播的助剂。阻燃剂品种很多，从形态上分，有固体阻燃剂和液体阻燃剂；按化学组成分可以分为无机和有机阻燃剂两类。前者多含铝、硼、锌、锑等元素，如氢氧化铝、水合氧化铝（$Al_2O_3 \cdot 3H_2O$）、硼酸盐、氧化锌、三氧化二锑等；从化学反应性上分，有添加型非反应阻燃剂和以阻燃多元醇为代表的反应性阻燃剂。

无机阻燃剂的阻燃效果好、价格低、不产生烟雾，但为固体物质，密度大，对计量、输送、混合设备提出了更高要求，不便于使用。有机阻燃剂含卤素、磷等元素。卤素的阻燃效果是：Br＞Cl＞I＞F。溴的阻燃效果最好，而氟几乎没有阻燃作用。氯化物可以抑制聚合物燃烧的基本反应，同时生成的 HCl 气体能稀释可燃气体，达到阻燃的目的。但是含氯阻燃剂燃烧时产生的烟雾和毒性比含磷的阻燃剂大，由于环保的要求，所以各公司都倾向使用含磷阻燃剂。

① 溴系阻燃剂。含溴阻燃剂包括脂肪族、脂环族、芳香族及芳香-脂肪族的含溴化合物，这类阻燃剂阻燃效率高，其阻燃效果是氯锑阻燃剂的两倍，相对用量少，对合材料的力学性能几乎没有影响，并能显著降低燃气中卤化氢的含量，而且该类阻燃剂与基体树脂互容性好，即使再苛刻的条件下也无喷出现象。

② 氯系阻燃剂。氯系阻燃剂价格便宜，目前仍是大量使用的阻燃剂。氯含量最高的氯化石蜡是工业上重要的阻燃剂，由于热稳定性差，仅适用于加工温度低于 200℃ 的复合材料，氯化脂环烃和四氯邻苯二甲酸酐热稳定性较高，常用作不饱和树脂的阻燃剂。

③ 磷系阻燃剂。有机磷化物是添加型阻燃剂，该类阻燃剂燃烧时生成的偏磷酸可形成稳定的多聚体，覆盖于复合材料表面隔绝氧和可燃物，起到阻燃作用，其阻燃效果优于溴化物，

要达到同样的阻燃效果，溴化物用量为磷化物的 4～7 倍。该类阻燃剂主要有磷（膦）酸酯和含卤磷酸酯及卤化磷等，广泛地用于环氧树脂、酚醛树脂、聚酯、聚碳酸酯、聚氨酯、聚氯乙烯、聚乙烯、聚丙烯、ABS 等。

④ 无机阻燃剂。无机阻燃剂是根据其化学结构习惯分出的一类阻燃剂，包括氧化锑、氢氧化铝、氢氧化镁及硼酸锌等。

2. 抗氧化剂与光稳定剂

在自然界和特殊的环境中，聚氨酯和其他聚合物材料一样，在光、热、氧、水以及微生物存在下发生热氧化降解、水解、光降解以及微生物降解等，这使得聚合物的强度降低，直至失去使用价值。为了抑制降解，延长材料的使用寿命，必须添加一定的助剂来实现目标。抗氧化剂与光稳定剂是常用的防老化剂。

① 抗氧化剂。抗氧化剂主要用于防止（减轻）聚氨酯热氧降解，这类稳定剂主要有两种：一种是氢给予体，氢给予体与过氧化物自由基反应，形成了氢过氧化物，从而阻止了从聚合物主链的抽氢反应，主要是酚类抗氧化剂。另一种氢过氧化物分解剂，氢过氧化物分解体可阻止氢过氧化物分解成活性很高的烷氧基自由基和羟基自由基，氢过氧化物分解剂有硫代二丙烯酸酯和亚磷酸酯两类。一般常用的长效抗氧化剂是酚类抗氧化剂和受阻胺类抗氧化剂。受阻胺类稳定剂抗热氧老化的机理是非常复杂的，而且还没有完全清楚。由于受阻胺类稳定剂不仅具有很高的分子量而且在稳定聚合物过程中具有可再生的特点，因此它能够在相当长的时期内赋予聚合物很好的热稳定性和光稳定性。

② 光稳定剂。聚氨酯树脂通常在光、氧和热的作用下迅速老化，出现强度、硬度和柔韧性下降；变色；表面粉化、变色、起泡、裂纹、脱落等现象。抗氧化剂，紫外光稳定剂有助于抑制这些作用。

用芳香族异氰酸酯制备的 PU，在光照下会发生光降解，产品发生黄变，这是由于光照下产生醌类而发生显色。用于聚氨酯的光稳定剂主要有紫外线吸收剂。紫外线吸收剂主要有苯并三唑类和二苯甲酮类。一般光老化都伴随着热氧化降解，所以紫外线吸收剂需要配合着抗氧化剂共同使用才能，达到更好的效果。受阻胺类光稳定剂与紫外线吸收剂不同，它不吸收紫外线，它发生热氧化或者光氧化产生稳定的氮-氧自由基，后者是一种有效的自由基清理剂，优先与烷基自由基反应，产生光稳定作用，比一般的紫外线吸收剂光稳定效果高 2～4 倍。

一般好的光稳定剂是综合了抗氧化剂、光稳定剂的混合产品，能够达到协同效应功能，抑制聚氨酯光、氧、热的降解黄变。例如汽巴公司的光稳定 Tinuvin571 是苯并三唑类产品，Tinuvin765 是受阻胺类光稳定剂。在合成革上常用到的光稳定剂 Tinuvin B75 就是一个综合产品，它就是由 20% IrganoX 1135 ＋ 40% Tinuvin 571 ＋ 40% Tinuvin 765 混合而成的产品。

3. 防霉抗菌剂

聚氨酯合成革是由有机高分子组成，这些有机分子为微生物的生长发育提供了良好的营养条件。一旦温度湿度合适，微生物就会在树脂中大量繁殖，在合成革表面形成斑点，破坏涂层的美观和性能。为了抑制或者阻止微生物的繁殖，可以在树脂材料中加入一定防霉抗菌剂来控制微生物等的生长。

抗菌剂是指一些微生物高度敏感、少量添加到材料中即可赋予材料抗微生物性能的化学物质。也就是说抗菌剂是能够使细菌、真菌等微生物不能发育或者抑制微生物生长的物质。选择抗菌剂时应尽量满足以下几方面要求：

① 抗菌效率高，持久性强，具有一定的广谱抗菌性；
② 稳定性高，反应惰性，不与基材发生物理或化学反应；
③ 加工适用性强，耐候性好，与树脂相容性好；

④ 安全性好，不对人体和环境产生危害。

4. 有机硅类表面控制剂

有机硅产品的基本结构单元（即主链）是由硅-氧链节构成的，侧链则通过硅原子与其他各种有机基团相连。因此，在有机硅产品的结构中既含有"有机基团"，又含有"无机结构"，这种特殊的组成和分子结构使它集有机物的特性与无机物的功能于一身，具有耐高低温、耐气候老化、电气绝缘、耐臭氧、憎水、难燃、无毒无腐蚀和生理惰性等许多优异性能，有的品种还具有耐油、耐溶剂、耐辐照的性能。

与其他高分子材料相比，有机硅产品的最突出性能是优良的耐温特性、介电性、耐候性、生理惰性和低表面张力。有机硅有工业味精之称，在国外已经广泛的在各个材料领域中得到应用，实践也表明有机硅对材料性能起到了举足轻重的作用。近几年国内有机硅的应用也得到了很大的发展，各个厂家也认识到有机硅作为一种材料改性剂所起到的作用，各种有机硅产品也越来越多的应用到现实产品中，人们也将有机硅添加于产品中，以提高其产品的质量和竞争力。

有机硅类助剂的特点有：控制泡沫、提高附着力、提高润湿性和流平性、抗潮气性、增加滑爽和光泽、提高磨损性、防止颜料分层，属于表面控制助剂。因此在干法树脂中应用相当广泛，常见的有流平剂、助剥剂、脱水防潮剂、消泡剂、耐磨滑爽助剂、分散防浮色等助剂。

5. 其他用途添加助剂

① 发泡粉。发泡粉是合成革人造革为形成泡孔结构而添加的一种配合剂，发泡剂在一定温度条件下能产生大量气体，是人造革合成革形成许多连续的、互不相通的、微细泡孔结构的原因。

合成革添加的发泡剂有物理发泡原理的发泡粉、化学发泡原理的发泡粉两种。物理发泡粉主要用于"羊巴革"的生产加工。比较常用的是瑞典 EXPANCEL® 微球，它是一种微小的球状塑料颗粒，是以气密性好的丙烯腈基共聚树脂为壳材，包覆低沸点烃类制备而成。当加热时，热塑性壳体软化，壳体里面的气体膨胀，结果微球体积增大。使用发泡剂时应注意发泡温度，不同型号的羊巴粉发泡温度略有差别，EXPANCEL® 微球有各种不同膨胀温度等级的产品，温度范围从 $80 \sim 205 \, ℃$，一般在 $150 \, ℃$ 左右；发泡粉粒径也可以选择，膨胀后微球的尺寸可达 $20 \sim 150 \, \mu m$ 内；耐溶剂性差，DMF 强极性溶剂能够阻止羊巴发泡。化学发泡粉，可用于干式发泡树脂中，例如 OBSH 发泡剂。

② 珠光粉。又称为光效应颜料，目前使用最为普遍的是云母钛珠光粉。它是以天然云母薄片为核，在云母薄片表面上沉积包覆一层很薄的 TiO_2、Fe_2O_3、Cr_2O_3 等金属氧化物膜而形成的微粉。在光照射下能反射和折射出不同色相的干涉色，产生奇妙的随角异色的光致变色效应。即随着观察角度的不同，光的明暗强度和色彩发生相应的变化。

③ 金属粉浆。有时为了使产品具有金属光泽，闪烁效果，需要添加一些助剂材料，金属粉浆等就是具有这种效果的助剂。此类助剂当均匀分散在树脂中后，能在一定角度上反射光线，产生类似金属光泽的荧光效果。常用的有铝粉和铜粉。

铝粉有浮型铝粉和非浮型铝粉两种。浮型铝粉雪花片在薄膜表面或在靠近薄膜面处呈现连续性排列，这一特性对于制造银色或铬黄色膜时十分有效，但是可能会淡化其它色素的效果；非浮型铝粉雪花片薄膜表面全范围内均匀排列，能与其它色素协调，使之易于获得色调斑斓的金属膜。粒径在 $7 \sim 45 \, \mu m$ 粗颗粒的铝粉闪光强烈，细粒子则外观柔和。片状铝粉的外观有规则的"银元型"和不规则的"玉米片型"两种，表面平滑的"银元型"的反射效果及闪光效果好，粗糙不规则的"玉米片型"则呈漫反射。铝粉用于水性体系需经特殊的表面包覆处理。铝粉表面包覆 Fe_2O_3 呈金色，可作为遮盖力很强的金黄色颜料使用。

④ 变色粉。在一定条件下，能使涂膜表面产生出与原始色相不相同的变化的助剂，称为变色粉。根据变色的条件不同可以分为应力变色粉、感温变色粉、感光变色粉等。一般使用最多的变色粉多为高分子蜡粉，当成膜表面受到一定的应力变化时，在蜡粉微粒存在处会产生一定的应力集中，原有色相将消失，取代的是少量灰白色在应力集中处产生，当外力去除，变色处能够基本恢复原状。

第三节　离型纸

一、　离型纸的特点与要求

离型纸又名转移纸，是转移涂层加工不可缺少的载体材料，赋予合成革美观的花纹。涂层剂首先均匀地涂饰到离型纸的表面，离型纸带着涂层剂进入烘箱，溶剂挥发后在纸上成膜，与基布复合后将涂膜从纸上剥离。

离型纸载体转移的特点：纹理的保持是永久性的，只有后处理加热压印温度接近或超过转移温度时，纹理才会消失；纹理细致，能取得直接压印所不能取得的效果；不会损坏微孔结构；适用树脂溶液范围非常广泛；废品率低（与印刷比）。

离型纸是一种涂布纸，由纸基和离型涂料层构成，表面有凹凸状的花纹结构。干法生产对离型纸有以下要求。

① 离型纸对涂层剂的溶剂有抵抗能力。PU 革生产过程中常用到有机溶剂，工艺要求离型纸不能因溶剂而受影响，要做到既不溶解又不溶胀。

② 对涂层膜有一定的黏附能力。如果黏附能力太小，加工过程中涂层膜会自行从离型纸表面脱落或卷曲，使下一步涂层加工无法进行，这种疵病称为预剥离；反之，如果黏附能力太大，在与基布复合后，涂层膜不能顺利地从纸上剥离而转移到基布上，造成成膜不连续及撕破离型纸等现象，严重时会使产品报废，剥离太困难还会影响到纸的重复使用次数。

③ 离型纸本身要有足够的强度、刚度、弹性。转移涂层联合机连续运行时，离型纸要承受一定的张力，卷放时要受到弯折作用，与基布复合时要受到一定的压力。要求离型纸在作用力下仍需保持平整的状态，不断纸，不变形，并且能多次重复使用。离型纸还必须要有一定的柔性，可提高离型纸重复使用次数，也避免离型纸上的花纹遭到损坏。

④ 耐热性。离型纸要在较高温度下使用，同时反复经受烘箱中的高温和冷却辊筒的冷却。如果耐热性不好，经高温后将因强度降低而撕裂，导致生产中断；或者表面树脂与涂膜黏结，无法剥离。所以要求离型纸要具有较高的耐热性。聚氨酯合成革用的离型纸要求能耐 140℃ 高温。

⑤ 离型纸表面状态（光雾度，花纹深浅及清晰度）均匀一致，无论是高光或消光的，光泽必须均匀。如果是轧纹纸，花纹的深度也必须均匀清晰。经多次重复使用后，离型纸仍须保持均匀状态。

二、　离型纸分类

1. 离型纸厂家

国内离型纸有少量生产，但品质与稳定性不佳，目前仍主要依靠进口。世界上生产离型纸的厂商主要是：日本的大日本印刷 DNP、旭辊 Ashai Roll、日本琳得科 Lintec、意大利 Andrea Favini、英国 Arjo Wiggins、美国 Sappi Warren 等，各公司的主导产品品种各不相同。离型纸生产厂家与产品见表 10-4。

表 10-4　离型纸厂家与产品

厂商名	国家	硅	PP	U/C
DNP	JP	◎	◎	
Ashai	JP		◎	
Lintec	JP	◎	◎	
Sappi	US	◎		◎
AR-W	EN	◎	◎	
Favini	IT	◎	◎	

2. 离型纸的分类

离型纸的种类按用途可分聚氯乙烯用和聚氨酯用两大类；离型纸按剥离膜表面的光亮程度分为高光、光亮、半光、半消光、消光等几个等级。离型纸可以是平光的，也可以是轧纹的，轧纹模仿的对象有牛皮、羊皮、鹿皮、猪皮等各种动物皮。按产地分有美国纸、英国纸、意大利纸及日本纸。按离型纸加工制造方法分涂敷法、转移膜法和电子硬化法。按离型纸表面树脂材料划分是常用的方法，可分为硅树脂、PP 聚丙烯树脂（部分添加 PE）和电子硬化树脂三类：

① 硅树脂。能经受 DMF 的作用，价格便宜，耐温在 180～190℃。缺点是花纹表现不足（60%～70%），立体感较差；使用次数少，一般能重复使用 5～10 次；颜色不够鲜艳，容易出现花斑。

② PP 树脂。可通过轧纹制成轧纹纸，由于轧纹辊的花纹精确地模仿了天然皮革的表面纹理与光泽，因此花纹再现率较好（约 80%），色彩表现力强。缺点是上下膨胀不一致，容易出现卷边；不能经受高温，最高 155℃，通常只有 130～140℃；容易产生静电。

③ 电子硬化（U/C）树脂。花纹表现力强（几乎 100%），色彩表现力强，耐温高（220～230℃），可以表现细腻的图形或非常粗犷的纹路。但是价格高，耐溶剂性有待提高，基纸容易发脆。

3. 离型纸的表示方法

离型纸的类型特点一般都是用符号表示，代表离型纸的花纹、光泽（亮度，指压纹型）、压纹类型、涂敷物种类。基本的压纹类型符号意义如下：AP 标准压纹型；FL 特殊瓷漆型；APL 耐热压纹型；PAL 平滑耐用加强型；APH 超耐热压纹型；Mflat 光型；FF 凹凸感强的压纹型；Sflat 半光型；UM 特殊压纹型；TFlat 无光型；FM 标准磁漆型。压纹纹路的亮度以 M（光亮）、S（半光亮）、T（无光）区分。以日本印刷公司生产的 DN-TP 离型纸为例，DN-TP-AP-T DE-7 表示非硅酮系离型纸，压纹型，无光，小牛皮纹。

离型纸按不同花纹、不同光泽、不同用途排列组合，形成品种很多的产品系列，可根据市场的需求、产品品种和工艺特点进行选择，同时还须考虑价格和使用性能。

三、 离型纸的使用与维护

1. 离型纸的使用

离型纸是一种易耗品，正确使用与维护可延长其使用寿命，降低加工成本。在使用时必须注意以下几点。

① 工作环境。空气中的灰尘颗粒、树脂凝结块、挡板渗漏、背辊粘料等情况会造成离型纸的划线与划伤，镜面纸尤其明显。因此干法车间卫生条件要求较高，减少降尘。离型纸使用时应防止硬质颗粒及粗糙的辊筒对纸面的损伤。

② 静电消除。正常使用情况下，静电是影响离型纸使用的主要因素，静电电荷积累会击

伤离型层（点状、放射状、条状）。消除静电影响的方法：安装消除静电装置，如静电消除器、静电刷、铜扫把、抗静电绕带；添加助剥离剂，如甲基硅油；加强温度控制，尤其在秋冬季节，可定时洒水或安装加湿器；控制剥离速度和角度，剥离时尽量有依托，降低剥离负荷。

③ 生产温度控制。温度与湿度的变化会造成离型纸的平整度变化，从近几年离型纸厂商接到的投诉情况来看，因为温度控制不当引起的投诉占非常大的比例。影响温度控制的几个因素有：导热油加热系统温度控制不当，加热不均匀，容易造成局部温度过高；生产线出风口分布不合理；烘箱停留时间过长。

离型纸正面是剥离树脂，背面是纸基，由于两面材料不同，遇热和冷却时收缩率不同，易产生卷曲，严重时会影响纸的正常运行。要及时调节设备对离型纸的牵引力，降低烘箱温度，同时注意涂层剂和离型纸的配伍性。生产过程中尽量避免停车，防止离型纸长时间受热，使表面涂布的热塑性树脂变形，影响花纹和光泽。

④ 离型纸上机后，调整张力和导辊平行度，防止离型纸走偏而损伤纸边，或因张力过大会造成离型纸破损。涂层及张力松紧要调整合适，防止因过紧产生皱褶或因过松产生涂刀轧纸。离型纸涂布时，Ⅱ液型黏合层应比Ⅰ液型粘合层皮层在两边涂窄 0.5～1cm，因Ⅱ液型离型纸剥离负荷大。

在剥离时要注意涂层基布与离型纸的夹角。角度不能太小，太小离型纸会破裂，通常在两个压力很小的导辊之间剥离，角度不小于 135°，同时在剥离点上用静电消除器。

2. 离型纸的管理

① 颜色区分。离型纸使用时尽量按产品颜色不同，分开使用，有些离型纸初期适合加工浅色产品而后供深色产品使用（如 DE-7），有些则适合先生产深色产品而后供浅色产品使用（如 PAL-21，UMT）。

② 使用次数区分。离型纸使用都有一定的寿命，由于加工工艺不同，树脂对离型纸的侵蚀等各种因素，会造成离型纸表面花纹与光泽的变化。如温度容易造成离型纸光雾亮度升高，而湿度会使其降低。严格的车间管理及用纸规范制度才是保证离型纸良好使用的基础。

③ 离型纸装卸搬运必须保护纸边，防止碰撞破损。存放时应横卧，不要直立，防止纸边受损、受潮。保持包装完整，直到使用前才能拆包。

④ 离型纸每生产一次，最好检查一次，以去除各种疵点，并消去部分静电。发现有碍造面工序正常使用的离型纸或没有价值的离型纸，应在检验时予以开剪。安排生产时一天内每卷纸最好只使用一次（特别是美国华伦纸）。

⑤ 离型纸的连接十分重要，必须平直牢固。接头增多，引起的疵病也增多。离型纸的拼接方式常用"头-尾"接法，便于离型纸的双向行纸，特殊情况下可以用"头-头"接法（只能单向行纸）。离型纸接头对离型纸使用寿命关系较大，选用专门胶带以保证离型纸接头的牢固。

第四节　干法移膜工艺

一、工艺流程

合成革干法技术是合成革生产的最重要的加工手段，产品种类繁多，因此其工艺也复杂多变。其基本的工艺流程为：离型纸→放卷→涂纹理层→烘干→涂皮层→烘干→涂黏合剂→预烘→与基布层压→烘干→剥离（或熟化后剥离），见图 10-3。

合成革的干法移膜生产是连续进行的，从操作角度上大致可分为三部分。

① 面层树脂涂层与干燥成膜。首先是纹理层树脂在离型纸上的涂层与干燥，其次是皮层

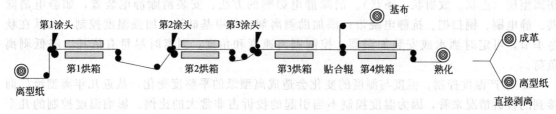

图 10-3　干法工艺流程

树脂在纹理层上涂层与干燥。通常采用圆刀或刀辊刮涂，热风干燥。该部分构成干法膜的表面，具有特定的颜色、花纹、手感与性能。

② 黏合剂与基布的层压复合。包括黏合剂在面层上的涂层与干燥，聚氨酯膜与基布的层压。黏合剂可以在涂层后直接压合，也可控制干燥程度后再进行压合。压合后，表面膜通过黏合剂的作用，与基布形成一个整体。

③ 熟化、干燥及纸革剥离。压合后的基布黏合强度尚未达到最大，因此需要进行彻底的干燥或熟化。随后将离型纸从面层上剥离，离型纸的花纹效果转变为合成革的表面效果。离型纸再进行重复使用。

在基本工艺的基础上，不同工艺组合衍生出很多干法加工技术，适用于不同产品。主要工艺分类如下。

① 按涂层数划分，有单涂、二涂、三涂等，包括贴刮的"半涂"法产生的"一刀半""两刀半"工艺。

② 根据干法膜与基布复合方法划分为湿贴、干贴、半干贴工艺。

③ 根据黏合剂种类的不同，有 Ⅰ 液树脂的"速剥离"与 Ⅱ 液树脂的"熟化"工艺。

二、干法设备

目前合成革使用的干法设备主要是干法转移涂层联合机，标准配置为"三涂四烘"，即三台涂布机和四台烘箱组成。主要设备是涂布机与烘箱，辅助设备有离型纸放卷机、纠边机、接纸机、储料架、合机、冷却轮、离型纸收卷机和成品收卷机。生产线见图 10-4。

图 10-4　干法生产线

1. 涂布机

涂布机俗称"涂头"，是干法线的核心设备。由涂刀、间隙控制机构、机架及动力部分构成。其作用是实现涂层剂定量均匀的涂布。

涂刀根据不同需要有尖刀、圆刀、钩刀、刀辊（逗号刀）等。1# 涂刀一般为"圆刀＋零丝刀"旋转型，可旋转调节，兼顾零丝涂布与精涂产品；2# 涂刀为圆刀；3# 涂刀为直刀（尖刀），使用直刀可对黏合层树脂涂布量精确控制。1#、2# 号涂头加料方式为"坡式"，3# 号涂头采用"斗式"加料。

涂刀通常是衬辊（衬板）式的。衬辊可以是包橡胶的，也可以是镀铬的钢辊。由于钢辊表面光滑，与离型纸会产生滑动，涂层所用的力实际是由在烘箱出口处的冷却辊拖动离型纸来承担的，离型纸经受强烈的机械张力，重复使用的次数必然减少，接头处也容易裂开。

经过长期的生产实践，现在倾向于用包橡胶辊，橡胶有弹性，如果有异物落入刮刀和衬辊之间，不会对设备和产品造成很大损害。由于橡胶有很高的摩擦系数，它可以带动离型纸，涂层所用的力由衬辊来承担，而不是由离型纸来承担。橡胶辊也有它的缺点，如橡胶不耐摩擦，使用中易磨损，橡胶遇到增塑剂和溶剂会发生溶胀变形。

在涂层过程中，涂层剂的黏度可能发生变化，使涂层的厚度产生波动，这就需要采用涂布量测量仪，联结伺服装置，调整刮刀板，保持稳定的涂布量。

第一涂头后接烘箱、第二涂头后接烘箱，在机构设置上是一个重复，这样安排的目的主要是制造合成革时需要分别涂表皮层和皮层，这两层涂层膜的任务是不同的，表皮层倾向于装饰效应或使涂层产品有干爽的手感，而皮层膜则应柔软丰满一些。将面层分为表皮层和皮层的好处是很多的。烘箱的温度应略高于溶剂的沸点，采用大风量吹，以便将蒸发所需的大量热能输送给涂层膜，也便于将蒸发的溶剂气体带走。第三涂头是涂黏结层，涂头后紧接着的是烘箱和叠层机。

2. 烘箱

烘箱则能高速有效地将涂层变成涂层膜，并直接影响面层与基布的贴合力。目前常规生产线烘箱一般有四个，三个涂头后各有三个烘箱，层合后有一个烘箱。

烘箱的金属骨架全部采用型钢，内外壁为金属板，夹层内添加隔热保温材料，起到保温的作用。结构主要由箱体、加热与温度控制、排风系统组成。在烘箱下部安装导辊，离型纸进入烘箱后由导辊拖行前进，同时在烘箱内部多处安装电子控温系统，以调节烘箱温度，达到工艺要求。

烘箱长度一般为18m（第一烘箱）+18m（第二烘箱）+5m（第三烘箱）+20m（第四烘箱）。第一烘箱和第二烘箱较长，主要考虑生产效率及特种产品如水性树脂、发泡产品等，实现产品多样性和通用性。第三烘箱较短，用于控制黏合剂的干湿程度。烘箱一般采用长方形隧道式箱体结构，由多节单元组成，每个烘箱都可分成若干个温区，一般6m一区，各温区温度可调，以控制涂层剂的蒸发。

烘箱加热的热源主要有电加热、蒸汽加热和导热油循环加热。目前主要采用导热油加热。烘箱送风采用上下吹风方式，风机一般采用变频装置，做到精确控温，这种送风方式有利于涂层的干燥和保证物性品质。

3. 层合机

贴合机分两层，上层的平台上有放卷机、储料架和送布装置；下层是贴合辊，贴合辊由一个加压的钢辊和一个包橡胶的承压辊组成，承压辊是主动轮，防止基布与离型纸之间产生相对移动。贴合机采用导辊式送布，加压辊与承压辊的表面线速率一致。

加压辊和承压辊之间的间隙可以通过微动机构调整，而加压辊的压力可通过加压活塞内的压缩空气进行调节。有些贴合机在贴布前有基布预热装置，主要是为了烘干棉质基布中的水分或对合成纤维基布进行热定型，以消除或减少基布贴合后在烘箱中发生幅宽收缩的现象。

不同贴合工艺的贴合点是不同的。如果设计干贴、湿贴、半干贴三个贴合点，干贴点位置位于第二烘箱出口处，贴合点上方设有放布平台，设有基布预热辊和下热贴合辊；湿贴点位于第三烘箱入口处，半干贴点位于第三烘箱出口处，湿贴、半干贴共用一个放布平台。

4. 离型纸和成品分离机

用于分离离型纸和成品。联合机的最后是离型纸和涂层基布分离机，它们的设置也有很多讲究。

① 分离部位离地应该远些，或加装去静电装置，防止分离时产生静电。静电容易导致离型纸吸收灰尘，破坏离型纸表面涂层，影响光雾度和使用寿命。

② 纸与革剥离的夹角是135°，使剥离损伤最小化。

③ 卷绕辊直径要大，保护离型纸上的花纹，增加它的使用次数。

④ 接触基布的分离辊应该是包橡胶的主动辊，不要由卷绕机来承担分离时的拉力。

5. 辅助设备

离型纸退卷机、接纸台、离型纸储存器。不论是离型纸还是涂层产品的卷绕机，都应该有储存器。储存器的作用是在离型纸换卷、连接时不必停机，新换的离型纸就进入储存器，机台进入正常运转状态。

冷却辊。涂层干燥后，表面温度依然较高，必须经过充分的冷却，以便涂刮下一层或收卷。冷却装置由一组冷却辊组成，冷却辊筒为钢辊，表面镀铬抛光，通冷却水。

三、 干法打样

打样是合成革干法技术的基础。根据产品特点及要求模拟干法移膜工艺过程，通过不断的工艺调整，最终确定工艺配比及条件。打样工作通常分三步：手工打样、小试机打样、大机试样。

1. 打样基本要素

打样的主要工作是对样品的判断，包括表观判断、手感判断及功能判断。表观判断主要指花纹、颜色及光泽；手感判断包括触感、手感及折痕等；功能判断主要指成品药达到的特定性质，主要是指树脂的性能要求及成膜的功能特性，如防水性、阻燃性、耐磨耐刮性、耐黄变性、耐寒性、耐水解性等。以下为打样时要注意的重要因素。

① 花纹。干法合成革的花纹是由离型纸确定的。因此首先要观察样品的基本花型，包括花纹的大小、形态、深浅、纹理、饱满度等，基本确定离型纸的花纹类型。

目前很多干法产品不仅仅是简单的移膜，还经过一系列的处理，因此还要观察花纹的顶平、拉平效果。尤其是干法后的表处、压纹、套纹、揉纹、打孔、烫平等工艺，可以形成复合纹理，使表面纹路复杂化，要特别注意选择纸型。

② 颜色。在标准光源箱中对样品进行细致观察，准确判断色相的构成、灰度、鲜艳度、色头的偏向程度、遮盖力与透明度等因素。确定选择着色材料的种类、颜色、比例及添加量。

其次要注意是否有复杂工艺形成的复杂颜色体系。如套色、冠顶与沟底色、拉变、压变、烫变、抛焦、擦色、龟裂变色、镜面变色、渐变色等复杂的颜色体系。

③ 光泽。干法膜的光泽由离型纸类型与树脂性能决定，因此首先根据样品表面光泽度确定离型纸的选型，如光亮型、半光型、消光型等。其次考虑树脂成膜的光泽度，如成膜折光性、反光性、透明性、柔和性，以及是否需要在树脂中添加消光、增光材料。

特殊产品还要考虑花纹与光泽的变化，如冠顶与沟底的光雾度对比；光泽与颜色的配合，如黑雾度；光泽与处理手段的关系，如雾烫亮、轧光、烫光、抛光等；特殊光泽如闪光、珠光、金属光等效果。

④ 触感。触感主要指表层膜的触摸感，通过手的触摸，将其感觉反映到大脑中，得出心理判断，并用一定的语言来表达。触感属于一种官能经验性的主观判断检测。

触感主要包括对表面滑度和粗糙度的判断，如滑爽、干滑、湿滑、干涩、粗糙等；对表面风格的判断，如干蜡、湿蜡、涩蜡、绵蜡、滑蜡、油滑、油润、油蜡等油蜡感；表面的特定感觉，如皮感、绒感、肤感、磨砂感、粉感等。

⑤ 手感。手感是对革整体风格的判断。通过对革的摸、挤、压、捏等手段，将合成革的整体风格进行认知和心里判断，并用语言进行表达，也属于主观判断。

手感的判断一般包括以下方面：软硬度、紧实度、厚重度、弹性、压缩性、丰满性、悬垂性、绒毛感等。通常用柔软、硬、厚实、丰满、干瘪、空松、扁薄、弹、软弹等表达。手感是一个综合指标，受原料、工艺、种类、判断者的个人经验与喜好等因素影响很大。手感是选择基布和干法工艺的最重要依据。

⑥ 折纹。折纹是通过对革的折、挤、拉等手段，对表面纹路的状态与变化进行判断描述。

通常用粗、细、松、紧、无折痕等进行表达。

折纹除与纹路有关外，主要影响因素是基布与干法工艺。不同产品追求的折纹效果不同，如鞋革追求的是紧实细腻的折痕；沙发革的是粗犷的粗折痕；服装革则追求羊皮表面的拉松感。

⑦ 功能特性。功能性是根据产品要求确定，通过树脂、助剂及工艺实现。通常样品都有相关的性能指标要求，如力学性能、耐水解、耐黄变等。特殊要求如环保性、耐磨性、耐低温性、样品相似度等要求，要及时与客户沟通，避免因沟通不畅出现损失。

2. 打样要求

在对各因素进行细致的判断后，基本可以确定基布的种类、离型纸的选型、干法树脂与助剂类型、原料调配配比、干法移膜工艺等条件，进入样品打样工作。

① 手工打样。手工打样是干法打样最常用最有效的方法，打样快速，可以准确找到差异点并进行调整。打样很难做到一次到位，要仔细观察每次样品的差异点，逐步达到样品要求。

② 原料与离型纸的要求。打样的目的是为了确定大生产的条件，因此打样尽量选择与生产线相同的原料与离型纸（新旧程度），避免差异性带来的干扰。

③ 各要素因素相互之间都有影响，因此打样时要综合判断各种因素及相互间的作用。尤其是表观因素，颜色、花纹、光泽之间互相影响很大。即使是常规品种，在改变原料批号、颜色及花纹时，都要进行复样调整。

⑤ 打样工作对人的要求较高。要熟练掌握原材料性能和干法工艺，并且有丰富的实践经验，善于观察总结。某些时候还需要一定的天赋，如对颜色变化的敏感性。

⑥ 小试机打样。对于开发性干法产品，在手工打样的基础上要进行小试机打样，使之更接近大机的工艺控制。干法小样机见图10-5。

因为小样机的工作条件与手工样品不同，包括涂布量、黏度、间隙、车速、温度、层压等工艺条件与大机接近，因此样品一般与手工样有差异，需要进一步的调整。

⑦ 大机打样。大机打样是指大生产前的机台"打样"确认。在实际大生产时，因涂层黏度的大小、贴合干湿度，车速快慢、层压间隙及压力的大小不同，以及操作人员测量习惯和手感不同而有变化，因此需先在机台上"打样"确认。

图 10-5 干法小样机

大机打样主要是考察小样配比对机台工艺条件的适用性。通常在开机后取少量涂层料，按工艺设定的间隙、车速、温度、贴合间隙试生产一小块样品，与要求的样品进行对比，确认其品质是否符合要求，如果符合要求就可以批量生产，如果不符合要求就要进行配比与工艺调整，反复多次直到小试样品符合要求，才可投入批量生产。

四、 生产工艺

1. 配料

根据产量和工艺配方，确定树脂、溶剂、色浆和助剂的重量。在溶剂中加入助剂，搅拌均匀后缓慢加入树脂和色浆，再充分搅拌均匀后，静置脱泡或负压脱泡后备用。配料时要注意以下几点：

① 计量准确，搅拌充分；

② 表面层和黏结层要分开调配，按标识送至不同的机头前，以防混用；

③ 如采用Ⅱ液型树脂黏合剂，树脂与交联剂不能过早混合，基本做到现用现配；

④ 定时或定批进行取样，检测黏度与含量。

对于涂层液，调配时产生大量起泡，由于黏度的关系，自然消泡很慢。纹理层树脂对消泡要求很高，起泡直接影响与离型纸的接触，成膜后严重影响纹理效果，因此通常采用强制的负压脱泡。黏结层的黏度更大，一般认为其在下层对表面没有太大影响，但是其中的气泡没有消除，干燥后就影响了纹理层和基布的黏结面积，对产品的剥离强度造成一定的影响，因此仍需要脱泡。

2. 开车准备

① 离型纸的检验。离型纸的型号是否与生产要求型号一致，离型纸有无质量问题，如纸接头、纸划伤、污渍灰尘、颗粒、树脂残留等。

② 把要进行贴面加工的基布装在层合装置的卷放机上；将符合要求的离型纸装在退纸架上；确认各涂层剂到位。

③ 调整各涂刀间隙；调整层合间隙。

④ 确认干燥机各段送排风开度，各烘箱升温到规定温度。

⑤ 将导纸与离型纸在接纸台上接好，接纸一定要平整，否则易引起张力不稳及折纸现象。离型纸进入贮纸机，可防止接纸过程造成不必要的停车。

3. 涂层与干燥

① 纹理层。离型纸进入1号涂头后，配制好的浆料经合适的刮刀均匀地涂在离型纸上。随着离型纸的运行，形成一层薄而均匀的连续涂层。然后进入干燥区Ⅰ进行适度干燥，溶剂受热挥发，聚氨酯在离型纸上形成一层薄膜。由于该层在移膜后形成合成革的最外表面，因此也称为纹理层。

纹理层体现合成革干法中几乎所有的表面性能，如颜色、花纹、光泽、触感等。同时与离型纸结合，纹理层直接决定干法的品质。

a. 纹理层直接与离型纸接触，其纹理、光泽与离型纸相对应。为保证花纹的清晰饱满，表面颜色纯正，涂层剂要有良好的浸润性、流平性和展色性。

b. 纹理层与离型纸存在着界面，要求两者既要有一定的结合性，也要有良好的脱模性。否则出现"提前剥离"和"纸革粘连"现象。

c. 干法表层的触感和耐磨等性能由纹理层体现，因此表面树脂通常模量较高，并添加各种功能助剂。

d. 涂布量。为了尽可能不损失合成革的手感、风格等性能，要求纹理层尽可能的薄。但过低会影响纹理的深浅和饱满度，出现颜色遮盖力差及漏底现象，严重时还会有二次涂层后的"溶面"问题。因纹理层要保持一定的厚度，综合平衡涂布量。

生产时一般采用逗号辊进行间隙涂布。容易产生的疵病是涂刮不均匀，产生色条与花斑。解决的办法是：降低涂层剂黏度；刮刀下面使用弹性较好的橡胶；在涂层剂中加入增加涂刮性和流平性的助剂；选择合适的刮刀。

② 皮层。皮层是在纹理层上进行的涂层。离型纸与纹理层进入2号涂头，在纹理层上进行二次涂层，进入干燥区Ⅱ后又形成第二层薄膜。

采用两次涂层具备很多优点：首先是可改善涂层厚度的均匀度，降低表面的色差、露底等现象发生；其次两次涂层可降低单层涂布量，提高干燥速率，同时降低设备的技术要求；另外采用两次涂层可实现不同材料性能的复合，为干法工艺与产品设计提供了一种手段。

合成革的性能如强度与手感主要由皮层体现。纹理层与皮层共同构成合成革的表面层，因此两者之间要考虑界面问题。

a. 树脂的配伍性。高分子之间也遵循"相似相容"的原则，配伍性决定了两层间能否形成有机整体结构，否则出现"两层皮"现象。

b. 厚度的分配比例。即涂布量的大小，主要由花纹和品种决定。如果是粗花纹或追求表面性能如耐磨性的产品，为了保证纹路的饱满性，纹理层的涂布量就要高。如果是细花纹或者追求手感的产品，通常皮层涂布量高。

c. 层间的黏合。纹理层的干燥程度影响与皮层之间的结合，适量溶剂残留有利于黏合作用。但是残留过多则会造成皮层溶剂的渗透，反溶纹理层，出现"烂面"现象。除干燥条件外，对两层树脂溶剂的选配也可以调整黏合作用。

d. 层间的性能搭配。由于两层的作用不同，之间可做到相互补充。如面层采用高模量树脂薄涂，而内层采用低模量树脂厚涂，既可保证表面性能，又能兼顾整体手感。另外内层可以采用功能性材料，如发泡树脂（化学或者机械），达到改善合成革性能的目的。

③ 黏合层。黏合层是在皮层上进行的涂层。离型纸与表层进入 3 号涂头，在皮层上进行三次涂层，刮涂粘接层，在加热或不加热状态下通过干燥Ⅲ区。

黏合层的目的是实现干法面层与基布的复合，要求耐水解、高剥离，而且尽可能不损失表面层的外观手感和基布的柔软等性能。因此在保证黏结牢度的同时，要考虑黏合剂对面层和基布的影响。

a. 黏合剂种类。根据产品要求而定，通常产品使用Ⅰ液型树脂，如果对理化性能要求高则使用Ⅱ液型树脂。

b. 黏合牢度。对面层的黏合牢度来自黏结层的溶剂对已经干燥或者部分干燥的面层树脂的刻蚀作用，对基布的黏合牢度来自于渗透作用，即提高黏结面积。但是过度刻蚀会造成反溶面层，对基布渗透过大则出现手感板硬现象。

c. 涂布量。黏结层涂布量少，有利于手感的保持，但影响剥离强度。涂布量大对手感的影响很大，因此在保持良好剥离强度的基础上减少涂布量，尽量不影响基布与面层的各项性能。

d. 干燥。黏合剂在层合前（干燥区Ⅲ）的干燥程度由贴合工艺确定。在层合后（干燥区Ⅳ）的干燥则要求比较充分，把面层、黏结层的溶剂尽可能的挥发出来。

黏结层树脂有Ⅰ液型与Ⅱ液型两类。Ⅰ液型黏合剂操作简单，生产效率高。Ⅱ液型黏合性好，成品柔软性丰满。

如果是Ⅰ液型树脂，其贴合与干燥分三类：湿贴，黏合剂刮涂后在干燥区Ⅲ不加热干燥，直接与基布贴合，然后进入干燥箱Ⅳ；半干贴，黏合剂刮涂后在干燥区Ⅲ部分干燥，与基布贴合后进入干燥箱Ⅳ；干贴，黏合剂刮涂后在干燥区Ⅲ基本全部干燥，与基布贴合后进入干燥箱Ⅳ。

如果是Ⅱ液型树脂，其贴合与干燥通常是半干贴。黏合剂刮涂后在干燥区Ⅲ部分干燥，与基布贴合后进入干燥箱Ⅳ。由于Ⅱ液型树脂是反应型，在短暂的干燥过程中，树脂与架桥剂的交联反应还未完成，因此还需要在一定温度和时间进行充分熟化。

④ 干燥固化。层合后的烘干固化在涂层机最后一节的Ⅳ烘箱内进行，目的是将涂层剂中的所有溶剂挥发彻底，聚氨酯固化成膜。

层合后的干燥过程中溶剂的挥发状态与之前面层干燥不同。层合前的涂层剂干燥时直接与空气接触，速率快。层合后基布的存在阻碍了挥发进行，溶剂在基布和离型纸之间挥发需要一定时间。

如果Ⅳ烘箱中溶剂气化速率快，不能完全快速地穿过基布逸出，气体就会反向推动干法膜，使它离开离型纸（局部）。高温下的皮层膜很软，极易变形，在革面上就会出现像气泡一样的疵病。但如果温度过低，溶剂挥发慢，生产效率低，溶剂残留高。

实际生产中烘箱温度设定一般不变，而根据车速快慢来控溶剂制挥发时间。基布如果厚度大密度高，则溶剂挥发较慢，因此车速要相对降低。反之可提高车速，如干贴产品，层合后溶剂挥发很少，因此车速一般比其他产品快。实际生产中还应注意烘箱长度等影响因素。

⑤ 涂头检查

1号涂布区：检查涂布间隙，树脂黏度是否符合要求，如果是透明层还需要作标记，便于2号涂头上料位置控制、车速控制。

2号涂布区：观察前一涂布层树脂是否有异常，有无花斑、气泡等问题。检查涂布间隙，树脂黏度是否符合要求。

3号涂布区：检查前两刀涂布树脂是否有异常，然后涂布黏合层树脂，由于基布品种较多，所以应该严格控制底浆黏度。

4. 层合

干法层合也叫层压、贴合、叠合、黏合。是指利用涂层剂的黏合作用，将已经形成的干法膜与基布之间在层压装置作用下，通过黏合形成一个整体。基布和干法膜之间的黏结力、手感、折纹都与层合有关。

层合是实现干法移膜的关键工序。影响层合的因素很多，主要的工艺变量有涂布量、层合间隙、层合压力、系统张力等。除工艺因素外，涂层液的黏度、基布的稳定性是影响层合作用的主要材料因素。涂层液黏度通过压力下的渗透变化影响黏合效果；基布主要通过厚度均匀性和张力影响黏合效果。

① 间隙控制。同时穿过层合轧辊间隙的有离型纸、表层干法膜、黏结层和基布，为保证各层间充分受到挤压作用，轧辊间隙要控制在四者厚度的总和以下。由于基布具有一定的压缩弹性，根据经验值，间隙约为厚度和的 $50\% \sim 70\%$ 比较合适，最佳的参变量应该由现场试验得到。

② 压力控制。贴合后的附着力大小与胶辊的压力有很大关系。压力太小贴合不良，压力大浆料较高的挤入基布，产品手感硬。另外运行中压力要保持稳定，压辊纬向各点压力均匀。压力装置通常为胶辊和钢辊配合，使用胶辊也正是利用橡胶的弹性形变，实现黏合剂与基布表面最大面积的接触黏合。

③ 张力控制。基布的张力及其形变控制是工艺的关键点，适度的张力是为了使基布与黏合剂均匀贴合。但张力过大，基布自身拉伸形变大，出轧点后会因回复作用而产生与黏合剂的相对移动，破坏了黏结所需的紧贴状态，造成黏附力下降。离型纸的张力控制也很重要，如果张力不稳定，则贴合后在成品表面出现褶皱。

④ 涂层厚度。附着力大小与黏合剂涂层厚度有关，涂层太薄则容易与基布接触不充分，出现贴合不良和剥离强度下降的现象；涂层太厚则干燥慢，流动性大，在压力下容易产生错动，甚至出现将黏合剂挤出的现象。

⑤ 涂层液黏度。如果涂层液黏度低，层合后进入轧点，压力作用使基布容易吸收涂层液。通过轧点后基布弹性恢复原来的状态，但大量涂层液存留在基布中，导致界面黏结层液膜不完整，降低了黏合力。此时如果以为加大轧点压力或减小轧点间隙，把基布压得更紧些以提高剥离强度，结果只会适得其反。

如果涂层液黏度很高，而压力太小或间隙太大，在轧点处只有少部分绒毛进入液膜。基布和皮层膜容易形成"两层皮"现象，折痕疏松粗大，剥离强度也低。如果黏结层涂布量很小而黏度很大，这种现象会更加明显。

涂层液黏度和涂布量要根据基布不同进行调整。如果基布为超纤革，因其表面吸收作用强，要用较大黏度的黏合剂，涂布量也要增大。贴合的理想状态是表面纤维长度的 2/3 进入黏结层液膜，纤维的表面充分地被黏结剂所润湿，手感、弹性、折纹都很好。如果基布是湿法层，由于其表面光滑且不渗透，则黏度和涂布量都可适度降低。

⑥基布因素。由于面层复合于离型纸上，形变很小，而基布比较容易发生形变，在层压和干燥过程中，层间结构要求形变尽可能保持一致。涂层剂的涂布量相对均匀，如果基布厚度不匀，可能出现基布厚点渗透大而薄点没有黏合的层压不匀现象，成品表现为局部"松面"。因此层压要求基布的厚度一致性要高，张力适度。

5. 熟化与剥离

基布与离型纸首先经过冷辊充分冷却。冷却主要是考虑到干燥过程的温度比较高，部分树脂的流动性能还比较好，容易发现形变，因此要求冷却使得合成革的形态保持稳定。冷却后直接进入熟化或剥离工序。

熟化。贴合层使用Ⅱ液型聚氨酯浆料，需要进行充分的交联反应才能成型。经Ⅳ烘箱干燥后只能完成初步反应，仍呈现一定的流动性。在这种情况下和离型纸剥离，表面会出现发皱和不平整等缺陷，因此要在熟化室进行熟化，即低温慢速反应。熟化温度为50～70℃，时间48～72h。

剥离。将合成革均匀地从离型纸上剥离下来，分别卷取，在基布表面就形成与离型纸花纹相同的表面膜。剥离角度为135°左右。在剥离时还要注意防止静电的发生，安装防静电装置或在剥离装置工作地点周围喷洒适量水，使空气保持湿润。

6. 工艺影响因素

①干法中各层膜的黏结状态。干法面层通常是两层刮涂，再涂一层黏合剂，每道涂层工序后都要进行干燥。在刮涂下一层时，上一层已经基本干燥，因此各层薄膜间就存在彼此黏结的问题。

干法成膜状态要求各层间界面上有一定的溶解，形成良好黏合。也就是要求下一层涂层液对上一层干膜有一定的刻蚀作用，下一层涂层液的溶剂能够渗入上一层已经干燥的聚氨酯膜。但这种刻蚀作用不能过大，只能发生在界面上，否则容易对已经干燥的聚氨酯膜形成"反溶"现象。即控制干法膜在经过刮涂和干燥等工序后能保持良好的结构而不易发生过大的形变。

由于各层涂层剂的溶剂组成不同，在给定的干燥条件下，其挥发速率也有所区别，溶剂体系中的真溶剂和助溶剂的比例不同，刻蚀作用也有差别。因此控制溶剂组成和干燥条件是保证良好黏结效果的最主要手段。

②涂布量。涂布量决定了涂层厚度，不同的涂层所要求的厚度也有所区别，其差异主要取决于实际产品的设计需要。如服装革对性能要求较低，而对手感要求很高，通常采用低涂布量的两涂工艺。如果是粗纹路产品，则纹理层涂布量就要适当增加，保证花纹饱满。总体而言，干法层在满足合成革产品要求的条件下，各层的厚度尽可能的薄。

涂布量的增加会使溶剂完全挥发所需的时间增加，而且增加的梯度并不与厚度成正比，而是几何级数的递增关系，因此对设备的要求与生产工艺造成很大的压力。

各层刮涂厚度的不同对干法成膜的微结构也有不同的影响。由于成膜是在厚度梯度方向的逐步凝胶成膜，因此厚度的不同对其微结构、裂隙大小和分布会造成差异，从而最终影响产品的性能。

③干燥条件。干燥温度是聚氨酯干法成膜最重要的工艺参数，干燥温度一方面要求能控制溶剂的挥发速率从而实现对聚氨酯成膜速度的控制，同时控制工艺设计中聚氨酯膜的厚度。另外不同的干燥温度梯度下，聚氨酯膜的成膜路径明显不同，因此膜的微结构也就不同。对干燥温度的控制，要结合聚氨酯溶剂配比、涂布量、干燥时间、设备参数进行系统设计。

干燥时间的控制。一方面要考虑到温度在时间坐标上的梯度行为，更重要的是设备参数和生产速度。因此在实际干燥设计上，要考虑到设备参数，从而决定干燥温度的时间梯度行为来达到干燥的目的。

干燥湿度。由于合成革造面干燥采用的是热空气对流，因此涉及湿度的问题。相对温度而言，由于聚氨酯属于疏水性的，湿度考虑相对是次要的。但是由于树脂中的 DMF 亲水性强，因此如果湿度过高的话，可能影响聚氨酯膜层间的剥离行为。

五、 干法产品设计

干法产品配方的设计一般要按照产品的特点和要求来设计。首先要先知道不同基材的特点，湿法基布、超纤基布、机织编织布等；其次手感的要求如软硬度、弹性、触感等；第三是外观特点，除常规纹理颜色外，主要是确定其特殊变化，如双色、变色、镜面、水晶等，最后是产品物性要求，如环保性、高剥离、高耐磨、耐黄变等。

1. 表面层设计

纹理层树脂一般采用高物性Ⅰ液型树脂，以提供面层的耐磨性、耐弯曲性、耐溶剂型和滑爽性等性能。

常规产品的纹路主要由纹理层与皮层树脂共同完成，以纹理层为主。为保持较好的纹理饱满，表层的涂布量相对较多；为了保持良好的表面性能，表层树脂的模量相对较高；如果需要进一步的特殊表面性能，需要在干法工艺完成后进行表面的后处理。

由于干法层越薄越能更好地体现合成革的性能和手感，目前更多的采用由纹理层和皮层共同形成有效纹路，但第一涂的表层一般采用薄涂，其更多的承担表面材料的手感与功能性，通过干法技术完成更多品种与功能。代表性的是"零间隙涂布"。

零间隙涂布是指刮刀紧贴离型纸，在离型纸上涂布很薄的一层树脂。该涂布方式将涂层剂挤压进离型纸的凹陷的纹路里，干燥后形成表皮层，体现出最表层的风格与手感。树脂浆料黏度较低，一般只有 $1000 \sim 2000 \text{mPa} \cdot \text{s(cps)}$，有利于零间隙刮涂。该工艺设计可实现以下产品风格。

① 颜色层次感。在生产双色产品时，为了使产品表面有一种双色的层次感，加工时都会设计表皮层与皮层树脂颜色有一定的差异性。表皮层树脂中色浆含量少，同时较低的涂布量也不会造成表皮层的遮盖力过强，皮层的颜色也将显露出来，表面显现出颜色的层次变化。

如果将珠光粉等材料加入到表皮层的透明树脂中，由皮层的颜色映衬，则出现一种荧光闪烁的效果。如果表皮层为透明性，皮层着色，则出现水晶感的颜色表现。

② 揉纹产品。为了提高纹路的自然效果、手感的柔软度等，会配合一定后处理揉纹操作，在设计配方时可以在皮层表面增加一层模量较高的表皮层树脂（特别是龟裂树脂），由于模量高，弹性恢复性差等原因，揉纹后表皮层树脂能够起到一定的定型的效果，保持揉纹后纹路持久。

③ 表面触感与性能。由于表皮层是直接和外界接触的面，所以一般模量相对于皮层要高，同时也应具有一定的触感和性能要求，如滑爽、涩感、蜡感、耐磨、耐溶剂等。常规方法是干法完成后再经过后段表面处理达到要求。

如果表皮层的涂布量很低，可在设计配方时直接使用所需要求的树脂或添加剂作为最表面干法涂层，通过干法技术一次完成。由于涂布量很低，这样既不会过大影响物性及成本等方面要求，同时还满足了表面触感性能的要求。

2. 皮层设计

皮层是干法层的主要成膜物，介于表面层和黏合层之间。皮层与表面层共同形成表面的纹理，与黏合层结合完成干法膜与基布的复合。因此皮层是干法膜的主体，承担着干法层的主要物性。

皮层树脂产品种类繁多，所产生的产品风格也是变化万千。由于该层承上启下，所以对树脂设计与选择时要兼顾，既要满足产品表面变化效果风格的要求，还要考虑自身物性的很多要求。例如，在设计浅色产品时，要考虑树脂自身的耐黄变问题，是否需要采用耐黄变树脂，或者采用助剂进行调节，都要在设计时注意。皮层常规要求如下。

① 树脂黏度。根据产品特点不同黏度也会有不同的要求，一般来说都在 2000～8000mPa·s(cps) 的范围里。树脂黏度影响离型纸上的涂布量和流平性。通常树脂黏度低流平性好，但过低则易出现"流淌"现象，导致厚度不匀，涂布量也无法提高。黏度高容易实现厚涂，但易出现流平性变差的现象。高黏度使树脂分子运动慢，不利于溶剂的扩散与挥发，导致干燥速率慢，容易造成气泡、线条、不匀等现象。

② 模量要求。模量是表征树脂相对软硬度的一个最重要参量。通常模量高力学性能好，但表面手感变差，造成皮革折痕纹路较粗。模量低的树脂手感软折痕细，但强度降低，树脂容易发黏。模量低的一般在设计配方时可以使用两种同类型的树脂混合来调整模量，达到理论要求值。皮层树脂相对于表面层，一般选择相对较软的品种。

③ 物性要求。皮层除了对常规力学性能要求较高外，要考虑产品的特殊要求。总之，选择的原则是性能优先，兼顾成本。如耐黄变性，要了解对产品耐黄变的等级要求和测试方法，如果要求很高则需要选择 IPDI 型树脂，如果要求较低则通过选择树脂或添加助剂的方法；对耐磨要求高的产品可以使用含聚碳成分的树脂，对耐磨要求不是很高时可以考虑用其他类型树脂类型；有耐水解性耐老化的要求时，不同的树脂耐水解是不一样的，要根据产品需要满足耐水解要求，选择符合要求的树脂。如有其他要求应在设计时充分考虑。

④ 涂布量。影响树脂涂布量的因素有离型纸、树脂含量、树脂黏度和涂布间隙。离型纸花纹的深浅是决定涂布厚度的最直接因素，深纹路离型纸需要较高的涂布量，浅花纹或平花纹涂布间隙可以降低。产品物性要求高时通常涂布量也会相应的提高，如鞋革、汽车革等对物性的要求排在首位，通常采用三刀涂，涂布量也较大。另外，在没有特殊要求时，从手感和成本考虑，也会尽量降低涂布量。

很多特殊树脂由于自身特点的特殊性，使用时应该特别注意。如疯马树脂大多不耐高温、不耐水解；一些树脂展色性、色浆稳定性差；可染型树脂的耐水性较差，易溶胀；高耐水解不黄变树脂的力学性能偏低等。

皮层树脂还要考虑与色浆、色粉的相容性及添加的比例，溶剂体系中强溶剂与弱溶剂的配比。

3. 黏合层设计

黏结层树脂通常为高黏度、低模量的软质树脂。既要保证干法膜与基布能良好的黏结，又要减少过度向基布渗透而影响合成革的手感，保持柔软性和丰满的风格。

一般在设计黏合层树脂配方时，首先应该根据基材确定树脂，不同的基材对产品的物性要求不同；其次应该确定模量要求，即产品对手感的要求；第三确定基本工艺，如树脂黏度、涂布间隙、贴合方式等。

另外根据基材不同，黏合剂中溶剂的配比也应注意。强极性溶剂 DMF 加入量应该严格控制，以免贴合时对湿法、干法膜等腐蚀过大，出现过分溶胀破坏表层纹理结构、溶解湿法层泡孔结构、基布纤维在层压过程中容易穿刺纹理层等情况。

常用的基材主要是具有湿法层的基布、超纤基布和普通机织布、针织布、无纺布等。对于一般湿法半成品来说，普通 I 液型树脂黏合剂即可满足要求，黏度也不要求过高，但溶剂比例应有一定的限制，否则 DMF 会将湿法层过度溶解腐蚀，影响原有基材手感。而超纤基布等根据产品需要会选择不同的黏合剂，在选择 I 液型树脂还是 II 液型树脂时，应充分了解两种类型的树脂的优缺点，然后在设计适合产品的最优方案。

4. 贴合方式

湿贴是指在黏结层树脂涂布于离型纸上之后，不经加热直接与基材贴合的方式。该方式黏合剂渗透大，对基布与干法膜的刻蚀溶胀较大。因此贴合的剥离强度较高，但是折痕粗，手感板硬。

半干贴是指在黏结层树脂涂布于离型纸上之后，经过加热干燥，使树脂浆料达到一定的干燥程度再贴合的方式。该方式较湿贴的手感软、折痕纹路细致，缺点是烘干程度不容易掌握，常出现脱膜、剥离强度不稳定等现象。

干贴，又称热贴，是指在离型纸面上树脂干燥以后，当离型纸通过加热辊时，加热辊会将离型纸以及其表面上 PU 树脂加热，温度达到软化点后与基材贴合。该方式优点是手感柔软，纹路细致。缺点是适用范围较小，一般只能在湿法半成品上进行贴合，加工产品种类有限，剥离强度相对较低。

选择何种贴合方式要根据品种要求而定，如服装革强调手感，因此选择干贴；鞋革重视物性和折痕，一般选择半干贴。

一个产品的设计要对树脂、工艺、设备、表观、后整理、管理等进行综合考虑，而不能只关注某一点。

一个产品的生产，会遇到很多的实际问题，再好的配方设计也要根据实际生产中的问题进行调整，这需要技术人员积累非常丰富的经验，特别是发现问题与解决问题的能力。设计一个产品配方不难，关键是能够真正生产出来，很多的设计因为主观和客观等因素的影响而无法实现，所以设计配方是一个综合经验的积累。

六、 干法移膜工艺实例

1. 运动鞋革

树脂原料：

原料名称	特性	生产厂家
HDS-50Y	不黄变面层树脂　100%模量 5.5MPa	上海汇得树脂有限公司
HDS-30Y	不黄变面层树脂　100%模量 2.5MPa	上海汇得树脂有限公司
TA-265	Ⅱ液型底浆、耐水解、低温屈挠性优秀	烟台华大化学有限公司
DN-950	二液型树脂架桥剂	烟台华大化学有限公司
ACCEL-T	二液型树脂促进剂	烟台华大化学有限公司

工艺方案：表皮层/HDS-50Y　皮层/HDS-30Y　黏结层/TA-265

表皮层、皮层浆料离型纸上涂布厚度 0.15mm

黏结层浆料离型纸上涂布厚度 0.2mm

离型纸：DE-7

基材：1.4mm 超纤

贴合方式：半干贴

压辊间隙：1.0mm

60℃熟成 48h

工艺配方：

表皮层 1	用量	皮层 2	用量	黏结层	用量
HDS-50Y	100	HDS-30Y	100	TA-265	100
色浆	15~30	色浆	7~15	DN-950	12

表皮层1	用量	皮层2	用量	黏结层	用量
DMF	40	DMF	40	ACCEL-T	3
MEK	20	MEK	20	MEK	20
				DMF	20
黏度/mPa·s(cps)	4000	黏度/mPa·s(cps)	4000	黏度/mPa·s(cps)	15000

2. 沙发革

树脂原料：

原料名称	特性	生产厂家
NY-361	耐久耐磨型不黄变面层树脂 100%模量 9MPa	烟台华大化学有限公司
5516S	普通面层树脂 100%模量 3MPa	烟台华大化学有限公司
HDA-3523	普通黏结层树脂 100%模量 2.5MPa	烟台华大化学有限公司

工艺方案：表皮层/ NY-361，皮层/5516S，黏结层/ HDA-3523

表皮层浆料离型纸上涂布厚度 0.00mm

皮层浆料离型纸上涂布厚度 0.15mm

黏结层浆料离型纸上涂布厚度 0.18mm

离型纸：DE-90

基材：1.3mm 超纤沙发革基布

贴合方式：半干贴

压辊间隙：0.9mm

即剥离

工艺配方： 单位：质量份

表皮层	用量	皮层	用量	黏结层	用量
NY-361	100	5516S	100	HAD-3523	100
色浆	0	色浆	15～30	色浆	10～15
DMF	100	DMF	50	DMF	20
MEK	0	MEK	10	MEK	20
黏度/mPa·s(cps)	2000	黏度/mPa·s(cps)	4000	黏度/mPa·s(cps)	15000

3. 普通鞋革

树脂原料：

原料名称	特性	生产厂家
HDS-50HF	普通面层树脂 100%模量 6MPa	上海汇得树脂有限公司
HDA-20	普通黏结层树脂 100%模量 2.5MPa	上海汇得树脂有限公司

工艺方案：皮层/ HDS-50HF，黏结层/ HDA-20

皮层浆料涂布厚度 0.10mm，黏结层浆料涂布厚度 0.10mm

离型纸：AW-67

基材：0.8mm 普通湿法鞋革半成品

贴合方式：半干贴

压辊间隙 0.5mm

即剥离

工艺配方： 单位：质量份

皮层	用量	黏结层	用量
HDS-50HF	100	HDA-20	100
色浆	15	色浆	15
DMF	40	DMF	20
MEK	20	MEK	20
黏度/mPa·s(cps)	4000cps	黏度/mPa·s(cps)	8000cps

4. 服装革

树脂原料：

原料名称	特性	生产厂家
5516S	普通面层树脂 100%模量 3MPa	烟台华大化学有限公司

工艺方案：皮层/ 5516S

皮层浆料涂布厚度 0.10mm

离型纸：意大利纸 BNS B100 MINI

基材：0.7mm 普通湿法服装革半成品

贴合方式：干贴（贴合温度 140℃）

压辊间隙：0.4mm

即剥离

工艺配方： 单位：质量份

皮层	5516S	色浆	DMF	MEK	黏度/mPa·s(cps)
用量	100	15	50	20	3000

5. 水性贴面产品

树脂原料：

原料名称	特性	生产厂家
DE-2370	不黄变水性面层树脂 100%模量 5MPa	烟台道成化学有限公司
DEG-1208	不黄变水性黏结层树脂 100%模量 2.5Mpa	烟台道成化学有限公司
Euderm Black	水性黑色色浆	无锡朗盛
Dow Corning® 73	消泡剂	道康宁

工艺方案：皮层/ DE-2370，黏结层/ DEG-1208

皮层浆料涂布厚度 0.10mm，黏结层浆料涂布厚度 0.15mm

离型纸：英国纸 AW-67

基材：0.7mm 超纤

面层烘箱温度分区 70℃－90℃－100℃

贴合方式：半干贴

压辊间隙：0.6mm

非即剥离，70℃熟成 24h

工艺配方： 单位：质量份

面层	用量	黏结层	用量
DE-2370	100	DEG-1208	100
Euderm Black	15	Euderm Black	10
Water	15	Water	20
Dow Corning® 73	0.1	Dow Corning® 73	0.05
增稠剂	X	增稠剂	X
黏度/mPa·s(cps)	4000	黏度/mPa·s(cps)	8000

6. 高固产品

树脂原料：

原料名称	特性	生产厂家
Impranil ELH-A	脂肪族聚碳面层树脂 100%模量 8MPa	上海拜耳
Impranil HS-85 LN	不黄变高固树脂 100%模量 4.5MPa	上海拜耳
Impranil HS-62	黄变型高固树脂 100%模量 3MPa	上海拜耳
Impranil HS-80	黄变型高固树脂 100%模量 4.5MPa	上海拜耳
Imprafix HS-C	高固树脂用交联剂	上海拜耳
Impranil EWN-13	普通粘结层树脂 100%模量 3MPa	上海拜耳
Aerosil 380	气相二氧化硅	德国德固萨
Tinuvin B75	紫外线吸收剂	汽巴精化
OBSH	发泡粉	江苏雅克科技股份有限公司
BYK 9565	流平剂	BYK公司

高固足球革工艺方案：

表皮层/ ELH-A，皮层/ HS-85 LN，发泡层/ HS-62，黏合层/EWN-13

表皮、皮层浆料涂布厚度 0.20mm

发泡层浆料涂布厚度 0.5mm，黏合层浆料涂布厚度 0.6mm

离型纸：镜面纸

基材：0.5mm 无纺布

皮层烘箱温度：130℃—160℃—165℃　发泡层烘箱温度 150℃—160℃—160℃

贴合方式：湿贴

压辊间隙：0.8mm

非即剥离，80℃熟成 24h

工艺配方： 单位：质量份

表皮层	用量	皮层	用量	发泡层	用量	黏合层	用量
ELH-A	100	HS-85 LN	100	HS-62	75	EWN-13	100
TOL	15	HS-C	85	HS-80	25	MEK	15
		BYK 9565	1	HS-C	66.5		
		Aerosil 380	1	BYK 9565	1		
		B75	0.2	Aerosil 380	1		
				B75	0.2		
				OBSH	0.6		

七、 干法的质量缺陷

1. 针孔或细泡

针孔（图 10-6）是指干法膜在厚度方向整体（或部分）被小孔穿透。细泡（图 10-7）是指在干法膜的表面形成的细小的凹坑。

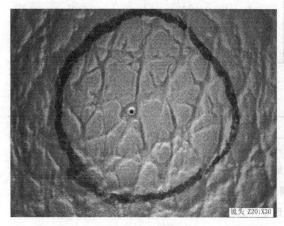

图 10-6　针孔

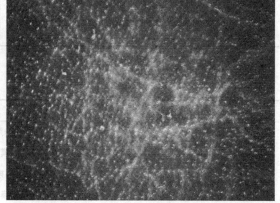

图 10-7　细泡

形成针孔和细泡的主要原因是溶剂挥发速率和扩散速率没有取得合理的平衡。如果涂层中低沸点溶剂挥发过快，涂层表面黏度急剧上升会形成结皮，而涂层中间仍遗留着较多的溶剂。这些溶剂在内部会形成一定的积累，随着加热溶剂气化挥发冲出，此时表面膜在热状态下的强度不大，溶剂冲出表面后留下的细孔不能愈合。解决方法如下。

① 涂层剂中低沸点和高沸点溶剂要合理配比，适当增加高沸点溶剂比例；

② 烘箱烘干温度和风速分段，由低到高逐段调节，在第一段中控制溶剂缓慢挥发，大部分溶剂在第二段除去，第三段除去最后少量的溶剂；

③ 减小涂布间隙，降低涂布量；

④ 涂层液配制好后应静置脱泡或负压脱泡。

产生针孔的另一个原因是涂层剂在调配或使用过程中带入的气体。如在调料之后没有脱泡或小气泡未驱干净；或者在刮刀前的涂层液滚动堆积体太小，因而裹入空气；或者纸的纹路很深，刮刀下的涂层剂来不及把轧纹凹处的空气完全赶走。解决方法如下。

① 涂层剂须充分脱泡或适当降低黏度；

② 挑选合适的涂头刮刀可减少离型纸和涂层剂接触时引起的湍流，使涂层剂能平稳地流动；

③ 加大涂层剂滚动堆积的体积，或在刮刀前加挡板，形成涂层剂的储槽并保持储料高度，有助于消除因滚动速度大而出现的"吞吸"空气的现象；

④ 添加合适的消泡和流平助剂有助于消除针孔，但一定要注意添加助剂的副作用。

2. 鱼眼和橘皮

鱼眼是干法膜中出现的小小的圆形区域，区域内没有涂层剂（空白）；橘皮是干法膜表面有轻微的不平整的波纹现象。这两种疵病的产生原因主要是是涂层剂未能充分润湿离型纸，没有形成结合良好的界面。

鱼眼的产生一般是因为离型纸上存在高能表面。如离型纸的某一点有异物、油渍、残留助剂等，该点形成高能表面，涂层剂无法润湿，在这个点上的涂层剂被四周拉开，就形成了空白的圆点。橘子皮的现象有时在湿膜（涂层膜刚离开刮刀）时就能观察到，如果它们在烘箱中能自行流平，则干膜仍是光滑的。解决方法如下。

① 在涂层剂中添加极性较低的溶剂或其他助剂以降低表面张力；

② 更换离型纸；

③ 新纸在使用前预先烘干，离型纸有水分也会出现鱼眼（或白条子）；

④ 料中水分过高，可加一定的防水剂和流平剂。

3. 色差与色条

色差与色条都是表面颜色的差异现象，通常表现为点状的色斑、不规则的色带、平面整体出现的不同部位的色相差等现象。产生的原因很多，主要有以下一些。

① 相容性。最常见的是色料与聚氨酯的相容性差造成的。这种相容性有颜料的原因，如常见的酞菁蓝、酞菁绿等自身分散性不佳。也有树脂自身结构的原因，无法有效分散包裹发色粒子，或者展色性差。

② 分散性。色料自身分散性差或存放时间过长产生絮凝，通过配料搅拌是无法达到重新良好分散的，如钛白粉、氧化铁等无机颜料，分散性差，在色料中很容易沉淀分层。

③ 高温、溶剂变色。由于干法成膜是在长时间高温、高溶剂环境下进行，如果颜料的热稳定性不够，容易出现分解变色现象，尤其是有机颜料。如果颜料的耐溶剂性不足，在与多种溶剂尤其是高温溶剂接触后会迁移、串色。

④ 配料色产，混合搅拌不均匀。

⑤ 涂布量不稳定；刮刀左右间隙不匀；车速运行不稳定。

如果是原料自身原因，不管是色料还是树脂，要重新对其匹配性进行试验，或者更换原料。如果是色料质量原因，如絮凝沉淀等，则需要加强色料的研磨，检查色料的存放时间。对易出问题的颜色，如酞菁系列，需要加强在使用前的搅拌。

4. 点子或条子

涂层剂本身是均一的溶液，点子对涂层剂来说本身是污染物和杂质。点子的来源很多，可能来自输送泵或生产线上的环境污染，或涂层剂过滤不良，以及刮刀上风干的涂层剂残留物。

如果点子小，能钻过刮刀下的缝隙，干燥后仅自身形成一个局部的小缺陷，不会造成大的连续性问题。如果点子较大时会卡在涂刀与离型纸之间，点子本身又很硬，在离型纸通过缝隙时，点子就会在涂层剂上划出一条连续的线，如果在干燥前不能达到自流平，干燥后就形成凹陷的划痕，即"条子"。另外刮刀刀刃如果有损伤也会拉出刮刀线。

解决方法是：增加涂层料的过滤；保持生产线和纸的清洁；随时注意卡在涂刀上的点子并及时清除，调整刮刀位置，必要时更换刮刀。

5. 预剥离和纸革粘连

预剥离和纸革粘连都是涂层剂与离型纸之间的界面现象，即干法膜与离型纸之间的黏附力太小或太大造成的，主要原因是表层涂层剂与离型纸的配伍性不好。

涂层剂与离型纸的黏附力太小会引起提前剥离。在后期的涂层、层合、烘干过程中，干法膜已经与离型纸剥离或部分脱开，提前剥离使干法膜在温度、溶剂、张力等条件下发生扭曲拉伸，导致纹路光泽等发生变化，如纹路形变，表面出现不均匀的光泽斑点等，严重时会出现干法膜破裂。离型纸不匹配或表皮层树脂模量太高都能导致预剥离。通常是降低树脂模量，或者混拼一些黏性树脂，必要时更换离型纸。

纸革粘连是因为涂层剂与纸黏附力太大，在分离干法膜时很困难，容易出现表面的形变，严重时剥离时会出现拉破离型纸的现象。这种现象在生产高光泽或镜面产品时是常见的，通常要在表层中提前加入助剥离和防粘助剂，降低黏附力，并选择与离型纸配伍较好的涂层剂。对于离型纸，如果重复使用的次数过多，也会出现局部的粘连现象。

6. 露底与布纹

干法移膜出现露底的原因主要是表面层的遮盖力不够，而影响遮盖力的主要因素是涂布量和色料。

如果是涂布量不足造成的，应及时调整刮刀间隙；涂头上、离型纸背面沾有异物也可造成局部涂布量不足，出现露底现象，应及时进行清除。如果是色料添加量不足造成，应提高色浆含量，色浆增加后仍不足的，则更换原料，采用高遮盖力色浆。

布纹是指基布的编织纹理在干法贴面后仍可在表面较清晰的观察到，没有形成有效的遮盖。产生布纹主要原因是有三种。

① 基布选择。基布如果纹理过粗或者编织密度太松，表面又无湿法层，干法很难彻底遮盖。因此要根据要求选择合理的基布。

② 树脂选择。干法树脂如果模量太低，成膜后很软，容易受力形变，尤其在拉伸和顶伸时易出现露底现象。可适当提高面层树脂模量。

③ 干法工艺。表面未完全干燥，仍有少量溶剂残留，面层会有因溶剂存在而出现的软黏现象。涂布量太低的话会直接造成遮盖不足。另外收卷压力太大也可造成布纹。工艺控制中应提高涂布量，降低车速，提高烘箱温度，控制收卷的设定长度。

7. 膨润和穿透

膨润是因为涂层剂中的溶剂对皮层膜的配伍不好。当黏结剂涂到干法膜上时，承接它的皮层涂层剂已经烘干成薄膜，且厚度很小，很容易受到溶剂的侵袭。如果溶剂侵入皮层膜而使它膨润肿胀，同时皮层膜与离型纸的黏附力比较小，膨润的皮层膜就会脱离离型纸，形成鼓泡状膜片，离型纸给予皮层膜的花纹消失了，鼓泡状膜片失去了离型纸的依托，在机械摩擦下移位或撕裂。解决膨润的办法要根据产生的原因和程度控制。

① 改变黏合剂的溶剂组分；

② 增加皮层膜的厚度，提高抗膨润性；

③ 减少黏合剂的涂布量，增加黏合剂的固含量（减少溶剂量）；

④ 提高车速，缩短黏结层溶剂和皮层的接触时间，使基布尽快与和黏结层叠合，加大叠合时的压力，也有助于加快溶剂吸收速率；

⑤ 如果皮层膜上针孔、细泡较多，将加快膨润的过程，需要控制。

如果黏结层的溶剂使皮层膜溶解而不是膨润，且溶解速度不大，"侵袭"仅局限于皮层膜和黏结层膜的界面上，就形成皮层膜和黏结层膜良好的组合，这样的表面纹理清晰，剥离强度好，皮层膜和黏结层膜完整，界面清晰。

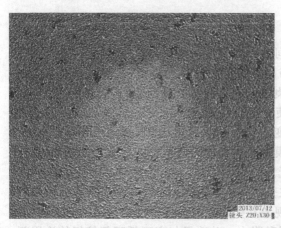

图 10-8　面层反溶现象

如果溶剂对皮层的溶解度很大，溶解速率很快，烘干的皮层膜会再被溶解，出现"烂面"，纹路遭到破坏。叠合基布时，基布上的绒毛就会插入皮层膜。这就是溶剂的"穿透"现象。面层反溶现象见图10-8。

皮层膜的真溶剂是 DMF，如果黏结层涂层剂的溶剂中 DMF 含量很少，只能对皮层膜起膨润作用；如果含量很多，就有可能发生再溶解而穿透。膨润和再溶解是两个极端，中间有个平衡区，在平衡区内，膨润和再溶解现象都比较轻微。平衡区是以 DMF 和非溶剂（对皮层膜）的混合比例来划分的，其宽窄和皮层膜分子结构有关。

第五节 涂膜的结构与性能

一、涂膜结构

干法造面的目的是提高合成革的感官价值和耐用性，不同种类的合成革用途和使用环境不同，对面层的要求也不相同。涂膜的一般特性有：手感、颜色、花纹、光泽、柔软性、耐磨性、摩擦牢度（干、湿）、弯曲疲劳性、耐老化性等。这些性能不是一种材料或一层涂膜可以完成的，而是通过不同的材料和工艺的配合，发挥涂膜的综合性能才能达到目标。

干法移膜涂层有自身的特点，按涂层顺序划分为表皮层、皮层、黏结层。转移涂层就是在离型纸上依次涂上表皮层、皮层涂层剂，依次烘干冷却，然后涂上黏结层，与基布层合后烘干固化、冷却、剥离。各层具有不同的性能和特点，所用几种聚氨酯涂层剂的类型、作用和优缺点如表 10-5 所示。

表 10-5 聚氨酯涂层剂的性能

结构	类型	在涂层中的作用	涂布量 /(g/m²)	优点	缺点
表皮层	单组分芳香族、脂肪族	对产品表面的触感和耐磨性能有重大作用，可以产生双色效果，要求硬度较高	5～15	耐磨、滑爽、接着性能好	耐醇溶性差、耐热性差
皮层	单组分芳香族、脂肪族	对产品的力学性能（例如柔软性）有重要作用，是涂层的主要部分	15～45	强力好、表面纹理清晰、手感丰满	耐热性差
黏结层	Ⅰ液型	黏结皮层和基布或湿法半成品	20～50	即剥离、表面纹理清晰	手感不易控制
	Ⅱ液型	黏结皮层和基布或湿法半成品	20～50	非即剥离，成膜手感软，表面纹理清晰	需熟成，生产效率低，对离型纸损耗较大

1. 表皮层

表皮层是成革的外表面，承担主要的表面强度、颜色、纹理、光泽等作用。因此要求成膜硬度较大、不发黏、光泽好、耐摩擦、手感好、抗水和一般有机溶剂、能承受各种机械作用刮、擦、磨、压等。一般选用高模量树脂。

有的产品为了增加产品的触感和功能性，如滑爽、蜡绒、耐磨、颜色变化等效果，表皮层可以采用贴纸刮涂，涂层非常薄，变成效应层。这层可以成膜也可以不成膜，为了使功能材料与皮层更好等结合，通常要添加部分树脂。

表皮层是单组分树脂，不必添加交联剂。一般需添加溶剂和着色剂，有时还会添加一些耐水解、耐光、耐磨、抗氧化等表面改性剂等。

2. 皮层

皮层是干法膜的主体。体现干法膜的力学、软硬、显色等，对纹理、色泽也有很大影响。皮层树脂要有很好的成膜性、耐摩擦、手感、展色性。为提高手感及改善折纹，皮层模量比表皮层小，也是单组分的，生产时也采用间隙涂布。

表皮层与皮层共同形成涂膜的表面层，二者相互影响，互为补充，因此有时将两者统称为皮层。皮层的成膜应尽可能地保持完整无缺，皮层的缺陷不仅损及美观，而且使性能降低。

两层结构可以互相弥补缺陷，加强性能。利用两种不同性能的涂层剂，可使皮膜获得更好的性能。如表皮层可以选得更硬一些，因为越硬越耐磨，触感滑爽，而干法层的柔软和弹性可由下面的皮层膜承担。

选用轧纹比较深的离型纸，表皮层和皮层涂层剂中加入不同颜色的着色剂（经常是对比色）。表皮层很薄，处于纹理的凸出处，而皮层的颜色作为底色，产生了双色效应，如果表皮层是无色透明的，也起到了强化色彩的效果。

3. 黏结层

黏结层的作用是将皮层与基布黏结，形成一个整体。黏结层涂层剂的选择要考虑它与面层膜的配伍性以及与基布的黏结强度等问题，根据黏结层固化类型和固化速率的不同，产生多种干法技术。

黏结层树脂有Ⅰ液型、Ⅱ液型两种类型，其固化机理不同，产生了两类主要的干法技术：速剥离型和熟化型技术。

Ⅱ液型黏合剂的优点是与合成纤维有较强的黏结力，产品手感丰满有弹性，折纹细腻。但Ⅱ液型树脂在实际生产中要求相当严格，一旦工艺控制不严，将造成很大损失。而且釜中寿命短，调料后4h之内尽量使用完，因为异氰酸酯在室温下也能反应，时间越长，调料后的涂层剂黏度越大，失去了均匀涂层所必需的流动性。另外，交联反应速率与温度关系不大，反应速率慢，叠合后离型纸不能马上从涂层上剥离，必须在一定温度下放置1～3d熟化，等交联反应完成，涂层膜充分固化后才能剥离，称为熟化型。

Ⅰ液型黏合剂的釜中寿命比较长，室温下交联反应进行得很慢，而在高温下（130～150℃）几分钟即能完成交联反应。涂层出最后一个烘箱冷却后，可马上将离型纸剥离，称为速剥离型。与熟化型相比有下列优点：

① 不需熟化工序，节省熟化工序所需的设备和厂房，缩短生产周期。
② 即剥离型可以即刻发现疵病，及时补救纠正，对提高产品质量有利。
③ 釜中寿命长，使用方便。
④ 增加离型纸的使用寿命。

速剥离型也有弱点，如单组分黏结胶耐热性比较差，高温下的接着性能受到一定损失。速剥离型黏结胶要求最后一个烘箱提高温度，要求较长的滞留时间。黏结层的溶剂对面层膜的配伍不好会产生膨润和穿透，需要增加面层膜厚度和粘结层的固含量。

现在一般厂家的普通产品均采用单组分黏结剂。在实际生产中，黏结胶的选择，最终取决于产品种类、生产厂状况和使用经验等。

二、涂膜的性能

1. 涂膜的黏附力

干法工艺要求涂膜无论干态还是湿态，与基布都有良好的结合牢度。黏附力可用标准宽度试样的剥离力来定量表征，即 N/cm。

涂膜与基布的黏附由电荷黏附和机械黏附两大部分构成，包括机械咬合、物理吸附、化学结合、扩散作用等。要形成良好的黏附，要依靠各种类型的力的作用，通常要求涂层剂要有极性基团与基布形成静电结合，同时涂层剂部分渗入纤维间，结膜后与纤维纠缠在一起形成机械黏合力。这种结合要使涂膜与基布表面在分子水平上连接，因此范德华力是涂膜最主要的黏附力，黏附力的大小与涂层材料有关，也与基布表面的物理化学性质有关。机械黏附作用主要取决于基布表面状况，尤其是表面的粗糙度。

涂层与基布的连接分两个阶段进行：首先黏合剂分子转移到基布表面；然后与基布表面高分子产生直接的相互作用，这种作用的分子间距离非常小，为1nm以下。提高粘合时的温度、降低涂层剂的黏度、增加浸润度等方法都可促进黏合作用。聚氨酯由于化学性质的原因，对基布有较强的黏附能力，氨基甲酸酯基和脲基能与锦纶通过范德华力结合，与基布中的聚氨酯"相似相容"，易楔入其分子间，削弱分子间的作用力，从而引起高分子溶胀，在接触界面形成一层极薄的液体的均匀相。

涂膜的内应力是影响附着力的重要因素，内应力的来源有两个：涂层剂固化过程中由于体积收缩产生的收缩应力，主要由溶剂挥发引起，也可因化学反应引起；涂层剂与基布的热膨胀系数不同，温度变化时产生的热应力。

涂膜的内应力与黏附力及涂膜强度之间是互相抗衡的，内应力过大容易引起涂膜损坏或剥离强度下降。降低固化过程中的体积收缩对提高附着力有重要意义，增加固含量是常用的解决手段。

2. 涂膜的表观性能

① 遮盖力。遮盖力是指把涂层剂均匀涂布在基布表面，由于光的吸收、反射和散射而不能见到基布表观的能力。干法涂层的遮盖力分两类：一是涂膜吸收照射光线，使光线无法到达基布表面，如加炭黑的黑色品种；二是光线在成膜物和发色粒子之间的散射。

吸收与散射一般同时进行，颜料遮盖力的强弱主要决定于下列性能：折射率越大，遮盖力越强；吸收光线能力越大，遮盖力越强；结晶度，晶形的遮盖力较强，无定形的遮盖力较弱；分散度越大，遮盖力越强。

② 光泽。涂膜的光泽是一种物理性能，是涂膜表面把投射的光线向镜面反射出去的能力，反射量越大则光泽越高。对合成革面层光泽影响最大的是花纹，如果是镜面，其反射量大，光泽高。如果是凹凸花纹，则会发生散射，削弱了反射的强度，光泽低。涂层剂的流平性好，固化后表面平整，有助于提高光泽度。涂膜中的着色粒子的含量、粒径、分布、密度等都会对涂膜的光泽产生影响，表皮层的颜料体积浓度要尽量减少，不影响光洁度。另外树脂与颜料要有良好的相容性，避免在固化成膜过程中析出。

如果要求涂膜表面是平光的或消光的，就要使涂膜表面形成一定的微观粗糙度。可采取控制溶剂挥发速率来影响涂膜收缩的方法，更多的是采用在涂层剂中加入消光剂的方法，消光剂含有大量微细颗粒，利用其溶解性与折射率的差异，使涂膜具有微观不平整性或光学不均匀性，分别产生对光线的漫反射和散射，使涂膜产生消光的效果。

3. 涂膜的软硬度

涂膜的软硬度是成革的一个重要指标。如果基布较硬，涂膜的软硬度对整体的影响相对较小；如果基布本身较软，则涂膜的软硬度的影响就非常大，尤其是要求轻、薄、软的品种。因为涂膜的强度与软度通常是一对矛盾，很难兼顾，过分追求软度会导致膜的强力下降。

影响涂膜软硬度最主要的因素是树脂自身的模量，一般模量越大则涂膜越硬。涂膜的表皮层硬度最大，黏合层硬度最小，皮层介于二者之间，整个涂膜一般通过三层的配合达到要求的软硬度。

贴合工艺对成革的软硬度也有很大影响，主要是黏合层在基布表面的渗透程度。如果是湿贴，黏合层渗透大，黏结点多，涂膜的附着力高，但是会引起成革手感变硬。黏结层中的大量溶剂要透过皮层挥发出来，会使各层界限模糊，影响各层的涂膜特点，整体变板变硬，塑性增强。

4. 涂膜的延弹性

革制品在使用过程中不断受到弯曲拉伸作用，要求干法膜也要具有相应的延伸性能，当作用力消失后，涂膜与基布一样还原，要求涂膜具有相应的回弹性。因此延弹性是涂膜的必要功能。

涂膜的柔软度和延伸率主要由聚氨酯的分子结构决定。分子量增大，膜的延伸性提高；高分子链上存在侧链或取代基会使链间距增加，会降低涂膜的延伸率；聚合物中加入少量的小分子（如增塑剂），可减少分子间的吸引力，使涂膜柔软，但如果加入量过大会使延伸率降低。

通常软性树脂的延伸性好而回弹性差，硬性树脂延伸性差但回弹性好。使用过程中一般要考虑各因素，根据产品的要求配合使用，形成性能上的互补。

5. 涂膜的卫生性能

涂膜的卫生性能主要是透气性和透水汽性，尤其是透水汽性。良好的卫生性能可使人体排出的汗液和水汽及时传递出去，提高穿着舒适性。影响涂膜透水汽性的主要因素是涂层剂分子中亲水基数量及涂膜厚度。如皮革的酪素涂饰剂中含有大量的—NH_2、—$COOH$ 等亲水基，皮肤散发的水蒸气可被这些基团吸附，并逐渐传递到涂膜的另一面，释放到空气中。

必须说明的是，在合成革中涂膜的透湿性能对成革的卫生性能有影响，但并不能代表成品革的卫生性能，这是一个误区。很多合成革厂试图通过在涂膜中添加亲水性物质来提高涂膜的透水汽性，对透水汽性的改善很有限，反而大大降低了涂膜的物理性能。

以下通过真皮与普通 PU 革、超纤革透湿性能对比，来分析影响 PU 合成革透湿不高的根本原因所在，见表 10-6。

表 10-6 真皮吸水性与 PU 革、超纤对比

编号	1 （表面轻涂饰真皮样）	2 （表面重涂饰真皮）	3 （普通贴膜超纤）	5 （普通 PU 革）
试样称重 W_0/g	3.2005	2.4884	1.9734	1.5004
初始硅胶重/g	29.3895	32.1092	29.2118	31.7274
初始透湿杯总重量/g	171.2782	178.2494	171.4975	175.8213
试样固定于透湿杯上，放置在 38℃,90％湿度下 3h				
试样称重 $W_{测试后}$/g	3.5930	2.8984	2.0059	1.5354
试验后硅胶重/g	30.38933	2.5431	29.5854	31.9414
试验后透湿杯总重量/g	172.6700	179.0886	171.8990	176.0681
试样增重/g	0.3925	0.4100	0.0325	0.0350
吸水率 G/%	12.26％	16.47％	1.65％	2.33％
ΔM 硅胶增重/g	0.9998	0.4339	0.3736	0.2140
ΔM 透湿杯总增重/g	1.3918	0.8392	0.4015	0.2468
透湿比重 T/%	71.83％	51.70％	93.05％	86.71％

注：1. 测试方法采用静态透湿杯法 GB/T 12704—91。
2. 吸水率 $G=(W_{测试后}-W_0)/W_0$。
3. 透湿比重 $T=\Delta M$ 硅胶增重/ΔM 透湿杯总增重。

结果分析：

① 由于真皮加工手段不同，皮原种类不同，厚度的影响，对其透湿性能影响较大。但是总体透湿量都较普通 PU 革、超纤革高。真皮总的透湿趋势是：片皮二层革和猪皮鞋里革＞不涂饰或轻涂饰头层革＞重涂饰或二层贴面革。

② 真皮吸水性测试结果直观得表明了，真皮高透湿其实是一种假相，真皮的高透湿是通过表面透湿与皮革吸水性共同完成的。

重涂饰真皮一类，表面树脂含量较高对透湿影响很大，但是由于自身有较好的吸水性，按现在的透湿杯法计算透湿量，其透湿数据依然高于普通 PU 产品。而相对于超纤革和 PU 革，本身吸水性很小，单靠表面透湿根本无法与真皮相比。

重涂饰真皮样与普通贴膜超纤产品比较后可知，硅胶增重相差基本不大，重涂饰真皮样硅胶增重 0.4339g，而普通贴膜超纤产品硅胶增重 0.3736g，说明真皮的重涂饰和合成革干法贴面基本相同，但是真皮硅胶增重仅为总增重51.70%，而普通贴膜超纤硅胶增重却占了总增重的93.05%。按照目前静态透湿测试计算方法，透湿是根据总增重计算而得，所以吸水性越强的产品有较高的透湿效果。

③ 结果分析为PU革功能性发展提出了思路，单单提高表面透湿量无法得到高透湿的产品，必须对超纤基布、PU革基布进行处理，提高它们的吸湿能力。

三、 结构分析

1. 表面纹理

合成革表面花纹品种繁多，主要是花纹型及少量平纹型。纹路主要为模拟真皮粒面层的花纹，常规花纹有羊皮纹、牛皮纹、猪皮纹、荔枝纹、象皮纹、鳄鱼纹、蜥蜴纹、蛇皮纹、编织纹、方格纹等。图10-9为干法表面纹理。

干法表面是由聚氨酯膜凹凸不平的变化形成的纹路，材料为树脂，花纹状态由离型纸决定。干法花纹是立体结构，花纹有冠顶及沟底，因此在结构、颜色、光泽上有一定的层次感和对比度。干法表面平整均一，无疵点，在纵横向均无部位差异。花纹排列均匀，有一定的规律性和重复性。花纹凹点模拟真皮的纹理与毛孔结构，但毛孔并不是穿透结构。

图10-9 干法表面纹理

2. 表面微观状态

图10-10和图10-11为干法表面微观状态和真皮表面微观状态。干法成膜是溶剂挥发的结果，从放大结构看，干法表面并不平整，而是微观粗糙的细小颗粒状。产生的原因主要是表面层与离型纸相连，涂层剂凝胶化后即失去流动性，在溶剂最后挥发时流平已经停止，另外聚氨酯在干燥过程中失去溶剂，自身会产生一定的收缩，并且在冷却时与离型纸的收缩率不同。

图10-10 干法表面微观状态

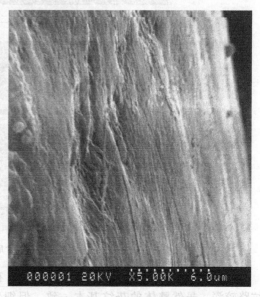

图10-11 真皮表面微观状态

　　皮革表面花纹是由非常纤细的胶原纤维构成，有着自然的凹凸与毛孔结构，涂饰层一般为水性高分子材料，涂布量很低，沿着自然形成的表面花纹流平，与胶原纤维形成一个整体。从 5000 倍放大显示看，表面的平整度和成膜性仍非常高。

3. 表面对比

　　选择纹路接近的头层皮、二层移膜革及合成革进行比较，表面状态如图 10-12～图 10-14 所示。

图 10-12　真皮头层全粒面

图 10-13　二层干法移膜

图 10-14　合成革干法移膜

　　全粒面皮的纹理清晰，由胶原纤维构成，有清晰的毛孔结构。花纹饱满美观，形成的收缩纹路较深。虽然整体的花纹基本一致，但细部特征如花纹大小、沟底深度、自然折痕、花纹扭曲、密度分布、毛孔等都存在差异性，整体形成非常自然的纹路，但存在着不同部位花纹差异很大的缺陷，同时不可避免具有或大或小的花纹伤残点。

二层移膜革花纹也是由离型纸决定，因此表面花纹一致性高，但二层皮底坯表观密度高，收缩弹性好，因此表面的花纹更为饱满。由于底坯存在部位差，因此影响到表面膜的自然折痕和收缩，局部产生一定的花纹扭曲和收缩率不同，显现出一定的皮革纹理特点，但同时也无法掩盖底坯的伤残点和松弛部位。

合成革干法移膜革经过揉皮摔皮等加工手段，表面有一定的自然收缩，具备了一定的折痕散乱性，但花纹颗粒的一致性还是较高。底坯的编织密度低导致纹路的饱满性也略显不足，缺乏拉平与顶平效果。由于底坯均匀，因此表面平整度高与均匀性很好。

4. 断面结构

干法贴合根据底布不同大致分两类：浸渍基布或纺织布贴合；湿法基布贴合。基本结构如图 10-15 和图 10-16 所示。

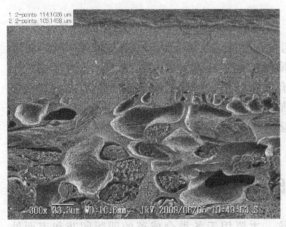 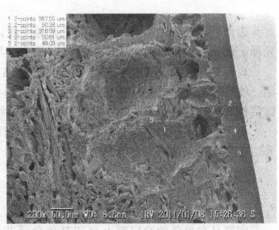

图 10-15　浸渍基布移膜　　　　　　　　图 10-16　湿法基布移膜

浸渍基布移膜是直接贴在基布表面，主要是纤维与黏合剂的结合，因此要求基布平整，表面纤维长度合适。干法层厚度相对较厚，约 0.1mm 左右。为保证贴合牢度，黏合剂明显向基布内有一定渗透，并且基布表面的纤维部分插入干法层。

湿法基布移膜是贴合在湿法聚氨酯涂层表面，是聚氨酯与黏合剂的结合。由于湿法层平整度高，因此干法涂布量较低，厚度只有 0.05mm 左右。面层与基布有明显的贴合线，黏合剂只有表面溶解，基本无渗透。

但是合成革为了保证纹路清晰，花纹饱满，涂膜的厚度远高于皮革涂层。从图中也可看出，干法面层基本是一个致密膜结构，也因此封闭了透湿透气的通道，是造成合成革卫生性能下降的一个重要因素。

第十一章
表面处理技术

　　表面处理技术是指通过材料与工艺等手段，对合成革表面进行加工，赋予其色彩、花纹、光泽、触感、性能等效果，增加合成革的美感与使用性能。

　　表面处理技术是提高产品档次，提升产品质量的重要环节。常用的加工工艺有印刷、辊涂、喷涂、压花、抛光、压光等。常用的材料有印刷油墨、各种表面处理剂、功能材料、表面活性剂等。这些技术可以单独使用，也可以结合起来使用。

　　由于合成革表面修饰和后整理技术手段繁多，本文以其中最为常用的几种加工技术为例介绍一下合成革的表面修饰和后整理技术。

第一节　印刷工艺

　　印刷是在单色的涂层膜上套印其他色泽花纹，主要用于各类合成革的凹版印花和表面处理，可进行上色、印花、增光、消光等多种工艺操作，达到美观、仿真的效果。

一、印刷原理

　　印刷工序是把以聚氨酯和颜料为主要成分的油墨，用印刷溶剂稀释到规定黏度后，用印刷机涂布在合成革表面，经过干燥，形成具有一定颜色的聚氨酯薄膜，并与基布紧密黏附。

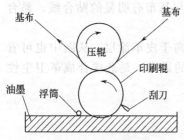

图 11-1　印刷段结构

　　合成革印刷通常采用凹版印刷方式。凹版印刷是一种利用花纹辊转移的印刷方法，花纹辊由与花纹要求相对应的凹坑与印版的表面所组成。加工时，印刷辊挂带底盘中的油墨，油墨被充填到凹陷的印纹部分，印版表面的余墨用刮墨刀刮掉，在压力作用下油墨由凹点内转印到基布表面上，经热风干燥后完成一次印刷。印刷可重复进行，几次印刷干燥后，基布表面形成一层具有颜色的聚氨酯膜。印刷段结构见图 11-1。

　　油墨转移量及花纹的浓淡层次是由凹坑的大小、深浅及密度决定的。如果凹坑较深，则含的油墨较多，转移量就大，压印后承印物上留下的墨层就较厚。相反油墨量较少，墨层就较薄。

　　合成革的印刷与普通凹版印刷不同，要求表面形成完整的薄膜。油墨转移后只是密集的点状集合体，还需要通过自身的流平作用，使各转印点之间不断融合，形成一个整体的立体膜结构。即空辊—上墨—刮液—转移—流平。

　　印刷工序一般与压花相配合，二者可重复交叉进行。经过多次的印刷与压花，得到所需的表面效果。通常在湿法涂层基布表面进行，具有速度快成本低的优点。

二、印刷设备

印刷生产线一般包括放卷、储布、印刷、烘箱、冷却和收卷。分单版、二版、三版、五版，可单独使用，也可几台联用。可重复印刷，也可进行套印。生产线的核心部分是印刷机，由凹纹金属辊、胶辊、刮刀及油墨底盘组成。印刷生产线见图11-2。

图11-2　印刷生产线

1. 印刷辊

凹版印刷辊是设备的关键部件，其结构一般有三层。中心是钢制的，可提高机械稳定性；钢表面包铜，有利于进行图形雕刻；最外层是镀铬涂层，以便提高抗磨损能力。

为了保证印刷的质量，印刷辊的表面质量要求非常高，最后需要进行抛光。加工后的印版表面应呈镜面，不能有凹坑及加工痕迹，几何精度和光洁度均有非常严格的要求。旋转轴外圆面与版辊筒外圆表面应严格同心，版辊筒外圆表面的不圆度允差0.01mm。

不同的印刷辊表面的花纹和目数不同，适用的产品也不同，因此工厂需要储备很多辊子。存放时表面要包毛毡以避免损伤，平放在专门的架子上。

2. 烘箱

烘箱一般位于印刷线的上部，与每段印刷辊相对应。采用热风干燥，因表面涂布量低，因此烘箱都较短。

印刷烘箱有导辊式、网带式、针板式三种形式。导辊式是利用牵引辊带动基布前进，利用导辊张力，使基布在张紧状态下通过烘箱。网带式是一张密闭的平板网，产品平铺在网上通过烘箱，属于松式干燥。针板式烘箱是由针板导轨部分和烘箱共同组成，基布两端固定在针板上经过烘箱，这样经过烘箱后对产品的幅宽影响不大，属于强制干燥。目前国内基本都采用针板式和导辊式较多。

3. 静电消除装置

基布在运行中与金属辊接触，由于摩擦产生静电，可能会引起火花，而印刷油墨中含有大量有机溶剂，有发生火灾的危险。因此在印刷机上安装有大量静电消除装置，用压缩空气在高电压下电离，产生离子，电离了的空气吹向基布表面，用所带电荷中和基布表面的静电荷。开车前必须在静电消除装置正常运转后，才能开始基布的运行。

三、印刷工艺

1. 工艺流程

印刷工艺流程见图11-3。

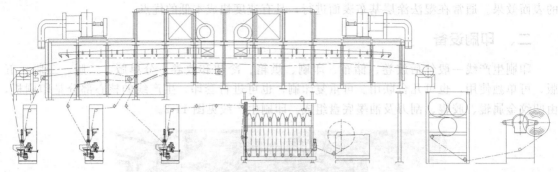

图 11-3　印刷工艺流程

基布经过贮布机后进入印刷机，首先经过清理装置，去掉表面的绒毛或黏附物，以保证印刷质量，再经过张力辊以一定张力进入印刷段。每个印刷段由张力调节辊、印刷部分和干燥部分组成。

张力调节辊调节基布运行时的张力，避免基布因松弛掉入油墨中而污染，或者发生基布缠绕印刷辊的现象。

每个印刷部分由油墨盘、印刷辊及压辊组成。印刷辊的下部浸在油墨中，浸入深度为 2～3cm。印刷辊在油墨中转动，表面沾满了油墨，用刮刀以一定角度与印刷辊面接触，把辊面的油墨刮掉，保持只有辊面的雕刻凹纹里沾满油墨。

印刷辊的正上方为一根橡胶表面材质的压辊。基布从印刷辊和压辊之间通过，正面与沾有油墨的印刷辊接触，同时压辊接触基布背面并施加一定压力，印刷辊表面凹纹里的油墨就转移到基布正面上。更换印刷辊、油墨种类以及印刷条件，可以完成不同类型的印刷工艺。

基布印刷后立即进入热风干燥机。溶剂挥发，在基布表面形成一层聚氨酯膜，完成一次印刷过程。然后一次进入后几段印刷机，重复前面的印刷干燥过程。

印刷根据目的不同分为前印刷和后印刷。压花前进行的第一遍印刷称为前印刷，主要目的是遮盖表面微细缺陷，并赋予基布一个基本色。另外前印刷还使基布表面更光滑，压花时基布与花辊紧密贴附。经过压花后再做的印刷称为后印刷，主要目的是完成合成革最后的上色与上光处理。

另外，不同批次的基布表面的湿法层颜色也会有差异，因此在正式印刷前需要进行试印刷。试片要在将要印刷的基布上取，试片印刷后的颜色与标准样品进行比较，如果色调存在差别，则对油墨进行微调，直到试片颜色在标准允许的范围内，才能进行正式印刷。

2. 工艺控制

① 印刷辊控制。凹版依靠网穴的表面积和深度同时变化来反应浓淡深浅的层次。网穴的形状是影响吸墨的一个重要因素，不同的印刷辊具有不同的网穴，因此其转印量及转印效果不同。

合成革常用的印刷辊有三种：平板格子型；斜线型；花纹型。根据使用目的不同进行选择。前印刷一般使用平板辊；后印刷一般使用花纹辊和斜线辊；基布表面增光处理和背面着色处理一般使用平板辊。

印刷辊工作时，沾墨后的多余油墨被刮刀去除，剩余的油墨仍需要流回网穴，否则网穴填墨就不均匀，印刷质量将大受影响。回流的速度和雕刻的类型有关，主要是网穴壁的光滑程度。电子束雕刻的网穴填墨效果最好，主要是因为网穴的壁非常光滑。网穴深度是决定印刷辊转移量的重要因素，网穴不够深，会导致印刷不均匀，太深又会导致油墨无法转移。

印刷机的印刷辊在使用过程中会有磨损，磨损程度随印刷辊使用时间增长而增大。即使油墨相同，用磨损程度不同的印刷辊进行印刷，颜色也会有所差别。印刷辊的目数根据不同的产品要求随时更换。

② 印刷段数。在其他工艺不变的情况下，印刷段数决定了总的油墨转移量，即对基布的覆盖程度。印刷段数是根据产品要求和油墨种类决定的，段数少则转移量少，成膜薄。如果过低则出现露底现象。

印刷段数是与印刷辊配合作用，通常前印刷使用平版印刷辊进行两段印刷，后印刷使用花辊进行3～8段印刷。而表处印刷和增光印刷因为转移量很少，通常只进行1～2段平版印刷即可。各段印刷油墨一般不相同，根据配色原理，几段印刷后综合形成一种色调与光泽。

③ 印刷速度。印刷速度直接影响的是印刷辊对油墨的吸收和释放，因此印刷速度与油墨黏度密切相关。吸墨时要求印刷辊网穴全部吸满油墨，需要油墨有很好的流动性。并且油墨的表面张力必须低于印刷辊的表面能。而释放转移油墨时，油墨表面张力必须低于基材的表面能，这样油墨可以在基布上形成润湿。同样数量的油墨用在不同质量、不同吸墨能力的基布上，就会得出不同的色密度。

一般印刷速度越快，油墨的黏度要求越低。如果油墨黏度大，填墨和释墨都非常困难。但是加入大量溶剂使黏度降低太多的话，油墨中的颜料浓度会同时降低，在同一网目辊筒上印刷，基布表面单位面积油墨颜料量自然相对地减少，从而令密度或浓度急速下降或颜色转淡，过分稀释还容易导致沉淀的问题。因此印刷速度要根据印刷品种、网目细度、油墨黏度等不同的印刷环境而调节。

④ 干燥温度。干燥温度直接影响油墨中的溶剂挥发速率和残留量，进而影响基布表面聚氨酯成膜质量。干燥温度高则溶剂挥发快，但是温度过高的话将破坏油墨中的溶剂挥发梯度体系，造成急剧挥发，印刷层表层与内部出现浓度差，表层树脂浓度高于内部，从而产生了表面张力梯度和黏度的梯度。黏度增大使油墨流动性变差，容易产生表膜的平滑性不良，形成如橘皮那样凸凹不平的表膜。干燥温度过低首先影响生产效率，另外会使膜内的高沸点溶剂残留高，使表膜产生二次溶解，破坏已经形成的表面印刷效果。

当溶剂的挥发速率按溶剂梯度缓慢进行，内部溶剂会逐步扩散导致浓度差和表面张力差逐步消除，最终能形成平整的表膜。因此要根据溶剂体系设定干燥温度和吹风量，通常温度控制在120～140℃，并逐段干燥，并在最后一段增加干燥时间，确保溶剂彻底挥发。

⑤ 压辊与压力。凹版印刷的压力来自一个用橡胶包裹的金属辊筒，从背面压住涂满油墨的印刷辊。两个辊筒之间的压力接触点叫做压区。根据印刷的不同品种、基布及油墨类型，压区的压力是不同的。压区的压力可以保证油墨良好转移，并保证基布在稳定张力下被牵引通过。根据印刷速率和油墨干燥速率来正确调整压区。

通常压辊的直径要比印刷辊小，所以转速快，在压区形成一个变形压力。因此压辊的表面必须有一定弹性，同时还要耐磨。

大直径压辊在基材和印刷辊之间具有更大的接触面积，可以获得更好的油墨转移效果。缺点是摩擦力大导致磨损加大，同时摩擦发热使油墨干燥速率加快。小直径压辊的接触面积小，压强比较大。在压区较小的接触表面将会造成同样的压力，但是磨损和发热将比较小。压辊压力要求两侧平衡，否则网穴和基材接触不完全，出现转移量的偏差。

⑥ 刮刀调整。刮刀的作用是消除印刷辊表面多余的油墨，并且保证其余的油墨仍然保持在印刷辊的网穴中。

刮刀要求高效耐用，如果刮刀出现磨损，刮刀和印刷辊之间的接触面就会变大，这将导致刮刀压力下降，结果使刮墨效果变差，很薄的一层油墨仍然留在不用于印刷的区域。这层薄层在印刷辊和刮刀之间形成拖尾效应，如果拖尾的油墨层变厚，当油墨接触到压区时，很可能来不及变干，转移到基布上面后就形成色雾。

刮刀的磨损主要是由于刮刀和印刷辊之间微观接触，当失去油墨润滑时，就会造成磨损。

另外由于刮刀和滚筒之间的硬颗粒也会造成磨损。为了控制磨损，把磨损对于印刷质量的影响减少到最低程度，要求刮刀刀刃必须平直光滑，安装必须非常紧密，以防发生振动。

最主要的是调整好刮刀的位置和压力。压力与印刷速度成正比，一般速度快，压力相应要大。另外，刮刀与印刷辊的夹角的一般选择为30°～70°。这样可保持刀口不伤版面，还可使印刷质量较为理想。刮刀对于网穴中的油墨具有"吸出"效果，即刮刀会把网穴中的油墨拖出一点。因此刮刀的角度、压力会直接影响网穴中油墨的数量。

刮刀位置根据所需性能不同而变化，刮刀架可以笔直，产生较大的力量；也可弯曲，用来产生较小的力量。刮刀架角度和压力必须进行优化，以便把磨损最小化，并获得最好的印刷效果。

四、 油墨调配

油墨的调配是指把一种或多种油墨调和在一起，并加入一定的辅助材料，使之适应印刷需要的全部过程。油墨的调配主要包括两个方面：一方面指对油墨的颜色调配；另一方面是指对油墨印刷适性的调配。

1. 样品分析

衡量印刷质量的最重要标准是颜色必须符合标准样品的要求。在调配油墨时应先对样品上的各种颜色进行鉴别和分析，初步确定所需油墨及比例。

基本原理：三原色是调配任何墨色的基础色。通常应用三原色的变化规律，除少数色彩外，任何复杂的颜色都能调配出来。除了三原色以外，其他颜色都是用以补充三原色的不足的。任何复杂的颜色，总是在三原色范围内变化的。

但在工艺实践过程中，仅靠三原色要调配出许多种的油墨颜色来，是远远不够的。因为实际使用的油墨存在颜色、批次、厂家等差异，在颜色上免不了存有一定程度的差异。所以应采用如中蓝、深蓝、淡蓝、射光蓝、中黄、深黄、淡黄、金红、橘红、深红、淡红、黑、绿色等油墨适量加入，才能达到所需油墨的色相。

当样品分析完后，要对所用油墨的颜色进行分析，一般来说油墨调配操作者对油墨颜色的观察特别敏感，能看出其中的成分。例如黄色油墨，要善于鉴别它是带黄相、带蓝相或带绿相；对于品红色油墨，要善于鉴别它是带红相、带蓝相或带紫相。

当色彩分析确定主色和辅色墨及比例后，即可进行调配。但如果调配出的色相有偏差，可用补色理论来纠正其色相。比如某色相绿色偏重，可加入少量的红色来纠正。反之，红色太重可加蓝色来纠正。

2. 油墨颜色基本特征

油墨的颜色。油墨的颜色是指油墨涂布在基布表面呈现的色彩。它与光源的性质有关，一般是指理想光源下的色彩。如果油墨完全不透明，当光线射到油墨表面，一部分被吸收，另一部分被反射，反射出来的这部分光的组合就是该油墨的颜色。如果油墨是透明的，则光线照射到油墨表面，一部分被吸收，一部分被反射，另一部分透射到基布表面再反射，经油墨层出来，与直接被反射的部分光组合成的颜色就是该油墨的颜色。

油墨的光泽。油墨的光泽是指油墨印样在某一角度反射光线的能力。油墨光泽度的好坏给基布的外观带来很大的影响，光泽度好，色彩鲜艳。

颜色有三个特性，即色相、亮度、饱和度，称为颜色的三属性。

色相是颜色的主体，即颜色的本相。实际色相是物体对光谱有选择的吸收和反射的综合结果。以光谱主波长为依据，物体由于光源强弱的不同，色相就有明暗变化的区别。但基本色相不变。

亮度是对颜色的明暗程度的性质而言，如深绿、浅绿、深灰、浅灰。与色相有关，取决于光谱辐射能量的相对反射率，使人们兴奋的程度，也就是明亮程度。亮度从白色到灰色直至纯黑。一般把亮度分为十一个级别，0 为黑，10 为白，1～3 为暗调，4～6 为中调，7～9 为明调。

饱和度也称为纯度或者称为彩度，指色彩的鲜艳程度，也叫饱和度。原色是纯度最高的色彩。颜色混合的次数越多，纯度越低，反之，纯度则高。原色中混入补色，纯度会立即降低、变灰。例如某一色相的颜色加入一定数量的白色，则它的亮度就增加，饱和度则降低，而色相不变。

颜色的色相、明度、饱和度只有在亮度适中时才能充分体现。颜色的属性是相互独立的，但不能单独存在。红绿蓝三种色光以不同比例混合，基本上可以产生自然界中的所有色彩，并且这三种色光各自独立，即任何一种色光都不能由其余两种色光混合产生，所以红绿蓝称为色光三原色。任何一种油墨颜色的鉴别，都可按照颜色的三属性加以区别，所以颜色三属性的理论是正确认识和区别各种油墨颜色的重要依据，可供在调配油墨时对综合色进行正确分析。

3. 油墨颜色调配基本方法

调配时尽量采用同型号油墨和辅助材料，提高油墨的适用性。尽量少用原色油墨种数，能用两种原色油墨配调成的颜色，就不要用三种，以免降低油墨的亮度，影响色彩的鲜艳程度。

油墨的颜色有它独特的色相，在实际操作过程中，一定要掌握好常用油墨的色相特征。例如，在调配淡湖绿色油墨时，可采用天蓝或艳蓝，而不能用深蓝去调配，因为深蓝带红头或紫头，加入使调配的颜色灰度大，色调暗淡而不鲜艳。又如金红的色相是红色泛出黄光，用金红与柠檬黄调配的橘色就会增加鲜艳程度。

不同密度的油墨尽量不要混配。油墨的密度因颜料不同是各不相同的，密度相近的油墨容易混合，而密度相差太大的油墨则会引起印刷缺陷。一般来说，无机颜料油墨的密度大，如铬黄、钛白等，主要成分是铬酸铅、二氧化钛等，当与宝红、酞菁蓝等有机颜料的油墨调配时，密度小的色墨会上浮，密度大者会下沉，于是出现了"浮色"现象。

调配复色油墨时，应把握好色彩原理，运用补色理论纠正色偏，调色效果将会好些，但切不可采取"这种色加点，那种色加点"来试调。如复色墨中紫头偏重时，可加黄墨来纠正；若红头偏重，则可加入蓝墨纠正。又如，配调橘红色墨时，不能选用玫瑰红墨，因为它带有蓝味，蓝与黄构成的绿是红的补色，会使墨色缺乏鲜艳感。

采用三原色墨调配深色油墨，应掌握它们的变化规律，以提高调墨效果。如三原色油墨等量混合调配后可变成黑色（近似）；三原色油墨等量混调并加入不同比例的白墨，即可配成各种不同色调的浅灰色墨；三原色油墨中的两种原色等量或不等量混调，可获得各种间色，其色相偏向于含量大的色相；三原色墨分别以各种比例混调，可得到多种复色；任何色油墨中加入黑墨，它的明度必然下降以致色相变深暗。若加入白墨其明度则提高。

淡色油墨就是在原墨中加溶剂调配成的油墨，或以白墨为主加入其他色墨混调成的油墨。其配调方法是以溶剂或白墨为主，其他色墨为辅的原则，在浅色墨中逐渐加入深色油墨。这样边搅拌均匀油墨，边观察色相变化情况，调至合适为止。切不能先取深墨后加浅色墨，因为浅色油墨着色力差，如果用在深色油墨中加入浅色油墨的方法去调配，不易调准色相，往往使油墨量越调越多，这是不可取的。

间色和复色的调配。所谓间色就是由两种原色油墨混合调配而成的。如：红加黄后的色相为橙色；黄加蓝可得到绿色；红加蓝可变成紫色。两配可以调配出许多种的间色。即：原色桃红与黄以 1：1 混调，可得到大红色相；若以 1：3 混调可得到深黄色；若以 3：1 混调可得到金红色相。如果原色黄与蓝等量混调，可得到绿色；若以 3：1 混调可得到翠绿色；若以

4：1混调可得到苹果绿；若以1：3混调可得到墨绿色。若原色桃红与蓝以1：3混合调配，可得到深蓝紫色；若以3：1混调可得到近似的青莲色。

而复色则源于三种原色油墨混合调配而成。若它们分别以不同比例混调，可以得到很多种类的复色。如：原色桃红、黄和蓝等量调配，可获得近似黑色；桃红2份与黄和蓝各1份混合调配可得到棕红色；桃红4份与黄和蓝各一份调配，可获得红棕色；若桃红、黄各1份，蓝2份，可调配出橄榄色；桃红、黄各1份，蓝4份混合调配，可获得暗绿色等等。

4. 调配操作

调配油墨时，要根据原样品分析出的色相，凭目测加实践经验分析确定色样中三原色含量的比例关系，排出主色、辅助色顺序，确定采用哪几种油墨去调配合适。比如说，要调湖蓝色墨，其中白墨是主色，孔雀蓝是辅色应略加，如要深些可微加品蓝。只要主色确定好了，其他的颜色都是辅助色，应逐渐微量加入并搅拌均匀。

采用两块与印刷时使用的相同的基布，其中一块基布涂上一点所调的油墨，用另一块基布把它对刮至印刷的墨层厚度，烘干后即与原样品对比看是否合适。对照时，要针对刮墨样油墨层相对薄与淡的部位，才能看得准确一些。新墨干燥后则会发生颜色变化，刮样的墨色调配要比原色略深一些，这样打印出的色样就能准一些。

小样的墨色调准后，即可依据它们各自的用墨比例，进行批量调墨，以确保调墨质量，提高工作效率。

打样室内四周应保持整洁，墙壁不能有面积较大的其它鲜明的色彩。因为环境色对正确辨色产生很大的影响，这种现象称为色错觉。因此无论是观看原样，还是调墨后的墨样，都应在标准光源箱内进行，避免环境色的影响。

三原色油墨颜色变化规律和常用油墨的色相及色偏分别见表11-1和表11-2。

表11-1 三原色油墨颜色变化规律

原色	配比	附加色	调配色相
三原色	等量		黑色（近似）
三原色	等量	不同比例白墨	不同阶调浅灰色调
三原色	不同比例		各种不同色相的复色
两原色	等量		标准间色
两原色		黑色油墨	各种不同色相的间色
任何颜色		黑色油墨	颜色色相相对变为深暗
任何颜色		白色油墨	颜色饱和度相对降低

表11-2 常用油墨的色相及色偏

名称	色相与色偏	名称	色相与色偏
金红	红色偏黄	大红	鲜红、略带黄味
深红	暗红、略带紫	桃红	品红色、稍偏红
深黄	黄色偏红	中黄	黄色略带红味
淡黄	嫩黄色	深蓝	暗蓝色、灰暗
中蓝	蓝色略暗	孔雀蓝	青色、略带绿味
天蓝	青色、略带蓝	射光蓝	暗蓝偏紫、反射红光

5. 油墨的性质及对印刷的影响

油墨作为印刷不可缺少的生产材料，其性质在很大程度上影响或决定着产品的印刷质量。

要正确认识油墨的性质，在实际生产操作过程中，根据印刷条件和特点对油墨的某些性质进行相应地调整和改善，将对生产效率和产品质量的提高起到积极的促进作用。

① 油墨的黏度。油墨在外界作用力的影响下所具有的特性，即油墨黏度。油墨的黏度与浓度成正比关系。油墨浓度越大其黏度也越大。浓度大则其内部分子相对运动时所受的阻力也就大。因此油墨的黏度是影响油墨的传递性能、黏附牢度、渗透量和光泽性的重要条件，油墨黏度过大或过小都会对印刷质量产生不良影响。黏度过大容易造成转移不均，黏度过小则容易发生基布上墨不饱满等现象。油墨黏度与温度、印刷辊转速、印刷段数成反比关系。温度高、速度高、段数多，因为油墨具有触变性，油墨黏度也就会相应降低。

② 油墨的浓度。浓度大的油墨其稠度也大，所以油墨的浓度决定着油墨的色相。油墨浓度大，耗墨少，印刷色相就偏深；反之色相就偏浅。浓度大小需根据使用目的确定。

③ 油墨的细度。油墨的细度是指油墨中颜料颗粒的大小与分布的均匀度。细度不良的油墨在印刷过程中容易产生转移不均、糊版和显色效果不好等质量问题。通常合成革凹版印刷要求细度都在 $10\mu m$ 以下，个别品种要求达到 $5\mu m$ 以下。

④ 油墨的密度。油墨的密度是指在温度为 $20℃$ 时，油墨的质量与体积比（g/cm^3）。比重不同的几种油墨混合调配而成的混合油墨，因为密度大的油墨沉积下来，而密度小的油墨又浮在上面，很容易因沉积而产生分层现象，造成印刷中色相变异或显色不均匀。因此调配后的油墨在使用之前，应搅动均匀再倒入油墨盘，并在印刷过程中经常搅拌，以确保前后印刷产品的色相能保持一致。

⑤ 油墨的着色力。着色力是油墨浓淡的一种反映。油墨的着色力主要与颜料对光线波长的选择性反射有关。另外它还由颜料的分散度和含量决定，伴随着颜料分散度的提高和含量的增大，着色力增大。

⑥ 油墨的耐光性。油墨在光线的作用下，色光相对变动的性能称为油墨的耐光性。绝对不改变颜色的油墨是没有的，在光线的作用下，油墨的颜色或多或少都会产生变化。耐光性好的油墨，长周期贮存后产品仍然色泽鲜艳。耐光性差的油墨则容易产生褪色和变色现象。耐光性能达到 6～8 级的油墨，可认为耐光性优良。耐光性能只达到 1～3 级的油墨，经日光照射几小时后就会变色、褪色。

⑦ 油墨的耐热性。油墨的耐热性主要由颜料的性质决定。有的颜料不耐热，在高温的作用下结构发生变化，以致产生变色现象。合成革印刷干燥的温度很高，达到 $140℃$，因此对油墨的耐热性的要求也非常高。

五、 印刷质量控制

1. 油墨附着力差

经过印刷后的基布不仅要求具有色彩鲜艳、层次丰富的印刷效果，而且要求印刷油墨必须牢固与基布结合，膜层不脱落、不掉色。出现附着力差的原因如下。

① 基布表面性质。基布表面因表面张力、聚氨酯分子结构及结晶程度、与油墨中树脂的相容性等不同因素影响，与印刷油墨的结合牢度也大不相同。如基布表面如果存在着上油液形成的表面油膜，则直接影响油墨对基布表面的浸润，形成隔离层，造成脱膜。

② 树脂的选型。基布与油墨的黏附作用主要来源于树脂与基布之间的连接作用。根据"相似相容"原理，油墨树脂尽可能选择与基布表面相同或相似，在溶剂溶胀表面时，二者实现牢固的结合。如果相容性差，很容易形成"两层皮"结构，造成附着力下降。

③ 溶剂体系。油墨溶剂体系为有机溶剂的混合体，溶剂存在一定的挥发梯度。如果溶剂挥发快，尚未对基布表面形成充分润湿，干燥后表膜很容易脱落。如果高沸点溶剂多，对聚氨酯的溶解性能好，并能有效消除基布的表面张力。但是溶剂的挥发慢，造成干燥后印刷膜

中溶剂残留多，未彻底干燥的油墨在基布表面的附着牢度存在一定缺陷。

2. 印刷表面条痕或干涉斑

① 刮刀原因。引起印刷刮痕的主要原因是刮刀损伤、刮刀压力调整、刮刀角度不正确，需要及时检查调整，使用优质刮墨刀，调整好刮墨刀与印版的角度，无法调整的直接更换刮刀。

② 印版辊原因。印刷辊上有碰伤、刮痕使表面凹凸不平，影响了网穴的吸收和转移油墨，这种条痕是以印刷辊周长出现的，为规律性缺陷，需要及时更换印刷辊。

③ 油墨原因。油墨黏度过高、颜料粒子细度不够，刮墨时油墨残渣或异物挡住刮刀造成划痕，转移到基布上后即形成条痕。

处理的方法是适当加入溶剂来调整油墨的黏度；检查油墨细度，达不到要求的要进行更换；检查是否使用旧墨或剩墨，因油墨结皮易造成条痕，再使用须对油墨进行二次搅拌和过滤。

④ 基布原因。基布表面硬度发生偏差，压辊不平或压力大，使油墨加压转移时由于受力不匀形成条痕。应联系基布工序调节基布软硬度，检查压辊是否两层平衡，辊上是否粘有异物。

3. 色调不良

① 发生表面色调不良的主要原因是油墨的调色出现偏差，应重新和标准样品进行比较。如果色调偏差小，则直接采用补色调整的方法；如果偏差大，则需要重新调配打样。

② 油墨黏度调整不良，溶剂添加量过多或过少，都会直接影响干燥后的色相。溶剂添加过多，对树脂溶解力大，颜料容易脱离树脂包裹发生沉降。添加过少则影响油墨的转移量，溶剂挥发速率慢，颜色往往偏深。

③ 如果基布自身表面色差较大，在印刷转移量不大的情况下，很难遮盖底色。由于底色会对表面印刷层的色相造成干扰，也会出现色调不良的情况。

④ 由于印刷辊磨损度大，转印量不足，也会造成色调的变化。

4. 橘皮、结皮

油墨干燥后形成凸凹不平的表膜。其根源是油墨不能很好地流平。油墨在干燥过程中，由于体系里溶剂的蒸发，表层的树脂浓度高于内部，从而产生了表面张力梯度和黏度的梯度。如果油墨流平性差，干燥后就会出现这种橘皮缺陷。

由于溶剂选择不当，如含有过量的挥发速率过快的溶剂或稀释溶剂，印刷的环境温度过高或过度的吹风，刮刀位置过低，都易产生橘皮。应加入适当的高沸点溶剂，选择溶解力和挥发梯度平衡的溶剂配伍；控制干燥温度，尽量减少干燥过程中产生的应力；控制一定的印刷压力，保证印刷的厚度均匀。

5. 浮色与发花

浮色是指油墨一经印刷，表膜中的颜料一种或几种产生浓度转变，集中在表面而呈水平方向层状分离，出现颜色的差异。发花是指包油墨表膜中存在着多种颜色的不均匀分布，通常又呈条斑或蜂窝状。

浮色、发花是颜料在表膜表面分布不匀造成的。颜料分散的稳定性是最重要的影响因素。在多种颜料分散组成的油墨体系里，往往会因某一种颜料的过度絮凝或沉降而造成颜料分散油墨体系的分离。油墨分散体系里，小粒径的颜料粒子吸附的树脂和溶剂相对要比大的颜料粒子大得多，往往表现为密度变小，大粒径的颜料粒子密度变大便会下沉；而小粒径的颜料上浮则产生印刷油墨的浮色现象。分散剂使用的目的是在颜料的表面达到最佳的吸附状态，防止浮色发花作用的产生。

油墨的表面溶剂挥发后，上下表面张力差易造成油墨涡流的形成而导致发花。应使溶剂的溶解度与油墨体系中树脂的溶解度相近；溶剂的表面张力与油墨体系中树脂的表面张力相近。溶剂的溶解性过强会使油墨的黏度急骤下降，加速颜料粒子的沉降速度，造成颜料粒径不同而出现沉降层，即涡流的产生，进而出现浮色发花。膜表面受热或吹风不均而导致的表面张力之差，更会造成膜产生平行移动。

第二节 压花

一、 压花原理

压花是合成革重要的后加工手段，主要用于带有湿法涂层合成革的表面纹路修饰。通过机械压花，使原本光滑的合成革表面呈现类似于天然皮革粒面的纹路，美化了合成革的表面，增加了仿真感。同时压花也增加了革身的紧实程度，提高了力学性能。

压花通常使用仿造成天然革纹路的花辊或花版，在一定温度条件下对基布施加机械挤压力。基布表面聚氨酯涂层在温度作用下达到软化点以上，在压花辊的热挤压作用下发生不可逆转的形变，以热塑成型的方式获得花纹效果。基布出压力区后迅速冷却定型，挤压形变所形成的花纹得到固定，合成革表面就可形成与压花辊表面花纹的凸凹相反的清晰花纹。

聚氨酯在压花中发生的热形变一般只限于表面的致密层，而微孔层只发生压力形变，对表面的热形变形成有力的弹性支撑，这也使热形变的纹路更加清晰自然。

根据基布在压花过程中受到的挤压作用不同，一般分为平面挤压和辊筒挤压，即通常所说的板压和辊压。不管哪种挤压方式，基布在挤压过程中都要发生不可逆转的挤压变形。

① 板压。平面挤压是两块平行的平板对基布进行挤压作用，挤压时板与基布相对静止，挤压过程为间歇式。通常采用板式压花机进行，上方固定的板为热压花板，下方为可升降的压板，一般加有弹性垫。通过挤压和加热达到加工目的。板式压花的特点是压力大，花纹清晰，加工效果好，花板更换灵活。缺点是生产效率低，花纹拼接不理想，设备操控性不如辊式机。

② 辊压。辊筒挤压由一对平行辊（压花辊与支撑辊）对基布进行挤压作用，辊筒排列多为垂直式，这样便于观察压花效果和调换花辊。工作时压花辊对于基布表面做无滑动的滚动，挤压过程是连续的。辊筒压花的优点是生产效率高，产品质量稳定，设备操控性好。缺点是花纹图案不如板式丰富清晰。

压花技术目前不仅限于涂层产品，也部分用于无涂层基布的直接压花。利用基布底色与压力区的变化，制造出具有立体表面的压纹绒面产品。

二、辊式热压花

1. 压花机构

辊式压花机构（图 11-4）是压花机的主要工作部位，通常每一压花段由一个中空钢质压花辊和一个支撑辊组成，基布在两辊的夹持下热压成型。

压花辊一般是用无缝钢管制成，表面经特殊工艺制成各种花纹，如羊皮纹、牛皮纹、橘皮纹等。表面增加镀铬层防锈耐磨。压花辊内腔通入蒸汽或导热油，辊表面温度是由进入压花辊内腔的蒸汽压力或者油温控制。

压花辊两侧附有汽缸，通过压缩空气压力

图 11-4 压花机构

调节压花辊和支撑辊之间的间隙，进而控制压花辊对基布施加的压力。开车前压花辊的温度、压力要调整到工艺条件规定值。注意保持两侧间隙的一致性，避免压花过程中压力不同造成花纹横向倾斜。

支撑辊为钢质外包硬橡胶，使表面具有一定弹性，一般采用肖氏硬度85～90的橡胶。如果表面过硬，在热挤压作用下微细孔结构有可能被破坏；如果表面过软，在压力作用下橡胶形变大，对基布的挤压作用小。所以支撑辊既要有一定硬度，也要有一定弹性，保证能挤压出花纹，也避免压力过大破坏微孔结构。

支撑辊表面要求平滑同心。长时间使用后，橡胶受热易发生膨胀，又因磨损引起凹凸不平，因此需要定期检查，进行车削或磨制，磨损严重时要更换新胶。支撑辊的进入侧装有棕丝制成的清扫辊，随支撑辊的转动，清扫表面附着的纤维绒毛和污染物。

2. 工艺流程

合成革是具有标准幅宽和厚度的产品，所以压花一般采用连续式的辊压。辊压形式有两种，一种是直接安装在生产线的直联式，另一种是单独压花的独立式。国内基本用独立式压花，可不受生产线速度限制，而按花纹的深浅简繁来调节压花速度，保证压花质量。同时在更换花辊时不影响前工序的生产。

压花实际有两个过程：首先是基布与压花辊接触，严密地贴附在热的花辊上，基布表面的聚氨酯软化，在基布进入压花辊和支撑辊的间隙时挤压出花纹；第二步是基布经热挤压或从压花辊表面剥离。基本工艺流程见图11-5。

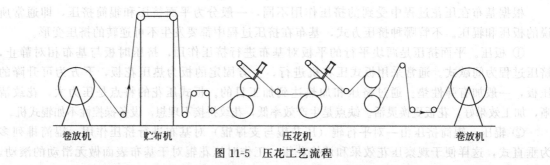

图 11-5　压花工艺流程

基布通过贮布机以一定张力进入压花机，从压花辊和支撑辊之间通过，通过两辊间隙时受到热挤压形变。基布脱离压花辊后经过冷却，即完成了一次压花处理。形成固定花纹后打卷。变更花辊种类、改变花辊的温度和压力，可进行不同花纹的压花作业。压花段可几段联用，也可单独使用。压花运行速度由支撑辊设定，通过速度调节保持基布张力稳定。

根据基布与花辊的接触状态。辊式压花一般分为两种方式（图11-6）：S型和直线型。S型一般压力小，作用强度低，适合面层的浅花纹；直线型一般压力大，花纹深，适合做基布的深压纹。

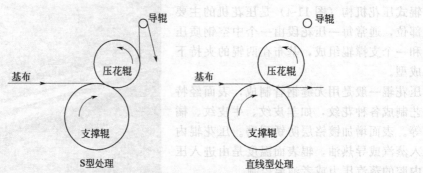

图 11-6　压花方式

压花工艺通常分为前压花和后压花。前压花的目的是使基布表面光滑，消除前印刷的油墨黏着斑，提高表面硬度，防止基布在后印刷时产生吸收斑。

前压花的条件比较强，根据聚氨酯的热塑性，压花辊在一定的温度和压力下在基布表面压上所需的花纹。通过更换压花辊可获得不同花纹的合成革。前压花一般使用浅花纹的压花辊，如梨皮、毛纹等。

后压花的目的是把已经压上花纹后的革表面的印刷油墨固定住，赋予表面一定的花纹，并调整基布表面的光泽度。所以后压花的条件不如前压花强烈，如果温度、压力过高则容易将已经定型的花纹破坏掉。

3. 压花技术参量

要得到好的压花效果，需要满足以下基本条件：适当的压力；一定的温度；在受热、受压下的持续时间。即压力、温度和作用时间是压花的三个基本参量。

① 压力。辊式压花是通过两平行辊挤压实现的，压花辊两端轴上装有气压的提升加压机构，用以调节压花辊与支撑辊间的线压力。因此对基布的压力常用线压力表示：

$$q=\frac{Q}{LK}$$

式中　q——基布单位长度上受到的挤压力，kN/m；

　　　Q——汽缸产生的总压力；

　　　L——压花辊有效工作宽度，m；

　　　K——基布宽度与花辊宽度比值。

因为基布的幅宽基本稳定，因此 K 值为一稳定值，而 L 为固定值，所以影响线压力的主要因素是汽缸压力。线压力过小，革面花纹不清晰；线压力过大会破坏微孔层。基布受压示意图见图 11-7。

基布在横向的线压力是基本稳定的。但在运行方向上，基布通过两辊间隙的过程中所受到的压力是动态变化的，存在着一个压力区，在刚进入压力区时从零开始，即压花开始点。随着压缩的进行逐渐增加，至间隙设定处达到最大。然后逐渐减少，在出压力区时降为零，压力零点即基布脱离压花辊的起点。

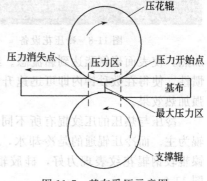

图 11-7　基布受压示意图

② 温度。辊式压花时，基布表面加热区与压力区吻合，在此区域内基布紧贴花辊，受到稳定的传导热。影响加热效果的因素主要有花辊温度、接触面积（压力区大小）、基布加热前的表面温度。

基布加热前的表面温度可以看作室温，当接触面积稳定时，加热的温度差取决于花辊温度。辊压的压力区小，接触时间短，由于聚氨酯是热的不良导体，要在短时间内将聚氨酯加热到要求的温度，花辊的温度一般都非常高，达到 $180\sim200℃$。高温条件对面层聚氨酯的要求也非常高，压花结束后合成革的硬度、剥离强度、耐水解性能等基本不受影响。冷却过程中能够很快地从熔融态转变为玻璃态，不发生粘连。

基布的压花是在压力和热力的共同作用下进行的，这两个因素不能孤立研究。在压力状态下加热有两个作用：一是基布在短时间的高温高压下，表层聚氨酯变形，当压力和热源撤除后，这种形变状态被永久固定；二是表面印刷层聚氨酯在高温高压下，与原来基布表面形成更牢固的结合。

③ 时间。在压力区稳定的情况下，影响压花时间的因素是基布的运行速度。如果基布在压力区时间过短，则无法保证聚氨酯充分吸热软化，所受到的压力形变只是暂时的，在压力

和热源撤除后，会发生部分回弹，压花效果受到影响。如果处理时间过长，除影响生产效率外，热量过多传递到泡孔层，在压力作用下，原有的微孔结构会受到永久破坏，影响基布的性能。

④ 间隙。通常压花机两辊间要保持一定的间隙，一般为基布厚度的 70%～85%，随花纹深浅来调整。浅花纹一般间隙调大，而深花纹的间隙调小。间隙的变化带来压力区长度的变化，即温度或压力发生变化，压花时间也发生变动。

基布压花后厚度通常会变薄，压力越大、温度越高、时间越长，这种形变越明显。因此在实际生产中，要根据产品调整压力区和压花速度的平衡。

三、辊式冷压技术

图 11-8　冷压花设备

所谓冷压是指利用电加热红外管将合成革表面聚氨酯加热到软化点温度，使之具有了一定的可塑性，然后在一定的压力条件下，利用压纹辊将其压塑成型。此时的压纹辊通有冷却水，具有了将热软化状态下的表面聚氨酯快速冷却成型的效果，因此称此方法为冷压。

冷压设备主要包括预热辊、红外加热器、压纹装置、冷却装置等，见图 11-8。

预热辊为大直径空心辊，中间通蒸汽或导热油，大包角对基布进行整体加热，使之达到一定的温度。

红外加热器主要对基布表面的压纹层进行加热，使表面聚氨酯达到黏流态。红外加热管选用优质透明的石英玻璃材料，具有极小的热惯性，使得在数秒钟内即可迅速升温和降温。红外加热管背面有镀金或白色无机反射层以增强加热效果。

冷压与热压的压纹辊有所不同。热压的压纹辊由于要通过导热油加热，所以基本上以钢辊为主。而冷压辊通的是冷却水，因此其材质有钢辊、镍辊、硅胶辊几种选择。冷压辊中，镍辊较钢辊花纹表现力好，硅胶辊所压花纹一般来说较钢辊、镍辊浅。冷压机工作原理见图 11-9。

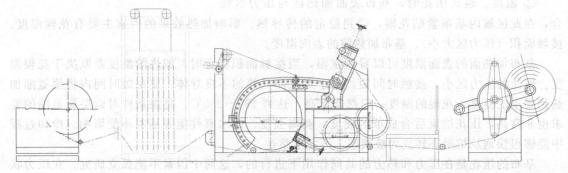

图 11-9　冷压机工作原理

合成革放卷后，经预热辊预热后进入加热通道，基布充分升温到 180～200℃，使表层的聚氨酯软化，出加热装置后立刻用花辊压花，花辊中间通冷却水，进一步冷却定型后卷取。

因为热压压纹时间短，树脂从受热软化到成型时间极短，聚氨酯材料作为弹性体，自身的蠕变效应导致材料在热压过程中，高分子链并未达到自然卷曲状态，在外力消失后，虽然温度降低但聚氨酯软段链段仍然处于黏流态，易发生蠕变回复使花纹变浅甚至消失，损失一定的花纹效果。再加上压纹温度较冷压低，所以热压的花纹表现力方面要逊于冷压。

冷压时表面温度在材料的黏流态温度之上，材料在外力作用下发生形变，依据压花辊的花纹形成需要的花纹效果（图 11-10）。在压花后的冷却过程中，通过立即冷却冻结聚氨酯高分子链段的蠕变效应，可以使其很快得从熔融态转变为玻璃态并且定型，使合成革可以保留压花后的花纹效果。

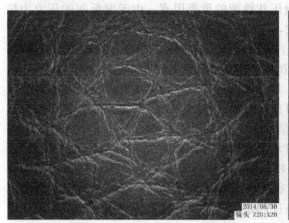

图 11-10　冷压效果

所以在冷压技术参数中，除了温度、压力、时间、间隙等因素外，冷却固化时间是关键因素。在降温过程中定型速度越快，在压花冷却过程中花纹定型效果也就越好。

冷压技术目前在合成革行业中应用广泛。通常是在湿法表面贴一层平纹干法，再进行冷压花。或者在湿法表面进行前印刷后，再进行冷压花。压花后的产品根据需要进行表面处理。

四、板式压花

1. 工艺流程

板式压花机的主要由花板及加热装置、上下压板、升降油缸等组成，见图 11-11。上压板和基布背面之间装有毡垫，工作时基布正面向下，与压花板相对，背面与毡垫接触。压花板背面连接着加热装置。通过油缸带动下压板实现升降操作。

板式压花为间歇式操作，每次压花后都要变换加工部位进行重复操作。其压花过程可分解为几个阶段：下压板上升阶段、压力增加阶段、保压阶段、下压板下降阶段。

开机前首先使花板温度上升到预定值，基布以一定张力引入花板与毡垫之间。下压板通过油缸进行上升，至基布背面与毡垫刚好接触。此后载荷开始逐渐增大，系统压力也逐渐升高。当整个系统的压力升高到设定的压花压力后则停止升压，在一段时间内保持此压力，即进入保压阶段。保压结束后，下压板下降，带动花板离开基布表面，基布前移，下压板继续下降至原来位置，机

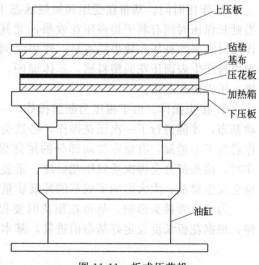

图 11-11　板式压花机

上压板
毡垫
基布
压花板
加热箱
下压板
油缸

器恢复到非工作状态。

四个阶段连续工作就完成了一次压花操作，重复该流程即可不断进行压花。更换压花板，按要求调节温度、压力和保压时间，即可实现加工品种的更换。

2. 影响板式压花的因素

板式压花具有花纹清晰、立体感强、光洁度高的特点。但是影响板式压花的因素较多，有温度、压力等加工工艺参数，基布品种与质量，压花板及毡垫等设备因素。工艺控制相对较难，影响板式压花的主要因素如下。

① 基布质量。基布厚度、密度不匀是影响压花性能的重要因素。由于两板间的压力为稳定值，基布受压后发生形变。如果厚度差异大，则厚点受到的压力大，产生的形变也大，而薄点则相反。这样就会出现基布表面受力不同，产生的形变也不同，使不同部位产生不同的形变花纹。如果基布厚度差异太大或者是压浅花纹，甚至会出现漏压的情况。

② 压花板。压花板直接与基布表面接触，对基布加热和施压，是压花机的核心部件。要求板身平整，无变形翘曲，具有一定的刚性和良好的导热能力，此外还要安装、拆卸简单方便。压花板的花纹容易被脏污堵塞，需要随时清洁，保持花纹清晰。

③ 毡垫。毡垫具有弹性，在压花过程中可均衡压力分布，延缓加压和压力释放过程的持续时间。毡垫要求厚度与材质分布均匀，否则将无法补偿基布厚度（或密度）差异，达不到均衡压力的作用。压花作业是在高温高压下进行的，所以毡垫也要具备在此环境下工作的能力。毡垫通常是羊毛与合成纤维的复合体，经过热定型后，不仅弹性好、强度高、耐磨、耐压，还具有良好的热稳定性和耐腐蚀性。

④ 压力。压花板对基布的压力是得到花纹的直接原因。理论上说，压力越大压花效果越好。但是压力过大会压破表面致密层，破坏泡孔层，并使革身瘪硬，物理性能也大大下降。根据纹路不同，压花板压力控制在 $3\sim9\mathrm{MPa}$。

压花效果是压力、温度和作用时间三者相互影响的综合效应。在工艺条件范围内，同样的压花效果可以通过高压、低温获得，也可以通过低压、高温获得，还可以在低压、低温条件下，通过延长作用时间获得。所以在制定工艺的时候，要根据产品要求、设备条件、基布质量等进行综合考虑，平衡三者之间的相互影响。

⑤ 温度。压花温度首先要使表面聚氨酯达到黏流态，在工艺范围内，提高温度有利于花纹定型，缩短压花时间，加强印刷层与基布表面的黏合牢度。但是过高的温度也会使树脂涂层熔融过度，在基布脱离时出现粘板现象，反而影响压花效果。

⑥ 作用时间。基布在受压和加热状态下维持一定的时间是获得良好压花效果的保证。适当延长保压时间有利于提高压花效果，尤其是不适于高温、高压操作的品种，一般通过延长作用时间来弥补压花效果的不足。作用时间也不是越长越好，当温度较高时，作用时间过长则容易产生表面压花的塑料感，革体僵硬，同时也降低了生产效率。所以作用时间必须与温度、压力协调起来。

⑦ 接头操作。由于板压为断续操作，一次只能压压花板大小的面积，压完一次后需要移动基布，才能进行下一次压花操作，必然会带来两次压花操作之间的花纹连接问题。通常操作者为了不遗漏，有意在移动部分的尾部保留一小部分已经加工过的面积，这样在下一次压花时，接头部分会再次受到压花处理。重复压花会使接头部分存在较明显的印痕，而且花纹也会发生错乱，大大影响了成革的外观质量。

为了改善接头影响，基布在压花时要保持好前后的张力稳定，并考虑不同基布的纵向拉伸，根据花板长度设定好基布前进量，基本消除重复压花。

第三节　表面涂饰与整理

成革表面涂饰一层很薄的表面处理剂，可以改善其表面的观感、触感、颜色、花纹以及物理机械性能等，例如光雾度变化增光、消光，表面触感的变化滑爽、涩感等。其特点就是为了使产品更加满足市场的需要，增加产品附加值。

合成革表面处理的方法一般多采用印刷、喷涂、辊涂、刮涂、抛光、轧光等方法，或者几种工艺联合使用，达到最佳表面效果及表现力。

一、辊涂

利用表面处理剂附着于辊筒表面的丝网梯形凹槽内，转移涂饰在合成革表面上的涂饰方法，称为辊涂，也称辊涂印刷。具有用料少、表处效果好、用途广等优点。除了一般的涂饰外，还可进行套色、印花、涂油、涂蜡、顶涂、双色等操作。

1. 辊涂机

辊涂机全称辊式涂布机。即用一组以上的回转辊筒把一定量的涂料涂布到平面状材料上的装置。典型的辊涂机有辊式涂布机，压辊涂布机（凹印辊涂布机），正、反辊式涂布机等。辊涂机构见图 11-12。

辊涂法可以分为同向辊涂法和逆向辊涂法。同向辊涂指丝网辊筒的转动方向与合成革的移动方向相同，同向辊涂机适用于低黏度低涂布量工艺。而逆向辊涂法是丝网辊筒的转动方向与合成革的移动方向相反，逆向辊涂机适合高黏度搞涂布量工艺。

图 11-12　辊涂机构

辊涂设备是由涂辊、橡胶输送辊、供料和调节装置组成。

涂辊作为核心工作部件，涂辊表面为各种刻蚀网格底纹，网格的大小、深度、密度、分布状态都直接影响辊涂效果。为了满足不同转移量的要求，可以配置不同结构和规格的涂辊。

涂辊上一般配有刮刀或者调节辊，通过调节刮刀（辊）与涂辊的间隙，可以控制涂辊上湿膜厚度。每个转辊都附设有调节装置，可以调节转辊之间的间隙与压力，以便获得所要求的涂布量。

辊涂从结构有上涂辊（涂辊在上，胶辊在下）和下涂辊（胶辊在上，涂辊在下）两种，因此供料方式也有上供料和下供料两种。上供料是由涂布辊和刮刀（调节辊）与两侧挡浆板构成料斗。下供料采用移动料槽，涂布辊直接部分浸入料槽中。通常连续多段生产线采用下供料，而单辊涂设备一般采用上供料方式。

用于逆向辊涂的表面处理机与同向辊涂的处理机一般各自成套，所以习惯称同向辊涂法为印刷处理，逆向辊涂法为辊涂处理。

目前还有一种兼顾以上两种方法的多功能型辊涂设备，从原来的单辊式发展到双辊式和三辊式。多辊式使用更方便，还可实现不同辊涂方式的工艺组合，扩大了辊涂的应用范围。

2. 辊涂工艺

辊涂工艺最主要的特点是丝网辊筒和输送辊的转速彼此可以独立控制，通过调节间隙和转速比可达到控制转移量的目的。与印刷相比，辊涂通常带浆量大，转速快，因此转移量较大。运行时，涂布辊与革面有一定的相对摩擦，因此可将表面处理剂最大限度转移到花纹底部。

　　在逆向辊涂时，丝网辊筒圆周线速率可以比基布输送速度快几倍。在做表处时，通常丝网辊转速与输送辊转速比为 3∶2，转速比越大就会增加表处剂的转移量，同时丝网结构花纹印痕会在革面上迅速消失，形成均匀的涂层。在做羊巴涂层、雾绒、涂油、涂蜡、增涩、滑爽等表面手感时通常采用逆向辊涂。雾绒辊涂处理和高光辊涂处理分别见图 11-13 和图 11-14。

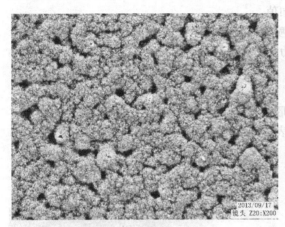
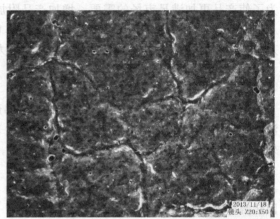

图 11-13　雾绒辊涂处理　　　　　　　　　图 11-14　高光辊涂处理

　　同向辊涂时，涂辊的线速率略高于革的运行速度，利用速度差造成革面与涂辊表面的摩擦作用，使革在平展状态下进行辊涂。同向辊涂通常采用一些花纹辊，主要用作套色处理。

　　辊涂工艺分为多段辊涂和单辊涂。通常情况下一次辊涂基本都能达到要求。基本工艺流程：放卷→储布→辊涂→干燥（张紧式）→冷却→收卷。

　　生产时涂辊半浸于储料槽中，通过转动带上浆料，经过刮刀或调节辊将表面多余的浆料去掉。剩余浆料残留于涂辊上，当合成革通过橡胶辊与涂辊之间时，革正面与涂辊紧密接触，浆料被转涂于革面上，形成相应的涂饰效果。

　　涂布量的大小根据品种和要求而定，通过更换涂辊、调节刮刀间隙、调节胶辊间隙与调节压力等手段进行调节。

　　辊涂后的基布都要及时进行干燥，因此在涂头后都安装有干燥装置，烘箱通常最高温度为 140（蒸汽）～180℃（热油），热源为导热油或蒸汽。为使合成革在张力下不变形、卷边，以及门幅收缩过大，应控制合适的张力大小，全机应采用变频调速。

　　辊涂时可单辊涂，也可几段联用。可以单用辊涂工艺，也可与刮涂、印刷、喷涂等联用，丰富加工手段。

3. 辊涂控制

　　① 涂辊选择。涂辊表面花纹基本形式有对角锥栅格和交叉线栅格。对角锥栅格主要用于同向辊涂，栅格越大，含浆量越大，转移量也越大。交叉线栅格辊主要用于反向辊涂，交叉螺旋槽越宽、越深，含浆量越大。

　　涂辊表面花纹不同，辊涂效果不同。同为网格辊，网格密度是影响带液量的主要因素。目数大的上浆量小，目数小的上浆量大。因此革面的转移量可以通过涂辊花纹粗细并配合浆料黏度、速度比等变化来实现。

　　② 表处剂黏度。辊涂工艺采用的是带浆法，因此要求浆料具有适当的使用黏度。如果黏度过低，进入涂辊格栅的浆料很容易流出，导致带液量降低，转移后会因涂布量过低出现涂层过薄，严重时形成不连续膜。或者因黏度过低而在表面出现"流淌"现象，形成局部不匀。

　　浆料黏度大则涂辊带浆量大，但是流平性变差。即使通过刮刀控制转移量，涂辊在长时间运行后表面也会出现条带状的不匀。当表面处理剂转移到革表面后，黏度会影响其铺展性，不易均匀展开，容易形成局部露底或网格印。

③ 基布的影响。辊涂对底布的要求主要是厚度均匀、表面平整，两者都直接影响涂辊与胶辊的间隙与压力变化，导致转移量不匀，容易出现横纹现象。另外底布表面与表处剂有良好的亲和力，干燥后形成良好的附着。相容性差则出现局部起泡或"两层皮"现象。

④ 间隙控制。对于转移量，除了涂辊和原料黏度因素外，最主要的工艺控制点是间隙，包括刮刀与涂辊的间隙以及涂辊与胶辊的间隙。

刮刀与涂辊间隙直接控制涂辊的带料量。其最小控制量为贴辊刮，此时的转移量仅为凹版中所带浆料。最大控制量为抬刀状态，此时的涂辊带料量为凹版中及附着量之和，主要由涂辊花纹与物料黏度控制。

涂辊与胶辊的间隙直接影响转移量。两者间隙大则压力小，涂辊上的浆料可能只有部分转移到革的表面，剩余部分带回料槽，因此转移量降低。反之则压力增大，转移量也随之增大。

⑤ 涂辊转速。由于辊涂是通过摩擦与黏附的方式将物料转移到革表面上，因此涂辊表面的线速率会与革的运行速度形成一定的速度差。在其他条件不变的情况下，速度差越大则转移量越大。因此当需要较大转移量时选择逆向辊涂。

此外，辊涂机的精度与稳定性、烘箱长度与温度、车速等因素，都是影响辊涂印刷的因素。

二、喷涂

1. 喷涂特点

喷涂是通过喷枪将浆料以喷射的方法涂饰于合成革表面。常用的喷涂方法有压缩空气喷涂法和高压无气喷涂法。

① 压缩空气喷涂法。压缩空气喷涂法是利用压缩空气气流使浆料出口产生负压，浆料自动由喷枪的喷嘴流出，在压缩空气的气流冲击混合下液/气相急剧扩散，浆料被充分雾化，然后在气流推动下均匀地喷射在革表面上，并在表面上产生沉积与结合的涂饰方法。

压缩空气喷涂的特点：效率比较高，做表面处理的速度为 5～6m/min，而做表面涂饰的速度为 3m/min 左右；涂饰厚度均匀，光滑平整，外观装饰性好；对于被处理的基布，可不受花纹缝隙的复杂结构影响，做到无遗漏的处理，这是辊涂等方法无法做到的。

空气喷涂的缺点主要是浆料利用效率低，雾化飞散的浆料造成作业环境的恶化和环境污染。由于喷涂形成的涂膜很薄，如果对表面处理要求的涂量大，需要反复喷涂几次才能达到相当的涂膜厚度。

② 高压无气喷涂法。高压无气喷涂是利用高压泵，使涂料增压到 10～25MPa，通过一个特殊的喷嘴小孔（直径 0.2～1mm）喷出。浆料离开喷嘴的瞬间，以高达 100m/s 的速度与空气发生激烈的高速冲撞，破碎成微粒并继续雾化后喷射在革面的涂饰方法。

高压无气喷涂是在近年获得迅速发展的一种全新的喷涂工艺。其工作特点是：生产效率高，每台喷涂机可带多支喷枪，每支喷枪每分钟可喷涂 4～6m^2 以上，尤其适合合成革高速加工；因浆料中未混有压缩空气、水分和杂质，故涂膜的质量好，边角处也能形成均匀的涂膜，光洁度好，附着力高，一次喷涂厚度可达 100～300μm；不仅适宜于喷涂一般浆料，而且可以喷涂高黏度浆料，减少 VOC 含量和对环境的污染，所以高压无气喷涂被称为绿色喷涂；高压喷涂比一般喷涂漆雾少，节省浆料，改善了劳动条件。高压无气喷涂的缺点是在不更换喷嘴的情况下，喷出量和喷雾幅度不能调节。涂膜外观质量也比空气喷涂略差。

2. 喷涂机

喷涂工艺是在喷涂-干燥联合机上实现，最常用的是压缩空气喷涂。整个设备由机头、喷室、清洗、干燥和机尾组成，五部分之间以输送带相连。空气喷涂装置包括：

① 喷枪：将浆料形成雾状，使浆料以雾状喷射于被涂物表面；

② 压缩空气供给和净化系统（空压机）：供给清洁、干燥、无油的压缩空气；

③ 输料装置：贮存浆料，并连续供料；

④ 喷涂室：装置通风安全设备，室内温度 18～30℃，相对湿度小于 70％为宜；

⑤ 干燥室：烘干表处剂，在革面形成涂饰层；

⑥ 传送装置：用于喷涂时连续传送 PU 革通过喷涂室和干燥室。

喷室由喷室架、喷浆旋转体、旋转联轴器、排尘风机、调速器几部分组成。喷室架为焊接框架，其下部前后一般都有吸风口，中间底部有集尘槽，用于收集飞散的浆料，实现回收。调速器为无级变速，通过传动装置带动主轴转动，按大臂的速度要求进行调节。排尘风机安装在喷室下方，既便于除尘，又方便维修和清理。

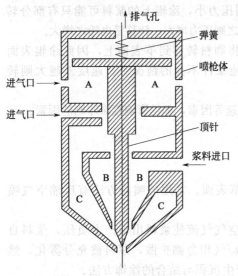

图 11-15 气动喷枪结构

喷浆旋转体连接喷枪，是喷涂机核心部件，负责将压缩空气和浆料输送到喷枪上，旋转体一般有 6～8 条旋转大臂，每个大臂上安装有喷枪。气动喷枪的基本结构如图 11-15 所示。

工作时，喷枪的进气口有气体通过喷枪的 A 室，推动喷枪的顶针克服弹簧阻力上移，使喷嘴打开，保证浆料能够喷出。同时打开喷枪与气源的通道，压缩空气进入喷枪 C 室，吹动浆料喷向革面。停止工作时，通过电磁阀断开而堵住出气孔，喷枪顶针借助弹簧力退回，喷嘴关闭，同时气源压缩空气不能进入喷枪中。

新型喷枪一般在浆料从喷嘴喷出时，同时从喷嘴两边吹高速气流，这样在革面上形成椭圆形的交叉，中间带浆多而两边少，当喷枪移动方向与椭圆长轴垂直时，留在革面的浆料就比较均匀了。另外也可在喷嘴中设计数条螺旋形气道，喷射角平行于运行方向，得到的喷涂面积大而均匀。

与喷室配套的多为洞道式干燥器。热源多为蒸汽，使用 0.3～0.5MPa 的蒸汽。也可采用红外加热等热源。为方便干燥器的调节和干燥效率，干燥器一般由 4～6 个干燥单元组成。每个单元由加热器、鼓风机、过滤器及循环调节阀门等组成，对温度和湿度进行调节。喷涂干燥后的革要经过一段冷却区，降低革的温度，避免打卷时的粘连。

3. 喷涂工艺

基布经过机头传送辊将合成革送入喷室。喷室为主要的工作部位，革的喷涂在此完成，然后经干燥室烘干后由输送带输出。先进行试喷，合格后才进行批量喷涂，更换品种必须清洗喷枪，避免浆料堵塞及不同品种的污染。喷涂工艺流程见图 11-16。

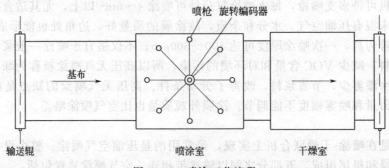

图 11-16 喷涂工艺流程

喷涂时调整的主要参数包括：调整水平传送速度和喷枪旋转速度，实现良好的同步配合；喷枪与革距离的调节；压缩空气压力调节；浆料量调节等几方面。

① 喷口与革的距离是保证喷涂质量的必要条件。喷口距革面的距离一般为 0.1～0.2m，太高则浆料分散，喷涂效果差；太低则容易出现条痕。各喷口要保持与基布相同的高度，使喷涂的轨迹在同一圆周上，保持喷涂的均匀性。喷枪的喷射角度设置成使喷射的扇面平行于革的运行方向，喷涂的面积大，也比较均匀。

② 压缩空气压力与浆料雾化程度成正比，压力大则雾化好，颗粒细；压力小则雾化差。通常压缩空气压力为 0.5～0.6MPa，气压过大或者过小都影响喷涂效果。气压过大，会使雾化浆料颗粒太细而大量浮起，不但会使一部分浆料飞散，造成浪费，而且无法实现理想的涂饰，高压气流喷到未固化的膜上，容易产生凹坑和细小的气泡等缺陷。如果压力不足（低于 0.2MPa），则浆料雾化不充分，喷涂到革面上就会产生粗点子，成膜不均匀。此外，压力必须保持稳定，不可忽大忽小，影响雾化程度和喷出量。

③ 运行速度的调节要与旋转大臂的转速协调一致。在单位面积喷涂量一定的情况下，运行速度快则要求旋转速度也要快。在实际调节时，应首先根据干燥室的效率调节运行速度，然后根据运行速度调节大臂转速，实现速度配合。以喷枪两次喷射的扇面之间无间隙，又重叠不多（20mm 左右）为宜。

④ 浆料量调节在一定范围内可通过供料压力来实现。但压力太大会造成浆料流速过大，来不及雾化便喷到革面上，造成喷涂不均匀。如果压力过小则会造成供浆量不匀，形成旋转大臂上所有喷枪的喷浆量不一致，出现花皮现象。喷浆量调节还可通过喷枪轨迹进行控制。喷浆量少时，可让相邻两枪喷迹刚好连接无重复；而喷浆量大时，则相邻两枪的喷迹要有较大重叠。

4. 故障与缺陷

在实际生产中，空气喷涂常常出现一些喷涂缺陷，如果不及时纠正，将会影响喷涂质量，常见的问题如下。

① 喷涂时基布表面的浆料附着量降低。这主要是因为空气压力过大，雾化过度而浆料输出量不足所致。此时应适当降低空气压力，增大输出量。

② 喷涂时喷射不足，喷枪工作中断。这主要是因为空气压力过小，此时应适当增大空气压力。另外浆料中混杂的颗粒也可能部分堵塞喷口，造成喷射不足。

③ 喷雾的密度不均匀或喷涂时断时续。这主要是喷嘴的通气孔或喷涂孔阻塞，或浆料已用完，此时只需简单清洗喷嘴或添加浆料即可恢复正常喷涂。

④ 开始喷涂时出现飞沫现象。主要原因是喷枪顶针没有越过开放的空气道所致，调整顶针末端的螺母，使顶针超越空气道。

⑤ 喷枪只能喷射出圆形雾流，无法调成椭圆形雾流。这主要是喷嘴上的出气孔阻塞所致，需要清洗出气孔。

⑥ 浆料从喷嘴端渗出。这主要是喷枪阻塞或顶针封闭不严、喷嘴有磨损或拧不紧所致。清洗喷嘴或拧紧喷嘴，若损坏应更换新的喷嘴，渗浆即可消除。

三、印刷

印刷工艺除了可以进行油墨的印刷涂饰外，还大量用于合成革的表面处理。其基本原理与凹版印刷技术相同。表面处理用印刷机一般有单版、三版、四版等，三版机是最长使用的设备。

印刷工艺流程：放卷→储布→第一印刷→干燥→第二印刷→干燥→第三印刷→干燥→冷却→收卷。见图 11-17。

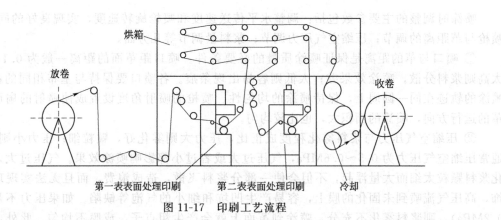

图 11-17　印刷工艺流程

　　基布放卷后经过张力辊进入第一段印刷，浆料槽与印刷辊接触。当印刷辊转动时，槽内浆料被辊表面带起并进入凹版，经过刮刀去除表面多余料后，再均匀地转移到合成革表面上，进入烘箱进行干燥。如果需要可进行第二次、第三次表面处理，干燥后经冷却辊冷却，收卷。

　　印刷辊的线速率与革的运行方向、速度基本一致，因此没有相对位移和摩擦。依靠浆料黏度和压力实现物料的转移。转移后的物料为点状分布，在干燥前依靠自身的流平性进行铺展，因此有些产品要进行多段印刷才能实现表面的全覆盖。

　　由于印刷转移是依靠凹版带料，因此转移量低，物料消耗低，但同时对物料的性能要求很高。如果物料黏度很大或者流平性差，很容易在革表面形成网格印（图 11-18）或干涉斑，严重时肉眼即可分辨。

　　对于花纹较深的合成革产品，控制印刷间隙可以得到顶染（冠染）效果。冠染就是在合成革花纹顶部涂上颜色，而花纹的沟底仍保持原色，形成双色效应（图 11-19）。

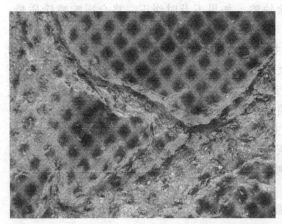

图 11-18　网格印

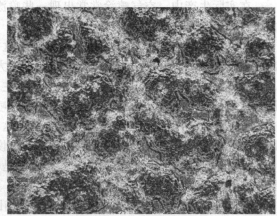

图 11-19　双色效应

　　印刷时通常采用网纹辊，输送辊采用软橡胶辊，根据花纹深浅调节间隙和压力，避免油墨渗透到花纹沟底。要求花纹清晰，面层颜色深浅一致。

　　为了提高表面颜色摩擦牢度或改善表面触感，可再对冠染后的表面进行一段表面印刷封顶。

　　印刷工艺在表面处理中更多的是作为表面效果和触感处理。在不破坏革表面的原有风格前提下，以最低的转移量达到特殊的效果。印刷表面处理主要进行如蜡感（图 11-20）、滑爽、湿滑、绒感、抛焦、擦色等处理。

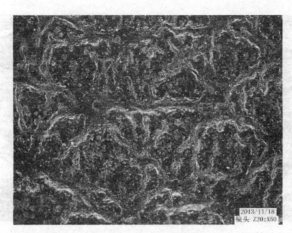

图 11-20　蜡感印刷效果

四、刮涂

刮涂是利用刮刀将处理剂均匀在革的表面涂饰，干燥后形成表面涂膜。刮涂工艺简单可靠，加工速度快，运行稳定。

刮涂工艺流程：放卷→储布→刮涂→干燥→冷却→收卷。见图 11-21。

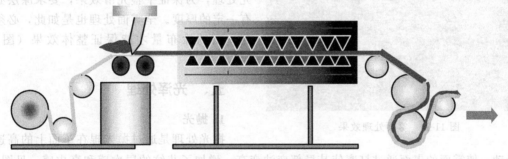

图 11-21　刮涂工艺流程

刮涂的主要设备为精密涂头与干燥机。涂头通常配有尖刀、圆刀、勾刀几种，随时更换。干燥机通常为针板式，保持水平运行，张力稳定。

合成革表面刮涂根据间隙与张力大致分三类：浮刀刮涂；贴面刮涂；间隙刮涂。精密涂头一般在刮刀下同时安装有衬板和衬辊，移动刮刀位置即可实现上面三种刮涂工艺。将刮刀前移出衬板位置，刀下悬空，实现浮刀刮涂。刮刀垂直紧贴衬板或衬辊，可实现零间隙的贴面刮涂。抬高刀的位置，调整刀口与下板（辊）的间隙，可以实现间隙涂布。

浮刀刮涂一般用于纺织涂层表面（图 11-22）。运行时速度快，系统张力大。浮刀法通常采用尖刀，涂布量极低，只在纤维缝隙和花纹底部施加少量物料，典型产品如亮胶面料等。

贴面刮涂一般采用无间隙贴刮，通常用于花纹的沟底处理，通常使用勾刀，涂布量较低。刮涂时刮刀紧贴花纹顶，利用表面处理剂的流平性挤压进纹路间隙，干燥后沟底形成特别的亮、雾、泡、绒、色差等特点，丰富了表面的层次。

由于花纹间隙非常细密，因此沟底刮涂要求表面处理剂具有很好的流平性和浸润性，使用黏度较低。否则容易出现纹路中空气未及时排除，干燥时产生气泡，或者物料在刮刀前翻滚带入微小气泡的情况。沟底刮涂见图 11-23。

图 11-22　纺织涂层

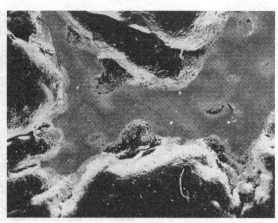

图 11-23　沟底刮涂

图 11-24　雾面处理效果

间隙刮涂属于重涂饰。由于刮刀与革表面有一定间隙，因此涂布量较大，覆盖整个表面层。通常使用圆刀或者棒刀。

间隙刮涂一般用于表面整体处理。如镜面高光，通常刮涂一层高光料，干燥后再进行烫光处理，为保证平整光滑效果，要求涂层必须有一定的厚度。全雾面处理也是如此，必须达到一定的涂布量才能保证整体效果（图 11-24）。

五、 光泽处理

1. 抛光

抛光处理是通过抛光辊在革面上的高速摩擦运动，使雾面的表面通过打磨使其局部变油变亮，增加了花纹的层次感和真皮感，见图 11-25。抛光常用于鞋革与服装革的加工，抛光革再经揉纹后，顶部花纹会更加油亮。

抛光辊以一定的压力和速度在革面上发生滑动和滚动，摩擦辊的线速率大于通过轧点的革的运行速度，使革表面受到摩擦而取得磨光效果。同时，由于压轧及摩擦作用，使表面聚氨酯发生部分形变，凹凸点减小，革表面光滑，产生强烈光泽。抛光工艺源自真皮生产，现在已广泛应用于合成革生产中。一般还要使用专门的抛光膏，消除抛光辊对革面的摩擦产生的静电作用和增加加工面的光洁度。

抛光的核心部件是抛光辊。合成革一般采用绒布辊，用许多块裁剪成圆环形的绒布片套在钢制轴上重叠起来并加固。抛光辊的运动特点与磨皮辊类似，既有旋转运动，又有轴向振摆运动，使抛光作用更加均匀。

抛光作用主要是滑动摩擦。抛光时，抛光辊与革接触，革受力变形。当抛光辊以一定的速度转动时，产生摩擦作用，对革的表面做功，这部分摩擦功最终以热的形式，使表面温度升高，增强了抛光的操作效应。原来表面比较粗糙的涂层上，波峰被擦掉，波谷被填平，一些小缺陷也被消除，革面变得平滑，光泽度提高。

抛光工艺一般与其他材料和工艺配合使用，生产各种抛光效应革。如利用抛光工艺处理表面印刷微晶蜡乳液的服装革，其基本流程为：基布干法贴面→印刷微晶蜡乳液→烘干→抛光→揉纹。

蜡乳液用于顶涂时可增加革表面的光泽感或光亮度。产生光亮作用的蜡乳液要求粒径很小，组成比较单一，在革表面形成一层均相且连续的蜡的薄膜，微观上薄膜很平滑，对光波产生较强烈的反射作用，从而具有光泽感。经过抛光工艺后，革面显得富有层次感，而且再经揉纹加工，花纹顶部越揉越亮，更显自然本质。

擦焦革后处理效果流程：印刷压花→擦焦→喷蜡→干燥→抛光。擦焦要根据革颜色深浅来做擦焦效果，利用擦焦蜡和擦焦机速度变化打出层次和立体感。喷涂蜡水或蜡油，干燥后进行抛光，要抛出层次、蜡感和油感。

抛光操作的关键是在不影响表面结构的基础上得到最大的抛光效果（图11-26）。最好的办法就是把抛光分为两个阶段进行，因此抛光可分为粗抛和精抛。粗抛目的是去除表面覆盖的效应层，精抛是对粗抛后的表面进行精细摩擦，达到最佳的光泽效果。

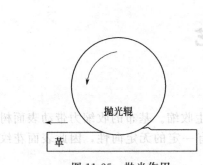

图 11-25 抛光作用

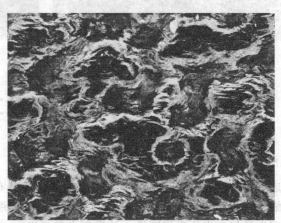

图 11-26 抛光效果

在抛光过程中，革都要受到挤压作用。压力太小则摩擦力小，热效应下降，革面光亮度不足；增大压力有助于提高抛光效果；但压力太大将使革受到较大的剪切作用，容易导致松面，对软革尤其要注意这点。

抛光辊的运动速度是其相对于革表面的滑动速度。较快的滑动速度有利于增强操作效应，单位时间内产生的摩擦点和摩擦热较多，革面更加光亮。但是速度过高则容易使表面过热，擦伤革面。

2. 烫光

经过表面涂层的合成革宏观上是平整的，但由于物料的流平性及干燥时高分子收缩等原因，微观表面仍存在细小的凹凸不平，使部分光线发生散射，降低了表面光泽。因此高光产品仍需要对其进一步的物理加工，烫光工艺是最常使用的手段。除了使用烫光辊外，还有PET膜烫光工艺。

烫光又称为轧光、压光，是合成革成品后处理的一道工序。是利用热量使表面聚氨酯达到黏流态，使用镜面辊对其挤压，聚氨酯在高压或高温条件下产生微观塑性变形，从而降低表面粗糙度，获得一般增光处理无法达到的光亮剔透的光泽效果。

烫光最主要是镜面烫光辊，表面粗糙度最高可以达到 $Ra0.01$（光洁度14级）。主要是用铸铁、淬铁、钢等金属制成，其中淬铁辊表面硬度高，易保持平整光滑度，常作轧光辊使用。烫光的加热方式有电加热、蒸汽加热及导热油加热等形式。为了保证加热充分，通常采用大直径的烫光辊，基布在烫光辊上以"Ω"形成大包角加热。

经过雾面处理后，再进行烫光，改变纹理顶部的光泽，与雾面部分形成强烈的光泽对比。亮面处理后再进行轧光，则表面平整度更高，而且会出现特有的通透感与水晶感，与下层颜色花纹形成层次感。图 11-27 和图 11-28 分别是雾烫亮和亮烫亮的效果。

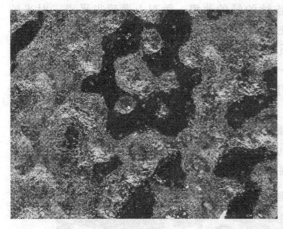

图 11-27　雾烫亮

图 11-28　亮烫亮

第四节　揉纹工艺

一、　揉纹原理

合成革揉纹是通过水、温度和机械力的作用使基布发生收缩。基布的收缩力带动表面树脂膜收缩，使花纹的凹凸感更清晰美观。由于表面收缩具有一定的无定向性，因此表面花纹会部分产生类似真皮的无规则性，效果更自然逼真。

基布收缩力主要来自两个方面。

① 纤维收缩。代表性产品为非织造结构合成革。主要是依靠纤维在外部作用下产生的湿态收缩和热收缩，尤其是锦纶、黏胶等高吸水纤维收缩很大。这种收缩通常收缩率高，但整体收缩均匀。

② 应力收缩。合成革在前期的各种加工中受到拉伸力、热、溶剂等作用，产生大量应力。在进行揉纹时，由于是无张力状态，前期的应力得到释放，产生应力收缩。代表性产品为针织布和梭织布，通常收缩率较低。

揉纹的同时也是进行机械做软的过程，通过机械力作用使纤维更加松散，基布变得更加柔软。通过揉纹，既改善了表面纹路，又提高了革的柔软度，实现手感与花纹的综合提高。

揉纹过程是在揉纹机内完成的，革在设备内实现翻滚或翻滚与抛摔相结合的运动（图 11-29），类似于皮革的转鼓作用。基布不断受到抛摔、碰撞、摩擦和挤压，在这些作用下，基布不断发生拉伸、压缩、弯曲等形变，同时还受到水的冲击和摩擦，以及温度的热力作用等。

揉纹时如果没有挡板，革在鼓内只做单纯的翻滚运动。靠内壁对革的摩擦作用带动并旋转一定角度，接着在自身重力作用下又往回滚动，革在鼓内仅仅是不断循环的翻滚运动，这种情况下的机械力是比较弱的。

当鼓内有挡板时，旋转过程中挡板将一部分革提升到一定高度，然后革脱离挡板做抛物线运动降落下来，未提升的一部分则随着设备转动做翻滚运动。革在鼓内不断进行着抛摔和翻滚，这种情况下的机械作用是比较强的。

二、　揉纹方法

根据不同成品要求可以选择不同的揉纹方式和设备。基本可分为干揉、轧水揉（半干）、

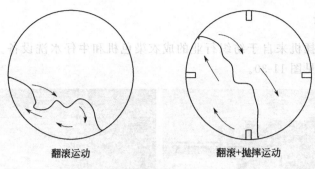

翻滚运动　　　　　　　　　翻滚+抛摔运动

图 11-29　合成革揉纹的机械运动

水揉三种。

① 干揉。合成革的干揉，多采用立式揉纹机完成，一般通过蒸汽加热，一次可以完成 50kg 以上的产品。选择干揉时一般不对合成革进行任何处理，仅仅利用揉纹过程中的机械力以及温度对合成革进行处理，具有一定的柔软作用，同时花纹也会根据革自身的热收缩情况而表现饱满。

② 轧水揉。轧水揉又称过水揉，利用轧车调节合成革的含水量，然后通过立式揉纹机将合成革揉干。一般合成革的过水时间比较短，含水量不高，干揉时间也较短。轧水揉就是利用合成革在遇水过程后，再通过干揉干燥，使合成革软度增加。底布遇水后收缩加大，花纹收缩更加饱满。

③ 水揉。合成革的水揉一般包括水揉和干揉两部分，水揉一般都在水揉机中完成，水揉机以水为介质，合成革在水中与水充分接触，底布纤维充分润湿。利用纤维干湿态下的差别，获得良好的揉纹效果。水揉时间一般 15~30min，温度一般不高于 50℃，水揉后轧干，再干揉揉干，总体操作上较为繁琐，但是水揉处理后的合成革自身柔软度要好于过水揉和干揉，花纹也较前两者饱满。

除了以上三种，目前还有一种新型的方式称为"空气揉"，即气流柔软整理。连续式柔软整理设备主要是来自于纺织业的气流柔软整理机，即通常所说的"空气洗"，也叫"AIRO 整理"。来自于意大利 Biancalani（白卡拉尼）纺织机械有限公司生产的 AIRO 超级柔软整理机。经 AIRO 柔软机处理的产品手感和织物风格独特，被国际后整理界通称为"AIRO"手感。

"AIRO 整理"是利用文氏管的风动原理，把革以绳状方式由强大气流驱动，在管内运行并被气流加以揉搓。当基布运行到文氏管尾端出口时，压力骤减，基布喷出，在喷出时的失压过程中产生膨化。并迅速甩打在机器后部的栅格上，得以适度的撞击摔打。接着滑落到处理槽内且继续向槽的前方滑进，再进行循环的抽式柔软整理。在瞬间完成了三步机械柔软作用。这一过程中将多种物理机械作用结合在一起对基布进行加工，如气流传导膨化、机械收缩、摩擦、揉搓、拍打作用等。消除了前加工过程的中的内应力，使基布组织、纤维蠕动蓬松，微纤起茸。经过高速、往返、多次的物理揉搓、拍打作用，最终使基布获得良好的柔软蓬松手感。

基布的运转完全来自气流的动力，避免了机械传动可能造成的挤压与摩擦。管内壁形成的气流边界层对基布起到充分的气垫保护作用，使基布得到有力但又柔和的处理，其他柔软整理很难避免机械的直接拉伤。基布可高速运转，通过风量调节，在无张力下、全松弛式获得柔软。用气流柔软机处理的基布具有：机械而非化学品处理的特点；手感柔软度好；手感持久性好。

三、 揉纹设备

合成革使用的水揉机来自于纺织行业的成衣染色机和牛仔水洗设备。包括内外桶、给排水、加热、自控等，见图 11-30。

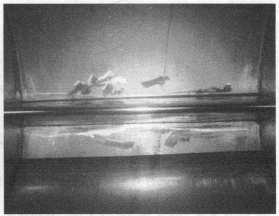

图 11-30　水揉机

主要的参数如下：

① 内桶要求。可选用 $\Phi 1.5 \sim 1.8 m \times L 1.6 m$，单仓或双仓，不锈钢材质。内桶中要有 3 个挡板，按 120°均匀分布。内桶表面进行机械打孔，数量应有所控制，保持转动时一部分工作液随革运转。开门在不影响机械性能的情况下尽量大，开关要便于操作。

② 控制要求。在 $0 \sim 20 r/min$ 变频调速；可自动实现正反转和点动，可进行时间控制；温度显示准确，温度控制可设定，与蒸汽加热联动。

③ 外桶要求。有强承受能力；耐腐蚀；外门密封性能好；便于进出布。内外桶之间的距离在不影响加热的情况下尽量缩小。

④ 动力要求。采用 $15 \sim 20 kW$ 电机，皮带传动，传动系统要加防护罩。

⑤ 加水加热要求。有工艺水最佳，也可使用自来水（硬度不要太高），进水管道上要安装水表，控制进水量。加热采用蒸汽，最好为盘管加热，而不是蒸汽直接加热，保证加热的稳定性。

干揉机（图 11-31）一般是把经过水揉的基布或成品在转鼓内边干燥边摔软。干燥摔软采用筛网转鼓，热风从下部进入，通过筛网不断对基布进行加热，水汽则从上部抽出。鼓内的挡板对基布不断进行提升抛甩作用。摔软过程中产生的粉尘通过筛孔在夹层中落下。基布在转动过程中干燥，水分不断挥发，机械作用也不断使基布变软。当干燥结束时，机械做软也达到预期效果。

影响干揉的主要参数是干燥温度和转鼓转速，通过调节可控制基布干燥速率和摔软效果。由于干燥过程处于无张力状态，因此基布可以产生一定的收缩，使表面的花纹更自然饱满。抛甩作用使基布中的应力得以消除，达到柔软的目的。服装革、沙发革常采用此工艺，在浸水后通过干燥摔软进行揉纹和做软。

四、 影响揉纹的因素

① 液比。液比在揉纹过程中非常重要，革的揉纹除了机械作用外，水的作用也非常明显。如果液比过大，革漂浮在水面，内壁的摩擦和挡板的提升作用都无法作用到革上，翻滚与抛摔作用几乎都无法实现。如果液比太小，革的湿润程度低，转动过程中只有革的运动，而没

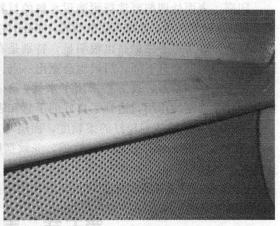

图 11-31　干揉机

有工作液与革的同时运动，影响揉纹效果。液比的确定需要与革的量相匹配，通常在 1：(10～15) 左右即可。

②转速。转速的影响主要是通过挡板对革的提升作用实现的。增大转速可使革的降落角变大，革可以被提升得更高，受到较强的机械作用。但是当速度增加到临界转速时，革会升高到顶部而不会降落，即降落角为 90°，此时革反而没有了抛摔运动，摩擦力将不起作用。实际操作中转速控制到 8～10r/min，控制降落角在 30°～35°，抛摔作用较大，揉纹效果好。

③温度。揉纹温度控制的目的是软化纤维和聚氨酯，加速基布的收缩过程。尤其是锦纶纤维，在干态与湿态的形态变化非常大，适当的温度会加速纤维的收缩作用，效果非常明显，但是对涤纶纤维则影响不大。温度一般不高于 50℃。

④时间。揉纹时间的确定需要根据揉纹效果决定。如表面树脂模量较大，纹路要求较深的情况下，应适度增加揉纹时间，增强其效果。揉纹时间过短则收缩不足，表面纹路达不到规定要求；但揉纹时间过长的话则会产生"过揉"现象，即收缩过大，尤其是纵向收缩过大，容易产生横道的收缩纹。水揉时间一般控制在 30min 以内。

⑤挡板。挡板的作用是非常重要的，现在的水揉设备内大部分未安装挡板，这是不正确的，对揉纹的效果影响很大。挡板的数量太少则革不可能受到适当的机械作用，如果只有两块板的话，每转动一次只有少部分的革受到抛摔，整批处理则需要较长的时间，减弱了揉纹效应。但是挡板数量也不是越多越好，数量太多除了占据许多有效空间，还容易使革打结。板的数量一般以转动一周使所有革都提升一次为宜，并且提升时要做到随机性和无规律性，以三块的效果较好。板的高度以保证革能够被抛摔，并且不妨碍下落过程为原则，还要兼顾装载量的多少，一般高度为 30～35cm。

五、揉纹实例

揉皮通常与其他工序配合，才能达到良好的效果。即使揉皮工艺也不是采用单纯的一种方法，而是不同方法复合使用，突出每种方法的优势和特点。以超纤沙发革（厚型，2.0mm）为例进行探讨。

工艺流程：基布→上油→干法贴面→印刷处理→水揉→干揉→震荡拉软→成检。

基布：1.8mm 基布，平均模量 75，PU 含量 45%，手感相对较软。

贴面：模量 30 的普通干法面层树脂，普通Ⅰ液型底料，离型纸（意大利 DOLLAPRO 雾面纸 PETALO），三刀涂覆 T/15S-M/15S-B/20S，半干贴，太干容易脱膜，太湿手感太差。由于花纹比较深，所以采用非即剥离。

印刷：表面处理剂要选择耐磨耐水解的材料，否则揉纹过程中容易脱落。

揉纹：50℃入水，并加入适量助剂，30min左右后降温取出，出布后迅速轧液，75℃揉干。

拉软：震荡对手感提高也很明显，特别是有利于改善揉纹过度收缩后的收缩印比较明显，同时花纹饱满度略有下降，门幅也会宽出一点。

由于是厚型基布，该工艺采用了水揉、干揉、拉软等多种做软手段，并通过适当的干法工艺及化学助剂的作用，达到了良好的手感和表面纹路，产品具有以下特点。

① 柔软。能够达到较好的柔软度，面层与基布能够达到很好的一体性。

② 花纹。依靠揉纹过程中的收缩，花纹摆脱了离型纸的死板不自然状态，立体感饱满度、拉伸顶平效果明显。

③ 弹性。经过特殊揉纹处理，成革弹性明显提高，折纹明显改善。

第五节　表面处理效应

中国合成革行业的发展迅速，特别是近年来随着新的材料和新的后处理工艺的应用，产品的档次和花色品种得到了很大的发展，特殊效应革和特种革也不断被应用。目前已有的特殊效应革主要有皱纹革、龟裂革、摔纹革、擦色效应革、消光革、珠光革、荧光效应革、珠光擦色效应革、仿旧效应革、水晶革、磨砂效应革、蜥蜴革、变色革、绒面革等。纺织工业及其他行业中的技术如抓花、扎花、蜡染、扎染、镂空、电子雕花等移植到合成革行业中，合成革产品多样化已成为了一种趋势，广泛应用在箱包、鞋材、服装、家具、车辆等各个领域。

一、　增光处理

增光就是通过增加表面薄膜的平滑性，对光波产生较强烈的反射作用，从而具有光泽感，达到增加表面光泽的目的。如打光革、漆革、抛光效应革等。一般需要用到高光亮处理剂及热压等加工手段。

合成革增光剂分为溶剂型和水性两类，溶剂型主要是采用高光的聚氨酯透明溶液，通过印刷方式转移到革面，形成高流平性表膜。由于溶剂型涂饰剂中的DMF会对革面二次溶解，溶剂的挥发又会造成隐形的斑点，严重时会出现所谓的"烂面"现象。为了更好的形成高亮膜，通常高光处理剂都采用高固含量树脂。树脂中溶剂含量低，聚氨酯分子量高且分布范围窄，玻璃化温度较低。高固亮面见图11-32。

另一类增光剂主要是水性材料，可作为光亮剂的主要是蜡类、有机硅类和水性聚氨酯材料，如分散剂与聚乙烯复配的高光蜡粉。由特殊硅油经乳化聚合而成的弹性柔软光亮剂，能在表面形成一层永久的弹性保护膜，具有很好的增光效果。代表性材料是高固水性聚氨酯。作为载体材料的水在涂饰的过程中不会侵蚀已接近烘干的涂层，且水的挥发缓慢，不会有隐形斑点，镜面效果好。水性亮面见图11-33。

表面增光除了要采用光亮剂外，合理的工艺手段也很必要，如抛光、烫光、轧光等。通过工艺组合，可以得到很多不同效果的产品。

二、　消光处理

消光的目的是降低革面的光泽，消除涂层过于光亮而产生的塑料感，使合成革呈现更柔和、自然、优雅的外观，需要用到消光剂。

消光就是采用各种手段破坏涂膜的光滑性，在革表面形成一种非均相且微观上不平整的表面，增大涂膜表面微观粗糙度，降低涂膜表面对光线的反射，而对光波产生强烈的散射作用。散射作用是消光剂产生消光作用的根本原因。

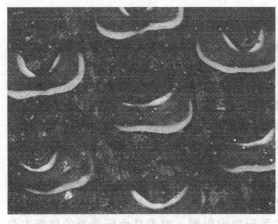

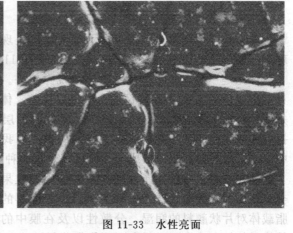

图 11-32 高固亮面　　　　　　　　　　图 11-33 水性亮面

　　硅藻土、高岭土、二氧化硅、钛白粉（金红石）等都是专门用作消光的材料，它们属于无机填充型消光剂。在涂膜干燥时，它们的微小颗粒会在涂膜表面形成微粗糙面，减少光线的反射，获得消光效果。

　　目前最常用的消光剂是合成的微粉化多孔二氧化硅。SiO_2 根据制造工艺不同可分为气相法 SiO_2 和沉淀法 SiO_2。气相法 SiO_2 具有高效消光性、极佳的透明度和易分散性，对涂膜的其他性能影响最小，代表性产品为德固萨公司的系列产品。

　　SiO_2 消光机理是依靠无数粒子"栽种"在表面树脂上，依靠树脂形成有效附着，依靠大量的粒子覆盖表面形成散射，达到消光效果。

　　SiO_2 消光剂使用量少，消光效果显著，黑雾度可进行调整。但最大的缺陷是当 SiO_2 使用量较大时，在拉伸或顶伸过程中出现"拉白""顶白"现象，表面刮擦后出现粒子脱落，有明显的划痕或指痕。

　　有机消光剂主要包括蜡类消光剂以及有机聚合物消光剂等。蜡是使用较早、应用较为广泛的一种消光剂，属于有机悬浮型消光剂。在涂饰完成后，随着溶剂的挥发，涂膜中的蜡析出，以微细的结晶悬浮在涂膜表面，形成一层能散射光线的粗糙面，从而起到消光作用。主要是合成高分子蜡，如聚乙烯蜡、聚丙烯蜡、聚四氟乙烯蜡以及它们的改性衍生物，具有消光、防黏、防水等多种性能，手感也较好。

　　目前较好的有机消光剂是美国雅宝公司的有机聚合物消光剂，采用的是有机热固性聚甲基脲树脂（PMU），阿克苏公司的发泡粉（羊巴粉），通过发泡膨胀，也具有一定的消光效果。

　　另外还有一种特殊的消光材料是"自消光"产品，使用的是聚碳酸酯微球，因此其基本成分与载体聚氨酯一致，粒径在 $1\sim7\mu m$ 之间，配合适当的水性聚氨酯，涂层后具有强烈的消光效果。

　　"自消光"中虽然也有粒子，但其消光机理与二氧化硅是不同的。由于其粒子成分与成膜物相同，因此在干燥后与载体树脂融为一体，而非单独存在。因此粒子的作用更多的是调节树脂干燥成膜过程的"种子"，而非依赖粒子对光线的调节。另外，自消光还要依赖树脂组分不同、分子量不同、粒径不同等因素，在干燥过程中的干燥速率与收缩率不同，形成极为细小的凹凸感，达到散射的目的。

　　"自消光"是树脂收缩形成，因此成膜不通透，不泛白，耐刮擦，无指痕。缺点是附着力偏低。目前只有水性产品，代表性的是拜耳公司的 M1203。

三、 珠光效应与金属效应

珠光效应革是指在光线照射下革面涂层呈现出珍珠般光泽的一种革，其效应层通过添加珠光颜料（云母钛系列珠光颜料）实现，见图 11-34。

珠光是一种有深度、有层次感的视觉效果。从色彩上说，珠光简单而淡雅，温润柔和而且沉稳，色彩关系协调，不构成冲突或反差，体现一种"宁静"的感觉。从光泽上来看，这是一种光学干涉现象。光线穿过多个半透明的层面，在每个层面上都有光线折射出来，这些折射光线之间的"干涉"形成了所谓的珠光。我们观察到的光泽是经由入射光线在珠光涂层中发生多重折射后复合形成的，所以表现出一种类似珍珠般的质感和位置感的不确定性。

珠光颜料是一种光泽性颜料，它的闪光效果是被动发光的，也就是说在受光的条件下才会显现出闪光效应。珠光效果主要取决于颜料的珠光光泽，浆料的质量很大程度上取决于树脂载体对片状颜料的润湿、分散性以及在膜中的平行取向程度。前者是由所选择的树脂本身结构及特性所决定的，后者则要依靠浆料设计配方及正确实施涂层工艺所决定的。

珠光具有半透明性，既有半透明的"身骨"，又能够完美地显现光色效果。因此可以和其他色料进行色彩搭配，创造出更多视觉效果的珠光效应革。珠光效应层与常规颜色涂层相叠加，珠光在表层时，它可以透出下面的部分色光，同时光泽效果得到了很好的展现；珠光在底层时，则形成一层高亮度的底色，为表层的色彩增添了饱和度。但是由于珠光效果属于低反射强度的柔和光泽，过大的混合色浓度会造成光泽损失。

金属效应是指在效应层中加入金属粉，如铝粉、铜粉等金属效应颜料，使成革在光的照射下明亮度与颜色能随角度变化，发出灿烂闪烁的金属光泽。

金属效应颜料是指在基本为平板形状的金属粒子或能强烈折射的粒子上能反射的颜料，见图 11-35。它们通常是一种片状的粉末，且与彩色颜料相比，具有不成比例的大直径的颗粒。尽管彩色颜料在可见光的波长参数中具有粒度，但金属效应颜料的粉末直径一般在 5～40μm 之间。在反射形成的掠角和特殊角度下，该颜料具有很高的遮盖力和光泽。表面涂层的最终外观受闪烁颜料性能影响很大，包括它们本身的光学性能、粒子形状、粒径分布、分散及粒子平行定向性能。

图 11-34　珠光效应

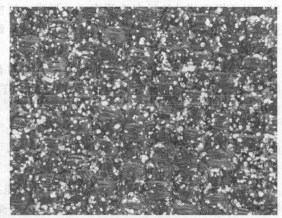

图 11-35　金属效应

珠光效应与金属效应革具有类似的加工手段和工艺，涂饰中效应层的涂饰是关键。珠光浆和金属浆可以是溶剂型，也可为乳液型。一般是在压花结束后在表面进行辊涂或印刷，形成效应层。必要的时候在表面增加光亮透明的固定层，或进行一定的手感剂处理。干燥后花纹凸起处有金属或珍珠闪光效应，而沟底仍为底层的颜色，立体感强。该效应要求成膜剂应具有较强的黏着性，涂层从软到硬逐渐过渡，涂层黏着牢固，避免出现散光、裂浆现象。浆料在涂饰前必须摇匀，必要时应加入适当的稳定液或助剂以提高浆料的稳定性。

　　这种革外观华丽、艺术性强，具有较强的耐干、湿擦性能，属于高档革。主要用于制作皮鞋、包袋，也可以用于制作服装。作为鞋面革和包袋革时，要求厚度均匀，革身柔软，有海绵感，不松面，效应层牢固，光亮度视客户要求而定。

四、 抛变效应

　　抛变效应又称抛光变色，是合成革表面处理的一个重要种类。利用革的涂饰底层、效应层及表面层 颜色强度不同、组分不同，抛擦后发生变色效果。效应层是其中的核心部分，通常由特殊树脂、油、蜡、粉体等组成。效应层与工艺进行组合后可产生很多的特殊效果，见图 11-36～图 11-39。

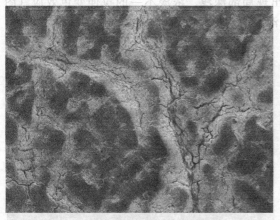

图 11-36　抛焦效应

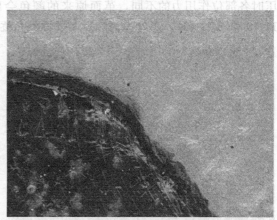

图 11-37　彩变效应

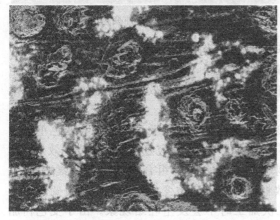

图 11-38　擦色效应

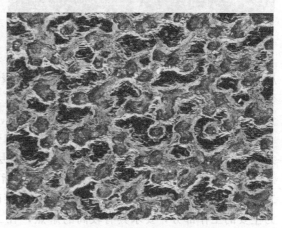

图 11-39　雪花抛效应

　　抛变效应通常是在浅色底色的基本色调上，表面涂饰较薄的深色，对底色形成遮盖。要求浅色底层黏着力强，而深色效应层的耐擦性较差。通过抛光机对表面进行处理，利用纹路的深浅和抛光调整的变化，将表面的部分深色涂层擦掉，露出浅色底层颜色，形成不规则的、深浅层次不一的、颜色渐变效果的双色或多色的抛光变色效应。处理后的表面效果主要由原面、底颜色反差和抛光强度决定。主要用途是制作皮鞋和包袋等。

　　石磨效应通常用于湿法压花型合成革，吸收"水洗布"的操作方法，压花后用抛光机将花纹凸起的部分磨掉，露出底色，然后在表面印刷透明的涂饰剂和手感剂，凸起的被磨掉的部分呈现石头磨洗后的做旧效果（类似牛仔布石磨）。也可将合成革放入转鼓中经过较长时间的摔软、摩擦后造成面层涂料部分脱落，因而形成了石磨效应。在光线作用下，与沟底的底色表现出不同的颜色和观赏效果。

抛变效应与石磨效应都是通过机械打磨而呈现出颜色渐变的仿古风格。仿古效应还可以通过喷涂或印刷形成的花纹斑来实现。如喷涂时改变喷雾角度或运行速度，可以使涂饰剂发生不均匀交叉堆叠，得到不同的深色斑纹，或者通过印刷辊的不同深浅实现转移量的差别，得到明暗颜色不同的斑纹。喷涂与印刷形成的斑纹虽然杂乱，但仍具有一定规律性，其自然程度不及抛光效应与石磨效应。

五、变色效应

变色效应是指合成革表面在受到外力作用（如顶伸、拉伸、弯曲、折叠）时，由于受挤压时各部位作用力的不同，革面原来的颜色会出现局部深浅、浓淡不一的拉伸变色效应（图11-40和图11-41）。当外力消除后，表面颜色逐渐复原，使颜色趋于一致。

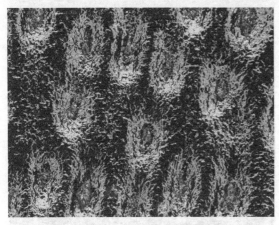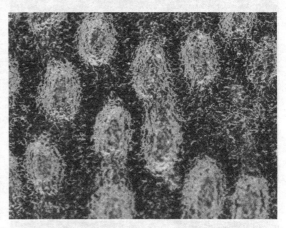

图 11-40　拉伸变色前　　　　　　　　　　　　　图 11-41　拉伸变色后

变色效应源于西班牙和印度的打蜡牛皮。表面的皮纹清晰，立体感强。台湾地区称疯牛皮，大陆则称为油浸皮，又称"变色龙"，其表面有磨砂效果，但手感光滑，手推表皮会产生变色效果，受力颜色就会变浅，抚平后又恢复正常，同时具有苯胺效应和皮层变色效应。适合做粗犷、休闲类的鞋革，常见色为黑、深棕、咖啡等。

变色革要求具有自然的变色效果、良好的变色恢复性、耐划刻及耐挠曲性。变色革通常为多层结构，面层和变色层为半透明，而在底层添加色料，形成颜色叠加而增加变色效果。

合成革变色效应一般是通过添加变色树脂来实现。变色树脂组合物主要有聚氨酯树脂、二甲基甲酰胺、丙酮、聚四氟乙烯粉末、聚醚改性硅氧烷、应力变色蜡粉等。应力变色蜡粉为主要的工作部分，要求具有较高的熔点，在二次加工时不会发生吐蜡现象。由于变色树脂中变色蜡粉没有弹性，当合成革在拉伸、变曲及折叠等外部应力作用时，聚氨酯膜层中的变色材料会呈现其本身颜色，结果在形变部位出现颜色变化，外力消除后革面颜色又会自然恢复如初。

合成革变色效应的另一种方法是通过专用油或蜡的作用而产生的拉伸变色效应，也叫油浸皮。在不同的外力作用下，如拉拽，划，顶折弯曲，均显现深浅不同的变色效果，在外力消除后，变色效应会慢慢恢复。这种革要求皮面光滑柔软丰满富有弹性，色泽自然，涂层薄，耐干湿擦。

在加工过程中，一般采用变色油或变色蜡在65～85℃浸渍或辊涂基布，使之渗透到聚氨酯中但不形成化学键结合，低温缓慢进行干燥。油蜡分子在外力下发生迁移而分布不匀，造成色差，产生变色效应。外力消除后，油蜡迅速迁移恢复成均匀分布的状态，使颜色趋于一致。按照不同要求选择不同变色油、变色蜡或控制变色油、变色蜡用量，可产强弱不同的变色效果，从而制作各种变色效应革。如变色油革，油变沙发革、油变牛巴鞋面革、疯马革、压花效应变色油革等产品。

但随时间的推移，油蜡会发生渗透迁移，从而使拉伸变色效应淡化。为了使变色油蜡持久地保留在表层，强化拉伸变色效应，应适当添加助剂阻止油蜡过度渗透。油蜡处理除了具有变色效应外，还赋予合成革轻巧而柔软的感觉，饱满性极佳，得到很好的油感及手感。

除了拉伸变色，压变也是很重要的品种。效应层中的变色粉在较高的温度和压力下，发生不可逆的形变，变色效应和树脂膜形态的改变使形变部分颜色会有所变深，产生压力变色现象。压变效果目前广泛应用于箱包革、商标、LOGO 等。干法压变和水揉压变见图 11-42 和图 11-43。

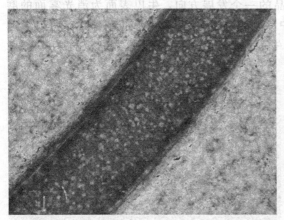

图 11-42　干法压变

图 11-43　水揉压变

六、 裂纹效应

裂纹效应是指合成革的外观形成龟裂纹、皱纹及锤纹等图案（图 11-44）。它是借助于一种具有独特性能的树脂涂饰在革面上，并在一定的温度下进行干燥，从而逐渐形成收缩性的龟裂，进而使革面形成碎玻璃状的花纹效果，立体感很强。

合成革裂纹工艺一般采用三涂层法。底层黏结树脂要求柔软，结合力强，使龟裂层与基布表面结合牢固；裂纹层要求能产生较硬的膜，涂层开始并不开裂，而是在干燥后通过摔、振等机械作用完成；表面层要求光亮透明，手感好，耐干湿擦，对裂纹层起保护作用。

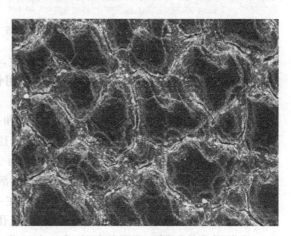

图 11-44　裂纹效应

裂纹层作为效应层，是通过添加裂纹树脂或助剂实现的。龟裂树脂通常采用丙烯酸酯类、丙烯腈等为主要原料合成，在助剂和温度作用下，高分子链断裂形成龟裂花纹。裂纹效应的大小取决于干燥的温度、速度与涂层的厚薄。涂层厚，温度低，干燥速度慢，则裂纹层中高聚物大分子热运动取向重排的时间增加，形成大花纹开裂。如果要得到小花纹，通常要提高温度来增加干燥速率。

良好的裂纹是效应树脂与机械力共同作用的结果。为了使裂纹清晰美观，产生"碎玻璃"或"龟裂纹"的仿古效果，在干燥后进行一次热压再进行干摔，可使裂纹间隙角平滑。通过树脂与助剂的变化可以得到不同风格的裂纹产品。利用长链的聚二甲基硅氧烷与树脂的不混溶性，达到一定浓度可使涂膜发生严重缩孔而形成锤纹效应。添加皱纹、裂纹助剂，通过涂膜表里固化速度的差异或收缩不一致而产生花纹效果。添加超高分子量聚乙烯蜡，提供美妙的砂面效果及耐摩擦性。

七、绒感效应

1. 牛巴效应

磨砂革在国内又称为牛巴革或砂绒磨面革（图11-45），"nubuck"的英文含义是正绒面革或绒磨面革。湿法牛巴革产品是仿麂皮革类产品的一个发展方向，牛巴表面为消光雾面的磨砂状，整个面层是由湿法 PU 浆料在固化过程中形成的直立的泡孔，经表面研磨后就具有绒毛般的触感。由于其直立的泡孔，故称其为"牛巴革"；由于需经研磨，也被称为"磨砂皮"。

图 11-45　牛巴革

牛巴革产品具有类似天然皮革的优良特性，表面均匀，光泽柔和，质地柔软，富有弹性，且具有良好的透湿性、防水性及透气性。被用作生产高档运动鞋、旅游鞋及时装鞋等，也是在衣饰上的重要材料。

牛巴革加工的核心是形成微细直立泡孔和表面打磨工艺。基本工艺为：基布→预处理→湿法涂层→凝固→水洗→干燥→磨毛→印花、压纹→后整理。

一般采用专用牛巴树脂在底布上形成含有无数柱形微孔的连续性弹性体，再将表面致密层磨去，使革表面具有一层分布均匀、触感丰满细腻的短绒毛。

打磨效果是做好牛巴革的关键。半成品在一定张力下以一定的速度通过运行的砂带，使表面致密层的聚氨酯被磨削掉，形成开放的泡孔结构，形成一层短绒毛。

根据要求的不同，还可将打磨后的牛巴革成品通过印花机进行表面印刷，改变表面的颜色和光泽，以及表面的触感，如油蜡感、粉蜡感、纱绒感、滑爽感等。另外，还可进行功能整理，提高表面的光稳定性、阻燃性、防水性、防霉性等。

2. 疯马效应

疯马效应属于特殊的拉伸变色，原意为"pull-up leather"，手推表皮可呈现底色的变色效果。手感光滑，带油蜡感，表面略显凌乱无序，成品革经揉搓后表面有绒毛感，顶起来后的真皮感又很强。

疯马效应是一种经典的仿古休闲系列，见图 11-46，有光面和磨砂两大类。疯马产品有特殊的划痕，但是随着时间的推移，它会越用越光亮，在皮包、腰带、鞋类市场中广泛采用，尤其是欧美国家对疯马产品的接受度很高。

3. 羊巴效应

羊巴效应是利用树脂中的羊巴粉在高温下膨胀，表面形成大量的微细发泡。羊巴粉是一种核壳结构的微球发泡剂，由聚合物外壳和不稳定的内核组成，外壳为热塑性丙烯酸树脂类聚合物，内核为烷烃类气体，外观为白色球状粉末。中粗羊巴发泡和细羊巴发泡见图 11-47 和图 11-48。

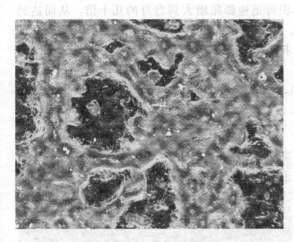

图 11-46 疯马效应

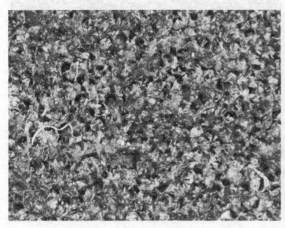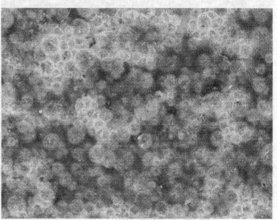

图 11-47 中粗羊巴发泡

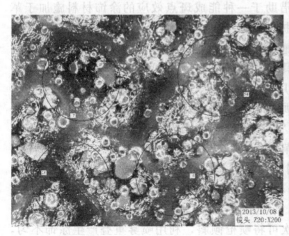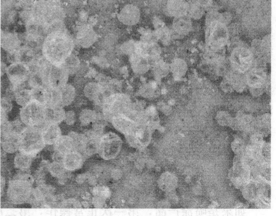

图 11-48 细羊巴发泡

发泡剂被加热到外壳的玻璃化温度时，它开始逐渐膨胀，这个温度被称为 T_s。继续加热它的体积会继续膨胀。它的外壳迅速变薄并且形成中空的球，称这个温度为 T_{max}。当加热温度超过 T_{max} 时或者长时间加热，球体会收缩或者破裂，加热温度超过 T_{max} 后会极大地影响微球发泡剂的使用效果。

微球发泡剂直径一般 $10\sim45\mu m$，加热后体积可迅速膨胀增大到自身的几十倍，从而达到发泡的效果。根据体积膨胀大小可分为细羊巴、中粗羊巴、粗羊巴等。微球发泡温度范围从 $75\sim260℃$，可根据各种不同加工温度和工艺要求，选择最合适的微球型号。

4. 玻璃微珠

空心玻璃微珠（hollow glass microspheres），是一种经过特殊加工处理的薄壁封闭的微小球形颗粒，见图 11-49。一般粒度为 $10\sim250\mu m$，壁厚为 $1\sim2\mu m$。空心玻璃微珠密度小、热稳定性高，是良好的树脂填充材料。

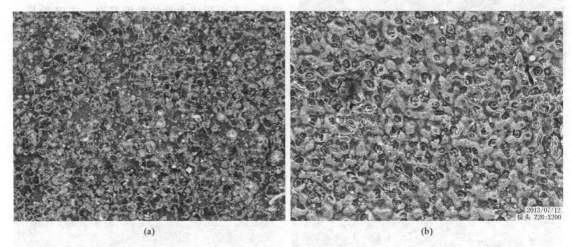

(a)　　　　　　　　　　　　　　　　　　　　　(b)

图 11-49　玻璃微珠

通常采用偶联剂对玻璃微珠表面进行改性处理，使其具有亲油性表面，在树脂中能够具有良好的分散性。剥离微珠干燥后，利用树脂的黏合作用镶嵌到革的表面，其微小的球体可提供类似羊巴细腻柔滑的手感。

八、 其他表面效应

① 多色凝絮效应。也叫做"幻影效应"。借助于一种能成斑点效应的涂饰材料施加于革面，形成大小不一的斑点，具有特殊的分散和扩散效果。斑点的大小与密度取决于这种特殊材料的浓度和涂饰方法。成革外观具有飘逸的感觉，还可以仿制某些动物的斑纹特征，如豹纹、虎纹等。革身丰满柔软，色泽光亮自然，具有类似苯胺效应革的真皮效果。

② 水洗效应。使用压花机和水洗机，并利用多次涂饰及效应层水洗树脂不耐水洗的特点，获得纹路的沟底与顶部不同色彩的双色效应。原本硬朗、平面的革经水洗处理后，具有纹路清晰不规则、自然逼真、色彩层次逐渐过渡的"复合色效应"。给予休闲与复古于一体的多层次风格，给人一种舒适的感觉，主要用于服装革生产中。

③ 双色效应。运用压花机预先压花，再用印刷机对其花纹的凸起部分印刷另外的颜色，或者用刮涂对花纹凹点施加不同的颜色效果，获得花纹凸端和凹端处不同色彩的双色效应，成为色彩层次非常细腻的复合色效应。

如果是喷涂产品，第一次正常操作，第二次可将喷枪倾斜，利用喷雾重叠产生涂饰不匀，造成色差，在光线下显示出双色效应。

④ 镜面效应。镜面效应革也叫漆革，是一种具有坚韧的、光亮如镜的涂层革。成革可作鞋面、箱包等。镜面效应可以通过离型纸转移法制造，也可以通过在湿法表面再经过多层涂饰制造，涂层具有高光、耐磨、耐折的优点。利用湿气固化技术制造的镜面革具有水晶感强、颜色鲜艳透明等特点。

⑤ 天鹅绒效应。天鹅绒效应使将极短纤维混合与表面处理树脂中，通过载体树脂与合成革表面的黏合作用，密集固着在表面，提供纤维特有的绒面触感，见图 11-50。

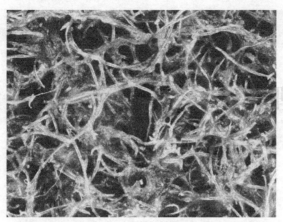

图 11-50　天鹅绒效应

第十二章
染色与整理

绒面革是合成革中的一大类，具有极佳的外观、触感和舒适性，广泛用于服装、沙发、装饰等多个领域。绒面革对色彩与手感的要求非常高，要求颜色细腻清新，手感柔软滑糯，丰满且悬垂性好，还要具备良好的透气、透湿等卫生性能。

染色与整理是绒面革制造的核心技术。一是塑造产品的风格特征。如柔软、悬垂、身骨、触感、蓬松、光泽等，主要由基布结构、纤维形态及后处理工艺等决定；二是颜色及其各项染色牢度。颜色丰满均匀性、深度、透染性和各项染色牢度，主要取决于所选染料及染色工艺的控制是否合理。

第一节　基布结构及对染色性能的影响

一、基布的微观结构

超纤基布是制造绒面革的基本材料，国内的超纤基布主要有定岛型和非定岛型两类，其基本结构如图 12-1 所示。

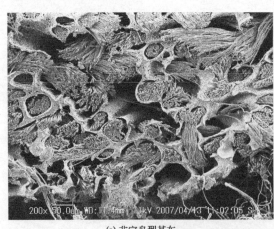
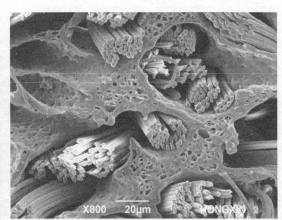

(a) 非定岛型基布　　　　　　　　　　　　　(b) 定岛型基布

图 12-1　基布微观结构

两类基布都是由聚氨酯微孔弹性体与超细纤维复合而成。整体均匀无层次差异。超细纤维以束状形式形成编织体，是基布的结构主体，成分以 PA 为主，也有部分为 PET 纤维。不定岛基布中纤维的质量比为 50%～55%，而定岛型要高一些，达到 60%～70%。聚氨酯在基布中呈连续的微孔结构，细密而不规则。含量 40%～50%。

纤维与 PU 间有一定空隙，具有离型效果。除了保持良好的力学性能外，其透水汽作用主要依靠 PU 相互贯通的微孔和 PU 与纤维束之间的空隙。正是这种特殊的结构，为绒面革在染色时提供了染液渗透的通道，也使绒面革具有很好的柔软度和悬垂感，并具备良好的折纹及回复性。

基布表面良好的起绒效果可形成表面覆盖，有利于减少两组分间的色差。但是由于超细纤维纤度小，比表面积大，除了染料被纤维吸收外，还有部分吸附在纤维表面，会在洗涤中被除去，造成染料的浪费，同时也会发生内外层色差。

起绒工艺对染色的影响也很大。先起绒后染色，容易控制色调，牢度也较好，但是手感稍差。先染色后起绒，表面的颜色有明显的减浅效应，起绒时产生的粉尘不易清除干净，也会降低染色牢度。

二、 超细纤维的结构

1. 微观结构

超细纤维作为绒面革的主体部分，绒面革的主要性能如表面颜色、触感及舒适性等都是通过超细纤维体现出来的，超细纤维结构见图 12-2。

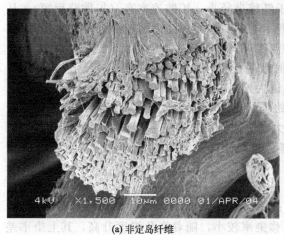 

(a) 非定岛纤维　　　　　(b) 定岛纤维

图 12-2　超细纤维结构

共同点：纤度非常小；束状结构。

不同点：不定岛纤维数量更多，纤度更小但不均匀。定岛纤维中超细纤维的数量和纤度都是固定值。

超细纤维与普通纤维的最大区别就是"细"。单根纤维的直径变细，即纤维的纤度降低。则由等同重量制成的纤维，其总表面积迅速增大，尤其纤维的纤度小于 1dtex 时，则其总表面积将呈指数增大。

如把超细纤维近似看作圆柱体，则纤度（d）、纤维直径（D）、纤维密度（ρ）的关系为：

$$D = 12.53\sqrt{d/\rho}。$$

以不定岛纤维为例，超细纤维束由大量超细纤维构成，直径为 40μm 左右。超细纤维表面平直光滑，粗细不等，直径 400～600nm，达到准纳米纤维等级。SEM 对直径的测量计算得出，超细纤维纤度（d_1）为 0.001～0.003dtex；如果把纤维束看作单纤维，则其纤度（d_2）约为 4 dtex。

依纤度定义，经换算可得比表面积：

$$F_W = \pi D L_W = 39.35 L_W \sqrt{d/\rho} \times 10^{-4}$$

式中　F_W——比表面积，cm^2/g；

　　　L_W——单位质量纤维长度，cm/g。

相应的比表面积为：$F_{W1} = 0.67 \times 10^5 \sim 1.12 \times 10^5$（$cm^2/g$）；$F_{W2} = 1842$（$cm^2/g$）。超细纤维与变化前单纤维比较，$d_1/d_2 \approx 1/2000$；$F_{W1}/F_{W2} \approx 50$，纤度急剧减小，而比表面积明显增大。

超细纤维与普通纤维的另一个区别就是"束状"，这是其制造原理决定的。束状结构有利于超细纤维的抱合及增加强力，但是对绒面革来说，负面作用就是纤维不够蓬松，无法覆盖基布的整个表面，由于是双组分，这样染色时很小的色差即能显现出。

柔软度随纤维细度而变化，超细纤维抱合紧使其弯曲刚度（$I = \pi D^4/64$）增大，不能充分体现超细纤维高柔软度的特性，需要在染色过程中通过工艺加以解决和改善。

2. 超细纤维结构对染色性能的影响

纤维的超细化不仅是纤维尺径的变化，而且对其染色工艺、染色性能及显色性能方面都有影响很大，对染色性能的影响主要有以下几点。

（1）上染速度快　低纤度使纤维的表面积很大，对染料和化学品的吸附速度快，导致产生瞬染现象。由于其双折射率（Δn）低，动态黏弹性峰温低，从而其非晶取向性差，即非晶区的填充度小也是其染色速度快的原因。又由于纤维半径小，扩散速率高（扩散路程短），从纤维表面扩散进入纤维内所需时间短，且达到饱和值的时间也短。PA超细纤维无皮层结构，T_g较低且无定形区含量较高，所以能在较低的温度下就有较快的上染速度。

（2）匀染性变差　纤维表面积增大使染色时吸附速度（上染率）加快，容易造成染色不匀。由于超细纤维染料吸附较快，所以有人误认为这是造成超纤染色不匀的根本原因所在。然而情况并非如此，通过对超细纤维和常规纤维同样染成标准染色深度时纤维的染料吸附量和固着量结果的比较，超细纤维在低温状态下大量吸附染料，而这些吸附不匀的染料是否能在纤维上有效移动，以消除其不匀状况，是解决染色不匀的根本途径。改善染色不匀的措施有：

① 选用移染性优良的染料；

② 低温起染，控制吸附率以降低瞬染现象；

③ 降低升温速度，染料在低温度时的界面移染率较小，随着染色温度升高，其上染率差异会逐步变小；

④ 采用较高的染色温度及较长的染色时间，或添加匀染剂，都是有效改善匀染性的有效措施。

对不定岛超细纤维来说，纤维线密度的大小与均匀性对匀染性影响很大，超细纤维的粗细不匀，导致上染速度不一致，匀染性也差。另外纤维线密度低，与染料接触机会多、初染率高、上染速率快，上染速度过快也容易造成匀染性变差。所以海岛型超细纤维制品的匀染性控制一直是其染色控制的难点，严格按照要求控制温度，适当延长染色时间，提高移染程度可以改善匀染效果。

（3）染料用量大　超细纤维直径很小，纤维表面对光的不规则漫反射增强，因此表观色调相应减弱，要获得相同的染色深度，超细纤维所需染料浓度比普通纤维高得多。纤维愈细，需要消耗更多的染料进行染色，成本就要增加。纤维加粗，染料用量虽可减少，但材料的手感就变差，所以染色配方中的染料量是随海岛纤维中岛的种类、数量及岛的粗细而变化的。

每根超细纤维表面都有一定数量的反射光，反射率与纤度有关。纤维染色后的折射光仅取决于由纤维内部重新回返到外部的折射光。其色相和色泽深浅，则取决于由表面直接反射光与由染色纤维内部回返到外部的折射光之间的关系。具有很大表面反射光的超细纤维，比用同样数量染料染色的细旦纤维的色泽要浅得多。为使直接的反射光及由染色纤维内部回返的折射光之间的关系有利于增加表面色泽深度，则要求由染色纤维内部回返的折射光尽可能地少，而且要增加纤维内部染料浓度才能实现。

因此超细纤维染色的表观深度低，主要是其光学性能（反射和散射）致使染料的显色效率低所致，欲获得与常规纤维相同的颜色表观深度，则超细纤维上染着的染料浓度要比常规纤维高得多。在相同的表观深度，则纤维的纤度和纤维上染着的染料浓度的关系，大致可以用 Fomergm 式表达：

$$C_1/C_2 = \sqrt{D_2/D_1}$$

式中，C_1、C_2 为相同表观浓度的纤维 1 和纤维 2 上染着的染料浓度；D_1、D_2 为纤维 1 和纤维 2 的纤度。

要达到相同表观染色深度，则纤维纤度越小，要求的染料的染着量越大。超细纤维不易染得深色，不是它的染色显色性差，而是光学特性影响它的显色性所致。

（4）染色牢度下降 超细纤维的比表面积大，吸附染料能力强，染色时大量染料吸附在纤维表层。这些表层染料部分与纤维分子链直接结合，并有一定的扩散深度，结合力较大，不易脱落；而另一部分染料，则在纤维表面形成多层重叠吸附，彼此结合力弱，容易脱落。

在染较深颜色时，要达到相同的染色深度，需要上染的染料量大。未固着的染料难以彻底洗净，在后整理的热处理时，上染到纤维内部的部分染料迁移到纤维表面，从而造成湿处理牢度和摩擦牢度降低。

染料的热迁移程度（热迁移速率、热迁移量），除了与染料结构、染色深度、热处理温度和时间、纤维上附着的助剂类别及数量等有关外，纤维线密度的高低对其影响也很大。即纤维越细，染料的热迁移程度越大，对色牢度的影响越严重。这与纤维的比表面积大、截面半径小、染料由内向外迁移途径短有关。

表面积增大的另一个负面效应是耐光牢度的降低。

① 超细纤维光滑的表面和巨大的表面积增加了纤维的总曝光量，会吸收大量的紫外线，内部染料容易受到光的破坏；

② 超细纤维的截面半径小，光线容易透入纤维内部，受热时染料易发生热迁移而引起褪色；

③ 超细纤维表面吸附的染料量多，可以吸收更多的光，导致褪色更多。就染料本身而言，并非在较细纤维上比较粗纤维上的牢度差。

与常规纤维达到相同的表观深度，则超细纤维染料染着量高，表面吸附染料量多，使耐洗牢度降低。特别是在染色后进行后整理，纤维上结合大量表面活性剂，不仅引起牢度降低，还引起色变，这是染整加工时特别要注意的问题。

总之，超细纤维的各项染色牢度普遍比常规纤维差，其原因还是由纤度小和比表面积大。纤维越细，表面积越大，则牢度下降越多。

3. 超细纤维化学结构及对染色的影响

国内超细纤维基本都采用锦纶。锦纶的大分子主链结构形成伸展的平面锯齿状，相邻分子可借羰基和氨基相互吸引形成氢键结合，也可以与其它分子相结合，所以其吸湿性能较好。分子中亚甲基之间只能产生较弱的范德华力，含有亚甲基链段部分分子链的卷曲度较大，它有一半的氨基和羰基对位，最大限度地生成氢键，因此有生成片晶的倾向，一般是折叠链和伸直链晶体的共存的体系。随着拉伸和热处理的不同会有很大变化，其结晶度为 50%～60%，甚至高达 70%左右，结晶度大使纤维机械强度增大，但给染色增加了困难。

锦纶大分子中的酰胺基—CO—NH—和端基—COOH、—NH$_2$ 为官能团，由于大分子链上的酰胺基易发生酸解而导致酰胺键的断裂，使聚合度下降，所以锦纶对酸的作用比较敏感，表现为较不耐酸而较耐碱。端基—COOH 和—NH$_2$ 对光、热、氧也较敏感，会使纤维变色变脆。其大分子上有很多亚甲基—CH$_2$—，所以纤维的柔曲性好。锦纶-6 对氧化剂的稳定性也很差，次氯酸钠和双氧水都能使纤维大分子急剧降解。

在纤维染色中，染色座位主要是配列比较混乱的分子构成的非结晶领域，其中最有效的染色部位应是入口的大小在单分子染料大小以上，并具有如氨基、羧基那样的，能形成坚牢的离子结合、氢键结合或极性结合的基团。非结晶领域染色座位中最重要的基团是端基。在锦纶纤维中，端基不是氨基就是羧基。表 12-1 是几种纤维氨基、羧基含量比较，以每千克纤维中的量来表示。

表 12-1　几种纤维氨基、羧基含量比较

项目	羊毛	蚕丝	锦纶-66	锦纶-6
氨基/(mol/kg)	0.32	0.15	0.04	0.098
羧基/(mol/kg)	0.77	0.29	0.090	0.0693

与蛋白质纤维相比，锦纶-6 的受色基团很少，仅有其 20% 左右，所以锦纶-6 超细纤维染色较难，尤其是在染深色时难度更大。

等电点是指纤维不带电荷的 pH 值范围，在等电点以下时，纤维带正电荷，在等电点以上时，纤维带负电荷。锦纶为两性纤维，在不同的 pH 值介质中，带电荷的情况不同，由于适用 PA6 染色的染料多为阴离子染料，因此等电点的大小以及染色 pH 值的高低，不仅会影响得色量的大小，而且还会影响到上染速度和基布的匀染性。锦纶的等电点 pH 值为 5～6。在染色实验过程中，考虑到锦纶对无机酸比较敏感，为避免发生染色后强力急剧下降的情况，pH 值调节剂选用醋酸、硫酸铵、磷酸钠或其混合液等。

锦纶-6 超细纤维的超分子结构。纤维结晶度的高低或者说无定型区的多少以及无定型区中分子取向度的高低都会直接影响上染率。而这种纤维超分子结构与纤维自身化学结构、成纤时拉伸倍数和热定型的条件存在着直接关系。它直接影响染色温度的确定、染料的选择及上染率等条件。

化学纤维都是由很长的线状分子组成，超细锦纶也不例外，其平均分子量在 25000～30000 左右。在其固体构造中，键与链之间靠范德华力与氢键结合在一起。有些地方的分子链排列比较有规则，称为结晶区。有的分子链排列散乱，称为非结晶区。在结晶领域中，能相互结合的基团都极为有效地起作用，结果就形成了稳定的、紧密的、有规则的排列。与此相反，在非结晶领域，由于杂乱无章，各个基团都不能发挥其有效的作用，还有些基团甚至处于完全游离的状态。纤维就是由这些组织紧密配列良好的部分和比较松散的、分子比较散乱的部分所构成的。当然，结晶区和非结晶区之间是没有截然区别的，而是由比较有序的部分逐渐地向配列不良的领域过渡。结晶度的大小、分布状况、定向度等随加工条件的不同可在相当大的范围内变化。

染料分子中具有能与纤维形成结合的基团，但不一定能和纤维的任何部位产生结合。与染料发生关系的主要是比较散乱无序而又蓬松的领域，也就是非结晶区。可以认为是纤维中结点与结点之间的松弛、游离部位。纤维中松弛部分的间隙也相当重要，它决定了染料能否进入纤维的非结晶区。分子大的染料仅仅在纤维表面沉积，不可能向纤维内部转移。进入非结晶区的染料分子中某一特定的官能团能与非结晶区部分某一特定官能团形成结合，就产生了真正的染色作用。其结合形式有多种，如离子结合、氢键结合、范德华力结合等。

需要指出的是，纤维与染料分子的结合不是一成不变的，尤其是纤维的非结晶区状态和间隙受温度影响很大，以下是锦纶-6 的几个重要热转变点。

玻璃化温度：47.65℃，它是指从玻璃态向高弹态转变的温度，也就是高聚物链段运动开

始发生的温度。

转化点：180℃，高弹态向黏流态转变的温度，也就是聚合物熔化后发生黏性流动的温度。

熔点：215～220℃，指高聚物内晶体完全消失时的温度，也就是结晶熔化时的温度。

锦纶纤维在受热以后，随着温度的提高将相继出现玻璃态、高弹态和黏流态三种物理状态，在三个不同的温度变化范围内，表现出不同的变形幅度。

玻璃态时，非结晶部分分子热运动能量很低，不足以克服主链内旋转位垒，分子间的自由体积小，不能激起链段的运动，而处于被冻结的状态。这时给纤维有限的外力，处于非结晶部分的分子链的链长和键角发生微小变化，因而形变量很小，形变大小与所受的外力成正比，当外力消除后，变形立即消失而恢复原状。

高弹态时，纤维中非结晶部分分子因升温而获得较大的热运动能量，因而链段的运动受到激发，虽然整个分子链还不能移动，但分子热运动能量已足以克服内旋转位垒。在外力作用下，分子链通过内旋转和链段的运动产生较大的变形，当外力消除后，被拉直的分子链又会通过内旋转和链段的运动恢复到原来的卷曲状态。

黏流态时，相当高的加热温度不仅可以使非结晶部分分子的链段全部运动，而且整个分子链也能发生位移，大分子链可出现黏性流动，此时非晶态高分子物受到外力作用时，就会像液体一样发生黏性流动，产生很大形变，即使解除外力，变形也不会恢复，是不可逆的。

玻璃化温度是锦纶-6纤维的一个重要热转变点。当温度达到玻璃化温度时，纤维除变形发生很大变化外，其他许多物理性质如初始模量、比热容、热导率、膨胀率、密度、折射率等也都发生变化。染整时温度就是依据玻璃化温度来决定的。只有温度高于玻璃化温度，纤维处于高弹态，大分子的排列形态才能改组，染料才能进入非结晶区进行结合，然后降低温度使其回复到玻璃态，大分子间的排列就在新的所确定的位置上互相结合固定，建立起一个新的平衡，就达到染色的目的。锦纶-6纤维的玻璃化温度较低，所以染色时不需太高的温度，对染整后产品的强力保留和染色成本有好处。

锦纶纤维是两性纤维，既可吸附染液中的氢离子而带正电荷，又可吸附染液中的氢氧根离子而带负电荷，故可以用离子型染料进行染色。比如：酸性染料、中性染料、活性染料、直接染料、碱性染料都可以用。

三、 聚氨酯结构及对染色性能的影响

两种类型基布中的聚氨酯均为连续泡孔结构的弹性膜，具有一定的厚度，这种结构赋予材料优良的物理机械性能，但是也给染色工艺带来新要求，主要是透染性、同色性及色牢度问题。聚氨酯结构见图12-3。

影响聚氨酯染色性能的因素主要有：微孔结构；PU含量；PU模量。

微孔结构。微孔结构使聚氨酯膜成为海绵状，增大了与染料的接触面积。因此在一定范围内增加泡孔数量有利于染色进行，但也增加了染料消耗量。由于染液是沿着纤维与聚氨酯的间隙进入内部，由于微孔结构并不是全部连通的结构，泡孔壁会阻碍染液进一步向膜内部渗透。随着染液不断被泡孔吸收，进入基布中间部分越来越慢，而基布的厚度又远大于普通纺织品，所以很容易造成基布中间白芯的透染性差的问题。解决这个问题主要靠工艺的调整，基布前处理时的温度适当提高，处理时间适当加长，并辅助较强的机械力，使基布松散一些，在低温状态下先充分使染液向内部渗透。另外选择分子量相对较小的弱酸性染料，也可以明显提高基布的透染性能。

微孔结构对摩擦牢度的影响也很明显。PU微孔在染色过程中会残留部分染料，在后面水洗与皂洗过程中不可能完全清除干净，这部分染料会不断迁移到表面，使基布摩擦牢度降低。

聚氨酯含量。绒面革追求表面的颜色和手感，这主要靠纤维来体现。因此整个基布中要

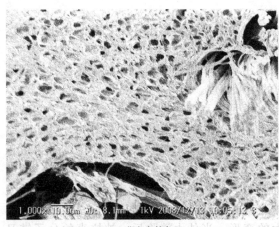 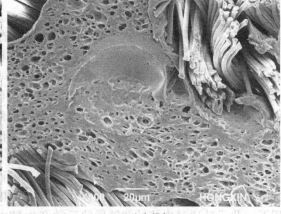

(a) 非定岛基布   (b) 定岛基布

图 12-3 聚氨酯结构

求在保证强力的情况下使聚氨酯含量尽量较低，尤其是表面部分。由于 PU 与 PA 存在化学结构的不同，对各种染料的亲和性也存在差异，导致在染色时二者的显色效果不同。如果聚氨酯含量过高，表面纤维无法形成有效覆盖，纤维与聚氨酯各自表现出不同色相，就会出现同色性不良的现象，严重时形成色斑。

聚氨酯模量。染色发生在无定形区，模量高是因为硬链段含量高，树脂的结晶度也大，染料分子很难进入，表现出的现象就是聚氨酯不上色或上色量低，染料大量聚集到纤维上，更加剧了两者的显色差距。在基布整体上，染料在表面聚集多，颜色深，而中心的纤维仍然上色，但聚氨酯不上色，宏观表现就是白芯现象。因此作为绒面革的聚氨酯模量不要太高。

PU 由多异氰酸酯与多元醇发生重键加成反应而制成，结构中具有类似酰胺基团及酯基团的结构，因此聚氨酯的物理与化学性质介于聚酰胺与聚酯之间。熔点一般在 50℃ 以下，玻璃化温度一般为 $-70\sim-50$℃ （聚醚型）和 $25\sim45$℃ （聚酯型），不同产品还在分子链中引入了不同组分，以提高各种性能。能够在聚氨酯上着色的染料有多类。如直接染料、活性染料、酸性染料、金属络合染料和分散染料等。但很多染料除对聚氨酯有较好的着色性外，还对锦纶有一定的染色效果。两者的色光差异会使最终的染色效果比原设计效果有较大偏差，出现两组分不同色或者只某一组分着色的问题。经常发生的现象是纤维着色而 PU 未着色，或者两组分都着色，但是显色有明显差异，纤维浅而 PU 深。分散染料对 PU 有较好的染色性能，但获得浓色较为困难，更主要的是分散染料迁移性非常强，给后续的造面和制品都带来很大的影响，因此不能采用；中性染料与酸性染料对锦纶与 PU 有较好的染色性能，但是在同色性方面还有欠缺，需要系统筛选染料，优化染色条件是必需的工作。

第二节　染料与染色

染色是把纤维或其他高分子材料染上颜色的加工过程。它是借助染料与被染物发生物理化学或化学的结合，或者用化学方法在被染物上生成染料而使被染物成为有色物体。染色产品不但要求色泽均匀，而且必须具有良好的染色牢度。

一、　染色基本过程

把基布浸入一定温度下的染料水溶液中，染料就从水相向纤维中移动，此时水中的染料量逐渐减少，经过一段时间以后达到平衡状态。基布中的染料与纤维形成一定的结合，这种现象就称为染色。

染料在溶液中的状态。水溶性染料：有可电离带电荷的水溶性基团。染料分子有机性强，尽管电离，但在水中有聚集倾向。难溶性染料：在水中主要借助于表面活性剂的分散作用。以微小颗粒存在于溶液中，但染色时仍需以分子态进入纤维。

染料之所以能够上染纤维，并在纤维上具有一定牢度，是因为染料分子与纤维分子之间存在着各种引力。各类染料的染色原理和染色工艺，因染料和纤维各自的特性而有很大差别，但就其染色过程而言，大致都可以分为三个基本阶段。

(1) 吸附 当纤维进入染浴后，染料扩散并转移到纤维表面的过程称为吸附。由于纤维界面存在难于流动的动力边界层，染料进入动力边界层，靠近纤维界面到一定距离后，主要靠自身的扩散接近纤维，这个阶段转移速度不仅和溶液流速有关，还和染料的扩散速率有关。因此，溶解状的染料分子比悬浮状及集聚体扩散快得多，染料的溶解度和分散状态对这阶段的转移速度有较大影响。染料靠近纤维界面到它们之间的分子作用力足够大后，染料迅速被纤维表面吸附。这个阶段的转移速度主要取决于纤维和染料分子的结构和性能，也和界面溶液的性质有关，其中染料的溶解度和分散状态对其有较大影响，染料分子作用越大，溶解度越高，吸附速率越快。吸附力为范德华力、氢键力、静电力。吸附的逆过程为解吸，在上染过程中吸附和解吸是同时存在的，并趋向动态平衡。

主要表现指标和影响因素。

染料直接性：一定条件下，染料向纤维表面转移、不容易再离开纤维表面的特性。定性表征染料吸附性能。

上染百分率：上染在纤维上的染料量与原染液总染料量之比。

亲和力：标准溶液状态（25℃，1atm，单位浓度）下，染料上染纤维的能力，仅与染料分子有关，是染料的属性。

匀染性：吸附可逆与匀染有关，反复吸附和解吸才能匀染。

影响吸附因素：温度高，使吸附解吸速率都加快，平衡上染率降低；pH 值，影响纤维和染料带电荷性和电荷量，从而影响吸附；电解质（盐）影响纤维与染料之间的电荷作用力，有促染或缓染的作用。

染色平衡包括染液中染料与纤维表面染料之间的平衡，纤维表面与纤维内部染料之间的平衡这两方面。染料从染液转移到纤维是一个可逆过程，染料一方面可以从染液中被纤维表面所吸附，并由纤维表面向纤维内部扩散；另一方面，纤维内部的染料也可以向纤维表面扩散，纤维表面的染料可以解吸到染液中。染色刚开始时，染液中染料浓度高，纤维上没有染料或染料很少，因此吸附速率较大，解吸速率较小，染料从染液向纤维的转移占优势。随着染色时间的推移，纤维上的染料逐渐增加，染液中的染料逐渐减少，吸附速率逐渐降低，解吸速率逐渐增加，在吸附速率等于解吸速率时，达到动态平衡。若其他条件保持不变，再延长染色时间，纤维上的染料浓度和溶液中的染料浓度也不再发生变化，达到染色平衡。染色平衡受外界条件影响较大，如温度、电解质、染液 pH 值等因素。

(2) 扩散 染料被吸附到纤维表面后，在纤维内外产生一个浓度差或内外染料化学位差，吸附在纤维表面的染料向纤维内部扩散，直到纤维各部分的染料浓度趋向一致。纤维表面与内部的染料浓度差是扩散的动力，染料的扩散破坏了最初建立的吸附平衡，溶液中的染料又会不断地吸附到纤维表面，吸附和解吸再次达到平衡。

染料的扩散性能一般用扩散系数来表示。与染料结构、纤维结构、染料直接性等有关。染料的扩散速率高，染透纤维所需要的时间短，有利于减少因纤维结构的不均匀或因染色条件的原因造成吸附不匀的影响。染料在扩散过程中要受到纤维分子的机械阻力，及纤维分子与染料分子之间的吸引力的阻碍，扩散速率是比较慢的。染料被纤维表面吸附的速率和在纤维中的扩散是影响整个染色速率的决定因素。

扩散速率首先决定于染料分子的大小和纤维微隙的大小。纤维的微隙小，形成扩散的机械障碍，染料分子通过微隙的概率就比较低，扩散比较缓慢。若染料分子大，纤维微隙小，则染料分子就不能进入或通过。染料分子小，纤维微隙大，有利于染料分子的扩散。染料在纤维内部的扩散基本上是以单分子形式进行的，染料聚集体大，一般不可能通过纤维的微隙。合成纤维的结晶度影响染料的扩散。结晶度高，则拉伸倍数大，分子排列整齐，玻璃化温度也相对较高，染料的扩散系数就低。

染料与纤维之间的引力对扩散有很大影响。在其他条件相同时，染料与纤维分子间引力大则染料在此纤维中的扩散系数就比较低。

扩散速率随染料浓度而变化，可以通过扩散方程或从实验测得的染料浓度分布曲线求出。染料浓度对扩散系数影响的大小，随染料种类和纤维种类的不同而不同，在非离子型染料上染非离子纤维时，染料浓度对扩散系数影响较小。而离子型染料上染具有相反电荷的纤维时，扩散系数受染料浓度的影响则较大。扩散速率随染料浓度的提高而增加，这有利于染深色时的匀染和透染。

染料在纤维中的扩散与染色温度有很大关系，提高染色温度，染料的扩散速率也提高。温度的升高增加了染料分子的动能，使更多的染料分子能克服阻力而向纤维内部扩散。温度和扩散系数之间符合阿累尼乌斯方程。

(3) 固着 染料与纤维结合并保持的过程。染料和纤维结合方式一般分为两种类型：纯粹化学性固色，即化学键合处理，指染料与纤维发生化学反应，而使染料固着在纤维上；物理化学性固着，即不溶处理，由于染料与纤维之间的相互吸引及氢键的形成，而使染料固着在纤维上。

上述三个阶段在染色过程中往往是同时存在，不能完全分开，只是在染色的某一段时间某个过程占优势而已。

二、染料

1. 染料分类、命名及选择

染料的分类方法有多种，一般最常用的是按染料的应用方法分类。分为直接染料、活性染料、还原染料、可溶性还原染料、硫化染料、硫化还原染料、分散染料、酸性染料、中性染料、氧化染料、缩聚染料等（表12-2）。

表 12-2 染料基本分类

分类	应用
直接染料	
活性染料	
还原染料(可溶性)	纤维素纤维
硫化还原染料	
不溶性偶氮染料	
酸性染料	
酸性媒染、含媒染料	蛋白质纤维、锦纶
阳离子染料	腈纶
分散染料	涤纶、氨纶

按化学结构分类：偶氮染料、蒽醌染料、靛类染料、三芳甲烷、酞菁染料。每种染料都有其自己的染色性能和性质，本文不进行详细讲述。

为了方便区别和掌握各种染料，我国对染料的命名统一使用三段命名法，染料名称分为三个部分，即冠称、色称和尾注。只要看到染料的名称，则基本了解该染料种类、颜色、光泽等。

冠称。表示染料根据其应用方法或性质分类的名称，如分散、还原、活性、直接等。

色称。表示该染料按标准方法染色后所能得的颜色名称，一般有四种方法表示：

① 采用物理上通用名称，如红、黄、绿、蓝、棕等；

② 用植物名称，如橘黄、桃红、橄榄绿等；

③ 用自然界现象表示，如湖蓝、金黄等；

④ 用动物名称表示，如鼠灰、鹅黄等。

尾注。表示染料的色光、性能、状态、纯度以及用途等，用字母和数字代表。

染料的三段命名法，使用比较方便。例如酸性红 2B，表示是酸性染料，染色后为红色，"B" 表示为蓝色光，"2" 表示蓝光较大，是一个蓝光较大的红色酸性染料。还原紫 RR，就可知道这是带红光的紫色还原染料，冠称是还原，色称是紫色，R 表示带红光，两个 R 表示红光较重。

在众多的染料中，选择适用于被染物的染料是染色最关键的一点。染料应用与选择应遵循以下基本原则。

（1）纤维性质　各种纤维由于自身性质差异，在进行染色时就需要选用相适应的染料。例如羊毛、蚕丝和锦纶染色时，由于分子结构上含有氨基、羧基，与染料除有离子键结合外，分子间力和氢键起着重要作用，因此结构简单的酸性染料很适合。但酸性染料缺乏较长的共轭双键和同平面性结构，所以对纤维素纤维缺乏直接性，不能用于纤维素纤维的染色。涤纶疏水性强，高温下不耐碱，一般情况下不宜选用以上染料，而应选择分散染料进行染色。

（2）被染物用途　由于被染物用途不同，故对染色成品的牢度要求也不同。例如窗帘和内饰要经常受日光照射，因此应选择耐晒牢度较高的染料，但其水洗牢度可以降低要求。作为服装面料，由于要经常水洗、日晒，所以应选择耐洗、耐晒、耐汗牢度较高的染料。作为鞋革，摩擦牢度和汗渍牢度是首先要考虑的指标。

（3）染料成本　在选择染料时，不仅要从考虑颜色和牢度，同时要考虑染料和所用助剂的成本。在质量允许范围内，应尽量考虑用能够染得同样效果的低成本染料。即使同一厂家同一系列的染料，价格相差也非常大。控制成本这项工作与染色的技术水平、设备状况等紧密相关，是建立在大量基础试验和工艺总结的基础上。

（4）拼色　染色过程中基本都需要拼色，选用染料应注意它们的成分、溶解度、色牢度、上染率等性能。由于各类染料的染色性能有所不同，在染色时往往会因温度、溶解度、上染率等的不同而影响染色效果。因此进行拼色时，必须选择性能相近的染料，并且越相近越好，这样可有利于工艺条件的控制，染色质量的稳定。

（5）染色机械性能　由于染色机械不同，对染料的性质和要求也不相同。高压溢流喷射要求染料耐高温稳定性好，而常压设备则要求染料溶解性好，渗透性高。即使同一支染料，在不同的染色机械上，其表现出的性能也不同。如酸性黄，在低温染色中常出现浮色现象，而在高温状态下则正常。

2. 色彩基本性质

自然界中的颜色可以分为无彩色和彩色两大类。无彩色指黑色、白色和各种深浅不一的灰色，而其他所有颜色均属于彩色。

（1）色彩三属性　色相也叫色泽，是颜色的基本特征，反映颜色的基本面貌。饱和度也叫纯度，指颜色的纯洁程度。明度也叫亮度，体现颜色的深浅。

（2）颜色的深浅和浓淡　物质的颜色深浅是指物质吸收的光波在光谱中的位置而言，物质吸收的光波波长越短，则颜色越浅。

物质颜色的浓淡，是表示同一种染料的颜色强度，即物质吸收一定波长光线的量的多少。

能增加染料吸收波长的效应称为深色效应，把增加染料吸收强度的效应叫浓色效应。反之，把降低吸收波长的效应称为浅色效应，把降低吸收强度的效应叫减色效应。

（3）颜色的拼配　在三种颜色中其中两种不能混拼出第三种颜色，这种关系称为三原色，常用的三原色为红、黄、蓝。三原色经过拼混可以得到二次色和三次色。

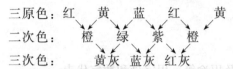

三原色：　红　黄　蓝　红　　黄
二次色：　　　橙　　绿　　紫　橙
三次色：　　　　黄灰　蓝灰　红灰

互补染料。在染料混合中，当两种染料混合时，如果一种染料所反射的色光，全被另一种染料所吸收，则该两种染料就称为互补色。如红—绿；橙—青；黄—蓝；黄绿—紫。太阳白光可分色，单色光可互补成白光。

混色有加法混色和减法混色两大类。当两种或两种以上不同光相混合得到的光的亮度是各组分亮度之和即为加法混色；两种或两种以上染料混色亮度下降即为减法混色。

加法混色。三原色混合得白光（黑色），两相邻的颜色相加得中间色，如：绿光＋红光＝黄光；绿光＋蓝光＝青光；红光＋蓝光＝品红光。相对的原色与中间色相加得白光，如：红光＋青光＝白光；绿光＋品红光＝白光；蓝光＋黄光＝白光。相邻的中间色相加得中间的原色但亮度上升，如：黄光＋青光＝绿光；红光＋绿光＋蓝光＋绿光＝白光＋绿光。任意改变三原色可得到一系列的颜色的光，如：2红光＋绿光＝红光＋黄光＝橙光。

减法混色。三原色混得黑光，相邻原色混得中间色，如：品红＋青色＝蓝色；黄色＋青色＝绿色；黄色＋品红色＝红色；相对的一原色与中间色拼混得到黑色，如：黄色＋蓝色＝黑色；白光－蓝光－绿光＝黑色；青色＋红色＝黑色；白光－红光－蓝光－绿光＝黑色；品红色＋绿色＝黑色。两中间色混合得中间的原色但亮度下降，如：黄色＋蓝色＝品红色；黄色＋品红＋品红色＋青色＝黑色＋品红色；蓝色＋绿色＝青色；绿色＋红色＝黄色。

3. 色彩的视觉心理

（1）色彩的冷、暖感　色彩本身并无冷暖的温度差别，是视觉色彩引起人们对冷暖感觉的心理联想。色彩的冷暖感觉，不仅表现在固定的色相上，而且在比较中还会显示其相对的倾向性。

暖色：人们见到红、红橙、橙、黄橙、红紫等色后，马上联想到太阳、火焰、热血等物像，产生温暖、热烈、危险等感觉。

冷色：见到蓝、蓝紫、蓝绿等色后，则很易联想到太空、冰雪、海洋等物像，产生寒冷、理智、平静等感觉。

中性色：绿色和紫色是中性色。黄绿、蓝、蓝绿等色，使人联想到草、树等植物，产生青春、生命、和平等感觉。紫、蓝紫等色使人联想到花卉、水晶等稀贵物品，故易产生高贵、神秘感。黄色，一般被认为是暖色，因为它使人联想起阳光、光明等，但也有人视它为中性色，同属黄色相，柠檬黄显然偏冷，而中黄则感觉偏暖。

（2）色彩的轻、重感　这主要与色彩的明度有关。明度高的色彩使人联想到蓝天、白云、彩霞及许多花卉、棉花、羊毛等，产生轻柔、飘浮、上升、敏捷、灵活等感觉。明度低的色彩易使人联想钢铁，大理石等物品，产生沉重、稳定、降落等感觉。

（3）色彩的软、硬感　其感觉主要也来自色彩的明度，但与纯度亦有一定的关系。明度越高感觉越软，明度越低则感觉越硬。明度高、纯度低的色彩有软感，中纯度的色也呈柔感，因为它们易使人联想起动物的皮毛。高纯度和低纯度的色彩都呈硬感，如它们明度又低则硬感更明显。色相与色彩的软、硬感几乎无关。

（4）色彩的前、后感　由各种不同波长的色彩在人眼视网膜上的成像有前后，红、橙等光波长的色在后面成像，感觉比较迫近，蓝、紫等光波短的色则在外侧成像，在同样距离内感觉就比较后退。实际上这是视错觉的一种现象，一般暖色、纯色、高明度色、强烈对比色、大面积色、集中色等有前进感觉，相反，冷色、浊色、低明度色、弱对比色、小面积色、分散色等有后退感觉。

（5）色彩的大、小感　由于色彩有前后的感觉，因而暖色、高明度色等有扩大、膨胀感，冷色、低明度色等有显小、收缩感。

（6）色彩的华丽、质朴感　色彩的三要素对华丽及质朴感都有影响，其中纯度关系最大。明度高、纯度高的色彩，丰富、强对比的色彩感觉华丽、辉煌；明度低、纯度低的色彩，单纯、弱对比的色彩感觉质朴、古雅。但无论何种色彩，如果带上光泽，都能获得华丽的效果。

（7）色彩的活泼、庄重感　暖色、高纯度色、丰富多彩色、强对比色感觉跳跃、活泼、有朝气，冷色、低纯度色、低明度色感觉庄重、严肃。

（8）色彩的兴奋与沉静感　其影响最明显的是色相，红、橙、黄等鲜艳而明亮的色彩给人以兴奋感，蓝、蓝绿、蓝紫等色使人感到沉着、平静。绿和紫为中性色，没有这种感觉。纯度的关系也很大，高纯度色给人兴奋感，低纯度色给人沉静感。

4. 禁用染料

禁用染料指含有致癌芳香胺结构的原料和直接能致癌的染料。1992 年 4 月德国立法提出了有关禁用染料的内容。VCI（德国化学工业协会）与 Bayer 公司提出的禁用染料共有 146 支，其中直接染料 84 支、酸性染料 29 支、分散染料 9 支、碱性染料 7 支、冰染料色基 5 支、氧化色基 1 支、媒染染料 2 支和溶剂染料 9 支。禁用染料以致癌芳香胺作为中间体合成的染料为主，包括偶氮染料和其它染料，同时禁用染料也不局限于偶氮染料，在其他结构的染料中，如硫化染料、还原染料及一些助剂中也可能因隐含有这些有害的芳香胺而被禁用。被这些法令所禁止使用的偶氮染料为通过还原裂解产生致癌性胺类物质的染料，除此以外的大部分偶氮类染料不属禁止使用范围。偶氮类染料的还原裂解之所以成为问题，是因为染料被人体吸收时，体内所含的还原性酶会引起染料的还原裂解，此时，有可能产生致癌性的芳香胺，所以被列为禁用对象。

根据 2000 年所发布的 Eco-Tex Standard 100 新版测试纺织品中有毒物质的标准，涉及的禁用染料还包括过敏性染料、直接致癌染料和急性毒性染料，另外还包括含铅、锑、铬、钴、铜、镍、汞等重金属超过限量指标，甲醛含量超过限量指标，有机农药超过限量指标的染料，以及含有环境激素、含有产生环境污染的化学物质、含有变异性化学物质、含有持久性有机污染物的染料等。

（1）直接染料。直接染料是禁用染料最多的一类，以联苯胺、二甲基联苯胺等作为中间体合成的直接染料为最多。我国生产的直接染料中属于禁用的直接染料达 37 支。

（2）酸性染料。禁用酸性染料涉及的有害芳胺品种较多，主要有联苯胺、二甲基联苯胺、邻氨基苯甲醚、邻甲苯胺、对氨基偶氮苯、4-氨基-3,2-二甲基偶氮苯等。色谱主要集中于红色和黑色，其它分布于橙、紫、棕等色谱。包括：弱酸橙 R，弱酸大红 H，酸性黑 NT29 等。由 2000 年 Eco-Tex Standard 100 新增 4 种：直接致癌性的 C.I. 酸性红 26 和 C.I. 酸性紫 49；过敏性染料是 C.I. 酸性黑 48；急性毒性染料为 C.I. 酸性橙 156 和 C.I. 酸性橙 165。

（3）分散染料。主要是 C.I. 分散黄 23，它是红光黄色双偶氮分散染料，我国商品名称为分散黄 RGFL。其他还有分散黄 E-5R、分散橙 2G、C.I. 分散橙 149、C.I. 分散红 151、C.I.

分散蓝 1 等。Eco-Tex Standard 100 中，过敏性分散染料有 26 种，致癌性分散染料有 C.I. 分散黄 3 和 C.I. 分散蓝 1。

(4) 碱性染料。碱性棕 4、碱性红 42、碱性红 111。其中：C.I. 碱性红 111 含有对氨基偶氮苯；C.I. 碱性红 42 含有邻氨基苯甲醚；C.I. 碱性棕 4 含有 2,4-二氨基甲苯。因为含有有害芳香胺而被禁用。如 C.I. 碱性黄 82 含有对氨基偶氮苯；C.I. 碱性黄 103 含有 4,4-二氨基二苯甲烷；C.I. 碱性红 76 含有邻氨基苯甲醚；C.I. 碱性红 114 含有邻氨基苯甲醚。

急性毒性染料中碱性染料有 6 种，C.I. 碱性黄 21、C.I. 碱性红 12、C.I. 碱性紫 16、C.I. 碱性蓝 3、C.I. 碱性蓝 7、C.I. 碱性蓝 81。已知直接致癌性中碱性染料为 C.I. 碱性红 9。

(5) 活性染料及还原染料。禁用染料中没有活性及还原两大类染料，但从 22 种有害芳香胺出发，个别品种需要注意，如活性黄 K-R、活性蓝 KD-7G、活性黄棕 K-GR、活性黄 KE-4RNI 等。还原染料中如还原艳桃红 R、还原红紫 RH 是由邻苯胺作为原料。

(6) 其他类型染料。由于其染料中使用了某些芳香胺中间体而成为禁用染料。如硫化黄棕 5G、硫化黄棕 6G、硫化淡黄 GC、硫化还原黑 CLG 以及硫化草绿 ZG、硫化墨绿 GH 等拼混硫化染料。因采用含偶氮染料结构的固体染料（涂料用）也受到禁用。包括永固橙 G、8205 染料金黄 FGRN、6103 染料金黄 FG 以及 8111 染料大红 FFG 等。

按照生态合成革的要求以及禁用 118 种染料以来，环保染料已成为印染行业发展的重点，环保染料是保证生态性极其重要的条件。环保染料除了要具备必要的染色性能以及使用工艺的适用性、应用性能和牢度性能外，还需要满足环保质量的要求。环保型染料应包括以下的内容。

不含欧盟及 Eco-Tex Standard 100 明文规定的在特定条件下会裂解释放出 22 种致癌芳香胺的偶氮染料，无论这些致癌芳香胺游离于染料中或由染料裂解所产生；不是过敏性染料；不是致癌性染料；不是急性毒性染料；可萃取重金属的含量在限制值以下；不含环境激素；不含会产生环境污染的化学物质；不含变异性化合物和持久性有机污染物；甲醛含量在规定的限值以下；不含被限制农药的品种且总量在规定的限值以下。

三、染色牢度

染色牢度是指染色产品在使用过程中或染色以后的加工过程中，在各种外界因素的作用下，能保持其原色泽不变的能力。

染色牢度是衡量染色成品的重要质量指标之一。它的种类很多，以染色产品的用途、所处的环境和后续加工工艺而定，主要有耐晒牢度、耐洗牢度、耐汗渍牢度、耐摩擦牢度、耐升华牢度、耐酸、耐碱等牢度。染料化学结构、染料在纤维上的物理状态、分散程度、染料与纤维的结合情况、染色方法和工艺条件等是影响牢度的主要因素。

染色产品根据其用途的不同，对染色牢度的要求也不同。依据使用环境和后续工艺要求不同种类的染色牢度，还没有发现能符合所有种类要求的染色牢度。

颜色牢度等级是通过标准灰度卡得到。基本灰卡由五对无光的灰色小卡片（或布卡）所组成，根据可分辨的色差分为五个牢度等级，即 5、4、3、2、1。在每两个级别中再补充半级，即 4-5、3-4、2-3、1-2，就扩大成为五级九档灰卡。每对的第一组成均是中性灰色，其中仅牢度等级 5 的第二组成与第一组成相一致，其他各对的第二组成依次变浅，色差逐级增大。

与合成革染色直接相关的牢度测试有以下几类。

(1) 日晒牢度 染色物的日晒褪色是个比较复杂的过程。在日光作用下，染料吸收光能，分子处于激化态而变得极不稳定，容易产生某些化学反应，使染料分解褪色，导致染色物经日晒后产生较大的褪色现象。

日晒牢度随染色浓度的改变而变化，浓度低的比浓度高的日晒牢度要差。同一染料在不同纤维上的日晒牢度也有较大差异，如靛蓝在纤维素纤维上日晒牢度仅为3级，但在羊毛上则为7～8级，日晒牢度还与染料在纤维上的聚集状态、染色工艺等因素有关。

日晒牢度共分8级，1级最差，8级最好。

（2）皂洗牢度 皂洗牢度指染色物在规定条件下于肥皂液中皂洗后褪色的程度，包括原样褪色及白布沾色两项。原样褪色是印染物皂洗前后褪色情况。白布沾色是将白布与已染物缝叠在一起，经皂洗后，因已染物褪色而使白布沾色的情况。

皂洗牢度与染料的化学结构和染料与纤维的结合状态有关。此外还与染色工艺有着密切的关系，染料上染不良、浮色多、染色后水洗不好，均会导致耐洗牢度下降。

皂洗牢度的试验条件随构成物的纤维品种改变而不同，皂洗温度可分为40℃、60℃和95℃三种。测试样品经试验、淋洗、晾干后按国家规定标准评级。试验方法可参考国家标准GB 3921—2008纺织品耐洗牢度试验方法。皂洗牢度的褪色和沾色等级，分别按"染色牢度褪色样卡"及"染色牢度沾色样卡"的规定评定，样卡分五级九档，每档差半级，一级最差，五级最好。

（3）摩擦牢度 染色物的摩擦分为干摩擦及湿摩擦牢度两种。前者是用于白布摩擦染色物，看白布的沾色情况，后者用含水100％的白布摩擦染色物，看白布沾色情况。湿摩擦是由外力摩擦和水的作用而引起，湿摩擦牢度一般低于干摩擦牢度。

染色物的摩擦牢度主要取决于浮色的多少、染料与纤维的结合情况和染料渗透的均匀度。如果染料与纤维发生共价键结合，则它的摩擦牢度就较高。染色时所用染料浓度常常影响摩擦牢度，染色浓度高，容易造成浮色，则摩擦牢度低。摩擦牢度由"沾色灰色样卡"依五级九档制比较评级，一级最差，五级最好。

（4）汗渍牢度 耐汗渍色牢度测试的是纺织品在汗液中的颜色保持程度。将纺织品与规定的贴衬织物合在一起，浸入含氨基酸的人造汗液中一定时间，置于有一定压力的试验装置中，再放入规定温度的烘箱中烘燥数小时。待试样和贴衬织物干燥后，用灰色样卡评定试样的变色和贴衬织物的沾色程度，即为该织物耐汗渍色牢度的变色及沾色等级。按五级九档制评级。

不同测试方法对耐汗渍色牢度经常出现结果差异。AATCC 15—2002只测纺织品耐酸汗色牢度，GB/T 3922—2013分别测试纺织品耐酸汗、碱汗色牢度。同一染色物，按AAT CC 15—2002测试的耐汗渍色牢度等级普遍比按GB/T 3922—2013测试的耐汗渍色牢度等级低，特别是沾色牢度。差异的最大因素是标准规定的汗渍液pH值不同。AAT CC 15—2002规定的pH值为4.3±0.2，GB/T 3922—2013规定的碱液pH值为8.0，酸液pH值为5.5。AAT CC 15—2002规定的pH值比GB/T 3922—2013规定的酸液pH值低，其酸性强许多，使染色物上不耐酸的染料更易脱落，所以依AAT CC 15—2002测出的耐汗渍色牢度更差些。

（5）耐晒牢度 耐晒牢度是指染物在日光照射下保持不褪色的能力。染色产品在光的照射下，染料吸收光能，能阶提高，分子处于激化状态，导致染料分解而褪色。日晒褪色是一个比较复杂的化学变化过程，它与染料结构、纤维种类、染色浓度、外界条件等都有关系。同一染料在不同纤维上的耐晒牢度有很大差异，而在同一种纤维上，耐晒牢度随染色浓度不同而变化，浓度低的一般比浓度高的牢度要差。

耐晒牢度分为8级，一级最低，约相当于在太阳下曝晒3h开始褪色；8级最高，约相当于曝晒384h以上开始褪色。

四、合成革染色

单独用于 PA6 和 PU 染色的染料都有多个种类，包括酸性染料、中性染料、分散染料、活性染料等。对 PA6 和 PU 进行单独染色时，单一染料可能会有很好的效果，但对于包含两种组分的超纤革来讲，则情况复杂得多。要考虑其匀染性、同色性、透染性、染料的配伍性和相容性等诸多因素。经过实际染色总结，并考虑合成革的使用要求，适合 PA/PU 染色的染料主要是酸性染料和中性染料；适合 PET/PU 的染料主要是分散染料。

1. 酸性染料染色

酸性染料是一类结构上带有酸性基团的水溶性染料，绝大多数染料是以磺酸钠盐的形式存在（—SO₃Na），少数为羧基。易溶于水，在水中电离成为染料阴离子。最初这类染料都是在酸性条件下染羊毛，因而称为酸性染料。

酸性染料为阴离子型染料，结构比较简单，分子中缺乏较长的共轭双键系统，通常以单偶氮和双偶氮结构为主。色谱齐全，色泽鲜艳，染色方法和染色设备也相对简单，而湿处理牢度和日晒牢度随品种不同而差异较大。分子小的、含磺酸基多的湿牢度差而匀染性好；分子大的、含磺酸基少的湿牢度较好而匀染性差。不同类型分子结构的酸性染料，染色性能与采用的染色方法也不同，可分为三类。

(1) 强酸浴染色的酸性染料 这类染料分子结构比较简单，磺酸基在整个染料分子结构中占有较大比例，所以染料的溶解度较大。在染浴中是以阴离子形式存在，必须在强酸性染浴中才能很好地上染纤维。这类染料是以离子键的形式与纤维结合，匀染性能良好，色泽鲜艳，但湿处理牢度及汗渍牢度均较低。加入电解质可起缓染作用。

(2) 弱酸浴染色的酸性染料 这类染料结构比较复杂，染料分子结构中磺酸基所占比例较小，所以染料的溶解度较低，在溶液中有较大的聚集倾向。染色时，除能和纤维发生离子键结合外，分子间力和氢键起着重要作用。在弱酸性染浴中就能上染，湿处理牢度高于强酸性染料，但匀染性略差，主要用于锦纶的染色。

(3) 中性浴染色的酸性染料 这类染料分子结构中磺酸基所占比例更小，它们在中性染浴中就能上染纤维，故称为中性酸性染料。这类染料染色时，染料和纤维之间的结合主要是分子间力和氢键产生作用。食盐、元明粉等中性盐对这类染料所起的作用不是缓染，而是促染。这类染料的匀染性较差，但湿处理牢度很好。

各类酸性染料的染色性能见表 12-3。

表 12-3 各类酸性染料的染色性能

项 目	强酸性染料	弱酸性染料	中性酸性染料
染色方法	用硫酸	用醋酸	用醋酸铵
染液 pH 值	2～4	4～6	6～7
染料溶解度	高	中	低
匀染性	好	一般	差
湿处理牢度	差	好	很好
对纤维的直接性	低	中等	高
与纤维的结合方式	离子键	离子键，分子间力和氢键	分子间力和氢键

用典型的强酸浴酸性染料染锦纶时，染液的 pH 值在等电点以下，纤维带正电，染料阴离子仅靠库仑力被纤维吸附。扩散进入纤维后，与纤维中的氨基正离子以离子键结合。染色饱和值与纤维中氨基的含量相当，由于纤维中氨基含量较低，所以饱和值相当低。染料分子中含的磺酸基数目越多，则一个染料离子占据的氨基正离子位置可能也多，则染色饱和值更低，很难染深浓色，而且湿牢度也不好。如果染色时 pH 值很低，则分子链中的亚氨基也可正离子

化而与染料阴离子结合，且 pH 值越低，吸收染料量越大，这就是所谓的超当量吸附。但在这种情况下，锦纶纤维容易水解损伤，而且这样的结合很不牢固，当 pH 值升高时，和亚氨基结合的氢离子脱落后，染料也就随之解吸下来，使其染色牢度下降，所以不采用。

用弱酸性或中性浴染色的酸性染料染色时，氢键和范德华力也起着很重要的作用，中性盐则起促染作用，它们的染色饱和值往往超过按氨基含量计算的饱和值。这是因为锦纶为线形分子，分子链上没有支链和大的侧基，染料分子容易和纤维分子靠拢，具有较大的范德华力，锦纶分子中有许多可以形成氢键的基团，染料与纤维之间容易形成氢键，因此酸性染料与锦纶的亲和力较高。所以染锦纶时常用弱酸性染料，借助于氢键和范德华力提高染料的上染率，尤其是中色、深浓色。

酸性染料对聚氨酯也可以上染，因为聚氨酯分子结构中存在氨基甲酸酯基、脲基等，结合形式为范德华力、氢键和离子键，但染色效果不理想。尤其是强酸性染料，染料几乎会全部固着于纤维表面，很少能够渗入到纤维内部，皂洗褪色严重，固色牢度很差。弱酸性染料比强酸性染料的上染百分率稍高，水洗牢度也好些，但皂洗牢度依然不理想，染料同样不能渗入纤维内部，耐光牢度差。

选择染料时，还应综合考虑染料的匀染性、亲和力和湿牢度等性能。染料的分子量在 400～500 的单磺酸偶氮染料和分子量在 800 左右的二磺酸偶氮染料，匀染性及湿处理牢度均较好。若分子量太大，不能匀染；分子量过小，湿牢度下降。

由于锦纶末端氨基含量比较少，染色饱和值很低，所以当使用两个或两个以上染料拼色染色时，往往会发生竞争染位的问题。随着染色时间的延续，染色的色泽、色光不断变化，难以获得满意的拼色效果。如选用的拼色各染料上染速率和亲和力相差较大时，在不同的染色时间内，所染的纤维的色泽就不相同。严重时，一种染料可以把已上染在纤维上的另一种染料取代下来。如酸性红 J 和酸性蓝 BN 拼色时，酸性红 J 亲和力高，酸性蓝 BN 亲和力低，最后主要是酸性红 J 上染纤维，酸性蓝 BN 则很少上染，成品的色相与设计值偏差很大。因此，在拼色时应注意选择配伍性较好的染料，并要控制好染料的用量。

酸性染料染锦纶时，上染速率受染色温度影响较大。锦纶 6 的玻璃化温度较低，始染温度可控制在 30℃以下。若要使染料扩散到纤维的无定型区内，就要提高染色温度，使纤维分子链绕动，增大分子内的自由体积。染料体积大，需要的温度就高（超过玻璃化温度也多）；染料体积小，温度可以低些。随着温度的升高，纤维大分子链段开始运动，染料开始扩散上染。弱酸性染料一般升温至 60℃时，染料开始解聚，纤维大分子链段运动也加强，染料上染迅速，这时应严格控制升温速度。弱酸性及中性染色的酸性染料通常在近沸的情况下染色。染浅色时，温度可略低一些。

酸性染料染锦纶上染速度较快，初染率高，扩散性和移染性差，不易染匀。除了控制加工条件、选择遮盖性较好的染料外，选择适当的性能较好的匀染剂也是锦纶染色过程中一个相当重要的因素。

2. 中性染料染色

中性染料是由二羟基及偶氮化合物与有机酸的三价铬盐（如铜、铬）通过络合作用形成的。根据染料和金属的络合比例及络合工艺不同，可分为 1∶1 型和 1∶2 型，通常所指中性染料为 1∶2 型酸性含媒染料，金属原子与染料分子以 1∶2 的比例结合。在染料分子中不含有磺酸基等水溶性基团，而只含有水溶性较低的亲水性基团，如磺酰氨基（—SO_2NHR）、甲砜基（—SO_2CH_3）等，它们一般在中性或弱酸性介质中染色。

用中性染料染锦纶时，可以得到较深的色泽，且具有较好的湿处理牢度和日晒牢度，染料之间的拼色性能好，较少发生竞染现象，染料利用率高，染色工艺相对简单。由于染料分子中含有金属离子，色泽不够鲜艳，价格也相对较高。

非磺酸基中性染料分子结构中不含磺酸基，匀染性好，但溶解度较低，是染浅色的较为理想的染料。1∶1型单磺酸基中性染料分子中含有一个磺酸基，溶解度较高，匀染性一般，深色性能较好，适合染棕色、深黄等中等浓度的颜色。1∶1型双磺酸基中性染料分子结构中含有两个磺酸基，溶解度高，深色性能好，但匀染性较差，适合于染黑色、军绿、藏青等深色品种。

中性染料主要以阴离子形式同锦纶的氨基正离子成盐式键结合，同时染料分子还可以同纤维以氢键和范德华力结合，故中性染料对锦纶有较好的亲和力。由于吸附染料分子的结合数量大大超过纤维分子末端氨基的数量，所以染料上染百分率高，染色的饱和值也较大。为控制染料均匀缓慢上染，染浴 pH 值应稍高一些，以减少氨基正离子的数量，减少库仑力。根据情况染浴 pH 值控制为：深色 5～6，浅色 6～7。对上染百分率较低的颜色，在沸染一段时间后，可加入适量的冰醋酸（通常为基布重量的 1％左右），以促使染料进一步上染。

锦纶的玻璃化温度较低，为了防止产生色花，起染温度可以稍低一些，升温速率尽可能慢些。另外，为调整色光而需补加染料时，若染浴 pH 值在 6.5 以上时，可直接在沸染浴中补加；若低于 6.5 时，必须用磷酸三钠调高 pH 值后才可加入，否则容易产生色花现象。

染深色品种时，为了提高染色牢度，染色后必须清洗基布表面残留浮色，一般在 40～50℃下清洗三次。然后固色，固色后手感稍微粗糙，要进行柔软处理。深色基布一定要先固色再柔软处理，浅色基布水洗后可直接进行柔软处理。

中性染料也可以染聚氨酯，主要通过氢键、范德华力以及库仑力结合。选择合适的中性染料品种用于聚氨酯染色，可以得到足够的饱和值。染色须在低张力下进行，必要时还要经过热定型。中性染料在聚氨酯上的吸附表现为二元吸附特征，即 Langmuir 型和 Nernst 型吸附同时存在，且随着染料 IOB 值降低，即疏水性大，Nernst 吸附的贡献增大，亲和力提高，上染率明显增加。中性染料对聚氨酯的染色比一般的酸性染料效果要好。

3. 分散染料染色

分散染料是一种疏水性强的非离子染料，结构中没有水溶性基团但含有很多极性较大的基团，如—NO₂、—NH₂、—CN、—OH 等，这些基团可与纤维形成氢键结合。分散染料的水溶性差，在染色中是靠分散剂将其分散成悬浮体。分散染料主要用于 PET/PU 型超纤染色，匀染性好，色泽浓艳，渗透程度高。

分散染料按应用时的耐热性能可分为低温型、中温型和高温型。低温型染料的耐升华牢度低，匀染性能好，称为 E 型染料；高温型染料的耐升华牢度较高，但匀染性差，称为 S 型染料；中温型染料介于两者之间，称为 SE 型染料。用分散染料染色时，需按不同染色方法对染料进行选择。

聚酯纤维具有疏水性强、结晶度高、纤维隙小和不易润湿膨化等特性，要使染料以单分子形式顺利进入纤维内部完成染色，常规方法是难以实现的，要在有载体、高温或热溶下使纤维膨化，增大分子间的空隙，同时加入助剂以提高染料分子的扩散速率，染料才能进入纤维并上染。为防止分散染料及涤纶在高温及碱作用下产生水解，分散染料的染色常需在弱酸性条件下进行。

分散染料是染 PU 的主要染料类型，这与 PU 的自身分子结构和发泡结构有关。PU 在基布表面和内部形成不完全连贯的高分子膜，其结构由软链段和硬链段组成。软链段部分结构疏松，是分散染料上染的主要位置。分散染料对 PU 有较好的上色，在一定范围内，随着染色温度的提高，吸收量增大，染液中残留量较少，这对选用高力分的染料染制深色品种时是非常重要的。分散染料在聚氨酯上的色牢度也较好。

高温高压染色法是分散染料最常用的方法，在高温有压力的湿热状态下进行。适宜染深浓色泽，染色 pH 值一般控制在 5～6，常用醋酸和磷酸二氢铵来调节。为使染浴保持稳定，染色时需加入分散剂和高温匀染剂。染料在 100℃ 以内上染速率很慢，即使在沸腾的染浴中，上染速率和上染百分率也不高，所以必须加压，染浴温度可提高到 120～130℃。由于温度提高，纤维分子的链段剧烈运动，产生的瞬时孔隙也越多和越大，染料分子的扩散也加快，增加了染料向纤维内部的扩散速率，直至染料被吸尽而完成染色。但温度过高会降低分散剂对染料的吸附，染料颗粒之间碰撞、凝聚的机会增加。

分散染料结构简单，在水中呈溶解度极低的非离子状态，为了使染料在溶液中能较好地分散，需加入大量的分散剂。分散剂被吸附在染料颗粒的表面，形成双电层，阻止染料颗粒之间的碰撞和结晶增长，使染料成悬浮体稳定地分散在溶液中。如果染料颗粒相互碰撞而凝聚成大颗粒，染色时易造成染色不匀，甚至产生色点。

分散染料的染色速度因染料品种不同而有较大差别，拼色时应尽量选用上染速度相近或配伍性较好的染料。分散染料可以和弱酸性染料或中性染料拼混染色，以调整色光并增进匀染度，达到取长补短的目的。多组分色光近似的分散染料混合的染料，其性能优于组分中任一组分，混合后牢度改善，色泽增加，上染率增加，提升性提高，产生了混合增效作用，染色性能获得明显改进。

在超细纤维染色时，大多数偶氮型分散染料的初染率较高，杂环型分散染料的初染率最低，而最终竭染率又以杂环型高而偶氮型低。有些初染率高的分散染料，匀染性就差；有些初染率较低，其竭染率较高，匀染性也好。

分散染料的热迁移问题一直困扰其在合成革领域广泛应用。涤纶纤维经分散染料染色后，经过高温处理，由于助剂等的影响，分散染料会产生一种热泳移，这种现象在长期存放过程中也会产生。热迁移的原因是纤维表面的助剂在高温时能溶解染料，热又使纤维内部的染料逐步向纤维表面积聚，其实质是分散染料在两相中的分配现象引起的。纤维表面助剂对热迁移的影响，与它对分散染料的溶解性有关。目前主要是以非离子表面活性剂，如脂肪醇聚氧乙烯醚或烷基酚聚氧乙烯醚等作为乳化剂，配制的乳液残留在纤维表面。分散染料的热迁移与染料化学结构有一定关系，新出现的防热迁移的分散染料，它的分子量较大，其偶合组分含邻苯二甲酰亚胺，与涤纶纤维的亲和力较大，以致在高温时染料也较难从纤维内部迁移到表面。

第三节　染色方法

超纤染色的方法很多，从染色设备上分有卷染法，溢流、喷射染色及气流染色、转鼓喷雾染色等。从工艺上分有高温高压法和低温常压法。各种方法都有自己的特点和优势。

一、卷染法

卷染法使用的是卷染机，是一种间歇式的染色机械，根据其工作性质可分为普通卷染机、高温高压卷染机。普通卷染机的染槽为不锈钢制，槽上装有一对卷布轴，通过齿轮啮合装置可以改变两个轴的主、被动，同时给基布一定张力。在染槽底部装有直接蒸汽管加热染液，间接蒸汽管起保温作用，槽底有排液管。卷染机见图 12-4。

染色时，基布织物由被动卷布辊退卷入槽，再绕到主动卷布轴上，这样运转一次，称为一道。基布每走完一道，用过调速齿轮箱的控制，自动

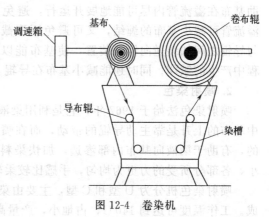

图 12-4　卷染机

掉头，即被动辊变成主动辊，重复进行卷绕，按工艺需要完成规定的道数，再打卷出机。

普通卷染机为敞口式，蒸汽消耗量大，并且在高温染色时，卷布辊的两边温度不同，容易造成色差。普通卷染机设备运转时只有一只卷布辊为主动辊，张力较大，并且随着卷的大小不同，基布运行的线速率不同，张力也随之改变。改进的等速卷染机通过齿轮箱的作用，使两只辊均变为主动，保持了速度和张力的稳定，还能调向、记道数和停车自动化。高温高压卷染机类似将交辊卷染放入高压容器内，一般可实现自动加料与运行自控等功能。

合成革采用卷染法具有调度灵活、操作简便、设备简单、投资少、机动性强等特点，适用于多品种、小批量生产。但是缺点也很明显。

① 由于基布很厚，卷布的运行速度不能太快，基布头尾进入染液的时间差加长，而超纤基布吸收染料很快，容易造成染液的浓度波动，基布前段和后段对染料的吸收量不同，出现基布头尾的色差。

② 对基布厚度要求高。由于是不断进行打卷，如果基布厚度偏差稍大，打卷时容易跑偏起鼓，起鼓部分会因为卷放压力和染液渗透等原因，出现与周边颜色不同的色道。

③ 卷染只在两个卷布辊上运行，对基布的机械力作用很弱，但是纵向张力很大。对基布的纤维无松散作用，反而由于张力作用使染色后的产品板硬，手感不好。

二、 溢流、 喷射染色

溢流、喷射染色是现在合成革行业运用最普遍的染色设方法。溢流、喷射染色设备种类很多，基本都为高温高压型。代表性的染色方法有溢流染色、喷射染色及喷射溢流染色。

1. 溢流染色

溢流染色是特殊形式的绳状染色。溢流染色机一般为卧式圆筒形，不锈钢制成，能承受染涤纶超纤的高温高压染色温度（130℃）。由染槽、导绸辊、加料桶、热交换器、过滤器、进出绸架和各种管路等组成，见图12-5。

采用溢流染色机染色时，待基布进入机内，首尾两端经缝合而呈松弛环状。运转时主动提布辊自贮布容器染液中提上基布，染液从染槽前端多孔板底下由离心泵抽出，送到热交换器加热，再从顶端进入溢流槽。溢流槽内平行地装有 2～3 根溢流管进口，当染液充满溢流槽后，由于和染槽之间的上下液位差，染液溢入溢流管时带动基布一同进入染槽，如此往复循环，达到染色目的。

由于采用了溢流原理，以溢流的方式推动基布运行，使基布在整个染色过程中呈松弛状态，受张力小，对纤维有一定的松散效果，染后织物手感柔软，得色均匀，有效地消除了基布因折褶而造成的疵病。但溢流染色时浴比大，染料和用水量大。

作为合成革基布染色，由于大部分是薄型品，所以溢流管的截面最好呈椭圆形，这可帮助基布在溢流管内尽可能地展开运行，避免紊流。与普通的圆形截面溢流管相比较，椭圆形溢流管可减少基布的缠结，又可避免矩形截面溢流管内死角处容易沾色的缺点。在染槽液面与导辊之间加装逆向给液装置，使基布能以平幅状态从染液中到达导辊，减少基布在染色过程中产生的皱印。同时还能减小基布在导辊上与染液之间的温度差，确保匀染。

2. 喷射染色

喷射染色法始于 1967 年，它是利用染液的喷射作用和液流推动基布前进。在溢流染色机中基布的上升是靠主动导辊的带动，而在喷射染色机中，基布的上升是由喷口喷射染液带动的，有助于染液向基布内部渗透，加快染料对基布的染色作用，减少浴比。而基布的张力更小，各部分所受的力更为均匀，手感比较柔软。

喷射染色机分为 U 型和 C 型，主要由染槽、喷射器、导布管、热交换器以及循环泵等组成。工作温度可达到 140℃，占地小，产量高，可节约材料、动力和劳动力。它不仅有高温高压式，而且有常压式；不仅能用于合成纤维，也能用于天然纤维；不仅能用于染色，也能用于前后处理，具有很强的通用性。

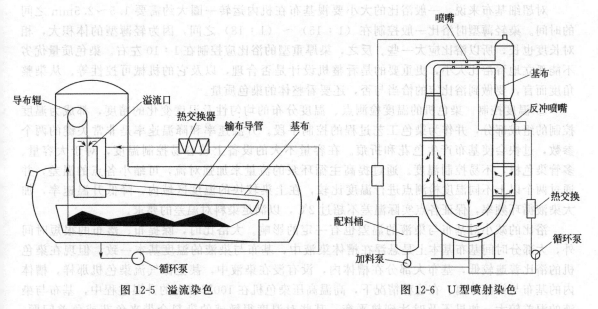

图 12-5　溢流染色　　　　　　　　　　图 12-6　U 型喷射染色

　　U 型喷射染色时（图 12-6），基布头尾相接，将 U 形管内注入染液，呈半充满状态，浴比较小[(7～10)∶1]。通过循环泵将染液由 U 形管中部抽出经加热交换器，再由顶部喷嘴喷出，在喷头液体喷射力的推动下，基布在管内循环前进，然后落入染槽，呈松弛弯曲状浸渍在染浴中并缓慢向前移动，循环运行，完成染色。

　　喷嘴是喷射染色机的关键部分，喷嘴口径越小，流速越大，冲击力越大。合成革基布单重很大，带动运行需要较大的力，因此喷嘴孔径要略大，但是要适度减少运行速度，增加喷射压力，并加快染液循环速度。

　　染液由大功率泵驱动，由于染液的喷射作用有助于染液向绳状基布内部渗透，染色浴比也小，基布所受张力更小，因而获得了更优于溢流染色机的染色效果。染液的喷射作用对基布纤维起到一定的松散和机械做软效果，因而手感更柔软。喷射染色对操作要求高，需要根据单重更换喷嘴，生产中控制不当易出现堵布现象。喷射作用使染色时易出现大量泡沫，往往需要添加消泡剂。

3. 喷射溢流染色

　　喷射溢流染色是在喷射和溢流染色的基础上发展起来的，机内既有溢流装置，又有喷射装置。通过调节喷嘴，可做溢流、喷射、溢喷结合三种不同状态的染色方式。浴比一般在（5～7）∶1，工作温度最高一般在 140℃。与溢流染色机相比，织物所受张力较小，染色浴比小，染液及染物的循环速度快，匀染性较好，但容易产生大量泡沫。与喷射染色机相比，操作较简单。高温高压溢流喷射染色机类型主要有 O 型机、U 型机和 J 型机等。

　　在溢流喷射式的染机上都装有喷嘴，其直径一般配有 50mm、60mm、70mm、80mm、100mm 数种，合成革基布属于特厚的产品，单重在 $300～600g/m^2$ 左右，宜选择 100mm 以上的喷嘴。浴比宜控制在 1∶10 左右。一般浴比的大小要使基布在机内运转一回所需时间在1.5～2min 之内，基布在机内滞留过程中难免受热不匀从而导致色花，而且往往还会因机内的染液流速不合理引起打结和堵布等现象。

　　喷射溢流染色特点如下。

　　① 浴比的控制。部分染厂在浴比认识上也存在一定的误区，在控制生产成本的大环境下，

认为对染色机来讲，浴比越小越好。其实溢流喷射染色机的浴比不是由机械生产企业规定的，而是应该由染整企业根据加工产品在制定工艺时确定。

对超细基布来说，一般浴比的大小要视基布在机内运转一圈大约需要 1.5～2.5min 之间的时间。染轻薄型时浴比一般控制在 （1：15）～ （1：18）之间，因为轻薄型的体积大，相对长度也长，所以浴比应大一些。反之，染厚重型的浴比应控制在 1：10 左右。染色质量优劣不能孤立地看浴比大小，更重要的是看整机设计是否合理，以及它的机械可控性等。从染整角度而言，要做到浴比定的恰当与否，还要看整体的染色质量。

② 温度控制。染色机的温度检测点、温度分布的均匀性及温度变化的精度，都成为温度控制的组成部分，并作为染色工艺过程的控制手段。升温速率和降温速率是非常关键的两个参数，过快会使基布产生色花和折痕。在容量不大的设备上较容易控制温度，对于大容量、多管染色机，不易控制温度。通过提高主循环泵的流量来加强对流，可缩小各点的温差，并通过两个以上不同温度检测点进行温度比较，在上染较快的温度区域内，降低升温速率，加大染液循环频率，保证各点实际温差不超过 2℃，以满足染料对温差的要求。

浴比的减小对基布与染液的温差也有一定的影响。大浴比时，除提布、落布的很短时间外，大部分时间基布基本上是悬浮在槽体染液中，基布与染液的温度基本一致。但现在染色机的浴比普遍较低，基布大部分在槽体内，没有浸在染液中，甚至像气流染色机那样，槽体内的基布与染液分离。在这种情况下，高温高压染色机在 100℃ 以上的升温过程中，基布与染液的温差较大，如果不及时达到热平衡，某些对温度很敏感的染料会带来色花或色差问题。通常需要在不同的温度阶段给予不同的升温速率，并在中途设定一定的保温时间，来缩短热平衡的时间，减少染色异常。

③ 化料与加料。计量加料是按照各种染料的不同特点、上染规律以及被染基布的材料特性制定出的一种染料和助剂的注入方式，能够实现分时间、分阶段、计量和注入速度控制，让被染基布在最短时间内达到匀染性。要注意染料加入的速率和浓度，一般应稀释至 1：10 （即 1kg 染料或助剂要用 10kg 的水稀释），宜多而不宜少，然后用 5min 左右缓慢注入染机。

④ 染液与基布的交换频率。溢喷染色机中，基布与染液主要是在喷嘴和导布管中发生周期性作用，习惯上称为染液与基布的交换频率，从染色理论上讲，交换的频率越高整个被染物达到的均匀性越好。

提高染液与基布交换频率的方法：染液循环频率的增加或基布运行线速率的提高。线速率提高是靠喷嘴染液的喷射力和提布辊的转速来达成的，线速率的提高会产生较大的经向张力。通常采用提高染液循环频率的方法，它不但可以提高染液与基布的交换频率，而且还可以增加染液强制对流，减少染液的温差和浓度差，提高移染性。这种方式的缺陷是主泵功率较大。

⑤ 匀染性。基布在绳状染色过程中，每一部分都有足够的时间和染液进行交换，所以染色的均匀性是由移染来保证的。采用绳状染色机基布不会出现平幅染色中的头尾差或左右色差的现象。

⑥ 低张力。基布绳状染色机除提布和落布受提布辊或喷射液流牵引运动外，都处于松式自然堆放状态。张力的大小不但影响基布的吸液量，而且还容易使基布造成变形。

三、 气流染色

气流染色是近年发展的一种新的染色方法，见图 12-7，以其高速、小浴比的特点被越来越多的染整厂应用。气流染色技术采用气体动力系统，基布在染液与空气混合的气流带动下在专用管路中运行。与传统喷射染色技术相比，气流染色技术具有超低浴比、大量减少用水、减少化学染料和助剂用量，并缩短染色时间，产品质量明显提高等特点。

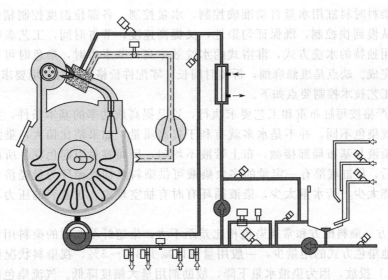

图 12-7 气流染色

染液雾化与气流导入室是整个气流染色机的核心部分，首先加热的染液必须经过喷头成为气雾状小颗粒，染液能不能雾化，雾化彻底不彻底，将影响雾状染液的均匀度，直接影响染色的质量。雾化后的染液不能直接喷到基布上，它要和进入雾化室的气流发生混合，混合的过程在瞬间完成，加入了雾状染液的气流随即进入导布室。这种混合的气流有两个作用，一个作用是吹动承托基布向前运动，另一个作用是在运动的过程中气流中的染液冲击基布，极细小的染液与基布充分结合，给基布着色。如此循环反复作用。染液经雾化再由空气轻柔地带到基布上，不损伤基布，也使染料更易渗透入基布内部，提供更好的均染性，染色浴比液可降至最低。雾化气流吹开织物，使基布在循环过程中不断改变绳状状态，染色时出现折痕的机会降至最低。

在气流染色机中染色时，存在气流、水流和基布三大循环。通过三个系统的有效配合，完成染色过程。

（1）气流循环 推动基布运行的是带有染液的雾化气流，染色机内存在气流的循环。染缸内的空气通过空气过滤器后由一个强有力的风机加速，形成强大的高速气流。该气流通过空气输送管道，分别送到各个喷嘴，在喷嘴里高速气流将染液带出瞬间雾化，从喷嘴里喷出的带有雾化染液的气流带动基布运行，同时雾化的染液均匀地接触织物。从喷嘴喷出的气流进入染缸内，经过过滤器又吸回风机，经风机加速后重新输送到喷嘴，如此反复循环。

（2）水流循环 染液集中在特氟龙（聚四氟乙烯）轨道下方的染缸底部，经过染缸最底部的回液管，通过染液过滤器，再由一个很小的染液循环泵输送到热交换器，然后通过细小的输液管分别输送到喷嘴处，在喷嘴处染液被高速气流产生的压差瞬间雾化在气流中，喷向基布使基布带色上染。由于染液温度是不断提高的，染色就按规定的升温曲线进行。从喷嘴处出来的基布落在底部有特氟龙条的轨道上，织物上多余的染液会自动滴流到染缸底部，又经输液管到染液过滤器，经染液泵循环运行。

（3）基布循环 在气流的作用下，经过提布轮的帮助，基布在染缸内快速运行，基布经过提布轮时是绳状，过喷嘴后在气流作用下舒展一些，又在往复摆布装置作用下，较均匀地堆置在贮布轨道内特氟隆条上，不容易压布。基布的运行速度是数字化，很方便地由电脑控制。

气流染色的优点是设计合理。气流作为动力，又使浴比降至最低，节能环保，贮布轨道内落布堆置较均匀，不易压布，水洗方式独特优异，自动化程度高，可操控性好。浴比控制非常准确、进染料时料缸用水量自动准确控制，水量控制、各部位温度控制精确可靠，进料速度可按曲线从慢到快控制，既保证匀染性，又提高速度，节省时间，工艺参数电脑程序数字化控制；使用独特的水洗方式，淋浴式的水洗效率高，节水省时，染色时可以将皂洗、水洗快速一次性完成。缺点是维修麻烦，拆装时间长；零配件价格高；对环境要求高。

气流染色工艺技术控制要点如下。

① 浴比。严格按每缸布重和工艺要求执行，这是提高成功率的基本条件，并且要合理控制浴比。与常规染色不同，并不是水多就有利于提高质量，如果浴比偏大，染缸底部水位超过特氟龙条，染液与基布局部接触，布上带液不均匀，反而容易引起色花。所以染液量以基布能完全吸液后，染缸底部有一定量的多余染液可供染料泵抽吸循环为最经济合理。气流染色时水量也不能太少，若水量太少，染液循环有时有抽空现象，压差表的压力不稳定，也容易色花。

② 染色配方。染料配方和常规染色相比差距不大，染超纤基布时的染料用量比常规品种要大，但比其他染色方式的用量少，一般用量可以减少 3%～5%，视染料状况而定。助剂按浓度计算（g/L）投放，因为染液水量下降，故助剂用量大幅度降低。气流染色的保温温度与常规染色工艺相同，应视实际染色效果适当延长保温时间为好。

③ 染色工艺程序。根据基布品种、颜色及所用的染化料制定合理的前处理、染色和后处理的工艺步骤、加料、升降温保温曲线等。

④ 进料。气流缸的进料为自动搅拌、自动加热、自动进料，可设定进料速度，提高加助剂的速度和促进助剂与染液的均匀混合，从而提高匀染性。

⑤ 风机、提布轮速度控制。要根据基布材料性质、规格品种、质量、加工要求等，选择合适的风量、提布轮速度，保证合理的布速，一般布速在 $250～380m/min$，既要防止断头，又要防止色花。

⑥ 染液滤网和空气滤网，染液滤网每缸拆洗，空气过滤器每个月拆洗一次。

⑦ 水质要求。由于喷嘴很小，气流染色对水质要求较高，水中不能含有沙粒和杂质，防止喷嘴堵塞产生管差和色花。

气流染色易出现的问题如下。

① 条状色花。气流染色时织物在染缸内循环时除了经过喷嘴以外，绝大部分时间是在轨道内绳状有序折叠堆置，这时基布只是吸满染液，而非浸泡在染液中，所以容易造成收缩不够均匀，出现条状色花。若喷嘴略有堵塞，喷到基布上的染液不够均匀也会有条状色花。

② 管差。喷嘴堵塞会引起管差，原因还在于染液过滤网没有盖严，水中有杂质或布本身太脏带入杂质等。各管之间布量不等，提布轮速度有差异，也是造成管差的原因。

③ 批差。不同批次在升温、保温、降温的循环过程中的张力、冲击力、升降温速率、保温温度与时间等都可造成批差。如果工艺参数控制不合理，风机功率、提布轮速度、水量、布量等没有很好的控制，电脑工艺参数管理不严，管理不到位，也会使不同批次基布出现颜色差异和风格差异。

④ 提布轮缠布。提布轮速度和风机运行参数控制不当，导布轮速度过快，或风机开得过小，布容易缠到导布轮上，如发现不及时，缠得过于严重则排除故障很麻烦。

四、转鼓喷雾染色

转鼓喷雾染色方法来源于真皮和成衣染色，见图 12-8，属于间歇式染色中特殊的一种，完全的松式染色。其主要组成是一个多孔转鼓，基布放入内鼓中，外鼓承载染液。内鼓的下部浸在染液中，以一定的时间正反转，反复进行，直到染色完成。基布在整个过程中与部分染液做同步翻滚运动，机械作用很强。温度控制通过底部的蒸汽盘管加热染液，通过内鼓的运动和循环泵的作用实现染液温度一致。内部染液通过下部管道进入循环泵，再通过上部的喷雾装置喷到基布上，实现染液的上下循环，保持浓度的稳定。水洗时可通过冷水喷头在不停机的情况下边喷边洗，洗涤效率高。

这种染色方式的特点如下。

① 染色温度低。由于设备为常压，加上自身散热，最高染色温度不超过 85℃。通常用于锦纶基布的染色，而不适合涤纶超纤。使用中性染料和酸性染料等低温上染的染料，而不能使用上染温度很高的分散染料。

② 匀染性好。由于基布总是同染液在一起运动，基布内的染料浓度与染液的浓度差非常小，各部位受染均匀，如果基布无瑕疵，基本不会出现匀染性的问题。

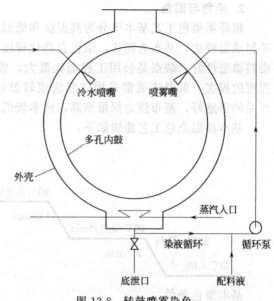

图 12-8 转鼓喷雾染色

③ 高吸收率。由于低温时间比较长，染液渗透很充分，有较长的吸附和移染时间，再加上很强的机械力松散作用，所以上染均匀而且吸收率很高，对染料的吸收率达到 99% 以上，废水中染料含量非常低。

④ 染色与整理技术一步进行。除了染色，该设备还可以直接对染色基布进行整理，染色的同时也是机械做软的过程。

⑤ 蒸汽负荷低、处理时间短、设备造价低、操作维修方便、节约染料用量等优点。

该方法的缺点主要是片长短，接头多，不利于后续的加工。形态变化大，由于是完全松式，在纵横向都无张力，因此收缩较大，干燥后需要一定的扩幅。在鼓内容易打结，进料出料麻烦，自动化程度低。

第四节　染色工艺

一、染色流程

合成革基布的染色方法有很多种，需要根据基布的变化、设备类型、染料特性等因素确定染色工艺。但染色流程中基本都包括染前处理、染色与固色、水洗或皂洗三部分。

1. 染前处理

基布前处理的目的：一是清除基布中可能含有的杂质和油剂，提高上染率，改善匀染和染透性能；二是提前对基布进行湿润，防止染色初期的过度吸附，使染料均匀地向内部渗透。处理的方法是将基布放入染色机，加水以浴比为 1:25 运行，温度控制在 50~55℃，在锦纶的玻璃化温度以上，处理时间为 20min；三是对基布进行染前整理，如为了改善同色性或匀染性，提前加入助染剂进行整理，一般在 70℃下 20min 即可。

染前处理经常被忽略，其实对超纤革染色非常重要。前处理的过程是改善基布染色性能的过程。通过前处理，纤维束与 PU 经过浸润，消除了毛细管现象，水充满了基布的间隙，当加入染液后，染液会沿着浸润通道向内部渗透，避免在表面吸附过多。前处理也是在一定温度和水中的机械整理，消除了基布原有的内应力，以及部分纤维束与 PU 之间的粘连，使染液进入的通道更加通畅。

2. 染色与固色

超纤革染色工艺基本可分为高温法和低温法两种，两种各有特点。高温法通常采用溢流、喷射或溢喷法，基布为绳状，染色自动化程度高，批量大，常用于大批量的薄型绒面革染色，染料渗透性好。缺点是公用工程消耗量大，成本较高，产品手感一般，基布强力会受到一定程度的损害。低温法通常采用气流法或转鼓法，基布为较展开的绳状或堆叠状，张力很小，产品的手感好，基布强力保留率高，成本较低，但是基布收缩较大，对样难度大。

基本高温染色工艺曲线如下：

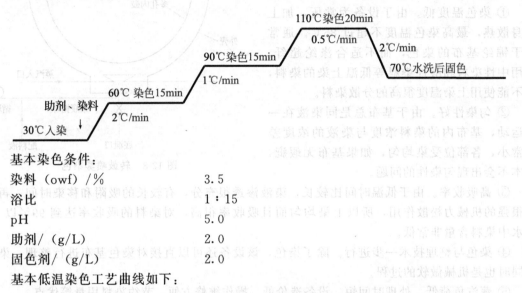

基本染色条件：

染料（owf）/%	3.5
浴比	1∶15
pH	5.0
助剂/（g/L）	2.0
固色剂/（g/L）	2.0

基本低温染色工艺曲线如下：

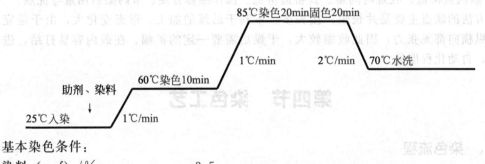

基本染色条件：

染料（owf）/%	3.5
浴比	1∶10
pH	5.0
助剂/（g/L）	1.0
固色剂/（g/L）	1.0

染色过程基本可分为以下几个阶段。

（1）加料阶段　由于酸性染料和中性染料的溶解性能好，超细纤维的表面积又非常大，染液加入后很快与纤维形成吸附。因此在加料阶段应控制其吸附速率，加入部分缓染剂。此阶段不要求上染，而是使染料均匀地吸附并向革体内部渗透，避免表面吸附过多。控制染液温度在30℃以下，因为锦纶在湿态时分子结构变化很大，在35~37℃即可上染。加料时可以采取缓慢加料的方式，使染液的浓度逐步增大。

（2）升温阶段　温度逐步升至染色温度，此时已经在锦纶的玻璃化温度以上，染料快速上染纤维，具有吸附不均匀的可能，但由于尚未固色，还有移染的机会，因而控制升温速度有利于使染料均匀上染。在一定的温度下进行平衡非常重要，染料从高浓度向低浓度转移，实现移染，使整体着色均匀。

（3）促染与高温平衡阶段　当达到最高温度后，加入促染剂，使纤维的双电层变薄，染料胶粒的动电层点位绝对值降低，染料加快向纤维表面移动，使上染速率大于解吸速率，通过高温平衡使染料与纤维充分结合。

（4）固色阶段　当染色达到平衡后，染液中的染料量已经很低，继续保温对染色的影响不大，反而会降低纤维的强力，加快 PU 的水解。此时加入固色剂对染料进行固着，固色是不可逆过程，可以在高温下进行，也可降温后进行。固色时由于温度仍然较高，已上染的染料进一步固色，未达上染平衡的区域继续上染，由于此时上染速率已趋平缓，一般是固色和继续上染同时进行。

（5）降温阶段　固色进行基本完成后染液开始降温，速度不宜过快，在接近水洗温度时排液，加水进行水洗工序。

3. 水洗或皂洗

基布染色后需立即充分水洗，洗脱基布上残留的未固着的浮色、助剂、酸碱盐等，才能获得良好的色牢度和稳定的颜色。水洗不及时、不彻底，会产生表面色花和色牢度下降等染疵。

基布中纤维上的未固着染料除了处在纤维表面和纤维间的毛细网络孔道中外，相当一部分已扩散进入纤维内部，处在纤维内部的孔道中，部分吸附在孔道壁纤维分子链上。因此，水洗时，既要使纤维表面和纤维间网络中的外部未固着染料和化学品洗去，还要使纤维内的未固着染料和化学品洗去。前者容易洗除而后者较难，因为它先要从纤维内扩散出来后才能洗去。基布中的 PU 为微孔膜结构，膜内存在着未染和未固着的染料，更重要的是染色时泡孔结构内存留着部分染液，需要较大的水量和较长的时间才能充分洗涤干净。因此水洗大致上存在三种水洗过程：

① 纤维外染料和 PU 表面浮色被水洗溶液稀释交换而去除；

② 纤维内染料先从纤维孔道溶液中扩散出来，再发生解吸，被水洗稀释交换而去除。PU 中未固着染料扩散到泡孔中的染液中，泡孔中的染液因浓度差扩散到洗液中；

③ 纤维和 PU 表面一些难溶性的染料颗粒或聚集体通过机械力作用而脱离，并被分散到洗液中。

水洗时，酸、碱、盐类等化学品的洗除过程与染料类似，但较容易去除。水洗时宜先用冷水，再用温水，后用热水洗，才可皂煮。影响水洗效果的因素很多，主要有以下几点：染料结构和性质；电解质浓度；水液温度、pH 值；基布带液量；浴比；水洗方式和设备结构。近年来为了提高水洗效率，人们对水洗的原理和影响因素进行了深入研究，并设计了多种水洗工艺和相关设备，还开发了一些高效水洗助剂，还逐步完善了对水洗过程的控制，形成了一些新型的受控水洗工艺，大大提高了水洗效果，缩短了水洗时间，节水节能和提高了产品质量。

二、 染色主要参数

超纤革具有上染速度快、匀染性差、染深性差、耗染料量大、染色牢度低等特点。聚氨酯同纤维对染料的亲和力不同，影响染色的均匀性，因此其染色难度很大，对染色的工艺条件要求也很严格，由此才能实现染匀、染深、染透以及保持高色牢度的目标。

1. 染料的确定

超纤基布的匀染性、透染性、移染性、色牢度等要求主要取决于染料。选择的染料首先要对纤维有良好的染色性能，同时还要对聚氨酯有良好的上染性，而且色相尽量一致。因此合成革用染料需具备如下性能：提升性好，上染率高，容易染成深色；匀染性好，重现性优良；移染性好；配伍相容性好；耐日光、升华和干湿牢度好；热迁移性小。超纤革染色主要以酸性染料和中性染料为主，特殊品种采用分散染料作为补充。

在透染性和匀染性方面，弱酸性染料的表现较好，染出的成品革色泽较为鲜艳。金属络合染料匀染性好，色牢度高，在透染性上略差一些；分散染料对 PU 上色好，在匀染性上表现较差，色牢度也不够理想，热迁移强。

锦纶分子中同时含有氨基和羧基，具有两性性质，所以酸性染料是锦纶染色的常用染料，其得色鲜艳，上染率和染色牢度均较高。但锦纶中氨基的含量低，等电点时 pH 为 5～6。在 pH＜3 的强酸性条件下，由于锦纶中的亚氨基吸酸产生"染座"，上染量会急剧增加，产生超当量吸附，但纤维易水解，强度明显下降。所以锦纶常用弱酸性染料染色，在 pH＝4～6 的条件下，染料以离子键、氢键和范德华力共同作用而与纤维结合，可以染得深浓色。

1∶2 金属络合染料在锦纶上表现为二元吸附特征，一方面是由于锦纶有一定量的端氨基，可与阴离子染料以库伦力结合，另一方面由于锦纶属疏水性纤维，疏水性较强的 1∶2 金属络合染料可以以范德华力和氢键染着纤维，故着色效果较好。

分散染料的分子较小，能较好地进入聚氨酯较为紧密的发泡结构，使聚氨酯上色。使用分散染料对锦纶 6 纤维染色是可行的，但是必须要添加合适的偶联剂。分散染料对锦纶的上色性较差，需要与其它染料如酸性染料等进行配伍使用。

2. pH 值的控制

染液 pH 值对酸性染料上染锦纶时的上染速率和上染百分率影响很大，染色时加酸或酸性盐起促染作用。在染料用量较高的情况下，pH 值最好控制在 3～6 之间。pH 值的高低直接影响染料的上染率、上染速度、匀染性和透染性，也影响革的强度。当然，pH 值的控制还应综合染色深度、染色类型、匀染性等进行确定。

由于锦纶本身匀染性差，加之酸性染料对锦纶的亲和力较高，pH 值越低，染料的上染速度越快，有利于上染率的提高，但将影响匀染和透染。因此染料的初始速率较快，很容易色花。如果对染浴的 pH 值进行很好的控制，那么对提高染色均匀性十分有帮助。常见的有效控制 pH 值的方法如下。

① 始染时不加酸，而在染色中途或保温染色时加酸，以降低初染速率和保证染料在保温时被吸附。

② 对自动化程度较高的染色设备，可采用逐步加酸的方法使染料逐步上染纤维，改善匀染性。

③ 添加 pH 滑移剂染色，使始染时染液呈弱碱性。随着染色温度的升高，pH 滑移剂水解或离解而释放出酸剂，使染液的 pH 值缓慢降低，染料上染率缓慢增加，从而可通过缓染达到匀染的目的。

pH 的变化对上染率、匀染性和透染性有很大的影响。pH 越低，纤维上的氨基离子化程度越大，氨基正离子越多，纤维与染料间的亲和力越高，染料的上染速度会越快，也越容易上染到基布表面，以致影响后续染料的进入。因而，随着染浴 pH 的降低，基布表观色深有一定程度的增加，但是透染性变差。染浴 pH 为 3 时，基布未被染透，截面有少量的白芯，但是 pH 过高，染料上染又会受到影响，干、湿摩擦牢度又会略有下降。在 pH 为 3～5 之间，上染率也有明显的上升趋势；在 pH 为 5～7 之间，上染率开始下降。在 pH 较低的条件下，纤维与染料的亲和力较大，染料的上染速度较快，染料向基布内部的扩散量也相对较大。

聚氨酯由于自身结构特点，表现为耐弱酸而不耐碱，在碱性环境或 pH 值低于 4 时容易发生水解，所以染色在弱酸性条件下进行。聚氨酯对无机酸比较敏感，染浴的 pH 值可用有机酸如醋酸进行调节。

对于弱酸性染料，染色刚开始时染料以吸附、渗透和扩散为主，不要加酸，或者可以使用强酸弱碱盐，或者弱酸和弱酸盐（如 HAc-NaAc）缓冲液，造成一个极弱酸环境，加强染料的渗透。随着染色的进行，加入适量酸，加快上染速度，但要控制染液的 pH 稳定，不要出现大的波动，可以采用分步加酸的方式，并提前对酸进行稀释，避免出现局部 pH 大的波动，产生色斑。酸的加入对酸性染料也是不断固色的过程，因此要非常谨慎。在染色的最后恒温阶段，酸的加入是一个促染过程，有助于提高上染率。但也是一个表染的过程，会使表面纤维增深，影响对样效果。

使用酸性染料染极浅的颜色时，如染料量在基布质量的 0.5％以下时，如果按正常程序染色，染料基本都凝聚在表面的纤维上，不但匀染性差，而且无法渗透到内部。因此在初始的染液中可以加入部分碱液，电离出大量负离子，抑制染料负离子的上染，而加强其渗透。随着染色的进行，再逐步加酸使其 pH 值缓慢降低，使染色进行。通过 pH 值的调整，使整个染色过程的速度放缓，改善其渗透性和匀染性。

对于中性染料，染色初期不要加任何酸、盐等电解质，保证染料的充分渗透。在染色过程中，主要是通过温度控制其上染速率。在染色的后期，加入适量的酸有助于提高其上染率，但要注意加入量一定不要太多，否则会引起染料在基布表面的凝聚。

3. 染色温度的控制

染色温度是能否上染和上染效果的保证。因为只有在温度高于玻璃化温度后，大分子处于高弹态，排列形态发生改变，染料才能进入非结晶区进行结合。然后降低温度使其回复到玻璃态，大分子间的排列就在新确定的位置上互相结合固定，建立起一个新的平衡，达到染色的目的。

酸性染料对锦纶的亲和力高，在锦纶上的初始上染量高，很容易产生染色不匀现象，因此需要控制与染色速率有关的染色温度。锦纶的初始染色温度应低一些，一般为 30℃以下，避免染料在超细纤维上的急剧吸附。随后升温速度可慢一些，以 1℃/min 的速率缓慢升高到 60℃左右，然后进入一个平衡期。在这个过程中，染料以吸附渗透为主，上染为辅，该阶段对染色过程非常重要，直接决定了透染性和匀染性。在恒定时间内，染料持续上染，染液内的染料不断进入基布内部，各种交换速度都非常快，直到达到一个相对平衡的状态。继续以 1℃/min 的速率升温至 80～85℃，随着温度升高，大分子的间隙数量越来越多，染料持续进入纤维和 PU 内部，染液中的染料不断吸附到纤维和 PU 表面，染液中染料浓度持续降低。随着染色温度的升高，染色速率增加，染料的移染性也提高，为了使染料更好地扩散进入纤维内部及增加纤维的移染性，需要在高温下保温一段时间。此时在基布上不同浓度的染料会发生移染，从高浓度区转移到低浓度区，使整个基布着色均匀。该平衡阶段是匀染的重要时期。

在平衡的结束阶段适当加入促染剂有利于使染料进一步转移到基布上。如果是低温染色，在促染结束后即可进行降温，以 2℃/min 降低到 70℃附近进行固色。固色结束温度降低到 40℃左右进行水洗。如果是高温染色，则在 80℃的基础上继续以 1℃/min 升温到 110℃左右，然后进行保温、促染操作，结束后降温到 70℃左右进行固色。

通常的染色理论认为，染色温度低会降低上染率，进而影响匀染和透染。在实际生产中发现，超纤革比较适合低温染色，在高温情况下上染率并没有显著提高。锦纶超纤基布在 50～70℃时的吸附与上染速度最快，上染率非常高。在 50℃以前，大部分染料已经渗透进基布并被吸附；在 50～70℃时，随着温度的升高，染料向内部渗透并上染结合，新的染料也因此不断向内部扩散，此时染液中染料量很低，扩散的速度不断减慢。当温度继续升高时，主要是为了染料与纤维更好的结合，在达到 80～85℃时，染料基本与基布完成上染结合，表面的吸附量与染料向内的扩散量已趋于平衡，以后主要是通过保温来改善其移染性，而对整体的上染率影响不大。实际当中经常发生高温下上染率反而下降的情况，即上染后的染料反而解吸重新进入染液。

匀染性除了与染料有关外，主要在于低温时期的工艺控制，尤其是上染的速度和平衡期的移染有关，而与高温无关。升温速率是影响匀染性的主要工艺因素，升温速率快则上染速度越快，染料来不及渗透到内部，容易在表面聚集。尤其是对纤维组分，这种凝聚往往是不均匀的，当表面的纤维与PU分布不是很好的时候，即纤维无法有效遮盖整个表面时，会出现明显的色花现象。升温速率应控制在1~2℃/min，染浅色时升温速率要慢一些，染深色时可快一些。染料自身的匀染性和移染性对基布整体的染色均匀也有很大影响。中性染料的匀染效果要优于酸性染料，因此在酸性染料染色时，初期要延长其吸附和渗透时间，加长染色的保温平衡时间，强化其移染效果。

至于透染，最主要的影响因素是染料自身性能和PU的结晶度（模量），而非温度。染色中发现，出现透染性不良的情况，基本上是内部的PU不着色或者PU整体上色量很低，而纤维基本都正常上色，与温度和渗透性无关，即使温度升高透染性也基本无改善。透染的另一个主要因素是染料种类，通常酸性染料的透染性好，而中性染料易在表面聚集，因此使用时应在前期的低温时期加入缓染剂，并延长低温渗透时间，促进其向内部渗透。

染色温度对合成革的强力有一定影响。随着染色温度的升高，聚氨酯水解加剧，强力随之下降。温度越高，下降越快。基布的整体强力，尤其是撕裂强度在高温下下降较大，而在低温时下降较小。通常的染色产品强力保留率要达到80%以上。

4. 保温与移染作用

对超细纤维而言，即使染液分散性良好，升温缓慢，纤维上染速度仍然较快，纤维吸色的不均匀性依然比较明显。因而，移染作用特别重要。

染色温度在玻璃化温度附近时，染料很少进入纤维内部，主要是吸附在纤维表面，容易解吸重新进入染液中。对超细纤维而言，其比表面积大，染料解吸量也大，若这个阶段保温时间足够，移染作用（俗称界面移染）十分有效。当染温超过纤维玻璃化温度以后，随着染料向纤维内部扩散，同时也有染料从纤维内部扩散到表面，进而回到染液中，发生"全程移染"。对于超细纤维，染料从纤维内部扩散出来的路程短，所以，它比常规纤维的移染作用明显。

移染发生在染色各阶段，特别是在温度较高的情况下。锦纶的起始上染温度很低，在气流和喷射溢流染色时，必须是室温起染，采用阶梯式升温保温工艺，在60℃、80℃分别保温适当时间，对于保持染液的稳定性，提高纤维吸附染料的均匀性，减小升温过程中与纤维周围紧密接触的染液与主体循环染液之间的浓度差和温度差，最终实现匀染十分有效。

保温适当时间，不仅可以确保实现上染平衡，提高上染率，减少缸差，而且对增加透染率，改善色牢度，提高匀染性有较好效果。尤其上染较深色泽时，其移染匀染作用愈加显著。

保温时间根据产品和原料而定。对亲和力高、移染性差的染料，以及染深浓色泽时，保温时间要适当延长。但如果高温区保温时间过长，有些染料可能会发生水解，影响色光的纯正性，也会影响基布的手感。

5. 染色时间的设定

染色时间是由染色工艺决定的。在保证染色质量和色牢度的基础上，染色时间越短越好，以减少基布的强力损失，降低染色的成本。染色时间一般控制在120~150min即可，现在行业内的染色工艺时间都太长，这是不必要的，也造成了很大的浪费。实践表明，溢流染色、溢喷染色、气流染色、转鼓染色都可以在保证质量的前提下在2.5h内完成。当然，如果时间过短的话基布不能完全被染透，会出现大量的白芯。染色时间的控制关键在于各时间段的分配。

染色初期从低温状态至升温到60℃的时间一般要控制在30~40min左右，超过后效果不会再得到明显的提升，反而会增加染色时间。达到后保温10min，这个阶段是染料吸附、渗透到初染的过程，时间一定要保证，对减少以后的染色时间至关重要。从60℃升温到80℃的过程是主要的染色过程，在 20～30min 完成即可。在 80℃ 的保温时间为 20min，完成上染和移染后进行固色，或降低温度进行固色，固色时间一般在 15～20min，即可进行水洗。

低温下随着时间的增长，染料不断被吸附在基布的表面，上染率会一直增大。随着染色时间的延长，表面染料逐渐向基布内部扩散。但是在低温下，染料分子与纤维的亲和力较小，染料向内扩散的速度很慢，因此在一定时间内，向内扩散的染料并不能完全穿透基布，上染率曲线一直保持上升趋势。低温时间长短是染色时间与匀染性、渗透性的工艺平衡的结果。

高温下时间对各项染色牢度的影响并不明显。上染率曲线趋于平缓，不再有明显增加。经过低温的匀染时间，基布被基本染匀染透，干、湿摩擦牢度和皂洗牢度已基本保持稳定，延长高温下染色的时间已不能明显提升革的染色性能，反而会增加成本，延长产品的生产周期。

6. 浴比的影响

浴比的大小与染色方法、染色设备紧密相关。卷染、溢流染色的浴比较大，一般在 1：20；溢喷染色和转鼓染色的浴比在 1：（12～15）左右；气流染色浴比最小，在 1：（8～10）左右。虽然各设备都表明自己的染色浴比，但对超纤革来说，染色浴比通常要增加 20%～30%。如气流染色标明最小浴比可达 1：（4～6），但这个浴比染超纤革是不可能的。

浴比对匀染性的影响非常大。染料用量相同时，浴比越小则染液的浓度越大，反之则染液的浓度越小。基布内部与外部的溶液的浓度差使溶液产生一个渗透压，渗透压的存在促使染料分子由高浓度向低浓度渗透，最终达到渗透平衡状态。浓度差越大，染料分子的渗透速度越快，但是出现渗透不平衡的现象。表面的超细纤维表面积大，吸收要比内部和 PU 膜的速度快很多，出现染料在表面纤维聚集的现象。另外，染料的上染是吸附与解吸的平衡，染液浓度大，两者速度都很快，染料容易集中在易染部分，出现匀染性和同色性不良。

如果浴比适度加大，则染液的浓度降低，使上染和解吸作用比较缓和，染料有充分的时间与各组分结合，平衡了渗透与匀染的关系。

如果浴比很大，使染液的浓度很低对染色也是不利的。高浴比会造成基布内外的浓度差过小，大量染料存在于染液中，渗透很慢。匀染性解决了，但是染色的速度非常慢，效率很低，甚至出现染不透的情况。同时在染色结束时，染液中总的染料含量也会增加，上染率降低，导致基布表面得色率下降，颜色变浅，出现染色产品与标准样的色差。浴比的增大也增加了助剂的用量，并产生大量的染色废水。

干、湿摩擦牢度和沾色牢度随着浴比的增大而上升，这是由于浴比越小，染料浓度越高，纤维表面染料吸附量越大，因而降低了干、湿摩擦牢度和沾色牢度。皂洗牢度随着浴比的减小而略有下降。这是因为表面纤维和 PU 的染料吸附量一旦达到饱和，染料只吸附于表面，向基布内部扩散很少。

7. 染色用水的要求

通常将含有钙、镁盐类的水称为硬水（硬水中钙镁盐类含量用硬度表示），钙、镁盐类含量低的水称为软水。硬水对染整加工的影响如下。

① 染色时与阴离子染料生成沉淀，消耗染料，造成色斑，降低摩擦牢度。

② 染色用水中的金属（铁锈等）或金属离子如果含量超标，金属离子-染料的结合引起色相变化，改变色光，达不到规定的色相要求。如蒽醌类鲜红色染料，由于金属离子-染料结合，使色相由红转为红中带蓝。金属离子-染料结合程度与金属离子的种类有关，Fe^{2+}、Fe^{3+}、Cu^{2+} 对染料影响较大。Mg^{2+}、Ca^{2+} 对染料的影响虽然较小，但当浓度较高时也会对染色产生不良影响。

③ 基布上的钙、镁影响手感、白度、色泽。

④ 长期积累形成水垢，消耗热能，腐蚀设备，恶化染色环境。

染色用水的要求：透明度 >30；色度 $\leqslant 10$（铂钴度）；无异味；pH$=6.5～7.4$；铁、锰离子含量<0.1×10^{-6}（0.1ppm）；硬度<36×10^{-6}（36ppm）。

　　硬水的软化一般有化学法和离子交换法，化学法简单易行成本低，对于要求较高的软水，用化学法软化常有残余硬度，不能达到软化目的。可采用离子交换法除去水中的钙、镁、铁等离子，但离子交换法设备投资大，运行费用高。

　　(1) 纯碱-石灰法　现以钙盐中的碳酸氢钙代表硬水中的钙镁盐类，硬水中的碳酸氢钙易溶解于水，加热时容易分解成为碳酸钙而从水中析出，也称为暂时硬质。硬水中硫酸钙在水煮沸时并不析出，称为永久硬质。软化作用可以下列化学反应式代表：

$$Ca(HCO_3)_2+Ca(OH)_2\longrightarrow2CaCO_3\downarrow+2H_2O$$
$$CaSO_4+Na_2CO_3\longrightarrow CaCO_3+Na_2SO_4$$

　　(2) 磷酸三钠与六偏磷酸钠法

$$3Ca(HCO_3)_2+2Na_3PO_4\longrightarrow Ca_3(PO_4)_2\downarrow+6NaHCO_3$$
$$3CaSO_4+2Na_2PO_4\longrightarrow Ca_3(PO_4)_2\downarrow+3Na_2SO_4$$

　　六偏磷酸钠与钙盐或镁盐起化学作用生成可溶性复盐，复盐内的钙、镁成分不易分解出来，因此降低了水的硬度，反应如下所示：

$$Na_2[Na_4(PO_3)_6]+2CaSO_4\longrightarrow Na_2[Ca_2(PO_3)_6]+2Na_2SO_4$$
$$Na_2[Na_4(PO_3)_6]+2MgSO_4\longrightarrow Na_2[Mg_2(PO_3)_6]+2Na_2SO_4$$

　　(3) 离子交换法　用无机或有机物组成混合凝胶，形成交换剂核，四周包围两层不同电荷的双电层，水通过后可发生离子交换。阳离子交换剂：含H^+、Na^+固体能与Ca^{2+}、Mg^{2+}等发生离子交换；阴离子交换剂：含碱性基因，能与水中阴离子交换。

三、染色助剂

　　染色中用到匀染剂、渗透剂、固色剂、释酸剂、增深剂等不同种类的助剂，选择合适的助剂有利于染色效果。

1. 匀染剂

　　匀染剂是通过降低染料的上染速度或增进染料的移染性来达到匀染和透染的目的。匀染剂大多数是水溶性的表面活性剂，根据匀染剂对染料扩散与聚集度的影响，主要分为两种类型，其作用原理也不相同。

　　(1) 亲纤维性匀染剂　它对染料的聚集度几乎没有影响，但对纤维的亲和力要大于染料对纤维的亲和力，因此在染色初期，匀染剂会先与纤维结合，此时染料没有染色座可反应结合，从而降低染料上染速率。但随温度逐渐升高，匀染剂与纤维结合力渐渐变弱，染料会逐渐代替匀染剂固着在纤维上，达到逐步上色的效果。否则染料将抢占最容易接触的染色座，因为基布有充分接触液面的区块，也有互相重叠区块，在重叠区块如果没有缓慢释放出染色座就导致染色不均。这类匀染剂只具有缓染的作用。

　　(2) 亲染料性匀染剂　可以显著提高染料聚集度，对染料的亲和力大于染料对纤维的亲和力。染色初期首先与染料结合，生成某种稳定的聚集体，从而降低了染料的扩散速率，延缓了染色时间。随着条件的改变，匀染剂与染料结合力渐渐变弱，染料逐渐脱离匀染剂，向纤维的染色座反应。但此时匀染剂对染料仍有一定的亲和力，还可以将染料从纤维上拉下，上染到色泽浅的地方，因此这类匀染剂不仅具有缓染作用，而且具有移染作用。

　　超纤革的匀染主要是锦纶超细纤维的匀染。酸性染料染色时，常用的匀染剂是平平加O、醇类环氧乙烷加成物、胺类聚氧乙烯加成物、变性乙二烯衍生物等表面活性剂。根据匀染剂的选型和使用特点，一般有以下三种类型。

　　① 利用阴离子型匀染剂同染料争夺染位，从而减缓染料上染纤维的速度。由于锦纶的正电荷染色座非常少，用较少浓度的阴离子表面活性剂就能与酸性染料产生竞染作用，因此亲

纤维型的匀染剂通常采用一些阴离子表面活性剂。如十六烷-油醇硫酸钠、脂肪醇聚氧乙烯醚硫酸钠等。生产中常用的匀染剂有扩散剂 NNO、净洗剂 LS、I.C.I. 公司的阿泰克索（Atexal）LS-NS、山德士公司的柳津（Lyogen）P。亲纤维的阴离子表面活性剂如胰加漂 T、雷米邦 A，也可作为匀染剂使用。杂环阴离子化合物或聚氧乙烯阴离子化合物对纤维的亲和力比对染料强，既具有匀染作用，还可改进染深色时的摩擦牢度，同时可使基布在染色后获得柔软和富有弹性的手感。

② 使用阳离子型匀染剂，在低温酸性染浴中同阴离子染料形成结合物。一般还需配合使用非离子型表面活性剂，防止结合物沉淀。该类匀染剂主要是脂肪胺聚氧乙烯醚复配物及叔胺类阳离子表面活性剂与非离子表面活性剂的复配物。属非离子/弱阳离子型亲染料型匀染剂，水溶液 pH 值为 7~9。阴离子染料上的磺酸基和表面活性剂上带弱阳离子的氨基相互作用，由于一定长度的聚氧乙烯亲水链的存在，当表面活性剂亲水性达到一定值时，生成的染料-表面活性剂聚集体是亲水性的，不会产生沉淀。在媒介染料、中性染料、弱酸性染料及金属络合染料的染色中，其都具有优良的匀染效果。

脂肪胺聚氧乙烯醚复配物的结构式为：

$$R—N \begin{array}{c} (CH_2CH_2O)_mH \\ \\ (CH_2CH_2O)_nH \end{array}$$

在水溶液中，阴离子染料上的磺酸基和表面活性剂分子中的带弱阳电荷的氨基相互作用。由于一定长度的聚氧乙烯亲水链的存在，当表面活性剂达到一定值时，生成的染料-表面活性剂聚集体是亲水性的，不会产生沉淀。一般用量为 1%~1.5%。

类似结构的还有带 45~80 个环氧乙烷基的胺类聚氧乙烯加成物，如烷基胺进行氰乙基化，得到 N,N-二氰乙基衍生物，经过氢化后再进行乙氧基化，是锦纶良好的匀染剂。

聚氧乙烯化的甜菜碱及聚氧乙烯化的二亚甲基三胺，在锦纶染色时加入，可与染料形成络合物，抑制上染速度，是较温和的低泡匀染剂。

③ 采用非离子型和阴离子型匀染剂并用的方式。利用阴离子表面活性剂的亲纤维性和非离子表面活性剂对染料的亲和力相互配合，达到匀染的效果。如醇醚硫酸钠、脂肪酸与二乙醇胺缩合物、低级醇胺、低级脂肪醇和在一定温度下可释放氯化氢的卤代烷基衍生物的混合物组成的匀染剂，用于酸性染料染色时，可得到均匀的色泽。代表性的匀染剂结构式为：

$$R—\overset{H}{N}—\overset{H_2}{C}—Ar—O—(CH_2CH_2O)_nH$$

R 为 $C_6~C_{18}$ 烃基。

$$R'—SO_3H$$

R′ 为 $C_8~C_{18}$ 无环烃基以及取代的苯基或萘基。

2. 固色剂

酸性等水溶性阴离子染料分子结构中含有磺酸基等亲水基团，导致其湿摩擦牢度较差。为提高染色基布的色牢度，尤其是中、深色产品的湿摩擦牢度，需要进行固色处理。当纤维和染料的亲和力弱时，为使染料完全固着于纤维，增加染色坚牢度而所使用的助剂称为固色剂。其固色机理主要有两方面：固色剂在锦纶表面形成一个阻止染料向外扩散的薄膜，包覆着染料；固色剂上的磺酸基与染料阴离子之间的排斥力也阻止了染料从纤维内向外的扩散。合成革基布染色常用的固色剂有以下几类，其作用方式和作用机理均不相同。

（1）阳离子聚合物固色剂　以高分子季铵盐、叔铵盐和聚酰胺阳离子化合物为代表。含有磺酸盐的酸性染料和在水中会离解成钠的阳离子和染料的阴离子。采用阳离子化合物作固色剂，对染料阴离子有较大的反应性，依靠阳离子基团与染料分子的阴离子基团以离子键结合，使染色物上的染料分子增大，形成不溶性的高分子色淀而沉积在纤维内外，达到封闭染料分子中的水溶性基团，降低染料水溶性的目的，从而提高基布的皂洗和白布沾色牢度。固色剂的阳离子性越强，其皂洗、白布沾色牢度越好。季铵盐聚合物是广泛使用的固色剂，采用含氮碱或其盐类与芳基或杂环基（而不是与高分子烷基）相结合，起到固色作用，提高色牢度，尤其是耐洗牢度。

二甲基二烯丙基季铵盐与二氧化硫在自由基引发剂下聚合而成的聚氨砜类，性能优良，结构式为：

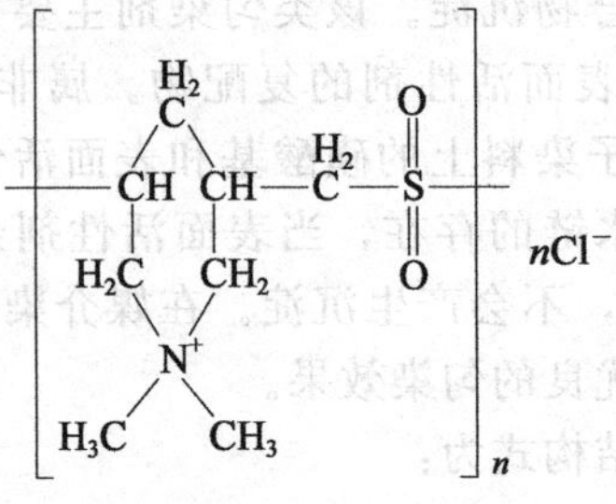

$$\left[\begin{array}{c} \text{结构式} \end{array}\right]_n$$

二烯丙基甲基氯化铵聚合的高聚物结构式为：

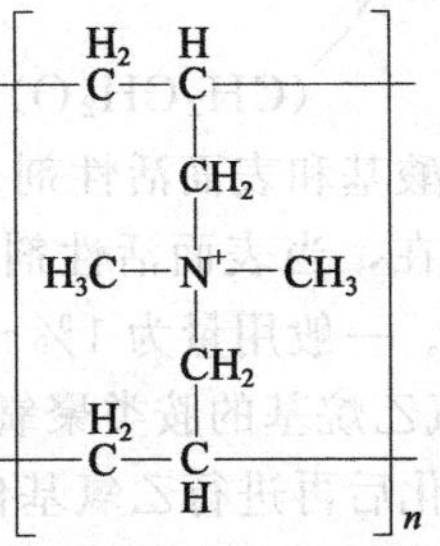

$$\left[\begin{array}{c} \text{结构式} \end{array}\right]_n$$

(2) 树脂型固色剂　利用固色剂在染物上的成膜性能以提高其染色牢度。干燥时随着温度升高，固色剂分子的活性反应基团与纤维的活性基团发生交联反应，同时固色剂的活性反应基团也自行交联反应形成具有一定强度的保护膜，把形成了色淀的染料和没形成色淀的染料固着在纤维表面使其不易脱落。现在新型的固色剂大多走这个途径。

固色剂 Y 是应用最多的一类树脂型固色剂，是双氰胺和甲醛缩合的树脂初缩体，加醋酸水解而生成可溶性阳离子固色剂，结构式为：

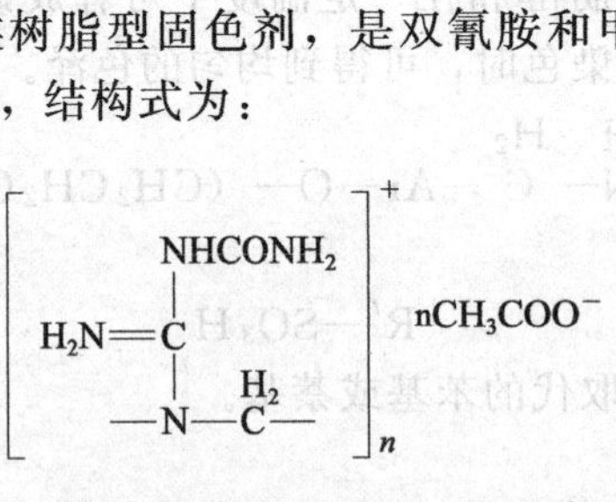

$$\left[\begin{array}{c} \text{结构式} \end{array}\right]^+ n\text{CH}_3\text{COO}^-$$

采用双氰胺、二乙烯三胺与羟甲基尿素反应，生成的咪唑啉具有阳电荷，可作为固色剂使用，其结构式为：

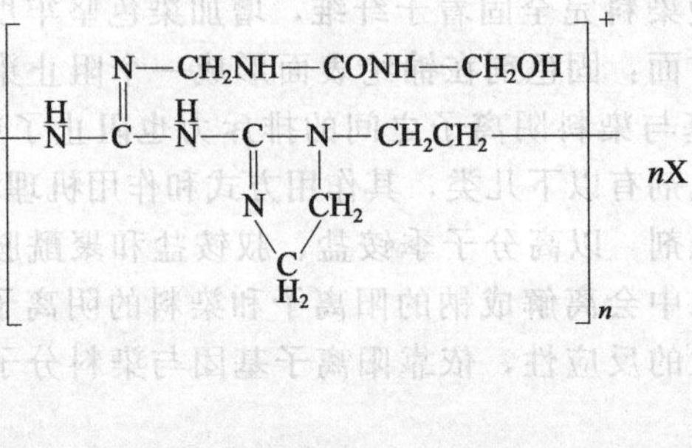

$$\left[\begin{array}{c} \text{结构式} \end{array}\right]^+ n\text{X}^-$$

这两种固色剂可与阴离子染料形成不溶性盐，其自身还能在一定条件下发生交联，形成空间网状结构，从而提高染色牢度。但这类固色剂含有一定的游离甲醛，对人体有一定的危害，已逐渐被禁止使用。

由多乙烯多胺与双氰胺缩合、脱氨并环构化，可制成咪唑啉型的固色剂，由于不含有甲醛，因此得到广泛应用。结构式为：

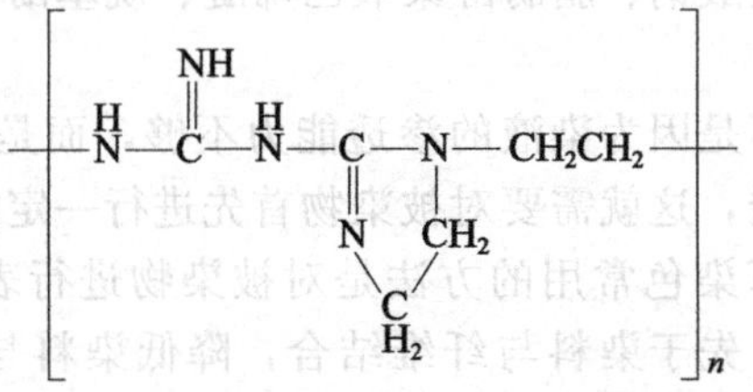

（3）反应性固色剂　为了提高固色效果，有些固色剂既具有活性反应基团又具有阳离子基团。在染料和纤维之间"架桥"形成化合物。即在与染料分子反应的同时，又能与纤维反应交联，形成高度多元化交联，使染料纤维更为紧密牢固地联系在一起，防止染料从纤维上脱落从而提高染料的染色牢度。特别是反应性树脂固色剂，不但能与染料和纤维"架桥"，树脂自身也可交联成大分子网状结构，从而与染料一起构成大分子化合物，使染料与纤维结合得更牢固。基布固色剂处理后，固色剂一方面可以与纤维和染料结合，形成一个整体，一方面阳离子基团还可以与染料阴离子形成色淀。代表性的结构有如下几种：

环氧丙基二甲基铵基亚甲基苯酚的甲醛缩合物：

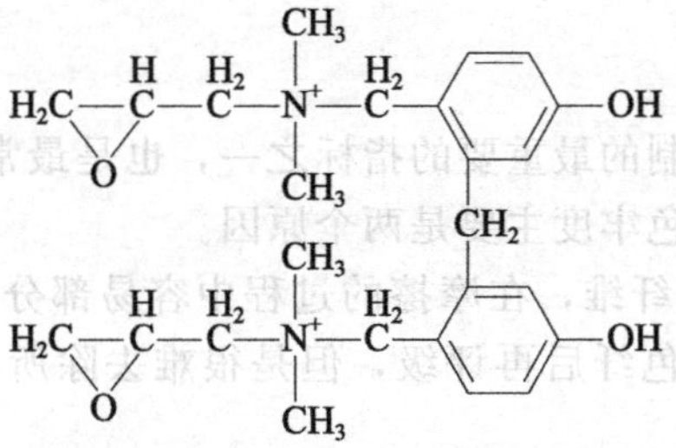

下面的结构同时具有阴离子、阳离子及反应基团，是优良的固色剂。

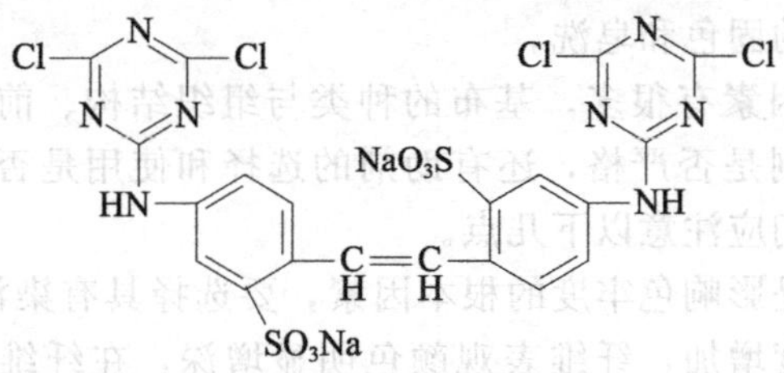

3. 渗透剂与增深剂

合成革基布厚度大，结构特殊，要做到透染，除了通过工艺调节增强其渗透效果外，还可以通过添加渗透剂进行改善。

染液在进入基布时，要通过纤维和PU之间的毛细管进入，首先要对毛细管壁进行润湿，基布湿润就是指染液沿着纤维和PU的表面展开，把空气-纤维（PU）界面代之以染液-纤维（PU）界面。而促进这种取代过程的助剂即为渗透剂，通常为表面活性剂。渗透剂是为了加快染料向革内渗透，来达到匀染和透染的目的。

在染液中加入表面活性剂，可以改变体系的润湿性质，主要体现在两个方面：一是降低染液的表面张力，提高染液的湿润能力。由于染液的表面张力比纤维临界表面张力高，而不能在纤维表面铺展，加入表面活性剂后就能很好得润湿纤维；二是在纤维表面吸附，改变纤维的润湿性质。

常用的渗透剂为阴离子表面活性剂。主要有硫酸化蓖麻油、烷基磺酸钠、烷基苯磺酸钠、烷基硫酸酯钠、仲烷基磺酸钠、仲烷基硫酸酯钠、α-烯基磺酸钠、烷基萘磺酸钠、琥珀酸烷基酯磺酸钠、胰加漂 T、氨基磺酸钠、脂肪醇聚氧乙烯醚、烷基酚聚氧乙烯醚、聚醚、磷酸酯类化合物等。

基布的渗透不良有时并不是因为染液的渗透能力不够，而是因为 PU 或纤维的上色不足，宏观显示好像是染液没有渗透，这就需要对被染物首先进行一定的增深整理。

增深的方法很多，合成革染色常用的方法是对被染物进行表面处理，在染浴中添加带电荷或具有较强极性的促染剂，先于染料与纤维结合，降低染料与纤维间的斥力，提供更多的染色座，从而提高染料与纤维间的亲和力，提高染深性。在超纤革染色中以阴离子型染料居多，染浴中一般加入的是阳离子改性剂。

用于使纤维阳离子化的材料有很多，大致可分为有机金属离子化合物和含氮阳离子化合物两大类。有机金属离子化合物类，一般为多价金属盐，如二价铜盐、三价铝盐、三价铬盐和氯化稀土等。含氮阳离子化合物包括带氯醇基的季铵盐化合物或氯代均三嗪基季铵盐、有机胺与环氧氯丙烷的反应产物以及壳聚糖等。

第五节　染色质量控制

一、湿摩擦色牢度

湿摩擦牢度是染色基布控制的最重要的指标之一，也是最常出现的影响产品质量的因素。从测试角度上看，影响湿摩擦色牢度主要是两个原因。

① 色纤。超细纤维属于短纤维，在摩擦的过程中容易部分脱落沾到棉布上。虽然测试时正确的方法是粘掉白棉布上的色纤后再评级，但是很难去除所有的色纤，尤其是磨面后产生的大量染色粉尘，很难去除。

② 浮色。真正与纤维结合的染料是不会在摩擦过程中掉下来沾到白棉布上的，大量的浮色是由于染色工艺不好，上染率不高，导致浮色过多。根本的解决办法是选择合适的染料和工艺，提高上染率，合适的固色和皂洗。

影响耐湿摩色牢度的因素有很多，基布的种类与组织结构、前处理、染料的选择，以及工艺、温度、时间等的控制是否严格，还有助剂的选择和使用是否正确等。针对这些影响耐湿摩擦色牢度的因素，我们应注意以下几点。

(1) 染料选择　染料是影响色牢度的根本因素，要选择具有染深性好和色牢度好的染料。染深性好是指随着染液浓度增加，纤维表观颜色明显增深，在纤维吸色达到饱和以前，纤维表观色泽容易达到深浓程度。超细纤维染色后的湿摩擦牢度比常规纤维至少低 0.5~1 级。因此要求染料要有较好的湿牢度，并且热迁移性要小、耐升华性要好、抗紫外光分解能力要强。

酸性染料的总体湿擦牢度不高，但颜色鲜艳。中性染料艳度略差，但是湿擦牢度很好。可以根据产品的要求灵活选择适用种类或进行一定的复配。

(2) 染色工艺　重视染色时的 pH 值、染色温度及升温速度等工艺条件的控制。染色前期的 pH 值要控制在中性状态，染色过程中甲酸一定要分步缓慢加入，避免染液出现大的 pH 值波动；升温速率在工艺范围内不要过快，以免染料吸附过快；染色中间要有保温的平衡时间，利于染料的移染；最高温度要达到 80℃以上并有足够的平衡时间，使染料与纤维（PU）充分结合。

超细纤维的比表面积大，吸附染料能力强，染色时大量染料吸附在纤维表层。这些表层染料部分与纤维分子链直接结合，并有一定的扩散深度，结合力较大，不易脱落；而另一部分染料，则在纤维表面形成多层重叠吸附，彼此结合力弱，容易脱落。以上这些工艺措施的最终目的都是为了避免染料在基布表面的聚集和过度吸附，造成湿摩擦牢度降低。

（3）染色助剂　选择适合的固色剂。所选固色剂应该是能在染料和纤维之间形成化合物，在与染料反应的时候，又可与纤维反应交联，使染料与纤维能够紧密牢固地联系在一起，加强染料与纤维的结合，防止染料从纤维上脱落或泳移到纤维表面，避免造成染色牢度下降。

染深色时可以使用特种助剂，如增深剂等对染色基布进行整理，可减少染料用量而获得深浓色效应，同时提高湿摩擦色牢度。

染色用水应尽量使用软水或去离子水，以此减少水中的钙镁等离子对染料的影响，从而提高纤维对染料的吸收性，使染料在纤维分子内固色更加稳定。

对助剂必须正确选择和使用，能采用工艺调整的尽量不使用助剂调整，避免增加新的影响因素。

（4）后处理　染色结束后进行充分的水洗，可采用先冷水后温水的两步洗涤方法，必要时进行皂洗，彻底清除表面浮色。尤其是聚氨酯泡孔内的残液必须洗涤干净，可适当进行浸泡，保证孔内染液充分析出，避免干燥后向表面迁移。

二、匀染性控制

生产实践证明，超细纤维的匀染性比常规纤维明显差，无论打小样或大生产，很容易产生色泽不匀，分析其原因，主要有以下几点。

① 纤维细，比表面积大，染色时对染料的吸附速度快，容易造成吸附不匀；

② 两个组分，化学成分不同，形态结构不同，因此适用的染料不同，对染料的吸收速率不同，染色条件不同，上染率不同，显色性不同。诸多的差异性极容易造成染色不均匀性；

③ 超细纤维对染前湿热加工中的物理和化学作用比常规纤维更敏感，如减量、定形等，受力或化学品作用不均匀，便会产生染色不匀；

④ 染料在纤维上的移染性。超细纤维的高吸附是不可避免的，因此要求染料在染色过程中有良好的迁移，及时从高浓度向低浓度移动，最终达到整体的平衡。

影响匀染性的因素很多，综合分析基本可分为染料因素、工艺控制因素、助剂和染色用水的因素、设备运行状态因素等。

（1）染料控制　染料要匀染性和同色性良好。超细纤维的比表面积大，对染料的吸附速率高，吸附匀性差，再加上纤维染前湿热处理并非完全均匀一致，从而使纤维匀染性更差。因此，要求所用染料应具有温和吸附、快速扩散、移染力强的特点。而且，染料颗粒在水中的聚集倾向要小，在整个染色过程中，要有良好的分散稳定性，这对染料的均匀吸附至关重要。同色性好是指在锦纶和聚氨酯上显色基本一致，避免出现色光不匀和夹花现象。

染化料选择不当引起的竞染，会造成色花和染色不匀。锦纶的染色饱和值很低，因此在拼染浓色时，不同染料间的竞染就显得很突出。如果选用的染料在上染率和亲和力方面差异较大时，在不同的染色时间内，纤维染得的色泽就会大不相同，造成大小样色差及重现性差。预防及补救措施是选择上染曲线及亲和力相似、配伍性好以及适合生产机台的染化料系列。要求打样人员要全面掌握各类染料的染色性能，选择染化料时，要综合考虑染料的上染率、上染曲线、匀染性、色牢度性能，以及对温度和匀染剂的敏感性等因素。

充分考虑染料的配伍性。使用几种染料拼染时，要选用合适的染料，且控制好染料用量。一般应尽量选择同一公司的同一系列染料，即使不得不选用不同公司的染料相拼，也应尽量选择上染曲线相似、始染温度近似以及对温度和匀染剂敏感性相似的染料，尽量避免发生竞染。

注意染料大小样竞染中的差异。有些染料在小样染色时竞染并不明显，但在大生产中就完全暴露出来了。如在生产湖绿色和孔雀蓝时，若选用酸性翠蓝和酸性黄相拼，就出现类似的问题。这是由于酸性翠蓝的分子结构大，与酸性黄上染曲线相差很大，因而引起竞染。若改用酸性翠蓝与带黄光的酸性绿相拼，就基本解决了竞染问题。

（2）工艺控制　匀染的控制除了染料因素，主要是采用工艺手段，使染料在受控状态下稳定上染到基布上。超纤匀染的要点在于染色前期控制和升温速度控制。

染前基布处理。前处理首先要使基布充分湿润，尤其是纤维表面和纤维与 PU 的间隙。当染液进入时，及时沿着润湿孔道向基布内部渗透，不至于在表面纤维上形成高度聚集状态，也不会发生在不同部位染料扩散速率差别很大的现象。在前处理时，由于机械力的作用，使超细纤维束有一定的松散，有利于染料的渗透和匀染。

染色工艺控制。为了获得匀染效果，在设定染色条件时必须考虑以下三个要素：① 将上染速度控制在染色装置的匀染能力速度以下，使染料均匀吸附被染物；② 确保被吸附染料的泳移性；③ 确保染料向纤维内部扩散的温度和时间。

染色初期要尽量保持染料向内部渗透，不在表面聚集。因此此时染液要基本为中性，酸、盐对酸性染料和中性染料都是促染作用。由于锦纶在湿态下上染温度很低，入染温度尽量控制在 30℃ 以下。保持一定的低温时间，50℃ 以下的渗透时间至少要 20min，因此升温速率不要超过 1℃/min。通过染液的 pH 值、升温速率及渗透时间的控制，达到染料均匀缓慢渗透吸附的目的。

染色过程中升温速率的控制很重要，基本在 1℃/min 即可。对匀染更重要的是移染，也就是保温平衡的温度和时间。理论上说，平衡次数越多匀染性越好，但是效率很低，一般染色工艺采用 2~3 次保温平衡。对高温染色，通常采用 60—80—110℃ 三个保温时间，每次在 10~15min；对低温染色，可采用 60—80℃ 或 60—70—80℃ 两种保温时间，每次在 10~15min。

浴比对匀染性影响很大，不过浴比的确定主要是由染色方式决定。总体上说浴比大有利于匀染性提高，浴比小容易出现色花。但浴比的选择需要与其他工艺参数配合，不能单纯追求浴比的大小。超纤革染色有自己的特点，通常溢流染色浴比控制在 1∶（15~20），气流染色浴比控制在 1∶（10~15）。

（3）助剂与水质

① 使用匀染剂。匀染剂的加入可以通过与染料或纤维的结合达到控制上染速度的目的。但是一种新原料的加入可能在解决了旧问题后，带来了新问题，至少增加了影响染色控制的因素。因此在可以通过工艺控制解决的情况下尽量不使用或少使用助剂。根据长期实践，不使用匀染剂也可以使超纤革匀染性良好。国内超纤染色过分强调超纤的细度和匀染的难度，而忽视了超纤匀染的重点在前期渗透过程和移染过程，滥用助剂的现象非常严重，偏离了染色的根本。

② 染色水质。作为匀染的第一步应先调查其水质，如存在问题可使用螯合分散剂来调整染色的基本条件。染色工厂曾经有过使用各种防止染斑发生的匀染助剂却不能获得预想效果的事例，其原因为染色用水质量存在问题。使用液流染色机进行染色的工厂常有大面积染斑发生的现象，通过使用螯合分散剂可以消除经向长折皱痕和大面积染斑等现象。

（4）设备运行状态　染色机运行状况不佳时也会发生大面积染斑以及经向长折褶痕。在染色之前应对基布的准备条件进行检查，以确认是否存在问题。基布松弛的状态不良将成为绳状折褶发生的原因，液流染色机的运行方法不当时，绳状折褶也会发生，如基布运行速度设定不合理使基布产生旋转运动。染色槽内的循环流量、每批基布的全长的不合理设定、染色结束时染色液的冷却方法不当都是造成基布扭曲导致染色不匀的原因。还应该对染色机内基布的循环速度和基布长度的平衡关系加以充分的注意，避免前后不匀。液流染色的染色液里有气泡产生时，基布将会漂浮于染色液上，造成不匀染。应在染色开始前，与相适的助剂一起在热水中实行处理，将基布充分润湿而沉没于染色浴中。

三、 染色色差控制

色差是超纤染色经常遇到的复杂而又难以解决的质量问题。色差的范围很广，有对样色差、批间色差、正反面色差、左中右色差、批内色差等。目前出口染色产品中，左中右色差和批内色差的标准要求在 4～5 级以上，远高于国家标准。同时色差的评定，也由传统的目光评级转向电脑的测色和鉴定。

日本超纤行业认为，出现色差主要是管理问题。也侧面说明影响色差的因素是非常多而复杂的。常见的色差主要是左中右色差（俗称边色）和批内色差。

(1) 基布的稳定性是控制色差的基础　基布的稳定性是影响色差的最主要因素。国内超纤合成革行业普遍存在着基布质量不稳定的缺陷，不但存在着批次差，即使同一批次也很难保证稳定性。基布质量中对色差影响较大的因素有纤维与聚氨酯的含量比例、纵横向的厚度与密度稳定性、表面纤维状态。尤其是基布纵横向的厚度与密度稳定性，是造成边差的最主要因素。表面纤维覆盖性好的时候基布显色以纤维为主，即使略有色差也在工艺范围内，可以减轻色差的影响。但是覆盖性不好，纤维与聚氨酯分别显色，如果厚度与密度稳定性不好，则会出现左中右的色差，以及整体的不规则染色斑，即部位色差。

针对现有状况，在染色组批时，尽量采用同一批号的基布，核对每卷基布的质量状况，如质量差别较大则予以淘汰。如批号较多则在组批的基础上采取按批进缸、分批调整的原则，对特殊颜色的产品可进行试染，必要时染色工艺要做适当调整，以克服该批产品的批内色差。

(2) 染化料质量是色差控制的主要外部因素　染化料要坚持按批次需用量备足，一个颜色不论大小，首先要求是同一厂家、批次、色光、浓度的染料。染料最好采用全验的办法，避免因染料的色光不同产生批内色差。应尽量选择上染曲线相似的染料，以利于减少色差。

实验室打样的染化料要与大生产的一致，避免不同染料的染色上染率、色光变化快慢、配伍性的稳定、不同色样同色异谱的变化。染料配色时不能全部依靠三原色搭配。现在染料色谱齐全，最好的办法是使用主色加副色的方法，即选择一个近似样品色的染料为主色，根据色光再以其他染料微调。染料的配伍要坚持宜少不宜多，越少越好的原则。

后整理剂对色光、深浅及边色的影响很大，要求打样时模拟大生产条件，把握后处理剂对颜色的增深、减浅及色光的变化，在打样过程中实现提前量。一个批量大的颜色，在整理过程中，最好使用同一批产品，整理工艺条件控制必须严格一致，才能使色差现象得到避免。

(3) 工艺的稳定性是减少色差的关键

① 备料。一个颜色，无论批量大小，首先要求是同一批次、色光、浓度相同的染料。否则染色时要重新调整配方，试样后再投产。

② 称料。由于称料的差错或准确度造成批内色差，虽然低级但经常发生。应当分色称料、专人复核，严格执行衡器使用的规定，以达到准确无误。

③ 放样。在进行大规模染色前可进行一次放样试验，控制在 100m 内，这样可达到既准确又不浪费的效果。试验的工艺技术条件必须与正常生产相同，通过放样，大生产时的色差可基本控制到理想水平。

④ 工艺。染色工艺要合理，要针对不同基布的特点、染化料的性能正确制定工艺。在加工中严格控制温度、升温速率、染色时间、染色浴比、pH 值等工艺条件，保持工艺的稳

定性。

低温染色工艺中，有低温酸性浴染色和低温中性浴染色。低温酸性浴染色使染料便于吸尽，对色差问题有所改善，但操作不当容易造成色花。采用低温中性浴染色，是通过促染来提高上染率的，掌握好温度和选用好促染剂，使染料逐步上染，有利于匀染，但染料不能吸尽，容易造成色差，因此各有利弊。因此必须选择有较好上染率和匀染性的染料，重点解决低温染色中如何提高染料的上色率。染色时加入匀染性助剂，有利于色差减少。

⑤ 染料在基布上固着程度不同。尽管染料在基布上前期分布是均匀的，但在固着过程中，如条件控制不当，使基布上某些部位的染料没有得到充分固色，在后处理水洗时被去除，则会产生色差。

⑥ 上油轧液及干燥。上油时，由于机械结构上的原因或操作不当，使基布各部位的带液率不一致，干燥后会造成色差。轧辊压力不匀、上油液浓度不稳定等都会使基布吸收油剂不匀。染色或上油基布应及时进行干燥，避免湿态时存放，除降低色牢度外，还会因存放时的压痕（挤压力不同）产生染料和油剂的迁移，造成部位色差。

四、染色打样方法与控制

大小样色差是超纤染色的难点。染色产品基本都是来样接单的方式，首先在实验室对样品颜色进行重现，然后再进行大机器生产，经常会出现大小样颜色不符的现象。超纤染色时造成大小样色差的原因是多方面的，如大小样所用基布、染化料、大小样工艺条件不同等。可采取的预防及补救措施有：减少环境及光源的影响；规范打样和对色操作；分析大小样之间的差异；对小样的数据进行修正放样。

1. 对色

实验室对色与配色环境设计应尽可能采用黑白灰等系列颜色，可以预防因环境色彩对眼睛生理所引起的"残像"而影响对色。对色环境的照明必须充足，以防止对色时因光源而发生的色相变化。如果光源变化的概率比较高，如实验室对色环境为开放式，则窗外光源会因不同时间不同光源的变化（早中晚的光源不同，阴天与晴天的光源不同）而影响配色效率。

在打确认样之前应该先了解客户的各种要求，如原样色光偏向是否有特殊整理、纤维染色用染料是否被指定等。若客户提供的原始样中，双组分的色泽深浅与色光均一性差，有双色现象，通常有两种情况：第一，就是要保留这种双色效果；第二，不要双色效果，而要均一色。因此双组分的色光深浅要拉平（原始样中，双组分色光深浅不同，系染色均一性差所致）。遇到这种情况，务必向客户问清楚，以免小样得不到确认。

打样时应采用符合国际标准的灯箱。标准灯箱和所使用的灯管品牌较多，不同品牌的灯箱和灯管，对对色色光存在着一定的差异。灯管一定要选用符合国际标准的产品，而且使用灯管要正确，以消除灯管光源不标准和灯箱使用不当而造成的标准灯箱不标准，产生对色差异。

D65 光源为人造日光光源，与自然光源相比，它们对染色色光的反应并非完全一致。经常被混为一谈，认为 D65 光就是自然光。因此，工厂与客户之间往往产生分歧。所以必须与客户沟通，统一认识，消除误解。

有时要求用两种不同光源对色，甚至要求两种光源同时开启，用混合光源对色。遇到这种情况，通常要产生明显的跳灯问题。即在不同的光源下，产生不同的色光，甚至面目全非。不同的染料具有不同的结构，对不同的光源，有不同的吸光反光性。欲解决拼色染料（2～3 只拼染）的跳灯问题，并非易事。唯一的途径是做染料配伍试验，选用对光源配伍性好的染料。

打小样用水应与大样生产一致，并需每日对水质及其 pH 值进行测试并调节至工艺要求，避免产生色光差异。

锦纶超纤的染色性能还随其染色前处理条件而变化。热定形条件不同会造成吸色率不同，从而造成批与批之间的色差。所以大小样的规格要相同，染前基布的工艺条件力求一致，最好采用同一批基布。

小样应采用与大样同一工厂、品名、批号的染化料。根据客户色单对染色深度、色光艳度以及染色牢度的要求，认真选用染料。配色时选择的染料配伍值要基本一致，这样才能保证染色过程中各染料在染液中的比例关系，有利于染色色光的稳定性和重现性。拼色时主色染料宜固定，变动调节色光用染料，以便于大小样色光一致。对于在染色加工过程中容易引起变色的染料不予采用。

2. 配色

通常越接近灰色系列的颜色，其灰彩度越难判断，因为它包含的吸收色相对比较复杂，经常需要三种染料拼混。故接近灰色系列的色相配色时可仅以黄、红、青的感觉做色偏向的选择。越是色彩感觉强的颜色，颜色的鲜与纯对色相的判断越是重要，故配色时要首先作出正确判断，选用正确的染料。

对色时要注意观察样与光线照射角度的变化，以保持一致。把握小样染色后的烘干程度。烘干过度会造成色光不可逆的偏红；烘干不够则影响色样的色光饱和度。两种情况都会造成色光偏差。应重视分品种、分色系留样，积累资料建立色样库。在一般情况下，小样色泽深浅应控制在5%以内，色光应控制在4级以上。如果原始样与认可样质地严重不同，则色泽与色光只能尽力上靠。

3. 工艺的一致性

打样染浴的 pH 值及升温工艺应尽量与大生产一致。大样生产由于水质及直接蒸汽或间接蒸汽的交叉使用，往往锅炉蒸汽带入碱性物质而使染浴 pH 值偏高，使用缓冲剂或配备 pH 值在线监控仪可以解决这个问题。小样染色的保温时间要与大样保持一致，以免由于染透性差而造成色差。固色和后处理也会影响色光，所以小样固色和整理后一定要调节色光，才能进入大生产的工艺制订。

放样试产以前，必须按认可样处方认真复样。采取与大生产相同的染料、助剂、基布及工艺条件。复样工作要由专人负责，要安排打样经验丰富、出样准确性好的人员。原来打认可样的人员，不宜安排复样。实践表明，换人复样容易发现问题，如打样方式不符、染料配伍不当、助剂使用有误、打样操作欠妥等。发现问题必须及时纠正，严防将错就错或一错再错。

复样要尽力做到与客户认定的原始样（或认可样）色泽色光相符。不同组分的色泽必须具有良好的均一性，否则不得放样试产。原始样、确认样都具备时，试产样的色光应严格控制在两者之间，不可超出范围。有原始样而无确认样（一般是小样不必经过客户确认，而直接试产），或者只有确认样而无原始样时（一般是工厂提供色样，客户确认的样），试产样应以原始样或认可样为标准，色差应控制在4级以上。

五、 修色

色差不出现是不可能的，出现色差后，要积极应对。染色基布如染色质量达不到客户要求，就需要进行修色处理。色泽较浅或光头不足，需要加色处理；色泽过深过暗或光头过足，需要减色处理；色光严重不符或色泽不匀，则只能进行剥色处理。

1. 加色修色

当基布颜色色浅、太暗或仅有色头差异时，可采用直接加料法进行修色。有以下几个方法，各有利弊。

① 将染液全部排出，并重新配染液。此方法加料少，易命中，但时间长。

② 排液一半，并加新染液。此方法省水、省时，也可节约一些化工料，但颜色不易命中，而且内外色差较大，又易造成色花。

③ 直接加染料和助剂溶解入染液中。

④ 将染液升温到80℃之后（或者再加染液），再保温，此方法简单，但不能通用，难保证颜色。

剥色再加色法。当颜色太深或色光相差太远时，需进行剥色重染。剥色方法为：部分剥色，用于将颜色剥浅10%～20%；全部剥色，主要用于染不匀之时。弱酸性染料出现色差色花，回修工艺如下：匀染剂0.3%～0.8%，元明粉10%，HAC 0.5%～2% 快速升温100℃，保温30min，根据情况添加染料调整色光。该工艺适于染花及轻微色差。

2. 减色修色

水洗法。这是色光回修最简单的方法，主要适用于中、深色品种。一般是染色成品色光略深、浮色较多、水洗不充分、皂洗效果较差的回修基布修色。通过水洗、皂洗，达到去除浮色，修正产品色光的目的。

如果发现染样色泽太深、太暗或太红，超出调色允许范围，则要以纯碱（烧碱）法、双氧水法或保险粉法处理，进行减色修色。

① 移染法剥色处理。用非离子表面活性剂2%～4%，元明粉10%～15%，浴比1∶20，在90～100℃下处理40～60min，然后降至70℃核对原样，如不符合要求，可加用染料和酸进行复染。也可在剥色后取出清洗，再根据色泽进行复染。

② 保险粉法剥色处理。用保险粉2%～4%，甲酸1%～2%，浴比1∶20，在95～100℃下处理30～60min，取出清洗后，再根据色泽进行复染。

烧碱、保险粉的用量可按所需剥色的程度、所需重染的颜色的深浅及色光鲜艳度而定，所需剥色程度高，重染的颜色浅或鲜艳时，则用量加大，反之可相应减少。

这种方法应用"补色"原理，是一种常用的修色方法，复杂且难度大，对回修前的准备要求严。特别是回修用染料的选择应注意，要防止回修后的产品色光萎暗。实施回修过程中的各工艺参数，必须严格把关和认真执行。

3. 剥色复染

染色太深或发生显著色差或色斑时，需剥色后再染色。

完全剥色：烧碱4～8g/L；保险粉6～10g/L；渗透剂1.0g/L。90℃处理1h，热水洗净，冷水清洗。

基本剥色：非离子渗透剂2g/L；纯碱5g/L；剥色剂2～3g/L。80℃处理20min后，热水洗两道。

使用阳离子型固色剂时，要达到能进行复染的标准是有一定困难的。可使用阴离子性掩蔽剂封锁固色剂的阳离子基团，然后进行复染。

为达更好的剥色效果，在剥色后用次氯酸钠漂色：次氯酸钠用量为10g/L，冷溶液处理20min，再以2.5g/L亚硫酸钠的冷液处理15min，可除去残余氯。重染前，先进行温和皂洗和清洗较好。

经过剥色处理的基布色光发生很大改变。复染时宜采用大浴比，减少基布容量约1/3，采取全溢流或叫充满式的染色工艺，这样既可提高染料的溶解度，还可以使染料充分移染，提高染色的均匀性。

第六节　整理工艺

基布经过减量和染色后，出现干涩板硬现象，悬垂性、弹性、手感下降。通过后整理，恢复弹性和手感，增强悬垂性及回复性，并赋予染色基布原先并不具备的特种功能。

基布后整理按其整理目的大致可以分为：定形整理、手感整理、外观整理、功能整理。根据加工方法可分为机械后整理和化学后整理两大类。通常将利用湿、热、力和机械作用来完成整理目的的加工方法称为一般机械整理，而利用化学药剂与纤维发生化学反应，改变基布理化性能的称为化学整理。但二者并无明显界线，例如柔软整理既可以采用一般机械整理方法进行，也可用加柔软剂的方法获得整理效果，大多数是两种方法同时进行。机械整理可参看基布后整理部分，本节重点介绍化学整理。

一、柔软整理

1. 柔软整理的机理

柔软整理剂赋予基布柔软舒适的手感，这是一种凭手指触摸织物而得的主观感觉。当手指在纤维间相互滑动、摩擦，手感和柔软性与纤维的动摩擦系数和静摩擦系数之间有一定的关系。基布表面纤维蓬松、丰满、有弹性，也会感觉手感柔软，说明手感与纤维的表面积有关。

(1) 柔软与静摩擦系数（μ_s）、动摩擦系数（μ_d）之间的关系　降低纤维之间或纤维与人体之间的摩擦阻力，能获得柔软的手感。在柔软整理中要求静、动摩擦系数都降低，特别是降低静摩擦系数，最好是 $\mu_s < \mu_d$。摩擦系数的降低很大程度影响着基布的弯曲和压缩等性质。弯曲模量和压缩力的降低，影响到手感。适当地降低摩擦系数，还能使基布在受到外力时纤维束产生滑动，从而使应力分散，撕裂强度得到提高，或者使加工过程中受到张力的纤维容易回复到松弛状态，基布变得蓬松而有弹性。

柔软剂的用量直接影响到纤维表面润滑油膜的厚度。根据油膜的厚度，润滑性质可分为流体润滑和边界润滑。流体润滑是摩擦的两个表面完全被连续的流体膜隔开；而边界润滑则流体膜非常薄，甚至部分表面还未被覆盖而属于固体表面间直接接触的干燥摩擦。边界润滑在低速度时摩擦系数相当大，而流体润滑在高速度时摩擦系数较大，这是由于润滑油膜流失、减薄等原因造成的。作为柔软整理剂使用时，摩擦速度不高，如果施加柔软剂的量使纤维间的摩擦处在流体润滑区或半流体润滑区中摩擦系数较小的区段中，则纤维的摩擦系数有望达到最低值。

柔软剂的用量与摩擦系数之间有如下关系：边界润滑的油膜厚度约为 $1\mu m$，形成单分子层吸附；流体润滑的油膜厚度约为 $100\mu m$，形成由多分子层堆积而成的膜。在纤维表面形成油膜的厚度不但与柔软剂的用量有关，还与纤维的细度或比表面有关，较细的纤维比表面较大，形成一定厚度的膜需要较多的柔软剂。

(2) 柔软与纤维的表面张力（γ_{FA}）之间的关系　柔软剂应能降低纤维的表面张力（γ_{FA}），使织物产生蓬松、丰满的手感。超细纤维是由线型高分子构成的比表面很大的物质，形状细而长，分子链的柔顺性很好。当基布经柔软剂整理后，纤维的表面张力 γ_{FA} 降低，纤维变得容易扩展，长度伸展，表面积增大，基布变得蓬松柔软。根据热力学的理论，最能降低纤维表面张力的物质，在纤维表面的吸附作用最强，形成的吸附膜强度也越大。阳离子表面活性剂能较强地吸附在超细纤维表面（纤维带负电荷）形成吸附膜，能降低纤维表面的张力 γ_{FA}，并且在纤维表面的吸附是以分子中的极性基团朝向纤维，以憎水链朝向空气，除了降低 γ_{FA} 的作用外，还能减小纤维的摩擦系数。因此阳离子表面活性剂是最重要的柔软剂。它的用量一般较小，常以单分子或几个分子层在纤维表面成膜，形成垂直定向吸附层。常用的品种有单或双长链烷基（$C_{16}\sim C_{18}$）甲基季铵的卤化物、硫酸盐或溴化烷基吡啶，应用相当于纤维重量 0.1%～0.2% 的阳离子柔软剂，在纤维表面形成 5～10μm 厚的吸附层，能产生足够的柔软作用。

（3）柔软剂结构与性能的关系 表面活性剂类柔软剂，即具有碳氢长链的分子结构，有自乳化和表面吸附性能，其整理的产品一般以柔软丰满为主。因碳氢长链分子吸附在纤维表面，不仅能降低摩擦系数，更以阻止原纤维化为主，使织物手感柔滑。

碳氢长链的分子结构对织物柔软效果的机理是：C—C 单键能在保持键角 109°28′ 的情况下可绕单键内旋转，使长链呈无规则排列的卷曲状态，形成了分子的柔曲性。其柔曲的分子吸附在纤维表面起着润滑作用，降低了纤维和纤维之间的动、静摩擦系数。摩擦系数可作为评定纤维柔软程度的主要数据，降低静摩擦系数比降低动摩擦系数关系更大。

聚氧乙烯脂肪酸、聚氧乙烯脂肪醇、聚氧乙烯脂肪酰胺的摩擦系数相比，聚氧乙烯脂肪酰胺的摩擦系数最小，是理想的柔软剂。

烷基链的长度较长，其摩擦系数越小，柔软效果更好。但随着碳链增长，拒水性增强，即吸水性变差，因此柔软剂一般选用的疏水基碳链较长为好，疏水基碳链都为 $C_{16}\sim C_{18}$ 的直链或接近直链的长链脂肪烃。直链状的分子结构其柔软效果较支链状分子结构为佳。

长链单烷基、二烷基、三烷基中，二烷基的阳离子表面活性剂具有更好的效果。

饱和脂肪酰胺、脂肪酸的摩擦系数要比不饱和脂肪酰胺、脂肪酸摩擦系数小，这主要由于不饱和烷基链在水中溶解度增加，而导致纤维上的吸附量减小。烷基链的饱和度下降会导致柔软度变差。

当疏水基碳链相同时，聚氧乙烯个数越多，亲水性增大，其摩擦系数也增大。因此作为柔软剂，选用聚氧乙烯链较短为好。

2. 柔软整理剂的种类

为了使基布具有柔软、滑润或丰满的手感，除了采用机械整理外，主要使用柔软剂进行整理。柔软剂是指能使基布产生柔软、滑爽效果的化学药剂。柔软剂的作用是通过附着在纤维表面，使纤维产生润滑、柔软的作用来实现的。减少基布中纤维之间、纤维与 PU 之间以及基布与人体之间的摩擦阻力。柔软剂按分子组成可分为表面活性剂型、反应型及有机硅聚合物乳液型三类。

柔软剂除了需要具有优良的柔软性、平滑性与手感外，还应有如下要求：

① 在柔软加工条件下，工作液要很稳定。

② 不降低纤维或基布的白度和染色牢度。

③ 柔软处理后的基布不易受热变色，在使用过程中不应产生色泽、手感、气味的变化。

④ 乳液型柔软剂要求其乳液稳定性要好。

⑤ 按不同的处理要求，能具有适当的吸水性、拨水性、防静电性、耐水洗等性能。

⑥ 人体皮肤接触后无不良影响。

由于基布的结构与用途不同，整理的要求也不同，因此选用柔软剂不能一概而论。应在各类柔软剂柔软机理和功能的基础上，选择符合要求的柔软剂。另外，每一只柔软剂所具有的性能总是有限的，要获得多项性能都好的效果，可以用两只或更多的柔软剂复合使用。如有机硅柔软剂和长链脂肪族类柔软剂复配应用，能获得手感柔软、丰满、滑爽的较好效果。也可将柔软剂的应用与机械柔软整理相结合，获得更好的效果。

柔软剂是染整助剂中品种最多、用量最大的一类助剂。根据其化学结构来看，基本上常用的柔软剂多为长链脂肪烃化合物的衍生物或有机硅类化合物。

长链脂肪族类柔软剂分子结构中的碳氢长链能呈无规则排列的卷曲状态，形成分子的柔曲性，其柔曲的分子吸附在纤维表面起到润滑的作用，降低了纤维与纤维的动、静摩擦系数。因此，长链脂肪族类结构一般均有较好的柔软作用，在柔软剂中不仅品种多，而且用量较大。这类柔软剂根据其离子性可分为阴离子型、阳离子型、非离子型和两性型。

高分子聚合物类主要是有机硅柔软剂。由于聚硅氧烷主链是很易挠曲的螺旋状直链结构，其可以360°自由旋转，旋转所需的能量几乎为零。因此，聚硅氧烷高聚物的分子结构符合基布的柔软机理，不仅能降低纤维间的静、动摩擦系数，而且其分子间作用力很小，又能降低纤维的表面张力，是基布柔软整理剂的理想材料。有机硅柔软剂，特别是氨基改性有机硅柔软剂是近年来发展最快的柔软剂品种。

3. 表面活性剂类柔软剂

（1）阳离子型柔软剂　阳离子型柔软剂品种较多，是目前使用最普遍的柔软剂。主要是由于大多数纤维在水中带有负电荷，阳离子型柔软剂容易吸附在纤维表面，结合能力较强。用量较少就能达到较好的柔软效果，是一类高效柔软剂。能耐高温、耐洗涤，且整理后织物丰满滑爽，能改善基布的耐磨性和撕破强力，还具有一定的抗静电效果。但部分阳离子型柔软剂在高温时易引起黄变，并伴有耐光色牢度的下降。

阳离子型柔软剂一般是十八胺或二甲基十八胺的衍生物或硬脂酸与多乙烯多胺的缩合物。根据其结构又可分为叔胺类柔软剂、季铵盐类柔软剂、咪唑啉季铵盐类柔软剂、双烷基二甲基季铵盐类柔软剂等。

胺盐类柔软剂在酸性介质中成阳离子性，但阳离子性较弱，通常称为弱阳离子型柔软剂。代表性产品有：

Sapamine CH：

$$C_{17}H_{35}OCHNH_2CH_2C—N\begin{matrix}CH_2CH_3\\|\\\\CH_2CH_3\end{matrix}\ \cdot\ HCl$$

Soromin A：

$$C_{17}H_{35}OOCH_2CH_2C—N\begin{matrix}CH_2CH_2OH\\|\\\\CH_2CH_2OH\end{matrix}\ \cdot\ CH_3COOH$$

柔软剂 ES：

$$C_{17}H_{35}OCHNH_2CH_2C—N—CH_2CH_2NHOCC_{17}H_{35}\ \cdot\ HCl$$

$$H_2C—\underset{H}{C}—CH_2$$
$$O$$

烷基咪唑啉：

$$C_{17}H_{35}OCHNH_2CH_2C—N—C—C_{17}H_{35}\ \cdot\ CH_3COOH$$
$$H_2C\quad N$$
$$CH_2$$

酰胺型：基布处理后手感丰满、厚实，回弹性好。

$$C_{17}H_{35}OCHNH_2CH_2C—N—CH_2CH_2—NH$$
$$C=O\qquad C=O$$
$$C_{17}H_{35}OCHNH_2CH_2C—N—CH_2CH_2—NH$$

季铵盐类柔软剂在酸性和碱性环境中均为阳离子性，是品种最多的一类，代表性的品种有：
Sapamine MS：

$$\left[C_{17}H_{35}OCHNH_2CH_2C-\overset{\displaystyle C_2H_5}{\underset{\displaystyle C_2H_5}{N}}-CH_3\right]^{+} \quad CH_3SO_4^{-}$$

双烷基季铵盐：双长链烷基双甲基氯化铵使用广泛，柔软性优于单长链烷基季铵。

$$C_{18}H_{37}-\overset{\displaystyle C_{18}H_{37}}{\underset{\displaystyle CH_3}{N}}-CH_3 \quad \cdot \quad Cl^{-}$$

双烷酰氧乙基双甲基季铵盐：具有很好的生物降解性。

$$RCOOH_2CH_2C-\overset{\displaystyle CH_2CH_2OOCR}{\underset{\displaystyle CH_3}{N}}-CH_3 \quad \cdot \quad CH_3SO_4^{-}$$

咪唑啉型季铵盐：不但具有柔软性能，还赋予基布良好的抗静电性和再湿润性。

$$ROCHNH_2CH_2C-\overset{\displaystyle CH_3}{\underset{\displaystyle H_2C}{\overset{+}{N}}}\begin{matrix}R\\C\\ \|\\ N\end{matrix} \quad \cdot \quad CH_3SO_4^{-}$$

酰胺型季铵盐：二脂肪酰胺基乙氧基化季铵盐是一类新型的柔软剂。

$$ROCHNH_2CH_2C-\overset{\displaystyle CH_3}{\underset{\displaystyle (CH_2CH_2O)_nH}{\overset{+}{N}}}-CH_2CH_2NHOCR \quad \cdot \quad Cl^{-}$$

（2）阴离子型柔软剂　阴离子型柔软剂应用较早，其主要成分为琥珀酸十八醇酯磺酸钠、十八醇酯硫酸酯等带长链烷烃的阴离子化合物或阴离子/非离子化合物。其末端基团为羧基、硫酸酯基或磺酸基等，具有良好的润湿性和热稳定性，能与荧光增白剂同浴使用，可作为特白基布的柔软剂。其可赋予基布较好的吸水性，但其对纤维的吸附比较弱，故柔软效果较差，且易被洗去，一般不做基布后处理柔软剂使用。代表性产品结构为：

$$\begin{matrix}C_{18}H_{37}OCO-CH_2\\C_{18}H_{37}OCO-\underset{\displaystyle |}{C}-SO_3Na\\H\end{matrix}$$

（3）非离子型柔软剂　非离子型柔软剂一般都为硬脂酸与环氧乙烷的缩合物。十酸（或醇）的聚氧乙烯酯（或醚）、季戊四醇或失水山梨醇的脂肪酯是代表性产品。非离子型柔软剂较离子型柔软剂对纤维的吸附性差，仅可起平滑作用。但它能与离子型柔软剂合用，相容性好，对电解质稳定性好，并且没有使基布黄变的缺点。

$$C_{17}H_{35}COO(CH_2CH_2O)_6H$$

$$C_{17}H_{35}COOH_2C-\overset{\displaystyle CH_2OH}{\underset{\displaystyle CH_2OH}{C}}-CH_2OH$$

（4）两性型柔软剂　两性型柔软剂是为了改进阳离子型柔软剂而发展的一类柔软剂。其对合成纤维亲和力较强，没有泛黄和使染料变色等弊病。两性型柔软剂还可与阳离子型柔软剂一起使用，起到协同增效作用。这类柔软剂一般为烷基胺内酯型结构。

两性甜菜碱：

$$C_{18}H_{37}OH_2C-\overset{\displaystyle CH_3}{\underset{\displaystyle CH_3}{N^+}}-CH_2COO^-$$

两性咪唑啉：

$$C_{17}H_{35}-C\overset{\displaystyle CH_2CH_2NH_2}{\underset{\displaystyle CH_2}{\underset{\displaystyle N^+}{=N}}}-CH_2COO^-$$

4. 有机硅柔软剂

（1）有机硅种类　有机硅类柔软剂的基本成分是聚硅氧烷及其衍生物的乳液或微乳液，它们的分子量都不是很高，在常温下为流动状态，所以通常又叫硅油。聚二甲基硅氧烷（DMPS）又叫甲基硅油，当甲基硅油中的部分甲基被多种碳官能团取代时，又叫改性硅油。按取代基的性质改性硅油可分为反应性改性硅油和非反应性改性硅油。产品有乳液聚合、高分子硅油乳化和经改性、复配等生产工艺，现已基本形成体系，供应的品种牌号也较多，但应用效果和性能仍有很大差异。有机硅类柔软剂在国内的生产和应用可以说经历了四代。

第一代是端羟基的高分子量聚硅氧烷乳液（羟乳）。由八甲基环四硅氧烷（D4）、水、乳化剂、催化剂等原料在一定条件下乳液聚合而成。

第二代是聚醚改性硅油，由甲基含氢硅油与末端带有不饱和键的聚乙二醇、聚丙二醇等聚醚进行硅氢加成反应制成。

第三代是带活性基团（氨基、环氧基）的聚硅氧烷乳液，聚合方法与羟乳基本相同，不同的是在原料中加入了一定量的硅烷偶联剂。这些氨基、环氧基官能团的引入，极大地改善了整理后织物的柔软性、平滑性、弹性以及整理效果的耐久性，不足之处是在使用过程中有破乳、漂油现象。这类带活性基团的聚硅氧烷乳液由于使用离子型的表面活性剂，其乳液呈强阳离子或阴离子性，与其他助剂复配时选择性较强，配伍性较差。

第四代是以氨基硅油为代表的改性硅油，是目前市场上最具代表性的有机硅柔软剂品种，通常我们把氨乙基氨丙基聚二甲基硅氧烷叫做标准氨基硅油，而把其他的氨取代基聚硅氧烷叫做改性氨基硅油。氨基硅油由于氨基极性强，与纤维表面的羟基、羧基等相互作用，与纤维形成非常牢固的取向、吸附，使纤维之间的摩擦系数下降，用很小的力就能使纤维之间开始滑动，以致感到柔软。氨基硅油很容易被适当的表面活性剂乳化成稳定透明的微乳液。

（2）有机硅柔软剂代表性产品

① 聚二甲基硅氧烷乳液。是有机硅柔软剂中最早应用的产品，用作柔软剂的硅油相对分子质量一般为 6 万～7 万。经整理后可赋予革滑、挺、爽的手感，降低摩擦系数，并提高耐磨性。但因其分子链上没有反应性基团，故不能与纤维发生反应，也不能自身交联，而只是靠

分子引力附着在纤维表面。因此耐洗性较差，弹性提高也有限。

$$H_3C-\underset{\underset{CH_3}{|}}{\overset{\overset{CH_3}{|}}{Si}}-O\left[\underset{\underset{CH_3}{|}}{\overset{\overset{CH_3}{|}}{Si}}-O\right]_n\underset{\underset{CH_3}{|}}{\overset{\overset{CH_3}{|}}{Si}}-CH_3$$

② 羟基硅油乳液。相对分子质量一般为6万～8万，能与纤维的反应性基团或自身发生交联而形成有一定弹性的高分子薄膜，因此具有耐洗性。赋予基布柔软滑爽感，不降低纤维强力。相对分子质量越大，柔软性和滑爽感越好。有机硅羟乳根据其使用的乳化剂离子性的不同分为阳离子有机硅羟乳和阴离子有机硅羟乳。虽然有机硅羟乳在分子链的末端存在羟基，对提高其亲水性和乳液稳定性有一定帮助，但乳化困难，乳液的颗粒大小和均一性较难控制，因此乳液的稳定性也很难掌握，在应用时易出现漂油现象，容易造成油斑、油粘等疵病。

$$HO-\underset{\underset{CH_3}{|}}{\overset{\overset{CH_3}{|}}{Si}}-O\left[\underset{\underset{CH_3}{|}}{\overset{\overset{CH_3}{|}}{Si}}-O\right]_n\underset{\underset{CH_3}{|}}{\overset{\overset{CH_3}{|}}{Si}}-OH$$

③ 氨基聚硅氧烷乳液。在聚硅氧烷的大分子链上引入氨基，可以使有机硅的性能得到很大改善。氨基的引入不仅能与纤维形成牢固的取向、吸附作用，使纤维之间的摩擦系数下降，而且能与环氧基、羧基、羟基发生化学反应，故适用广泛。基布整理后能获得优异的柔软性、回弹性，其手感软而丰满，滑而细腻。一般来讲，氨基含量越高，柔软度越好。但较高的氨基含量，也意味着较大的泛黄性。这主要是因为其侧链上有两个胺基（伯胺基和仲胺基），共有三个活泼氢原子，容易氧化形成发色团，而这种双胺结构更具有加速氧化的协同作用。因此，在氨基含量和泛黄性之间，必须有一个最佳的平衡。基本结构为：

$$R-\underset{\underset{CH_3}{|}}{\overset{\overset{CH_3}{|}}{Si}}-O\left[\underset{\underset{CH_3}{|}}{\overset{\overset{CH_3}{|}}{Si}}-O\right]_n\left[\underset{\underset{(CH_2)_3}{|}}{\overset{\overset{CH_3}{|}}{Si}}-O\right]_m\underset{\underset{CH_3}{|}}{\overset{\overset{CH_3}{|}}{Si}}-R$$
$$NH(CH_2)_2NH_2$$

④ 亲水可溶性有机硅。这类有机硅柔软剂通常是聚醚改性的聚硅氧烷，外观为无色透明的稠厚液体。由于聚醚基团是非常有效的亲水性基团，又不会与纤维形成盐式结构，因此能赋予基布良好的吸湿透气性和抗静电性能等，由于其属非离子性，能与各种助剂混合应用。

$$H_3C-\underset{\underset{CH_3}{|}}{\overset{\overset{CH_3}{|}}{Si}}-O\left[\underset{\underset{CH_3}{|}}{\overset{\overset{CH_3}{|}}{Si}}-O\right]_x\left[\underset{\underset{R}{|}}{\overset{\overset{CH_3}{|}}{Si}}-O\right]_y\underset{\underset{CH_3}{|}}{\overset{\overset{CH_3}{|}}{Si}}-CH_3$$
$$(CH_2CH_2O)_a-(CH_2CHO)_bH$$
$$CH_3$$

由于聚醚改性有机硅属于非反应型，与纤维结合力较弱，耐洗性较差。为了改善此缺点，在分子结构中引入反应性基团，典型产品为环氧基和聚醚改性的聚硅氧烷。分子中的环氧基能与纤维发生反应，提高耐久性，但柔软滑爽性能一般。

$$H_3C-\underset{\underset{CH_3}{|}}{\overset{\overset{CH_3}{|}}{Si}}-O-\left[\underset{\underset{CH_3}{|}}{\overset{\overset{CH_3}{|}}{Si}}-O\right]_x\left[\underset{\underset{R}{|}}{\overset{\overset{CH_3}{|}}{Si}}-O\right]_y\left[\underset{\underset{R}{|}}{\overset{\overset{CH_3}{|}}{Si}}-O\right]_p\underset{\underset{CH_3}{|}}{\overset{\overset{CH_3}{|}}{Si}}-CH_3$$

其中 R 为 $\underset{\underset{O}{\diagdown \diagup}}{HC-CH_2}$ 、 $(CH_2CH_2O)_a-(C_3H_6O)_bR$

⑤ 氨基改性聚硅氧烷。为了保持双胺基有机硅柔软剂优异的柔软性、回弹性的特性，解决黄变现象，因而需要开发低黄变氨基改性有机硅柔软剂，通过氨基官能团的类型和数量的变化来实现此目的。改变氨基官能团类型主要是将伯胺基变成仲胺基或叔胺基，如 N-丙基环己胺（仲胺）和 N-丙基哌嗪（叔胺）改性有机硅。

仲胺基改性聚硅氧烷可以改善双胺型的黄变，同时使亲水性和去污性提高，得到综合的处理效果。仲胺改性的方法有两种：一种是在双胺型的基础上对伯胺基极性酰化保护，减少活泼氢，酰化剂有乙酸酐和丁内酯，酰化度不要超过 70%，否则将影响柔软效果；另一途径是在合成时引入新的硅偶联剂，如采用环己基氨丙基二甲氧基偶联剂改性的结构为：

$$H_3C-\underset{\underset{CH_3}{|}}{\overset{\overset{CH_3}{|}}{Si}}-O-\left[\underset{\underset{CH_3}{|}}{\overset{\overset{CH_3}{|}}{Si}}-O\right]_n\left[\underset{\underset{(CH_2)_3}{|}}{\overset{\overset{CH_3}{|}}{Si}}-O\right]_m\underset{\underset{CH_3}{|}}{\overset{\overset{CH_3}{|}}{Si}}-CH_3$$

采用叔胺基偶联剂可以合成叔胺聚硅氧烷。叔胺型不会发生黄变，因为分子结构中引入了一个高位阻的叔胺基团，两端又存在两个位阻很大的甲基，破坏其结构需要很大的能级。叔胺改性产品的白度、吸水性和易去污性最佳，但是手感低于双胺型和仲胺型。需要通过提高分子量来提高手感。基本结构：

$$H_3C-\underset{\underset{CH_3}{|}}{\overset{\overset{CH_3}{|}}{Si}}-O-\left[\underset{\underset{CH_3}{|}}{\overset{\overset{CH_3}{|}}{Si}}-O\right]_n\left[\underset{\underset{(CH_2)_3}{|}}{\overset{\overset{CH_3}{|}}{Si}}-O\right]_m\underset{\underset{CH_3}{|}}{\overset{\overset{CH_3}{|}}{Si}}-CH_3$$

为了获得超平滑的手感，将二甲基硅氧烷大分子的两端用氨基改性封端，而主链中的硅全部连甲基，在纤维上可形成非常整齐的定向排列。从而获得优异的平滑手感。

$$H_2NC_3H_6-\underset{\underset{CH_3}{|}}{\overset{\overset{CH_3}{|}}{Si}}-O-\left[\underset{\underset{CH_3}{|}}{\overset{\overset{CH_3}{|}}{Si}}-O\right]_n\underset{\underset{CH_3}{|}}{\overset{\overset{CH_3}{|}}{Si}}-C_3H_6NH_2$$

将氨基基团的柔软性和亲水性基团的亲水性相结合，可以赋予基布柔软滑糯的手感，实现手感和功能性的结合。可以通过在氨基改性的基础上再引入聚醚基团的方法。如用环氧基的聚醚与氨基加成，形成含有氨基及聚醚链段的改性硅油。基本结构为：

$$H_3C-\underset{\underset{CH_3}{|}}{\overset{\overset{CH_3}{|}}{Si}}-O\left[\underset{\underset{CH_3}{|}}{\overset{\overset{CH_3}{|}}{Si}}-O\right]_x\left[\underset{\underset{(CH_2)_3}{|}}{\overset{\overset{CH_3}{|}}{Si}}-O\right]_y\underset{\underset{CH_3}{|}}{\overset{\overset{CH_3}{|}}{Si}}-CH_3$$
$$NH(CH_2)_2NR_2$$

原分子中的伯胺或仲胺可使环氧化合物开环，形成含有羟基的氨烃基取代基，减少了活泼氢，改善了泛黄现象，并赋予其亲水性。

将氨基改性有机硅制成微乳液，在近年来发展很快。由于在硅氧烷分子上引入了氨基，提高了其亲水性，因此选用适当的乳化剂和制备工艺，即能使之成为粒径在 $0.15\mu m$ 以下的微乳液。由于其粒径小于可见光的波长，对可见光没有阻抗性，因此可使乳液变得透明。正是由于其颗粒的粒径仅为普通乳液中颗粒粒径的 1/10，使微乳液中有效颗粒数增加，微乳液与纤维的接触机会大大增加，且在纤维表面铺展性好，容易渗透到纤维内部。因此这种产品可赋予基布良好的内部柔软度，这种柔软度也更为耐久。微乳液产品的水溶性、储存稳定性、耐热稳定性、抗剪切稳定性一般也会更好

二、 拒水和拒油整理

1. 拒水和拒油整理原理

拒水和拒油整理是染色基布经常要做的特殊整理。在基布纤维表面施加一种具有特殊分子结构的整理剂，改变纤维表面层组成，并以物理、化学或物理化学的方式与纤维结合，使基布不再被水所润湿，这类整理称为拒水整理。若整理纤维表面的张力下降到一定值，油类物质也不能在表面上湿润，称为拒油整理。所用的整理剂分别称为拒水剂和拒油剂。

通常所说的防水整理按整理后织物的透气性能可分为两类。第一类是不透气的防水（water proofing）整理，俗称涂层整理；第二类是透气的防水整理（water repellency），俗称拒水整理。

拒水和防水整理是有区别的。拒水性是指基布将水滴从其表面反拨落下的性能。拒水整理利用具有低表面能的整理剂沉积于纤维表面，使纤维表面的亲水性变为疏水性，目的是阻止水对基布的润湿，利用织物毛细管的附加压力，阻止液态水的透过，内部仍保持着大量孔隙，使基布具有良好的拒水性，又具有透气和透湿性，手感和风格不受影响，但在水压相当大的情况下也会发生透水现象。防水整理通常在基布表面涂布一层不透气的连续薄膜，堵塞基布上的孔隙，借物理方法阻挡水的通过，有抗高水压渗透能力，属涂层整理。

根据润湿理论，若使液体（水、油）不能润湿固体（纤维）的表面，固体的湿润临界表面张力必须小于液体的表面张力。水的极性很强，其表面张力为 $\gamma_{水}=7.28\times10^{-5}N/cm$。当物体的表面张力与 $\gamma_{水}$ 十分接近时，水便能很好地润湿该物体。反过来说，该物体的表面张力与 $\gamma_{水}$ 的差值越大，越难被水润湿，也就是说拒水性越好。拒水整理，就是使用一些特殊的整理剂，使纤维的表面性能发生变化，即疏水性增强，表面张力减小，而产生拒水作用的。

从润湿角度考虑：接触角 $\theta<90°$，且越小润湿效果越好；

从拒水作用考虑：$\theta>90°$，且越大拒水效果越好；

当 $\theta=0$ 时，液滴在固体表面铺平；

当 $\theta=180°$ 时，液滴在固体表面上呈球状，而滚动；

从 Young 公式可以看出：在拒水过程中 γ_L 是不变的，从拒水要求来说，θ 越大越有利于水滴的滚动流失，也就是说 $\gamma_S - \gamma_{LS}$ 越小越好。拒水整理正是基于这一点而进行的加工。

由于固体的表面张力难以测定，为了了解固体表面的可润湿性，通过测定固体的临界表面张力 γ_C 来表述固体的表面性能。所谓 γ_C 是用不同 γ_L 的液体来测定在某一固体上的接触角，通过外延法求得接触角 θ 恰好为 0 时的液体的表面张力。

水的表面能比较高，为 $72.8mJ/m^2$，雨水为 $53mJ/m^2$，拒水材料的表面能必须比此值小；油类的表面能一般在 $20\sim40mJ/m^2$，如液体石蜡为 $33mJ/m^2$，汽油为 $22mJ/m^2$，拒油材料的表面能必须比此值小。所以油的润湿能力远大于水，拒油的物质一定拒水，而基布纤维的表面能远大于水和油的表面能。因此，为了使基布拒水拒油，就要在其表面涂一层低表面能的材料。如氟化脂肪酸的表面能约为 $6mJ/m^2$，是比较理想的拒油材料。

一般纤维既不能拒油也不能拒水，拒水剂和拒油剂为具有低表面能基团的化合物，由它们的低表面能原子团组成新的表面。此外，拒水剂和拒油剂要有相应基团使其能牢固附着于纤维表面，能在纤维表面聚合成膜，拒水、油基团有规则地向外整齐排列。

从工艺原理看来，拒水和拒油整理属于纤维表面化学改性的范畴。因此，它必然要求整理的基布前处理要充分，使之具有良好的吸收性能。同时，基布上要尽可能地减少表面活性剂、助剂和盐类等残留物，基布表面应呈中性或微酸性，为拒水和拒油整理取得良好效果准备条件。此外，整理时要使拒水剂和拒油剂能在织物或纤维表面均匀分布，并与纤维产生良好的结合状态，其官能团以密集定向的分布形式为宜。

2. 拒水拒油剂

根据拒水整理效果的耐洗性，可将拒水整理分为不耐久、半耐久和耐久三种，主要取决于所用拒水剂本身的化学结构。

不耐久：耐 5 次以下洗涤；

半耐久：耐 $5\sim30$ 次以下洗涤；

耐久性：耐 30 次以上洗涤。

按标准方法洗涤，耐 20 次洗涤的拒油整理称为耐久性拒油整理。

由拒水拒油整理的机理可以看出，在纤维表面吸附一层物质，使其原来的高能表面变为低能表面，就可以获得具有拒水效果的织物，且表面能愈小效果愈好。拒水剂主要有以下几种：① 石蜡-金属盐类；② 吡啶季铵盐类；③ 羟甲基三聚氰胺衍生物；④ 硬脂酸金属络合物；⑤ 有机硅型；⑥ 含氟类。常用拒水剂主要有有机硅和含氟化合物，拒油剂则是含氟化合物。

(1) 石蜡-金属盐类 石蜡-金属盐拒水剂中以铝化合物应用较多，是最古老的防水方法之一。加工方法有单独醋酸铝法和铝皂法等。铝盐防水剂是因为它在基布上经加热后产生了具有防水性的氧化铝。

$$Al(CH_3COO)_3 + 3H_2O \longrightarrow Al(OH)_3 + 3CH_3COOH$$

$$2Al(OH)_3 \longrightarrow Al_2O_3 + 3H_2O$$

铝皂法是以铝盐与肥皂及石蜡一起使用，不耐水洗和干洗，手感硬，且带有酸味。但当拒水效果降低后，可再经处理而得到恢复。铝皂法按铝皂形成的步骤可分为一浴法和二浴法。

① 二浴法。基布先以肥皂为乳化剂的石蜡乳液在 $80\sim85℃$ 浸轧、烘干，肥皂和石蜡沉积在织物上，再经醋酸铝溶液在 $60\sim65℃$ 浸轧，基布上的肥皂与醋酸铝反应生成不溶性的铝皂。干燥后在纤维上生成石蜡和铝皂的涂层。

$$Al(CH_3COO)_3 + 3C_{17}H_{35}COONa \longrightarrow Al(C_{17}H_{35}COO)_3 \downarrow + 3CH_3COONa$$

多余的醋酸铝在烘干过程中会发生水解和脱水反应，生成不溶性的碱式铝盐或氧化铝等化合物，并和铝皂、石蜡共同沉积在基布上而起拒水作用，氧化铝还有阻塞基布中部分孔隙的作用。二浴法乳液容易制得，但过程比较复杂，目前已较少使用。

② 一浴法。将醋酸铝和石蜡肥皂乳液混合在一起使用，但如直接混合，将发生破乳现象，为此，需要预先在乳液中加入适当的保护胶体，如明胶等，才能使乳液稳定。

基布在常温或 55～70℃下，调节 pH 值至 5 左右，先浸轧稀释后的乳液，再经烘干即可。其反应机理与两浴法相同，只是加入保护胶体明胶，但值得注意的是明胶是亲水性蛋白质，用量越多乳液越稳定，但整理后的拒水效果会降低，所以用量要适当。

用石蜡乳液和铝盐的防水整理由于使用方便、价格低廉，迄今仍在使用，特别适用于不常洗的工业用布上。但不耐洗，手感粗硬，整理的耐久性较差。

(2) 吡啶季铵盐类　吡啶类拒水剂主要是氯化硬脂酰胺甲基吡啶，它是由硬脂酰胺、盐酸吡啶和多聚甲醛反应而成的。代表性的产品为防水剂 PF，氯化硬脂酰胺甲基吡啶，结构式为：

$$C_{17}H_{35}OCHNH_2C—N^+ \bigcirc \cdot Cl^-$$

防水剂经过溶液浸渍，吸附于纤维上，在高温干燥时，自身发生缩合成为二聚体沉积在纤维表面上。PF 防水剂有较耐久的拒水性，但是在干燥时释放出气味强烈的吡啶和甲醛，而且整理后容易产色黄变和变色，基本不采用。

(3) 羟甲基三聚氰胺衍生物　主要是羟甲基三聚氰胺与不同比例的高级脂肪酸、高级醇、三乙胺等反应的产物。在一定条件下自身进行缩聚反应，排列于纤维表面形成拒水层。代表性结构为乙醚化六羟甲基三聚氰胺与硬脂酸、十八醇、三乙胺反应的混合物，再与适量石蜡乳液复配而成，化学结构为：

$$\begin{array}{c}
C_{17}H_{35}COOH_2C \\
C_{18}H_{37}OH_2C
\end{array} N—\bigcirc—N\begin{array}{c}
CH_2OOCC_{17}H_{35} \\
CH_2OOCC_{17}H_{35}
\end{array}$$

$$C_2H_5OH_2C \quad CH_2OCH_2CH_2N(CH_2CH_2OH)_2$$

这类防水剂耐洗涤性好，并具有一定的柔软性能，可单独作为防水剂使用，也可与其他助剂配合使用。

(4) 硬脂酸金属络合物　金属络合物主要是硬脂酸的铬络合物。用铬络合物处理后的基布于 150～170℃干燥时，络合物发生进一步聚合。同时，该络合物也可与纤维表面的羟基、羧基、酰胺基或磺酸基反应形成共价键。络合物的无机部分键合于纤维表面，有机疏水部分远离纤维表面而垂直于纤维表面排列，从而赋予基布以拒水性。

硬脂酸铬络合物是由脂肪酸和三氯化铬在甲醇溶液中生成的络合物。

$$\begin{array}{c}
C_{17}H_{35} \\
C \\
O \quad O \\
Cl—Cr—O—Cr—Cl \\
Cl \quad Cl \\
O \\
H
\end{array}$$

整理时，当溶液 pH 提高，分子中的氯水解为羟基，高温下脱水形成—Cr—O—Cr—键而聚合，在纤维表面形成耐久性的防水膜。这类防水剂的缺点是含有铬离子，不适合染色品种，另外容易产生铬离子超标的问题，不符合环保整理剂的要求。

（5）有机硅型　有机硅是以—O—Si—O—为主链的聚合物，主链十分柔顺，是一种易绕曲的螺旋形结构。硅氧链为极性部分，与硅原子剩余两键相连的有机基团为非极性部分。在高温和催化剂作用下，硅氧主链发生极化，极性部分向纤维上的极性基团接近。主链上的氧原子可与纤维形成氢键，羟基硅油上的羟基可与纤维上的某些基团发生缩合反应形成共价键，有机硅固定在纤维的表面。极性基团定位的同时，非极性部分的甲基定向旋转，连续整齐地排列在纤维的表面，使纤维疏水化，改变表面能，产生拒水效果。

有机硅整理后的基布产生拒水性是由于在纤维表面覆盖了聚硅氧烷薄膜，其氧原子指向纤维表面，而甲基远离纤维表面排列。因此有机硅聚合物在纤维表面适当地定向排列也是拒水性的必要条件。

用于拒水整理的有机硅中的取代基 R 通常是甲基（聚二甲基硅烷或称二甲基硅油）、氢（聚甲基含氢硅烷或称含氢硅油）或羟基（如聚 ω,α-二羟基硅烷或称二羟基硅油）。通常采用甲基含氢聚硅氧烷（HMPS）与羟基硅油配合使用。浸渍轧液后，在催化剂的作用下，HMPS发生水解反应，形成的 Si—OH 键可自身脱水缩合交联成膜，也可与羟基硅油中的羟基缩合交联，形成更大的网络，提高有机硅膜的弹性和柔韧性。弹性膜覆盖在纤维的表面，赋予基布优良的拒水性能。反应式为：

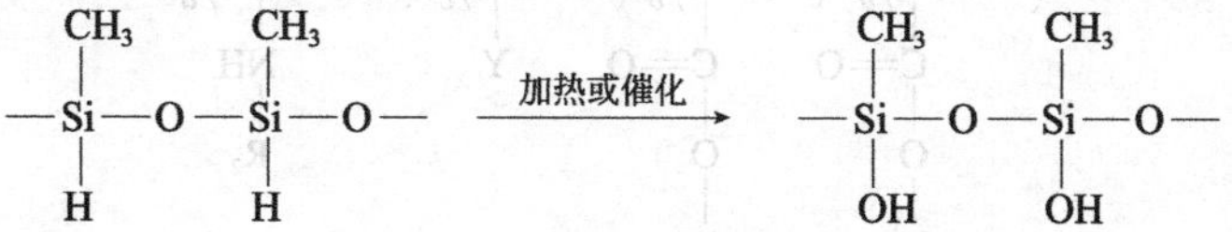

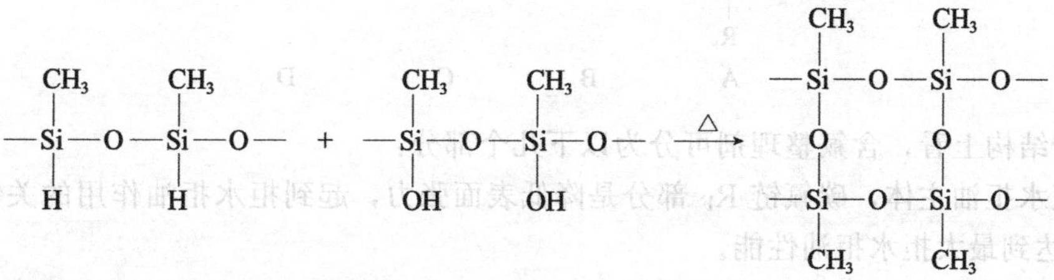

有机硅拒水剂整理工艺实例如下。

浸轧液组成：

甲基含氢硅烷乳液	30g/L
羟基硅烷乳液	70g/L
胺化环氧交联剂	14.2g/L
结晶醋酸锌	10.8g/L
氯氧化锆	5.4g/L
乙醇胺	4.5g/L

整理工艺：三浸三轧（轧余率 70%）→烘干（120～130℃）

（6）含氟类　含氟化合物拒水拒油剂的性能不同于有机硅和脂肪烃类拒水剂，其中最重要的差异是其具有拒油性。含氟化合物既能拒水又能拒油，而有机硅和脂肪烃类化合物只有拒水作用，所以有机硅类拒水剂已逐渐被含氟烃类化合物所取代。

氟原子的电负性大，直径小，C—F 键键能很高，可使水的表面张力显著降低，因而表现出优异的疏水疏油性。与氢原子相比，氟原子更容易将 C—F 键屏蔽，保持高度的稳定性。通过适当的整理工艺，有机氟聚合物可以赋予纤维保护层。特殊改性的有机氟聚合物同其他普通聚合物不同，它具有全氟化侧基。聚合物骨架主链本身不含氟，但却是聚合物重要特征的载体，它影响聚合物膜的形成、膜的硬度和在纤维上的牢度。反应性侧基把聚合物固定在基体上，使得聚合物具有水洗牢度。

　　有机氟聚合物可以把纤维表面能降低到油、水和污渍不能浸润和穿透纤维的程度。这种作用的最佳整理效果体现在有机氟聚合物能够形成无缝的看不见的保护膜，这层膜把纤维包裹起来。液态无溶剂时纠缠在一起的有机氟聚合物在膜成型时在纤维表面扩展开来，含氟侧链在干燥处理时的热作用下伸直取向。同时，聚合物通过反应基团与纤维牢固结合。

　　在常规的碳氢链中，若分子中氢原子被氟原子全部或部分取代，称为碳氟链结构。若表面活性剂分子的疏水基是碳氟链结构，则称这种表面活性剂为含氟表面活性剂。目前所使用的含氟表面活性剂大部分为疏水基碳链全氟化的，如 $n\text{-}C_8F_{17}SO_3Na$、$n\text{-}C_7F_{15}CONH(CH_2)_3N^+(CH_3)_3I^-$、$C_{10}F_{19}O(C_2H_4O)_{23}C_{10}F_{15}$ 等。

　　含氟拒水拒油整理剂大多是丙烯酸酯或甲基丙烯酸酯类的乙烯类聚合物，主要差异在于全氟烯烃基和聚合物主链之间的链接不同。一般是由一种或几种氟代单体和一种或几种非氟代单体共聚而成。氟代单体一般为含氟丙烯酸单体，提供拒水拒油性；非氟代单体一般为乙烯基单体，提供成膜性和黏合性。

　　含氟整理剂的通式可表示为：

$$\left(\begin{matrix} R \\ | \\ C-C \\ | \\ H_2 \\ \\ C=O \\ | \\ O \\ | \\ X \\ | \\ R_F \end{matrix}\right)_a \left(\begin{matrix} R \\ | \\ C-C \\ | \\ H_2 \\ \\ C=O \\ | \\ O \\ | \\ R_1 \end{matrix}\right)_b \left(\begin{matrix} Cl \\ | \\ C-C \\ | \\ H_2 \\ \\ Y \end{matrix}\right)_c \left(\begin{matrix} R \\ | \\ C-C \\ | \\ H_2 \\ \\ NH \\ | \\ R_2 \end{matrix}\right)_d$$

$$\quad A \qquad\qquad B \qquad\qquad C \qquad\qquad D$$

从分子结构上看，含氟整理剂可分为以下几个部分：

　　A 是拒水拒油主体，碳氟链 R_F 部分是降低表面张力，起到拒水拒油作用的关键部分，长度为 10 可达到最大拒水拒油性能。

　　X 为缓冲链节，由于氟碳链容易使分子内部发生强烈极化，造成分子稳定性降低。常增加 —CH_2—、—$SO_2NCH_2CH_2$— 等缓冲链节。

　　B（甲基）丙烯酸酯类，赋予拒水性、成膜性及柔软性。

　　C 硬性单体，赋予纤维的黏合性、耐磨性、耐溶剂性及耐洗涤性。

　　D 功能性单体，交联性（强韧皮膜，耐久性），含磷（阻燃性），亲水基团（易去污）。

　　有机氟聚合物用于拒水拒油整理时，基布手感偏硬。有机硅化合物的柔软性和平滑性较好，但拒水整理效果不及有机氟聚合物优良，又不具备拒油作用。如果在有机氟聚合物整理过程中加入少量的有机硅整理剂，则会损害有机氟优良的拒水拒油性，两种整理剂拼用有相互抵消的作用。当有机硅化合物与有机氟化合物形成一个分子时，则表现出有机氟的特性。有支链型和嵌段共聚型两种。支链型是聚硅氧烷在氟聚合物链侧向以化学键连接，可赋予基布优良的拒水拒油性和柔软性，但支链型结构复杂，聚合过程难以控制，聚硅氧烷链段易发生链转移。嵌段共聚型是氟碳链段与硅氧烷链段形成嵌段共聚结构。代表性的为美国 3M 公司等开发了具有高拒水拒油性和优良柔软性的氟硅混合型产品。

　　近年来国内外对含氟表面活性剂与碳氢表面活性剂的混合体系进行了研究，有机氟与其他组分混合时，表现出良好的联合增效效应。在碳氢表面活性剂中只要加入很少量的含氟表面活性剂，其降低水表面张力的能力就大幅提高，而且可以大大降低油/水界面张力，同时还能发挥含氟表面活性剂的独特性能。将含氟表面活性剂和碳氢表面活性剂复配，有可能大大减少含氟表面活性剂的用量，降低成本。最主要是减少 PFOS 和 PFOA 的污染，有利于这些有害物质在最终产品中低于 50mg/kg。降低全氟辛基磺酰胺类丙烯酸酯或全氟辛基丙烯酸酯单体的含量，增加丙烯酸酯单体含量进行共聚，或者将二种单体聚合后按比例复配，以达增效作用。这种复配型氟整理剂将为今后新的含氟整理剂的方向。

（7）纳米技术用于防水拒油整理　纳米材料（如氧化锌）用于防水拒油整理的原理是荷叶自洁作用，在荷叶粗糙的表面上，水珠只与荷叶表面乳瘤部分的蜡质晶体毛茸相接触，明显减少了水珠与固体表面的接触面积，扩大了水珠与空气的界面，水通过扩大表面积以获得一定的能量，在这种情况下，液滴不会自动扩展而保持球体状，这就是荷叶效应。拒水自洁表面必须具备两个条件：表面必须是粗糙的，而且粗糙必须是纳米水平或接近纳米水平。它在理论上与常规的防水拒油整理剂研制不同，主要是将降低材料的表面能和产生纳米的微观结构的粗糙程度结合。通过纳米材料整理后，织物表面形成如荷叶的粗糙表面，达到防水拒油作用，但是在应用过程中，纳米材料整理剂容易发生凝聚，从而失去纳米特性，还有耐久性差的问题。

3. 影响拒水拒油的外部因素

（1）基布表面粗糙度　一个水不能润湿的光滑表面，如其表面粗糙则水更不易润湿；一个水能润湿的光滑表面，如其表面粗糙则水更容易润湿。经拒水整理的绒面革，其拒水效果格外优良。

（2）基布毛细管间隙　当接触角小于 90°，液体可以自动进入毛细管，随着毛细管半径减少，基布的润湿性提高，拒水拒油性能降低。

当接触角大于 90°，液体不能自动进入毛细管，随着毛细管半径减少，基布的润湿性降低，拒水拒油性能提高。

基布经过拒水拒油整理，表面自由能降低，使液体在其表面上的接触角增大，阻止液体污垢自发地吸入内部，需要较高的压力才能进入，使基布具有抗液体玷污能力。

（3）基布上残留的其他物质　基布上残留的整理剂、助剂改变基布的表面能和表面粗糙度，影响基布的拒水拒油性能。水中含有的杂质和加入润湿剂，它们的表面张力较低，促使基布表面容易润湿。表面脏污能引起基布表面粗糙度的变化。

无论何种纤维，当防水剂用量增加时，防水、防油效果都有提高；但用量提高到一定限度时，用量增加，防水、防油效果则增加不明显。

防水效果按 GB 5554—85 标准测试；防油效果按 AATCC 118—1996 标准测试；沾水试验，模拟暴露雨中；静水压试验，测定水对基布的渗透性；吸水性试验，测定防水整理后的基布在水中浸渍一定时间后的增重率；耐洗性能测试，试样按标准洗涤干燥后，再测淋水性和耐水压性能，用耐洗次数表示防水剂耐久性。

三、阻燃整理

1. 燃烧与阻燃机理

合成革阻燃是指纤维和聚氨酯经过阻燃处理后，不同程度地降低了可燃性，在燃烧过程中能显著延缓其燃烧速率，并在离开引起着火的火源后能迅速自熄，从而具有不易燃烧的性能。高分子类若按燃烧性能分类可分为：不燃烧、难燃烧、可燃烧、易燃烧。锦纶、涤纶及聚氨酯都属于可燃烧类，并且燃烧时产生熔融滴落。

燃烧主要由四个步骤循环进行并同时存在：热量传递给基布；纤维的热裂解；裂解产物的扩散与对流；空气中的氧和裂解产物的动力学反应。要达到阻燃，必须切断可燃物、热和氧气三要素构成的燃烧循环。

可燃性通常用需氧指数（LOI）来表示，LOI 是指样品在氮、氧混合气的环境中保持烛状燃烧所需氧气的最小体积分数。LOI 值越大，说明燃烧时所需氧气的体积分数越大，不易燃烧，阻燃效果就好。作为阻燃基布，一般要求其 LOI 值大于 27，否则就不是阻燃产品。具体测试方法见我国标准 GB 2406—80。

阻燃整理的原理因阻燃剂的种类和基布种类而不同，阻燃作用有时单独使用，有时协同作用，目前阻燃机理的理论较多，主要有以下几种。

(1) 覆盖层作用　阻燃剂受到高温后，在燃烧体表面形成一层不易燃烧、不易挥发的玻璃状或稳定泡沫覆盖层，把燃烧体同氧气和火源隔绝开来，阻止可燃性气体的向外扩散，阻挡热传导和热辐射，减少反馈给纤维材料的热量，从而达到阻燃目的。无机磷阻燃剂的阻燃机理就以凝相机理为主，在燃烧时，磷化合物逐步分解成磷酸、偏磷酸，最后生成玻璃体状的聚偏磷酸，覆盖于燃烧体的表面，隔绝空气。硼砂-硼酸混合阻燃剂，也可在高温下形成不透气的玻璃层。

(2) 气体稀释作用　阻燃剂吸热分解后释放出不燃性气体，如氧气、二氧化碳、氨、二氧化硫等，将可燃性气体的浓度冲淡或使燃烧过程供氧不足，控制到产生火焰的浓度以下。此外，不燃性气体还有使纤维散热降温的作用，使基布达不到燃烧温度。

(3) 吸热作用　任何燃烧在较短的时间所放出的热量是有限的，如果能在较短的时间吸收火源所放出的一部分热量，那么火焰温度就会降低，辐射到燃烧表面和作用于将已经气化的可燃分子裂解成自由基的热量就会减少，燃烧反应就会得到一定程度的抑制。

某些比热容高的阻燃剂在高温下发生相变如熔融和升华、脱水或脱卤化氢等吸热分解反应，吸收燃烧放出的部分热量，降低可燃物表面的温度，减缓热裂解反应速度，抑制可燃性气体的生成，从而有阻止燃烧蔓延的作用。$Al(OH)_3$ 阻燃剂的阻燃机理就是通过提高聚合物的比热容，发挥其结合水蒸汽时大量吸热的特性，使其在达到热分解温度前吸收更多的热量，从而提高其阻燃性能。

(4) 熔滴作用　在阻燃剂作用下，纤维材料在裂解之前软化、收缩、熔融，成为熔融液滴滴落，热量被带走使火焰自熄。

(5) 控制纤维热裂解　阻燃剂的存在，改变了纤维的热裂解机理，使纤维在裂解温度前而大量脱水或发生交联作用，使可燃性气体和挥发性液体的量大大减少，而使固体碳量大大增加，这样火焰就会得到抑制。或者在纤维大分子中引入芳环或芳杂环，或通过大分子链交联环化，与金属离子形成络合物等方法，改变大分子链的热裂解历程，促进其发生脱水、缩合、环化、交联等反应，增加炭化残渣，减少可燃性气体的产生。

(6) 气相阻燃　根据燃烧的链反应理论，维持燃烧所需的是自由基。阻燃剂可作用于气相燃烧区，在火焰区大量地捕获反应活性强的羟基自由基和氢自由基，抑制或中断燃烧的连锁反应，在气相发挥阻燃作用。从而阻止火焰的传播，使燃烧区的火焰密度下降，最终使燃烧反应速率下降直至终止。

合成纤维用阻燃剂大多是卤素和磷系阻燃剂，它的蒸发温度和聚合物分解温度相同或相近，当聚合物受热分解时，阻燃剂也同时挥发出来，受热分解生成卤化氢等含卤素气体，此时含卤阻燃剂与热分解产物同时处于气相燃烧区，卤素一方面捕获自由基，另一方面含卤素气体密度比较大，生成的气体覆盖在燃烧物表面，起隔绝作用。磷系阻燃剂对含碳、氧元素的合成纤维具有良好的阻燃效果，主要通过促进聚合物炭化，减少可燃气体生成量，起凝聚相阻燃作用。

2. 常用阻燃剂

阻燃剂种类很多，根据阻燃剂的元素可分为：磷系阻燃剂；卤素系阻燃剂；氮系阻燃剂；硼系阻燃剂；混合阻燃剂等。

(1) 磷系阻燃剂　磷系阻燃剂是以磷为主体的化合物，并伴有卤素和氮原子，磷及磷化合物很早就被用作阻燃剂使用。磷化合物的一个突出优点是防熔滴、发烟少。

　　磷系阻燃剂的阻燃作用主要体现在火灾初期的高聚物分解阶段。在燃烧时，磷化合物分解生成磷酸的非燃性液态膜，其沸点可达 300℃。同时，磷酸又进一步脱水生成偏磷酸，偏磷酸进一步聚合生成聚偏磷酸。在这个过程中，不仅由磷酸生成的覆盖层起到覆盖效应，而且由于生成的聚偏磷酸是强酸，是很强的脱水剂，使聚合物脱水而炭化，从而减少聚合物因热分解而产生的可燃性气体的数量，改变了聚合物燃烧过程的模式并在其表面形成碳膜，能隔绝外界空气和热，从而发挥更强的阻燃效果。

　　含磷阻燃剂也是一种自由基捕获剂，任何含磷化合物在聚合物燃烧时都有 PO· 形成。它可以与火焰区域中的氢原子结合，起到抑制火焰的作用。另外，磷系阻燃剂在阻燃过程中产生的水分，一方面可以降低凝聚相的温度，另一方面可以稀释气相中可燃物的浓度，从而更好地起到阻燃作用。

　　磷系阻燃剂对含氧聚合物的作用效果最佳，主要被用在含羟基的纤维素、聚氨酯、聚酯等聚合物中。对于不含氧的烃类聚合物，磷系阻燃剂的作用效果就比较小。磷系阻燃剂的特点是阻燃效力高，但由于它对高聚物的机械加工性能影响较大，因而不如卤系阻燃剂使用广泛。磷系阻燃剂包括无机磷阻燃剂和有机磷阻燃剂两大类。

　　无机磷阻燃剂：最常用的是红磷和聚磷酸铵。聚磷酸铵单独使用或与卤代物并用时，阻燃效果不大，当同其他磷化物或氯化物并用时，阻燃效能明显提高。

　　在燃烧时，会发生以下变化：磷化合物→磷酸→偏磷酸→聚偏磷酸，聚偏磷酸玻璃体覆盖于燃烧体表面，隔绝空气。对于含氧的高聚物，聚偏磷酸还具有脱水作用，使高聚物脱水分解，生成致密的炭化层，使燃烧终止。

　　聚磷酸铵类阻燃剂简称为 APP，是长链状含磷、氮的无机聚合物，是常用的非耐久性阻燃剂，化学性质稳定，可与其他整理剂混合使用，使用量一般为基布质量的 5% 左右。聚磷酸铵的聚合度是决定其作为阻燃剂产品质量的关键，聚合度越高，阻燃防火效果越好。基本结构为：

$$
H_4NO-\overset{\displaystyle O}{\underset{\displaystyle ONH_4}{P}}-O-\left[\overset{\displaystyle O}{\underset{\displaystyle ONH_4}{P}}-O\right]_n-\overset{\displaystyle O}{\underset{\displaystyle ONH_4}{P}}-ONH_4
$$

　　磷酸盐类主要是磷酸铵盐，单独使用或与其他阻燃剂混合使用都有比较好的阻燃效果。如与硫酸氢钛配合使用，可获得较耐久的阻燃效果，成本低，应用广。

　　有机磷阻燃剂：这类阻燃剂主要包括磷酸酯、亚磷酸酯、磷化合物及卤化磷等。这些化合物大多同氮、溴化合物并用以提高阻燃效果。有机阻磷类阻燃剂受热时能产生结构更趋稳定的交联状固体物质或碳化层。碳化层的形成一方面能阻止聚合物进一步热解，另一方面能阻止其内部的热分解产生物进入气相参与燃烧过程。常用的种类如下。

① 双环亚膦酸酯

$$
H_3CO-\overset{\displaystyle O}{\underset{\displaystyle CH_3}{P}}-OH_2C-\underset{\displaystyle C_2H_5}{C}\overset{\displaystyle CH_2O}{\underset{\displaystyle CH_2O}{\big\langle}}\overset{\displaystyle O}{\underset{\displaystyle}{P}}-\overset{\displaystyle H_2}{C}\Big]_2
$$

　　该阻燃剂可使纤维在高温下脱水炭化，减少可燃性气体产生。在燃烧的同时产生磷酸酐，使部分分解物氧化为二氧化碳，冲淡氧气成分，阻止燃烧进行。可采用浸渍干燥法处理基布，具有很好的耐久性。

② 乙烯基膦酸酯

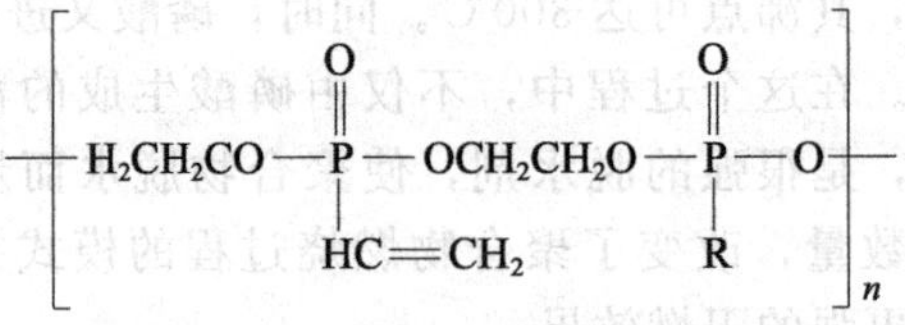

$$\left[-H_2CH_2CO-\overset{\overset{\displaystyle O}{\|}}{\underset{\underset{\displaystyle HC=CH_2}{|}}{P}}-OCH_2CH_2O-\overset{\overset{\displaystyle O}{\|}}{\underset{\underset{\displaystyle R}{|}}{P}}-O- \right]_n$$

与纤维发生接枝交联反应，获得良好的耐久性阻燃效果。可单独使用或与羟甲基丙烯酰胺及自由基型催化剂一起使用。可采用浸渍-蒸汽干燥法及浸渍-辐射干燥法。

③ 四羟甲基氯化磷

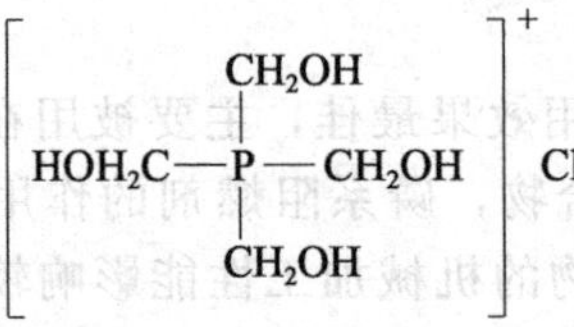

$$\left[HOH_2C-\overset{\overset{\displaystyle CH_2OH}{|}}{\underset{\underset{\displaystyle CH_2OH}{|}}{P}}-CH_2OH \right]^{+} Cl^{-}$$

该阻燃剂可在纤维上形成不溶性的高分子三维缩聚体，最突出的优点是具有很高的耐洗涤阻燃效果，而且对手感和强力的影响小。

④ 磷酸三苯酯

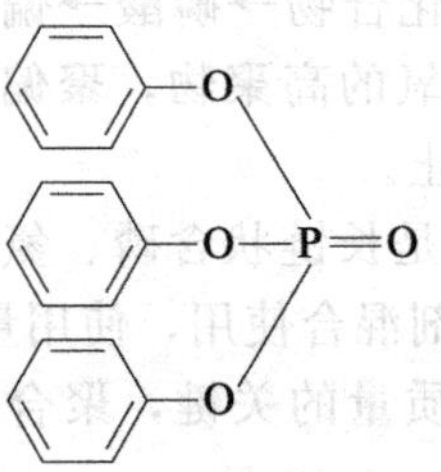

磷酸三苯酯（triphenyl phosphite，TPP）分子量为 326.3，可用作 PU 的添加型阻燃。

（2）卤素系阻燃剂　卤系阻燃剂包括溴系和氯系阻燃剂。卤系阻燃剂是目前世界上产量最大的有机阻燃剂之一。在卤系阻燃剂中大部分是溴系阻燃剂。工业生产的溴系阻燃剂可分为添加型、反应型及高聚物型三大类。溴系阻燃剂的阻燃效率高，而且价格适中。由于 C—Br 键的键能较低，大部分溴系阻燃剂的分解温度在 200～300℃，此温度范围正好也是常用聚合物的分解温度范围。所以在高聚物分解时，溴系阻燃剂也开始分解，并能捕捉高分子材料分解时的自由基，从而延缓或抑制燃烧链的反应，同时释放出的 HBr 本身是一种难燃气体，可以覆盖在材料的表面，起到阻隔与稀释氧气浓度的作用。这类阻燃剂与锑系（三氧化二锑或五氧化二锑）复配使用，通过协同效应使阻燃效果得到明显提高。

卤系阻燃剂主要在气相中发挥阻燃作用。因为卤化物分解产生的卤化氢气体，是不燃性气体，有稀释效应。它的密度较大，形成一层气膜，覆盖在高分子材料固相表面，可隔绝空气和热，起覆盖效应。更为重要的是，卤化氢能抑制高分子材料燃烧的连锁反应，起清除自由基的作用。

目前生产的溴系阻燃剂约有 70 多种，其中最重要的是十溴二苯醚（DBDPO）、四溴双酚 A（TBBPA）和六溴环十二烷（HBCD）等。

① 十溴二苯醚（DBDPO）

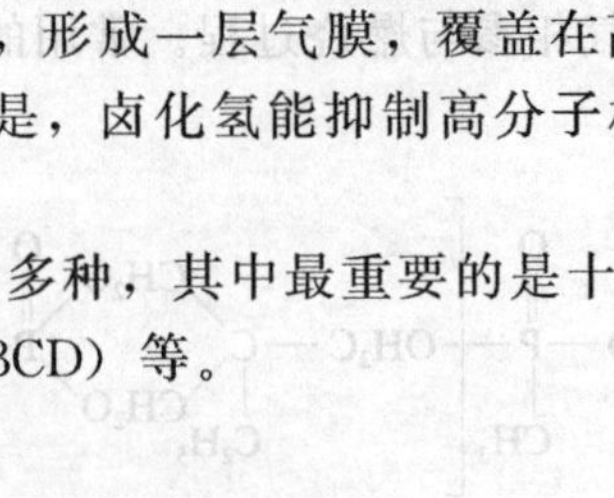

为芳香族溴化物，含溴量 83%，阻燃效果好，具有良好的热稳定性和水解稳定性。通常与氧化锑配合（2∶1）使用，提高阻燃效果。主要依靠燃烧时产生溴化氢，生成三溴化锑，破坏气相中的可燃性气体。

② 六溴环十二烷（HBCD）

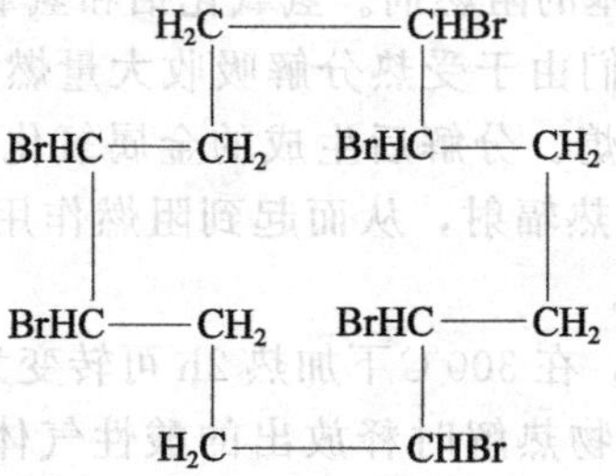

$$
\begin{array}{ccc}
& H_2C \!-\!\!-\! CHBr & \\
BrHC \!-\!\! CH_2 & BrHC \!-\!\! CH_2 & \\
BrHC \!-\!\! CH_2 & BrHC \!-\!\! CH_2 & \\
& H_2C \!-\!\!-\! CHBr &
\end{array}
$$

这类阻燃剂阻燃效力较高，在高温下产生溴化氢气体，冲淡氧气，产生气体屏蔽作用，达到阻燃的目的。

③ 四溴双酚 A 及四溴二乙醇醚双酚 A，都是常用的纤维阻燃整理剂。

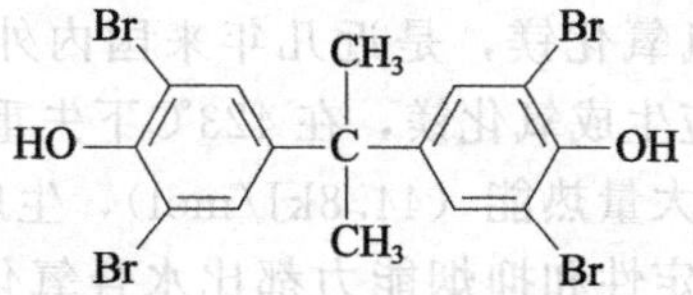

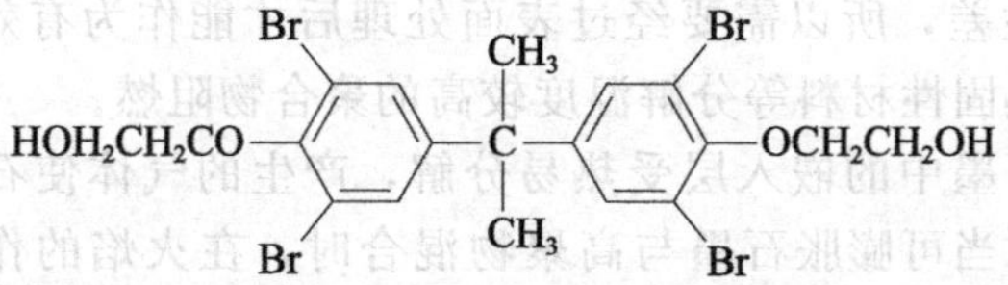

高分子材料中加入的含溴阻燃剂，遇火受热发生分解反应，生成自由基 Br·，它又与高分子材料反应生成溴化氢。溴化氢与活性很强的 OH· 发生自由基反应，一方面使得 Br 再生，一方面使得 OH· 自由基的浓度减少，使燃烧的连锁反应受到抑制，燃烧速率减慢，直至熄灭。但是当发生火灾时，由于这些材料的分解和燃烧产生大量的烟尘和有毒腐蚀性气体，造成"二次灾害"，且燃烧产物（卤化物）具有很长的大气寿命，一旦进入大气很难去除，严重地污染了大气环境，破坏臭氧层。另外，多溴二苯醚阻燃的高分子材料的燃烧及裂解产物中含有有毒的多溴代二苯并二噁烷（PBDD）及多溴代二苯并呋喃（PBDF）。1994 年 9 月，美国环境保护局评价证明了这些物质对人和动物是致毒物质。

一些传统的溴系阻燃剂由于受到日益严格的环保要求的压力，迫使用户寻找溴阻燃剂的代用品，同时促进了新阻燃体系的问世。多溴二苯醚等传统溴系阻燃剂逐渐淘汰，溴化环氧树脂、十溴二苯乙烷等环境友好型溴系阻燃剂产品发展起来。

十溴二苯乙烷（DBPE）是代表性产品，其相对分子质量、热稳定性和溴含量与 DBDPO 相当，但不属于多溴二苯醚系统的阻燃剂，在燃烧过程中不产生多溴苯对位二噁英（PBDD）和多溴二苯呋喃（PBDF），同时也符合德国有关二噁英的条令和美国环保局的规定。而且十溴二苯乙烷的耐热性、耐光性和不易渗析性等特点都优于十溴二苯醚。

卤-磷阻燃剂。利用阻燃剂不同的作用机理，取长补短，互相补充，借以协同增强阻燃效果，并使阻燃改性材料的机械强度、实用性能和成型加工等方面的技术指标得到改善和增益。这类阻燃剂的特征是：分子中同时兼有溴和磷或溴、磷和氮原子。在阻燃性能方面彼此起协同增效作用；分子中的溴含量较低，燃烧过程伴随较少的发烟量，有害性的气体挥发物较少；

一定程度的溴含量可改善一般磷酸酯类阻燃剂挥发性大、抗迁移性差和抗热老化性欠佳的缺点。主要产品品种包括二溴辛戊二醇（DBNPG）、二溴辛戊二醇磷酸酯以及二溴辛戊二醇磷酸酯氰胺盐类等。卤-磷系阻燃剂通过利用不同的作用机理，互相补充，达到协同增效的结果。

（3）其他类型阻燃剂 其他类型主要是无机阻燃剂。包括氢氧化铝、氢氧化镁、膨胀石墨、硼酸盐、草酸铝和硫化锌为基的阻燃剂。氢氧化铝和氢氧化镁是无机阻燃剂的主要品种，它具有无毒性和低烟等特点。它们由于受热分解吸收大量燃烧区的热量，使燃烧区的温度降低到燃烧临界温度以下，燃烧自熄。分解后生成的金属氧化物多数熔点高、热稳定性好、覆盖于燃烧固相表面阻挡热传导和热辐射，从而起到阻燃作用。同时分解产生大量的水蒸气，稀释可燃气体，也起到阻燃作用。

水合氧化铝具有热稳定性好，在 300℃下加热 2h 可转变为 AlO(OH)，与火焰接触后不会产生有害的气体，并能中和聚合物热解时释放出的酸性气体，发烟量少，价格便宜等优点，因而成为无机阻燃剂中的重要品种。水合氧化铝受热释放出化学上结合的水，吸收燃烧热量，降低燃烧温度。在发挥阻燃作用时，主要是两个结晶水起作用，另外，失水产物为活性氧化铝，能促进一些聚合物在燃烧时稠环炭化，因此具有凝聚相阻燃作用。水合氧化铝作阻燃剂，添加量较大。

镁元素阻燃剂主要品种为氢氧化镁，是近几年来国内外正在开发的一种阻燃剂，它在340℃左右开始进行吸热分解反应生成氧化镁，在 423℃下失重达最大值，490℃下分解反应终止。从量热法得知，其反应吸收大量热能（44.8kJ/mol），生成的水也吸收大量热能，降低温度，达到阻燃。氢氧化镁的热稳定性和抑烟能力都比水合氧化铝好，但由于氢氧化镁的表面极性大，与有机物相容性差，所以需要经过表面处理后才能作为有效的阻燃剂。另外，它的热分解温度偏高，适宜热固性材料等分解温度较高的聚合物阻燃。

在高温下，可膨胀石墨中的嵌入层受热易分解，产生的气体使石墨的层间距迅速扩大到原来的几十倍至几百倍。当可膨胀石墨与高聚物混合时，在火焰的作用下，可在高聚物表面生成坚韧的炭层，从而起到阻燃作用。

硼酸盐阻燃剂有硼砂、硼酸和硼酸锌。目前主要使用的是硼酸锌。硼酸锌在 300℃开始释放出结晶水，在卤素化合物的作用下，生成卤化硼、卤化锌，抑制和捕获游离的羟基，阻止燃烧连锁反应，同时形成固相覆盖层，隔绝周围的氧气，阻止火焰继续燃烧并具有抑烟作用。硼酸锌可以单独使用，也可与其它阻燃剂复配使用。目前，主要产品有细粒硼酸锌、耐热硼酸锌、无水硼酸锌和高水硼酸锌。

将硼砂与硼酸按照 7：3 比例混合溶解于水，基布浸渍干燥后，增重 6%～10% 就可获得阻燃效果。磷酸氢二铵、硼砂、硼酸按照 5：3：7 比例混合应用有同样的效果。受热燃烧时，会熔融形成薄膜包覆在纤维表面，将纤维与火源、空气隔离，阻止燃烧进行，达到阻燃目的。铵盐受强热分解出难燃的氨气，起冲淡织物受热分解出的可燃气作用。但此类阻燃剂不耐水洗。

草酸铝是氢氧化铝衍生的结晶状物，碱含量低。含有草酸铝的高聚物燃烧时，放出 H_2O、CO 及 CO_2，而不生成腐蚀性气体，草酸铝还能降低烟密度和生烟速度。

三氧化二锑为白色粉末。它不能单独作为阻燃剂，而与卤类阻燃剂复合并用则有很大的阻燃增强效应（又称协同效应）。一般认为它在高聚物中的阻燃机理：三氧化二锑在卤化物存在的情况下，燃烧时所生成的卤化锑（如 SbBr）或卤化氧锑（如 SbOBr）可以起到挥发物可以吸收热量，隔绝空气，冲稀可燃物的作用，卤化锑气体也有捕捉游离基的作用，从而改变燃烧的过程，抑制燃烧。三氧化二锑粒度（细度）大小对生产的阻燃层压材料的阻燃产生的稳定性有较大影响。

四、 抗静电整理

1. 抗静电原理

纤维材料相互之间或纤维材料与其他物体相摩擦时，往往会产生正负不同或电荷大小不同的静电。合成纤维由于吸湿性较低、结晶度高等特性易产生静电。空气的相对湿度越低，纤维的吸湿率越低，即使像锦纶这样的亲水性纤维，也由于回潮率低而易产生静电。因为亲水性纤维在绝对干燥的情况下也是绝缘体。纤维表面越粗糙，则摩擦系数越大，接触点越多，越容易产生静电。相对摩擦速度越快，则点接触的几率越大，电荷密度越大，电位差也越高。摩擦时，纤维间的压力越大，则摩擦面积越大，带电量越大。温度对纤维材料的静电量也有影响，温度提高，电阻下降，带电量减小。

防止合成纤维产生静电的途径有两条：抑制静电的产生；利用静电的传导泄漏和放电作用，加快静电荷的逸散速率，消除静电的积累。

合成革一般使用化学抗静电方法，用抗静电剂进行整理来消除静电。抗静电剂的作用机理：抗静电剂能够在纤维上形成电导性的连续膜，即赋予纤维表面一定吸湿性与离子性的薄膜，进而使电导度得到提高，达到抗静电的目的。根据离子性质不同，作用原理也不相同。

① 提高纤维的吸湿性。用具有亲水性的非离子表面活性剂或高分子物质进行整理。水具有相当高的导电性，所以只要吸收少量的水，就能明显地改善聚合物材料的导电性。因此，抗静电整理的作用主要是提高纤维材料的吸湿能力，改善导电性能，减少静电现象。

表面活性剂的抗静电作用是由于它能在纤维表面形成吸附层，在吸附层中表面活性剂的疏水端与疏水性纤维相吸引，而极性端则指向外侧，使纤维表面亲水性加强，因而容易因空气相对湿度的提高而在纤维表面形成水的吸附层，使纤维表面比电阻降低。但这类整理剂会因空气中湿度的降低而影响其抗静电性能。

② 表面离子化。用离子型表面活性剂或离子型高分子物质进行整理。这类离子型整理剂受纤维表层含水的作用，发生电离，具有导电性能，从而能降低其静电的积聚。这种整理剂也具有吸水性能，因此，其抗静电能力与它的吸湿能力及空气中的相对湿度也有关系。

2. 抗静电剂

(1) 非耐久性抗静电整理剂 非耐久性抗静电整理剂对纤维的亲和力小，不耐洗涤，常用于不常洗基布的非耐久性抗静电整理，如窗帘、软包、包装、装饰等品种。这一类整理剂主要是表面活性剂。

① 阴离子型表面活性剂。阴离子表面活性剂中烷基磺酸钠、烷基苯磺酸钠、烷基硫酸酯、烷基磷酸酯类化合物等都有抗静电性作用。其中烷基磷酸酯和烷基苯酚聚氧乙烯醚硫酸酯的效果最好，在很低浓度时就有很好的抗静电作用。代表性产品为抗静电剂 P，为磷酸酯的二乙醇胺盐，结构式为：

$$R-O-\overset{\displaystyle O}{\underset{\displaystyle OH \cdot NH(CH_2CH_2OH)_2}{P}} {}^{OH \cdot NH(CH_2CH_2OH)_2}$$

阴离子表面活性剂的抗静电作用是由于它在纤维表面的定向吸附，亲油基基团朝向纤维，而亲水基朝向空气，与水结合后改善表面的电导率，将积累的电荷迅速导走，达到抗静电目的。

$$R-O-\overset{O \cdots H-O-H}{\underset{OH}{P}}{}^{-OH}$$

② 非离子型表面活性剂。这一类整理剂主要是多元醇类、脂肪胺类和脂肪酰胺的聚醚衍生物，它有两个抗静电途径：一是具有亲水性基团如—OH、—$CONH_2$ 和聚醚基等，与水形

成氢键，从而降低纤维表面电阻，要求空气中有足够的湿度，湿度大效果明显；二是在纤维表面形成吸附膜，通过降低纤维摩擦系数减少起电量。

非离子型抗静电剂的耐洗性要比离子型差，通常与离子型拼混使用。

③ 阳离子型表面活性剂。一般是季铵盐类，该类抗静电剂的活性离子带有正电荷，对纤维的吸附能力较强，具有优良的柔软性、平滑性、抗静电性，既是抗静电剂，又是柔软剂，并且具有一定的耐洗性，代表性产品为抗静电剂 TM、抗静电剂 SN 及烷基吡啶盐。

抗静电剂 TM 的结构：

$$H_3C-\overset{+}{N}\overset{\displaystyle CH_2CH_2OH}{\underset{\displaystyle CH_2CH_2OH}{-CH_2CH_2OH}}\cdot CH_3SO_4^-$$

抗静电剂 SN 的结构：

$$C_{17}H_{35}OCHNH_2CH_2C-\overset{\displaystyle CH_3}{\underset{\displaystyle CH_3}{\overset{+}{N}}}-CH_2CH_2OH\cdot NO_3^-$$

N-十六烷基吡啶硝酸盐：

$$C_{16}H_{33}-\overset{+}{N}\langle\text{吡啶环}\rangle\cdot NO_3^-$$

具有两个长链烷基的比三个长链烷基的抗静电效果要好。取代烷基的链长少于 C8 时，抗静电效果较差。有机酸季铵盐的抗静电效果优于无机酸类。

④ 两性表面活性剂。主要品种有氨基酸型、甜菜碱型及咪唑啉型。其阴离子主要是羧酸基、硫酸基或磺酸基。pH 值对其离子性影响很大，氨基酸型与咪唑啉型在 pH 低于等电点时呈阳性，高于等电点时呈阴性。甜菜碱型在 pH 低于等电点时呈阳性，高于等电点时形成"内盐"，不表现阴离子性。

(2) 耐久性抗静电整理剂

① 聚对苯二甲酸乙二酯和聚氧乙烯对苯二甲酸酯的嵌段共聚物。主要用于涤纶抗静电整理。由于这类整理剂具有与涤纶相似的结构，当其进入聚酯的微软化纤维表面时，与聚酯大分子产生共结晶作用而固着在涤纶上，以获得耐久性。整理剂分子中的聚氧乙烯基团使涤纶具有一定的亲水性能而具有抗静电作用。

$$\left[-OH_2CH_2COC-\langle\text{苯环}\rangle-\overset{O}{\underset{}{C}}-O-CH_2CH_2O-\right]_n$$

整理工艺流程为：浸轧整理剂→烘干→高温处理（180～190℃，30s）。高温处理的目的是促进共结晶作用，并可与热定型同时进行。

② 丙烯酸系共聚物。这一类整理剂亦具有与涤纶相似的酯基，同属疏水基结合，其羧酸基定向排列，形成阴离子型亲水性薄膜，赋予纤维表面亲水性而具有导电性。主要用作涤纶整理，缺点是手感较硬。

$$\left(\overset{H_2}{\underset{}{C}}-\overset{H}{\underset{COOH}{C}}\right)_m\left(\overset{H_2}{\underset{}{C}}-\overset{H}{\underset{COOCH_3}{C}}\right)_n$$

③ 含聚氧乙烯基团的多羟多胺类化合物。这一类整理剂通过交联成膜作用在纤维表面形成不溶性的聚合物导电层。其中羟基和氨基能与多官能度交联剂反应生成线性或三维空间网状结构的不溶性高聚物薄膜，以提高其耐洗性能。所用的交联剂可以是在酸性条件下反应的2D树脂或六羟甲基三聚氰胺树脂，也可以是在碱性条件下反应的三甲氧基丙酰三嗪，它的抗静电性由聚醚的亲水性产生。

3. 静电大小的衡量

① 表面比电阻 R_s。比电阻是间接考察静电效果的一种方法，表面比电阻表示纤维材料静电衰减速度的大小，在数值上等于材料的表面宽度和长度都等于 1cm 时的电阻，单位为 Ω。导电性能好的材料，比电阻低，则静电衰减速率快。一般电阻率小于 $10^9\,\Omega\cdot cm$ 的抗静电效果为良好，小于 $10^{10}\,\Omega\cdot cm$ 的为一般。检测方法按 GB 1410—2006。

② 半衰期 $t_{1/2}$。半衰期也是衡量纤维上的静电衰减速度大小的物理量。被测样品在高压静电场中带电至稳定后，断开电源，通过接地金属台自然衰减，测定静电荷衰减到原始数值一半所需的时间，单位为 s。测量方法按 GB/T 12703—2009，仪器为电晕放电静电测试仪。

③ 静电压。基布自身相互摩擦或与其他物品摩擦以后，摩擦起电或泄电达到平衡时的电压值。

五、 染整助剂检测项目

① 芳香胺。GB/T 18401—2010 和 Oeko-Tex Standard 100—2004 对纺织品所用染料中不能含有 23 种禁用芳香胺作了明确的规定，合成革中同样不能含有这些禁用物。

② 重金属。重金属对人体的累积毒性相当大一旦为人体吸收就累积于肝、骨骼、肾、心及脑中，积累到某一程度，便会对健康造成无法逆转的巨大损害。此种情形对儿童尤为严重。Oeko-Tex Standard 100—2004 严格规定了各种重金属在不同纺织品上限制值，合成革也必须符合该标准。

③ 游离甲醛量。甲醛对生物细胞的原生质是一种毒性物质，它可与生物体内的蛋白质结合，改变蛋白质结构并将其凝固，对人体呼吸道和皮肤产生强烈的刺激，引发呼吸道炎症和皮肤炎。此外，甲醛也是多种过敏症的引发剂，GB/T 18401—2010 和 Oeko-Tex Standard 100—2004 严格规定了不同对象纺织品所含游离甲醛的限制值。规定婴幼儿类含游离甲醛的量不超过 75mg/kg；直接接触皮肤类不超过 75mg/kg；不直接接触皮肤类不超过 300mg/kg。

④ 五氯苯酚/四氯苯酚。五氯苯酚（PCP）是传统防霉防腐剂，动物试验证明 PCP 是一种毒性物质，对人体具有致畸和致癌性。PCP 十分稳定，自然降解过程漫长，对环境有害，因而在纺织品、皮革及合成革制品中受到严格限制。2，3，5，6-四氯苯酚是合成过程中的副产物，对人体和环境同样有害。

⑤ 铬（Ⅵ）。Oeko-Tex Standard 100—2004 对铬（Ⅵ）在纺织品上的限定值有明确的规定，合成革助剂也必须符合该标准，检测方法可采用 DIN 53314：199《皮革中铬的测定》。

⑥ 含溴阻燃剂。溴化阻燃剂是永久性环境有机污染物之一，多年来欧洲已经禁止使用含溴的阻燃剂，欧盟指令 2003/11/E《关于全面禁用部分含溴阻燃剂的指令》有明确规定，采用形式审查由生产商或供应商提供承诺的方式来确认。

⑦ 气味。GB/T 18401—2010 和 Oeko-Tex Standard 100—2004 对纺织品上的气味同样作了明确的规定，合成革可参照执行，检测方法可参照 GB/T 18401—2003。

第十三章
新型合成革加工技术

合成革工业经过几十年的发展，早期的干法、湿法技术已无法满足市场对合成革产品的要求。通过融合借鉴真皮、纺织、化工等行业的先进技术，结合合成革生产的特点，产生了一些新兴的加工技术。尤其是在国家对环保工作的加强及欧盟标准的提高，生态合成革成为发展的趋势。在此基础上一些新兴的清洁生产技术出现，如膜复合技术、热塑性聚氨酯弹性体（TPU）涂层、无溶剂聚氨酯技术、水性聚氨酯制革技术、湿气固化技术等。另外一些传统行业的技术如印花、植绒、涂层等也被加以改进，引入合成革行业。

第一节 复合技术

合成革复合技术通常是利用覆膜机将一层或多层纺织材料、无纺材料及其他功能材料经黏结贴合，得到新型的复合片材。经过复合的材料具有增加强度、防水透湿、抗辐射、耐洗涤、抗磨损等特殊功能。

一、TPU 的工艺特点

常用的片材包括 TPU 膜、剥离皮、防水透湿膜以及转印膜等。黏合剂一般为水性胶或热熔胶，一般采用点粘工艺。代表性的为 TPU（Thermoplastic polyurethanes）复合技术，用 TPU 薄膜复合在各种面料上形成一种复合材料，结合两者的特性得到一种新型面料。

TPU 是一种由低聚物多元醇软段与二异氰酸酯-扩链剂硬段构成的线型嵌段共聚物。无孔聚氨酯薄膜是由热塑性聚氨酯弹性体材料制成，属 AB 型线型共聚物。表现出了线型聚氨酯链段的假交联状态，即在实际使用温度下，呈现出有一种较明显的橡胶状硫化体能。这种假交联是热可逆和溶剂化可逆的，因此可进行热塑加工。TPU 的主要特性：

① 硬度范围广。通过改变 TPU 各反应组分的配比，可以得到不同硬度的产品。而且随着硬度的增加，其产品仍保持良好的弹性和耐磨性。

② TPU 的耐磨性能优越，机械强度高，承载能力、抗冲击性及减震性能突出。

③ 耐寒性突出。TPU 的玻璃态转变温度比较低，在零下 35 度仍保持良好的弹性、柔顺性和其他物理性能。

④ 可采用常见的热塑性材料的加工方法进行加工，如注塑、挤出、压延等。

⑤ 相容性好。可与某些高分子材料共混加工，得到性能互补的聚合物合金。耐油、耐水、耐霉菌。

TPU 可以被流涎、吹膜、压延或涂层做成薄膜。由于 TPU 具有优异的耐磨、拉伸强度、伸长率、阻燃、耐油、耐寒及耐曲折性能，合成革生产企业采用 TPU 作为合成革涂层材料，制作高耐磨性、高拉伸强度的合成革。可以制作服装、家具、运动用品、军用产品、汽车内饰及装饰材料。不足之处是易变形、黄变。

二、TPU 复合工艺

TPU 复合片材具有高强度、细折痕等优点，并且在生产的过程中不使用溶剂，工艺过程环保，对人体和环境都无害。复合片材可进行干法贴合面层，也可随意定型出任意图案，纹路丰富，后加工性能出色。TPU 的热塑性还可使片材实现无缝贴合，可直接与各类鞋底及网布等轻易黏合，良好的相容性使成品质量稳定。

TPU 复合面料根据使用方法的不同可分为后贴法与在线复合两种做法。

1. 后贴法

将 TPU 薄膜与底布通过黏合的方式贴合，得到结合两者特性的复合材料。后贴工艺只需要覆膜机即可，工作简单易控。一般从专业制膜企业购买各种规格 TPU 薄膜，自身只完成上胶贴合的过程。该方法是目前合成革最常采用的。TPU 热熔胶复合机流程见图 13-1。

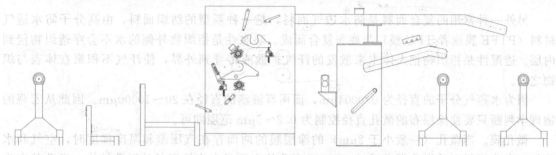

图 13-1　TPU 热熔胶复合机流程

后贴采用的黏合剂目前以环保型的水性聚氨酯或热熔胶为主，因为 TPU 材质的特殊性，在选择黏合剂时都会考虑保持 TPU 的柔软性。上料方式可采用刮涂或网纹辊上胶，刮涂上胶涂布量大，黏结牢度高。纹辊上胶涂胶均匀，上料量低，贴合成品手感柔软。贴合时对系统张力要求很高，否则易出现错层、压褶等瑕疵。

后贴的过程要对 TPU 薄膜再次加热，需要严格控制温度，工艺控制不当便会对薄膜产生损伤，甚至出现细小破孔。

TPU 复合合成革基本上为三层结构：底布；TPU 层；表层。TPU 层为无泡孔的塑胶结构，不同于普通合成革的微孔结构。该结构使 TPU 合成革具有很高的强度，细腻的折痕，丰富的层次感与立体感。

TPU 膜的强度大，与底布复合后，材料的主要力学性能取决于 TPU 薄膜，因此贴合后的复合材料尺寸稳定性好，撕裂强度、拉伸强度很高，但伸长率下降。

TPU 一般为透明或半透明平面材质，复合后还要对表面进行花纹和颜色加工，可进行离型纸移膜，也可进行压花、吸塑、印刷、表处等工艺。

2. 在线复合

在线复合也叫淋膜，挤出涂覆。在面料上涂胶或者不上胶，通过流延设备高温加热成半液体状态，将熔融的 TPU 贴合在基材上形成 TPU 复合面料的一种生产工艺。

TPU 粒料在挤出机料筒中经挤压熔融，通过一个板式口模向下压挤出到两个辊筒之间，同时牵引基材入熔融塑化的物料于橡胶加压辊之间。控制加压辊的压力，将塑化的 TPU 物料与基材贴合在一起，热胶布通过金属辊冷却后，裁边，卷取。

TPU 种类繁多，性能差异很大。首先要选择合适的粒料，并在使用前充分干燥。在线复合工艺较为复杂，主要控制参数如下。

① 成型温度。流延薄膜的挤出成型温度取决于所用原料种类，通常挤出温度比吹膜工艺高 10~50℃。

② 模头温度。首先需要根据原料设定合适的温度，还要严格保证模头在整个宽度方向温度均匀，使物料的流动性一致。

③ 模口间隙。模口间隙控制薄膜厚度，根据要求设定基本间隙，生产中可通过螺杆挤出量和车速进行调节，也可使用压紧螺钉进行微调。

④ 冷却条件。成型关键是熔融 TPU 与冷却辊表面紧密贴合，TPU 结晶度低，长时间会保持黏性，复合时必须进行有效冷却。贴辊效果对薄膜的外观和物性有直接影响。

在线贴合是将流体状的 TPU 薄膜一次性复合在面料上，避免了对薄膜的损伤，表面成型美观，并可做出不同纹路，产品折痕和弹性更佳，耐水压和透湿性好。但这种复合方式设备投资大，技术要求高。

三、其他复合产品

另外一种常用的复合面料是防水透气面料，是一种新型的纺织面料，由高分子防水透气材料（PTFE 膜或者 TPU 膜）与底布复合而成。防水性是指织物外侧的水不会穿透织物侵到内层。透湿性是指织物把人体本来散发的汗气扩散或传导到外界，使汗气不积聚在体表与织物之间。

因为水蒸气分子的直径为 $0.0004\mu m$，而雨雾液滴的直径在 $20~10000\mu m$。因此从宏观的物理学判断只要使涂层布的微孔直径控制为 $0.2~5\mu m$ 范围即可。

微孔膜。当微孔（一般小于 $2\mu m$）的涂层膜的两面存在汽压差和温度梯度时，空气和水蒸气可由曲折贯通的微孔渠道通过。PU 微多孔的表面具有蜘蛛网状的微孔结构，微孔状态为常规纤维节结构。PU 微多孔属于非对称性膜，膜的正反面微孔尺寸有差异。膜的截面是一种网络结构，含有多层结构形式，在孔的三维结构上有网状连通、孔镶套、孔道弯曲等非常复杂的结构，可能由多个微孔组成一个通道，也可能一个微孔与多个通道相连。PTFE 膜也属于此类。PU 防水透湿膜见图 13-2。

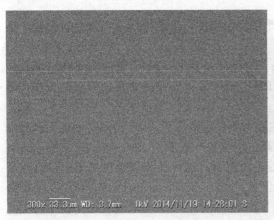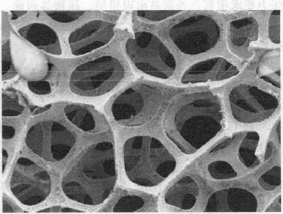

图 13-2 PU 防水透湿膜

致密亲水膜。透湿的另一类渠道是功能性透湿，即通过膜的分子间隙或亲水性基团实现吸收、扩散和解吸水蒸气。利用含有亲水性基团的物质进行涂层，所形成的阻挡层，一般为致密实心层，起到防水的作用。涂层聚合物本身含有的基团吸收人体体表散发的湿气，利用亲水性链段的运动，将湿气由内部迅速向外层扩散（即由高压向低压扩散），然后将湿气向外界大气中蒸发。TPU 膜属于此类。

防水透气面料的主要功能有：防水，透湿，透气，绝缘，防风，保暖。从制作工艺上讲，防水透气面料的技术要求要比一般的防水面料高得多；从品质上来看，防水透气面料也具有其他防水面料所不具备的功能性特点。防水透气面料在加强布料气密性、水密性的同时，其独特的透汽性能，可使结构内部水汽迅速排出，避免结构滋生霉菌，并保持人体始终干爽，完美解决了透气与防风，防水，保暖等问题，是一种健康环保的新型面料。

转印工艺也是一种特殊的复合方法，以前在纺织产品中应用较多，是提高 PU 革产品附加值的好方法。转印材料分转印膜和转印纸，烫金膜转印成本低，应用较普遍，而花样转印成本高，应用范围较窄，适合开发高档 PU 革产品。这种技术如和其他工艺配合得好，可提高产品的品位。

第二节 无溶剂技术

一、 基本原理

无溶剂合成革是近年发展的一种新型清洁化生产工艺，以液体原料的输送、计量、冲击混合、快速反应和成型同时进行为特征。原料和加工过程中都不会使用到任何溶剂，不会出现易燃易爆现象，因此不会对生态环境造成污染、伤害工人的身体健康，并大大降低了合成革企业生产的危险系数。无溶剂 PU 合成革具有良好的力学性能，耐磨性能与耐老化性能优导。

无溶剂合成革的基本原理是预聚体混合涂布后的在线快速反应成型。通过两种或两种以上的预聚体及组合料，以设定比例分别加注到混合头，混合均匀后注射、涂布到基布或离型纸上。进入干燥箱后，低分子的预聚体开始反应，逐步形成高分子聚合物，并在反应过程中成型。

无溶剂合成革成型是一个化学反应的过程，其中包括异氰酸酯基与羟基的链增长、交联反应，还包括异氰酸酯与水的反应，反应中还伴随着低沸点溶剂的挥发、成泡等物理过程。

① 链增长反应。无溶剂采用的都是低分子量预聚体，因此在成型中最主要的反应是异氰酸酯预聚体与羟基预聚体之间的链增长反应，通常采用 NCO 过量法。该过程与 I 液型聚氨酯反应机理基本相同，是形成高分子量聚氨酯的关键。

② 交联反应。为了提高成型树脂的性能，一般需加入一定量三官能度的交联剂，形成内交联。在扩链反应的同时进行部分凝胶化交联反应，最终得到体型结构的聚氨酯。交联度及反应发生时间是控制的关键。

③ 发泡。有物理发泡和化学发泡两种。物理发泡（图 13-3）是利用热量气化低沸点烃类或直接混入微量空气产生气泡。物理发泡简单易控，是目前主要采用的方式。化学发泡（图 13-4）是利用异氰酸酯与水反应生成的 CO_2 气体发泡，由于反应生成的胺会立即再与异氰酸根反应生成脲基，工艺较难控制。良好的泡孔结构赋予合成革软弹的手感和细腻的仿真皮感。

无溶剂合成革液体物料在离型纸或基布上快速进行链扩张、支化交联、发泡反应等各种化学反应，在十几秒内完成从液体向固体的物质形态转变，借助聚合物的交联和相分离作用完成合成革涂层的快速成型，瞬间产生的化学反应与传统 PU 合成的化学反应基本相同。

二、 工艺流程

无溶剂生产基本工艺包括配料、表涂、混料、涂层、复合、干燥、冷却、卷取等多个工序。生产线基本配置为"两涂三烘"，基本工艺路线如图 13-5 所示。

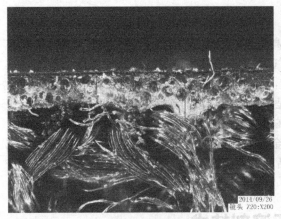 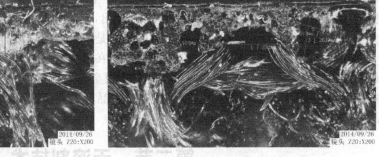

图 13-3 物理发泡 图 13-4 化学发泡

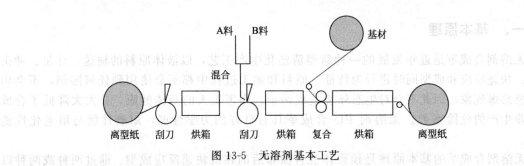

图 13-5 无溶剂基本工艺

① 面料涂层。可根据需要使用溶剂型聚氨酯或水性聚氨酯等，干燥成膜。面层也可以设计为两刀法，配制两涂两烘的生产设备。通过不同的层设计，可以灵活的生产各类产品，提高无溶剂产品的应用领域。

② 无溶剂涂层。将异氰酸酯预聚体和多元醇预聚体分别储存在 A、B 恒温储料罐中，经准确计量快速输送至混合头，通过 RM 机将混合料先喷在面层，然后经过刮刀涂布，刮涂在已带有干燥面层的离型纸载体上。烘箱温度 $100\sim120℃$，停留时间 $1\sim3$ min，出烘箱时已经发泡同时具有黏性。

③ 复合。将所需贴合基布与无溶剂料进行压合，由于无溶剂料此时仍具有很好的黏合性，因此无需黏合剂。

④ 熟化。复合后基布进入第三烘箱，然后在 $120℃$ 下后固化 $7\sim10$ min，无溶剂聚氨酯完成反应，成型。第三烘箱要有足够的加热长度，保证熟化完全。

⑤ 采用冷却辊冷却后卷取。

三、 工艺控制

无溶剂生产的关键是供料混合系统。可采用静态混合、低压冲击混合、高压冲击混合几种方法。目前高压冲击混合（High Pressure Impingement Mixing，HPIM）最优，无需机械搅拌，依靠高压输送和小口径喷嘴产生的冲击实现混合，并且具有自清洁功能。供料混合系统要求温度、计量、压力精确，组分进入混合室要求不得出现超前或滞后误差。

预聚体经过计量后进入混合头。混合头通常会有一个空气定量注入系统，通过调节混合头压力和空气注入量，控制和调节泡孔数量与结构，达到成品手感的目的。泡孔多则手感软，但强度会随之下降。

　　混合料一般要经过流体、凝胶和固化三个阶段。物料在混合初期即开始反应，此时混合料中的预聚体分子量较小，物料黏度开始增加但仍有很好的流动性，因此必须在具有流动性时刮涂，并实现物料的流平性。反应继续进行，聚合物的分子量快速变大，黏度上升，交联反应使混合料流动性降低，成为泛白的凝胶状。随着预聚体进一步的反应，发泡涂层凝胶化加聚，但仍保持一定的黏性，此时进行基布贴合。继续加热，反应进行完毕，形成体型交联的聚氨酯，固化完成。

　　由于无溶剂料在刮刀前必须保证一定的存料量，在新料补充后不断与存料混合，二者存在反应速率的差异，因此要根据涂刀前物料的存留量调节新料与留存料的比例。无溶剂料涂布后，离型纸运行的速度取决于供料的多少和生产线的长度。

　　生产中不同的原料要分罐贮存，并保持稳定温度，便于调整配比和实现反应速度稳定。尽量延长干燥线长度，降低物料反应速度。精确控制计量与温度参数，放宽工艺条件，防止暴聚及生产不稳定，平衡产能与质量的关系。图13-6和图13-7分别是无溶剂涂层的断面和表面。

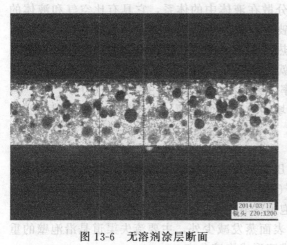 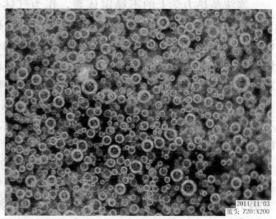

图 13-6　无溶剂涂层断面　　　　　　　　　　图 13-7　无溶剂涂层表面

　　无溶剂聚氨酯有很多优点。首先是环保节能，无溶剂树脂有效含量100%，不使用也不释放任何溶剂，在生产环节上也更加安全节能；其次是物理性能高，交联型树脂强度大，剥离强度、耐折性、耐溶剂型与耐磨性极佳；第三是具有成本优势，包括材料成本与制造成本。

　　但无溶剂合成革也有其自身的缺点。热固性树脂的花纹表现力僵硬，触感欠佳，树脂交联后无法进行压纹或揉纹收缩，限制了应用领域，目前主要在汽车内饰、坐垫革及部分鞋革等使用要求较为苛刻的领域中使用。另外，无溶剂生产对设备、工艺、原料、人员、管理等都有很高的要求，甚至车间温度湿度的变化都会产生较大影响，因此生产与产品的稳定性非常重要。

第三节　水性机械发泡涂层

一、　泡沫基本原理

1. 泡沫的形成

　　泡沫是由大量的分散在液体中的气泡所组成。不溶性气体在外力作用下进入液体中，气泡间由液膜相互隔离，形成大量气-液界面的非均相体系。其中大部分是气相，它们具有某些特定的几何形状，实质上是微观多相的胶体体系，其中气体是分散相，它分散在液体的分散介质中。

泡沫形成需要外加机械力作用，加入表面活性剂有利于泡沫的产生。纯液体不会形成泡沫，必须在该液体中至少加入一种能在气-液界面上形成界面吸附的物质——表面活性剂。在表面活性剂溶液中通入空气，气泡被一层表面活性剂的单分子膜包围，当该气泡冲破了表面活性剂溶液/空气的界面时，则第二层表面活性剂包围着第一层表面活性剂膜而形成一种含有中间液层的泡沫薄膜层，在这种泡沫薄膜层中含有黏合剂液体，当各个气泡相邻地聚集在一起时，就成为泡沫集合体。

水性聚氨酯发泡涂层技术就是利用不同类型的表面活性剂的特点，加入发泡剂和稳泡剂调节水性聚氨酯乳液的起泡性。通过机械作用将空气引入到乳液中，利用高速剪切搅拌将空气分散成均匀的细小气泡，从而得到发泡体积可控的泡沫涂层液。气泡周围被具有一定黏度的分散体所成的膜包裹，形成相对稳定的气-液混合。泡沫的稳定性很大程度上决定了这层薄膜的稳定性。

2. 泡沫的破裂与稳定性

泡沫是热力学上的不稳定体系，作为气体分散在液体中的体系，它具有比空气和液体的自由能之和还要高的自由能。所以泡沫会自发破裂，最终结果是减少该体系的总自由能。所谓稳定性泡沫，实质上仍然是具有高表面能的热力学上不稳定状态。泡沫的稳定性是指泡沫保持其中所含液体及维持其自身存在的能力，就是指泡沫"寿命"的长短，包括形成相对稳定的泡沫体系及在干燥过程中保持较低的破泡率。影响泡沫稳定性的主要因素如下。

① 气泡的破裂。当泡沫的壁膜或其局部区域因为排液而变薄，泡沫即由亚稳定状态变为不稳定。此时外界的扰动，如机械或热的冲击，或泡沫壁膜内分子的无规则运动都会引起膜的破裂。

② 泡沫的并合。气泡的半径与气泡内外的压差成反比。气泡半径越小，气泡内气体压强对液壁的压强差越大，即气泡越小，其中泡内气体压强越大，因而气体将透过液模由小泡向大泡扩散，结果小泡逐渐缩小以致消失，而大泡则逐渐扩大。

③ 泡沫中液体的流失。泡沫中的液体除了表面蒸发减少外，主要流失渠道是沿泡壁的重力流动，向几个气泡的结合处汇集，并向底部排液形成泡液分离。

泡沫的气-液界面非常大，破坏后形成的液滴其表面积或表面能很小，所以泡沫倾向于破坏。泡沫破坏的过程主要是隔开的液膜由厚变薄，直至破裂的过程，主要与排液与气泡合并有关。由于排液和气泡合并两种现象的出现，加上水分蒸发，当泡壁薄到一定程度后，例如到临界厚度，很容易受到外界作用使泡沫消失。因此泡沫的稳定性主要决定于排液的快慢和液膜的强度。

尽管从热力学上讲泡沫是非常不稳定的体系，然而，它还是能够保持相当长的时间。形成的泡沫可以是暂时的或持久的。暂时性泡沫的寿命在几秒至几十秒，持久性泡沫的寿命可在几小时或几天，甚至存在更长时间。为了提高泡沫的稳定性，除了表面活性剂的加入而降低表面张力以外，还常加入稳泡剂和增稠剂，提高泡沫表面膜的机械强度和弹性。由于所形成的气-液体系为亚稳定态，因此其相对稳定时间对所形成的涂层至关重要，通常用泡沫的半衰期表示。

泡沫在干燥过程中，是一个动态变化过程，即从一个亚稳定态不断变化到另一个亚稳定状态的过程。在此过程中，水分不断挥发，状态不断变化，而小气泡总趋向于破裂聚集形成大泡而达到相对稳定的趋势，因此气泡部分破裂不可避免要发生，尤其在加热状态下，该趋势会加速进行。通过干燥后，虽然有部分气泡破裂，但大部分可维持自身形态，形成具有泡孔结构的水性聚氨酯涂层。

二、发泡设备

发泡设备的作用是将空气与水性聚氨酯分散体（PUD）充分混合，形成泡沫。大致可分为搅拌式发泡与连续式发泡两类。

搅拌式发泡多采用剪切乳化机或双搅拌头分散机对 PUD 进行搅拌，并带入部分空气，通过对混合体的剪切分散，形成泡沫。由于计量的不确定性，对发泡密度、气泡尺径、发泡效果的控制程度较差，不适合合成革机械发泡涂层生产使用。该方法多用于织物复合与植绒黏结剂的发泡工艺。

连续式机械发泡设备是自动化的气液混合设备，实现 PUD 与空气按一定比例连续式搅拌混合发泡。空气进气量、PUD 进入量、转速、压力、输出量等可以完全实现智能控制，以及参数指标的实时反馈，控制精度大大提高。连续发泡工作示意见图 13-8。

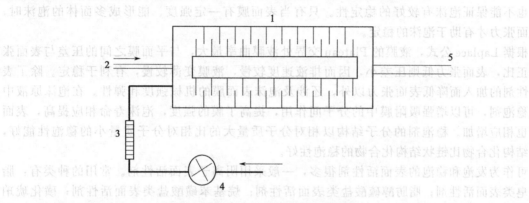

图 13-8　连续发泡工作示意图
1—混合；2—PUD；3—空气；4—空气控制；5—泡沫

连续式发泡属于动态发泡装置，主要由转子和定子组成（图 13-9）。定子有固定的内齿，转子有可转动的外齿。内、外齿形成曲折通道，转子回转产生剪切作用，使通过的空气和聚氨酯/助剂组成的液体充分混合形成泡沫。

三、基本原料

1. 高固含量 PUD

树脂含量高低都能进行机械发泡，选择高含量的树脂主要从工艺角度考虑。首先是泡沫稳定性更高，在烘干过程中破泡率低，干燥后涂层整体收缩小，有利于保持涂层物性、厚度和手感；其次是高含量的烘干效率较高，提高

图 13-9　转子与定子

了生产效率，节约了能源；高含量还可降低助剂的用量，更大限度体现 PUD 的性能，也有利于生产的稳定。目前可用于发泡涂层的 PUD 含量一般在 $45\%\sim60\%$。

PUD 有自身的优势，但也有一些自身的缺陷需要克服。PUD 较难获得低模量高强力的树脂产品，而高的抗张强力对提高发泡涂层剥离强度、耐磨、耐刮性能有着积极作用。PUD 耐热普遍不及溶剂型聚氨酯，这给 PUD 的应用带来一定的局限性，容易造成树脂热老化性能欠佳。PUD 合成过程中引入亲水性的基团，虽然有利于提高透湿性，但也会造成了树脂耐水解性能降低，容易被水溶胀，从而影响合成革的一些使用性能。这几点都是涂层对 PUD 性能要

求的重点。

2. 发泡剂与稳泡剂

发泡用 PUD 一般为阴离子型，自身具有一定的起泡能力，但一般不太稳定，不能连续化生产。为了得到稳定均一的泡沫，通常要加入一定的阴离子表面活性剂。加入表面活性剂后液体的表面张力下降，即体系的能量下降将促使泡沫稳定性的提高。如纯水的表面张力为 72.8mN/m（20℃），但不能形成泡沫，加入十二烷基硫酸钠后，它的表面张力可降到 38 mN/m，表面张力大为降低，则容易起泡。降低表面张力后，被吸附的表面活性剂分子使液膜弹性提高，阻碍外力对其作用，而使泡沫稳定性提高。

由能量观点考虑，低表面张力对于泡沫的形成比较有利，生成相同总表面积的泡沫，可以少做功。但单纯的表面张力这一因素并不能充分说明对泡沫稳定性的影响，如乙醇的表面张力（22.3 mN/m）比十二烷基硫酸钠水溶液还要低，但发泡性和泡沫稳定性很差。低表面张力也不能保证泡沫有较好的稳定性。只有当表面膜有一定强度、能形成多面体的泡沫时，低表面张力才有助于泡沫的稳定。

根据 Laplace 公式，液膜的 Plateau 交界处液膜曲率最大，与平面膜之间的压差与表面张力成正比，表面张力低则压差小，因而排液速度较慢，液膜变薄较慢，有利于稳定。除了表面活性剂的加入而降低表面张力以外，还涉及泡沫表面膜的机械强度和弹性。在泡沫原液中加入稳泡剂，可以增强吸附膜中的分子间作用，提高了膜的强度，泡沫寿命相应提高，表面黏度也相应增加。稳泡剂的分子结构以相对分子质量大的比相对分子质量小的稳泡性能好，网状结构化合物比链状结构化合物的稳泡性好。

可作为发泡和稳泡的表面活性剂很多，一般采用阴离子表面活性剂。常用的种类有：脂肪酸皂类表面活性剂；脂肪醇硫酸盐类表面活性剂；烷基苯磺酸盐类表面活性剂；磺化琥珀酸盐类表面活性剂。脂肪酸皂类可产生大量均匀稳定的泡沫，但其对水的硬度敏感，且必须在碱性条件下使用。脂肪醇硫酸盐和烷基苯磺酸盐有优良的耐硬水性，在中性和弱酸性条件下也有较好的表面活性。琥珀酸盐具有较低的表面张力和良好的抗硬水性能。磺基琥珀酸单酯或单酰胺的发泡性优于两性表面活性剂，和上述表面活性剂结合使用发泡效果好。另外，叔胺氧化物、蛋白质水溶液等都有利于形成稳定均一的泡沫。

3. 增稠剂

水性聚氨酯乳液在贮存和使用等不同阶段对体系的黏度有不同的要求。这些独特的要求可以通过加入适当的增稠剂来达到。增稠剂又称流变助剂，是水性聚氨酯乳液的重要助剂之一。适当地加入增稠剂，可以有效地改变体系的流体特性，使之具有触变性，从而赋予 PUD 乳液良好的贮存稳定性和使用性。

而在所有的水性增稠剂中，缔合增稠剂又以其优异的流平性和增稠效果应用越来越广泛，主要有缔合型改性丙烯酸类碱溶胀增稠剂和聚氨酯缔合型增稠剂两类。其分子结构与增稠原理完全不同于传统增稠剂，因而流变学特性也表现出不同的特点。

缔合型丙烯酸增稠流变剂的分子支链上经过了疏水基团的改性，这些支链可在水相中互相缔合形成微胞，当乳液受到高剪切作用时，微胞之间的链能提供一定的抵抗力量，因此在高剪切力作用下仍具有稳定黏度的特性。同时，这些疏水性的支链间缔合能相互调换位置，即缔合反应处于动态平衡状态。因而在较低剪切作用或剪切作用消失时的情况下，缔合型丙烯酸增稠流变剂能使湿膜具有优异的流平性。

缔合型聚氨酯增稠剂是憎水的非离子改性聚氨酯嵌段共聚物，结构特征为亲油-亲水-亲油三嵌段聚合物，两端为亲油端基，通常为脂肪烃基，中间为水溶性聚乙二醇链段。增稠剂不但可以通过亲油端基胶束形成缔合，更主要的是增稠剂的亲油端基吸附在乳胶粒子表面。当 2 个亲油端基吸附在不同乳胶粒子上时，增稠剂分子就在粒子间形成桥联。亲油端基与乳胶粒子一直处于缔合和解缔合平衡状态，其缔合时间和解缔合时间都很短，正是这种缔合和解缔合的瞬间平衡使得距离大于增稠剂分子末端距的粒子间也可产生力的作用。

最常见的为憎水的改性乙氧基化聚氨酯及相似的含脲、脲-氨酯键及醚键的氧化乙烯/氧化丙烯。其主链一般由聚乙二醇（PEG）和二异氰酸酯缩合而成，然后用憎水基团进行端基封闭。当端基为 NCO 时，通过憎水醇类或胺类封闭；当端基为 OH 时，可用长碳链单异氰酸酯封闭；改变憎水基团含量；采用不同憎水度的二异氰酸酯；采用憎水二醇或二胺增大内憎水基的尺寸都可以调节分子的憎水度，从而得到性能各异的聚氨酯增稠剂。

4. 交联剂

为了增加涂层的性能，通常在使用时加入少量交联剂。氮丙啶、碳化二亚胺、多异氰酸酯、甲醛衍生物是最常使用的品种，不同交联剂与 PUD 的反应机理、反应条件等各不相同。

氮丙啶或碳化二亚胺都只能与游离羧基反应，而不与羧酸盐反应，理论上氮丙啶和碳化二亚胺都可以与商品羧酸型水性聚氨酯分散体配合获得常温单组分交联体系。这些方式获得常温单组分交联体系是可能的，然而氮丙啶和碳化二亚胺本身在水体系中都不是十分稳定，因此主要是作为双组分交联剂使用。作为水性聚氨酯的常温单组分交联剂使用时，其稳定贮存时间较短，基本要做到即配即用。氮丙啶类可有效提高树脂膜的耐水解性，对树脂模量的影响也很小。

由于常规 PUD 中没有可以与异氰酸酯反应的基团，多异氰酸酯在体系中形成的交联实质上是形成了半 IPN 物理交联。在 PUD 中添加多异氰酸酯后，多异氰酸酯扩散进入分散体粒子中，在粒子表面就开始了与水反应形成聚脲，成膜后继续与水反应形成交联的聚脲，而这种反应是在聚氨酯形成的膜介质中进行。交联的聚脲与聚氨酯链形成区域性半 IPN，聚氨酯链缠绕在交联聚脲网络中，形成物理交联。当然多异氰酸酯也还是存在与聚氨酯结构中端基反应形成化学交联的可能。PUD 中普遍存在氨基、羟基和氨基脲为端基的现象，这些高活性基团无疑可以与异氰酸酯迅速反应形成交联，只是这种交联在体系中起次要作用，形成 IPN 物理交联是多异氰酸酯交联的主要交联机理。

甲醛及甲醛衍生物，如脲醛树脂、氨基树脂中的活性羟甲基在一定温度下可以与水性聚氨酯结构中的氨基甲酸酯基、脲基、羧基、羟基及氨基反应，甲醛衍生物如脲醛树脂或氨基树脂也有可能自聚。在聚氨酯分散体中，交联主要产生在氨基甲酸酯链或脲链上，也有少量与羧基反应。但是大多数情况下，胺基树脂的自聚交联也占有很大比例，这种交联结构是一种有缺陷的结构，聚氨酯分子链的交联键不是通过简单、均相的共价键结合，而是通过一个复杂的、交联密度极高的胺基树脂自聚微区相连。

四、发泡工艺

1. 基本工艺

水性机械发泡涂层作为一种技术，广泛应用于纺织涂层、真皮涂饰、装饰材料、无纺布整理等行业。目前在应用水性机械发泡涂层的方式上，合成革业主要有直涂法与离型纸法两种。

离型纸转移法。通常将水性发泡涂层作为离型纸干法中间层，通过干法转移贴合的方式实现，即"三明治"法。具有一次成型、手感好等优点。但该方法在干燥时只有一面排湿，破泡率较高，因此涂层通常较薄，只能作为手感层使用，常用于服装革。

直涂刮涂法。将水性发泡涂层直接涂覆于底布基材上，烘干后获得类似于湿法涂层的水性发泡涂层。具有工艺稳定、材料浪费小、产品转换快等优点。但该涂层只是半成品，还需进一步的后加工，通常用于大批量的基布生产。

两种方法对发泡涂层来说，基本工艺是相同的，基本可分为原料调配、机械发泡、涂层、干燥成膜四个步骤。

① 原料调配。确定树脂、增稠剂、发泡剂、稳泡剂、交联剂的种类及使用比例。搅拌均匀后，根据增稠剂的种类，逐步提高剪切转速，达到规定的黏度。分散时要注意尽量不要带入空气，避免后期发泡时气液比例不准确。

② 机械发泡。选择一定的机械发泡方式、气液比例、混合速度、供液量等参数，形成亚稳定状态的泡沫。发泡时要保持供气压力、供液压力的稳定性，调节混合头转速，控制泡沫的不匀率及半衰期。

③ 涂层。一般采用刮涂法，利用间隙控制将泡沫均匀涂布于底布上。提前测量底布的斥水度，保持料对布的适度渗透，平衡手感与剥离强度的关系。

④ 干燥成膜。合理设置烘箱各段的温度与送风量，一般采用由低到高的梯度设置，避免送风过大或过小，温度过高形成急剧挥发，影响微孔的形成与表观状态。

2. 泡沫的质量

① 发泡倍率。发泡倍率又称为发泡比，是指一定体积的液体发泡前的质量与同体积的泡沫质量之比，是表示泡沫使容积增大多少倍的参数。它是最重要的衡量泡沫质量的指标之一。发泡倍率的变化将直接影响泡沫破灭半衰期、润湿性等。

发泡倍率可以用直接质量法测定：在一定体积的容器内放满原液称到质量 W_1，同一容器内放满由该原液得到的泡沫，称重量 W_f，则发泡倍率 $= W_1/W_f$。

② 泡沫的细腻度。指泡沫中气泡的平均尺寸及其分布状态。将一滴泡沫涂布于玻片上，在显微镜下测定气泡大小及分布。气泡的大小要尽可能均匀，以利于泡沫均匀成型。气泡越小，泡沫越稳定。分布越均匀，涂层平整度和性能越好。

③ 泡沫的稳定性。泡沫破灭半衰期是泡沫稳定性的重要度量，它是指泡沫流失时，流出的液体达到其所含液体体积一半时所需要的时间。由于泡沫的不稳定性，泡沫密度随时间变化发生改变，测定泡沫破灭半衰期是指一定体积内泡沫质量在泡沫排液到质量一半所需要的时间。

测定方法是在一定体积的分液漏斗（250mL 或 500mL）内放满泡沫，称出泡沫质量，然后从分液漏斗放出排液，滴入一个已知重量的放置于天平上的小烧杯，开始计时，直至淌入液体质量为泡沫质量半时，记下所需的时间，即为泡沫破灭半衰期。

④ 发泡力。发泡力（起泡性）和泡沫稳定性是两个不同的概念。发泡力是指泡沫形成的难易程度和生成泡沫量的多少，是表面活性剂的起泡效率和起泡效能的综合度量。而稳定性是指泡沫的持久性。两者同为泡沫的主要性能。

测定发泡力常用的位罗丝-马埃尔斯法（Ross-Milles），通过 Ross-Milles 泡高计来测定发泡力。将 200mL 表面活性剂水溶液放在一定大小、内径为 2.9mm 小孔的移液管中，然后溶液从 900mm 高度处自由流至盛有 50mL 相同溶液的圆形容器中，冲击底部溶液后生成泡沫。当移液管中的溶液全部倾注完毕，隔 5min 后读下圆筒中生成的泡沫高度（mm），作为发泡力的量度。然后每隔 5min 读取一次泡沫高度，观察泡沫高度降低情况。也常以起始泡沫高度和泡沫破坏一半所需时间，表示发泡力和泡沫稳定性。

3. 工艺控制

① 底布选择。常规的机织布、针织布、无纺布都可以作为发泡涂层的底布，但是由于水性生产工艺与溶剂型湿法不同，所以底布的要求也有不同。

底布的斥水度对发泡涂层手感影响很大，影响剥离强度，要根据产品特点需要进行设计，调整合适的斥水度。水性发泡浆料密度低，很难在起毛布上刮涂平整，因此起毛程度需要控制，必要时通过烫平轮将底部烫平处理后刮涂。底布密度高，有利于水性涂层提高剥离强度，因此针织布剥离强度通常高于机织布。

② 发泡倍率。发泡倍率与成品的手感、物性有着直接关系，发泡倍率高通常手感好，但剥离强度、耐刮擦等物性较低。倍率过高的话涂层破泡率高，空松，回弹差，过低的话则手感板硬。

发泡倍率要根据产品要求变化。通常纺织涂层追求手感，因此发泡倍率控制较高，在300%～400%；合成革产品注重物理性能，因此发泡倍率一般控制在200%。

生产中应该严格控制增稠浆料中的气泡量，避免搅拌混合过程中提前进入大量气泡，对后续发泡密度计算有影响。发泡机对发泡浆料一定要搅拌均匀，做到气泡大小均匀一致，才能生产出稳定平整的发泡涂层。

③ 黏度控制。浆料在上机前应该预先经过增稠，通常采用剪切增稠，因此生产中应该严格控制剪切速率和剪切时间，保持发泡前浆料黏度稳定。

黏度是涂层加工的保证，合理的黏度可以形成流平性稳定的涂层。黏度对泡沫的影响有两个方面，首先是泡沫稳定性。乳液的黏度大，可以增加液膜表面强度，也使液膜两表面膜临近的液体不易排出，泡沫的稳定性提高。

需要指出的是，使用不同增稠剂在温度升高后黏度都下降，但下降的程度相差很大。对涂层产品最现实地是在高温状态下的黏度保持性，而非简单的常温黏度，因此此增稠剂的种类选择非常重要。

黏度还直接影响成品的剥离强度。乳液黏度低则流动性好，涂层后容易向布内渗透，干燥后剥离强度高，但手感变得较板硬，黏度高则相反。

④ 烘箱温度。温度是 PUD 干燥成膜的保证，但同时温度也是破坏泡沫稳定性的主要因素。温度升高会使 PUD 黏度降低，排液速率增大。另外，温度提高使液膜内的空气分子运动加剧，体积增加，液膜变薄。

干燥过程中出现一定的破泡、合并等现象是正常的，控制在要求范围内即可。因此温度设置要遵循前低后高，循序渐进的原则。以六节烘箱为例，起始温度不宜过高，控制在70℃左右较为合理，避免急剧升温导致破泡。后面升高到90℃、100℃、120℃、130℃、130℃，逐步使泡沫固化成型，通常在第四节烘箱时基本成型，后期加强干燥时为了将水分彻底蒸发。

⑤ 风力控制。发泡涂层要求上下送风，风力做到变频控制，控制不同阶段的风力大小。由于温度是通过热风传递，因此风力与温度对泡沫的影响紧密相关。风力太小则干燥速度过慢，而且在高温状态下泡沫有自动合并趋稳的倾向，时间过长也会使泡孔破裂过多，形成厚度方向的微孔不均匀。

泡沫表面干燥时会产生收缩应力，一定程度的破泡是正常的应变反应。如果初期送风量太大会使表面升温迅速，泡沫因排液速度快和体积过快增长而大量爆裂，导致涂层表面平整度下降。

涂层在厚度方向尽量做到升温速率一致。如果表面膜迅速干燥，会产生较大的收缩应力，内部的液体泡沫无法应对，应力可能迅速将表面拉裂，形成条形裂隙。因此送风的原则为：微风—小风—中风—大风。

五、 产品结构与特点

1. 结构特点

发泡涂层是通过无数球形堆叠形成的。泡孔壁具有一定厚度，不同泡孔的壁之间是一个整体，构成涂层的支撑结构。泡孔之间具有联通结构，通过在干燥过程中收缩形成的破裂点相互沟通，因此在厚度方向和水平方向都具有通透性。另外，在涂层表面上形成的是肉眼无法看到的具有无数小孔的连续膜结构，小孔是泡孔壁在表面上的干燥裂点。通透型泡孔和有孔表面使其具备了极佳的透水透气性能，而整体结构泡孔壁及连续的表面膜结构又使其具备了聚氨酯的良好的物理机械性能。图 13-10～图 13-12 给出了发泡涂层基本、泡孔断面及泡孔面层结构的情况。

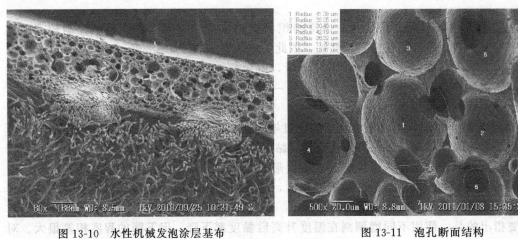

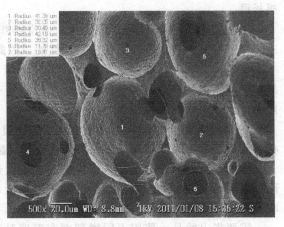

图 13-10　水性机械发泡涂层基布　　　　　图 13-11　泡孔断面结构

2. 产品特点

（1）柔软性与弹性　发泡涂层相对于常规涂层具有更好的柔软性。使用相同数量的涂层剂，发泡涂层体积会明显大于普通涂层体积。由于其具有丰富的泡孔，内部会形成堆叠状结构，具有特殊的力学性能，结合适当的树脂，表现出独特的弹性与柔软性。

（2）表观与花纹　因为发泡涂层的压花成型性好，以获得更清晰和持久的花纹，在压花时所需要的压力就较少，柔软度也就相应提高。发泡涂层还可采用离型纸法直接获得永久纹路。

因为发泡涂层底涂时浆料向基布内渗透的极少，所以涂层后合成革具有非常好的手感和非常漂亮的外观。

（3）高透湿透气性　水性聚氨酯活性基团比较多，与水汽的结合性好，具有良好的结合能力。更重要的是，由于是微孔叠加形成的涂层，内部会形成蜂窝状的结构，孔隙间相互贯通，与溶剂型湿法表面形成致密层不同，水性发泡涂层表面具有微细透气孔，所以其具有很好的透气透湿性能。

溶剂型聚氨酯成膜后，表面形成的是无孔的致密膜，其透水透气只能通过高分子中活性基团的传递及分子裂隙进行，因此其卫生性能较差。

（4）制造特点

① 节能。以涂层-干燥技术代替了复杂的溶剂型的涂层-凝固-水洗-干燥工艺，对能源的消耗量很低。

② 安全。由于生产过程无溶剂排放，因此设备防爆等级要求下降，运行安全性提高。更重要的是，消除了溶剂挥发对操作人员的伤害。

③ 高效，低投入。由于采用涂层直接烘干技术，生产工艺简化，减少了湿法及 DMF 回收设备的投资，操作可控性要优于普通湿法 PU 革，因此大大提高了生产效率及产品的收率。

④ 环保。从原料、生产、成品三个环节都实现了清洁化，符合国际环保要求。

3. 产品种类

水性机械发泡涂层作为一种新技术，应用广泛。直接涂层产品是目前应用最多的品种。涂层后可直接作为成品，也可做为半成品进一步加工。

纺织品涂层目前广泛应用发泡直涂技术，涂布量很低，发泡倍率高，主要用于面料的手感整理。整理后的面料手感丰满，富有弹性，还保持了良好的透气透湿功能。

　　合成革发泡涂层一般较厚，0.3～0.5mm，类似湿法层的厚度。可在涂层上进行干法贴面、表面处理、植绒等工艺。由于涂层表面有大量的开放微细孔，形成毛细效应，因此与表面膜的结合牢度很高。

　　发泡涂层贴干法膜时可尽量减少厚度（图 13-13），并可进行干贴，利于保持手感，特别适合服装革。发泡涂层还可直接进行压花或表面处理，对一些溶剂型基布结合牢度不高的表面处理料如羊巴类，发泡涂层也有很好的结合牢度。如发泡涂层后在表面辊涂羊巴处理剂，加热发泡再进行磨绒（图 13-14），形成特有的绒面革，还保持了原有的高透气透湿的特性，适合鞋革材料。植绒时使用发泡技术作为黏合剂，既可以将植绒纤维固定（图 13-15），又可以保持服装面料的手感。

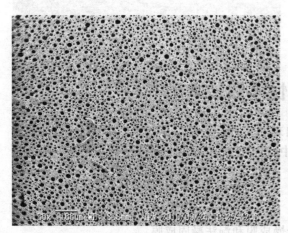

图 13-12　泡孔面层结构

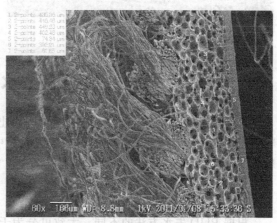

图 13-13　发泡基布干法移膜

　　发泡涂层还可以利用其特殊的泡孔结构进行加工。将涂层表面比较致密的泡孔层磨掉，利用其泡孔壁形成绒感，可作为特殊的水性发泡绒面材料（图 13-16），适用于电子产品包装、笔记本等。PUD 具有低温下的易染色性，将打磨后的涂层绒面进行染色，可以得到色彩艳丽的彩色牛巴（图 13-17）。由于是水性环保材料，同时具有亮丽的色彩及特有的肤感，特别适合儿童产品和服装配料。

图 13-14　发泡基布羊巴表处磨绒

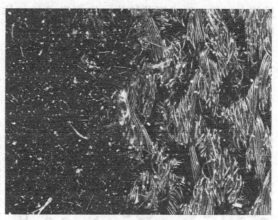

图 13-15　发泡植绒

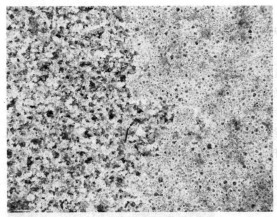

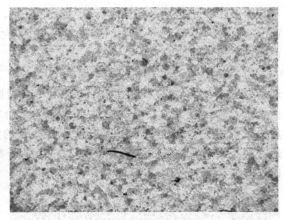

图 13-16　发泡绒面　　　　　　　　　　　　图 13-17　水性彩色牛巴

第四节　水性浸渍技术

　　水性浸渍技术是近年来随着 PUD 发展而出现的一种合成革加工技术。是将 PUD 调整浆料分布在针织布、梭织布及无纺布的纤维间隙中。PUD 失水后以一定的结构和形态与底布形成水性的复合材料。

一、成膜原理

根据 PUD 失水方法的不同，大致可分为干燥成膜和湿法凝固成膜。

1. 干燥成膜

　　干燥成膜是利用热量使 PUD 中的载体水分挥发，聚氨酯乳液粒子逐渐失去稳定性，互相接近、碰撞、挤压、变形、缠绕，形成干法膜。基本固化成膜过程如图 13-18 所示。

　　聚合物乳液固化成膜过程分为三个阶段：第一阶段是游离水分子向外界自由蒸发扩散，表现为一种匀速挥发；第二阶段游离水分子蒸发完后，乳液粒子相互挨近，粒子在表面浓缩堆积形成了致密薄膜，水分需要通过这层薄膜才能挥发进入空气。随着干燥的进行，表面膜越来越厚，水分挥发速率越来越低，直至"结皮"直达基材；第三阶段聚合物大分子链相互缠绕在一起，形成网状结构，继而形成均相体系，未蒸发的水分子逐渐向外运动，干燥进入极慢速阶段。

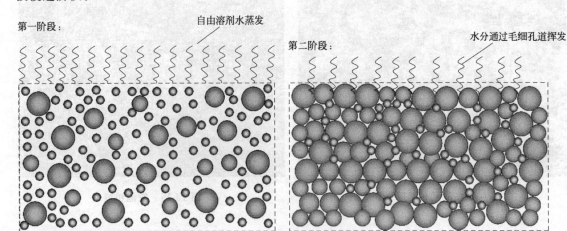

第一阶段：　　　　　自由溶剂水蒸发　　　　第二阶段：　　　　水分通过毛细孔道挥发

2. 湿法凝固成膜

湿法凝固成膜是利用水性聚氨酯的离子性，通过破坏其已经形成的稳定结构，使分散粒子逐步失去稳定性，凝聚成固体从水中析出，干燥后成膜。

要实现湿法凝固，首先要了解乳液粒子在水中的存在状态。PUD 中的聚氨酯不是以单分子状态分散在水中，而是以分子的集合体形成的粒子存在。结构中的亲水基团主要分布在粒子表面层，亲水基团分布的表面层在分散状态下溶胀水形成边界层，边界层厚度与亲水基团

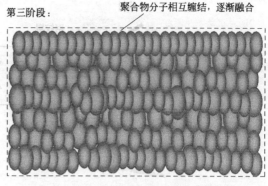

图 13-18　PUD 乳液固化成膜过程示意图

含量有关，亲水基团含量越高边界层越厚。在粒子的内部，亲水基团含量和水溶胀率最低，越接近表面越高，在表面层达到最大值。

因此 PUD 粒子可以看做是内部为聚合物，表面为带电荷的溶胀层的球形粒子，粒子分布在水中，相互之间依靠电荷排斥维持乳液稳定性。

由于常用的为阴离子型水性聚氨酯，以含羧基扩链剂或含磺酸盐扩链剂引入羧基离子或磺酸离子，因此理论上阳离子都可以影响其稳定性。Ca^{2+}、Al^{3+}、Fe^{3+}、Mg^{2+} 等盐类对其稳定性影响很大，达到一定浓度后，会迅速使 PUD 失稳析出，因此这些盐类常用作阴离子PUD 的凝固剂，也称盐析法。

可作为凝固剂的不仅仅是盐类，有机胺类也表现出较强的正电性，它们在合成中可以作为 PUD 的中和剂，但过量使用则会导致乳液稳定性变差，因此通过后添加法也可以使乳液失去稳定性而析出。另外，部分溶剂会通过影响粒子表面的溶胀层，降低其结合水使边界层变薄，从而达到影响其稳定性，达到凝固的作用。

水性聚氨酯分散体与其他分散体或乳胶在结构上最大区别是水性聚氨酯分散体粒子内存在大量结合水。一般水性聚氨酯分散体在 20％～50％范围。因此析出后的聚氨酯更多的是互相堆积，大量结合水的存在影响了其分子的缠绕，这也是湿法凝固后的聚氨酯强度很低的原因。只有进一步干燥后，结合水消失，分子发生缠绕，才能形成具有力学性能的聚氨酯膜，其模型与干燥成膜的第二、第三阶段相同。

二、辊涂浸渍工艺

1. 辊涂工艺

辊涂法是目前针织布水性浸渍的主要方法。将 PUD 调整到合理的浓度与黏度，利用网纹辊均匀带料，施加到布上并向内渗透，干燥后形成水性基布。

辊涂工艺的特点是可以实现精确带料，浸渍均匀稳定，表面存料量与渗透度可控，经过磨皮后常用作绒面革。辊涂可多次进行，如双面绒需要正背面分别辊涂浸渍。辊涂法基本流程见图 13-19。

2. 底布要求

辊涂工艺对底布的要求很高，一般使用纬编单面或双面绒，主要控制表面起绒状态、染色牢度、撕裂强度等方面。

① 起绒状态（图 13-20）。主要是指绒的密度与均匀度。起绒密度与布的编织有很大关系，绒毛要求浓密，形成有效的表面覆盖，否则浸渍后革整体空松。均匀度的重点是边中绒感的差异，由于织造的原因，起毛时会有一定的边中差，尤其是先起毛后染色的品种，差异尤为明显。

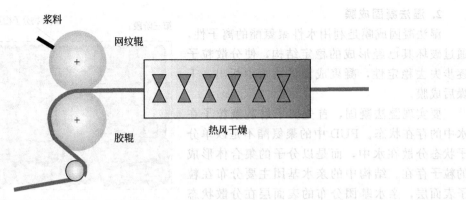

浆料

网纹辊

胶辊

热风干燥

图 13-19　辊涂法基本流程

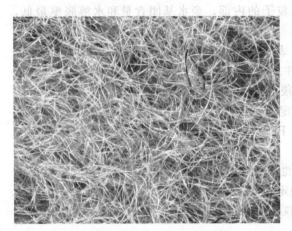

图 13-20　表面起绒状态

双面绒正背面的起毛效果会有一定差异，使用时需要分辨。编织布起毛后会有倒顺毛的区别，生产时需要进行辨别。

② 染色牢度。由于使用的编织纤维基本为涤纶，而涤纶多采用分散染料染色，因此干湿擦牢度必须严格控制。对浸渍基布来说，更需要控制的是色迁移问题。浸渍基布是涤纶编织布与聚氨酯的复合体，聚氨酯与分散染料的亲和性非常好，纤维中的分散染料会不断向聚氨酯中迁移，造成颜色的改变以及牢度下降等问题。尤其是深棕、大红、亮蓝等颜色，色迁移尤为明显。

涤纶对聚氨酯的色迁移目前还没有很好的解决方法，只能从固色、色丝、染料、整理等多个角度加以控制，这也是影响水性编织型绒面革发展的技术难点。

③ 撕裂强度。编织布的撕裂强度相对较低，并且存在着经纬向的强度差异，限制了在合成革中的应用。改善撕裂强度首先要从布的织造方面进行调整，目前已有厂家可以做出撕裂强度很高的产品。

3. 浆料调配

PUD 调配主要是调整树脂含量、黏度、颜色。

① 树脂含量需要根据产品而定，可以用去离子水进行稀释，但要注意稀释稳定性，稀释的过程也是破坏原有乳液稳定性的过程，严重时会发生分水沉淀现象。有些品种浆料中会添加一些纤维素、碳酸钙等材料以节省成本。但水性聚氨酯树脂的乳液状态不同于溶剂型聚氨酯的溶液状态，无法承载更多填料，因此填料的加入量要严格控制。

② PUD 自身黏度很低，而辊涂需要一定的黏度，因此采用增稠剂使浆料达到规定的黏度。浆料黏度过低，网纹辊无法有效带料；而黏度过高则会影响浆料的流动性，出现网纹辊带料不匀和浸渍渗透不一致的现象。需要注意的是，辊涂时经常出现网纹辊上所带浆料无法很好流平的现象，主要原因是树脂自身流平性不佳，其次是浆料一直是在转动剪切下使用，因此黏度会有所增高。因此要选择合适的树脂与增稠剂，并适当调整目标黏度。

③ 颜色调配一般使用水性色浆，需要注意的水性色浆与树脂的配伍性。水性色浆由颜料和助剂组成，一般为弱酸性，与常用的阴离子树脂的弱碱性相反。如果色浆 pH 过低，则会使树脂发生絮凝，因此色浆使用前需要进行配伍性实验，即使同一厂商，不同颜色牌号的配伍

性也会不同。

4. 涂布量与渗透控制

涂布量的控制是通过网纹辊与刮刀间隙、网纹辊与胶辊的间隙实现的。

当树脂含量一定的情况下，刮刀通过间隙控制将网纹辊表面多余的浆料刮除，网纹辊的带料量保持不变，调整间隙即可调整带料量。

网纹辊与胶辊的间隙主要是控制浆料向布的转移。间隙小则挤压力度大，浆料转移量大，向布内渗透高。如果间隙大则挤压力度小，浆料更多的涂在布的表面，向内渗透量少。调整两辊的间隙可以调整浆料渗透度。

辊涂浸渍不同于常规的槽式浸渍，并非渗透越高越好，渗透过大会出现表面树脂含量低，干燥后基布板硬等现象。尤其当渗透到达中间的编织结构时，干燥后基布会变得非常硬。但如果渗透过少，干燥后会出现"夹心"现象。

5. 手感与表观整理

水性树脂直接辊涂浸渍后，基布缺乏软弹的手感。主要是因为水性树脂干燥时会黏附在不同纤维上，干燥后的树脂不是微孔结构，而是不规则的块状结构（图13-21）。树脂压缩弹性低，纤维与树脂无法形成离型结构，这两点是基布手感较差的关键。

① 前处理。前处理是在浸渍前将编织布用表面活性剂进行预处理，干燥后在纤维表面预先形成一层斥水的膜层。这样在浸渍时树脂充斥在纤维之间，但与纤维直接黏合的较少，膜层还保证了纤维与树脂间的相对滑动。

② 后处理。后处理是对浸渍干燥后的基布进行再整理，类似溶剂基布的上油整理。目的是在纤维表面吸附一层表面活性剂，起到润滑的作用，减少纤维间的相对摩擦力，并赋予成革一定的触感。

③ 树脂调整。水性树脂干燥后无微孔结构，因此弹性差。在树脂中混合一定的发泡料如发泡微球等，微球受热发泡（图13-22中的圆球），可以起到辅助物理发泡的作用，少量加入可改善基布手感。

图13-21　水性聚氨酯干燥形态

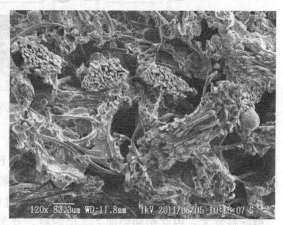

图13-22　微球发泡

④ 磨皮。磨皮的作用与溶剂型绒面相同，也是起绒与机械做软同时进行。水性磨皮后由于树脂的状态不同于溶剂型，其表观感觉更接近真皮二层的绒感。

6. 辊涂浸渍基布结构

辊涂基布具有明显的层结构，上下表面为起绒层，中间为编织层（图13-23和图13-24）。辊涂浸渍一般只在起绒部分，编织层几乎无树脂。如果树脂到达编织层，则手感板硬。表面的树脂为不规则的块状或片状结构，附着在纤维上，无泡孔结构。

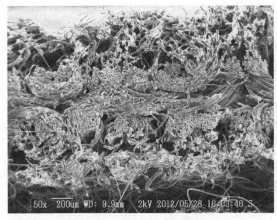
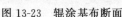

图 13-23　辊涂基布断面

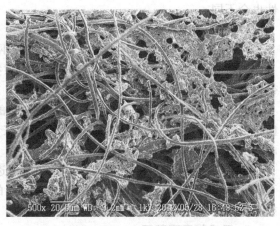

图 13-24　辊涂基布表面

三、泡沫浸渍

1. 泡沫浸渍工艺

泡沫浸渍法是用发泡剂和发泡装置使 PUD 形成泡沫状态，利用涂刮或轧压等方法将泡沫挤压到纤维之间，干燥后部分泡沫形成小块的类似发泡涂层的结构，而破裂的泡沫黏合在纤维交叉点成为很小的黏膜状粒子沉积。

泡沫浸渍法广泛用于纺织品和薄型非织造材料，主要利用其破裂后的黏合作用，使纤网黏合后形成多孔性结构。而合成革基布则要求保持泡沫的稳定性，最大限度的形成球形的泡沫体，实现蓬松而又弹性的手感。泡沫浸渍法工艺见图 13-25。

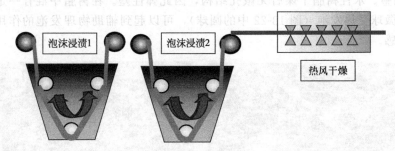

图 13-25　泡沫浸渍法工艺

2. 工艺控制

泡沫浸渍的配料与做涂层时类似，也是将 PUD 加入发泡剂、稳泡剂后增稠，通过发泡机连续出料。为了保持更多的泡沫干燥成型，一般发泡倍率降低。

① 加料量。第一槽开车初期加料量不宜过多，约 1/2 即可，在运行开始后断续补充。第二槽吃料量大，因此初期要加 2/3 槽的料，开车时要控制流量，不断补充新料。控制槽内液位主要是随着浸渍的进行，布表面的油剂、纤维、杂质不断进入槽内，并且带入空气，不断补充新液可有效控制槽内液的状态。

② 黏度与流动性运行变化。开车后，布中的空气会不断带入料中，与原有的发泡料混合，造成发泡倍率和泡沫不匀率增大。黏度也会不断上升，但一般升到一个极限值后就停止上升，因此要控制配料增稠时的黏度。但如果增稠黏度过低，发泡的稳定性就会下降，破泡率增加。

③ 运行气液比变化。运行气液比变化主要来自布中的空气，尤其是第一槽变化明显，第二槽的气液比相对稳定。如果可能的话，最好在浸渍前进行过水压轧，排出布内空气。生产

中如感觉黏度大，或者空气过多，则适度降低发泡倍率。

④ 系统张力控制。由于泡沫浸渍是依靠轧辊挤压作用，所以布在进槽之前要保持一定张力。在槽内时张力不要过大，否则布在湿态时变形大。

⑤ 轧辊控制。轧辊首先要设定间隙，一般第一段保持布厚的1/3，尽量排出空气，并将渗透液挤压均匀，但注意压力，不要把布挤压变形。第二段是主要的吃料段，通常为布厚度减去0.3mm即可，注意左右的匀整性。

⑥ 刮刀控制。刮刀角度可调，一般上刮刀控制表面毛效，下刮刀主要是控制带液量，如果要追求皮感，上刮刀一般斜一个角度，如果要追求毛效，则要垂直刮。下刮刀控制到无多余液即可，尤其要注意刮刀左中右的高度，避免两侧不一致。

四、湿法凝固

1. 基本工艺流程

水性湿法凝固生产线基本流程包括：前处理→给布→浸渍→凝固→水洗→干燥→打卷→后处理，见图13-26。

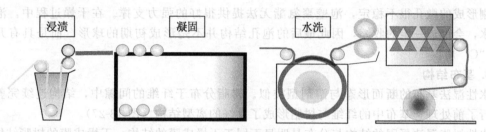

图13-26 湿法凝固生产线

经过前处理的非织造布通过给布装置进入浸渍槽，通过反复浸轧后PUD分布到纤维间隙。进入凝固槽，采用盐析法将PUD凝聚，再进入水洗槽脱盐，干燥成膜后打卷。进行染色、贴面、磨皮等后整理工序。

从工序角度看与溶剂型类似，但是由于成膜机理存在本质上的差别，因此在理论设计、设备功能、控制方法、工艺路线及参数等各方面相差非常大。

2. 工艺控制

① 浸渍控制。由于PUD黏度低，很容易渗透到基布内部，因此通过2～3段压轧即可充分浸渍。但是非织造布中所带空气会不断进入浸渍液中，增加体系黏度，影响浸渍效果，需经常更换浸渍液。

为保持运行稳定，浸渍槽一般采用双体结构，即分为前后两槽，可独立运行，也可联合运行，之间通过阀门联通。如从A槽切换到B槽时，只需将B槽提前注入浸渍液，运行后从底阀排掉A槽浸渍液即可，排出液经过静置脱泡后重新进入系统。

② 凝固组分。PUD湿法凝固一般采用盐析法，选择合理的离子是凝固完成的关键。理论上足够的阳离子都可以实现凝固，但从生产实际考虑，要选择浓度低、价格低廉、环保、对树脂无影响、凝固速率合理的离子。因此二价或三价盐如 Ca^{2+}、Al^{3+}、Fe^{3+}、Mg^{2+} 等都可选择。

实验表明，三价盐的凝固速率是二价盐的10倍，过快凝固容易产生内外差，因此合理的凝固应该是两者的复配。由于 Fe^{3+} 容易产生氧化还原反应，而 Al^{3+} 则非常稳定，因此三价铝盐可作为快速凝固的组分。Ca^{2+}、Mg^{2+} 等都是自然界水体中常见的离子，镁盐价格高且易沉淀，因此二价钙盐是慢凝固组分的最佳选择。

③ 凝固液浓度。PUD凝固析出后，部分凝固液中的离子会留存于基布中，进入水洗槽。

连续生产会导致离子浓度不断下降，凝固速率降低，因此需要不断对凝固液中的离子进行补充。通常采用离子在线测量装置，自动进行补给，保持离子浓度的稳定。

凝固主要发生在基布进入凝固浴的部分，对离子的消耗多，因此会出现凝固槽前后浓度差。该浓度差可以依靠离子自身扩散，但是速度比较慢，通常采用循环泵，实现槽内浓度的一致。

④ 凝固张力与摩擦。水性聚氨酯在凝固过程中，其结构状态较溶剂型成膜有着本质不同。PUD凝固后更多的是游离水的去除，聚氨酯只是析出堆积，尚未完全形成大分子之间的缠绕，基本没有太大强度。在生产加工时必须采用低张力、无接触状态下完成，尤其是在凝固初期，否则张力和摩擦都会破坏刚析出的聚氨酯的结构。这对生产设备、工艺路线、工艺参数的设定提出了新的要求。

⑤ 微孔技术。水性聚氨酯树脂无法在凝固过程中实现自然成孔，必须采用特殊的技术使其具有立体微细的泡孔技术。微孔采用的化学发泡的方式，与PUD的凝固同时进行，因此还存在凝固速率和发泡速率的协同问题。凝固过快则封闭过快，导致泡孔太小，凝固太慢则气体冲出乳液而出现冲孔。

刚形成的微孔很不稳定，泡壁聚氨酯无法提供很好的强力支撑。在干燥过程中，泡壁干燥脱水，会形成一定的收缩，因此最后的泡孔结构并不是形成初期的球形，而是具有开放结构的"C"形。

3. 基布结构

水性湿法基布的断面形态与溶剂型类似。树脂分布于纤维的间隙中，结构连续完整。由于进行了前处理，基布中的纤维与树脂形成了良好的离型结构（图13-27）。

水性树脂湿法凝固的结构与分布是明显不同于干燥成膜的结构。干燥成膜的树脂结构是块状分散分布，树脂是粘连在纤维上。而湿法凝固的是连续结构，树脂与纤维是分离的（图13-28）。

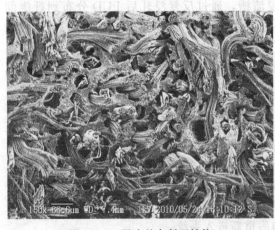

图 13-27　湿法基布断面结构

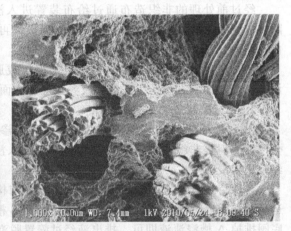

图 13-28　聚氨酯结构

树脂基本为连续不规则结构，没有溶剂型的海绵状泡孔，而是具有不平整的泡沫感的膜结构。膜结构中具有一定的封闭的"O"形孔和开放的"C"形孔。

连续的膜结构使聚氨酯的密度较大，因此基布整体具有较高的表观密度。如水性定岛超纤的表观密度可以达到 $0.55\sim0.60\,\mathrm{g/m^3}$，远高于溶剂型的 $0.40\,\mathrm{g/m^3}$。"O"形孔和"C"形孔使基布具有良好的压缩弹性。

4. 机械发泡湿法凝固

湿法凝固不仅可以用于浸渍树脂，还可以通过调整凝固液中的离子的种类、比例、浓度等条件，对水性机械发泡进行湿法凝固，得到结构特殊的产品。

机械发泡湿法凝固断面和表面见图 13-29 和图 13-30。聚氨酯凝固结构见图 13-31。

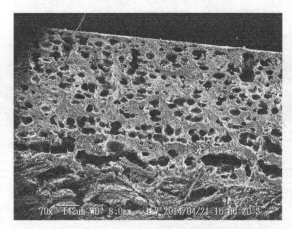

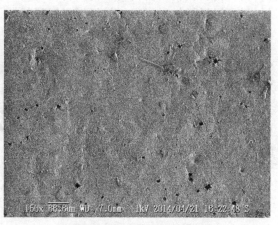

图 13-29　机械发泡湿法凝固断面　　　　　　图 13-30 机械发泡湿法凝固表面

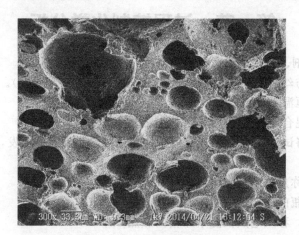

图 13-31　聚氨酯凝固结构

　　发泡涂层刚进入凝固液时，表面泡沫迅速破裂排液，凝聚后形成一个较连续的致密层，表面有少量的大小不等的细孔。随着凝固液向内渗透，泡沫的凝固定型与破泡排液同时进行。由于大量泡沫破裂，使剩余泡沫的泡壁增厚，稳定性增加，当这部分泡沫的泡壁凝固后，泡沫得以保留。

　　泡沫大量破裂使泡孔数量减少，而且由于泡沫破裂具有随机性，因此机械发泡涂层湿法凝固形成的泡孔大小不匀。泡孔壁较厚，因此泡孔基本都是独立存在。

第十四章
过程控制分析与理化检验

第一节　过程控制化学分析

1. 纺丝与牵伸油剂、后处理剂固含量的测定

（1）质量标准　纺丝油剂（%）；牵伸油剂（%）；PVA 溶液（%）。

（2）工器具　电恒温干燥箱；称量瓶；干燥器。

（3）取样　试样混合均匀后用 125mL 广口瓶取样。

（4）分析原理　将试样在 103℃±2℃ 的干燥箱内加热，使水分蒸发，测定蒸发残余量。

（5）操作方法

① 在已知重量的称量瓶内精确称取 2g 的试样；

② 将试样在称量瓶的底部铺成均匀厚度；

③ 然后稍开瓶盖，移入电热恒温干燥箱内加热 2h；

④ 加热后取出盖上盖，置于干燥器内冷却；

⑤ 测定冷却后的质量。

（6）计算

$$固体物含量（%）=W/S×100\%$$

式中　S——试样重量，g；

　　　W——试样蒸发后的残渣量，g。

2. 非织造布中 PVA 含量的测定

（1）质量标准　按工艺要求调整。

（2）工器具　电恒温干燥箱；干燥器；称量瓶。

（3）取样标准　在浸渍 PVA 非织造布内均匀取样。

（4）分析原理　在热水中洗涤试样，由洗涤前后非织造布的质量差求得布中 PVA 的含量，换算成单位面积中 PVA 的含量。

（5）操作方法

① 按 5cm×8cm 的大小裁取试样，如下图。

② 将试样放在干燥箱约 100℃ 干燥 1h，冷却后准确称取质量 Ag。

③ 试样放入 1000mL 的烧杯中，加入 800mL 蒸馏水，加热至 60℃ 保持 1h，期间不断搅拌，取出后用玻璃棒挤压。重复加热萃取一次，取出后挤压。

④ 将试样放在干燥箱约 100℃ 干燥 2h，取出放入干燥器内冷却至室温，精确称重 Bg。

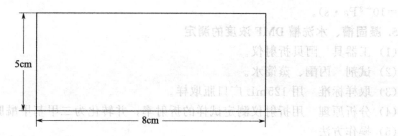

（6）计算

$$PVA \text{含量}（g/m^2）＝（A－B）/0.004$$

3. 浸渍液调整槽固含量的测定

（1）定义或适用范围 称取 $10g±0.05g$ 样品，加入 $5mL$ 的甲乙酮稀释，在 $107.5℃±2.5℃$ 调整的热风循环式干燥器内，把规定时间干燥后的残量用对样品的百分率来表示。

（2）装置及用具 平底型铝皿或金属皿（内径 $65mm±1mm$，深 $14mm±1mm$）；热风循环干燥机；化学天平（称量 $200g$，精确至 $1mg$）；甲乙酮；$25mL$ 滴定管或 $50mL$ 滴定管；干燥器（硅胶干燥剂）；温度计（$200℃$）。

（3）操作

① 用化学天平称出铝皿质量；

② 用化学天平在铝皿内称出规定量的样品；

③ 用滴定管加 $5mL$ 的规定溶剂使样品完全溶解；

④ 放入 $107.5℃±2.5℃$ 调整的热风循环式干燥器的中央进行干燥；

⑤ 干燥后，在干燥器内冷却至室温之后，用化学天平精细称量。

（4）计算 同一样品进行两次测定，按下式计算不挥发分

$$\text{不挥发分}（\%）＝（C－A）/（B－A）×100$$

式中 A——皿的质量，g；

B——在皿中称样品时的质量，g；

C——干燥后的质量，g。

4. 浸渍液调整槽黏度的测定

（1）定义或适用范围 把样品的黏度按照规定的方法在 $25℃$ 进行测定，绝对黏度用 $Pa \cdot s$ 来表示。

（2）装备及用具 黏度计；温度计（$100℃$）；恒温水浴（$25℃±0.2℃$）；$500mL$ 带盖容器；支持台。

（3）操作

① 往洗净的 $500mL$ 带盖容器中加入适量的样品；

② 加盖，在恒温水浴中，样品液面应在水面下 $10mm$ 以下浸泡，样品温度要恒温到 $25℃$；

③ 安装规定的转子，浸于样品到转子的浸液深度，调到规定的转速。再把样品从恒温水浴中取出进行测定；

④ 按住固定杆，接通电源，启动 $15s$ 后松开固定杆，启动 $1min$ 后按住固定杆，切断电源使指针在视野内停止，读出指针表示的数值。

注意事项：转子预先浸入 $25℃$ 恒温水浴中；安装和卸下转子时，要轻拿轻放，把转子放入样品时，要倾斜放入不要产生气泡；选择转子和转速使指针进入指针表的 $15\%～85\%$ 的范围内。

（4）计算 读出指针表示的数值，转子与转速的乘积即黏度（单位 cp），转化为 $Pa \cdot s$

$(1cp=10^{-3}Pa \cdot s)$。

5. 凝固槽、水洗槽 DMF 浓度的测定

(1) 工器具　阿贝折射仪。

(2) 试剂　丙酮、蒸馏水。

(3) 取样标准　用 125mL 广口瓶取样。

(4) 分析原理　用折射仪测定试样的折射率，并转化为二甲基甲酰胺的浓度。

(5) 操作方法

① 在棱镜的温度保持一定时，用以丙酮润湿的脱脂棉擦拭棱镜使其干燥，但要注意用力适当不能擦伤棱镜；

② 以 2～3 滴蒸馏水滴在棱镜上，关闭棱镜，当光线照射在反射镜上时，调节折射率读数、标尺读数至 1.3315；

③ 用观测目镜观察，将明暗交界线用调节旋钮调节至与十字线的交叉点重合；

④ 用丙酮仔细擦拭棱镜使棱镜干燥；

⑤ 再将 2～3 滴试样滴在棱镜上并关闭棱镜；

⑥ 用观测目镜观察，旋动折射率读数标尺旁的旋钮使明暗交界线与十字线的交叉点重合，读取交界线与十字线一致时的折射率标尺读数，查表得出二甲基甲酰胺的浓度。

附：阿贝折射仪的使用方法

准备和校正。将折光仪置于光线充足的地方，与恒温水浴相连接，使折光仪棱镜的温度为 20℃。然后将下棱镜（反光镜）打开，向后扭转约 180℃，把上棱镜（折射棱镜）和校正用的标准玻璃用丙酮洗净烘干，将一滴 1-溴代苯滴在标准玻璃的光滑面上，然后贴在上棱镜面上，用手指轻压标准玻璃的四角，使棱镜和标准玻璃之间辅有一层均匀的溴代苯，转动反光镜，使光射在标准玻璃的光面上。调节棱镜转动手轮使目镜望远视野分为明暗两部分，再转动棱镜手轮消除虹彩并使明暗分界清晰，使明暗分界线对准在十字架上，若有偏差，可调节示值调节螺钉，使明暗分界线恰处在十字架上，此时由读数视野读出折光率，再与标准玻璃上所刻数值比较，二者相差不大于 ±0.0001，校正就此结束，也可用纯水校正。

在阿贝折光仪的望远目镜的金属筒上，有一个供校准仪器用的示值调节螺钉，通常用 20℃的水校正仪器（其折光率 $N_D^{20}=1.3330$）。也可用已知折光率的标准玻璃校正。

测定。将进光棱镜和折射棱镜用丙酮或乙醚洗净，用擦镜纸擦干或吹干，注入数滴样品，立即闭合棱镜，使样品与棱镜于 20℃保持数分钟。然后按前述方法调节，记录读数，读数应准确至小数点后第四位（最后一位为估计数字），轮流从一边再从另一边将分界线对准在十字架上，重复记录读数 3 次，读数间差不大于 ±0.0003，所得读数平均值即为样品的折光率。

测定完毕后，打开棱镜，用擦镜纸轻轻擦干，不论在任何情况下，不允许用擦镜纸以外的任何东西接触到棱镜，以免损坏它的光学平面。

备注：工作恒定温度 30℃；水折射率 1.3315。

6. 抽出机甲苯液内聚乙烯含量测定

(1) 质量标准　根据生产工艺情况进行控制。

(2) 工器具　蒸发干燥器（100～110℃）；直读天平；小型蒸发器；10mL 吸量管；100mL 具塞三角烧瓶；滤纸 N₀5A。

(3) 试剂　甲苯。

(4) 取样标准　在抽出机内 1、3、5、6 槽内分别取样。

(5) 分析原理　将试样放入干燥器内，使甲苯蒸发测定其残渣（聚乙烯）质量。

(6) 操作方法

① 将进行加热干燥的小型蒸发器，用直读天平精确称取重量 A（单位：g）；

② 充分搅拌试样，在滤纸上过滤至三角烧瓶内，充分搅拌滤液，并用移液管将 10mL 滤液移入小型蒸发器内；

③ 将盛有试样的小型蒸发器置于 100℃左右的蒸汽干燥器内使甲苯蒸发 2h；

④ 干燥后至干燥器内取出冷却，精确称量 B（单位：g）。

（7）计算

$$聚乙烯含量（g/L）=（B-A）\times 100$$

7. 基布中聚乙烯残留量的测定

（1）质量标准　3%以下，一般控制为 1%以下。

（2）工器具　蒸汽干燥器；热水槽；通风橱；直读天平；干燥器；夹钳；无色广口瓶 250mL；镊子；称量瓶 100mL。

（3）试剂　甲苯。

（4）取样标准　在超细纤维基布内均匀取样。

（5）分析原理　在热甲苯中抽出试样，由抽出前后超细纤维基布的重量差求得革中聚乙烯的含量，分析在 100℃蒸汽干燥器中进行。

（6）操作方法

① 按 5cm×8cm 的大小裁取试样，再按如图尺寸剪裁；

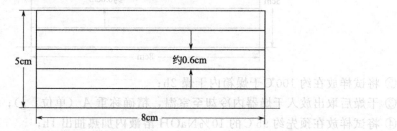

② 将试样放在约 100℃蒸汽干燥器内干燥 2h；

③ 干燥后取出放入普通干燥器内冷却至室温，精确称重 A（单位：g）；

④ 将试样放在预先约 95℃的热水槽中加热的甲苯内加热抽出 2h；

⑤ 抽出后再以预先用同样操作加热的甲苯洗涤试样后，移入蒸汽干燥器中干燥 2.5h；

⑥ 干燥后取出置于普通干燥器内冷至室温，精确称取其重量 B（单位：g）。

注意：抽出操作应在通风橱内进行，甲苯抽出后的试样，必须放在蒸汽干燥器中干燥，要注意防火。

（7）计算

$$聚苯乙烯含量（%）=（A-B）/B\times 100$$

8. 超声波清洗液 COPET 水解物含量测定

（1）质量标准　根据生产工艺情况进行控制

（2）工器具　蒸发干燥器（100~110℃）；直读天平；蒸发皿；10mL 吸量管；100mL 具塞三角烧瓶；滤纸 $N_0$5A。

（3）取样标准　在超声波清洗槽内前后两点分别取样。

（4）分析原理　将试样放入干燥皿内，使水分蒸发测定其残渣（COPET 水解物）质量。

（5）操作方法

① 将进行加热干燥的小型皿用直读天平精确称取重量 A（单位：g）；

② 充分搅拌试样，在滤纸上过滤至三角烧瓶内，充分搅拌滤液，并用移液管将 10mL 滤液移入蒸发皿内；

③ 将盛有试样的蒸发皿置于 100℃左右的干燥器内使水分蒸发 2h；

④ 干燥后至干燥器内取出冷却，精确称量 B（单位：g）。

（6）计算

$$COPET 水解物含量（g/L）= (B-A) \times 100$$

9. 基布中 COPET 残留量的测定

（1）质量标准　控制在 1% 以下。

（2）工器具　干燥器；热水槽；通风橱；直读天平；干燥器；夹钳；无色广口瓶 250mL；镊子；称量瓶 100mL。

（3）药品、试剂　10% NaOH 溶液。

（4）取样标准　在超细纤维基布（减量后）内均匀取样。

（5）分析原理　在过量的热 NaOH 溶液中减量试样，由减量前后超细纤维基布的质量差求得革中残留 COPET 的含量。

（6）操作方法

① 按 5cm×8cm 的大小裁取试样，再按如图尺寸剪裁；

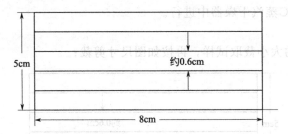

② 将试样放在约 100℃ 干燥箱内干燥 2h；

③ 干燥后取出放入干燥器内冷却至室温，精确称重 A（单位：g）；

④ 将试样放在预先约 95℃ 的 10% NaOH 溶液内加热抽出 1h；

⑤ 抽出后再以温水洗涤试样后，移入干燥箱中干燥 2h；

⑥ 干燥后取出置于干燥器内冷至室温，精确称取其重量 B（单位：g）。

（7）计算

$$COPET 含量（\%）= (A-B)/B \times 100$$

10. 基布中聚氨酯含量的测定

（1）质量标准　根据情况调整。

（2）工器具　蒸汽干燥箱，1000mL 烧杯，通风橱，直读天平，干燥器，电炉。

（3）药品　DMF。

（4）取样标准　在超细基布中间部位取样两块（位置相邻）。

（5）分析原理　在热 DMF 中将基布中的聚氨酯溶解出，由前后质量差求得基布中聚氨酯的含量。

（6）操作方法

① 按 5cm×5cm 的大小裁取试样（冲样机）；

② 将试样放在 100℃ 的干燥箱内干燥 20min；

③ 干燥后取样放入干燥器内冷却至室温，精确称取重量 A（单位：g）；

④ 将试样放在预先加热的 50℃ 的 DMF 溶液中浸泡 2h（1000mL 烧杯）；

⑤ 取出样品，更换 DMF，重复上述操作一次；

⑥ 取出样品，用热水充分洗涤试样（基布完全呈原布状）。水洗后，移入干燥箱中干燥 1h；

⑦ 干燥后取出置于干燥器内放至室温，精确称取其重量 B（单位：g）。

（7）计算

$$聚氨酯含量（\%）=(A-B)/A×100$$

11. 回收二甲基酰胺的色值测定

（1）质量标准　＜30APHA。

（2）药品、工器具　100mL 广口瓶；水桶；APHA 标准液。

（3）分析原理　将回收二甲基甲酰胺的颜色与 APHA 标准液（No.30）的颜色用眼睛比色。

（4）检测方法

① 打开二甲基甲酰胺泵的取样口，于废液缸内注入约 1L 的回收二甲基甲酰胺；

② 将回收二甲基甲酰胺倾入 100mL 广口瓶内 7～8 成，充分洗涤后倒回废液缸内；

③ 就上述洗涤操作重复 2～3 次；

④ 用 100mL 广口瓶打开取样阀收取二甲基甲酰胺；

⑤ 在瓶后竖一块白板，用眼睛对 APHA 标准液的颜色和试样的颜色进行比色。

（5）报告　较 APHA 标准颜色还浅时用"30 以下"报告。比 APHA 标准颜色深者用"30 以上"报告。

12. 回收二甲基甲酰胺水分的测定

（1）质量标准　小于 0.3%。

（2）药品、工器具　卡尔·费歇尔水分测定仪；5mL 注射器；干燥器；直读天平；秒表；脱水溶剂；卡尔费歇尔试剂 SS（2.5～3.0mg 水/mL）；标准甲醇水溶液。

（3）取样标准

① 打开二甲基甲酰胺泵的取样口，于废液缸内注入约 1L 的二甲基甲酰胺；

② 将回收 DMF 倾入 100mL 广口瓶内 7～8 成，充分洗涤后，倒入废液缸内；

③ 就上述操作重复 2～3 次；

④ 用 100mL 广口瓶打开取样阀，收取二甲基甲酰胺。

（4）分析原理　用卡尔·费歇尔试剂直接滴定回收的二甲基甲酰胺的水分。

（5）操作方法

① 预先干燥冷却的注射器吸取 2mL 左右试样，用直读天平准确称量其重量 W_1；

② 在滴定用烧瓶内加入约 20mL 脱水试剂后，用卡尔·费歇尔试剂滴定至烧瓶内呈无水状态；

③ 在呈无水状态的烧瓶内加入所取的试样；

④ 再次称量注入试样后的注射器重量的 W_2，求出试样重；

⑤ 以卡尔·费歇尔试剂滴定，使烧瓶内再次呈无水状态，保持 30s 即为终点。

（6）计算

$$水分（\%）=\frac{A×F×100}{S×1000}$$

式中　S——试样重（W_1-W_2），g；

　　　F——卡尔·费歇尔滴定度，mg H_2O/mL；

　　　A——本分析滴定毫升数。

13. 回收二甲基甲酰胺的甲酸测定

（1）质量标准　小于 0.05g/L。

（2）药品、工器具　10mL 滴定管；20mL 全节吸量管；100mL 量筒；300mL 三角瓶；0.01mol/L NaOH 溶液；0.1% 溴百里酚兰溶液。

（3）取样标准

① 打开二甲基甲酰胺泵的取样口，于废液缸内注入约 1L 的二甲基甲酰胺；

② 将回收二甲基甲酰胺倾入 100mL 广口瓶内 7～8 成，充分洗涤后倒入废液缸；

③ 就上述操作重复 2～3 次；

④ 用 100mL 广口瓶打开取样阀收取二甲基甲酰胺。

（4）分析原理　以溴百里酚兰为指示剂，用 0.01 mol/L NaOH 溶液进行中和滴定，测定试样中的甲酸量。

（5）操作方法

① 用全节吸量管将 20mL 试样移入三角瓶中；

② 在装有试样的三角瓶内加入 80mL 蒸馏水；

③ 滴加作为指示剂的 0.1% 的溴百里酚兰溶液 2～3 滴，用 0.01mol/L 的 NaOH 溶液滴定，溶液由黄色变为蓝紫色，求得消耗量 A（单位：mL）。

（6）计算

$$甲酸\ (g/L) = 0.00046 \times A \times \frac{1000}{20}$$

14. 回收二甲基甲酰胺的 pH 值测定

（1）质量标准　pH>5。

（2）药品、工器具　pH 计（玻璃电极）；200mL 烧杯；20mL 全节吸量管；pH 标准液（pH=4、9）。

（3）取样标准

① 打开二甲基甲酰胺的取样口，于废液缸内注入约 1L 的二甲基甲酰胺；

② 将回收二甲基甲酰胺倾入 100mL 广口瓶内 7～8 成，充分洗涤后倒入废液缸内；

③ 就上述操作重复 2～3 次；

④ 用 100mL 广口瓶打开取样阀收取二甲基甲酰胺。

（4）分析原理　用玻璃电极 pH 计测定试样的 pH 值。

（5）操作方法

① 在 200mL 的烧杯内加入 100mL 纯水；

② 在纯水的 pH=7.0 时加入 20mL 试样；

③ 2min 后读取 pH 计的读数。

15. 回流水的二甲基甲酰胺浓度的测定

（1）药品、工器具　气相色谱仪；10μm 微型注射器；色谱填充剂；二甲基甲酰胺。

（2）原理　用气相色谱仪测定试样中的二甲基甲酰胺的浓度。

（3）取样

① 准备好一只预先洗净、干燥的 100mL 的试样瓶；

② 掀起回流排水接受槽的溢流口的箱盖；

③ 取试样瓶使瓶口伸向溢流口，灌入 7～8 成体积的回流排水并充分进行洗涤；

④ 将上述洗涤操作重复 2～3 次；

⑤ 在试样瓶中装满一杯回流排水，盖好溢流口处的箱盖；

⑥ 盖好试样瓶的箱盖，并用石蜡油密封。

（4）测定方法　调整好气相色谱仪，用微型注射器抽出 2μL 试样，向色谱仪的注入口处注入气相色谱仪内形成色谱图。色谱柱为 1.5m 长，填充剂是 chromosorb W 经 Lubzol MOA10% 和 1% 的氢氧化钠处理物。温度：注入口 250℃，色谱柱恒温槽 120℃。

（5）计算

$$二甲基甲酰胺浓度 = A/B \times 标准溶液浓度$$

式中 *A*——试样注入时的谱峰面积；

　　　　B——标准溶液注入时的谱峰面积。

第二节　成品革常规检测

1. 门幅测试方法

（1）测试目的　测量样品的门幅大小。

（2）设备　卷尺（精确到 1mm）。

（3）操作步骤

① 使样品处于无张力状态；

② 用卷尺沿样品的纬向（与经向边缘垂直的方向）量取有效幅宽，精确到 1mm。每一大卷量取 3 处，取其平均值。

2. 单重测试方法

（1）测试目的　测量样品的单位克重。

（2）设备　天平，精度：万分之一。

（3）操作步骤

① 用标准面积为 $100cm^2$ 的取样器在距离布边 100mm 以内的同一门幅中裁取 5 片试样。注意底布试样不能有纤维散失。

② 在经调试平衡后的天平上称取 5 片试样的总重量 *W*（g），精确到 0.01g。

③ 结果计算：单重（g/m^2）＝$W/5×100$

3. 厚度测试方法

（1）测试目的　检测材料在一定应力作用下的厚度值。

（2）设备　百分表测厚仪（精度：0.01mm；压脚直径 10mm）。

（3）操作步骤

① 用测厚仪在距离门幅边缘 100mm 以内的门幅内均匀测定 5 个点，各测定点应避开影响测量结果的疵点和折痕，并从厚度表上读出读数。

② 结果以算术平均值表示，精确到 0.01mm。

4. 拉伸负荷及断裂伸长率试验方法

（1）测试目的　检测规定尺寸的样品受外力作用至断裂时所能承受的最大负荷及此时伸长的情况。

（2）设备　电子拉力机（速度：0～500mm/min，最大负荷：2500N，精度：1N）。

（3）参数要求　测试速度：100mm/min；复位时速度：500mm/min；试样大小：300mm×50mm。

（4）操作步骤

① 沿经纬向各裁取 300mm×50mm 的试样三块。

② 将试样的二端分别夹于电子拉力机的上下夹具上，设定拉伸速度为 100mm/min，选择试验状态为"拉伸负荷"，开启拉力机。

③ 当试样断裂，拉力机自动复位。此时，记录所显示的拉伸负荷（最大值）和断裂伸长率。

④ 试验结果。取三个试样的算术平均值（拉伸负荷精确到 1N，断裂伸长率精确到 1%）。

5. 撕裂负荷试验方法

（1）测试目的　检测样品受外力作用撕开时基布所能承受的最大负荷。

（2）设备　电子拉力机（速度：0～500mm/min，最大负荷：500N，精度：1N）。

（3）参数要求　测试速度：100mm/min；复位时速度：500mm/min。

（4）操作步骤

① 沿经纬向各裁取 150mm×50mm 的试样三片。

② 从试样的长度中心线剪开 120mm，并将剪开后的试样二端分别夹于电子拉力机的上下夹具上，设定拉伸速度为 100mm/min，选择试验状态为"撕裂"，开启拉力机。

③ 当试样撕断，拉力机自动复位。此时，记录所显示的撕裂负荷（最大值）。

④ 试验结果。以三个试样测试结果的算术平均值表示，精确至 1N。

6. 面层剥离强度的测定

（1）常规剥离检测

① 测试目的。测定表面层与基体层之间的剥离强度。把试料表面层面用黏合剂贴在橡胶板上，使其充分接合之后，用小刀在表面层上切出痕来，用定速伸长型拉力机进行拉伸，角宽为 180°的剥离。测定表面层与基体层之间的剥离强度。

② 测试手段

a. 使用仪器：定速伸长型拉力机（自动记录仪）。

b. 使用器具：金属挡板（30mm×150mm）。

c. 使用药品：氯丁二烯系黏合剂，丁酮。

③ 测试方法

a. 到成品检验台取样。（样品尺寸纬向取全幅宽，经向 300~400mm）取来的样品，需进行调湿。在温度 23℃±2℃，相对湿度 55%~75%的状态下，放置 24h 以上（急用时，可缩短调湿时间）。

b. 从样品上取下 25mm×220mm 的试验片三片。如图所示：

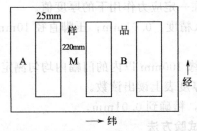

c. 把用作鞋底的胶板切成 30mm×150mm。将合成胶板的表面在磨光机上磨光（砂纸磨光机）用砂纸（砂纸号 80AA）把试片的表面也适度摩擦一下。

d. 用丁酮擦净试验片的表面和合成橡胶面，然后自然风干 15min。

e. 把氯丁二烯黏合剂涂在试验片表面约 1/3 部分以及合成橡胶板大约 1/2 部分上。如图所示：

f. 风干 10~30min。（风干到没有黏合剂的程度）。风干后在 120℃的蒸汽干燥器中活化 5min。取出后，立即让黏合剂与皮膜面互相接合。如图所示：

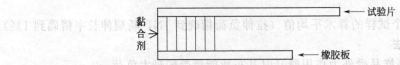

接合后立刻用手压辊子，压数次。放置 4h 或 4h 以上（根据样品需要）待完全接合时，

测定剥离强度。

g. 用手拉试验片和橡胶板的一端，重复拉伸；用小刀把试验片接合部分一边切出痕来；将拉力机的上、下夹距的位置调整到与粘合长度相等。

h. 将试验片装入上、下夹具里，此时，在试验片的背后用金属挡板挡住，与试验片共同装入上夹具里；在机速为100mm/min的条件下进行拉伸，使其产生180°的剥离。

i. 读出平均的负荷，作为剥离强度。数值精确至1N，将平均值写入报告内。

（2）耐碱剥离强度测试方法

① 测试试片的裁取。沿经（纬）向裁取150mm×240mm（经×纬）试样一块。

② 测试方法和步骤

a. 将裁好的试片浸入10%的NaOH水溶液中，并用保鲜膜密封，浸泡12h或24h；

b. 取出试样，用清水挤轧清洗数遍，直至挤轧液的pH值接近7；

c. 置于90℃±5℃鼓风恒温干燥箱，烘干后，取出试样冷却至室温；

d. 用适量的胶水涂于一块试样的表面，并与另一块试样表面粘贴在一起，然后用小锤敲打数次，使之能良好的粘合。测试试样要在开头一端留约5cm左右不要擦胶水；

e. 将分开的两端分别夹在电子拉力机的夹具上，设定拉伸速度为100mm/min，选择试验状态为"剥离负荷"，开启拉力机，同时观察试样剥离情况；

f. 当试样被完全剥离开时，电子拉力机自动复位，记录试样的剥离负荷（平均值）。以三个试样的算术平均值表示，精确至1N。

（3）快速耐碱剥离

① 测试试片的裁取。沿经（纬）向裁取150mm×30mm（经×纬）试样6片。

② 测试方法和步骤

a. 将裁好的试片浸入盛有10%的NaOH水溶液的广口瓶中，每个广口瓶最多放置8～10条试片；

b. 将放有试片的广口瓶置于70℃的水浴中，水浴的高度需高于广口瓶中NaOH水溶液的高度，但不能高于广口瓶的高度；

c. 在70℃的水浴中浸泡2h后取出试样，用清水挤轧清洗数遍，直至挤轧液的pH值接近7；

d. 置于90℃±5℃鼓风恒温干燥箱，烘干后，取出试样冷却至室温；

e. 用适量的胶水涂于一块试样的表面，并与另一块试样表面粘贴在一起，然后用小锤敲打数次，使之能良好的粘合。测试试样要在开头一端留约5cm左右不要擦胶水；

f. 以下测试步骤方法同耐碱剥离。

（4）高频耐碱剥离

① 参数要求

压力：5.0kg/cm²±0.2kg/cm²

电压：110V±10V

铜板温度：50℃±5℃左右

抛光铜板规格：125mm×70mm×40mm

熔接时间：5s

定型时间：10s

最大电流：0.8～0.9A（若达不到该范围，可根据极限电流再进行调整）

② 操作步骤

a. 沿经（纬）向裁取150mm宽的待测试样，以及同尺寸的高发泡材料。

b. 开启高频机电源开关，预热5～10min。

c. 设定高频机的压力、熔接时间、定型时间等测试参数。

d. 在高频头的下方的平台上放一块 200cm×200cm 左右大小的绝缘板，将准备好的待测试样和高发泡材料叠放在一起（待测材料放在上方），放置于高频头下方的平台上。

e. 抛光铜板预热：将抛光铜板置于待测材料上，按下高频机控制面板上的下降按钮，高频头自动下降进行高频过程，高频过程完成后，高频头自动上升到原位。

f. 铜板温度大致在 50℃±5℃左右时，调整电阻调节栓，进行高频测试，使材料在高频时的最大电流强度控制在 0.8～0.9A 之间，并记录最大高频电流强度值。高频测试后，观察试样的背面效果。每款材料需有 3 个平行试样。

g. 将高频测试后的试片裁剪下来，试片的宽度至少在 3cm 以上。

h. 量取试片左中右的厚度，观察偏差值。

i. 将试片置于 10％的 NaOH 水溶液中浸泡 12h。

j. 以下测试步骤同上。

③ 注意事项

a. 高频测试过程中不要接触高频机的任何部位，以免被电伤。

b. 压高频前，一定要在高频头下方的平台上垫上绝缘板。

c. 被测材料每次高频的位置不能相同。

d. 高频测试后的试片和高发泡黏合效果，根据经验进行判断。

（5）耐酸剥离强度测试方法

① 取样与配液。12％的 HCl 溶液的配制：将 1 份的浓 HCl 溶液溶于 2 份的蒸馏水中，搅拌均匀后，冷却至室温待用。

试片的裁取：沿经（纬）向裁取 150mm×30mm 的试样三块。

② 测试方法和步骤

a. 将裁好的试片完全浸入 12％的 HCl 水溶液中，并用保鲜膜密封，浸泡 12h。

b. 后取出试样，用清水挤轧清洗数遍，直至挤轧液的 pH 值接近 7。

c. 将洗好的试样置于 90℃±5℃鼓风恒温干燥箱，烘干后，取出试样冷却至室温。

d. 用适量的胶水涂于三块试样的表面，并与一块高剥离半成品粘贴在一起，然后用小锤敲打数次，使之能良好的黏合。测试试样要在开头一端留约 5cm 左右不要擦胶水。

e. 置于 120℃±5℃鼓风恒温干燥箱，烘 20min 后取出试样冷却至室温。

f. 对贴合处理后的试样进行手剥，确保剥离状态在被测样品层。

g. 以下测试步骤同上。

③ 结果计算　以三个试样的算术平均值表示，精确至 1N。

第三节　成品革功能检测

1. 耐水度测定

（1）测试目的　测合成革耐水程度。

（2）测试手段　使用仪器如图所示；样品刀具；冲样机。

（3）测试方法

① 到检验台取样。样品尺寸，纬向取全幅宽，经向 300～400mm。试样在温度 23℃±2℃，相对湿度 55％～75％的状态下，放置 24h。（急用时可缩短调湿时间）

② 在试样上裁取 φ60mm 的试样 3 片。

③ 表面层向下安置在如图所示的耐水试验仪的压环下。

④ 试样下表面浸压到水中，浸水面为 φ50mm 的圆。

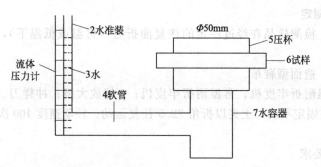

⑤ 以 10mm/s 的速度向水准装置注水。

⑥ 当水的压力达到 14.7kPa 时，停止注水。

⑦ 1min 后目测试样上表面有无水珠，无水珠者为合格。

2. 透水汽性的测定（静态）

（1）测试目的　把盛有吸湿剂，并封以织物试样的透湿杯放置于规定温度和湿度的密封环境中，根据一定时间内透湿杯质量的变化计算出透湿量。检验革产品的透湿性能。

（2）测试范围　半成品、成品。

（3）设备　恒温恒湿仪；透湿杯（内径 60 mm、杯深 22mm）；电子天平（精确至 0.001g）。

参数要求：温度 30℃±1℃；相对湿度 80％±5％；氯化钙粒度 0.63～2.5mm。

（4）测试方法

① 沿样品的横方向，用冲样机、冲样刀，在 A、M、B 三点取样。如图所示：

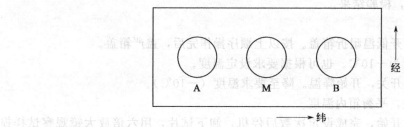

② 样品在温度 23℃±2℃，相对湿度 55％～75％的环境下放置 24h。

③ 将氯化钙在 160℃烘箱中干燥 3h。

④ 将仪器设定到规定的温度和湿度。

⑤ 将吸湿剂装入清洁、干燥的透湿杯中，使吸湿剂成一平面，吸湿剂装填高度为距试样下表面位置 3～4mm。

⑥ 将试样（直径为 65mm）测试面朝上放置在透湿杯上，装上压环，旋紧螺帽，侧面一圈缝隙用乙烯胶黏带封住，即组成试验组合体。

⑦ 将装好试片的透湿杯放入透湿机内，1h 后将透湿杯取出，称重后，继续放入试验机内，以后每一小时称一次，连续称三次，天平读数取 0.1mg。

（5）计算

$$P = \frac{(m_1 - m_0) + (m_2 - m_1) + (m_3 - m_2)}{3A}$$

式中　　　　　　　P——透湿度，mg/（cm² · h）；

m_0、m_1、m_2、m_3——分别为四次称量杯和试样的质量，mg；

A——试样的透湿面积，cm²。

取 3 个试样测试结果的平均值，精确至 0.1mg/（cm² · h）。

3. 耐折牢度的测定

（1）测试目的　检测样品在经过一定的往复曲折后（常温或低温下），革身及其表面产生的破坏情况。

（2）适用范围　造面型鞋革。

（3）设备　低温耐折牢度机；常温耐折牢度机；6 倍放大镜；冲样刀。

参数要求：下夹固定不动，上夹以折角 22.5°往复运动。转动速度 100 次/min±5 次/min。

（4）测试方法

① 取样地点及要求

a. 到成品检验台取样。样品尺寸，纬向取全幅宽，经向 300～400mm。

b. 样品在温度 23℃±2℃，相对湿度 55%～75% 的条件下，放置 24h 以上。急用时可缩短调湿时间。

c. 用冲样刀、冲样机在样品 A、M、B 三点取样。试片为 70mm×45mm 的长方形。

② 常温测试

a. 设置耐折次数，转动电机调节器将上试样夹的底边为水平状态（仪器的指针为零）。

b. 将试样沿长边的方向以中心线为准，相对折叠。将在实验过程中需要观察的一面（通常为面层）折在里面。

c. 将对折试样的一端夹入上夹内，勿使顶端与螺丝接触，折线与夹的底边平齐。将试样的另一端向反面折叠，两角合并垂直插入下夹内。试样未夹入的部分必须与两个夹子垂直，所用的力刚好将试样拉直即可，不必施加更大的力。

d. 试样夹好后，再检查一次，夹样是否符合要求。按启动开关，测试开始。完成设定耐折次数后停机，卸下试片，检验结果。

③ 低温测试

a. 低温耐折测试，打开低温耐折箱盖。按以上顺序操作完后，盖严箱盖。

b. 设定耐折箱内温度为−10℃。也可根据要求设定温度。

c. 送电、启动冷冻机开关，开始降温。降至要求温度（−10℃）。

d. 打开间续加热开关，平衡箱内温度。

e. 按启动开关，测试开始，完成设定次数后停机，卸下试片，用六倍放大镜观察试样损坏情况。

（5）结果报告

5 级：面层与基体层无裂纹，面层颜色改变（变灰）但未损坏。

4 级：面层有轻微裂纹。

3 级：面层与基体层失去黏着性，稍露出基体层，基布产生裂纹。

2 级：面层破损脱落，基布产生裂纹。

1 级：面层和基体层部分产生断裂。

4. 绷楦测定

（1）测试目的　把革在纵横两方向同时拉伸 10%，对照绷楦样本，判断它的表面凹凸状态。

（2）标准　绷楦样本。

（3）测试仪器　悬式绷楦试验机。

（4）测试方法

① 到检验台取样。样品尺寸，纬向取全幅宽，经向 300～400mm。试样在温度 23℃±2℃，相对湿度 55%～75% 的状态下，放置 16h 以上。急用可缩短时间。

② 从样品上取下 200mm×200mm 的试验片，在试验片的中央面上 80×80mm 的标线。

如图所示：

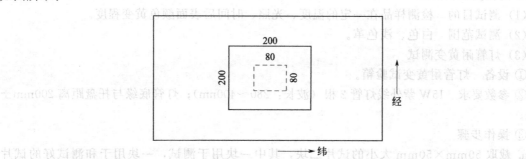

③ 把试验片安装在悬式绷植试验机上，让纵横两方向各自拉伸，直至伸长 10％时为止。

(5) 结果 把试验片的拉伸后的表面与所定的样本比较，判定它的凹凸状态。

绷植等级取为 1、2、3、4、5 级，处在等级中间时以中间等级表示，如：3.5 级。

5. 表面颜色牢度测定

(1) 测试目的 检测样品表面颜色是否容易脱落。

(2) 测试范围 成品、染色基布。

(3) 测定手段

① 使用仪器：染色物摩擦坚牢度试验机。

② 使用工具：灰度板。

③ 使用材料：白棉布、蒸馏水、人造汗液。

把负荷加在用白棉布（脱浆）包着的摩擦器上来回摩擦革的表面，判断白棉布的着色程度。

(4) 测试准备

① 取样要求。到检验台取样。样品尺寸，纬向取全幅宽，经向 300～400mm。试样在温度 23℃±2℃，相对湿度 55％～75％的状态下放置 16h 以上，急用可缩短时间。

② 准备阶段。从样品上取 25mm×220mm 的试验片 3 组，每组 3 片，分别用作干、湿、汗液试验。

干摩擦试验：把摩擦用的白棉布在温度 23℃±2℃，湿度 55％～75％的状态下，放置 24h 以上。

湿摩擦试验：将白棉布浸入蒸馏水中浸 10min 后取出轧干。含水量约 70％～75％。

汗液摩擦试验：将白棉布浸入人造汗液中浸 10min 后取出轧干。含水量约 70％～75％

(5) 测试

① 把试验片安装在试验台上。

② 把装有干燥或湿润或汗液状态摩擦用白棉布的摩擦器下降到试验片上。

③ 将摩擦头放下，以 30 次/min 往复的速度，单向行程为 100mm。取下摩擦试验布并判定色牢度的等级。

④ 干擦开动 25 个往复即可。湿擦开动 20 个往复，并且取下的棉布应在背光、常温空气中自然干燥，再判断结果。

(6) 结果报告

① 把白棉布试验前后的色差与灰度板的色差进行比较。

② 读出与白棉布有相同程度灰度板色差的号数，此数值记为摩擦坚牢度的等级。

③ 把试验条件和判定结果表现出来。判定结果是处于 2 级之间时，用 2 级中间加横线来表示。例：4～5 级。比 1 级污染还大时取为 1 级。

6. 耐黄变试验方法

(1) 测试目的　检测样品在一定的温度、光照、时间后表面颜色黄变程度。

(2) 测试范围　白色、浅色革。

(3) 灯管耐黄变测试

① 设备　灯管耐黄变试验箱。

② 参数要求　15W紫外线灯管2根（波长：280～400nm）；灯管底缘与托盘距离200mm±2mm。

③ 操作步骤

a. 裁取50mm×50mm大小的试片二块，其中一块用于测试，一块用于和测试好的试片作对照。

b. 将准备好的试片放到试验箱里，试片的照射面朝向光源，试样的长度方向和灯管的长度方向垂直。

c. 关好试验箱，启动开关，让试片在紫外光线下不断照射4h。

d. 在规定的时间到达后，从试验箱中取出试片。

e. 结果评定：在标准光箱内观察试片与未经测试的原始试片的变化，用GB250变色灰卡进行等级的判断。精确到0.5级。（灯管使用500h后更换）

备注：比色卡至少12个月更换一次。

(4) 灯泡耐黄变测试

① 设备　耐黄变试验箱（GT-7035）。参数要求：灯泡功率300W；试样托盘转速为3r/min±1r/min；灯泡底缘与托盘距离为250mm±2mm；试验箱温度为50℃±2℃。

② 测试步骤

a. 裁取大小为120mm×40mm的试片一块，放到试验箱的托盘上，试片的照射面朝向光源。

b. 关好试验箱，启动开关，托盘以规定的转速旋转，在50℃±2℃的温度下让试片不断照射一定的时间，如12h、24h。

c. 在规定的时间到达后，从试验箱中取出试片。

③ 结果评定　在标准光箱内观察试片与未经测试的原始试片的变化，用GB250变色灰卡进行等级的判断。精确到0.5级。（灯泡使用1000h后更换）

备注：比色卡至少12个月更换一次。

7. 崩裂性的测定

(1) 测试目的　崩裂实验检测样品在外顶力作用下，面层产生裂纹及革身发生破裂时的延伸高度和强度。面层产生裂纹时的强度和高度分别为崩裂强度和崩裂高度，革体全部被顶破时的强度和高度为崩破强度和崩破高度。强度用N/mm表示，高度用mm表示。

(2) 设备　皮革崩裂强度测定仪。一个钢球加压在一个圆形皮革试片的四周用夹具固定。在粒面产生裂纹和破裂时，分别记录其所需的力和伸展高度。

(3) 操作步骤

① 用刀具取样，样品直径44.5mm。进行空气调节并测量样品厚度。

② 将经过空气调节的试片平整地夹入仪器，四周压紧在试样夹内，粒面向上，内面与钢球正好相接，测试面仍保持平直，这时仪器所示的力应是零。

③ 以0.2mm/s的伸展速度使试片伸展，并注意粒面裂纹的产生。

④ 当裂纹发生时，尽快记录其负荷数及上升高度。记录试样伸展7.0mm高时的负荷。记录试样破裂时的高度及负荷。

⑤ 如果在伸长过程中发现负荷下降或停顿现象，是由于试样产生裂纹。

（4）计算

$$进裂强度 = 10P_1/t_0$$

$$进破强度 = 10P_2/t_0$$

$$崩裂高度 = t_1$$

$$崩破高度 = t_2$$

式中　P_1——面层产生裂纹时的负荷，也叫崩裂力，N；

　　　P_2——革破裂时的负荷，也叫崩破力，N；

　　　t_1——面层产生裂纹时的顶伸高度，mm；

　　　t_2——革破裂时的顶伸高度，mm；

　　　t_0——革试样的厚度，mm。

8. 抗粘连与耐热黏着性试验方法

（1）抗粘连测试

① 测试目的　主要用于检测造面产品在一定外力和温度作用下表面的抗粘性能。

② 参数要求

试片尺寸：50mm×50mm 大小的试片 6 块

温度：80℃±2℃

压重：1kg

③ 操作步骤

a. 将试片涂层面对面对合，共三组分别夹在 60mm×60mm×3mm 的玻璃片中，并在夹片上压 1kg 重物。

b. 将准备好的试片放入温度为 80℃±2℃的烘箱中，恒温 3h 后取出。

c. 将取出的试片置于室温下 30min，后用手揭开对合的试片。

④ 结果评定

5 级：能轻轻剥开

4 级：稍用力剥开

3 级：用一定的力能剥开，表面未破坏

2 级：在重力下剥开，并出现不完整的剥离

1 级：不能剥开

结果取三组试片中的最低值。

（2）耐热黏着性测定

① 测试目的　检测合成革（湿法涂层）耐热程度。

② 取样地点及要求　到整饰检验台取样。样品尺寸，纬向取全幅宽，经向 300～400mm。试样在温度 23℃±2℃，相对湿度 55%～75%的环境中放置 24h。

③ 测试

a. 在试样 A、B、M 三点，裁取试片 6 片。规格为 60mm×90mm。

b. 将 2 片 60mm×90mm 的试片，表面层相对，并在一起。

c. 将并在一起的试片在两块 60mm×60mm 的玻璃之间。

d. 再用底面长宽各 60mm，质量 3kg 的砝码对齐玻璃的四边，并压在玻璃上。一同放置在 100℃±2℃的鼓风恒温箱内，1h 后取出。

e. 除去砝码，在室温下放置 1h。

f. 用手轻轻地揭开对合的试样。

④ 结果判断

5 级：表面层无变化

4 级：光泽及表面形状稍有变化

3 级：光泽及表面形状发生变化

2 级：表面层出现损伤

1 级：表面层以下出现损伤

以 3 组试片试验结果的最低级表示。

9. 耐水解试验方法

（1）测试目的　模拟样品在使用中受水分、温度等环境因素影响遭到水解破坏的程度。

（2）碱蚀法

① 在烧杯中配制 10％ NaOH 水溶液，测试温度 23℃±2℃；

② 裁取待测试样（约 50mm×50mm）1 块，放入 10％ 的 NaOH 水溶液中，用保鲜膜将烧杯封好；

③ 达到规定时间后用镊子取出，并用清水冲洗干净，晾干后观察表面有无明显褪色、裂痕、表面脱落、密集的针孔及二次折叠后有无裂口等现象。

（3）恒温恒湿法

① 试样置于温度 70℃、相对湿度 95％ 的恒温恒湿装置中；

② 达规定的时间后取出试样，将试样两次折叠并用大拇指轻刮试样的折叠处，然后展开试样，查看试样折叠处的表面无裂口及无明显的刮破痕迹。

10. 耐磨试验方法

测试目的。检测样品在一定外力作用下耐磨耗程度。

（1）TABER 耐磨

① 设备　TABER 耐磨仪。

② 参数要求

a. 试片尺寸：外径 108mm，内径 8mm，背面贴相同尺寸的粘纸。

b. 砂轮：H-22。客户有特殊要求，按客户要求执行。

c. 砝码重量：1000g（自重 250g＋750g 砝码）。客户有特殊要求，按客户要求执行。

d. 回转速度：72 转。客户有特殊要求，按客户要求执行。

③ 操作步骤

a. 新砂轮的预磨　在更换新砂轮时，要先进行砂纸预磨，而预磨只在未加砝码的情况下进行。每个砂轮磨一次即可，后续不用再磨。

ⓐ 取下压紧螺帽及垫片，用扳手将固定环螺丝旋松，拿起固定环。

ⓑ 将砂纸中心孔置于螺杆之橡胶垫上，将垫片套上，用压紧螺帽将砂纸固定。

ⓒ 再将固定环套上，用扳手将固定环螺丝销紧。

ⓓ 连接吸尘器，将吸尘器的吸尘管接到机器左侧的接头上，启动吸尘器。

ⓔ 按下开关，预磨 25 转后停机。

b. 试样的耐磨

ⓐ 取下压紧螺帽及垫片，用扳手将固定环螺丝旋松，拿起固定环。

ⓑ 将试样中心孔置于螺杆之橡胶垫上，将垫片拿上，用压紧螺帽将砂纸固定。

ⓒ 再将固定环套上，用扳手将固定环螺丝锁紧。

ⓓ 连接吸尘器，将吸尘器的吸尘管接到机器左侧的接头上，启动吸尘器。

ⓔ 按标准规定设定测试次数，开始测试。

ⓕ 到达设定的次数后自动停机，关闭吸尘器，取下试样进行结果判定。

④ 结果判定　露出底基即为不合格，不露底基即为合格；表面起毛为合格；颜色变化为合格。

（2）纱布耐磨试验方法

① 设备　USOMETRO 耐磨试验仪。固定圆盘：用于安装磨料（内衬圆形毛毡），工作时固定不动。样品夹持器：用于固定待测试样，工作时作行星式运动。磨料：苎麻织物。

② 操作步骤

a. 升高并固定操纵杆，将磨料（亚麻织物）固定于固定圆盘上（内衬圆形毛毡）；

b. 将待测试样固定于试样夹持器上；

c. 放下操纵杆，使固定圆盘的磨料面与待测试样表面接触，并在固定圆盘正上方位置加放 3000g 砝码；

d. 按下启动按钮，仪器开始工作，计数器自动记数，到达设定次数后，仪器自动停止；

e. 升高并固定操纵杆，从夹持器上取下样品，观察试样表面的磨损情况。

③ 结果判定

除边缘一周外，若试样的表面除了光泽和颜色的轻微改变外，仅有稀少而细小的剥落等轻度磨损，则试样的耐磨耗为"合格"；若试样出现花纹变浅或存在较密集的破损等明显的磨损现象，则耐磨耗的结果为"不合格"。

（3）Martindale 耐磨

① 设备　Martindale 摩擦试验机。速度：48r/min±4r/min。压力：795g±10g（荷重＋试样夹持器＋配重砝码）。

② 操作步骤（干式摩擦）

a. 裁取直径为 44mm±1mm 的材料，装于试样夹持器底座上，再放上一片泡棉垫片，取磨头置于泡棉垫片上并用固定环固定后，再使用扳手将底座锁紧。

b. 将平板取下，取毛毡置于磨台上再铺上摩擦布，取 2.5kg 压盘置于磨台的正中央位置，装回固定环并锁紧螺丝，再将压盘拿走，放回平板。

c. 取荷重，使荷轴杆穿过平板上圆孔，再调整试样夹持器上的圆形凹槽对准荷重轴杆，使荷轴杆插入测试夹具的圆形凹槽内。

d. 设定好测试次数，开启机器会自动停机。摩擦布每 50000 次或新测试前须更新。

③ 结果判定

级别	损坏程度	现象
0 级	无	无变化
1 级	很轻	亮度有变,无印花磨损,如有,无损顶部涂层
2 级	轻	亮度改变,印花部分或全部磨损,顶部涂层无损或仅浅表受损
3 级	中	顶部涂层受损
4 级	严重	顶部涂层受损,中间或泡沫层受损
5 级	完全	露出基布

如果试样提前磨损被评为 5 级，即可停止试验。

11. 收缩率试验方法

（1）测试目的　检测样品受热、水分等作用后的收缩情况。

（2）设备　烘箱；刻度为 50cm 的直尺；秒表。

（3）干热收缩率　干热收缩率的测试方法较多，主要有以下几种。

① 高温热收缩

a. 裁取 200mm×200mm 试片 1 片。

b. 将裁好的试片置于 150℃ 的烘箱中烘 5min，用秒表计时。

c. 后取出试样马上测量并记录经纬向长度。

d. 结果计算：热收缩率(%)＝(200－烘后试样经、纬向长度)/200×100%

② 低温热收缩

a. 裁取 150mm×150mm 试片 1 片。

b. 将裁好的试片置于 70℃的烘箱中烘 6h。

c. 取出试样后，冷却半小时，测量并记录经纬向长度。

d. 结果计算：热收缩率（%）＝（200－烘后试样经、纬向长度）/200×100%

③ 常温热收缩

a. 裁取 150mm×150mm 试片 1 片。

b. 将裁好的试片置于温度 23℃±2℃、湿度 55%±2%中 24h。

c. 测量并记录经纬向长度。

d. 结果计算：热收缩率（%）＝（200－收缩后试样经、纬向长度）/200×100%

（4）水收缩率

① 裁取 400mm×400mm 试样 1 片待用。

② 将裁好的试片放在清水中浸泡 1h 左右，使其充分浸湿。

③ 取出试片，拧干，然后置于 60℃的烘箱中烘干。

④ 取出试样，冷却至室温。

⑤ 测量 3 处经纬向长度并取其算术平均值。

⑥ 结果计算：水收缩率（%）＝（400－烘后试样经、纬向长度）/400×100%

12. 透气性试验方法

（1）测试目的　检测合成革透气性的难易程度。

（2）操作步骤　气密性装置由以下部件组成：呼吸杯（通过橡胶管与挤压空气的气球相连接）；上部盛水杯（上下均为开口状）；密封圈；固定夹具。

（3）试验步骤

① 呼吸杯杯口放好密封圈。

② 将样品（略大于呼吸杯杯口大小的圆片）正面朝上，放在呼吸杯密封圈之上，盖上盛水杯。

③ 固定夹具将样品固定好，使样品在呼吸杯与盛水杯之间呈密封状。

④ 盛水杯中注入适量的水，然后挤压气球，使空气进入呼吸杯，并作用于革的反面。

⑤ 在挤压空气的条件下，若盛水杯中可见水泡从革的正面逸出，则透气性为合格。

13. 色迁移试验方法

（1）测试目的　观察该试验后试样颜色迁移到白色标准 PVC 试片上的严重程度。

（2）测试范围　白色之外的所有半成品、成品。

（3）设备　恒温恒湿仪。

（4）参数要求　温度 50℃；相对湿度 80%；压重 1kg。

（5）操作步骤

① 将仪器设定到规定的温度和湿度；

② 将白色标准 PVC 试片（5cm×3cm）与试样（3cm×3cm）面对面对贴，放置在 10cm×10cm 的两片玻璃板中间，压上 1kg 砝码成为测试组合体。

③ 将组合体放入仪器中 16h 后取出。

④ 将 PVC 试片与试样分开，观察有无颜色迁移到白色试片上。

14. 防水性试验方法

（1）测试目的

模拟雨淋，在短时间淋雨下织物表面沾水湿润的情况。

（2）设备　织物沾水性测试仪。

（3）参数要求　试样成 45°倾角，试验面的中心在喷嘴表面中心下 150mm 处。

（4）操作步骤

① 将试样用夹持器夹紧，放在支座上，试验时织物正面朝上。

② 将 250mL 蒸馏水迅速而平稳地注入漏斗中。

③ 淋水一停，迅速将夹持器连同试样一起拿开，使织物正面向下几乎成水平。然后对着一个硬物轻轻敲打二次（在绷框径向上相对两点各一次）。

④ 试样仍在夹持器上，根据观察到的试样湿润程度，用最接近下列文字描述或图片表示的级别来评定其等级。

（5）沾水等级

1 级：受淋表面全部润湿。

2 级：受淋表面有一半润湿，通常指小块不连接的润湿面积总和。

3 级：受淋表面仅有不连接的小面积润湿。

4 级：受淋表面没有润湿，但在表面沾有小水珠。

5 级：受淋表面没有润湿，在表面也未沾有小水珠。

15. 静水压试验方法

（1）测试目的　涂层面接触水面承受一个持续上升的水压，测量渗出水珠时的压力值，并以此压力值表示涂层抗渗水性。

（2）设备　抗渗水性测试仪。

（3）参数要求　承受水压面积：$100cm^2$；水压高度：$0 \sim 20.0mH_2O$；上升速度：$60cmH_2O/min \pm 3cmH_2O/min$、$100cmH_2O/min \pm 10cmH_2O/min$

（4）操作步骤

① 测试装置水箱内注入 1200mL 蒸馏水，调整测试装置使保持水平。

② 打开电源开关，预热 15min，选择上升速度 1 挡或 2 挡。

③ 关闭测试装置上的放水阀，开启动钮，使测试孔刚好装满至突起的橡皮圈为止的水，立即按停止钮，将试样测试面平推过水面，刚好盖过测试孔，用夹紧装置将试样固定在上面，要求不漏水不滑移。

④ 用调零旋钮将显示值调零。再开启动钮，试样与测试孔密封的情况下，测试孔逐渐建立起水压。

⑤ 当试样上面第三处水珠刚出现时，按停止钮，显示值即测试结果。

⑥ 记录测试结果，开放水阀，旋开夹紧装置，按复位按钮，即可进行下一测试。

16. 耐硫化试验方法

（1）测试目的　看试样在高温中放置一定时间后表观的破坏程度。

（2）设备　烘箱。

（3）参数要求　温度 130℃，时间 1h。

（4）操作步骤　将 5cm×10cm 大小的样品放入达到规定温度的烘箱中，放置 1h 后取出，与原样比较表面有无变色、起泡、明显收缩、变形等现象，记录现象。

17. 柔软度试验方法

（1）测试目的　通过柔软度测试器得到柔软度指数，越大表示试样越软。

（2）设备　柔软度测试器。

（3）参数要求　鞋用缩环：20mm；手套或服装用缩环：35mm；沙发用缩环：25mm。

（4）操作步骤

① 将校正圆板放在测试座上,向下压住压柄,直到上臂被锁住,并且听见一声响才放手,将刻度盘指针指示为零。再向下压住压柄同时向外拉上臂松脱钮,上臂即可向上弹起。

② 取出校正圆板,选择适当的缩环后,将试样放在测试座上,向下压住压柄,直到上臂被锁住,并且听见一声响才放手,刻度盘的指针将指示出柔软度指数,在5s内读数,并记录数值,精确到0.1mm。

18. 面层（涂层）厚度的测定

（1）测试目的　用读数显微镜测定面层（涂层）的厚度。

（2）测试手段　读数显微镜。

（3）测试方法

① 将试样放在框架上,分别在样品A、M、B点上测3个点,共测9点。

② 读数显微镜测出每点面层厚度的大小。

③ 面层厚度取三点的算术平均值,精确至整数值。

19. 吸水度的测定

（1）测试目的　测合成革吸水程度。

（2）测试手段仪器　玻璃吸水皿。结构如图:

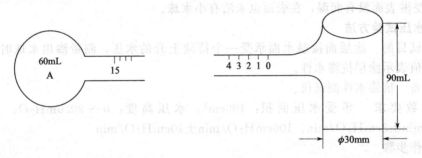

（3）测试方法

① 取样地点及要求。到检验台取样。样品尺寸,纬向全幅宽,经向300~400mm。试样在温度23℃±2℃,湿度55%~75%的状态下,放置24h以上。

② 准备阶段

a. 在试样A、M、B三点,裁取试片3片。

b. 试片规格为 ϕ（70±2）mm。

c. 称每片试片的量。

③ 测试

a. 将蒸馏水注入吸水皿A中至零刻度处。

b. 吸水皿平放入工作台上。

c. 将试样表面向上放入吸水皿B内。

d. 把圆球A部慢慢抬起,使蒸馏水完全浸没试样。

e. 皿口盖上表面皿,放置24h。

f. 将水移至A中,1min后读取刻度值。做两个平行试验,同时做空白试验。

（4）结果报告

$$Q = \frac{V_1 - V_0}{m} \times 100$$

式中　Q——吸水度,%;

V_1——试样浸泡规定时间后的吸水量,mL;

V_0——空白试验水分损失量,mL;

m——试样浸泡之前的质量，g。

取 2 个试片测试结果的算术平均值，精确至 0.1%。

20. 雾化性能的测定

（1）反射法　将试样在玻璃烧杯中加热，易挥发性组分被冷凝在玻片上，玻片上冷凝雾的反射值与空白实验时反射值的百分比为雾化值。

（2）光泽度法　光泽度法是利用玻片上冷凝雾的光泽度值与空白实验时光泽度值的百分比来作为雾化值，从粒面切取试样 4 个，第一组 2 个试样，如果两个试验结果相差在 20% 之内，则符合要求，第二组两个试样可以不进行试验，将烧杯、金属环、密封圈、玻璃清洗干净，然后放在 100℃±1℃ 的恒温浴中，180min±5min 后取出，50min±5min 后测量反射值。

（3）质量法　质量法是将易挥发组分冷凝在铝箔上，测定冷凝物的质量。其测得的结果与反射法、光泽度法不具有可比性。

将烧杯、金属环、密封圈、玻璃清洗干净，然后放在 100℃±1℃ 的恒温浴中，16h±0.2h 后称量铝箔片，记录质量，精确至 0.01mg。

21. 色牢度试验方法

（1）耐汗渍色牢度（QB/T 3922—1995）　取 100mm×40mm 试样两块，分别与帖衬织物一边缝合在一起，一块浸泡在酸性汗渍液中，一块浸泡在碱性汗渍液中，充分润湿湿重为干重的 2.25±0.05 倍，在 37℃±2℃ 的耐汗渍色牢度仪中放置 4h，取出自然干燥后判级。

酸性汗渍液每升含：

L-组氨酸盐酸盐-水合物　　0.5g

氯化钠　　5g

磷酸二氢钠二水合物　　2.2g

用 0.1mol/L 盐酸溶液调整试液 pH 值至　　5.5

碱性汗渍液每升含：

L-组氨酸盐酸盐-水合物　　0.5g

氯化钠　　5g

磷酸氢二钠二水合物　　2.5g

用 0.1mol/L 氢氧化钠溶液调整试液 pH 值至 8

汗渍快速试验法：将烘箱升温至 70℃±2℃，处理时间 1h。

（2）耐水渍色牢度　参照耐汗渍色牢度实验操作，将酸碱汗渍液改用蒸馏水代替。

（3）耐皂洗色牢度（GB/T 3921.2—1997）

制样：

① 取 40mm×100mm 试样一块与白棉布短边缝合。

② 如是服装革，取 40mm×100mm 试样一块夹在白棉布、锦纶之间沿一短边缝合。

操作：

将缝好的试样放在容器内，注入 5‰ 的皂液，预热 10min，在 40℃±2℃ 处理 30min，取出试样冲洗干净，用手轻轻将其拧干，平铺自然晾干，判级。

（4）耐摩擦色牢度

① 造面类（QB/T 2537—2001）

a. 干磨。试样固定在测试台上，沿摩擦方向拉伸 10%，测试头总重 1000 g，摩擦 50 次，判定毛毡颜色变化。

b. 湿磨。将毛毡在去离子水中加热沸腾，然后调节至室温，取出毛毡，放在四张吸水滤纸中间，压上 1kg 重物 1min。将毛毡固定在测试头上，总质量 1000g，摩擦 10 次。

② 绒面革

　　a. 方法一　QB/T 2537—2001。测试头总质量 500g，干磨 50 次，湿磨 10 次。

　　b. 方法二　GB/T 3920—1997。取 50mm×50mm 白棉布固定在摩擦头上，干湿磨均为 10 次，湿磨含水率为 95%～105%。

22. 吸水性试验方法

　　测试目的：检测成革吸水性的难易程度。

　　操作步骤：用胶头滴管自然滴落 1 滴水（约 0.02mL）至吸水透气革正面，观察水滴被革吸收的速度，以 2min 内水滴开始被革吸收为合格。

23. 摆动引搔强度测定

　　(1) 测试目的　测定合成革表面层抗引搔程度。用加负荷的金属制的弯曲部，在合成革的表面来回摩擦，判断它的磨损程度。

　　(2) 测试手段　使用仪器：染色物摩擦坚牢度试验机 T—9506。使用器具：弹簧秤精度 5g。

　　(3) 测试方法

　　① 到整饰检验台取样。样品尺寸，纬向取全幅宽，经向 300mm～400mm。试样在 23℃±2℃，相对湿度 55%～75% 的状态下，放置 16h 以上。（急用可缩短调湿时间）

　　② 从样品上取下 25mm×220mm 的试验片二片。如图所示：

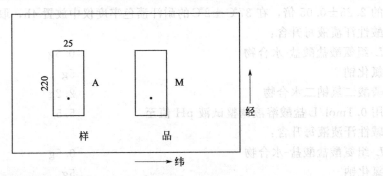

　　③ 在试验片离一端为 10mm 的位置中心开一直径 5mm 的孔。

　　④ 把试验片的没有开孔的一端安装在试验台的后面样品压板下。

　　⑤ 把试验片有开孔的一端通过前面样品压板用弹簧秤给予 2kg 的拉力，使试验片没有皱纹、松弛和扭转，且拧紧螺丝。

　　⑥ 把引搔器轻轻地下降到试验片上，再加负荷 500 克。按驱动开关，让它来回运动。

　　⑦ 在来回 500 次和 1000 次时判断试验片的磨损状态。

　　(4) 判定基准

　　1.0 级：表面上无磨损，几乎没有引搔伤。

　　1.5 级：表面无磨损，但有引搔伤。

　　2.0 级：仅除去引搔部分两端的加工层露出涂层的。

　　2.5 级：加工层在大范围内被除去露出涂层的。

　　3.0 级：到处露出基体层。

　　4.0 级：基体层在大范围内被露出。

　　5.0 级：全部基体层露出。

　　把同一摩擦次数下的 2 片试验片的磨损状态进行平均，与判定条件复核，摩擦次数放在一起表示。例：500g 的 500 次 2.5 级、500g 的 1000 次 1.0 级。

参 考 文 献

[1] 松禽洋. 合纖の風合と外（观）特化素材［C］. 第三世代の纖维素材む探る" 講演会論文集. 東京：日本化纖学会，1988：16-20.

[2] 冈本三宜. 超细纤维的纺丝［J］. 国外纺织技术，1999（6）：15-24.

[3] 陈日藻，丁协安，华伟杰. 复合纤维［M］. 北京：中国石化出版社，1995.

[4] 周晓沧，肖建宇. 新合成纤维材料及其制造［M］. 北京：中国纺织出版社，1998.

[5] 唐志翔. 超细纤维的过去、现在和将来［J］. 印染译丛，1995（2）：74-81.

[6] 松尾辉彦. 细きへの挑戰：直接纺系法極細纖维（ポリエチレンテレフタレ-ト）［J］. SEN'IGAKKAISHI，1998，54（3）：74-77.

[7] 伊势史章. 细きへの挑戰：直接纺系法極細纖维（ナイロン）［J］. SEN'IGAKKAISHI，1998，54（3）：78-82.

[8] 细川宏. 细きへの挑戰：直接纺系法極細纖维（アクリル）［J］. SEN'IGAKKAISHI，1998，54（3）：83-86.

[9] 森冈正雄. 细きへの挑戰：分割・割纤型極細纖维（PET，PET/NY）［J］. SEN'IGAKKAISHI，1998，54（3）：87-89.

[10] 斋藤修. 细きへの挑戰：分割・割纤型極細纖维（アクリル）［J］. SEN'IGAKKAISHI，1998，54（3）：90-93.

[11] 川口裕史. 合成革制造方法［P］. 日本专利：3309226，2002-5-24.

[12] 日本可乐丽公司. 显色型良好的超细纤维布基［P］. 日本专利：3268906，2002-01-18.

[13] 三登化学工业株式会社. 超细纤维制造方法［P］. 日本专利：3321693，2002-06-28.

[14] 日本可乐丽公司. 纤维片状物［P］. 日本专利：3242719，2001-10-19.

[15] 塔德莫尔，戈戈斯. 聚合物加工原理［M］. 北京：化学工业出版社，1990.

[16] 吴培熙. 聚合物共混改性［M］. 北京：化学工业出版社，1996.

[17] 胡福增，陈国荣，杜永娟. 材料表界面［M］. 上海：华东理工大学出版社，2001.

[18] 赵华山，姜胶东，吴大诚. 高分子物理［M］. 北京：纺织工业出版社，1982.

[19] Wu S. 高聚物的界面与粘合［M］. 北京：纺织工业出版社，1987.

[20] 周持兴，张洪斌. 流变学进展［M］. 北京：化学工业出版社，1996.

[21] Han C D. 聚合物加工流变学［M］. 北京：科学出版社，1985.

[22] 清水二郎. 纺丝及纤维成型的机理 I ［J］. 北京化纤工学院学报，1988（10）：85-89.

[23] 清水二郎. 纺丝及纤维成型的机理 II ［J］. 北京化纤工学院学报，1989（1）：106-111.

[24] 清水二郎. 纺丝及纤维成型的机理 III ［J］. 北京服装学院学报，1989（1）：92-95.

[25] 清水二郎. 纺丝及纤维成型的机理 IV ［J］. 北京服装学院学报，1990，10（1）：104-108.

[26] 清水二郎. 纺丝及纤维成型的机理 VI ［J］. 北京服装学院学报，1991，11（1）：85-89.

[27] 清水二郎. 纺丝及纤维成型的机理 VII ［J］. 北京服装学院学报，1991，11（2）：116-120.

[28] 加藤英司，加藤章文，好村福洁. 纺丝设备中熔丝的冷却方法及装置［P］. 中国专利：CN1038135A，1989-12-20.

[29] 黑木宣彦著、染色理论化学（上，下）陈水林译.［M］. 北京：纺织工业出版社，1981.

[30] 丁双山，王凤然，王中明. 人造革与合成革［M］. 北京：轻工业出版社，1998.

[31] 阎克路. 染整工艺学教程［M］. 北京：中国纺织出版社，2005.

[32] 宋心远. 新型纤维及织物染整［M］. 北京：中国纺织出版社，2006.

[33] 范雪荣. 纺织品染整工艺学［M］. 北京：中国纺织出版社，1999.

[34] 吴立. 染整工艺设备.［M］. 北京：中国纺织出版社，1992.

[35] 王祥荣. 纺织印染助剂生产与应用.［M］. 南京：江苏科学技术出版社，2003.

[36] 李波，杨淑娟. 皮革机械加工原理［M］. 北京：化学工业出版社，2005.

[37] 朱昌民. 聚氨酯合成材料.［M］. 南京：江苏科学技术出版社，2004.

[38] 刘益军. 聚氨酯原料及助剂手册［M］. 北京：化学工业出版社，2005.

[39] 马建伟，陈韶娟. 非织造布技术概论［M］. 北京：中国纺织出版社，2008.

[40] 陈嘉川，谢益民，李彦春. 天然高分子科学［M］. 北京：科学出版社，2007.

[40] 蒋高明. 现代经编产品设计与工艺［M］. 北京：中国纺织出版社，2002.

[41] 聚氨酯技术资料［M］. 万华化学内部资料.

[42] 林宣益. 涂料助剂［M］. 北京：化学工业出版社，2006.

[42] 闫福安. 涂料树脂合成及应用［M］. 北京：化学工业出版社，2008.

[43] 周强. 涂料调色［M］. 北京：化学工业出版社，2008.

[44] 朱昌民. 聚氨酯泡沫塑料［M］. 北京：化学工业出版社，2005.

[45] 林宣益，倪玉德. 涂料用溶剂与助剂 [M]. 北京：化学工业出版社，2012.

[46] 陆大年. 表面活性剂化学及纺织助剂 [M]. 北京：中国纺织出版社，2009.

[47] 郭腊梅. 纺织品整理学 [M]. 北京：中国纺织出版社，2005.